质量源于设计
用于生物药产品开发

Quality by Design for Biopharmaceutical
Drug Product Development

原著主编　Feroz Jameel

Susan Hershenson

Mansoor A. Khan

Sheryl Martin-Moe

主　　译　郑爱萍

北京大学医学出版社

ZHILIANG YUANYU SHEJI YONGYU SHENGWUYAO CHANPIN KAIFA

图书在版编目（CIP）数据

质量源于设计用于生物药产品开发/（美）费罗兹·
杰米尔（Feroz Jameel）等原著；郑爱萍主译. —北京：
北京大学医学出版社，2022.1
书名原文：Quality by Design for
Biopharmaceutical Drug Product Development
ISBN 978-7-5659-2251-0

Ⅰ. ①质… Ⅱ. ①费… ②郑… Ⅲ. ①生物制品－药
物－制造－研究 Ⅳ. ①TQ464

中国版本图书馆 CIP 数据核字（2020）第 159571 号

北京市版权局著作权合同登记号：图字：01-2018-5714

First published in English under the title
Quality by Design for Biopharmaceutical Drug Product Development
edited by Feroz Jameel，Susan Hershenson，Mansoor A. Khan and Sheryl Martin-Moe，
Copyright © Springer Science＋Business Media，LLC，2015
This edition has been translated and published under licence from
Springer Science＋Business Media，LLC，part of Springer Nature.

Simplified Chinese translation Copyright © 2022 by Peking University Medical Press.
All Rights Reserved.

质量源于设计用于生物药产品开发

主　　译：郑爱萍
出版发行：北京大学医学出版社
地　　址：（100191）北京市海淀区学院路 38 号　北京大学医学部院内
电　　话：发行部 010-82802230；图书邮购 010-82802495
网　　址：http://www.pumpress.com.cn
E - mail：booksale@bjmu.edu.cn
印　　刷：中煤（北京）印务有限公司
经　　销：新华书店
责任编辑：袁帅军　　责任校对：靳新强　　责任印制：李 啸
开　　本：850 mm×1168 mm　1/16　印张：29.75　字数：900 千字
版　　次：2022 年 1 月第 1 版　2022 年 1 月第 1 次印刷
书　　号：ISBN 978-7-5659-2251-0
定　　价：188.00 元
版权所有，违者必究
（凡属质量问题请与本社发行部联系退换）

谨以此书纪念我们的朋友和同事 *Ronald Taticek*，他的想象力开拓了一个如此重大的项目并使他成为这一领域的先驱。此书也是对 *Ronald* 奉献精神的致敬，它激励着 *Ronald* 在 2014 年 4 月 23 日去世之前完成了这项工作。我们将深切地怀念他！

译者名单

主　译

　　郑爱萍　研究员　博士生导师　　　　中国人民解放军军事科学院军事医学研究院
　　　　　　　　　　　　　　　　　　　（简称：军事医学研究院）

译　者　（按姓名汉语拼音排序）

　　崔纯莹　教授　博士生导师　　　　　首都医科大学
　　丁宝月　教授　硕士生导师　　　　　嘉兴学院
　　杜祎萌　助理研究员　　　　　　　　军事医学研究院
　　高　静　研究员　博士生导师　　　　军事医学研究院
　　高　翔　副研究员　硕士生导师　　　军事医学研究院
　　韩晓璐　硕士研究生　　　　　　　　军事医学研究院
　　李　蒙　博士研究生　　　　　　　　军事医学研究院
　　刘春艳　教授　硕士生导师　　　　　华北理工大学
　　刘　楠　助理研究员　　　　　　　　军事医学研究院
　　米　真　讲师　　　　　　　　　　　清华大学
　　孙　勇　教授　博士生导师　　　　　青岛大学
　　王坚成　教授　博士生导师　　　　　北京大学
　　王增明　助理研究员　　　　　　　　军事医学研究院
　　张　慧　副研究员　硕士生导师　　　军事医学研究院
　　赵子明　副教授　硕士生导师　　　　徐州医科大学

原著作者

Cyrus Agarabi Division of Product Quality Research, Office of Testing and Research and Office of Pharmaceutical Sciences, Center for Drug Evaluation and Research, Food and Drug Administration, Silver Spring, MD, USA

Antonello A. Barresi Dipartimento di Scienza Applicata e Tecnologia, Politecnico di Torino, Torino, corso Duca degli Abruzzi 24, Italy

Jerry Becker Drug Product Development, Amgen Inc., Seattle, WA, USA

Jeffrey T. Blue Vaccine Drug Product Development, Merck, West Point, PA, USA

Richard K. Burdick Amgen Inc. One Amgen Center Drive, Longmont, CO, USA

Shawn Cao Process and Product Development, Amgen Inc., Thousand Oaks, CA, USA

Liuquan (Lucy) Chang Biopharm Development, Vaccine Research & Early Development, Pfizer Inc., Teva Biopharmaceuticals, Rockville, MD, USA

Ravi Chari Preformulation, Bioresearch Center, AbbVie, Worcester, MA, USA

Rey T. Chern Merck Manufacturing Division, Pharmaceutical Packaging Technology & Development, West Point, PA, USA

Fran DeGrazio Global R & D, Strategic Program Management and Technical Customer Support, West Pharmaceutical Services, Exton, PA, USA

Fuat Doymaz Global Quality Engineering, Amgen Inc., Thousand Oaks, CA, USA

Davide Fissore Dipartimento di Scienza Applicata e Tecnologia, Politecnico di Torino, Torino, corso Duca degli Abruzzi 24, Italy

Wolfgang Fraunhofer Combination Products-Biologics, Drug Product Development, AbbVie, Chicago, IL, USA

Erwin Freund Parenteral Product and Process Development, Amgen, Inc., Thousand Oaks, CA, USA

Jeffrey C. Givand Device Development, Merck Research Laboratories, West Point, PA, USA

Bruce A. Green Vaccine Research and Early Development, Pfizer, Pearl River, NY, USA

Nicholas Guziewicz Drug Product Process Technology, Amgen Inc., Thousand Oaks, CA, USA

Paul Harber Modality Solutions, LLC, Indianapolis, IN, USA

Robin Hwang ICP Consulting Corp., Thousand Oaks, CA, USA

Feroz Jameel Parenteral Product and Process Development, Amgen Inc., Thousand Oaks, CA, USA

Drug Product Engineering, Amgen, Inc., Thousand Oaks, CA, USA

Madhav Kamat Bristol-Myers Squibb, New Brunswick, NJ, USA

William J. Kessler Physical Sciences Inc., Andover, MA, USA

Mansoor A. Khan Division of Product Quality Research, Office of Testing and Research and Office of Pharmaceutical Sciences, Center for Drug Evaluation and

Research, Food and Drug Administration, Silver Spring, MD, USA

Lakshmi Khandke Vaccine Research and Early Development, Pfizer, Pearl River, NY, USA

Theodora Kourti Global Manufacturing & Supply, GSK, London, UK

Paul M. Kovach Drug Product Commercialization Technology Center, Manufacturing Science and Technology, Eli Lilly and Company, Indianapolis, IN, USA

Steven Kozlowski Office of Biotechnology Products, Office of Pharmaceutical Sciences, Center for Drug Evaluation and Research, Food and Drug Administration, Bethesda, MD, USA

Lynne Krummen Regulatory Affairs Department, Genentech, South San Francisco, CA, USA

Vineet Kumar Pharmaceuticals, Johnson and Johnson, Malvern, PA, USA

Philippe Lam Pharmaceutical Processing and Technology Development, Genentech, San Francisco, CA, USA

Yvonne Lentz Global Manufacturing Sciences and Technology Biologics, Genentech, San Francisco, CA, USA

Fredric J. Lim Pharmaceutical Processing and Technology Development, Genentech, South San Francisco, CA, USA

Jun Liu Pharma Technical Operations, Development, Genentech Late Stage Pharmaceutical Development, San Francisco, CA, USA

Herb Lutz Biomanufacturing Sciences Network, EMD Millipore Corp., Darmstadt, Germany

Sheryl Martin-Moe Enterprise Catalyst Group Inc., Palo Alto, CA, USA

Guillermo Miró-Quesada Quantitative Sciences, MedImmune, Gaithersburg, MD, USA

Carol Nast Enterprise Catalyst Group Inc., Palo Alto, CA, USA

Thomas J. Nikolai Biologics Processing Development, Hospira, Lake Forest, IL, USA

Sajal M. Patel Formulation Sciences, Biopharmaceutical Development, MedImmune, Gaithersburg, MD, USA

Bernardo Perez-Ramírez BioFormulations Development, Global Biotherapeutics, Sanofi Corporation, Framingham, MA, USA

Lynn Phelan Vaccine Research and Early Development, Pfizer, Pearl River, NY, USA

Roberto Pisano Dipartimento di Scienza Applicata e Tecnologia, Politecnico di Torino, Torino, corso Duca degli Abruzzi 24, Italy

Suma Rao Process and Product Development, Amgen Inc, Thousand Oaks, CA, USA

Vladimir Razinkov Drug Product Development, Amgen Inc., Seattle, WA, USA

Barbara L. Rellahan Division of Monoclonal Antibodies, Office of Biotechnology Products, Office of Pharmaceutical Sciences, Center for Drug Evaluation and Research, Food and Drug Administration, Bethesda, MD, USA

Amgen Inc., Rockville, MD, USA

David Robbins Purification Process Sciences, MedImmune, Gaithersburg, MD, USA

Sonal Saluja Bioresearch Center, AbbVie, Worcester, MA, USA

Samir U. Sane Pharmaceutical Processing and Technology Development, Genentech, San Francisco, CA, USA

Samir U. Sane Pharmaceutical Development, Genentech, San Francisco, CA, USA

Joseph Schaller Sterile/Liquids Commercialization, Merck, West Point, PA, USA

Stefan Schneid Syntacoll GmbH, Saal, Germany

Karin Schoenhammer Technical Research and Development, Biologics, Novartis Pharma AG, Basel, Switzerland

Timothy Schofield Regulatory Sciences & Strategy, Analytical Biotechnology, MedImmune, Gaithersburg, MD, USA

Ambarish Shah Formulation Sciences, Biopharmaceutical Development, MedImmune, Gaithersburg, MD, USA

Rakhi B. Shah Division of Product Quality Research, Office of Testing and Research and Office of Pharmaceutical Sciences, Center for Drug Evaluation and Research, Food and Drug Administration, Silver Spring, MD, USA

Joseph Edward Shultz Biologics Process Research and Development, Novartis Pharma AG, Basel, Switzerland

Michael Siedler NBE Formulation Sciences & Process Development, AbbVie, Ludwigshafen, Germany

Robert Simler Formulation and Process Development, Biogen Idec., Cambridge, MA, USA

Alavattam Sreedhara Late Stage Pharmaceutical Development, Genentech, San Francisco, CA, USA

Christoph Stark Technical Research and Development, Biologics, Novartis Pharma AG, Basel, Switzerland

Jagannathan Sundaram Global Biologics Manufacturing Science and Technology, Genentech, San Francisco, CA, USA

Patrick Swann Division of Monoclonal Antibodies, Office of Biotechnology Products, Office of Pharmaceutical Sciences, Center for Drug Evaluation and Research, Food and Drug Administration, Bethesda, MD, USA

Biogen Idec, Cambridge, MA, USA

Jart Tanglertpaibul Drug Product Commercialization Technology Center, Manufacturing Science and Technology, Eli Lilly and Company, Indianapolis, IN, USA

Ron Taticek Pharma Technical Operations, Biologics, Genentech Vacaville Operations, South San Francisco, CA, USA

Cenk Undey Process Development, Amgen Inc, Thousand Oaks, CA, USA

Lionel Vedrine Device Development, Genentech, San Francisco, CA, USA

Sonja Wolfrum Institute of Particle Technology, University of Erlangen-Nuremberg, Erlangen, Germany

Rita L. Wong Global Manufacturing Sciences and Technology Biologics, Genentech, South San Francisco, CA, USA

Frank Ye Amgen Inc. One Amgen Center Drive, Thousand Oaks, CA, USA

译者前言

质量可控、安全有效是药物评价体系的基本要素。在质量可控方面，近几十年来，药品质量控制体系经历了二次飞跃，从检验决定质量（quality by testing，QbT）发展到质量源于生产（quality by product，QbP），再发展到质量源于设计（quality by design，QbD）。2004 年美国食品和药品管理局（the Food and Drug Administration，FDA）率先提出将 QbD 理念用于药品的研发和生产，在制药行业获得了广泛认同。国际人用药品注册技术协调会（International Conference on Harmonisation，ICH）随后发布了一系列相关指导原则，Q8（药品开发）、Q9（质量风险管理）、Q10（药品质量体系）等进一步促进了QbD 发展。目前业内已形成共识，QbD 是动态药品生产管理规范（Current Good Manufacture Practices）的基本组成部分，是科学的、基于风险的、全面主动的药物开发方法，从产品概念到工业化均精心设计，是对产品属性、生产工艺与产品性能之间关系的透彻理解。

近年来生物药发展迅猛，全球研发的重点由小分子药物逐渐向生物大分子药物转变，在研新药中生物药占比超过 70%。生物药作为 21 世纪的朝阳产业，必将对人类健康及生命产生巨大影响。因此，探索与学习基于 QbD 理念开发生物药产品具有重要的意义。2017 年，由 Feroz Jameel、Susan Hershenson、Mansoor A. Khan 和 Sheryl Martin-Moe 共同主编出版了 *Quality by Design for Biopharmaceutical Drug Product Development* 一书。本书汇总了大量应用实例，系统阐明了 QbD 的关键要素，并基于生物大分子的复杂性对案例进行深入讨论。该书内容丰富，对于新药研发具有极好的指导作用，参考价值大。因此，本书不仅适用于工业界的技术人员，也适用于科技界的科研人员以及研究生等高校学生。

本书邀请了国内本领域多位优秀专家和学者参与翻译和审核工作：原著序、第 1 章和第 2 章由中国人民解放军军事科学院军事医学研究院（以下简称军事医学研究院）郑爱萍翻译；第 3 章由军事医学研究院刘楠翻译；第 4 章由华北理工大学刘春艳翻译；第 5、6、7 由军事医学研究院高静翻译；第 8 章由军事医学研究院李蒙翻译；第 9、10 章由军事医学研究院张慧翻译；第 11 章由军事医学研究院韩晓璐翻译；第 12、13、14 章由徐州医科大学赵子明翻译；第 15、16 章由军事医学研究院杜祎萌翻译；第 17 章由青岛大学孙勇翻译；第 18、19 章由北京大学王坚成翻译；第 20、21 章由清华大学米真翻译；第 22 章由首都医科大学崔纯莹翻译；第 23 章由军事医学研究院高翔翻译；第 24、25 章由军事医学研究院王增明翻译；第 26、27、28 章由嘉兴学院丁宝月翻译；校对工作主要由军事医学研究院高云华、郑爱萍、高静、杜祎萌和韩晓璐完成。在此对以上专家和学者一并表示衷心感谢！

由于时间仓促及译者水平有限，不足之处在所难免，希望广大读者提出宝贵意见，不吝批评指正。

原 著 序

在一个人的职业生涯中，偶尔可能会有参与重要历史事件的机会。2003 年 7 月在布鲁塞尔的经历正是如此，国际人用药品注册技术协调会（International Conference on Harmonisation，ICH）专家工作组（Expert Working Group，EWG）的成员就 ICH 的新愿景和战略达成一致。他们在声明中总结："一个贯穿产品整个生命周期的统一的药品质量体系，关键在于质量风险管理科学的综合方法。"ICH 同意推进 3 项范式改变指导原则，即 Q8（药品开发）、Q9（质量风险管理）和 Q10（药品质量体系）。当我召集第一个 Q8 EWG 时，我们都认为可以采用现有的欧洲药物开发指导方案并将其转换为适当的 ICH 格式，这将是一个简单的任务。我们花了一段时间才意识到这种方法是徒劳的，特别是考虑到人们对工艺分析技术（process analytical technology，PAT）的应用越来越感兴趣，并日益认识到药物开发的目标是设计高质量的产品，并且其生产工艺始终如一地提供产品的预期性能。实现这种一致性的唯一途径是从一开始就设计满足患者需求的产品，全面理解此产品和工艺，并建立合理控制的生产工艺。我们需要告诉全世界：质量不能是产品的检验结果，它必须成为产品设计的一部分。当然，大家都已熟知这一点，但是我们如何才能帮助这个行业从传统的三西格玛管理流程转向六西格玛呢？我们需要谈谈 Deming、Juran、Kaizen（译者注：这三位都是著名的质量管理专家）、风险评估、实验设计，甚至是"失败"试验的价值。我们需要允许业界分享他们丰富的知识，而不必担心会产生一份不断增加的监管问题清单，这些问题几乎没有任何价值，却延长了审批时间。

考虑到这些因素，EWG 起草了 ICH Q8 指导原则。鉴于传统开发工艺仍然重要，我们将新思想称为"加强型方法"，有意避开"质量源于设计"（quality by design，QbD）这一名称。尽管 Q8 终版通过审核并被采纳，但是很明显除了 EWG 外，无论是业界还是监管机构都明显没有对新范式有清晰的认识。我们被要求使用 Q8 附录来定义和举例说明 QbD，我们尽了最大努力，将传统方法与加强型的 QbD 方法进行比较。但是，尽管我们做了上述努力，并且后续工作组还做了其他努力（包括咨询文件和考虑重点），人们对 QbD 对制药行业的真正意义仍然存在困惑。

幸运的是，一些早期先行者的远见和实践给予了我们帮助。Q8 的第一部分墨迹未干，欧洲制药工业协会联合会的一个团队便开发了一个模拟部分 P2（示例），展示了 QbD 的一些关键要素，包括目标产品质量概况、风险评估、实验设计和设计空间。紧接下来是两个更全面的案例研究，用于讨论和教学。第一个是 ACE 片剂的案例，在很多方面都很有吸引力，并且探索了一些业界正在考虑的创新概念。第二个是 A-mAb 的案例，讨论了 QbD 原理在生物技术产品中的应用，在 FDA 推出其试点项目的同时，激发了业界和监管机构之间的大量讨论。其他案例研究，例如日本的 Sakura 模拟 P2 和 A-Vax（疫苗的 QbD）及几个模拟 ANDA 提交的报告，都加强了我们对商业和监管的理解和认识。

许多人认为化学原料药的 QbD 是明确的：动力学和热力学技术使我们能够在原有基础上快速地提供可扩展的合成。另外，药品开发仍然是技术与科学的复杂融合，这背后可能经常遇到挑战，即建立可靠模型来表达良好表征的、健全的制造工艺。对于生物制剂，这种情况可能恰恰相反。药物的实质是工艺：这些工艺往往是精心设计并采用前馈和反馈控制策略进行设计。虽然质量是从一开始就设计好的，但许多自由度和表征的困难意味着 QbD 原理的全面应用并不容易。关键质量属性的列表通常很广泛，我们通过分析技术将它们关联到关键工艺参数并转发给患者的能力通常并不容易，这使得设计空间的实现变得极具挑战性，特别是考虑到与设计空间移动相关的风险时尤其关键。但是将 QbD 原理应用于最终步骤（药物产品）要简单得多。

　　这是一本有见地的著作，收集了 QbD 在生物药产品中广泛应用的讨论和实践案例。对于那些仍然不清楚其商业利益的人来说，这是一个全新的领域，生物药产品的生产过程将使其认识并接受这种增强方法。风险、科学和工程都比我们行业的其他领域更容易理解。自由度是可控的。QbD 原理有助于开发有效的控制策略，可以说是精心策划和执行开发项目的最关键成果，包括实时发布的测试机会。

　　现在大多数领先的制药公司认为 QbD 是目前开发过程中的"常态"，越来越多的文献证明了 QbD 计划和文件所带来的商业利益，监管提交和批准的成功经验正在逐渐增长。可以肯定的是，在新范式下行业和机构都在经历着一段艰难的学习过程。但美国在小分子试点项目之后的生物制剂试点项目提供了有价值的认识和经验，其他地方也有类似举措。国际机构已经进行了联合评估和检查计划——我们的新范式将会继续存在，这本书的出版正是最佳时机。现在是时候全心全意地抓住机会，去做那些能激励我们所有人的伟大科学事业，并把这个方法全面地对接到监管机构。你还在怕什么呢？患者在等待。

John Berridge，Kent，UK

（john. berridge@orange. net）

原著主编简介

Feroz Jameel 博士 是安进公司（加利福尼亚州千橡市）注射产品和工艺开发的首席科学家，负责生物药产品的开发、优化、推广和生产。Feroz Jameel 于德里大学获得药学硕士学位，并在康涅狄格大学获得药学博士学位。他的出版文献包括一本合著书籍、一些参编书籍以及 40 多篇同行评审的稿件和报告。他曾在美国药学科学家协会（American Association of Pharmaceutical Scientists，AAPS）担任多个领导职位，包括冷冻和干燥技术组主席和应用 QbD 进行冷冻干燥的工业联盟的领导。他在冷冻干燥制剂和冻干工艺开发方面获得了两项专利。Feroz Jameel 博士由于在顶级期刊 *Journal of Pharmaceutical Science and Technology* 发表文章，获得了多个奖项，包括 AAPS 奖项和父母药物协会（Parental Drug Association，PDA）的弗雷德·西蒙奖，此外，他还多次主持了生物制品开发的专题讨论会。

Susan A. Hershenson 博士 是比尔和梅林达·盖茨基金会化学、生产和控制部门的副主任，主要致力于支持基金会资助的治疗项目的 CMC 发展和药物输送需求。她有多年的药物开发经验，领域涉及生物制剂、小分子、组合产品和药物传输系统。在加入盖茨基金会之前，她曾担任 Pharmaceutical Transformations 公司总裁，这是一家为制药、生物技术、给药技术和相关产业提供咨询服务的公司。她的客户包括广泛的生物技术、制药和给药技术公司，以及初创企业、风险投资公司、大学实验室和非营利组织。她曾在生物制药行业担任多个职位，其中包括基因泰克公司药品和设备开发副总裁以及安进公司制药副总裁。Hershenson 博士在她的职业生涯中为包括 BETASERON®、Stemgen®、Kepivance®、Aranesp®、Neulasta®、Sensipar®、Nplate®、Vectibix®、Prolia®、XGEVA® 和 Nutropin AQ NuSpin® 在内的众多治疗产品的开发和商业化做出了重大贡献，并支持开发了许多临床候选药物。她于耶鲁大学获得生物化学博士学位，并于旧金山加利福尼亚大学 Robert Stroud 博士的实验室博士后出站。Hershenson 博士积极参与出版和教学，在多个科学顾问委员会任职。

Mansoor A. Khan 博士 是美国食品和药物管理局（Food and Drug Administration，FDA）药品审评和研究中心的产品质量研究总监和高级生物医学科学家，他所在的海外研究团队从事生物技术产品、化学和稳定性、给药系统和生物利用度/生物等效性方面的研究。加入 FDA 之前，他曾任美国德州理工大学健康科学中心药学院教授和研究生部主任。他是一名注册药剂师，并在圣约翰大学药学院获得了工业药剂学博士学位。

他已经发表了超过 255 篇同行评议的稿件、4 本教材、25 个书目章节、200 份海报展示以及超过 175 份全球范围内的应邀报告。曾于 AAPS 担任多个领导职务，包括药剂学和药物输送（pharmaceutics and drug delivery，PDD）候任主席和处方设计和开发（formulations design and development，FDD）首任主席。他同时担任了 *Pharmaceutical Technology*、*the International Journal of Pharmaceutics*、*AAPS Pharmsci Tech* 和 *Drug Delivery and Translational Research* 的编委。

Sheryl Martin-Moe 博士 是位于加利福尼亚州帕洛阿尔托的 Enterprise Catalyst 公司的执行副总裁，

她为生物技术、制药和相关公司提供咨询服务，并在科学咨询委员会任职。她已经负责完成了90多种不同的药物和复方产品的开发。她在佛蒙特大学获得了细胞生物学博士学位，并在加州大学伯克利分校进行了生物化学方向博士后研究。她曾任职于 Sterling Drug 公司的研究部门，并在 Centocor、Bayer 和 Genentech 的多个开发和运营领域担任管理职位，目前兼任德国巴塞尔诺华生物制药的全球药物开发总监。她申请了2项授权专利，参编了学术专著的2个章节、发表了21篇文章并应邀报告，其中1篇文章获 PDA 的弗雷德·西蒙奖。Martin-Moe 博士曾经是 CMC 生物技术工作组的成员，并合著了 QbD 的 A-mAb 案例研究。

目　录

第1章
生物技术药物质量源于设计（QbD）的机遇与挑战

Cyrus Agarabi，Mansoor A. Khan and Rakhi B. Shah
郑爱萍　译，高静　校

1.1　引言

　　生物技术产品开发的目标是设计和建立一个稳定的处方组成和生产工艺，始终如一地、可靠地满足质量标准以实现治疗目的。传统上，产品只有在成功地进行"最终产品测试"后才会上市，但随着"质量源于设计"（quality by design，QbD）的引入（ICH Q8 2009），产品的质量标准需要通过设计注入产品，而不能仅仅在最终产品检验阶段满足质量标准。基于适当的质量风险管理原则（ICH Q9 2005、ICH Q10 2008）的科学技术，以及通过工艺分析技术（process analytical technology，PAT）原则（PAT 指南，2004）增强对工艺和产品的掌控，可以为生物技术产品（biotech product）生产提供优于传统方法的优势（表 1.1）。

　　生物加工一般分为两个阶段：生产药物活性生物成分，即原料药（drug substance，DS）和生产成品药物的灌装加工。在本章中，术语"生物技术分子和蛋白质"仅限于单克隆抗体或治疗性蛋白质。

　　这些活性生物成分比小分子更复杂，因为它们的生物活性需要独特的三维结构构象。此外，蛋白质在整个生物加工过程中容易降解；例如脱酰胺、氧化、水解、聚集和变性，这些可能导致活性丧失和（或）引起免疫反应。在生物合成过程中，蛋白质常常在上游原料药处理过程中经转录后修饰，转录后修饰的位点可能会发生变化，并有可能产生一种具有多种形式的蛋白质，例如一种单克隆抗体的各种糖基化形式。这种结构异质性有时是不可避免的，并且在整个原料药和药品（drug product，DP）生产过程中处理此问题是较为困难的。

　　由于复杂的理化性质和稳定性问题，大多数生物技术产品通过注射途径给药，其中静脉和皮下是最常见的给药途径。生物技术成品药物在注射前可以大致分为液体制剂和冻干制剂两种类型。相对于小分子来说，生物技术药物的灌装加工不涉及复杂的多步骤工艺（冷冻干燥除外）。由于分子的复杂性，持续生产高质量的生物技术药物是一个巨大挑战。对于所有的生物制药科学家来说，以最少的或没有失败的批次生产出一致的产品质量是他们的目标。不合格的或失败的批次不仅会导致收入损失，还会引起利益相关方和用户的负面评价。因此，QbD 原则是基于这样一种理念，即质量不是通过检验注入产品而是通过设计赋予的。即使几个 QbD 要素的科学技术仍在发展中，但它仍然可以为复杂的蛋白质产品生产提供优势保证。QbD 在生物技术产品中的应用并不简单，存在的主要挑战包括：①生物技术原料药的结构复杂性；②缺乏对原料药与辅料之间相互作用的了解；③健全生物技术药物的临床相关规范；④构建多种规模生物技术产品的多维设计空间。

表 1.1   传统和 QbD 范式下药物开发的基本特点（ICH Q8 2009）

基本方面	传统特点	QbD 特点
药物开发	经验主义的；单变量试验	系统的；多变量实验
生产工艺	工艺固定；最初三个完整生产的批次的验证；重点在重复性方面	在设计空间内调整；不断验证；关注控制策略和鲁棒性
工艺控制	过程中检测，确定继续/停止；离线分析/慢响应	利用 PAT 进行反馈和实时预测
产品质量标准	主要是基于批数据的质量控制	整体质量控制策略的一部分；基于需求的产品性能
控制策略	主要是通过中间体和终产品的检验来进行控制	基于风险的；控制向上游迁移；实施放行
生命周期管理	对问题和超规的反应；必要的上市后变更	在设计空间内不断提高

尽管面临诸多挑战，生物技术行业和监管机构仍有可能通过采用 QbD 原则达到共赢（Rathore and Winkle 2009；Rathore 2009；Shah et al 2010）。2008 年，FDA 在小分子 QbD 志愿项目（FDA notice，2008）成功之后宣布了一项关于在 QbD 模式下自愿提交生物技术药品申请的美国联邦注册试点项目的通知。

1.2   QbD 在生物制药中的实施

QbD 的实施是一个多步骤的方法，ICH 指导文件对它给出了明确的定义（ICH Q8 2009，ICH Q9 2005，ICH Q10 2008）。如图 1.1 所示，这是一个迭代的风险评估过程，高质量目标产品的概况是预先设定的。QbD 原则有助于理解关键质量属性（critical quality attribute，CQA）、工艺参数以及处方或工艺变化对 CQA 的影响。通过风险管理和统计方法可以构建设计空间，然后进行生物工艺制造。下文将对液体制剂或冻干制剂的生物技术原料药和药品的总体方法进行详细介绍。

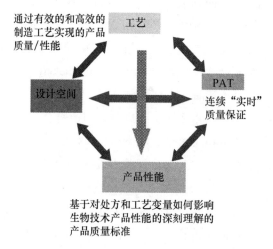

图 1.1   生物工艺的质量路线图

1.2.1   原料药的制备

图 1.2 是一个包含原料药生产的单元操作的例子。该过程始于细胞从细胞库中解冻，随后细胞通过不同规模的生长和增殖进入商业规模的生物反应器。细胞培养过程完成后，将材料从反应器中取出并离心浓缩。浓缩物通常通过色谱方法净化和纯化，剔除不需要的宿主细胞蛋白和其他杂质，得到纯蛋白质。图 1.2 中列出的分析方法是整个原料药生产过程各种单元操作可能用到的技术范例。在细胞培养过程中，培养基组成、pH、溶解氧（dissolved oxygen，DO）、氨基酸（amino acid，AA）分析、光密度（optical density，OD）、活细胞密度（viable cell density，VCD）和尾气分析等可用于生物反应器参数的内嵌式、联机式或离线式监测。尺寸排阻色谱法（size exclusion，SEC）、阳离子交换色谱法（cation exchange，

CEX）和脉冲安培检测器（pulsed amperometric detector，PAD）的阴离子交换（anion exchange，AEX）色谱法通常用于离线研究。虽然 QbD 理念可用于所有的单元操作，但搅拌罐式生物反应器的细胞培养是特别值得关注的领域。由于使用生物系统生产活性生物材料的高成本和复杂性，以及潜在的不可逆损害可能会流向最终的药品，因此亟须建立 QbD 理念加深对工艺的理解。

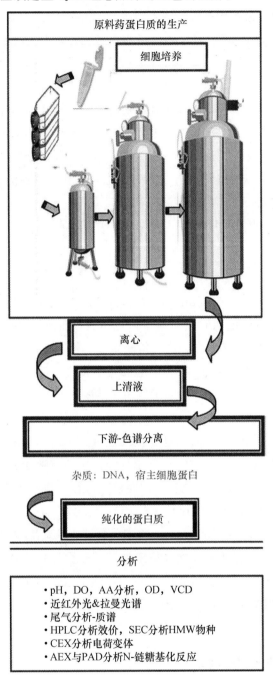

图 1.2　原料药生产的单元操作和分析技术概述。DO，溶解度；AA，氨基酸；OD，光密度；VCD，活细胞密度；HPLC，高效液相色谱法；SEC，尺寸排阻色谱法；CEX，阳离子交换色谱法；AEX，阴离子交换；PAD，脉冲安培检测器。

1.2.2　液体制剂

在下游纯化过程结束时，许多生物制品被制成液体制剂。液体制剂制备涉及原料药与 pH 调节剂、强化剂、稳定剂、表面活性剂、螯合剂等在内的其他辅料的混合，然后进行过滤、灌装/精加工操作。生产线末端的检测是以自动化模式进行的，使用自动化机器来保证溶液的澄清度（Knapp and Abramson

1990）。各种缓冲体系中 pH、离子强度、稳定剂和防腐剂在保质期内的稳定性是一项重要的质量属性。此外，液体制剂的递送系统也趋向于更加复杂化，如预充式注射器。预充式注射器是一种单剂量单位的生物产品，将一次性注射器作为液体药品的内包装，不需要将药品从药瓶中吸出的预注射步骤，以使患者的用药剂量更准确。这样可以消除由于药瓶过度填充导致的浪费，更容易操作，更便于患者使用。但是，药品与注射器材料的相互作用对这种递送系统提出了技术挑战（Soikes 2011）。因此在一个系统的 QbD 开发中，注射器材料的生物相容性、稳定性和安全性应成为生物技术药物新型递送系统必不可少的部分。

1.2.3   冻干制剂

冻干或冷冻干燥是一种低温干燥，可将热不稳定物质由溶液转化为固体。对于生物技术原料药来说，如果药物分子在液体中不稳定，则可使用此工艺来延长产品的保质期。冻干是一个多步骤的工艺，包括：①冷冻；②初级干燥；③二级干燥。在该工艺中会发生相变，这对生产过程中分子稳定性的维持提出了特殊挑战。以下部分描述了 QbD 理念对冻干工艺的益处以及遇到的一些挑战。

1.3   生物技术产品 QbD 面临的挑战和机遇

1.3.1   生物制剂的目标产品质量概况和关键质量属性

目标产品质量概况（quality target product profile，QTPP）被定义为"药品质量属性的一种前瞻性总结，具备这些质量属性才能确保预期的产品质量，包括药品的安全性和有效性"（ICH Q8，2009）。QTPP 应考虑的因素包括给药途径、剂型和强度、给药系统、容器密封系统、影响药代动力学特征的属性和药品质量标准。生物技术液体制剂的 QTPP 通常包括澄清度、不溶性微粒、pH、浓度、生物活性、无菌、稳定性、颜色和气味等。对于冻干产品，除了适用于液体制剂的要求外，QTPP 还包括滤饼外观、重组时间、水分含量等方面的要求。

QTPP 确定后，下一步就是确定相关的关键质量属性（critical quality attribute，CQA）。CQA 被定义为"某种物理、化学、生物学或微生物学的性质或特征，应当有适当限度、范围或分布以保证预期的产品质量"（ICH Q8 2009）。对于原料药、辅料、中间体（过程物质）和药品的 CQA 可以根据先前的经验或从实验设计中确定。关键的考虑因素是评估单个 CQA 变化对药品总体质量的影响程度。可能的原料药物 CQA 包括宿主细胞蛋白（host cell protein，HCP）含量、糖基形成/异质性、聚集性、效力和效价等。对于液体制剂来说，这些可能包括澄清度、稳定性、无菌性等。此外，对于预充式注射器，需要充分研究包装（即注射器材料）与药品之间的相容性。CQA 通常被认为是 QTPP 的一个子集。对于冻干产品，除了列出的液体制剂的关键属性外，还可能包括重组时间。因此，一个产品可能存在多个 CQA，并且在应用风险评估原则或其他 QbD 工具时可能会变得非常复杂。

1.3.2   制定生物技术药品的规格

传统的生物技术药品规格是根据最终产品测试而非产品设计制定的。在科学和基于风险的先进方法下，QbD 可以根据用户的需求来制定规格，而不是根据当前的生产状态。"规格"被定义为一系列参照分析程序的测试和适当的数值验收标准或其他类型的验收标准（ICH Q6A 1999）。对于生物技术药品而言，符合规格意味着当按照所列分析程序进行测试，液体或冻干产品要符合所列验收标准。

对于液体或冻干生物技术药品，依据原料药聚集过程与产品性能的相关性，其聚集过程可以进行工艺中间测试，也可以作为释放测试来执行。规格的合理性应包括与性能、稳定性、安全性、有效性等各个相互关联的方面。因此 QbD 有助于为生物技术药品制定临床相关或有意义的规格。

1.3.3　生物制剂质量风险管理

质量风险管理（quality risk management，QRM）有助于识别和控制生物技术药品从早期开发阶段到市场营销和大规模生产中的潜在质量问题，提供了更高层次的产品质量保证、节约了成本、提高了工业和监管机构的效率。对于赞助商来说，它促进了创新、提高了生产效率、降低了成本和产品报废率、消除或最小化了潜在的合规行为、增加了首轮审批许可的通过率并简化了审批后的变更和监管流程，它还提供了持续性改进的机会。对于监管机构来说，它有助于更集中的检查并减轻审批后补充资料的负担。

最令人畏惧的风险因素是那些很少发生、但对产品造成灾难性影响、并在发现时已无法挽救的风险因素。如生物反应器的微生物或病毒污染如果处理不当可能会导致制造商停产。在风险评估中，必须了解污染的原因，例如：设备清洗/灭菌不当、操作人员的消毒技术不当、取样过程中的污染。通过在开发过程中识别潜在的故障模式，可以建立适当的防护措施和风险消减技术。

对于液体药品，开发稳定的溶液处方面临的挑战包括多种降解途径和对该药物分子的化学修饰。因此在生物技术液体药品的 QRM 全过程中，稳定性风险的评估具有重要的意义。此外，辅料的处方、工艺因素以及容器密封系统对分子的稳定性也起着重要作用。初始风险评估可以通过各种方法进行，其中之一是使用石川图或鱼骨图。

对于冻干药品，可对所有已确定的 CQA 进行风险评估，包括但不限于滤饼外观、重组时间、含水量、稳定性、效力等。图 1.3 提供了一个风险评估的例子。一旦进行了初始风险评估，就可以确定所有可能影响 CQA 的因素。然而，为了管理和控制那些构成重大风险的因素，经常会进行风险分析。该过程根据严重性（影响）和发生率（频率）以及在发生风险时的可检测性来评分。风险优先值（risk priority number，RPN）评分方法如下所示。

$$风险优先值＝严重性×发生率×可检测性$$

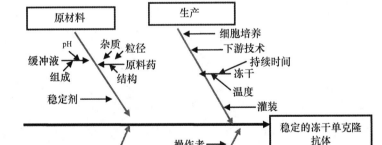

图 1.3　生物技术冻干药品稳定性的 CQA 鱼骨图（石川图）

对严重性、发生率和可检测性进行评级往往具有挑战性，特别是在对产品或工艺缺乏系统知识的情况下。每次都应该使用一致的量表来防止偏差或变异结果（表 1.2）。通常情况下，低分数可以根据经验、文献或专业知识来证明。然而，因为这项操作是在没有任何事先试验的情况下完成，所以通常是半定量的。一旦试验值可用，其定量将更准确，这也是关注高风险因素非常有用的工具。风险评估和风险数量级的再赋值评分是一个迭代的过程，随着更深入地了解风险因素对 CQA 的影响，模型也将不断得到改进和更新。

表 1.2 基于严重性、发生率和可检测性分级的风险优先值评分（ICH Q9 2005）

等级	严重性	发生率	可检测性
1	最小或无影响	不会发生	高
2	轻微的影响	低可能性	中等
3	影响适中；可能解决	比较可能发生	中等
4	不可接受的影响；可能解决	高可能性	低
5	不可接受的影响；没有替代方案	近乎必然发生	没有

[a]风险优先值（RPN）得分（严重性×发生率×可检测性）在 1～125 范围内变化

1.3.4 生物制剂设计空间

在 QRM 之后，一旦识别出危险因素并确定优先次序，统计学方法可能有助于以多维方式进行试验，这对于设计空间的确定尤其重要。设计空间被定义为：输入变量（如物料属性）与保证质量的工艺参数之间的多维组合和相互作用（ICH Q8 2009）。设计空间由申请者提出并需经监管机构批准。生物工艺设计空间的开发需要对开发和常规生产过程中获得的工艺数据以及来自试验统计设计的数据进行仔细地分析，以开发适当的工艺模型并预测工艺性能。

实验设计（design of experiment，DoE）有助于理解工艺和（或）处方因素对 CQA 的影响。试验设计已经以双通路方法用于小分子（Zidan et al. 2007；Shah and Khan 2005；Shah et al. 2004；Nazzal et al. 2002）。在这种方法中，首先使用 DoE 筛选确定输入因素对因变量的主要影响，然后对影响最大的因素可以使用最优化的或更高分辨率的 DoE 进一步研究。在响应层面的 DoE 中，可以多维方式研究 3 个或 4 个因素。这种研究方式除了主要效应外，还可以提供输入因素的交互作用。在创建设计空间时，破解主效应和交互效应的影响至关重要。

由于在大生产规模上进行试验的成本惊人，因此必须建立可以准确反映商业工艺的实验室规模系统。高通量耐用低容量并联设备已经被广泛采纳，其中包括支持 DoE 和 QbD 理念的性价比高的系统设备（Rao et al. 2009）。微反应器和 100 ml 以下搅拌槽组件已经被研究用于快速筛选，并在可扩展性方面显示出了良好前景。尽管如此，在模拟气体的等效控制方面小容积仍然存在很大障碍，易造成过量的泡沫和不均匀的气体分布（Chen et al. 2009）。

在实验室规模上，市售细胞培养反应器的工作体积范围从约 100 ml 到 14 L。通过计算体积传质系数（K_La）的值可以对氧质量传递速率进行数学建模，利用此方法以实验室生物反应器为模型对商用反应器进行建模，以指导工艺规模的扩大生产（Garcia-Ochoa and Gomez 2003）。在一个 2 L 生物反应器的案例中，在试验中与 15 L 和 110 L 反应器进行了比较评估，并且对 2000 L 反应器操作进行了模拟（Zhang and Mostafa 2009）。作者成功地使用了部分因子试验设计，对平行 2 L 反应器的温度、pH 和 pH 变化进行了克隆选择和工艺优化，并最终将其转化为商业规模。

此外，还有很多其他确定设计空间的方法，其中包括第一原理计算方法，即将试验数据和化学、物理学和工程学机制知识结合起来用于建模和预测性能。当在实验室规模上进行试验时，放大相关性也同样很重要，进行更大规模的验证试验，以便在不同的规模上更强地关联设计空间。

1.3.5 生物工艺参数和控制

在 FDA 于 2004 年 9 月发布指导文件（PAT 指南 2004）后，工艺分析技术（PAT）一直蓬勃发展。PAT 的基本要素是增加对工艺的理解和控制，它有助于在发布前对产品质量进行验证。控制策略被定义为"来源于对当前产品和工艺理解的一系列有计划的控制措施，用于确保工艺性能和产品质量"（PAT 指南 2004）。对于生物技术药品，通过拓宽工艺知识和使用各种工具增加对优化工艺控制的理解，PAT 提供了提高产品质量和一致性以及降低产品风险的可能性。PAT 有可能提供"实时发布"（real time release，RTR）机制来代替最终产品测试。在 RTR 中，物料属性与工艺参数一起被测量和控制。物料属性可以使用直接或间接过程分析方法进行评估。然而对于生物工艺来说，由于产品的复杂性，获得 RTR 是一项具有挑战性的工作。生物工艺需要更多的研究以帮助监测和控制生产工艺。

在细胞培养过程中，每个细胞系都需要一种独特的营养素、缓冲液和其他添加剂组成的混合物，以生产具有理想的 CQA 和高成本效益的高活性蛋白质。各种各样的供应商生产化学成分明确的培养基，在开发阶段进行评估，以研究初始和过程中加料的影响。在需要大规模培养基的商业规模的情况下，通常更经济的做法是配制含有必需营养素和添加剂的培养基，并为每个细胞系培养设计一种量身定制的培养策略。独立式或与自动进样器相接口的营养分析仪采用电化学传感器，通常用来测量葡萄糖、谷氨酰胺、谷氨酸、乳酸、铵、钠、钾、离子钙、氧分压（PO_2）、二氧化碳分压（PCO_2）、pH，并利用冰点下降来测量渗透压。

用于细胞培养饲养策略的氨基酸在线高效液相色谱法（HPLC）已有超过 15 年的历史（Kurokawa et al. 1994），它对在加工过程中营养消耗的量化起着举足轻重的作用。通过自动进样器编程实现氨基酸自动衍生化的 HPLC 技术的发展，减少了对于繁琐的离线手动样品制备的需求（Frank and Powers 2007），并支持自动化反馈循环策略。营养消耗模式的量化是开发附加功能的必要组成部分，这需要建模和化学计量学知识，而不能采用直接测量浓度的方法。一个突出的例子是近红外（near-infrared，NIR）光谱，许多学者已经将其作为在线监测生物反应器内细胞培养过程的工具进行了研究。它通常被用来研究常见成分（如葡萄糖、谷氨酰胺和乳酸）的定量检测，并根据市售营养分析仪对其进行评估。更先进的模型已经评估了生物量（Tosi et al. 2003），如蛋白质滴定仪（Mattes et al. 2007），以及倍增 NIR 探针在 DoE 研究中的应用（Roychoudhury et al. 2007）。与 NIR 相关的一个挑战是它对水的敏感性，这导致了在 1400 nm 和 1900～2100 nm 处有大量的水吸收峰，这有可能会限制 NIR 在细胞培养水溶液中的应用。营养物质的峰值重叠也被认为是 NIR 的一个复杂问题，有可能进一步限制该技术的应用（Arnold et al. 2002）。

拉曼光谱技术不受水的影响，已成为一种潜在的替代 NIR 进行细胞培养监测的光谱学技术，并且它已被证明是能够实时监测营养物消耗的出色在线工具。已有学者研究采用多重拉曼系统定量检测葡萄糖、乳酸、谷氨酸、铵等常用培养基成分以及渗透压和活细胞密度（VCD）（Moretto et al. 2011）。但该技术的应用仍然受到限制，有待进一步研究。

液体制剂加工过程中的工艺参数包括混合时间、速度、混合温度、保温时间和辅料质量。过滤单元操作的工艺参数包括滤过压、流速和聚合水平或过滤类型等在内需要控制的属性（Sharma et al. 2008），压力表和流量计已被用于控制过滤装置的运行（Sharma et al. 2008）。对于灌装单元操作来说，工艺参数包括灌装重量/体积、灌装温度、药瓶尺寸、灌装速度等。文献（Aldridge 2007）中引用了天平甚至核磁共振（nuclear magnetic resonance，NMR）以实现更精确的监测。其中一些工艺控制技术很容易适应各种规模，例如自动化检查、压力表、称重等。然而，由于测量所需时间和专业知识，诸如 NMR 这样的复杂技术在商业规模上的应用有一定局限性。

对于冻干制剂而言，最佳冷冻干燥工艺依赖于对处方和工艺参数的关键特性理解以及该信息在工艺设计中的应用。关键处方性质包括制剂的崩解温度、药物的稳定性以及所用辅料的性质（Tang and Pikal 2004）。在玻璃化温度以上，冷冻干燥的滤饼是物理不稳定的，这可能导致制剂中的一种或多种化合物结晶或滤饼收缩。稳定性问题对生物技术药品尤其重要，因为一些生物技术药品可能对冷冻干燥所施加的压力敏感，并可能在该过程中降解或分解。此外，适当的辅料选择与工艺之间的相互作用对产品的质量和稳定性有着重要影响。玻璃化转变温度可受水分含量和辅料选择的影响。

在线和内嵌测量传感器可以作为工艺的"眼睛"来监测生产过程中发生的实时现象（Shah et al. 2011），这是生产过程中所必需的。这些技术在液体或冻干制剂生产工艺中至关重要。据文献报道，多种不同类型的传感器被考虑用于监测冷冻干燥工艺（Tang et al. 2006a，b，c；Roy and Pikal 1989；Schwegman et al. 2007；Read et al. 2010）。压力温度测量法（manometric temperature measurments，MTM）是一种在初级干燥过程中快速将冷冻干燥室与冷凝器隔离并随后对此期间的压力上升进行分析以在升华界面测量产品温度的方法（Tang et al. 2006a，b，c）。该方法相对容易操作，并能实时获得产品干层阻力数据。图1.4显示了一个模型单克隆抗体处方研究中的冷冻干燥工艺曲线。MTM对于检测初级干燥的终点是有用的，它将3对热电偶放置在药瓶中并使用皮拉尼真空计和电容式压力计读数。尽管MTM通常仅限于实验室规模的冷冻干燥测量，但它也有可能应用于更大规模的测量。

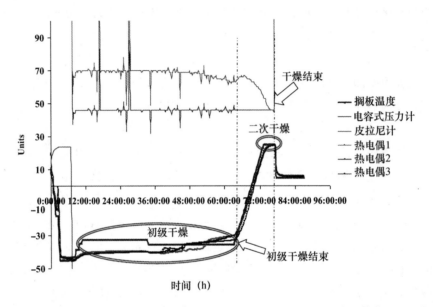

图1.4 利用电容式压力计、皮拉尼计和热电偶进行在线监测的生物技术单克隆抗体药品工艺控制的冻干图

虽然PAT仍然是一个发展中的技术领域，但是我们相信，随着时间的推移，它可能会被视为一项推动生物制药行业创新、高效和发展的技术。

1.4   总结

QbD方法学通过识别和论证目标产品概况，以及利用对产品和工艺的理解来获得具有适当控制策略的预设技术规范，来保证控制状态。这为"实时发布"和减少补充申请提交负担提供了持续改进的潜在途径。鉴于QbD需要重大的文化变革，监管机构、行业和学术界需要以多学科的方式共同努力，使QbD在生物技术药品生产方面取得成功。

参考文献

Aldridge S (2007) Moving biotechnology forward with PAT: being proactive instead of passive is the cornerstone of Process analytical technology. Genet Eng Biotechnol News 27:9–15

Arnold SA, Gaensakoo R, Harvey LM, McNeil B (2002) Use of at-line and in-situ near-infrared spectroscopy to monitor biomass in an industrial fed-batch *Escherichia coli* process. Biotechnol Bioeng 80:405–413. doi:10.1002/bit.10383

Chen A, Chitta R, Chang D, Amanullah A (2009) Twenty-four well plate miniature bioreactor system as a scale-down model for cell culture process development. Biotechnol Bioeng 102:148–160. doi:10.1002/bit.22031

FDA (2004) *Guidance for Industry. PAT—A Framework for Innovative Pharmaceutical Development, Manufacturing, and Quality Assurance.* http://www.fda.gov/cder/guidance/6419fnl.pdf

FDA notice (2008) Submission of quality information for biotechnology products in the office of biotechnology products: notice of pilot program. Fed Regist 73(128):37972–37974

Frank MP, Powers RW (2007) Simple and rapid quantitative high-performance liquid chromatographic analysis of plasma amino acids. J Chromatogr B Analyt Technol Biomed Life Sci 852:646–649. doi:10.1016/j.jchromb.2007.01.002

Garcia-Ochoa F, Gomez E (2003) Bioreactor scale-up and oxygen transfer rate in microbial processes: an overview. Biotechnol Adv 27:153–176. doi:10.1016/j.biotechadv.2008.10.006

ICH Q6A (1999) Specifications, Test procedures and acceptance criteria for new drug substances and new drug products: chemical substances, International Conference on Harmonisation, October

ICH Q8(R2) (2009) Pharmaceutical development, International Conference on Harmonisation, August

ICH Q9 (2005), Quality risk management, International Conference on Harmonisation, November

ICH Q10 (2008) Quality systems, International Conference on Harmonisation, June

Knapp JZ, Abramson LR (1990) Automated particulate inspection systems—strategies and implications. J Parenter Sci Technol 44:74–107

Kurokawa H, Park YS, Iijima S, Kobayashi T (1994) Growth characteristics in fed-batch culture of hybridoma cells with control of glucose and glutamine concentrations. Biotechnol Bioeng 44:95–103. doi:10.1002/bit.260440114

Mattes R, Root D, Chang D, Molony M, Ong M (2007) In situ monitoring of CHO cell culture medium using near-infrared spectroscopy. BioProcess Int 5:46–51

Moretto J, Smelko JP, Cuellar M, Berry B, Doane A, Ryll T, Wiltberger K (2011) Process Raman spectroscopy for in-line CHO cell culture monitoring. Am Pharm Rev 2011:18–25

Nazzal S, Nutan M, Palamakula A, Shah RB, Zaghloul AA, Khan MA (2002) Optimization of a self-nanoemulsified tablet dosage form of Ubiquinone using response surface methodology: effect of formulation ingredients. Int J Pharm 240:103–114. doi:10.1081/CRP-200050003

Rao G, Moreira A, Brorson K (2009) Disposable bioprocessing: the future has arrived. Biotechnol Bioeng 102:348–356. doi:10.1002/bit.22192

Rathore A (2009) Roadmap for implementation of quality by design (QbD) for biotechnology products. Trends Biotechnol 27:546–553. doi:10.1016/j.tibtech.2009.06.006

Rathore A, Winkle H (2009) Quality by design for biopharmaceuticals. Nat Biotechnol 27:26–34. doi:10.1038/nbt0109-26

Read EK, Shah RB, Riley B, Park J, Brorson K, Rathore A (2010) Process analytical technology (PAT) for biopharmaceutical products: concepts and applications II. Biotechnol Bioeng 105:285–295. doi:10.1002/bit.22528

Roy ML, Pikal MJ (1989) Process-control in freeze-drying—determination of the end-point of sublimation drying by an electronic moisture sensor. J Parenter Sci Technol 43:60–66

Roychoudhury P, O'Kennedy R, McNeil B, Harvey LM (2007) Multiplexing fibre optic near infrared (NIR) spectroscopy as an emerging technology to monitor industrial bioprocesses. Anal Chim Acta 590:110–117. doi:10.1016/j.aca.2007.03.011

Schwegman JJ, Carpenter JF, Nail, SL (2007) Infrared microscopy for in situ measurement of protein secondary structure during freezing and freeze-drying. J Pharm Sci 96:179–195. doi:10.1002/jps.20630

Shah RB, Khan MA (2005) Oral delivery of salmon calcitonin with ovomudoids. Am Pharm Rev 8:45–47

Shah RB, Nutan MT, Reddy IK, Khan MA (2004) An enteric dual-controlled gastrointestinal therapeutic system of salmon calcitonin. II. Screening of process and formulation variables. Clin Res Reg Affairs 21:231–238. doi:10.1081/CRP-200050003

Shah RB, Park J, Read EK, Khan MA, Brorson K (2010) Quality by Design (QbD) in Biopharmaceutical Manufacture. In: Flickinger M (ed) Encyclopedia of industrial biotechnology: bioprocess, bioseparation, and cell technology. Wiley, New Jersey

Shah RB, Brorson K, Read E, Park J, Watts C, Khan MA (2011) Scientific and regulatory overview of PAT in bioprocesses. In: Undey C, Low D, Menezes JMC, Koch M (eds) Process analytical technology applied in biopharmaceutical process development and manufacturing. Taylor and Francis Group LLC, Florida

Sharma A, Anderson S, Rathore AS (2008) Filter clogging issues in sterile filtration. BioPharm Int 21:53–57

Soikes R (2011) Prefilled syringes: challenges, innovations, and market. Pharm Technol Eur 23:7

Tang XL, Pikal MJ (2004) Design of freeze-drying processes for pharmaceuticals: practical advice. Pharm Res 21:191–200. doi:10.1023/B:PHAM.0000016234.73023.75

Tang XL, Nail SL, Pikal MJ (2006a) Evaluation of manometric temperature measurement, a process analytical technology tool for freeze-drying: Part I, product temperature measurement. AAPS PharmSciTech 7:E95–E103. doi:10.1208/pt070114

Tang XL, Nail SL, Pikal MJ (2006b) Evaluation of manometric temperature measurement, a process analytical technology tool for freeze-drying: Part II measurement of dry-layer resistance. AAPS Pharmscitech AAPS PharmSciTech 7:E104. doi:10.1208/pt070493

Tang XL, Nail SL, Pikal MJ (2006c) Evaluation of manometric temperature measurement (MTM), a process analytical technology tool in freeze-drying, Part III: Heat and mass transfer measurement. AAPS PharmSciTech 7:E105–E111. doi:10.1208/pt070497

Tosi S, Rossi M, Tamburini E, Vaccari G, Amaretti A, Matteuzzi D (2003) Assessment of in-line near-infrared spectroscopy for continuous monitoring of fermentation processes. Biotechnol Prog 19:1816–1821. doi:10.1021/bp034101n

Zhang D, Mostafa S (2009) Creation of a well characterized small scale model for high-throughput process development. BioProcess Int 7:28–31

Zidan AS, Sammour OA, Hammad MA, Megrab NA, Habib MJ, Khan MA (2007) Quality by design: understanding the formulation variables of a cyclosporine A self-nanoemulsified drug delivery systems by Box-Behnken design and desirability function. Int J Pharm 332:55–63

第 2 章

生物技术药物办公室提交的 QbD 试点计划中单克隆抗体应用的经验总结

Barbaral. Rellahan，Steven Kozlowski and Patrick Swann

郑爱萍　译，高云华　校

2.1　引言

2002 年，美国食品和药品管理局（Food and Drug Administration，FDA）制定了 21 世纪动态药品生产管理规范（current Good Manufacture Practices，cGMP）——一种以风险为基础的方法，旨在确保产品评审和检查程序以协调一致的方式进行。该程序鼓励采用现代和创新的生产技术，如 Janet Woodcock 在 2005 年 10 月的 FDA-ISPE 研讨会（AAPS 2005）上所述，鼓励制药产业要同时做到"效率最高、敏捷和灵活"并且在"没有广泛监管"下生产高质量药品。其目标是创建一个系统，该系统将质量设计到产品中，而不是靠单独的检测来保证产品质量。Woodcock 博士进一步表示，在理想状态下，制造商应该对他们的产品和工艺的关键要素有深刻的了解并且不断努力改进。该举措的一个重要目标是促进制药行业应用现代质量管理技术，包括实施高质量的系统方法，应用于药物生产和质量保证的各个方面，并鼓励实施以风险为基础的方法，集中于商业和机构关注的关键领域。为了实现这些目标，质量源于设计（QbD）、风险管理和质量体系方法的概念应该被付诸实践（FDA 2009a，b，c，2012）。

2.2　生物技术产品的 QbD

ICH Q8（R2）将 QbD 定义为"一种系统的产品研发方法，以预先设定目标为起始，基于可靠的科学和质量风险管理，强调对产品和生产工艺的理解以及对工艺的控制"（FDA 2009c）。QbD 需要投入大量的资源去深入了解产品质量以及生产工艺如何影响产品质量。继而，这些知识被用于将产品质量构建到工艺中，而不是简单地通过测试来确认产品质量（Rathore and Winkle 2009）。

由于生物技术产品高度的物理化学复杂性和固有的异质性，与大多数小分子药物相比，生物技术产品 QbD 的实施更加困难。生物技术产品的分子复杂性对识别影响有效性和安全性的产品属性以及识别影响产品质量的生产参数都提出了挑战。单克隆抗体（monoclonal antibody，mAb）产品代表了一种独特的生物技术分类，其中大多数具有共同的结构，这使得开发稳健的平台制造工艺成为可能。平台制造在 ICH Q11 中被定义为"开发一种新药的生产战略过程，类似于那些由同一申请人用于生产其他同类型药物的生产工艺（例如，使用预先确定的宿主细胞生产 mAb，关于细胞培养和纯化的工艺已经存在相当丰富的经验）。"第一种 mAb 产品在 25 年前获得了 FDA 的上市许可，自此后人们投入了大量资源去理解

mAb 属性的结构和功能的关系。这个知识库和利用平台制造知识从一个 mAb 产品应用到另一个 mAb 产品的能力鼓励了对 mAb 产品 QbD 方法的投资。

虽然 FDA 实际上将 QbD 原则应用于新药临床申请（Investigation New Drug，IND）和生物制品许可申请（Biological License Applications，BLA）的产品特征描述和工艺开发，但大多数提交并未使用指南中描述的所有 QbD 概念（例如设计空间）。为了有利于更全面地实施生物技术产品的 QbD，OBP 于 2008 年 7 月启动了 QbD 试点项目（FDA 2008）。该试点项目旨在为 OBP 监管的蛋白质产品定义临床相关属性并将其与生产工艺联系起来。该项目认为 QbD 在补充文件中的单元操作方法和原始 BLA 方法一样。它还打算探讨在 21 CFR 314.70（e）和 601.12（e）中扩展相关的变更协议要求。试点项目接受了 6 个原始 BLA 申请和 4 个审批后的补充文件。该项目有助于 FDA 加深对 QbD 将如何应用于生物技术产品的理解以及建立预期目标。此外，CASSS 和 ISPE 于 2009 年 10 月发布了 A-mAb 案例研究（CASSS and ISPE 2009）。A-mAb 案例研究举例说明了一种虚拟 mAb 产品的原料药和药品设计空间的开发，为讨论 QbD 概念应用于生物技术产品的途径提供了一个非常有用的工具。

尽管使用先进的 QbD 概念（如实施设计空间和扩展变更协议）是可选方法，但使用某些 QbD 要素，如开发目标产品质量概况（quality target product profile，QTPP）、识别和（或）评估关键质量属性（critical quality attribute，CQA）和控制策略，也是监管机构的期望（http：//www. fda. gov/downloads/AboutFDA/Centers Offices/OfficeofMedicalProductsandTobacco/CDER/ManualofPoliciesProcedures/UCM242665. pdf）。风险评估是识别 CQA 以及设计控制策略的重要工具。如 ICH Q8（R2）中所述，QbD 的实施应由 QTPP 的开发开始，随后是确定 CQA。其中，QTPP 确定了药品的质量特征，理想状态下这些质量特征必须实现以确保质量。无论是否有意使用更先进的 QbD 概念，这些标准的 QbD 概念都应纳入产品开发。

从 A-mAb 案例研究中得出的一个关键经验是：药品（drug product，DP）生产工艺可以被看作开发和利用先进 QbD 概念的一个重要机遇。药品工艺通常远不像典型的生物技术原料药工艺那么复杂，它由几个操作（例如混合、无菌过滤和灌装）组成，不同产品之间的这些操作往往非常相似或相同。这种相似性可以将工艺知识从一个产品转移到另一个产品，从而促进了包括 QbD 要素在内的增强型控制策略的开发。此外，虽然控制不佳的药品生产工艺会对产品质量产生负面影响，但药品工艺一般不涉及提高产品纯度和质量步骤（可能无菌步骤除外）。因此，风险评估和工艺特性与设计几乎可以完全集中在产品质量的维护上。

药品加工通常不包括提高产品质量所需的步骤（例如旨在减少杂质的步骤），这并不意味着产品的 CQA 的识别仅需较少的信息支持，或者确定关键工艺参数（critical process parameter，CPP）和制定适当的控制策略时可以降低精确性。以下是从 A-mAb 案例研究和 OBP QbD 试点项目中得到的关于将增强 QbD 要素应用于药品工艺的一些额外经验总结。

2.3 CQA 的确定

QTPP 和 CQA 评估的制定应在开发的早期开始。在 ICH Q8R2 中，CQA 被定义为一种物理、化学、生物或微生物性质或特征，它应在适当的限度、范围或分布内以确保所需的产品质量。虽然一些生物技术产品（如单克隆抗体）具有大量可公开利用的信息用于评估产品属性是否会影响安全性和有效性，但对属性关键性的评估仍然是一个重大挑战。对于大多数产品来说，最简单的方法可能是信息利用初期时，根据其影响安全性和有效性的可能性对产品的属性进行排序，而不是直接地确定某个属性是否关键。当产品特定的可用信息很少时，早期风险评估（如 ICH Q9 中所述）可能会严重依赖已发布的风险评估信息，只要注意该信息源的局限性及其与所考虑分子的相关性即可。属性排序的过程可以帮助整合和组织可用的信息和数据，并提供一个平台来规划未来研究的优先顺序。除了识别可能属于 CQA 的属性之外，排序过程还可能阐明更加不确定的领域，这有助于将未来研究的重点放在属性关键性上。随着更多的产品和临床信息被获取，最初的属性排序情况随后可能被更新和改变。如 ICH Q6B 所描述的，生物技术产品的异质性决定了它们的质量，因此应描述异质性的程度和概况的特征（FDA 1999）。对属性重要性的系统评估不仅有助于确定那些需要控制在最严格限度内的属性，还可以用于支持产品开发的其他领域，例如生产变更后相似性的证明（Swann et al. 2008）以及对产品稳定性的支持。

在 OBP QbD 试点项目中观察到的一个普遍问题是在评估属性关键性时纳入了工艺性能。FDA 的预期是，产品 CQA 的风险等级排序将集中在它们影响产品临床效果和安全性特征（例如严重性）的可能性上。CQA 识别过程不应包括工艺性能或属性可检测性。通常情况下，风险评估中会采用不确定性评分，以便将用于分配影响得分或排名信息的相关性考虑在内。根据 OBP 的经验，QbD 试点项目的经验强调了在严重性评估中考虑属性与产品稳定性相互影响和单方面影响产品稳定性这种可能的重要性。例如，游离硫醇在生产过程中或者产品释放时存在的含量已被证明会影响产品的效能和聚集体的形成。因此游离硫醇有严重性参数，由于其对产品活性有直接影响，同时也由于聚集体的增加影响了产品的免疫原性而影响到产品安全性。

ICH Q5E 中概述的原则可能有助于评估质量属性重要性，特别是有助于严重性评估（FDA 2005）。ICH Q5E 指出，在可比性研究中，产品之间存在差异的情况下，"……现有的知识需要有足够的预测性，以确保质量属性的任何差异不会对安全性和（或）有效性产生不利影响"。他进一步指出，确定产品变异是否影响安全性和（或）有效性可能需要非临床和临床研究的额外证据，并且这些研究的范围和性质将根据具体情况确定。这些概念在 CQA 识别中的应用表明，对质量属性进行关键性指定，除了需要彻底的体外评估支持外，还需要非临床和（或）临床数据的支持。当重要的产品属性（例如糖基化、电荷等）被指定为非关键因素，并且因此在生产过程中或在批准的保质期管理过程中可能不会受到严格的监测或控制时，更有可能需要非临床或临床信息。虽然明显不可能对纯化的产品变异体进行临床测试，但有时可能分析来自患者样本的变异体（Chen et al. 2009）或在相关动物及体外模型中对其进行测试。另一种方法是，如果变异水平较高从而有可能在接触人群中检测到其影响，即可使用这些来自临床各种极端情况的信息来支持质量属性关键性的确定。这样的研究也可以用来验证 CQA 验收标准是否符合设计空间开发和中试以及稳定性测试。

某些属性（例如特定位点的氧化、抗原结合域的糖化）的直接评估可能由于其丰度低而不可能实现。在某些情况下，通过使用加速或压力条件可以增加低丰度属性的水平，但通常尝试增加其丰度会导致其他属性水平的提高，从而使得分析特定变量的影响会受到干扰。在这些情况下，即使严重性评估表明质量影响的概率很低，不确定性评分也会很高，因为不可能对产品影响进行直接评估。最终的结果可能是，尽管该产品属性在工艺中存在非常低的水平但由于高度不确定性而被分类为关键属性，而实际上这个属性不太可能会影响产品质量。无论如何，将产品属性归类为关键属性是非常重要的，因为在产品的后期保证生命周期管理过程中，当它呈现较高水平从而可能影响到产品质量的这种不确定性很难最小化或忽略掉。对于一些水平较低且控制良好的属性来说，对相关工艺变更后的属性进行可比性评估的控制策略或许是合理的。

2.4　确定关键工艺参数

ICH Q8（R2）将 CPP 定义为"其可变性对关键质量属性存在影响，因此应该被监测或控制以确保工艺生产出所需的质量"。试点项目中提到一个普遍存在的问题，即将 CPP 解释为只有那些在变化超出可接受范围时会影响 CQA 的参数。正如属性评估一样，质量风险管理原则可以用于评估参数的关键性。在风险评估和后续研究中，很重要的一点是探索的参数范围比常规加工过程中预期范围更加宽泛。该范围可根据设备设计能力的研究和以往的加工历史来进行选择。在评估可能的变异来源时，应考虑到商业生产设备的功能和限制，以及生产环境中不同部件批次、生产操作员、环境条件和测量系统对变异的作用。对 CQA 具有重要影响的变异参数，无论其被控程度如何，以及在要求范围内是否存在 CQA 影响，都应被划分为关键参数。

准确评估参数对 CQA 影响的能力取决于对工艺和产品理解的程度和特征化工艺空间（知识空间）的大小。狭窄的调查范围可能无法提供足够的变异性来检测对 CQA 的影响，并可能导致将 CPP 错误地标记为非 CPP。与此同时，对所研究的范围可能有实际的和试验的限制，并且研究预期并不是将每个参数测试到其失效极限。必须在这两个考虑之间找到一个平衡，使得所研究的范围足够宽，以检测 CPP 造成的 CQA 影响，但又不能太宽泛以至脱离生产范围。该问题最常见于诸如 pH 等参数，这些参数通常在很窄的范围内才能被较好地控制，而对于在广泛范围内操作（和探索）的参数来说这通常不是问题。因此，QbD 提交应包含为工艺特征研究所选择范围的合理理由，工艺特征研究是基于预期的生产范围和研究范围所代表的可变程度。当越不能确定所探索的参数范围是否足以确定参数变化对 CQA 的影响时，则与该参数相关的冗余风险就越大。整体控制策略中可能需要考虑这种较高的冗余风险。

另一个在试点项目中通常被关心的问题是，是否有足够的数据证明用于特征研究的小规模模型能够代表所有规模的工艺。在一些众所周知的案例中，小规模研究没有发生可能在其他规模工艺中发生的事件（抗体还原案例，Trexler-Schmidt et al. 2010）。有一点重要而且必要的，即提出设计空间的应用实例可以处理小规模模型的代表性程度，且恰当时可以提供支持小规模模型之间联系的数据。如果利用企业特定的平台知识来支持设计空间，那么应该提供产品特性和工艺参数的比较信息，以便于监管者可以评估平台信息的适当性。虽然验证药品生产单元操作的小规模模型不一定会出现一些原料药单元操作（例如产品生物反应器）的类似困难，但是不可忽略证明小规模模型所具代表性的重要性，并且应该进行一个等效的良好统计学评价。如果在提交时并没有足够的各种规模数据可用，那么在设计空间获得批准后，证实小规模工艺与商业规模工艺之间联系的信息就应该被提供。

通常，在为 CPP 识别而进行的特性研究中只对每个单元操作的参数的一个子集进行监控。正式的风险评估被用来对纳入或排除的参数进行优先排序，以及有时候被用来确定哪种研究类型（例如，单变量或多变量）将适用于评估参数的潜在关键性。因此，QbD 提交的材料应包括每个单元操作的参数列表，在风险评估中用于确定哪些参数应包含入特征研究的信息和数据的总结，以及对最终风险评估决策的简要总结和说明。

正式的风险评估也可用于确定在既定单元操作过程中哪些 CQA 用于监控工艺特性研究。如前所述，药品工艺的目标是为了维护产品质量和无菌保证，并尽可能将某些 CQA 影响降至最低。通常受药品工艺影响的质量属性是聚集体和颗粒物，包括与产品相关的可见微粒和显微镜下可见的微粒。这些属性可能相互作用或直接影响产品稳定性，但不能过于强调去考量这种可能性的重要程度。由于聚集物和微粒的形成可能与其他质量属性（如游离硫醇、脱酰胺、氧化和渗滤液）有关，CPP 识别风险评估应单独考虑每个对工艺影响的 CQA，以及其他 CQA 与产品稳定性之间的联系。

应在药品稳定性的总体框架中考虑依赖时间和温度的操作（包括在保质期内和在运输期间的产品稳定性）对 CQA 产生影响的可能性。例如，评估保存和处理时间的可接受性的特性研究可能需要与长期稳定性研究相结合，以充分评估对产品稳定性的影响。在生物许可申请中观察到的一个常见问题是，在运输期间缺乏充分支持产品质量的数据。这些研究需要包括一套全面的分析方法，除了能证明对运输集装箱和运输条件进行了验证的数据外，还应能够敏感地检测产品的降解情况。

必须对药品工艺进行彻底评估，以防对产品质量产生潜在的负面影响，并确定和控制变异来源。例如，原材料对药品质量产生不利影响存在多种情况。需要确定基于投入物质变异性的 CQA，且需特别关注辅料的处方［例如聚山梨酸酯（Kerwin 2008）］。来自容器等封闭系统的渗滤液是另一个需要特别关注的领域，例如最近的关于玻璃瓶中的玻璃薄片（FDA 2011）、预充式注射器中的钨（Liu et al. 2010）以及瓶塞或预充式注射器的硅（Thirumangalathu et al. 2009）等问题。过滤器也存在渗滤液问题，例如在一个案例中，由于制造商对无菌过滤器的清洗不完全造成了渗滤液问题。另一个例子是生产了配备不正确过滤元件的深层过滤器，导致在药品中引入不必要副产品。一个药品工艺对产品质量产生负面影响的典型案例就是从灌装泵的溶液接触界面脱落的纳米颗粒，它可能使蛋白质聚集或颗粒形成过程中产生内核（Carpenter et al. 2009；Tyagi et al. 2009）。

2.5　设计空间

QbD 的实施可能会允许建立一个由 ICH Q8（R2）定义的生产设计空间，即"……能够提供质量保证的输入变量（例如材料属性）和工艺参数的多维组合"（FDA 2009）。如果设计空间被批准，那么其变更可以由公司的质量管理系统来管理，并具有一定程度的监管灵活性。应当指出的是，ICH Q8（R2）中的设计空间的定义不包括"关键"一词。试点项目中的一个反复出现的问题是，设计空间的概念仅仅包括已定义的关键参数。即使有强大的 CQA 和 CPP 识别程序，风险评估和工艺特性研究也存在一定程度的冗余风险和不确定性。在没有在大规模验证设计空间的大型数据集的情况下尤为如此。因此，建立一个设计空间应该着重于选择相关的变量和范围，在这些范围内确保一致的质量，并且可以包括先前并未设定标准的非关键参数。

A-mAb 案例研究（CASSS and ISPE 2009）有一些有趣的潜在药品设计空间的例子，主要集中在药品工艺的不同领域，如处方稳定、混合、无菌过滤和灌装。建议纳入设计空间的其他领域包括：对辅料关键材料属性的定义，以及开发一种产品特定的控制系统生命周期管理协议，用于定期地对控制系统重新评估，以便持续改进许可产品的工艺和检测。

试点项目的经验还表明，公司实施强化监管概念的长期战略可能影响到开发研究（例如，质量属性表征、相关工艺参数的确定）。例如，如果最终的控制策略不包括对某一特定 CQA 的中试，那么将此 CQA 纳入到工艺特性研究以明确输入材料属性、工艺参数和产品质量之间的关联可能更为重要。此外，工艺参数的风险评估取决于公司当前和未来的制造能力以及工艺参数的上市后管理计划。因此，对最终控制策略和上市后管理计划的预期会影响 QbD 开发和特性研究的设计，应在开发早期考虑该预期以确保在拟定设计空间和控制策略时给予充分参考。

2.6　变更管理

变更管理在 ICH Q10 中被定义为提议、评估、批准、实施和审查变更的系统方法。成功的变更管理应该有助于持续改进，并且其授权的变更是 QbD 的关键组成部分。由于 ICH Q8-11 允许采取更灵活的监管方法，因此审批后的变更管理是监管机构非常关注和关心的。令监管机构担心的一个问题是，授予监管灵活性可能导致监管机构在审批后变更管理流程中呈现不同角色作用。在 ICH Q10 中描述的药品质量体系（Pharmaceutical Quality System，PQS）是加强开发和生产方法的重要组成部分。因此，如果一家公司提出使用先进的 QbD 概念来获得监管灵活性，那么在应用过程中，实施所提议的变更所遵循的流程和在变更管理决策过程中使用的标准可能是有益的信息数据。

对于使用先进的 QbD 方法并获得一个或多个设计空间批准的公司，设计空间外的移动被认为是一种变化，通常会启动一个监管的审批后变更流程（FDA 2009）。为了便于获得复杂生物技术产品的设计空间许可，申请人可能希望提供关于如何对设计空间内的移动进行审批后管理的信息，特别是在设计空间大而复杂的情况下（FDA 2012）。在这些情况下，设计空间性能方面的确定性水平在设计空间的某些领域可能不太稳定。因此，如果工艺参数被迁移到一个更大的不确定性范围内，则可能需要批准额外的产品和工艺监控。设计空间内的移动仍将主要由公司的 PQS 进行管理，但承诺按指定的验收标准进行更加深入的研究，可以让管理机构详细了解变更如何管理并更能确信产品质量未受影响。

另一个出现的问题是如何管理未包含在设计空间中的参数的更改，对决定审批后如何管理变更的参数建立分类是一个新提出的概念。利用早期知识、开发研究和加工信息的质量风险评估，根据工艺参数影响产品质量的相对可能性对其进行分类（例如，高、中、低风险）。质量风险评估中的参数分类可与监管机构就生命周期管理方法进行沟通，以确保在整个产品生命周期中的持续改进。例如，高风险参数可以被定义为设计空间中包含的 CPP 和非 CPP。根据定义，在建立的设计空间内对设计空间参数进行的变更并不需要监管机构的事先批准。但是，如果变更的范围超出了设计空间的规定范围，则需要根据 21 CFR 601.12 提交批准后补充文件。

中、低风险参数的定义及其批准后管理策略也可以被提出。例如，某些中等风险参数的变更不在设计空间范围内但未超过此前批准知识空间范围，仍可由公司的 PQS 进行管理。超过此前批准的知识空间范围的变更将提交申请材料，包括其研究、测试和验收标准。如果没有观察到相关的 CQA 的影响，则可在年度报告中报告变更。然而，如果观察到有意义的 CQA 影响，则需要通过适当分类的批准后补充资料来支持更改。低风险参数的变更将由公司的 PQS 进行管理。对于任何生产变更，如果新知识方法增加了风险评估，则应提交适当分类的批准后补充资料。若申请监管灵活性，则需提供明确说明如何管理变更（包括如何报告这些变更以及为支持特定类型的变更而开展的额外研究），使审批后的变更过程对监管机构更加透明，并将有助于监管机构评估拟议的管理后生命周期计划的可接受性。

2.7   沟通复杂的 QbD 概念和控制策略

试点项目反复出现的一个问题是 QbD 开发过程中产生的信息量与同 FDA 沟通 QbD 概念和控制策略带来的挑战之间的矛盾。虽然到目前为止，该机构在审查 QbD BLA 方面的经验有限，但在试点项目中确定了几个因素，这些因素可能有助于我们评估改进的 QbD 概念，现概述如下。

- BLA 应详细说明所使用的任何风险评估工具，包括使用任何截止范围的理由。
- CQA 评估部分应包括关于所有被评估的质量属性的信息，并包含解释和总结每个属性的评估过程的说明。这个说明应包括为评估属性影响而进行的特征研究的总结数据，以及引用的参考文献的链接。
- 为了支持 CPP 识别过程，应提供对每个单元操作评估的参数和属性的信息，以及提供将参数或属性纳入或排除每个单元操作特征研究的理由。如果为一组选择的单元操作的子集提供完整的研究报告并且所有完整的研究报告都可以在检查中提供，那么每个单元操作进行的研究及其研究结果是可以接受的。另应提供关于进行特征研究的统计分析的详细资料，这将包括诸如证明所使用小规模模型的代表性而进行的分析，以及对所选的用于表征或工艺验证研究的统计方法的解释和说明。除了包含完整的报告和总结性说明之外，还应包括总结调查结果和拟议控制战略的表格或图表。例如，将控制策略分解为特定控制要素（例如原材料控制、工艺测试、工艺参数监控、释放和稳定性规范等）并对每个质量属性的每个单元操作的上下游控制策略进行总结的图示（图 2.1）。更进一步，可以提供用于原料药或药品工艺中每个质量属性所使用的控制要素的总结。ICH Q11 包含了一个生物技术产品可能的控制策略汇总表的案例（例 5a）。

2.8   总结

OBP QbD 试点项目的初步结果表明，将改进的 QbD 概念应用于原料药和药品可以显著提高对于产品和工艺的理解。许多参与的公司提议使用新知识方法来优化他们的生产工艺、提高质量、制定更加集中的控制战略，并将更多的灵活性和适应性纳入这一过程。希望生物技术制造商将继续为 mAb 和 mAb 相关蛋白质而追求这些目标，并最终将其知识和经验扩展到其他治疗性蛋白质。

控制要素
描述
步骤 1
步骤 2
步骤 3
步骤 4
等
1
QA工艺监测的指导
无
2
与QA相关的工艺参数控制
3
与QA相关的原料药控制
4
药品释放试验
QA释放验收标准
5
药品稳定性试验
QA稳定性验收标准
6
等
QA:质量属性
被监控或控制的元素
未被监控或控制的元素

图 2.1　关键质量属性的药品工艺的最终控制要素的简要概述。图中的信息仅用于说明如何在提交的文件中总结和显示控制策略，并非为了表明所指示的控制要素或策略的可接受性

致谢　感谢 Sean Fitzsimmons 对稿件的审阅和建设性讨论。

参考文献

AAPS American Association of Pharmaceutical Scientists (2005) FDA-ISPE Conference on Pharmaceutical quality assessment-a science and risk-based CMC approach in the 21st Century. Bethesda, Maryland, 5 Nov 2005

Carpenter JF, Randolph TW, Jiskoot W, Crommelin DJ, Middaugh CR, Winter G, Fan YX, Kirshner S, Verthelyi D, Kozlowski S, Clouse KA, Swann PG, Rosenberg A, Cherney B (2009) Overlooking subvisible particles in therapeutic protein products: gaps that may compromise product quality. J Pharm Sci 98:1201–1205

CASSS and ISPE (2009) A-Mab: a case study in bioprocess development. http://www.casss.org/associations/9165/files/A-Mab_Case_Study_Version_2-1.pdf. Accessed 10 Feb 2015

Chen X, Liu YD, Flynn GC (2009) The effect of Fc glycan forms on human IgG2 antibody clearance in humans. Glycobiology 19:240–249

Food and Drug Administration (1999) ICH Q6B specifications: test procedures and acceptance criteria for biotechnological/biological products. Fed Regist 64:44928

Food and Drug Administration (2005) ICH Q5E comparability of biotechnological/biological products subject to changes in their manufacturing process. Fed Regist 70:37861–37862

Food and Drug Administration (2008) Submission of quality information for biotechnology products in the office of biotechnology products; notice of pilot program. Fed Regist 73:37972–37974

Food and Drug Administration (2009a) ICH Q9 quality risk management. Fed Regist 71:32105–32106

Food and Drug Administration (2009b) ICH Q10 Pharmaceutical quality system. Fed Regist 74:15990–15991

Food and Drug Administration (2009c) ICH Q8 (R2) Pharmaceutical development. Fed Regist 71: 29344

Food and Drug Administration (2011) Advisory to drug manufacturers: formation of glass lamellae in certain injectable drugs. http://www.fda.gov/Drugs/DrugSafety/ucm248490.htm

Food and Drug Administration (2012) ICH Q11 Development and manufacture of drug substances (Chemical entities and Biotechnological/Biological entities). Fed Regist 77:69634–69635

Kerwin BA (2008) Polysorbates 20 and 80 used in the formulation of protein biotherapeutics: structure and degradation pathways. J Pharm Sci 97:2924–2935

Liu W, Swift R, Torraca G, Nashed-Samuel Y, Wen ZQ, Jiang Y, Vance A, Mire-Sluis A, Freund E, Davis J, Narhi L (2010) Root cause analysis of tungsten-induced protein aggregation in pre-filled syringes. PDA J Pharm Sci Technol 64:11–19

Rathore AS, Winkle H (2009) Quality by design for biopharmaceuticals. Nat Biotechnol 27:26–34

Swann PG, Tolnay M, Muthukkumar S, Shapiro MA, Rellahan BL, Clouse KA (2008) Considerations for the development of therapeutic monoclonal antibodies. Curr Opin Immunol 20:493–499

Thirumangalathu R, Krishnan S, Ricci MS, Brems DN, Randolph TW, Carpenter JF (2009) Silicone oil- and agitation-induced aggregation of a monoclonal antibody in aqueous solution. J Pharm Sci 98:3167–3181

Trexler-Schmidt M, Sargis S, Chiu J, Sze-Khoo S, Mun M, Kao YH, Laird MW (2010) Identification and prevention of antibody disulfide bond reduction during cell culture manufacturing. Biotechnol Bioeng 106:452–461

Tyagi AK, Randolph TW, Dong A, Maloney KM, Hitscherich C Jr, Carpenter JF (2009) IgG particle formation during filling pump operation: a case study of heterogeneous nucleation on stainless steel nanoparticles. J Pharm Sci 98:94–104

第 3 章
QbD 关键要素的定义和适用范围

Ron Taticek and Jun Liu

刘楠　译，高云华　校

3.1　引言

　　质量源于设计（QbD）的概念对生物制药产业来讲机遇和挑战并存。一个成功的 QbD 方法能够让我们更好地理解产品，带来更加高效的生产工艺，并为快速灵活的注册审批提供可能性（Stevenson and Cochrane 2011a，b）。QbD 运用了一种科学和基于风险的方式，它强调了发展科学知识和深入理解产品及其生产工艺的重要性。这一概念在许多产业中得到了成功应用，直到最近几年才被引入制药行业，并由最初的小分子到现在的生物制剂（Elliott et al. 2013）。美国食品和药品管理局（FDA）及其他卫生部门也在致力于将 QbD 应用于医药研发和生产。在过去几年里，在医药研发和生产中建立并落实 QbD 概念取得了重大进展。FDA 通过一系列的倡议表达了他们的期望和目标，这些倡议鼓励制药产业将 QbD 的概念运用到他们产品开发和生产中去。国际人用药品注册技术协调会（International Conferences on Harmonization，ICH）的指导性文件（ICH Q8、ICH Q9、ICH Q10 以及 ICH Q11）以及 FDA 工艺分析技术指南已经出版，为医药企业在生产研发过程中应用 QbD 奠定了基础（FDA 2004；ICH 2009、2005、2008、2012）。此外，CMC 生物技术工作组最近发表的一篇关于抗体 API 和药品的模拟案例研究，同 FDA 和其他卫生部门的反馈一起，为如何将 QbD 中的关键因素应用到产品工艺研发中提供了更加实用的信息（CMC Working Group 2009）。

　　QbD 需要对产品及其生产工艺有完整透彻的理解。对于公司而言，要建立方法和框架来将 QbD 应用到产品上，需要花费额外的时间和资源。但是，一旦 QbD 建立起来，将能够通过应用一致的方法和工具更容易地利用同类产品数据来简化开发。一个成功的 QbD 方法应该提供更高标准的产品质量保障，并提高行业和监管审批的效率。

　　QbD 方法的关键要素包括目标产品质量概况（quality target product profile，QTPP）、关键质量属性（critical quality attribute，CQA）、风险评估、设计空间、关键材料属性（critical material attribute，CMA）、关键工艺参数（critical process parameter，CPP）、控制策略以及产品生命周期管理（其中包括产品的持续改进）。图 3.1 阐明了 QbD 流程以及 QbD 各要素之间的相互关联。

　　尽管在过去的几年里我们取得了很大进步，但是对 QbD 的概念及其关键要素的适用范围的理解仍是一个持续不断的过程，同时需要我们在工业生产中进一步阐明和校准，特别是监管严格的更加复杂的生物制药产品。在这一章，我们将主要关注 QbD 对生物药品研发的基本定义以及关键要素的适用范围。

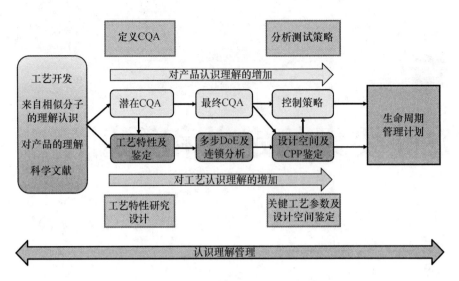

图 3.1　质量源于设计（QbD）路线图

3.2　目标产品质量概况

3.2.1　定义

QbD 方法以目标产品质量概况（quality target product profile，QTPP）的建立为起点。QTPP 是一种对药品质量特性的前瞻性总结，即在考虑到产品安全性和有效性的基础上，理想情况下可以获得 QTPP 以保证产品预期质量。建立对目标产品概况（target product profile，TPP）的正确理解是决定 QTPP 的重要步骤。TPP 可以为药物研发的整体目的提供完整表述，并在药物研发周期中的某一特定时间提供药物信息。它通常包括特定的研究（有计划的且完整的），为每个标注的结论提供证据（Lionberger et al. 2008）。QTPP 源自对药品作用模式、患者情况、临床指标和预期安全性的理解，以及在适当情况下，包括对以下与质量特性相关内容的理解：

- 给药途径及适应证（临床或家中）；
- 药物剂型及药物转运系统；
- 剂量强度；
- 容器密闭系统；
- 药物活性部分的释放或转运以及影响研发药品的剂量相适应的药物代谢动力学特征的特性（如：溶出度、气动性能）；
- 适用于拟上市产品的药品质量标准（如：无菌、纯度、稳定性以及药物释放）。

3.2.2　对生物制药的思考与理解

QTPP 明确了产品质量要求的目标，奠定了其他 QbD 关键因素开发的基础（如 CQA 和控制策略），并且推动处方和工艺开发决策。QTPP 明确了药品的设计标准，以确保药品的质量、安全性和有效性。而对生物制药产品的 QTPP 还应考虑一系列关键因素。这包括来自 TPP 或等效来源的重要信息，这些信息描述了产品的使用、安全性和有效性。此外，需要考虑的关键因素还包括对科学知识的理解、卫生机构的要求以及药品内在活性成分（active product ingredient，API）的性质。QTPP 投入和产出流程图如图 3.2 所示。

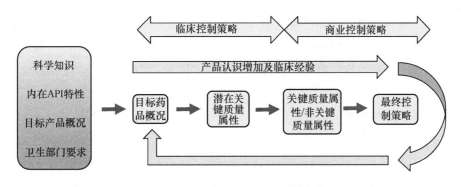

图 3.2　目标产品质量概况（QTPP）投入和产出流程图

建立 QTPP 是 QbD 方法的关键步骤，QTPP 不仅包含来自产品说明书的相关信息，还包括与患者相关的产品性能。例如，若某一高浓度药品的黏度对药物的重组或转运至关重要，那么 QTPP 则应包含产品黏度信息。QTPP 是动态的，随着更多可用信息的出现而发生变化。当 TPP 或其他关键要素发生变化时，则必须重新评估这些变化对 QTPP 的影响。QTPP 的更新或许能够反映对有关产品新的认识或是临床开发项目的变化。

以一个生物技术产品 QTPP 为例。该例子来自 A-mAb 发表的关于抗体 API 和药品的模拟案例研究（CMC Working Group 2009）。QTPP 的详细信息会因产品与产品的不同而有所差别，这取决于具体产品的适应证、使用目的及产品本身特性。例如，在 A-mAb 模拟案例研究中，药品的质量标准（如聚集体、海藻糖含量、半乳糖苷化和宿主细胞蛋白）被详细列于表中（表 3.1）。

表 3.1　A-mAb1 目标产品质量概况（CMC working group，2009）

产品特性	指标
剂型	液体，一次性使用
蛋白质含量/瓶	500 mg
剂量	10 mg/kg
浓度	25 mg/ml
给药方式	静脉给药，等渗盐水或葡萄糖稀释
黏度	无需特殊设备，可用于生产、储存及运输（例如，室温下小于 10 cP）
容器	20R I 型硼硅玻璃注射剂瓶，氟化树脂层压塞
贮存期限	≥2 年，2~8℃
生产工艺兼容性	25℃条件下最短 14 天，2~8℃条件下 2 年，超滤法可高浓度溶解
生物相容性	适用于输液使用
降解及杂质	低于安全阈值，合格
药典一致性	符合药典对注射用药的剂型要求，无色至浅黄色，无可见粒子，不可见颗粒符合 USP 标准
凝聚物	0%~5%
岩藻糖含量	2%~13%
半乳糖苷化（%G1+%G2）	10%~40%
宿主细胞蛋白	0~100 ng/mg

3.3　关键质量属性

3.3.1　定义

ICH Q8 将关键质量属性（CQA）定义为一种物理、化学、生物或微生物性质或特征，它应具有合适的限度、范围或分布以确保预期的产品质量（ICH 2009）。产品质量通常被理解为产品的安全性和有效性。CQA 是一种产品属性而非一种分析测试，且通常与原料药、辅料、中间体以及制剂有关。值得注意的是，产品的预期安全性、有效性、稳定性和功效通常不被认为是 CQA，安全性和有效性应归属于 TPP 范畴。CQA 可以进一步被归纳为强制性的 CQA。这种强制性的 CQA 是一种管理机构所要求的需作为产品控制策略一部分而被监管或调控的属性。

CQA 的管理贯穿整个产品周期（图 3.2）。在产品研发期间，潜在关键质量属性（potential CQA，pCQA）是通过基于风险的工具反复应用来确定的。随着在产品研发的不同阶段对产品理解的深入，pCQA 项目列表及其风险评分也将被进一步修改。当对 QTPP 进行修改时，则必须评估对 pCQA 的影响。申请批准进行文件归档时，pCQA 成为 CQA，此时 CQA 应反映对患者安全性和产品有效性的认识和理解。CQA 必须是描述性的、正当合理的以及有记录的。许可获准后，随着获得更多的产品质量属性知识，这些属性的关键性可能发生变化（上升或下降），此时应及时更新 CQA。当某一 CQA 发生变化时，如有必要应评估并更新对设计空间和控制策略的影响。

3.3.2　对生物制药的思考与理解

CQA 的确定应取决于被评估的质量属性（quality attribute，QA）的类别。生物制药产品的 QA 可划分为不同的评估类别（表 3.2）。划分 QA 类别可以将需要进行风险评估的特定产品或工艺的 QA 与那些可在产品和工艺间通用以及进行一般性评估的 QA 进行区分，也可以与那些必须根据监管机构的要求或期望对其进行控制的 QA 进行区分。

表 3.2　抗体产品质量属性类别

属性分类	评估	基本原理
产品变量 电荷、大小、硫醇/二硫化物、葡聚糖、氧化、序列	风险评估	在讨论中每个变量对患者安全性及产品有效性产生的影响是特定的，如产品作用机制、给药途径及临床经验等
工艺相关杂质 宿主细胞蛋白、DNA、淋溶蛋白 A	风险评估	合理情况下，来自相似产品的数据可用于缺少临床经验的产品的安全性测试
组分及浓度 pH、缓冲液、蛋白质浓度、外观	不需要评估，强制性 CQA	极有可能对患者安全性及产品有效性产生极大影响
外源因子 潜在病毒、微生物负荷、支原体、内毒素、微生物污染	不需要评估，强制性 CQA	极有可能对患者安全性产生影响
原材料及溶出物 细胞培养及回收成分（营养物质、微量元素、盐分、缓冲液等）及溶出物	安全性和毒性/过程清理	通常可以从安全性和毒性测试中获得大量数据

通常来说，为 QA 评估而开发的风险评估工具是基于科学和风险的，旨在允许独立于工艺性能并适用于整个产品生命周期的始终一致的 CQA 识别。这种方法能够尽早地识别出高风险的产品变量和杂质，这些变量和杂质需要被进一步研究以降低不确定性并根据获得的新信息修改其影响。风险评估工具应当用于产品研发的定义阶段，以加入新的信息并指导研发去更好地理解产品 QA。通过培训、主题专家协助评估、标准化文件、团队和专家评审以及管理部门对 CQA 标识的批准，来确保产品和用户确定的 QA 关键性之间的一致。

3.3.2.1　产品变量及工艺相关杂质

产品变量和某些工艺相关杂质应该利用评估每个 QA 对产品安全性和有效性影响的风险评估方法来进

行评价。产品变量是在特定产品基础上进行评估的，以说明其特定修饰、作用机制、指征、给药途径、临床前及临床经验、体外研究以及其他影响风险评估的因素。具有相似分子结构的一般产品和平台知识有助于上述过程，工艺相关杂质在相似的产品和工艺间通常是普遍存在的。因此，常使用先验知识来评估这些生产工艺相似的产品的属性风险，每个 QA 关键性的评估不依赖于实际表现水平或生产工艺对 QA 的控制能力。在开发控制策略和任何审批后产品周期管理计划的过程中，工艺性能应置后考虑。但原材料和溶出物的评估是一个例外。

3.3.2.2　风险评估方法

许多生物制药公司在监管机构的介入下，采用了风险等级排序和筛选（risk ranking and filtering，RRF）来评估 QA 的关键性（Martin-Moe et al. 2011）。风险等级排序方法通常包含两个因素：影响和影响的不确定性。影响是指变量或杂质对患者安全及产品有效性可能产生的潜在影响（这些影响共同构成了"伤害"）。不确定性与 QA 正常产生影响的可信度有关。影响排序和不确定性排序反映这两种因素的相对重要性的占比有所不同，影响比不确定性占的比重更大。影响和不确定性会被赋值，它们相乘后会产生一个相对风险分数用于等级排序。划定风险评分界限对属性进行过滤，以此来确定高风险属性（被分类为 CQA）和低风险属性（被分类为非 CQA）。

在最终 CQA 分类被批准之前，应用风险评估来确定 QA 的关键性不应取代重要技术专家和技术管理部门进行的必要审查。商业实践应该确保技术专家和管理部门对 QA 分类的审查不受干扰。如果风险评估手段对 QA 进行了错误分类，则这种做法可以按照适当理由进行重新分类。此外，该指定分类的理由也将作为风险评估结果总结的一部分向卫生当局审查人员汇报。作为内部及外部共同监督的结果，严格的风险评估应用确保高风险 QA 不会被归类到低风险 QA。

组分/强度的关键性及外源因子的关键性是通过不同方法来评估的。监管要求规定指出，必须始终严格控制组分/强度及外源因子种类的某些属性，因为这些属性可能会对产品的安全性和有效性产生显著的影响。因此，这些属性被归类为强制性 CQA，并且不需要使用风险等级排序工具来进一步评估其关键性。对于这些属性来说，只需选择实施适当的工艺和分析控制。表 3.3 总结了这些属性的例子。

表 3.3　强制性关键质量属性举例

属性种类	举例
组分/强度	蛋白质浓度、pH、辅料及缓冲液浓度、渗透压、可提取量
外源因子	病原体、微生物量、支原体、细菌性内毒素、无菌

3.3.2.3　原料及溶出物

原料的关键性评估是一项具有挑战性的任务。一种方法是考虑在加工工艺中未被清除的原料毒性的不良情况，该方法评估并表明了这些对药品产生直接影响的原材料对相关患者造成的理论风险。实际上，许多制造工艺中用到的原材料已在动物和临床实验中进行了广泛的研究。例如，大量研究数据可用于培养基添加剂如胰岛素（Smith et al. 1980），以及加工化学品如磷酸盐和醋酸盐（Haut et al. 1980）。

通过评估化合物本身的潜在毒性来对原材料的关键性进行评价。该方法评估了这些对药品产生直接影响的材料对相关患者造成的理论风险。那些构成潜在毒性风险的原材料被认为是 pCQA。随后这些 pCQA 将被测定清除率，并依据所测得的清除率水平重新评定潜在毒性。但是并非所有被定义为 pCQA 的化合物均能被直接测定，在这些情况下，可通过具有相似理化性质的可检测化合物的清除来支持清除率评估。例如，一小部分离子盐（如镁离子、氯离子及钠离子）的清除率会被用来证明离子盐的清除率。在考虑了过程中的清除率后仍然有潜在毒性风险的原材料即成为 CQA，此时则需要为其开发一个控制策略。

原材料中影响 CQA 的杂质还被称为关键材料属性（CMA）。CMA 被定义为原材料的一种物理、化学、生物或微生物性质或特征，该原材料的变异性会对 CQA 产生影响。因此，它们需要被监测或控制起来以保证预期的产品质量。CMA 可能包括原材料纯度、辅料物理性质以及 API 或辅料的化学或微生物学纯度。对 CMA 的可接受范围必须详细说明以保证最终产品的 CQA 能够在可接受范围内。

将溶出物界定为 CQA 非常依赖于这种特定的化合物或其带来的影响能否被检测到。溶出物是主要容器和封闭系统的橡胶或塑料组件或涂层中所溶出的、渗入到药物或生物产品中的化合物。如果开发数据和稳定性数据可证明溶出物一直低于可接受的安全水平，则不必将溶出物划分进 CQA。一般来说，不会将溶出物分类为 CQA。然而，当溶出物经稳定性研究被证明对最终产品的 CQA 具有显著影响时（如黏合剂、金属钨，或来自预充式注射器的硅油），则此时溶出物可被划分为 CQA。

最近有人提供了识别 CQA 实例（CMC Working Group 2009）。这些例子证明了产品先验知识、实验室数据、非临床数据以及临床数据的使用对于关键性评估的重要性。

3.4 关键工艺参数及设计空间

3.4.1 定义

一旦 pCQA 确定后，接下来在 QbD 过程中的重要步骤就是定义 CPP 及设计空间。该工作通常与识别和鉴定 CQA 并行完成。CPP 被定义为一个工艺参数，其可变性对 CQA 会产生影响，因此应对其进行监测及控制以确保工艺生产出所预期的质量（ICH，2006a）。

在 ICH Q8（R2）中，设计空间被定义为"在可接受范围内为产品质量提供保证的输入变量（如材料属性和工艺参数）的多维组合及相互作用"。一个设计空间可以被应用于一个独立的单元操作、多个单元操作或整个工艺。制造工艺的设计空间是在充分考量了工艺如何对 CQA 产生影响的基础上建立起来的。设计空间的极限应该与 CQA 的可接受范围相一致。通常来说，在生产工艺中既定设计空间内的改变不会被认为是一个重要变化，而当变化超出了既定设计空间则会被认为是一种重要变化，此时则需要权威部门的预先批准。此外，还需大量临床前或临床数据来支持这一变化。

3.4.2 对生物制药的思考与理解

在生产工艺开发研究中可使用 CPP 和设计空间的概念来规定生产工艺参数的可接受范围及生物制药工业的组成条件（Jameel and Khan 2009；Martin-Moe et al. 2011）。建立 CPP 和设计空间的关键步骤包括：通过执行风险评估来确定应该研究哪些工艺参数；利用实验设计（design of experiment，DoE）及按比例缩小的合理模型来设计这些研究；执行研究并通过结果分析确定工艺参数的重要性并确定设计空间。

被研究分子的早期生产研发的先验知识和相似分子的知识经验常被用于评测初始关键性。工艺参数的初始关键性通常是基于一个参数单独或与其他参数结合来影响 pCQA 的可能性来进行评估的。对于先验知识有限的产品，在做彻底的 DoE 研究之前，通常会进行小规模的前瞻性研究。

工艺表征和验证研究是建立 CPP 及设计空间的最后步骤。工艺表征是一种系统的研究，以了解关键操作参数与 CQA 之间的关系。工艺表征的目的包括确定关键操作参数和性能参数，确立关键参数的可接受范围，以及证明工艺的稳定性（Li et al. 2006）。工艺验证是文档化证据建立的过程，这为特定工艺可连续生产符合预定规范及 QA 的产品提供了高度保障。工艺验证通常包括在目标生产条件下的全规模运行的结果，以及在适当数量的生产批次上收集到的数据。多个单元操作对 pCQA 的累积影响可以通过多步骤 DoE 研究来评估，或通过运行各种在糟糕情况下影响某一给定 pCQA 的不同工艺步骤来评估对该 pC-

QA 的影响（工序联动研究）。工艺表征研究可利用 DoE 来建立生产工艺的 CPP 及设计空间。DoE 是一种系统且严格的方法，它用来确定输入变量之间的多维关系以及这些输入变量对工艺输出的影响。输入变量可以是工艺参数（例如工艺时间和温度）和处方属性（例如浓度和辅料），而输出结果是通常由 CQA 来定义的产品质量及杂质含量。

对于 DoE 研究，值得强调的是，基于单变量试验得到的可接受范围的组合，可以提供支持数据但可能不足以建立一个设计空间。可接受的范围可能需要基于考虑到主要影响的多变量试验，以及工艺参数和处方属性的相互作用。对于很多生物药产品来说，与场所和规模无关的支持 CPP 确证和定义设计空间的表征研究是利用生产规模单元操作的比例缩小模型来实施的。特定场所研究包括在预期的商业设备的生产规模下进行的表征及确证研究，这些研究证明，生产工艺的一致性与满足预先指定的工艺参数范围、工艺性能指标以及 CQA 三个方面相关。当考虑一个缩小模型时，通常需要额外的实验工作来证明使用缩小模型生成的数据能够充分代表商业生产规模。

近来发表了一些原料药及药品加工工艺的研究案例，为 QbD 过程中定义 CPP 和工艺设计空间提供了有用信息。Harms 等人发表了一项关于毕赤酵母（*P. pastoris*）发酵工艺的案例研究，论证了一种阶梯式定义工艺设计空间的方法（Harms et al. 2008）。在定义药品加工工艺的工艺设计空间上也开展了类似工作。Martin Moe 等人近来发表了一篇论文，描述了将 QbD 概念用于一种抗体药物产品工艺开发。

3.5　控制策略及控制系统

3.5.1　定义

控制策略是 QbD 过程的关键要素。控制策略是指一组有计划的控制，它源于对当前产品及工艺的理解，这些理解可以确保工艺性能和产品质量。控制策略的一个重要部分就是建立一个控制系统。控制系统是指一组已确定的控制操作以及基于质量保证的产品理解建立起来的验收标准（或限制）。控制策略由几个要素组成，包括：
- 原材料控制；
- 利用程序控制和工艺参数控制而进行的工艺控制；
- 进程内测试、中试及稳定性测试；
- 测试证明可比性；
- 作为工艺监测的一部分而进行的测试。

原材料的控制是指与处方及制造工艺中使用的原材料、辅料、缓冲体系等有关的控制，包括供应商质量管理、原材料资格证明以及原材料规格。程序控制是指一套综合的设施、设备及质量体系的控制，这些控制可以得到稳健的和可重复的操作及产品质量。工艺参数控制与 CPP 相关联，其中 CPP 必须控制在设计空间的限定范围内以确保产品质量。进程内测试是利用分析测试方法或功能测试实施的，以确保选定的生产操作能够令人满意地运行以获得预期产品质量。中试是测试最终中等生产规模的一组 QA，以确认原料药或药品的质量。还有一些属性将在稳定性测试中被检测。为了实现间歇性工艺监测以及证明进行改变时（例如许可新生产设备或改进的制造工艺）的可比性，特性描述及可比性测试通常被用来测试中试之外的某些属性。工艺监测是对选定的属性或参数进行的测试或评估，以获得产品质量或工艺性能的趋势或提高一个属性的正态分布的置信度，监测频率是根据趋势定期审查和调整的，工艺监测程序可能包括评估数据趋势的极限状态。

3.5.2   对生物药的思考与理解

生物药控制策略的重点一般是针对每个属性的测试策略。这种测试策略应使用基于风险的评估来确定,基于风险的评估与 QA 对产品安全性和有效性的潜在影响有关,也与通过制造工艺和贮存过程控制属性水平的能力有关(图 3.3)。每个属性的测试策略通常是利用风险评估手段开发的,并且经常使用另一种不同的风险评估来确定所得到的测试策略的稳定性。

决定每个确定属性的测试策略的方法之一是使用风险评估手段,其中包含 QA 关键性和某个属性(工艺在其设计空间内运行时或原料药和药品在建议条件下贮存时)会超出 CQA 的可接受范围的风险。该评估将在原料药生产、药品生产、原料药稳定性和药品稳定性过程中对各 QA 进行评估(图 3.4)。

从这个评估中,我们可以为每个 QA 确定三个可能结果中的一个:

(1)需要控制系统测试(进程内测试、中试和稳定性测试);

(2)作为工艺监测的一部分或为了支持可比性,需要进行测试;

(3)不需要测试。

每个属性的测试策略一旦确定,就应该使用风险评估来进行全面的稳健性评估,以确定整个流程的风险(即一个更加关键的 QA 未能被拟定的控制策略完全调控)。在这个评估中,每个属性的整体风险评估都将测量类型(例如直接与间接测量)以及测量灵敏度和稳健性考虑在内。

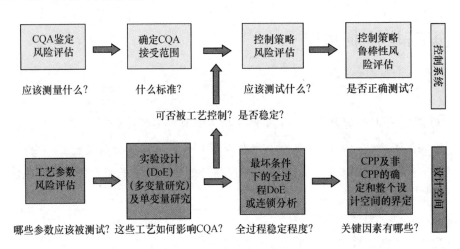

图 3.3   控制策略与设计空间的相互关系

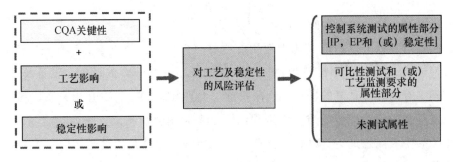

图 3.4   建立控制策略

在一些案例中,从最"小"的控制系统开始,再根据卫生部门可能要求的风险评估的结果添加额外的测试,因为这些额外测试被认为有助于监测产品一致性,并进一步降低因未预料的变异来源而对患者造成的风险。

3.5.2.1　控制系统测试

控制系统测试包括进程中测试（例如生物屏障、内毒素）、产品释放测试（例如产品属性、外源因子、杂质）以及稳定性测试（例如指示产品属性的稳定性）。

3.5.2.2　工艺监测

工艺监测程序应被设计为提供持续的保证和验证，以确保产品质量在日常商业生产中得到了适当控制。工艺监测程序应被设计为满足以下标准：

- 确保工艺是在已验证的状态下运行；
- 为加强工艺的理解提供知识；
- 识别不利趋势和工艺改进机会。

持续的工艺监测是工艺验证的生命周期方法的关键要素。工艺监测系统收集 CPP、关键性能指标（key performance indicator，KPI）以及 CQA 的数据。被监测的属性是基于许多工艺确证的开发和执行过程中获得的知识而选择的。

3.5.2.3　可比性评估

对产品以及对（在适当情况下）工艺进行的可比性评估，是为了保证产品的质量、安全性或有效性不会因为制造工艺发生变化或获准新的生产场所而受到不良影响。可比性评估主要考量产品质量（产品的理化性质）、稳定性（降解）和工艺性能（关键性能指标以及工艺相关杂质的去除）。

3.6　生命周期和知识管理

3.6.1　定义

上市后生命周期管理（post-approval lifecycle management，PALM）计划是一种正式文件，它解释了在获得监管许可后，产品是如何在 QbD 框架下进行管理的。卫生部门希望通过 QbD 方法研发出来的产品具有正式的生命周期管理计划。卫生部门还希望有一个正式的知识管理程序，用于归档和更新与产品和工艺知识相关的文件以及总结 QbD 策略产出的文件。

3.6.2　对生物药的思考与理解

生物技术产品的 PALM 要素及它们之间的相互关系如图 3.5 所示。生物类产品的 LMP 应包括对于如何监测工艺和产品属性以保证在获得管理许可后两者仍处于可控状态的描述。产品属性测量的频率是属性特定的，并且依赖于该属性相关的风险。某些属性可以在每个生产批次中（更关键）进行监测，或者间歇地在一些批次子上进行监测（例如每 5 批次）。此外，包括不利趋势在内的产品和工艺监测结果为初始控制系统和生产工艺的持续验证和改进提供了科学依据。产品生命周期管理计划还解释了如何在设计空间内外管理 CPP 操作目标的变更。对于设计空间内 CPP 目标的变更，实现前和实现后测试的级别取决于风险级别和该变更影响 CQA 的潜在可能性。风险是根据 CPP 关键性、产品 QA 所受影响以及这些产品 QA 的分类等信息来评估的。测试分别有实施前和实施后（或确证）测试，变更后评估测试是为了验证变更得到了预期的结果且设计空间仍对加工工艺有效。PALM 还解释了如何同时管理非 CPP［操作目标和（或）范围］的变化。因为非 CPP 不会影响 CQA，所以对这些变化的评估通常集中在 KPI 上。如果一个非 CPP 与影响产品质量的步骤相关，那么对于这些步骤，非 CPP 可接受范围的变化通常需要进行额外的论证，额外论证是基于根据科学文献、历史数据或与建立了原始范围可接受性类似的新研究而进行的。

更新的 CQA 策略、总体控制策略和 CPP，它们作为批准后获得的进一步的工艺或产品知识也列入 LMP 中描述。

卫生部门也期望 PALM 的要素被纳入公司的药品质量体系（pharmaceutical quality system，PQS）中，并且对 CQA、CPP 等的变更适当地进行记录和证明。在大多数情况下，可利用相同的风险评估手段来支持这些变化。

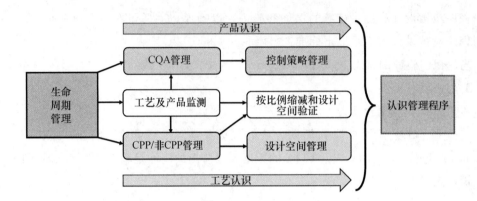

图 3.5　产品周期管理计划（PALM）的组成

生命周期管理计划也可以被包含在产品注册文件中。如果是这样，那么 PALM 就成为卫生部门和公司之间的监管协议。在这种情况下，公司可能会根据计划获得一定程度的监管灵活性许可。任何不符合 PALM 中规定的预先定义的要求的变更都将按照标准监管报告方法向卫生部门报告。

PALM 是知识管理的关键环节，因为它要求 QbD 策略的输出在获得新的工艺和产品知识时需重新评估，并且要求对关于 CQA、CPP、设计空间以及控制策略的信息和任何更改进行记录和证明。

3.7　小结

QbD 为生物制药公司更好地控制他们的产品以及产品相关的生产工艺提供了机会。这一方法能为产品质量提供更高水平的保障，并且有潜力提高工业和注册审批的效率。在过去几年里，在建立将 QbD 概念应用于生物制药产品开发的工业方法和框架方面取得了重大进展。评估 QbD 关键要素（包括 CQA、CPP 及控制策略）的重要手段及策略也得到了发展和实践。其中某些 QbD 关键要素已被成功地应用到最近的复杂生物制药产品的管理文件中，并且可能成为未来生物制药的标准。相关行业和监管机构都将密切关注这一新方法将如何帮助实现它的潜在用途。

3.8　致谢

在这里，要感谢 Sherry Martin-Moe、Paul Motchnik、Reed Harris、Mary Cromwell、Brian Kelley、Niklas Engler、Lynne Krummen 以及罗氏大分子质量设计团队成员的宝贵投入、讨论和贡献，他们帮助完成了 QbD 基本概念在 Genentech/Roche 的实施。

参考文献

CMC Working Group (2009) A-Mab case study. Accessed at http://c.ymcdn.com/sites/www.casss.org/resource/resmgr/imported/A-Mab_Case_Study_Version_2-1.pdf on Jan. 15, 2015

Elliott P, Billingham S et al (2013) Quality by design for biopharmaceuticals: a historical review and guide for implementation. Pharm Bioprocess 1(1):105–122

FDA (2004) Guidance for industry. PAT-A framework for innovative pharmaceutical development, manufacturing, and quality assurance.

Harms J, Wang X et al (2008) Defining process design space for biotech products: case study of Pichia pastoris fermentation. Biotechnol Prog 24(3):655–662

Haut LL, Alfrey AC et al (1980) Renal toxicity of phosphate in rats. Kidney Int 17(6):722–731

ICH (2009) Pharmaceutical Development, accessed at http://www.ich.org/fileadmin/Public_Web_Site/ICH_Products/Guidelines/Quality/Q8_R1/Step4/Q8_R2_Guideline.pdf on Jan. 29, 2015

ICH (2005) Quality Risk Management, accessed at http://www.ich.org/fileadmin/Public_Web_Site/ICH_Products/Guidelines/Quality/Q9/Step4/Q9_Guideline.pdf on Jan. 29, 2015

ICH (2008) Pharmaceutical Quality System, accessed at http://www.ich.org/fileadmin/Public_Web_Site/ICH_Products/Guidelines/Quality/Q10/Step4/Q10_Guideline.pdf on Jan. 29, 2015

ICH (2012) Development and manufacturing of drug substance, Q11, accessed at http://www.ich.org/fileadmin/Public_Web_Site/ICH_Products/Guidelines/Quality/Q11/Q11_Step_4.pdf on Jan. 29, 2015

Jameel F, Khan MA (2009) Quality-by-Design as applied to the development and manufacturing of a lyophilized protein product. Am Pharm Rev 12:7

Li F, Hashimura Y et al (2006) A systematic approach for scale-down model development and characterization of commercial cell culture processes. Biotechnol Prog 22(3):696–703

Lionberger RA, Lee SL et al (2008) Quality by design: concepts for ANDAs. AAPS J 10(2):268–276

Martin-Moe S, Lim FJ et al (2011) A new roadmap for biopharmaceutical drug product development: Integrating development, validation, and quality by design. J Pharm Sci 100(8):3031–3043

Smith CR, Lipsky JJ et al (1980) Double-blind comparison of the nephrotoxicity and auditory toxicity of gentamicin and tobramycin. N Engl J Med 302(20):1106–1109

Stevenson D, Cochrane T (2011a) Implementation of QbD part 1- Setting product specifications. Regul Rapporteur 8(2):3

Stevenson D, Cochrane T (2011b) Implementation of QbD part 2- organizational implications. Regul Rapporteur 8(2):3–16

第4章
药物产品中应用 QbD 的概述

Sheryl Martin-Moe and Carol Nast

刘春燕　译，高静　校

4.1　引言

质量源于设计（QbD）的实施和设计空间的监管批准用于小分子产品已颇为成功，但对于生物制品仍然是一项正在进行的工作。图 4.1 中总结了重要 QbD 指南和项目，包括：①来自监管机构的主要指导方针，有助于定义药品 QbD；②来自行业的回应，解释这些指导方针并提出 QbD 项目定义（案例研究、模拟实验提交）；③监管机构和行业之间的试点项目。小分子产品的 QbD 试点项目起始于 2005年，随后在 2008 年生物制品开启了相似的试点计划。到 2011 年中期，批准的 11 个设计空间均为小分子产品而无生物制品（Miksinski 2011）。直至 2013 年末，第一个新型生物制品 Gazyva（Genentech）的设计空间才被 FDA 批准（FDA approval letter 2013）。作为 QbD 试点项目（Krummen 2013）的一部分，FDA 已于 2010 年批准了 CBE-30 的扩大变更协议（expanded change protocol，eCP），用于各类型原料药到成药的生产。小分子 QbD 的实施由于有标准合成物而相对快速，对于生物制品而言则需要更长的时间和更多的讨论。

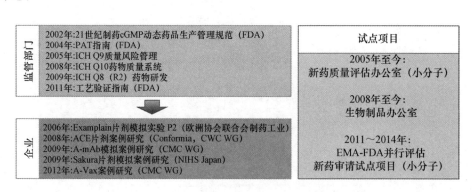

图 4.1　QbD 重要指南和项目总结

生物制品生产工艺（特别是细胞培养）和所得产品的复杂性可以在设计空间及 QbD 定义的复杂性上体现出来。如彩图 4.2 所示的癌症治疗的选择，对化学合成产品（长春碱，811 Da）与活细胞生成的生物抗体产品（IgG，～150 000 Da）进行了结构比较。尽管阐释生物制品的 QbD 并不简单，但仍取得了一定进展，实施的可行性也获得了证实。以工艺验证为例，细胞培养的验证与化学合成相比是一项艰难的挑战，但最终研究人员战胜了困难并取得了现今的进展。

长春碱

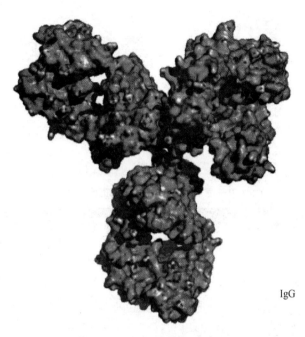

IgG

彩图 4.2　以用于癌症治疗的单克隆抗体免疫球蛋白 G（IgG）和长春碱两个分子为例，对生物分子与小分子的复杂性进行比较。该图通过 PyMOL 分子绘图系统（1.5.0.4 Schrödinger，LLC）进行制作，按相同比例显示

　　行业对生物制品中采用 QbD 的态度褒贬不一，更为关注其成本及受益（Cook 2013；Kouri 2012）。许多公司对 QbD 持观望态度，另一些公司只是将 QbD 要素加入研发项目，只有少数公司积极追求 QbD 以获得设计空间。基于作者经验，彩图 4.3 预估了生物制品的 QbD 执行情况的行业现状，与一项针对小分子及生物制品展开的调查结果近乎一致（Cook 2013）。以确定目标产品质量概况（quality target prod-uct profile，QTPP）为起始开始研发的情况有所增加，特别是对于组合产品（combination products，CP），但是仍未得到普遍应用。先验知识通常被研发人员使用但并不常正式用在风险评估或文档中，但现在已成为决定关键属性的重要部分。目前，企业常通过正式的风险评估（risk assessment，RA）来对关键质量属性（critical quality attribute，CQA）、关键工艺参数（critical process parameter，CPP）以及关键材料属性（critical material attribute，CMA）进行定义，工艺表征（process characterization，PC）及工艺验证（process validation，PV）的研究设计也是如此。通过关联研究和临床效果相关的风险评估来定义设计空间，以及通过风险评估来定义控制策略，都还是偶尔为之，需要卫生部门提供更多的审批案例来为业界提供具体反馈参考，以确定可以接受并付诸实施的内容。

　　尽管生物制品设计空间的审批还很有限，但成功使用 QbD 的基础已经建立。实践 QbD 已对开发生物制品工艺和深入理解生产进程具有重要意义。表 4.1 列出了迄今为止在原料药或药品开发过程中应用 QbD 要素产生的有利影响，这些影响极为显著，具体包括：改进了用于描述跨部门、位置、公司和行业的工艺的标准化要素的沟通交流；增强了区别关键性的能力，定义了测试逻辑；建立了增加工艺知识的机制。

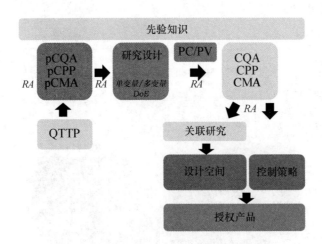

彩图 4.3   QbD 要素及当前实施状态。绿色：风险评估中常规要素，黄色：风险评估中非常规要素，红色：风险评估中偶然要素

表 4.1   QbD 用于原料药及药品迄今为止的高水平研发收益

QbD 要素	变化	影响
全部要素	通用语言：企业和监管机构用于工艺一致且明确的术语（CQA、CPP 等）	促进沟通，简化了工艺标准化，以及文档生成和审查方法，规范了风险评估进程
先验知识	利用先验知识；特别是在进行风险评估和制定决策时	提高区分关键性的能力：平台分子/工艺经验，简化产品生命周期管理，技术转让
风险评估	正式用于工艺、产品和患者的大多数决策制定	提高区分关键性的能力：专注于减少风险及合理化测试
测试及规范	测试方法映射到 CQA，控制策略覆盖至工艺及产品开发过程	对测试、控制和工艺验证进行了明确定义，以减少试验或放宽扩大验收标准

在药品示例中，许多产品的工艺是相似的，可以广泛应用先验知识。相互作用、各单元操作关联以及设计空间与活性药物成分（active pharmaceutical ingredient，API）相比更容易研究，因为工艺设计比较固定且变化范围较窄，也没有纯化问题（无菌过滤除外）。综上所述，从推广应用和工业生产的潜在益处两方面而言，作者认为生物制品特别适合应用 QbD 的原理和方法。在下面的章节中，作者将围绕定义设计空间的示例，以及生物类药品的操作、材料和产品的相关 QbD 要素的解释进行讨论。希望这些示例将有助于推动 QbD 方法在药品开发方面的进一步发展和广泛应用，以获得更好的工艺经验、更快的发展、避免误区，以及更容易在明确的设计空间内实现变更。

4.2   药品设计空间

当主要目标为①维持 API 的质量属性，②证实产品无菌，③提交组分标签说明，④确保患者给药剂量适宜且尽可能舒适时，设计空间对药品而言意味着什么？制剂辅料、工艺杂质以及灭菌都直接反映在标签和包装说明上，且受到相关法律约束。不同于与分析变量相关的数值，一般不会要求为这些数值设定范围。然而，药品生产操作中的操作参数和产品接触材料都存在着一定的变化空间。药品生产工艺通常包括解冻 API、必要时添加辅料、无菌过滤、灌装、冻干（若最终形式为粉末）或加塞以及进行包装。将最终包装交付给患者使用的过程同样需要研究。后续章节将从 QbD 开发路径及结果（包括设计空间的定义）角度逐一讨论这些操作。

4.3　处方开发

过去，处方开发通常始于辅料的应用，如早期临床磷酸盐缓冲液（phosphate buffered saline，PBS）的使用。在商业阶段的处方开发，通常使用一系列单变量或多变量辅料研究或基于辅料的 DoE 来进一步优化。但这种方法会导致对综合的相互作用的理解缺失。另一种方法是从"起点"开始处方开发，研究所有的辅料（最好是那些被普遍认为是安全的辅料）。这样做需要消耗大量时间和资源，并且因为没有正规的方式进行整合所以不能充分地利用先验知识。尽管付出了很大努力，但最终处方的稳健性并不好。通过 QbD 方法，可利用先验知识来指导研发。平台经验（分子、材料、测试以及工艺）可通过风险评估决定测试内容和方式，以定义和合理化测试及工艺。设计空间的定义可以通过包含 CMA 的内容以及评估对质量、性能、患者的影响来进行拓展。工艺相互作用的影响也包含在处方的确定过程中。处方同时优化了辅料成分与容器接触材料、灌装、贮存、处理单元操作及输送系统的组合。为了研究处方 CQA 的范围对最终产品质量的影响，需进行关联研究。相关的一个例子是 Martin-Moe 等人在 2011 年提出了一种药品处方 QbD 的方法，类似案例还可在 Perez-Ramirez、Sreedhara 以及 Jameel 等人的处方开发章节中找到。

QbD 影响："平台分子"（如抗体）先前的理化知识现在可正式对分子设计、筛选策略和基本原理提供依据，以减少物理、化学或生物稳定性不佳的风险（另见 Seidler 和 Fraunhofer 的章节）。这可以提高技术成功的概率并加速研发。对 CMA 和工艺影响的综合评价是定义药品设计空间的一个必不可少的过程。可以看到，QbD 不仅是进行一个广泛的 DoE，而且是进行更具综合性的研究，获得更稳健的结果。

4.4　药物递送及装置和组合产品的研发

从商业或市场及技术驱动两方面考量患者对给药途径的要求，保障患者依从性以及维持或提高市场份额，通常可以通过在产品生命周期中改进药品给药方式来实现。技术驱动可以通过改变给药途径来激发，例如，从冻干产品转变为液体产品，从静脉注射变为皮下注射，用预充式注射系统替换药瓶和注射器，或者在目前预充式注射器中添加自动注射装置。

设备、药物和患者之间的相互依赖，突显了对一套完整系统的开发方法的需求，而这一需求往往被企业所低估。由于最初研发要求的不足，在设计和开发过程中行业最常面临的挑战就是产品目标和规范的更改，这可能会影响产品设计或周期的推迟。在 QbD 方法中，QTPP 是设计输入的一个关键因素，并能严格地确定包括患者需求在内的许多必要目标（表 4.2）。在设计或选择一个给药设备时，需要考虑给药量、黏度、给药方案、患者偏好、患者群体的限制因素以及包材等关键要素。机电工程设备和生物药品研发之间的行业差距可能会使整体工艺趋于复杂化。可靠度高的精密分析技术可用来开发和表征装置特性。装置在医疗器械行业器械设计和全面风险管理过程的稳健表征比较常见。在这些类型的产品特性和分析技术的应用下，QbD 原理就更容易应用。另一方面，分析和理解生物制品非常依赖于实验结果和先验知识，与装置相比，不确定性更高，更难预测。

胰岛素给药是注射给药几十年时间技术发展最有价值的例子。目前批准的胰岛素给药方式（FDA 2014）包括人工注射给药、多种笔式注射器、无针注射器以及其他各种自动泵。随着胰岛素给药方式变得越来越方便和注射设备更加自动化，患者从中受益良多。越来越丰富的特色给药方式被采用，说明了系统的、以患者为中心的组合产品设计的价值。

目前以至将来，对于慢性病的治疗（如类风湿关节炎和多发性硬化症），自助式注射将十分受欢迎。在装置设计和研发中，患者使用注射给药装置越来越强调人为因素。FDA 遵循了"将人为因素和可用性工程学应用于优化医疗设备设计"的指导草案（FDA 2011）。设计控制需要设计输入，并明确"用户和患者"的需求。用户研究包括在开发过程中结构性的可用性测试，以及最终产品测试过程中在现实条件下整体性的可用性测试。装置设计的特点在很大程度上影响了用户体验，但药物处方也同样起着关键作用。如果处方具有局部刺激性或其他不良反应，也会直接影响患者体验。

在短期内，对给药装置的改进包括加入电子设备和软件，这将增强依从性和对患者状态的监测。随着给药装置越来越复杂，若我们能严格运用 QbD 作为相关准则和工具手段，将能成功应对随之而来的挑战。

在 2013 年 1 月，FDA 发布了对于组合产品的关于 cGMP 的最终规定。该规定在 2013 年 7 月起效（Federal Register 2013）。该规定明确了用于设计、开发和制造组合产品的质量体系的监管要求。从根本上来说，该规定阐明生物制品必须遵循和适用的法规（21 CFR 600-680），并且装置也必须遵守适用法规 [质量体系规章（Quality System Regulation，QSR），21 CFR Part 820]。采用 QSR 的具体规定可以使组合产品受益，在开发过程中能产生重大影响的具体规定。设计控制的所用要素都适用于装置，某些要素在逻辑上适用于组合产品。装置研发团队对设计控制过程（图 4.4）有很好的理解，但是在整个行业中，使用组合产品设计控制的适用要素的方法则千差万别。目前，一些企业采用稳健、高度集成的工艺流程来开发组合产品。随着时间的推移，行业标准将不断进化形成一种完整的研发方法。Givand 等编著的"设备和组合产品章节"包含了大量装置研发的案例以及有价值的整体设计和开发组合产品的综合方法案例。

QbD 影响：根据 QSR，在组合产品研发期间提供全面的产品需求是关键。药物或组合产品的 QbD 要素与装置的设计控制紧密结合。QTPP 是综合研发的一种指导性的、多需求的策略蓝图，它保证了产品或组合产品是安全、有效且便于使用的。正如之前提到的，在开发过程后期，折中的需求定义可能导致对于给药装置或组合产品的不确定或更改的设计输入。在生产过程的早期增加对产品综合需求的关注是 QbD 的必需要素，可以促进稳定的产品研发。

目前，对组合产品的 QbD 行业标准仍未被定义或统一规范。然而显而易见的是，研究组合产品系统

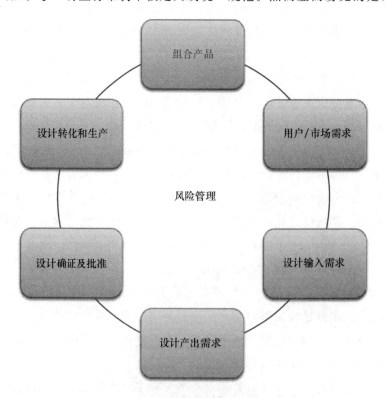

图 4.4　质量体系设计控制

的相互作用和定义设计空间对于开发和表征一种新的组合产品是至关重要的。图 4.5 显示了组合产品如何产生相互作用。其中一个 CQA，如氧化作用，可以由聚山梨酯（Ha et al. 2002）引起，也可由预充式注射器桩针的环氧树脂胶（Markovic 2006）引起。另一个 CQA，如产品凝集作用，可能会因为药物处于高浓度或高温作用（Cleland et al. 1993），或装置针孔成型时残留的金属钨元素（Bee et al. 2009），或注射器所用的硅油（Thirumangalathu et al. 2009）而引起。在后续章节中（详见 Perez-Ramirez 等人所著蛋白质与持续给药载体的组合，Verdine 和 Degrazio 所著包材 QbD 和 Givand 等所著组合产品），对 QbD 方法在确保组合产品所有要素（例如药物、包材和注射装置）的整合方面，提供了更多深刻的理解。

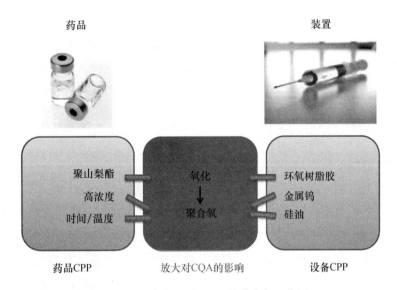

图 4.5 组合产品对 CQA 的潜在相互作用

CQA、CPP、风险评估、设计空间、控制策略以及持续改进必须在生物制品、给药装置以及组合产品中全面实施。构建一个团队来利用这种方法将显著提高产品质量、有效性和安全性。成功跨越这一门槛的团队则已经建立起了显著的竞争优势，可以在自助给药和促进给药技术进步上发挥重要作用。

表 4.2　QTPP 用于关节炎预充式注射器/抗体组合产品

产品属性	目标
剂型	液体，单剂量给药
剂量/PFS	100 mg
浓度	100 mg/ml
给药方式	大腿或腹部皮下注射
黏度	室温下小于 10 cP
容器	20 R Ⅰ 型硼硅玻璃注射器，氟化树脂层压塞，桩针 27 G
功效	关节炎患者易于使用
生物相容性	注射可接受的耐受性
生产工艺兼容性	在 UF/DF 中，高浓度可溶解
降解及杂质	低于安全阈值或合格的
药典规定	符合药典对注射液的要求，无色至轻微黄色，无可见粒子，不可见粒子符合 USP 要求
聚集物	0%～5%
岩藻糖含量	2%～13%
半乳糖苷化（% G1+G2）	10%～40%
宿主细胞蛋白	0～100 ng/mg
保存期限	2～8℃ 条件下不少于 2 年

4.5 药品的生产

药品生产工艺参数范围通常是由设备及装置性能决定的,往往范围较窄,冷冻干燥操作、保持时间以及温度例外。由于材料可用性和成本的原因,失效边界和范围测定的研究非常有限。利用 QbD 方法,小规模模型、最坏状况模型以及代理模型可研究工艺对产品质量和相互作用的影响(Martin-Moe et al. 2011)。在接下来的关于单元操作的章节中,小规模模型和最坏状况模型被大量应用以定义设计空间,例如由 Lam 等人编写的关于冷冻和解冻操作的章节、Shultz 等人编写的关于 UF/DF 的章节以及 Patel 等人编写的关于冻干的章节。

QbD 影响:经过验证的模型用于研究所有单元操作并加深对工艺的认识。这些信息和能力也可用于定义更广泛的操作范围,以及在某些情况下在发现失效边界以及差异调查方面也很有用。

4.6 控制策略及验证

控制策略的关键要素包括控制系统(测试计划如过程内、发布后、稳定性和压力以及扩展特性)和产品生命周期,以及经过验证的产品和工艺状态的知识管理。本书中出现了大量通过风险评估,特别是通过风险等级排序和筛选(risk ranking and filtering,RRF)来确定 CQA 的例子。RRF 使 CQA 能够根据图表进行评估(对安全性和有效性的影响及其不确定性),从而允许临界状态的改变。随着越来越多的医学知识用于支持 CQA 的评估,如 CQA 的关键性可能会降低甚至不再关键,以至于在理论上可以从控制系统中剔除。相反,某一个 QA 也会具有关键性。相同的情况也可能发生在 CPP 上。这或许可以解释为何 FDA 提交的反馈意见将非 CPP 纳入提交文件中,因为随着知识的积累可能需要进行批准后监督。

一旦建立了风险的控制策略,可通过风险评估建立验收标准或规范。为了测试人类受试者中某些降解物的低水平存在并证明杂质限度的正确,当进行这一临床过程的严格或宽松标准有争议性时,常常引发讨论(具体讨论见 Kozlowski et al. 2012)。若能利用先验知识作为风险评估的一部分来制定规范,就可以减少或排除这类的讨论。

相比传统狭窄的工艺范围,QbD 让工艺范围更广。一些讨论认为,验证或一致性运行($n = 3$)可以被连续的工艺验证所取代,尽管监测产品是常规生产过程中一个完整生命周期运行的一部分非特定时间点。具有反馈机制的实时在线检测可以允许在设计空间内工艺参数可变。正如前期讨论的,大多数药品的单元操作实际上是需要严格规范的,但冻干法是一个通过实施 PAT 来控制设计空间的最佳案例。关于这一点,Jameel 和 Kessler 将在后续章节中进行介绍。为了实现实时 QbD 的其他应用,可能同时需要工艺分析技术(process analytical technology,PAT)开发。

QbD 影响:产品规范是根据严格的工艺性能设定的,并且随着时间的推移会逐渐缩小。在 QbD 设计空间中,规范是基于产品和工艺设定的。QbD 设计空间更加宽泛,是因为其工艺更加灵活,其控制更具动态性且能够适应各类变化,例如原料或设备更新上的变化。PAT 对于实时工艺控制变得更加重要。

4.7 药品监管的未来方向和机遇

定义药品设计空间可以为审批后优化提供更多的灵活性。一些关键点包括:

- 技术转让。可以利用设计空间和 eCP 进行技术转让,例如前述的生物制药 API 技术转让首次获得批准。对于药品来说,这个过程将更为简化。即使没有正式的 QbD 设计空间,只需通过 QbD 定义转让要素也可以加强对转让的许可。在将技术转移到另一个生产场地时,转移的要素可以按 QbD 要素,如图 4.6 所示。工艺及产品特征、临床批次及商业批次均有助于获得先验知识。此外,等效设计可推动了相似性的成功。转让的保障受质量风险管理计划的控制，包括 FMEA 转让、技术转让计划和比较两个场所的工艺和产品（包括稳定性批次）的相似性测试。Lim 等人在其章节对此进行了详细说明。

- 减少生产差异的风险。利用确证过的模型，通过主动作为甚至是制定更宽泛的操作范围，可将差异最小化。

- 在设计空间内不断改进。一个包含 CMA 的设计空间对于主要的包装更改、装置或组件非常有用。对于移动应用程序或门户网站来说，软件的改变很有用。

- 生物仿制药或生物改良型新药。API 和药品的设计空间可以转移到生物仿制药或生物改良型新药上。原研公司可以利用他们已知的设计空间进入该领域，或者让外部公司利用 QbD 的相关方面来使产品更有效地推向市场。

总体而言，提交文件，即公司和行业中的提交内容可能会更加丰富和更加标准化。提交时间长（由于药品生产包含了较多的信息）所带来的不利之处，将由更大的营业利润和改进工艺的简化以及更容易更快的评审来抵消。由于持续的改进将得到进一步支持，我们可以在安全性、有效性和（尤其是对于药品来说）用户体验上将有更大的提升。

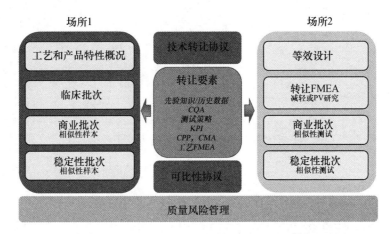

图 4.6　商业产品的技术转让及相似性程序概述。KPI，关键性能指标；FMEA，失效模式与影响分析

参考文献

Bee JS, Nelson SA, Freund E et al (2009) Precipitation of a monoclonal antibody by soluble tungsten. J Pharm Sci 98:3290–3301

Cleland J, Powell M, Shire S (1993) The development of stable protein formulations: a close look at protein aggregation, deamidation and oxidation. Crit Rev Ther Drug Carrier Syst 10(4):307–77

Cook J, Cruanes M, Gupta M, Riley S, Crison J (2013) Quality by Design: are we there yet? AAPS PharmSciTech doi:10.1208/s12249-013-0043-1

FDA (2011) Draft guidance: applying human factors and usability engineering to optimize medical device design. Via FDA website: http://www.fda.gov/MedicalDevices/DeviceRegulationand-Guidance/GuidanceDocuments/ucm259748.htm. Accessed 18 May 2014

FDA (2013) Approval letter for Genentech BLA125486 obinutuzumab (Gazyva). Via FDA website: http://www.accessdata.fda.gov/drugsatfda_docs/nda/2013/125486Orig1s000ChemR.pdf. Accessed 15 Feb 2014

FDA (2014) Drug approvals, result of insulin search. Via FDA website:

http://www.accessdata.fda.gov/scripts/cder/drugsatfda/index.cfm?fuseaction=Search.SearchAction&SearchTerm=insulin&SearchType=BasicSearch&#totable. Accessed 12 April 2014

Federal Register (2013) Current good manufacturing practice requirements for combination products, 21 CFR Part 4. Via Federal register website: https://www.federalregister.gov/articles/2013/01/22/2013-01068/current-good-manufacturing-practice-requirements-for-combination-products. Accessed 16 Feb 2014

Ha E, Wang W, Wang Y (2002) Peroxide formation in polysorbate 80 and protein stability. J Pharm Sci 91:2252–2264

Kouri T, Davis B (2012) The business benefits of quality by design. Pharm Eng 32(4):1–10

Kozlowski S et al (2012) QbD for biologics: learning from the product development and realization (A-MAb) case study and the FDA OBP pilot program. Bioprocess Int 10(8):18–29

Krummen L (2013) Lessons learned from two case studies in the FDA QbD Biotech Pilot. Presented at CMC Forum Europe. Via CASSS website: http://casss.org/displaycommon.cfm?an=1&subarticlenbr=856. Accessed 9 March 2014

Martin-Moe S, Lim F, Wong R, Sreedhara A, Sundaram J, Sane S (2011) A new roadmap for biopharmaceutical drug product development: Integrating development, validation and Quality by Design. J Pharm Sci 100(8):3031–3043

Markovic I (2006) Challenges associated with extractable and/or leachable substances in therapeutic biologic protein products. Am Pharm Rev 9:20–27

Miksinski S (2011) Regulatory assessment of applications containing QbD elements—FDA Perspective. Presented at the meeting of the advisory committee for pharmaceutical science and clinical pharmacology. Via FDA website: http://www.fda.gov/downloads/AdvisoryCommittees/CommitteesMeetingMaterials/Drugs/AdvisoryCommitteeforPharmaceuticalScienceandClinicalPharmacology/UCM266751.pdf. Accessed 10 Mar 2014

Thirumangalathu R, Krishnan S, Ricci MS et al (2009) Silicone oil- and agitation-induced aggregation of a monoclonal antibody in aqueous solution. J Pharm Sci 98:3167–3181

第 5 章

药物产品剂型开发：分子设计和早期候选药物物筛选

Michael Siedler，Vineet Kumar，Ravi Chari，Sonal Saluja and Wolfgang Fraunhofer

高静　译，郑爱萍　校

5.1　引言——质量源于设计（QbD）在后期发现和转换中的应用

在开发单克隆抗体（monoclonal antibody，mAb）和其他蛋白质等生物治疗药物的过程中，生物分子由于物理、化学或生物学稳定性差而导致药物性质不理想，则可能会出现化学成分生产和控制（chemical manufacturing and control，CMC）问题（Daugherty and Mrsny 2010；Shire 2009）。在确定候选化合物过程中不进行稳定性评估，则可能也会出现稳定性问题。图 5.1 描述了确定候选化合物流程，其中，在最

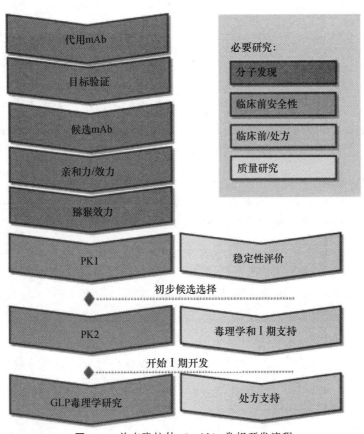

图 5.1　单克隆抗体（mAb）常规开发流程

终确定候选化合物之前需进行稳定性评价。

处方开发的总体目标是在发现过程中确认所有分子，即使是那些成药性差的分子。在某些情况下，由于编辑位点降解的固有困难，可能会有可接受的稳定性问题，并通过适当的处方和工艺开发对该问题进行控制；在开发后期甚至上市后也可能会出现之前未被发现的问题。

然而，应该认识到，试图在药物产品处方开发中弥补特定分子缺乏的内在稳定性的问题往往效率较低，并且可能导致在上市时，该剂型对于各个适应证都不太理想。

QbD方法的实施，结合了所有相关功能，增强了对产品和开发过程的理解，从而使开发过程更高效以及生产工艺更稳健，进而提高了最终药品的质量。

另一个重要方面是，由药物分子引起的所有可能会减慢药物产品开发的问题（例如，序列基序或聚集倾向性），将被循环回到发现阶段以指导新分子的发现/设计，在发现阶段这些问题便可以设计出来。这个循环反馈将持续改进药物开发，提高药物产品的质量。QbD方法将显著影响所涉及的每个功能的任务和范围。实际上，发现、分析、处方前/早期处方开发以及药物代谢和药代动力学（pharmaco-kinetics，PK）需要互相联合，以便形成统一的开发策略，识别最可行的分子候选物，提高总体成功概率。

在下面的章节中，我们通过概述系统化和标准化筛选过程，主要关注发现阶段与处方前/早期处方开发之间的相互关系，以便使用开发平台。药品开发平台技术是指能使提高开发效率的商业需求（如优化成本和开发周期）以及监管机构深入的产品和工艺来提高产品质量得以实现的关键技术。下面主要以mAb及其密切相关的结构为例，但是其中的原理可以通用于生物类药物。

5.2   分子工程和筛选

抗体生产技术取得了重大进展，因此确定合适的候选物更加容易。然而，筛选聚焦于对特定靶标的亲和力并优化其效力，而非优化其成药性。

尽管如此，通过筛选工艺以评估分子候选物的成药性并根据所有可用数据选择先导候选物，它们两者的先决条件是生产具有适当结合特性的多种候选物。因此，处方前/早期处方开发利用现代化的开发方法，作为发现筛选和选择候选物的重要工具。

从以往经验来看，处方前/早期处方开发主要是分析给定的蛋白质，为接下来的制剂开发确定药物缓冲液，并用于确定新药临床前研究和早期临床研究的早期处方。随着候选物筛选过程中稳定性评估的加入，开发目标转变成促成在发现阶段系统化实施和标准化筛选的过程，使得开发阶段每个功能的性能得以利用，在开发阶段时质量可以被设计入分子序列中。共同目标是，基于先验知识，筛选符合预期成药性良好的分子。这些特征总结在方框1目标分子谱图（target molecule profile，TMP）中，并用于指导所有治疗领域的分子生产。TMP包括在分子发现后期/早期开发过程中所有要素及功能，它基于先验知识定义了所需的性质以确保分子安全、有效和稳定。它指定了所有药物性质，以确保与前面的mAb的可比性。因此，需要验证先验知识的作用，例如现有的在原料药和药品开发中建立起来的平台技术的应用。因此，TMP对于将质量定义和设计入分子序列中是至关重要的。

一旦某个候选药物符合TMP，它就被认为是"下一类"分子。这意味着这个特殊的新分子可以和以前开发的分子相媲美，所获得的先验知识可以应用于这种新分子的开发。因此，这类分子的整体CMC开发风险很低。遵循QbD理念，这种方法的优势将开发的重点放在对成功开展药物研发最有希望的候选药物物上。

方框 1　目标分子谱图（TMP）示例 1，2

TMP 定义了所需分子的关键特性，以保证良好的成药性。在候选物筛选过程中进行，评估各个分子在何种程度上符合由先验知识预先确定的标准，来选择最合适的分子作为先导和备选候选物。此外，评估结果可用于预测 CMC 开发风险，并证明在原料药/药品开发中使用已建立的技术平台是合理的，其中一些可能重叠。

- 高亲和力和效力；
- 避免已知的不稳定序列基元（热点）；
- 具有二级、三级结构；
- 按需提高溶解度和降低黏度（高等电点）以实现高浓度制剂；
- 较高物理和化学稳定性（可制造性，长保质期）；
- 可接受的血清稳定性（生物稳定性）；
- 可接受的人体 PK（SC 生物利用度和 $T_{1/2}$——依据开发目标）；
- 与已实施的原料药和药品平台流程的兼容性；
- 低免疫原性。

为了评估初始候选药物的成药性是否与 TMP 相匹配，必须在克隆生成物及先导、备选候选药物之间实施系统化和标准化的筛选。筛选的目的是从最初的分子候选库中识别和选择符合 TMP 预定义标准的"下一类"分子和（或）编辑早期先导分子符合 TMP 标准。图 5.2 以 mAb 为例展示了这种标准化筛选过程。

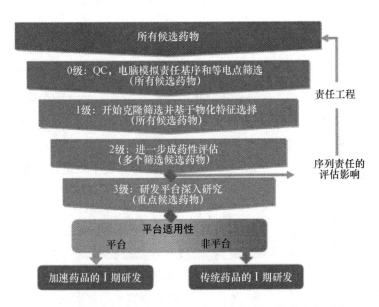

图 5.2　评估单克隆抗体（mAb）成药性的标准化筛选流程图

考虑到各个开发阶段的不同需求和限制，筛选过程可以分为不同层次。筛选过程通过对已知序列负荷（热点）的初始电脑模拟筛选确定适合生产的分子。其目的是识别在生产和（或）长期贮存时易发生化学修饰的不稳定序列基序。表 5.1 列举了不稳定序列基序的权重分级。根据相应的研究，每个分子的风险被分级。然而，并不是所有不稳定序列基序都会导致化学降解，可以进行稳定性研究来验证相关风险，特别是对筛选过程后期的高风险候选药物。

表 5.1　预测成药性筛选权重分级分类的示例

基于先验知识的分析对类药物性质的影响	权重分级
基于数据对 DS/DP 稳定性存在强烈影响	10
预期将对 DS/DP 稳定性产生强烈影响	7
对 DS/DP 稳定性存在中度或未知影响	5
基于数据对 DS/DP 稳定性存在轻微影响	1

DS/DP，原料药/药品

待执行的测定序列通常以最初第 1 级中容纳更多数量的分子，同时通过实现高通量来降低材料需求和周转时间的方式进行的。将测定转移到标准平板和自动液体处理系统可以最大限度地减少操作人员的误差，并允许使用统计方法分析结果。

理想情况下，只有显示出最有希望的成药性的一个确定的分子子集，则将进一步进入第 2 级。在第 2 级阶段，进行更深入的表征。强制降解/加速稳定性研究通常是此时稳定性评估的必需组成部分，在此评估中分子经受各种强制条件，如在高温条件下贮存、多次冻融、振荡或搅拌。

在这些研究过程中，通常系统地筛选制剂的基本特性，如 pH、缓冲体系和消泡剂浓度。研究结果最终决定所确定的先导和备选分子是否与 TMP 相匹配，从而能够基于先验知识使用已建立的开发平台技术。

5.3　平台技术的先验知识、设计和控制空间的定义

利用先验知识建立用于处方开发、制造（例如，标准化制造设备和工艺）和分析的标准化技术平台是最有效的方式。

遵循 QbD 理念中，筛选进一步开发的系统化和标准化的筛选过程，用于筛选符合 TMP 标准的分子不仅可以提高药品质量，还可以实现"mAb 的常规开发"，将减少项目开发所需资源并缩短临床研究周期。如上所述，在决定分子成药性的筛选过程中获得的稳定性数据，将分子与现有的先验知识联系起来。如果数据证实该分子符合 TMP，则该信息验证了已建立的先验知识，如 DS 和 DP 平台技术，可以应用于图 5.3 的流程图中。如果筛选数据发现先导候选药物的不良药物性质，如聚集倾向或黏度过高，则分子可能不纳入现有平台。这样的非平台分子是继续进入药品开发还是被重新设计需要视情况而定，取决于相关质量属性。

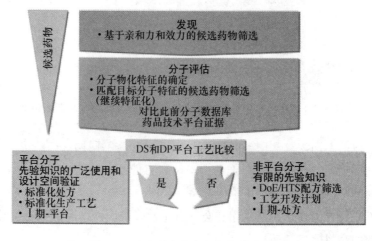

图 5.3　确定平台兼容性的筛选流程图

筛选数据不仅有助于确定药物成分和指导后续的制剂开发，还对确立给定的分子候选药物符合 TMP 的预定义标准至关重要，因此确证了平台流程在后续的 DS 和 DP 开发中的应用。

如发布的 QbD 指南所述，通过探索设计空间来实现质量保证，质量保证的定义如下：

已被证明可以保证产品质量的输入变量和工艺参数之间的多维组合和交互作用 ［ICH Q8（R2）］。

已发布的 A-mAb 案例研究（CMC Bio-tech Working Group）中描述了如何将这个基本概念转移到生物制剂药物开发中的示例。除了已经定义了知识和设计空间之外，还介绍了控制空间的定义。控制空间定义了常规生产中的工艺参数和输入变量的运行限制，控制空间可以是多维空间或单变量过程范围的组合。

技术平台的定义遵循相同原则。关键是相同类别的分子（例如 mAb）可以具有类似的特征。这种情况足够合理，那么就有可能定义一个设计和控制空间，它不仅适用于特定的分子，还可以被应用于具有相同特征的该类别的所有分子。遵循 QbD 的概念，可以将技术平台定义为：

一种利用**先验知识**进行**标准化流程**的系统方法，可以应用于具有类似特征的一类分子（"下一类"分子），其中输入变量的多维组合和交互作用已被证明可以保证产品质量。

但是，为了建立和验证技术平台的应用，需要满足一些先决条件：

- 克隆部分的系统方法来评估和选择具有类似特征的分子候选物（"下一类"分子）；
- 适用于所有分子的标准化处方和生产工艺（例如，单元操作）；
- 充分的证据研究以建立预期分子类别（平台设计空间）的技术平台和提供质量保证。

彩图 5.4 描述了平台设计空间的定义。如果同一类中至少 3 种不同的分子（X-mAb、Y-mAb 和 Z-mAb）的数据表明各自的设计和控制空间有明显的重叠，那么就可以定义为一个平台设计和控制空间。

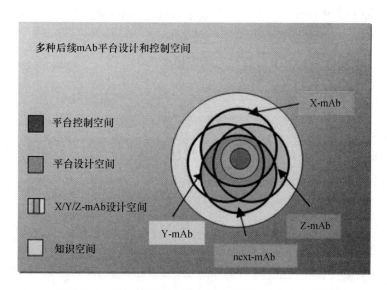

彩图 5.4　设计和控制空间如何应用于技术平台的说明

一旦建立，平台设计和控制空间可以应用于满足 TMP 的所有分子，因为筛选数据证明目标分子涵盖在已建立的平台设计空间。

整个平台技术的概念是建立在新分子与先前用于定义平台设计空间的分子相似性上的。

5.4　基于风险评估筛选候选分子成药性的概述

前面描述了基于 TMP 系统下筛选分子成药性的重要性。以下部分详细介绍此筛选过程。

进行所有分析的一个共同要素是用风险评估工具来根据单个结果预测和分析开发风险。如何以系统和透明的方式实施这个过程，可以利用表格来总结第 1、2 和 3 级，每级将要根据以下条款来执行的分析：

- 要评估的质量属性；
- 基于对预测开发风险的预期影响分析相应的权重；
- 要使用的分析方法；
- 执行分析所需的药物的量；
- 指定低、中或高开发风险的标准。

表 5.1 的示例中，权重被分为四个级别，从已知具有巨大影响（权重比例为 10）到几乎没有影响（权重比例为 1），来进行评估。指定开发风险的最重要信息是此类分子先前代表性分子的标准数据。此信息与 TMP 相关，代表相应分子类别的可用产品和工艺理解（先验知识）。根据相关数据量（例如商业产品）和各自的开发策略，标准可能会有所不同。然而，由于标准是预设的，故执行的分析结果可以分配为低、中、高三个等级的开发风险。须注意到，高风险并不意味着放弃特定的分子，特别是在没有更多的候选分子时。可以通过改变处方和（或）剂型来补偿。然而，根据研究结果的严重性，这种分子可能需要更长的开发周期和（或）资源，并且可能不适合开发平台。

5.4.1　0 级分析——电脑模拟评估和分子工程

后来的研究中发现，当团队开发了一系列亲和力成熟的候选分子时则进行 0 级分析；这可以包括 50 个或更多的候选分子，分子数取决于生成候选药物的方法。因此，为进一步开发选择一个或多个候选分子时应考虑其他特征，包括成药性。然而，对在这个阶段的大量候选分子及有限原材料进行大量表征是不可行的。

为了解决这个问题，0 级分析可能不需要进行表征，进行一个虚拟候选。该分析旨在标记可能存在与药物性质有关的潜在问题。这些候选药物可能会被排除考虑。然而，如果选择标准基于其他属性（如亲和力或效能），那么开发团队已经知道了更稳健的筛选标准。

0 级分析可能包括：

（1）基本表征：

a. 通过一级氨基酸序列计算等电点；

b. 通过一级氨基酸序列计算摩尔消光系数（可以仅供参考；对蛋白质稳定性没有影响）。

（2）对易发生化学降解的氨基酸基序进行序列筛选。

（3）基于计算机模拟的候选药物再造以改善成药性（例如，溶解度、黏度）。

根据蛋白质中可电离残基的数量和类型可以计算等电点（Chari et al. 2009）。尽管它可能与实验测定的等电点不一致，但通常可以找到实验值和计算值之间相关性。等电点预示在液体配制期间是否会出现稳定性问题。大多数商业液体生物制剂的 pH 在 5.0～6.5（Daugherty and Mrsny 2010）。这个范围最有利于降低化学降解（表 5.2；Daugherty and Mrsny 2010；Topp et al. 2010）。然而，如果候选药物的等电点在这个范围，物理稳定性可能存在问题。当 pH 接近等电点时，溶液中蛋白质之间的电荷-电荷排斥力会减少，吸引力如偶极-偶极相互作用或疏水性吸引力会更加显著。这会导致溶解度低、黏度高和（或）聚集或颗粒形成趋势增强。因此，候选药物的等电点应远离该 pH 范围。

执行一级氨基酸序列筛选可以标记出具有易化学降解的基序的候选物，如表 5.2 中所列。在表达、纯化、生产或贮存过程中发生的化学降解可能导致 CMC 问题，并可能影响药物安全性和有效性（Liu et al. 2008）。如果是抗体药物并且在基因序列中存在互补决定区（complementarity determining regions, CDR），则尤其需要关注。理想情况下，这些候选药物将会被排除出进一步的考虑。但是，如果候选药物被选择，则应进一步表征以确定它们降解的程度，这些基序可能会使抗体稳定性降低。

表 5.2　可能导致化学修饰的已知序列风险（热点）列表（Daugherty and Mrsny 2010；Elizabeth et al. 2010）

研发风险	化学降解	序列修饰
高	脱酰胺	NG，NS，QG
	异构化	DG，DS
	分裂	DP
	氧化	M，C
	糖基化	N{P} S{P}，N{P} T{P}
	N-末端焦谷氨酸形式	N-端 Q
中	脱酰胺	NH
	水解	NP
	分裂	TS
低	脱酰胺	SN，TN，KN

　　最近，利用计算机建模来指导候选药物重新设计以改善成药性得到了发展。这涉及建立抗体候选药物的三维模型，并绘制表面电荷和表面疏水性分布（Voynov et al. 2009）。如果正电荷和负电荷之间有明显的分离，则可以确定表面电荷分布。这样的表面电荷绘制可以显示偶极-偶极作用的可能性，其中偶极-偶极作用可表现为溶解度低和（或）黏度高的特性（彩图 5.5；Chari et al. 2009；Long and Labute 2010；Chari et al.）。可以建议通过突变来减少这种相互作用（Long and Labute 2010）。类似地，疏水性分布可以表明是否存在可用作聚集成核位点的疏水斑块（Voynov et al. 2009）。同样可以建议用突变来减小这些斑块的大小。

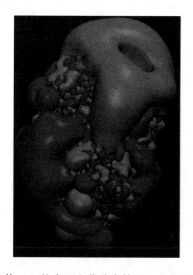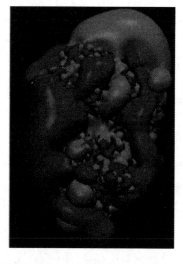

彩图 5.5　一种难溶性抗体 Fab 的表面电荷分布情况，它含有相当均匀的正负电荷分离，形成明显的偶极子（右）。特异性点突变通过增加正电荷来降低偶极子（右），其结果是溶解度增加。**红色**负表面，**蓝色**正表面

5.4.2　1 级分析——高通量分子筛选（热力学溶解度和稳定性）

　　通过 0 级筛选的候选药物进入 1 级筛选，在此阶段它们首次进行药物特性考察。在此阶段，并非所有候选药物都符合 TMP。因此，早期筛选的目的是使候选药物进入下一阶段进行风险评估。它还在早期阶段筛查了候选药物的稳定性，即评估它们在生物制剂从原料药转化为药物产品过程中的降解情况。1 级分析是初步评估，因此最常见的是样品限制。另外需考虑流程是否适应高通量模式，因为早期筛选的候选

药物较多。高通量和自动化不仅可以解决定量分析的问题，还可以及时提高开发质量以满足患者需求。

表5.3显示了以高通量筛选候选药物为目标来表征初始理化性质的分析方案的示例。每一种分析方法都是根据其对筛选候选药物的影响来加权的，从先前经验中获得，实现新分子的持续改进。1级筛选的结果可以对预测的候选物开发进行总体风险评估和排序，以便将重点放在最有希望的候选物上进一步开发。

表 5.3   以实现对成药性的高通量初始评估的 1 级分析示例

质量属性	权重分级	分析	先验知识/基准标准
溶解度	10	使用 μ-con 离心过滤器的实际溶解度	高溶解度
			中低溶解度
热力学稳定性	7	动态扫描荧光法	高展开温度
			中展开温度
			低展开温度
内在稳定性	5	酶降解	高稳定性
			低稳定性

5.5   溶解度

对于自注射的产品，需不断减少给药频率来提高患者的接受度，以减轻频繁注射的疼痛。为实现这一目标，可以提高产品浓度，使皮下给药量小于1 ml。因此，溶解度的测定成为早期筛选候选药物的一个必要组成部分，以鉴别候选物在生产、贮存或给药期间是否有沉淀倾向。

聚乙二醇（polyethylene glycol，PEG）沉淀是使用相对较少量的辅料进行溶解度估算的一种传统方法（Arakawa and Timasheff 1985）。在蛋白质试验中诱导沉淀所需的 PEG 量，以已知溶解度的蛋白质为基准。但是，这种方法只能估计蛋白质的溶解度。真正的溶解度可以通过将蛋白质样品浓缩在微量浓缩器中来评估。

5.6   热力学稳定性

在特定温度下的蛋白质的热力学稳定性可以与它在高温条件下的趋势相关联。当一种蛋白质展开时，它会暴露出其内部的疏水结构，然后此疏水结构可以作为其他未折叠蛋白质的疏水区域的成核位点，从而导致蛋白质聚集。疏水部分的暴露也会在长期贮存过程中与包材发生相互作用、震摇时与气液界面相互作用或冷冻过程中与冰水界面相互作用而导致降解。动态扫描荧光法（dynamic scanning fluorimetry，DSF）可以用来评估蛋白质展开的倾向。内在稳定性较低的蛋白质更易于展开，并且比具有较高内在稳定性的蛋白质展开温度低。该技术涉及在蛋白质样品中加入宝石橙蛋白染色试剂时荧光强度的变化，并在其他文献中已被详细描述（He et al. 2009）。

DSF 是用于预测生物制品的热稳定性的传统且完善的差示扫描量热法（differential scanning calorimetry，DSC）的正交法。它可以被用作高通量技术，分析量可达100个样品/天，并且样品需求量低（约需要 0.1 mg 样品）。一般来说，这两种方法产生的数据相关性非常好，如图 5.6a 中一个抗体的 DSF 和 DSC 测量结果重叠图。图 5.6b 显示了多重抗体解析叠温度的 DSF 和 DSC 测量结果的相关性。

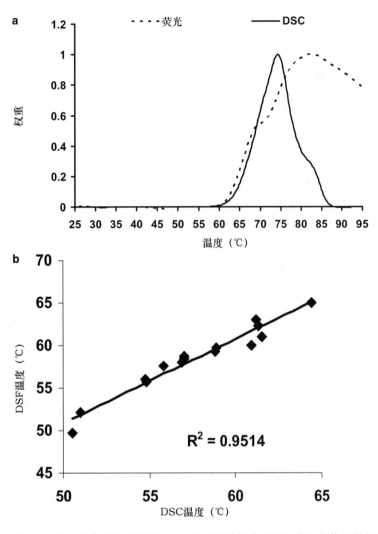

图 5.6　DSC 和 DSF 的比较。a，单一抗体的热分析图；b，使用两种技术获得的多重抗体的解析叠开始温度间的相关性

5.7　内在稳定性

蛋白酶降解的稳定性可以通过蛋白质暴露于蛋白水解酶来评估（Sanchez-Ruiz 2010；Arlandis et al.
2010）。根据作者的经验，试验关键是在疏水性残基处裂解肽键的蛋白酶。不稳定的蛋白质内部的疏水性
残基更容易暴露而被蛋白酶接触，因此可以用降解的半衰期表明蛋白质的稳定性。图 5.7 描述了半衰期的
控制因素测试的示意性总结，即暴露的长度与蛋白质的内在稳定性的关系。

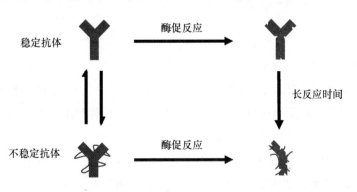

图 5.7　酶降解分析示意图

5.8   案例研究

在一组 10 个 mAb 在 1 级筛选中，鉴定显示出最有利于成药性的候选药物。低风险候选药物将进入第 2 级。表 5.4 总结了所有测试候选药物的最终结果。根据已有标准（先验知识），候选对象被指定为低/中/高风险，由不同颜色编码表示。最终的排序是在一个特定等级上加权累积计算出的。第 1 级的结果与相应的效价/生物分析数据结合，形成了关于将哪些候选药物移至第 2 级进行进一步表征的决策依据。

表 5.4   根据预测研发对候选药物进行风险评估和选择的典型 1 级分析筛选结果

mAb	溶解度（mg/ml）	温度（℃）
1	高	中
2	中	中
3	中	高
4	高	高
5	中	高
6	高	高
7	高	中
8	高	中
9	高	高
10	高	低

5.8.1   2 级分析——开发平台兼容性筛选

来自 1 级分析的结果、功效和效力数据相结合可以将候选药物数量缩减至合理，用于进场更多的表征，通常不超过 5 个。必须认识到，由于 1 级样品有限（通常为 1~3 mg），只能进行基本测定以排除弱势候选药物，并继续进行最佳测试。然而，将生物候选药物开发成为成功的药物产品是一个复杂的过程，理想状态下，在最终候选药物选定之前就应解决目标产品/分子谱的所有要求。对于某些类型的蛋白质（例如，mAb 及相关结构），可通过确定标准化处方来实现。所选处方应安全、稳定和易于生产。此外，制剂需要根据给药途径和（考虑竞争对手）市场开拓能力而设计。在开发过程中尽早地评估有助于解决这些问题，可以使资源和精力被分配给那些最有希望开发成功的候选药物上。2 级分析的目的是选择符合大多数要求的特性候选药物，从而满足通过 2 级候选药物遴选所需的基本要求，因此这些分子可进入"下一级"平台分子。即使在没有候选药物符合平台分子标准的情况下，2 级分析也能帮助确定合适的平台或非平台制剂开发。

2 级研究的目的是表征各种处方变量对不同降解反应的影响，降解反应可能发生在生产、临床前研究和利用相当少量的可用蛋白质材料（根据作者的经验为 30 mg）贮存原料药和药品的过程中。表 5.5 展示了可用于鉴定抗体和类似分子最佳候选药物的多种分析技术的实例。基于先前的结果和文献的初步稳定性风险评估可建立具有最大风险影响关键质量属性的降解（以及此后的测定）。文献中的数据和来自类似分子内部数据库的先验知识可用于确定各种 2 级分析的标准（例如，pH）（Kingman and Rajagopalan 2009）。此外，初始风险评估也被用来确定具有更大风险的关键参数。基于分子必要性的先验知识来确定各种测定的权重。因此，权重 10 表明高度重要性，1 表明该测定对于预测候选分子的开发风险不那么关键。最终根据测定的权重和每个候选物各自的测定结果，提供候选药物的整体等级顺序列表。

表 5.5　具体描述成药性而设计的 2 级候选药物筛选分析的案例

质量属性	权重分级	分析	先验知识/基准标准		
物理稳定性	10	体外血清稳定性	生物稳定性 高	中	低
二级/三级结构	5	不同 pH 下的 FT-IR 和近 UV-CD	百分比图 高	中	低
内在稳定性	7	不同 pH 下的热力学稳定性	展开温度 高	中	低
物理稳定性	10	不同 pH 下的冻融处理	聚合体/粒子 低	中	高
货架期（加速）稳定性	10	在低浓度和不同 pH 下的 SEC 和 IEX	损失单体/主要种类 低	中	高
货架期（加速）稳定性	10	在高浓度和固定 pH 下的 SEC 和 IEX	损失单体/主要种类 低	中	高
黏度	7	高浓度、固定 pH 和离子强度	黏度 低	中	高
浊度	5	高浓度、固定 pH 和离子强度	混浊度 低	中	高

上表中提到的大多数检测方法的重要性和基本分析方法都很明确。文献显示大多数市售的 mAb 产品 pH 为 5.0～7.2（Daugherty and Mrsny 2010；Shire 2009；Saluja and Kalonia 2008）。事实上，80% 的 mAb 液体制剂 pH 为 5.0～6.0。这与前面提到的 pH 5.0～6.5 的最佳值一致。根据作者的经验，大多数抗体和 pI 值在 7.5～9.0 范围内的类似化合物的最佳理化稳定性是在 pH 6.0 附近。该观察结果可用于确定在上述测定中制剂的 pH 范围。在样品可用性受限的情况下，可以选择单个 pH（例如约 6.0）。要求高浓度的性质，例如溶解度、黏度和高浓度稳定性，在选定的条件下测试。

对于其他大多数测定来说，用先验知识和内部数据库来调查 pH 来帮助确定测试条件也是可行的。pH 范围很可能会在 4.0～8.0。

基于作者经验，下文将对具体分析方法及其重要性、设计空间和风险评估进行简要讨论。

5.9　体外血清稳定性

血清是一种复杂的混合物，通常含有约 85 mg/ml 的蛋白质物质，包括抗体和多种蛋白酶（Vitez and Vilma 1958）。血清是治疗的最终环境，因此可以合理地假设在这种复杂的浓度条件下可能发生的分子内和分子间聚集和分裂，可能会改变体内蛋白质的功效，引发毒性反应和改变半衰期。此外，尽管文献和证实信息较少，但体内聚集、分裂和（或）修饰等潜在免疫原性也是可能影响候选分子的因素。因此，通过在血清中进行体外稳定性研究，获得关于新药候选药物的体内稳定性的数据是有价值的（Demeule et al. 2009；Correia 2010）。如果人血清不可用，可以用大鼠或猕猴血清代替。利用适当的标记方法可以完成所需蛋白质的色谱分析（Leung et al. 1999）。

5.10　二级和三级结构要素的整合

文献中可知，大多数导致物理不稳定（例如聚集）的反应中，限速步骤可能是形成部分未折叠的蛋白质物质（Fast et al. 2009；Chi et al. 2003）。因此通常需要保持适当的二级结构和（或）紧密折叠的三级结构来减轻和（或）减少物理不稳定性。脱酰胺作用、氧化和其他化学降解的速率对相关氨基酸的掩埋性质和蛋白质分子的折叠性质具有显著依赖性（Rivers et al. 2008）。因此，与结构要素相关的信息极为重要，且有助于理解所观察到的/预期的物理和（或）化学不稳定性问题。

二级结构可以使用诸如远 UV-CD 或 FTIR 的技术进行分析。这些技术需要极少量的蛋白质（见表 5.5），并且可以将获得的波长和（或）波数扫描去卷积以获得关于各种二级结构要素的详细信息（Cai and Dass 2003；Luthra et al. 2007）。

近 UV-CD、荧光扫描和其他技术可以提供有关蛋白质分子中芳香族氨基酸环境的信息（Kelly and Price 2000）。这些技术虽然是间接检测，但仍然可以提供关于蛋白质的紧密折叠性质的有价值信息。例如，在 260～290 nm 区域中的最小椭圆率表明芳香族残基暴露于溶剂中，因此说明可能没有致密的三级结构。

5.11 热力学稳定性

虽然热力学稳定性和动力学长期稳定性之间尚未建立明确关系，但已经发现聚集过程的第一步是蛋白质分子的部分展开（Saluja and Kalonia 2008；Vitez and Vilma 1958；Twomey et al. 1995；Kashanian et al. 2008）。在第二步中，部分未折叠的分子聚集形成聚合物（胶体稳定性）。因此，热力学稳定性可能不一定与长期贮存稳定性有关，这取决于两个步骤中的限速步骤。在这种情况下应该考虑的另一个因素是制剂的离子强度。一些文献数据显示，在某些低离子强度（约 15～20 mmol/L）下，胶体稳定性在一定程度上不依赖于溶液 pH 和离子强度（Saluja et al. 2007；Kumar et al.），然而也有相当多的文献持相反意见（Chi et al. 2003）。评估构象稳定性（暴露的疏水性残基）对于估计/确定处方之间聚集速率的差别来说可能是重要的。例如，DSC 提供了总体热力学稳定性的量度，其结果可以在某些情况下关联至并且推算出相关的存储温度。因此，热展开研究可能成为筛选候选药物的必要组成部分，而候选药物可以根据展开的开始、过渡的中点和（或）使用 DSC 获得的任何其他热力学参数来区分。DSC 和 DSF 之间的根本区别也很重要（参见 1 级分析；Goldberg et al. 2011）。尽管这两种技术都提供了类似的信息，但 DSC 需要更多的蛋白质，而且花费更长时间（不是真正的 HTS 方法）。另外，虽然 DSF 数据取决于染料与蛋白质分子疏水部分的结合，但 DSC 是基于任何展开过程的热变化。这两种技术原理的区别可能会导致两个数据集之间的差异。

5.12 冻/融稳定性

由于蛋白质易于受冷变性、在冰水界面处展开和冻干过程中降解，故研究原料药和（或）药品的制备和处理过程中的冻融操作的影响是非常重要的（Lazar et al. 2009；Bhatnagar et al. 2007）。早期冻融敏感性筛查也可为冻干制剂的可行性提供信息。评估冷冻和融化期间聚集体形成的典型测定法包括尺寸排阻色谱法、UV_{280} 紫外分光光度计、用光遮蔽法测量显微镜可见的颗粒、库尔特计数器、微流成像和（或）其他技术（Sharma et al 2010；Huang et al. 2009）。虽然许多抗体对冻融应力具有抗性，但多次冻融后在显微镜下可观察到可见颗粒数量的增加（Barnard et al. 2011）。近年来，权威机构对于提供显微镜可见颗粒的数据的要求（Carpenter et al. 2009）不断上升，大大提高了早期检测冻融稳定性的重要性。

原料药通常在各种条件下冷冻储存，包括内包材，如不锈钢罐、药瓶和冷冻袋，温度范围可以处于 −80～−20℃。在 −30～−20℃ 的温度范围内进行冷冻储存，可能更加需要关注在这种储存温度下可能引起问题的赋形剂表征或先验知识。举例来说，众所周知，−21.2℃ 氯化钠与水形成共晶混合物（Lashmar et al. 2007）。考虑到大多数抗体的冷变性温度低于 0℃，处于共晶混合物中的冻干蛋白质是令人担忧的。类似地，已经观察到储存在 −20℃ 的含甘露醇制剂的冻/融稳定性更差（Izutsu and Kojima 2002），可能是由于该试剂在储存过程中结晶，其他文献也报道了处于 −20℃ 的海藻糖（Singh et al. 2011）和处于 −30℃ 的聚山梨酯（Chengbin et al. 2007）也有该现象。

5.13　不同浓度的加速稳定性

实现足够的保质期稳定性对任何制剂都是一个关键的性能标准。mAb、双特异性 Ig 和新型 Fc 融合蛋白越来越多地用于治疗免疫学和肿瘤学疾病，也是目前在临床和临床前研究中的总蛋白药物的主要成分（＞60％）（Dierdre et al. 2007；Morhet 2008）。由于这些相对低效价的蛋白质靶向对许多疾病比较慢［需要更高和（或）频繁的给药］，因此需要通过皮下注射或肌内注射，向患者提供方便的给药方式，以提高治疗依从性或增加患者依从性。在许多情况下，高剂量的给药需求与给药体积（约 1.5 ml）相关，使得必须开发高浓度制剂（＞100 mg/ml；Liu et al. 2005）。开发稳定的、易于使用的、高浓度液体蛋白质制剂所面临的一些挑战，包括分子聚集、黏度和溶解度等。不佳状态导致了蛋白质之间的相互吸引，增加了分子聚集的倾向。研究已经表明，聚集和浓度具有非线性关系，并且随着蛋白质浓度的增加聚集急剧增加（Saluja and Kalonia 2008）。对于预期在家使用的蛋白质制品，强烈建议在临床前开发早期在一定浓度范围内评估其聚集倾向。用于评估不稳定性的典型分析测定方法包括尺寸排阻色谱法、UV_{280} 紫外分光光度计和离子交换色谱法。

5.14　黏度/溶解度

如果 1 级分析可用样品量是有限的，则可以在 2 级分析进行黏度/溶解度测试。大约 100 μl 高浓度物质（＞50 mg/ml）就足以进行多项关键研究。高浓度物质可用于测定在 5℃下、适宜的 pH 和其他条件下的过夜溶解度。利用任何小体积、非破坏性技术如超声波流变测定法或黏度测定法，可以用来评估黏度（Yadav et al. 2009；Saluja and Kalonia 2004）。最后，样品可用于加速稳定性测试。

5.15　风险评估和排序

CMC 风险与候选药物的生产和开发有关，可以根据先验知识，包括文献和可用的内部数据库，对各种各样的候选药物和分子的 CMC 风险进行适当的评估。根据评估，候选药物可以被分为低、中、高开发风险。例如，在预定温度（如 40℃）下，预定时间内（如 7 天）形成的一定比例的聚合物可以用来作为确定候选药物聚集风险的标准。如图 5.8 评估了几种商业 mAb 在 pH 6.0 时的 60 mg/ml 的稳定性。这项研究是为了确定内部候选药物的风险评估。图 5.9 列举通过热力学稳定性评估的相关研究，一项针对雅培公司内部候选药物的类似评估。风险因素再次基于先前产生的具有市售 IgG 分子的数据库。在本研究中，

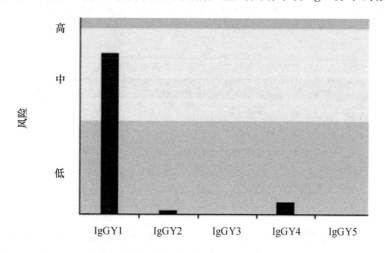

图 5.8　5 种市售 mAb 在 60 mg/ml，pH 6 加速条件下的货架期稳定性。加速研究的风险评估可以基于外部和内部稳定和不稳定分子的先验知识。低、中、高是 CMC 开发的风险因素等级

评估的候选药物中，两种被预测为具有中等热稳定性风险；就热稳定性这一点而言，IgGX3 被预测为是高度稳定的。

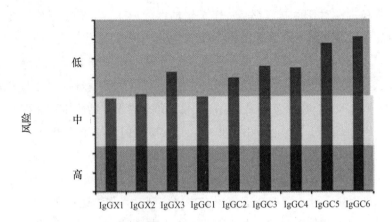

图 5.9 用差示扫描量热法（DSC）评估 3 种 IgG 候选药物（IgG-X1、IgG-X2 和 IgG-X3）在 1 mg/ml、pH 6 下的热力学稳定性。风险评估基于 6 种市场化 IgG 分子（IgGC1-IgGC 6）的竞争性知识。低、中、高是 CMC 开发的风险因素等级。市售分子的平均展开起始温度为 59℃

　　根据分析的关键性，可以提供通过 2 级分析得到的候选药物总体风险等级排序。在这个例子中，简单的评估可以基于个体分析中获得的等级乘以关键性因子，并且求和总分。

5.15.1　3 级分析——开发平台合理化研究

（1）长期稳定性评估。

（2）关于先导候选药物的先验知识的合理性。

　　上述 2 级分析通常用于帮助选择主要候选药物，以支持随后的体内评估，并且探索与 pH 相关药物制剂的组成。在 3 级分析中，大量的候选药物被生产出来用于非 GLP 条件下的 PK 研究。此外，CHO 细胞系开发的起始是为了用于临床试验的先导药物的大规模 GMP 生产。在这两种情况下，药物设定在高浓度。根据作者的经验，用于 PK 研究的剂量可能高达 100 mg/ml，尤其对于皮下给药。在大规模生产中，灌装的浓度范围在 70～100 mg/ml，但生产瞬时浓度可以高达 150 mg/ml。两种工艺都采用特定的平台处方作为药物载体。

　　因此，3 级分析的目的是评估原料药在低浓度和高浓度条件下以及标准平台处方内的稳定性。表 5.6 详细说明了所需的实验。

表 5.6　确定 PK 研究和原料药用平台处方中先导和备用候选药物分子特性的标准 3 级分析流程

质量属性	权重分级	分析/配方	评估技术	先验知识/基准标准		
物理化学稳定性	10	冻/融稳定性（达到 100 mg/ml）	SEC/IEX	聚集体/粒子		
				高	中	低
物理化学稳定性	10	静态溶液的稳定性（达到 100 mg/ml）	SEC/IEX	损失单体/主要种类		
				高	中	低
物理化学稳定性	10	抗振动应力稳定性（达到 100 mg/ml）	SEC/IEX/OD$_{500}$	损失单体/主要种类		
				高	中	低

　　3 级分析中实验和评估技术类似于 2 级分析。它们包括平台毒素制剂赋形剂先导候选药物在毒理学研究所需的药物浓度下的稳定性评估，还包括药物缓冲液中原料药的稳定性评估（其浓度为 100 mg/ml），并且在 2 级分析所推荐的目标 pH 和该 pH±0.5 范围内进行评估。这使我们能够微调 pH 以获得稳定性，

并提供稳定性数据以证明 GMP 原料药生产过程中制定的目标 pH 范围是合理的。长期稳定性是在＋5℃的储存条件下被评估的。另外，还进行了在＋40℃下的加速静态稳定性研究、冻融研究和摇动研究，以验证各种填充和完成操作期间的稳健性。SEC 和 IEX 主要用于评估压力引起的降低。然而，也可以使用正交方法。正交方法包括用于聚集和缔合的光散射和颗粒大小以及用于化学稳定性的 SDS-PAGE 和 CE-SDS，例如交联或碎裂。

这些研究的结果可验证分子是否符合 TMP，并且可以被认为是"下一级"分子的所需信息，因此可以使已经建立的平台得以使用。如果成药性评估出现问题，且平台工艺足够稳健的话，仍然可考虑分子通过已建立的平台工艺进行处理。否则，将需要扩展处方和（或）工艺开发以确保良好的产品稳定性。在任何一种情况下，都必须进行进一步的研究以测试新条件下的药品特性。

致谢　感谢来自伍斯特雅培生物研究中心的 Traiq Ghayur、Chung-Ming Hsieh 和 William Blaine Stine，以及来自路德维希港雅培的 Hans-Juergen Krause 的审查和支持。

参考文献

Arakawa T, Timasheff SN (1985) Theory of protein solubility. Methods Enzymol 114:49–77

Arlandis, GT, Rodriguez-Larrea, D, Ibarro-Molerro B, Sanchez-Ruiz JM (2010) Proteolytic scanning calorimetry: a novel methodology that probes the fundamental features of protein kinetic stability. 98:L12–L14

Barnard JG, Singh S, Randolph TW, Carpenter JF (2011) Subvisible particle counting provides a sensitive method of detecting and quantifying aggregation of monoclonal antibody caused by freeze-thawing: insights into the roles of particles in the protein aggregation pathway. J Pharm Sci 100:492–503

Bhatnagar BS, Pikal MJ, Bogner RH (2007) Study of the individual contributions of ice formation and freeze-concentration on isothermal stability of lactate dehydrogenase during freezing. J Pharm Sci 97:798–814

Cai X, Dass C (2003) Conformational analysis of proteins and peptides. Curr Org Chem 7:1841–1854

Carpenter JF, Randolph TW, Jiskoot W, Crommelin DJ, Middaugh RC, Winter G, Fan YX, Kirshner S, Verthelyi D Kozlowski S, Steven C, Kathleen A, Swann PG, Rosenberg A, Cherney B (2009) Overlooking subvisible particles in therapeutic protein products gaps that may compromise product quality. J Pharm Sci 98:1201–1205

CMC Biotech Working Group (2009) A Mab: a case study in bioprocess development. www.casss.org/displaycommon.cfm?an=1&subarticlenbr=286

Chari R, Kavita J, Badkar AV, Kalonia DS (2009) Long- and short-range electrostatic interactions affect the rheology of highly concentrated antibody solutions. Pharm Res 26:2607–2618

Chari R, Singh S, Yadav S, Brems DN, Kalonia DS (2012) Determination of the Dipole Moments of RNAse SA Wild-Type and a Basic Mutant (in review)

Chengbin W, Ying H, Grinnel C, Bryant S, Miller R, Clabbers A, Bose S, McCarthy D, Zhu, Santora L., Davis-Taber R, Kunes Y, Fung E, Schwartz A, Sakorafas P, Gu J, Tarcsa E, Murtaza A, Ghayur T (2007) Simultaneous targeting of multiple disease mediators by a dual-variable-domain immunoglobulin. Nature Biotech 25:1290–1297

Chi EY, Krishnan S, Kendrick BS, Chang BS, Carpenter JF, Randolph TW (2003) Roles of conformational stability and colloidal stability in the aggregation of recombinant human granulocyte colony-stimulating factor. Protein Sci 12:903–913

Correia IR (2010) Stability of IgG isotypes in serum. mAbs 2:1–12

Daugherty AL, Mrsny RL (2010) Formulation and delivery issues for monoclonal antibody therapeutics. Curr Tren Monoclon Antib Dev Manuf XI(4):103–129

Demeule B, Shire SJ, Liu J (2009) A therapeutic antibody and its antigen form different complexes in serum than in phosphate-buffered saline: a study by analytical ultracentrifugation. Anal Biochem 388:279–287

Dierdre P, Summers C, McCauley A, Karamujic K, Ratnaswamy G (2007) Sorbitol crystallization can lead to protein aggregation in frozen protein formulations. Pharm Res 24:136–146

Fast JL, Cordes AA, Carpenter JF, Randolph TW (2009) Physical instability of a therapeutic Fc fusion protein: domain contributions to conformational and colloidal stability. Biochemistry 48:11724–11736

Goldberg DS, Bishop SM, Shah AU, Hasige SA (2011) Formulation development of therapeutic monoclonal antibodies using high-throughput fluorescence and static light scattering techniques: role of conformational and colloidal stability. J Pharm Sci 100:1306–1315

He F, Hogan S, Latypov RL, Narhi LO, Razinkov VI (2009) High throughput thermostability screening of monoclonal antibody candidates. J Pharm Sci 99:1–11

Huang CT, Sharma D, Oma P, Krishnamurthy R (2009) Quantitation of protein particles in parenteral solutions using micro-flow imaging. J Pharm Sci 98:3058–3071

Izutsu KI, Kojima S (2002) Excipient crystallinity and its protein-structure-stabilizing effect during freeze-drying. J Pharm Pharmacol 54:1033–1039

Kashanian S, Paknejad M, Ghobadi S, Omidfar K, Ravan H (2008) Effect of osmolytes on the conformational stability of mouse monoclonal antidigoxin antibody in long-term Storage. Hybridoma 27:99–106

Kelly SM, Price NC (2000) The use of circular dichroism in the investigation of protein structure and function. Curr Protein Pept Sci 1:349–384

Kingman NG, Rajagopalan N (2009) Application of quality by design and risk assessment principles for the development of formulation design space. Qual Design Pharma 2008:S 161–174

Kumar V, Dixt N, Fraunhofer W Unpublished data. Abbott Bioresearch Center

Lashmar UT, Vanderburgh MLittle, Sarah J (2007) Bulk freeze-thawing of macromolecules: effects of cryoconcentration on their formulation and stability. BioProcess Int 5:52–54

Lazar KL, Patapoff TW, Sharma VK (2009) Cold denaturation of monoclonal antibodies. mAbs 2:42–52

Leung, WY, Trobridge, PA. Haugland RP Haugland RP (1999) Mao F. 7-amino –4-methyl-6-sulfocoumarin-3-acetic acid: a novel blue fluorescent dye for protein labeling. Bioorg Med Chem Lett 9:2229–2232

Liu J, Nguyen MD, Andya JD, Shire SJ (2005) Reversible self association increases the viscosity of a concentrated monoclonal antibody in aqueous solution. J Pharm Sci 94:1928–1940

Liu HC, Gaza-Bulseco G, Faldu D, Chumsae C, Sun J (2008) Hetergenity of monoclonal antibodies. 97:2426–2447

Long WF, Labute P (2010) Calibrative approaches to protein solubility modeling of a mutant series using physicochemical descriptors. J Comput Aided Mol Des 24:907–916

Luthra S, Kalonia DS, Pikal MJ (2007) Effect of hydration on the secondary structure of lyophilized proteins as measured by Fourier transform infrared (FTIR) spectroscopy. J Pharm Sci 96:2910–2921

Morhet, J (2008) Improving therapeutic antibodies. Drug Deliv Technol 8(1): 76–79

Rivers J, McDonald L, Edwards IJ, Beynon RJ (2008) Asparagine deamidation and the role of higher order protein structure. J Proteome Res 7:921–927

Saluja A, Kalonia DS (2004) Measurement of fluid viscosity at microliter volumes using quartz impedance analysis. AAPS PharmSciTech 5(3):e47

Saluja A, Kalonia DS (2008) Nature and consequences of protein–protein interactions in high protein concentration solutions. Int J Pharm 358:1–15

Saluja A, Badkar AV, Zang DL, Kalonia DS (2007) Ultrasonic rheology of a monoclonal antibody (IgG₂) solution: implications for physical stability of proteins in high concentration formulations. J Pharm Sci 96:3181–3195

Sanchez-Ruiz JM (2010) Protein kinetic stability. Biophys Chem 148:1–15

Sharma DK, King D, Oma P, Merchant C (2010) Micro-flow imaging flow microscopy applied to sub-visible particulate analysis in protein formulations. AAPS J 12:455–464

Shire SJ (2009) Formulation and manufacturing of biologics. Curr Opinions Biotechnol 6:708–714

Singh SK, Kolhe P, Mehta AP, Chico SC, Lary AL, Huang M (2011) Frozen state instability of a monoclonal antibody: aggregation as a consequence of trehalose crystallization and protein folding. Pharm Res 28:873–885

Topp EM et al (2010) Chemical instability in peptide and protein pharmaceuticals In: Jameel F, Hershenson S Formulation and process development strategies for manufacturing biopharmaceuticals. Wiley, Hoboken, pp 41–67

Twomey C, Doonan S, Giartosio A. (1995) Thermal denaturation as a predictor of stability of long-term storage of a protein. Biochem Soc Trans 23:369S

Vitez K, Vilma K (1958) Protein composition of human blood plasma. Chemie (Prague). 801–807

Voynov V, Chennamsetty N, Kayser V, Helk B, Trout BL (2009) Predictive tools for stabilization of therapeutic proteins. mAbs 1:580–582

Yadav S, Shire SJ, Kalonia DS (2009) Factors affecting the viscosity in high concentration solutions of different monoclonal antibodies. J Pharm Sci 99:4812–4829

第 6 章

QbD 在蛋白质/生物液体制剂中的应用：前期可开发性的评估策略

Bernardo Perez-Ramírez，Nicholas Guziewicz，Robert Simler and Alavattam Sreedhara

高静　译，郑爱萍　校

6.1　引言

　　液体制剂的质量对临床疗效和药品生产有重大影响。因此，治疗性蛋白质液体制剂的开发应该从一开始（即分子过渡到开发之前）就关注质量。国际人用药品注册技术协调会（International Conference for Harmonisation，ICH）指南 Q8（R2）药物开发中指出，质量不能通过检测赋予产品；即质量应该是通过设计而注入产品中（ICH 2009）。本指南是质量源于设计（QbD）的基础。处方设计需要特别提出几个 QbD 关键过程。首先，可以辨识出候选分子的主要不稳定性。初步关键质量属性（preliminary critical quality attribute，pCQA）的鉴定能够在处方开发过程中设计合理的稳定性和控制策略。其次，具有相似生物功能的多种候选分子可以被设计和筛选，以评估它们在储存和其他相关应激期的 pCQA 的稳定性。这种"可制造性"的评估最能确保具有强健稳定性的分子继续被开发，可能危害到今后开发成功的缺乏抵抗力的稳定性的候选分子将会被淘汰。

　　图 6.1 说明了本章将要讨论的用于蛋白质/生物液体制剂的 QbD 的基本步骤。早期的制剂人员对于确保成功实施 QbD 至关重要。加强处方组与探索研究组之间的对接，对于成功的早期处方前研究和确定 pCQA 至关重要。通过这个对接可以相互了解每个组的需求，从而可以促进确定合适的候选药物以进入开发流程。理想情况下，制剂人员应当参与分子生物学研究和新蛋白质候选药物的初始纯化工作（Perez-Ramirez et al. 1010）。临床开发候选药物，不仅要选择它们的生物学行为，还要选择它们的可生产能力。

　　在早期进行处方前研究是具有难度的，因为用于处方研究的蛋白质的量通常也较少，以微克或毫克计。在这个阶段，蛋白质特异性分析方法的实用价值也受到限制。因此，首选基于基本物理学原理的较成熟方法。监测物理和化学稳定性变化的分析方法可以提供候选蛋白质的全局概况，有助于早期开发研究，本章将对此进行讨论。

　　由于积累了广泛的先验知识，液体抗体制剂的开发已经较为成熟。例如，我们知道，从稳定性角度来看，IgG1 支架蛋白质优于 IgG4 支架蛋白质，因为它铰链区片段化倾向较低（Aalberse and Schuurman 2002）。此外，还需要重新设计特定的残基，以消除化学不稳定性，如与生物活性损失有关的脱酰胺（Wakankar et al. 2007b）。尽管如此，蛋白质，甚至抗体，在溶解度和稳定性方面都是特殊的。尽管在抗体的非保守区中存在许多相同的结构特征，但互补决定区（complimentarily determining region，CDR）

往往是独特的并且具有重要的"热点"（例如脱酰胺化、异构化、氧化）。由于这种特性，仅利用先验知识开发蛋白质液体制剂的通用方法是有限的。相反，考虑到先验知识和实验室获得的实验数据的风险评估可以成为确定关键质量属性（CQA）的重要工具。

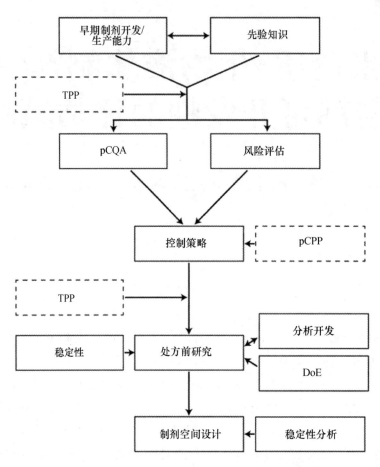

图 6.1   蛋白质/生物液体制剂 QbD 策略中基本步骤示意图（虚线框表示可能未完全定义的参数）

目标产品质量概况（quality target product profile，QTPP）包括给药途径和预期的保质期以及其他质量属性，应在市场调研评估期确定，以帮助 QbD 评估。在早期阶段使用 QTPP，它可以帮助指导早期处方前研究。例如，是否需要将液体制剂与递送装置相结合以改善药物局部驻留是需要考虑的一个重要因素。这种情况带来了另外一系列挑战，即需要考虑对活性蛋白质的影响，并且在可制造性评估期间重新评估制剂策略。药物递送装置的这些考虑因素将详细讨论。然而，由于 QTPP 通常是可更改的定义，并随着项目进展和收集到更多信息而变化，因此 QTPP 在早期制剂研究期间通常不可用，制剂人员通常必须做出若干假设才能继续进行研发。

在制剂开发早期，生产工艺正在摸索，尚未完全开发。因此，特定的关键工艺参数（critical process parameter，CPP）是有限的或缺乏的。CPP 的确定是后期制剂开发阶段的主要工艺目标。尽管这种限制并不妨碍早期制剂开发过程中的主要目标 pCQA 的判断（图 6.1），但可以利用 CPP 的知识，指导处方前研究。在本章中，我们将提供一些通用 CPP 的例子，它们可以被应用于液体制剂 QbD 中。

选择一个制剂中合适的赋形剂很重要，因为在制剂开发中，许多赋形剂可能彼此相互作用或与相关的蛋白质相互作用。为了解潜在的相互作用，可以采用实验设计（design of experiment，DoE）方法。DoE 可以根据要评估的参数数量而变化。因此，在处方前研究中以及优化剂型过程中，进行 DoE（如部分和全因子 DoE）筛选是有帮助的。本章介绍了 QbD 和 DoE 在液体制剂处方前研究中的优势。

6.2　液体制剂的早期处方前研究和风险评估

6.2.1　应用先验知识开展处方前研究

初步了解候选分子的溶出行为和稳定性情况，直接影响确定候选分子的初步 CQA（pCQA）。这些被称为"初步"是因为它们可以基于生物制药行业开发液体制剂累积的实验室经验、临床前、临床、生产和工艺知识来确定。ICH 指南 [Q6B，Q8（R2）和 Q9] 将此信息作为先验产品知识（ICH 1999；ICH 2005；ICH 2009）进行了介绍。在早期阶段没有确定最终的 QTPP 时，pCQA 在风险评估中利用处方前研究的结果进行鉴别，这将在后面讨论。

例如，通过差示扫描量热法（differential scanning calorimetry，DSC；Guziewicz et al. 2008）进行热力学表征 IgG 分子解链温度的信息数据库，可以看到，IgG 分子 Fab 区解链温度>70℃（一个 pCQA），显示液体制剂稳定性最佳，会优先选择。在另一种关于需要高蛋白质浓度（>50 mg/ml）和最小注射体积（0.5~1.0 ml）的单克隆抗体（mAb）的皮下（subcutaneous，SC）剂型（此处未讨论），重点在于控制与溶液黏度有关的剪切应力、聚集和自缔合等问题（a pCQA；Hall and Abraham 1984；Liu J et al. 2005）。pCQA 的其他例子包括聚集、碎裂和化学不稳定（如氧化、脱酰胺和影响效价的异构化）。

确定降解途径对于制定正确的处方策略至关重要（Perez-Ramirez et al. 2010）。最常见的评估影响稳定性的参数是 pH、离子强度、冻融、剪切和温度应力。先验知识有助于缩小实验范围。例如，蛋白质在 pH、温度和其他溶液变量的作用下稳定性有限；因此，评估中不需要包含极端条件，如 pH 3 或 11。大多数蛋白质药物，特别是抗体，在 pH 5~7 之间稳定性更好。因此，抗体液体制剂的设计空间或工艺范围将不会偏离上述 pH 范围。

6.2.2　成功的 QbD 探索研究与处方开发之间的对接

为了最大限度地从 QbD 风险评估中获得液体制剂开发的益处，QbD 风险评估必须从药物开发阶段开始。制剂人员要熟悉候选蛋白质可能存在的溶解行为、稳定性情况、pCQA 和潜在问题（例如高黏度，化学特征等）。将制剂人员纳入研究团队，他们便可以在蛋白质的初始处理和缓冲液的选择方面提供宝贵建议。这种干预将防止在生物筛选研究中使用低纯度或降解的物质，以使候选药物的稳健概率最大化。最后，假设几种分子具有针对给定靶点相似的效力也是重要的，这种方法将提供一组额外的筛选候选分子的标准。

在探索研究阶段，纯化的蛋白质通常都很昂贵。这给制剂人员制定 QbD 原则带来了一些挑战。对于成功的迭代开发对接，制剂团队必须经过严格的培训，以便处理和表征亚毫克级别的蛋白质。由于存在细胞培养和纯化工艺尚未确定的情况，制剂人员还必须准备好处理最终产品的动态性质。必须认识到，这个阶段获得的数据不是绝对的，而是稳定趋势的相对指标。当大量更高纯度的原料药可用时，可能需要进行优化研究。制剂/药物发现层面的最终考虑因素是缺乏产品特异性分析。制剂人员须再次依靠实验方法，这不仅使蛋白质消耗量最小化，还可以用于物理、化学和功能稳定性的一般探索（Perez-Ramirez et al. 2010）。

物理稳定性通常指在不影响化学键的情况下二级、三级或四级结构的变化。理想情况下，药物发现研究将向制剂人员提供蛋白质候选药物的一级结构和翻译后修饰。这些信息可以通过完整的质谱分析快速获得（Hayter et al. 2003）。对于制剂开发人员来说，一级结构测定通常不是很重要（除了典型的化学反应，如脱酰胺和异构化，在这些化学反应中，一级结构与三级结构共同起重要作用）。当比较几种用于液体制剂开发的候选蛋白质时，蛋白质二级结构的变化通常没有很大区别。大部分与液体制剂相关的变化发生在蛋白质表面，其三级和四级结构被破坏（Perez-Ramirez et al. 2010）。尽管如此，作为溶液变量的函数，如 pH、离子强度和微量蛋白质的缓冲液组合物，远紫外（ultraviolet，UV）和圆二色光谱（circular dichroism，CD）可以用来监测二级结构中的潜在变化（Simler et al. 2008；Perez-Ramirezet al. 2010）。傅里叶变换红外光谱可以提供类似的信息，但该技术的灵敏度低，需要大量的蛋白质，使得该方法不适用于早期发现研究。三级结构分析仍然是长期稳定性最具预测性的方法。UV-CD 和荧光光谱都可以用来探测三级结构。虽然 DSC 不是对二级或三级结构的直接探测，但它是表征总体结构稳定性的宝贵工具（Guziewicz et al. 2008）。最后，必须对蛋白质寡聚和聚合的趋势进行评估（表 6.1）。尽管不对称的场流分离（Kowalkowski et al. 2006）和分析超速离心（Perez-Ramirez and Steckert 2005）是在适当环境下的强大技术，但多角度激光散射（SEC-MALLS）耦合的尺寸排阻色谱法由于其高通量能力（high-throughput capability，HTP），仍然是用于四级结构表征的主力技术（Li Y et al. 2009）。

化学稳定性包括在有水时化学键产生或破坏的降解机制。当它们发生在影响靶标结合和生物学功能的蛋白质的关键区域时，化学不稳定性尤为重要。虽然关注较少，但蛋白质的非关键区域的化学修饰仍然很重要，因为它们可能导致影响寡聚倾向或免疫原性的结构的微妙变化（Kumar et al. 2011）。肽图（peptide mapping，PM）与质谱（mass spectrometry，MS）联用（PM/MS）是分析蛋白质化学稳定性特征的决定性方法（Hayter et al. 2003）。标准化的处理过程、软件分析的进步、最低限度的需要以及接近普遍的应用使 PM/MS 成为理想的技术。尽管 PM/MS 已成为金标准，但等电聚焦（isoelectric focusing，IEF）聚丙烯酰胺凝胶电泳、毛细管等电聚焦和反相色谱等替代技术也可用于探测化学稳定性。

最后，需要采用一些方法将潜在的化学和物理不稳定性与生物效应的某种测量联系起来。在体内研究和细胞体外试验中，由于低通量，实际上无法达到这个目的。基于表面等离子体共振或酶联免疫吸附测定技术的结合分析为这些生物测定提供了可行的高通量分析。尽管如此，后期制剂开发通常需要基于细胞进行分析。

表 6.1   表观可制造性潜力评估的分析示例

稳定性	分析方法	属性
物理	Near-UV-CD	三级结构
	Far-UV-CD	二级结构
	DSC	热稳定性
	SEC	聚集/碎片
	SDS-PAGE	聚集/碎片
	MALLS	摩尔质量分布
	浊度	可见沉淀物
	DLS	低聚
	MFI	亚可见颗粒
化学	IEF/cIEF	电荷异质性
	PM/MS	化学完整性
表观功能	表面等离子体共振（双核）	功能

CD，圆二色谱；DSC，差示扫描量热法；DLS，动态光散射；IEF/cIEF，等电聚焦/毛细管等电聚焦；MALLS，多角度激光散射；MFI，微流成像；SDS-PAGE，十二烷基硫酸钠-聚丙烯酰胺凝胶电泳；SEC，尺寸排除色谱法；PM/MS，肽图与质谱联用；UV，紫外分光光度法

6.2.3　应激研究和可制造性评估在鉴定关键产品属性中的作用

根据 ICH Q8(R2)、Q9 和 Q10(ICH 2005；ICH 2008；ICH 2009)，对开发液体制剂的风险进行评估以识别风险并加强工艺理解，其最终目标是进行适当的工艺控制。典型的研究和开发周期不够长，无法根据实时存储数据进行处方开发决策。有效开展应激研究提供了风险识别和更迅速地指导处方策略的手段。温度是用于应激蛋白质和识别 CQA 的常见变量。为了提供有意义的研究数据，应适当加速温度调整来保证稳定性在整个储存温度下保持一致。一种有用的方法是通过 DSC 鉴定候选蛋白质的热稳定性以确定适当的应激温度 (Guziewicz et al. 2008；Perez-Ramirez et al. 2010)。例如，测量热量转换的起始温度而不是解链温度，可以帮助指导选择加速研究合适的温度 (Guziewicz et al. 2008)。这可以最大限度地降低在较高温度下部分蛋白质链展开而导致其他降解途径的可能性 (Guziewicz et al. 2008；Perez-Ramirez et al. 2010)。通常，mAb (以及具有多结构域的复合蛋白质) 可利用 DSC 观察到许多转变，在某些情况下使得数据的解释具有难度。如前所述，除了指导应激温度研究，热力学分析还可以预测长期的物理稳定性。类似的信息可以在开发的很早期阶段通过采用 CD 的热熔胶或荧光光谱结合单值分解分析而获得 (Hayter et al. 2003；Guziewicz et al. 2008；Perez-Ramirez et al. 2010)。

尽管 DSC、CD 和荧光光谱是开发早期的关键预测技术，但它们不能单独使用。pCQA 的鉴定需要对针对模拟加工步骤的应激条件的物理、化学和功能反应进行协调分析。在早期阶段，CPP 通常尚未确定。然而，一些常规工艺参数，例如冻融、暴露于极端 pH 条件和剪切应力是可以在蛋白质的效期中遇到的。分子到制剂开发之前，探索研究中出现的顶级 (生物学类似的) 候选药物应该经过全面的开发能力/可制造性分析，以评估它们在这些工艺相关应激方面的稳定性。

预处理开发信息对于开发液体剂型的制剂研发人员是有用的，可以构建用于大规模工艺开发和未来可比性评估的数据库。虽然很难从实验室规模直接评估出药品生产过程中会发生什么，但可以得到一些近似值。对于治疗性蛋白质来说以下情况并不少见：作为病毒灭活的一部分暴露于低 pH，超滤/渗滤、混合、灌装包装和运输期间的受到剪切应力，以及在储存和运输过程中的冷冻/解冻。这些应激可以在实验室中模拟，并且可以评估它们对候选分子的物理、化学和生物完整性的影响。这种方法的目标有两个，首先是确定可能不利于特定分子开发的 CQA，第二个是根据对各种应激的稳定性反应来排列候选物，并确定最适合进入开发阶段的候选物。下面概述了突出显示这种 QbD 方法筛选生物靶标的几种候选 mAb 的可制造性案例研究。

6.2.4　案例研究：人源化抗体的早期处方前研究和可制造性

在抗体中鼠框架残基被人框架残基取代的抗体人源化过程可以很容易地产生大量生物学类似的分子。这些突变体的快速生物物理筛选可以帮助快速筛选出结构不稳定的突变。通过 SEC-MALLS (未显示) 确认类似的低聚状态后，对 4 种 mAb-C 人源化突变体进行 DSC 分析 (图 6.2)。其中 C-1、C-2、C-3 和 C-4 是两个相邻残基 (亲水性和脂肪族) 的置换。

抗体 mAb-C-1 和 C-2 显示 F_{ab}、F_cCH3 和 F_cCH2 的典型三维展开与 mAb 一致 (图 6.2a)。这两个突变体之间没有观察到热稳定性的差异。抗体 C-4 显示出典型的展开特征，只有 F_cCH3 转换由于 F_{ab} 转换增强的稳定性而被掩埋在了 F_{ab} 转换之下 (图 6.2b)。与之相反，mAb-C-3 的展开特征发生了显著变化。观察到了 4 个展开过渡。利用非 2 态建模方法，熔分析 (数据未显示) 证实 mAb-C-3 F_{ab} 结构域经历 2 次转变展开过程。这是非常独特的，对于突变导致的 F_{ab} 结构域显著不稳定是指示性的。远紫外 CD 分析证实 mAb-C-3 结构稳定性的改变 (图 6.3)。与其他突变体相比，在 mAb-C-3 中观察到改变的 β 折叠特征。在功能上相比，mAb 突变体 C-3 具有明显不稳定的结构，聚集倾向增加。这一特性使得 mAb-C-3 成为不理想的开发候选物，被淘汰。

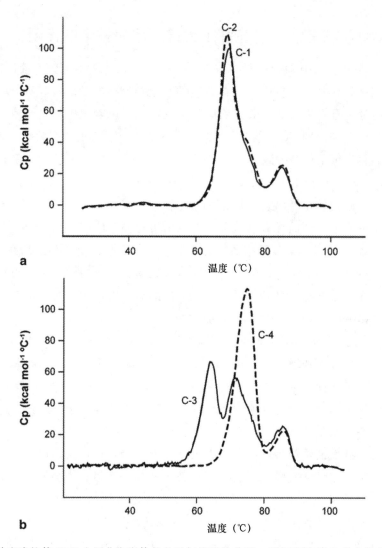

图 6.2 4 株人 IgG1 单克隆抗体 CDR 人源化突变体的差示扫描量热分析。根据脂肪族和亲水性残基的排列，两种残基的结构不同：**a.** 亲水性/脂肪族（C-1）和脂肪族/亲水性（C-2）取代，**b.** 亲水性/亲水性（C-3）和脂肪族/脂肪族（C-4）取代的结构

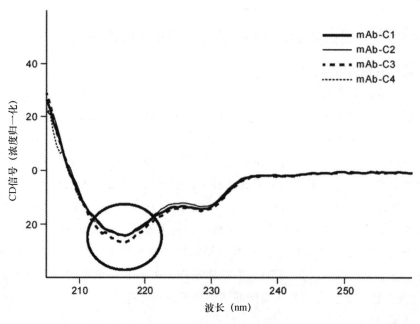

图 6.3 4 株人 IgG1 单克隆抗体 CDR 人源化突变体的远紫外圆二色光谱（详见图 6.2 图例）

　　当候选分子的数量限制在少于 10 个时，可以应用更详细的筛选过程。比较候选分子在广泛的 pH 范围内的行为，可以确定关键的不稳定性，并提供对于 pCQA 的深入了解。在图 6.4 中显示了针对相同受体靶标的 3 种候选抗体以 pH 为函数的远紫外 CD 光谱图。基于紫外光谱，在所有 3 种抗体的大部分 pH 范围内对二级结构没有显著影响。在低 pH 极端情况下，所有抗体都显示出一定程度的部分展开。mAb-A 和 mAb-C 的部分展开最少且类似。相反，mAb-B 对低 pH 最为敏感，几乎完全展开。

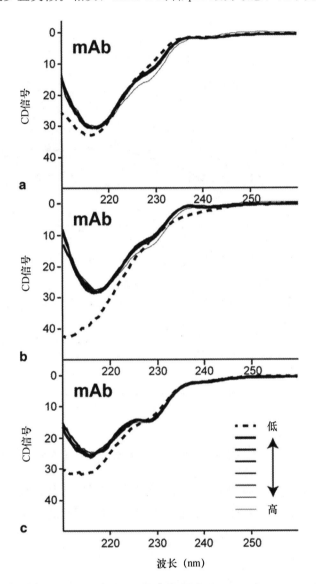

图 6.4　人 IgG1 单克隆抗体候选株的远紫外圆二色光谱与 pH 的关系；mAb-A，mAb-B 和 mAb-C 识别同一个靶受体

　　使用 DSC 产生类似的 pH 响应曲线（图 6.5）与 CD 结果一致，mAb-B F_{ab} 热稳定性是 3 种抗体中最差的。此外，mAb-B F_{ab} 结构域的热稳定性对 pH 的变化最为敏感。从 CD 和 DSC 分析中获得的结构数据显示与其他两种 mAb 相比，mAb-B 物理稳定性较低。

　　可以根据时间、材料可用性和通过检查候选蛋白质的一级结构而确定的潜在热点来设计广泛的生产应激研究。在这个特定的例子中，使用了 4 种应激：低 pH 病毒灭活、剪切、冻融和高温。在实验室中通过调节抗体溶液 pH 至 3.8，保持 90 min，然后调节回 pH 6.28（Guziewicz et al. 2008），来模拟病毒灭活。剪切应激可以通过反复用移液管吸取抗体溶液（50 次循环×1 ml 移液管）来诱导。如果有大量蛋白质可用（~4 ml），那么小规模的切向流过滤再循环实验可以更好地诱导工艺相关的剪切应激。通过将蛋白质在 −80℃ 下冷冻并在 pH 为 6（由 DSC 确定）的条件下室温融化，进行 5 个循环，来诱导冷冻/融化

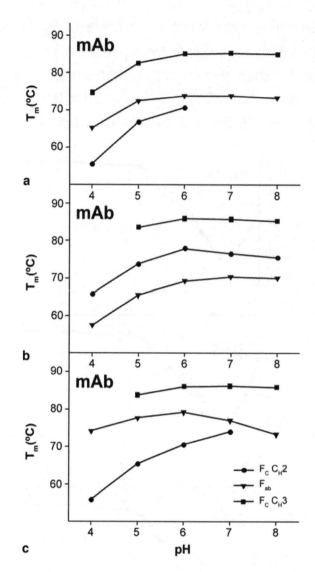

图 6.5 人 IgG1 单克隆抗体 mAb-A、mAb-B 和 mAb-C 的差示扫描量热分析

应激。最后，候选药物也在 37℃下 4 周时间里进行了稳定性方面的评估。该分析仅用 12 mg 每种蛋白质候选药物进行分析，并且可以很容易地针对更多的材料可用性进行优化。例如，更多的材料允许进行两次 pH 孵化，并确定可能在不同 pH 下降解途径的差异。采用选择性分析来考察这些应激条件的物理、化学和功能稳定性反应。

结果显示 mAb-B 具有较低的物理稳定性，根据 SEC-高效液相色谱（high performance liquid chromatography，HPLC）显示（图 6.6），它是在 4 周温育期间唯一聚集的抗体，且它对低 pH 病毒灭活有反应（未显示）。相反，在 37℃，4 周后在 mAb-C 中观察到靶结合亲和力的降低（未显示）。IEF 凝胶显示，在 37℃下经过同一时间段后的条带模式的显著变化（图 6.7a）与酸性亚型的形成一致。随后的 PM/MS 分析证实电荷不均一性是因为天冬酰胺残基的脱酰胺作用（图 6.7b）。基于一级结构，该天冬酰胺位于 CDR 中，明显影响靶标结合。

在针对不同结构收集了所有应激响应数据之后，根据对可制造性影响的可能水平进行分类。表 6.2 是分析总结的结果。从这个分析中可以看出，就物理稳定性而言，mAb-C 是最合乎需要的，而 mAb-B 物理稳定性受损。然而，就化学稳定性而言，mAb-C 对高温敏感，一个功能关键的残基对脱酰胺作用敏感。基于对所有应激条件没有负面反应，mAb-A 被评为制剂开发中最理想的候选分子。

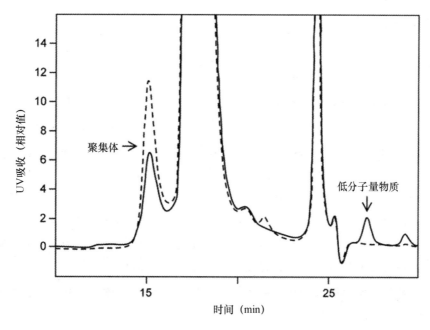

图 6.6　mAb-B 在 4℃ 和 37℃ 条件下、pH＝6、贮存 4 周后的尺寸排阻色谱图

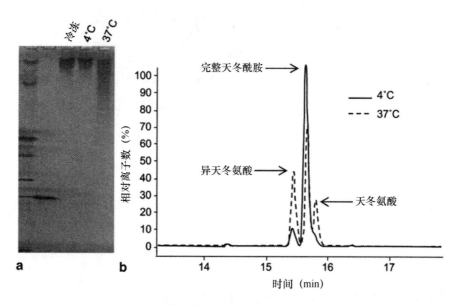

图 6.7　mAb-C 在 4℃ 和 37℃ 下 pH＝6、贮存 4 周后的化学不稳定性；a. 电子聚焦凝胶，b. 反相肽谱图显示质谱分析鉴定的肽段

表 6.2　表观可制造性评估

	结构稳定性			化学稳定性		
	mAb-A	mAb-B	mAb-C	mAb-A	mAb-B	mAb-C
热稳定性	O	—	＋	O	O	O
低 pH	O	—	O	O	O	O
剪切	O	O	O	O	O	O
F/T	O	O	O	O	O	O
温度	O	—	O	＋	＋	——

（O）与对照组相比无变化，（＋）理想，（－）不理想，（——）非常不理想；mAb：单克隆抗体；F/T：冻融

6.2.4.1　风险评估在鉴定 pCQA 中的作用

对实验数据的分析并不简单，需要考虑各种参数，例如影响效力的特定不稳定性的严重程度。严重程度还应与给定不稳定性成为开发过程中速率限制的可能性相关联。在这种情况下，进行风险分析以正式量化风险可以帮助制剂开发策略。失效模式和效应分析工具可以用来根据概率、严重程度和被检测的能力来排列因素的重要性（Stamatis 2003）。例如，如果制剂的 pH 在酸性范围的特定区域内（Wakankar and Borchardt 2006；Wakankar et al. 2007a），则酸催化降解如天冬氨酸异构化成异天冬氨酸的可能性很高。如果不稳定性与效力和（或）生物活性的丧失无关，那么严重性是低至中等，并且可以通过规范进行控制（在检查几个批次之后，理解测定限制以及对稳定性概况的全面评估），从而实现可控的风险（图 6.8）。相反，如果异构化反应与效力损失相关联，那么风险分析的严重性就会很高，这样概率×严重性将给出总体高风险的最终得分（图 6.8），其中要么一个规范是必需的，要么构造的变化被认为是必要的。决定选择另一种不同的可以消除与效力丧失相关的不稳定性的蛋白质构造，可能会对项目周期表产生影响，需要仔细评估。通过在候选蛋白质开发前进行可比性应激响应分析，制剂研发人员可以为毒理学和（或）首次在人体研究中选择更好的生产剂型。

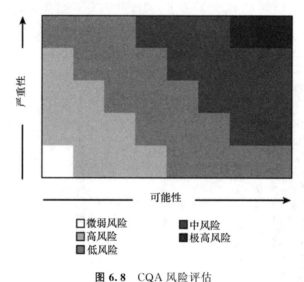

图 6.8　CQA 风险评估

6.3　目标产品质量概况及其对 QbD 的影响

6.3.1　QTPP 在鉴定 pCQA 方面的重要性

QTPP 总结了对确保市场销售至关重要的蛋白质治疗剂的关键特征。虽然 QTPP 有时在产品开发初始阶段没有建立，但它是指导制剂前和制剂策略的必要条件。表 6.3 总结了构成 QTPP 的要素。QTPP 关于 QbD 和早期处方前研究的最重要方面之一是给药途径和方法；其难度在于剂量策略可能没有完全确定。

如果 QTPP 确定采用静脉注射（intravenous，IV）作为给药途径，蛋白质与 IV 袋内包材（如聚乙烯或聚氯乙烯）的相容性对研究很重要。当与 IV 稀释剂例如盐水或葡萄糖进行混合时，蛋白质的稳定性也可能受到很大影响。IV 袋内的蛋白质浓度必须是可变的，以考虑患者群体中的不同剂量。这种浓度的变化会影响分子的物理稳定性。此外，如果使用内嵌过滤器，需要确认蛋白质在过滤器中滤过的稳定性。

皮下（SC）注射提供了在开发过程中需要考虑的其他因素。简而言之，由于注射量限制，高浓度的稳定性成为用于 SC 注射蛋白质的优先考虑因素。高浓度会影响物理稳定性，特别是聚集、自缔合和颗粒形成。另外，在制剂开发早期需要考虑黏度和流变性能，以确保所得产品是"可注射的"，并且产品易于推过注射器（Jezek et al. 2011）。

表 6.3　原型目标产品概况

产品特征	目标
剂型	液体，单次使用
给药途径	皮下注射；单次
小瓶蛋白含量	100 mg
浓度	100 mg/ml
Ⅰ期临床试验预期剂量范围	不大于 100 mg
外观	透明溶液，无可见颗粒和符合美国药典关于亚可见粒子的标准
杂质、降解物	低于安全阈值
辅料	符合美国、欧洲和日本药典
稳定性	5±3℃下的保质期≥24 个月
生物相容性	输液的可接受耐受性

如果 QTPP 需要使用预充式注射器，需要进行一些额外考虑。虽然与注射器材料相容性是 SC 注射考虑的一个必然因素，但对于预充式注射器来说，需要长期储存包材相容性更加重要。不仅蛋白质必须在产品和装置之间的接触表面处保持稳定，而且在硅油或钨等部件存在的情况下保持稳定，通常对硅油或钨在预充式注射器中的残留水平有具体要求。

对于所有的给药途径来说，一个给药途径 QTPP 必须尽早确定，以便将其具体考虑因素纳入制剂开发的 QbD 协议中。由于 QTPP 是在临床开发过程中更新或更改的文件，因此制剂科学家必须与其他部门（包括临床和营销部门）一起随时了解 QTPP 的变化。

6.3.2　药物递送系统对于 QbD 的独特挑战

大多数治疗性蛋白质液体制剂是 IV 或 SC。一般置于药瓶或方便使用的装置中，例如预充式注射器（Overcashier et al. 2006；Liu W et al. 2010）。在某些情况下，需要将蛋白质液体制剂与基质或递送系统组合以达到长期持续释放或局部递送疗法的目的（Manabe et al. 2004）。这种方法的一个例子是将液态骨形态生成蛋白-2 装载到胶原海绵递送基质上（Friess et al. 1999a；Friess et al. 1999b）。其他材料也被用于了蛋白质最佳递送的研究（Geiger 2001；Haidar et al. 2009），包括 PLGA 纳米纤维（Sahoo et al. 2009）和其他天然生物材料，如水凝胶（Van Tomme et al. 2008）和用于潜在的局部抗体递送的丝素（Guziewicz et al. 2011）。

如果产品作为设备或组合产品进行管理，则适用联邦管理设计控制法规（21 CFR 820.30）（联邦法规 2012）。尽管这些法规严格适用于生物/医疗器械，但 QbD 中遇到的相同要素是设计控制法规的内在要素。因此，处方设计师可以从熟悉设计控制的概念中受益。与之相关的是，如果液体制剂将与递送基质配对以获得最佳局部保留，则最终产品可以作为装置或组合产品进行管理并经受设计控制。如果要递送的蛋白质和递送系统之间的相互作用对于局部保留很重要，那么解析递送基质和靶蛋白中的变量对于优化预期产物是必需的。如果活性成分由不同的亚型组成，它们可能表现出与递送基质的不同结合（Morin et al. 2006）进而会影响效力，那么变量的解析尤为重要。

6.3.2.1　选择适当的递送方式

只有在严重不相容性的情况下，制剂人员才会关注与体内环境有关的蛋白质稳定性，可以通过透析到磷酸盐缓冲液中来检测。这些与典型给药途径相关的环境相对温和，蛋白质通常具有清除率，由体内蛋白质降解引起的任何潜在的安全问题可以在毒理学研究中解决。药物输送装置，特别是用于长期持续释放的药物输送装置被引入并且影响变得更加突出时，这些考虑变得更加重要。药物输送装置通常是需要的，因为它们提供局部给药的选择，而不是全身性的输送。但是，身体内的局部环境可能会出现极端情况，例如低 pH 或高温。由于蛋白质稳定性是制剂人员应具备的专业知识领域，因此他们的投入对于指导用递送装置给予蛋白质治疗剂的 QbD 考虑要素至关重要。

例如，描述持续释放所需时间长短的参数应该是 QTPP 的一部分。然后制剂人员可以在与蛋白质会在体内遭遇的类似条件下评估蛋白质在这段时间内的稳定性。温度升高就是这样的一个条件。虽然 37℃时的稳定性经常被用于进行加速稳定性研究，但当涉及持续释放装置时，此温度将模拟蛋白质暴露于体内的环境。在进行持续释放递送的研究时，有必要选择在递送所需的时间段内在升高的温度下很少或不会降解的分子进行下一步开发。

早期与体内环境有关的蛋白质降解的知识可以指导对递送系统的选择（Jiskoot et al. 2012）。例如，如果蛋白质在体内条件下是稳定的，亲水基质可能适合递送。从这些基质中释放是扩散控制，这意味着当蛋白质渗透出递送装置时，蛋白质将与体内环境相互作用相当长的一段时间。如果蛋白质是不稳定的，那么可生物降解的基质是一种更合适的装置，其中蛋白质可以与体内环境相隔绝直到基质分解并释放蛋白质（Sinha and Trehan 2003；Giteau et al. 2008）。在这些情况下，重要的是要在可生物降解的基质中对蛋白质进行适当的稳定化策略，因为蛋白质将在该基质中保留较长时间并可能与基质的降解产物发生反应。同样重要的是，要了解用于生产蛋白质加载基质的单元操作，因为蛋白质在此过程中的不稳定性可能会影响其生物学特性。

6.3.2.2 　评估蛋白质与递送系统相结合的稳定性

虽然早期的蛋白质稳定性知识可以帮助指导药物递送的选择，但在评估蛋白质与递送装置组合的可制造性时需要考虑其他因素。最重要的是该蛋白质是否稳定并在该装置的构建期间保持完好。将蛋白质掺入递送装置可能需要对蛋白质施加极端应激。例如，微球体的构建需要蛋白质经受含有有机溶剂的乳液（Li X et al. 2000）。除了受到这种有机组分的影响外，通常需要极大的剪切应力来形成乳液。为了形成水凝胶，蛋白质需要进行交联（Choh et al. 2011）。任何这些操作都可能导致蛋白质降解。然而，在早期的开发中，许多这些条件可以被模仿和研究，以便获得关于蛋白质与生产工艺相容性的主要指示。

除了评估蛋白质在融合过程中的存活能力之外，了解蛋白质与基质之间在给药过程中的相互作用对于开发是至关重要的。由于药物输送通常需要高剂量和小体积，蛋白质通常需要在装置中高度浓缩（＞100 mg/ml）。虽然通过调整处方变量这些浓度通常是可行的，但必须确定它们是否可以在感兴趣的输送装置内实现。此外，必须考虑装置的分解产物及其与蛋白质的相互作用（Sinha and Trehan 2003；Giteau et al. 2008）。例如，乳酸是 PLGA（聚乳酸-乙醇酸共聚物）降解的副产物，其存在会导致微球中蛋白质容纳区域内的 pH 降低（Zhu et al. 2000；Sinha and Trehan 2003；Giteau et al. 2008），并可能影响局部蛋白质稳定性和产生疼痛影响患者。尽早考虑这些可能的降解机制，可以将它们添加到 QbD 测试方法中，并获得耐用性更强的药物递送装置。

6.4 　DoE 和机器人在处方前开发中的作用

6.4.1 　实验设计

将正式风险评估与 DoE 程序耦合是测试影响蛋白质稳定性的各种输入参数（例如，pH、赋形剂浓度等）效果的有效方法。由于每个单元操作具有多个输入参数，这些输入参数可能影响输出变量（例如，蛋白质质量、不可见和可见微粒等），因此以单变量方式测试每个输入因子耗时且成本过高。DoE 可以同时研究多种因素，以查看影响产品质量的许多输入参数之间是否存在相互作用。科学家利用先前的知识、经验和风险管理来排列关键变量和工艺参数的影响，并使用全因子或部分因子 DoE 研究以多变量方式调查子集。早期 DoE 研究的结果可以帮助确定影响感兴趣蛋白质 CQA 的重要参数，并有助于为该单元操作（例如，冷冻/解冻过程、处方稳健性等）建立设计空间。

通常 DoE 和 QbD 处方开发策略适用于后期开发阶段，以节省资源和成本。早期的处方开发当然可以从广泛的多元 DoE 研究中受益，该研究在部分或全部因子设计中查看几种主要效应和相互作用参数。这有助于为改善分子的知识空间奠定基础。上述多变量研究的样品制备和微型分析，尤其是高通量（high-throughput，HTP）形式的样品制备和微型分析，当分子的信息非常少的时候，将会在处方开发的早期阶段发挥作用。用于确定热稳定性、黏度和蛋白质-蛋白质相互作用的各种分析和生物物理技术，当以 HTP 形式加入到分子评估中时，对于从发现研究到临床开发以及进入市场的治疗性蛋白质开发来说是无价的。

在一个实例中，用于免疫学适应证的 mAb-X 的早期制剂开发期间注意到高浓度的蛋白质稳定性具有挑战性。该分子的 QTPP 需要 150 mg/ml 的目标制剂，在 2～8℃下稳定至少 24 个月。在先前已知的平台处方组分下，mAb-X 在 10 mg/ml 的较低浓度下显示出相当稳定。然而，相同的制剂条件不适合于在较高浓度下 mAb-X 的稳定，因为其在冷藏储存下仅在几个月内便形成不溶性聚集体。在一项新进行的研究中，在不同溶液 pH、缓冲剂种类/浓度、离子强度和表面活性剂下的各种处方被热胁迫并储存长达 4 周。该研究的结果显示 150 mg/ml 的 mAb-X 在高离子强度溶液中最易溶。类似于 mAb-X 的早期开发，使用各种制剂条件（高和低蛋白质浓度，表面活性剂和张力剂浓度，pH 和离子强度）在 40℃对另一种 mAb-Y 进行筛选研究，以分析在 HTP 形式中化学和物理的稳定性。最初的 DoE 筛选研究结果确定了 pH 和离子强度对 SEC 主峰（单体）的主要影响和相互作用。SEC 数据（主峰损失%）显示在彩图 6.9 中，并且表明 mAb-Y 在较低 pH 下对高盐浓度敏感。依据离子交换 HPLC（数据未显示）所表征的，低 pH 和高盐浓度也导致更多的化学变化。在高盐条件下，在 pH 5.0～5.5 的范围内获得对于该 mAb 具有良好物理和化学稳定性的可接受处方。如果 mAb 必须在含有 0.9%盐水的 IV 袋中递送，则 mAb-Y 的 pH 和离子强度敏感性可能是潜在的限制因素。使用强大的 DoE 方法和预测分析器筛选在开发早期阻止这种效应的制剂可以消除临床试验和各种下游加工步骤中的挑战，并且可以在早期临床开发期间增加价值。

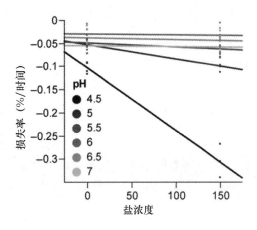

彩图 6.9　mAb-B 的试验筛选研究初步设计的单体损失率

6.4.2　DoE 和 QbD 中的高通量筛选和生物物理方法

蛋白质溶解度和黏度是影响药物稳定性和可制造性的关键属性，因此在开发高浓度蛋白质制剂时理解这些参数非常重要。Gibson 等（2011）最近报道了利用紫外–可见光谱检测 IgG1 mAb 的制剂参数，对蛋白溶解度使用高通量筛选（high-throughput screening，HTS）方法。将蛋白质浓度降低 50% 所需溶液中的 PEG$_{midpt}$ 值（聚乙二醇重量百分比）与各种制剂的表观蛋白质溶解度（在不存在 PEG 的情况下）进行比较，并且发现它是在早期临床开发中可以快速筛选出合适处方的实用实验工具。同样，He 等（2010b）使用 96 孔板的外在荧光来筛选 IgG 聚集。可以设想，未来可以使用 HTP 的其他几种分析和生物物理技术，利用各种 DoE 原理来确定蛋白质的溶解度。

因为通常需要高浓度给药，所以降低高浓度溶液黏度处方的筛选已经变得很常见。在早期开发中材料和资源需求都是有限的，故使用小容量的 HTS 形式进行测试是有价值的。对影响黏度的因素（如离子强度、蛋白质浓度、缓冲液组成和 pH）进行多因素分析是很有用的。有文献报道了一个使用 HTP 处方筛选的 DoE 方法，它确定了影响 IgG2 mAb 热稳定性和溶液黏度的主要因素（He et al. 2011）。He 等（2010a）在 384 孔板阅读器中使用小体积的蛋白质样品进行扩散系数的动态光散射（dynamic light scattering，DLS）测量。黏度测量产生的数据与 DLS 数据相关（He et al. 2010a），并显示了该方法对于使用 HTS 形式筛选处方变量的适用性。

He 等（2011）也报道了差示扫描荧光测定法，而非传统使用的 DSC，来确定单克隆抗体热稳定性方面的适用性。用 3^4 个全因子设计（81 个条件）和多变量回归分析评估了几个因素对热稳定性和黏度的影响以及因子之间的相互作用。使用 JMP® 软件对完整和减少模型因素的主效应和双向交互作用进行分析。对可以得到最佳热稳定性和黏度的不同 mAb 处方变量进行了筛选，并且可以利用等高线图和剖面仪对其进行考察。作者能够应用预测公式，使用该 DoE 的结果来确定能够帮助满足预定值（例如低黏度，高热稳定性）的处方。这项研究（He et al. 2010a）举例说明了如何使用 HTS 和统计方法的组合来探索配方设计空间的不同因素，并为使用 QbD 概念和 DoE 方法制定处方开发提供了途径。

有学者从事了一项类似的基于 DoE 的方法进行肿瘤学适应证 mAb-Z 的处方开发。QTPP 为 mAb-Z 在液体制剂中浓度为 30 mg/ml，且需要在 2~8℃ 时稳定至少 24 个月。对 mAb-Z 一级序列的初步筛选显示了传统的热点，例如天冬氨酸异构化、天冬酰胺脱酰胺和甲硫氨酸氧化。利用先验知识进行 mAb 处方开发，评价了 mAb-Z 处方中的几种组分如张力剂（例如蔗糖）、表面活性剂（例如聚山梨酯 20）、缓冲剂（组氨酸乙酸酯）和 pH（5.5~6.5）。在机器人系统上使用 HTS 进行了 mAb-Z 的知识空间筛选研究。这项研究重复两次（表 6.4）采用了一个随机的、二水平、五因素全因子 DoE 设计（$2^5=32$），共 64 个样本。样品在 40℃ 下储存 4 周，并在表 6.5 中列出的几个时间点进行分析。来自知识空间研究的数据分析（图 6.10）表明，pH 和缓冲物质的浓度是在应激条件下影响 mAb-Z 稳定性的重要条件。依照知识空间设计，阶段Ⅲ处方选择以及进一步的风险分级和过滤之后，可以设计具有较少参数的部分因子设计（例如 2^{4-1} 或 2^{3-2}）以确定所选处方的耐用性。在本书第 4 章中讨论了适用于后期/商业化处方开发的风险等级排序和筛选工具。

表 6.4　知识空间设计中 mAb-Z 的制剂辅料及研究限度

制剂组成		目标	研究范围	研究限度	
				低	高
缓冲液	醋酸组氨酸	20 mmol/L	±75%	5 mmol/L	35 mmol/L
pH	—	6.0	±0.5	5.5	6.5
浓度	mAb-Z	30 mg/ml	±17%	25 mg/ml	35 mg/ml
调味剂	蔗糖	120 mmol/L	±75%	30 mmol/L	210 mmol/L
表面活性剂	聚山梨酯 20	0.02%	±95%	0.001%	0.039%

mAb，单克隆抗体

表 6.5　知识空间分析中的稳定性表与分析方法

	时间（月）				
	0	0.25	0.5	1	3
温度（℃）					
5	X			X	X
25			X	X	X
40		X	X	X	
分析					
SEC	X	X	X	X	X
IEC	X	X	X	X	X
浊度	X	X	X	X	X
pH	X			X	X
UV	X	X	X	X	X
渗透压	X			X	X

IEC，离子交换色谱；SEC，尺寸排除色谱；UV，紫外-可见光谱

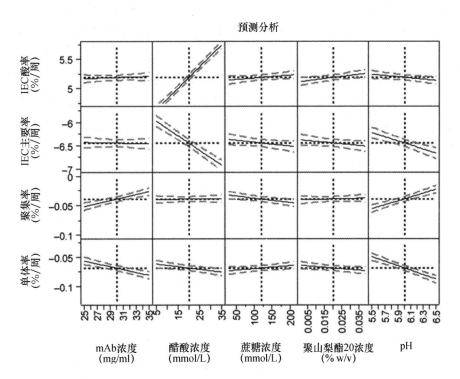

图 6.10　mAb-Z 知识空间研究（40℃，4 周）中的预测分析显示了缓冲液浓度对电荷变化的影响以及 pH 对聚集体和电荷变化的影响

　　在有限的注射量中需要更高的剂量，需要开发新的技术以掌握高度浓缩蛋白质溶液中蛋白质之间和蛋白质内部的相互作用，特别是在这种条件下，蛋白质自缔合是研究潜在溶液黏度的关键（Scherer et al. 2010）。Yadav 等（2010）最近的研究，已经引起人们对于开发具有自缔合、聚集、沉淀和（或）高黏度潜力以及对成功蛋白质治疗开发起关键作用的单克隆抗体的正交筛选方法的重视。同时也证明，mAb 的聚集倾向与第二维里系数（B_2）、k_D 和 k_s（扩散和沉降系数）密切相关（Saluja et al. 2010）。第二维里系数是了解蛋白质-蛋白质相互作用中很有价值的一个参数；这项研究还表明 k_D 可以用作蛋白质聚集的 HTP 预测因子。Zhao 等（2010）发表了使用机器人系统和高通量实验室对 mAb 处方进行开发。这是第一篇展示从样品制备到全面样品分析的端对端处方筛选的发表文献，包括紫外-可见光谱、DLS、各种色

谱方法和浊度在内的许多分析技术被用于进行优化处方筛选，并且在相对较短的时间内最佳处方被选择出来。该研究证实了 HTP 实验室在蛋白质，特别是 mAb，处方前开发中的价值。总体而言，结合 DoE 的 HTP 方法可以在使用 QbD 原理开发治疗性蛋白质强效液体制剂中增加显著价值。

6.5　液体剂型开发：设计空间、优化和控制策略

在液体制剂优化期间的关键特征是制备剂型，以减缓在处方前步骤期间鉴定的降解/不稳定性的影响，目的是具有长期保质期。在开发不稳定治疗性酶制剂的特定情况下，风险分析还应包括评价开发冷冻干燥制剂作为液体制剂的益处。液体制剂合理设计的规则不如冷冻干燥制剂明确；例如，在液体制剂中化学稳定性更加难以控制。即使对于已经积累大量信息的 mAb 来说，它们在平台条件下的行为也往往不同。因此，在给定的蛋白质治疗候选物的特定知识空间内工作，制剂人员可以选择缓冲液和赋形剂，以保证在液体制剂的冷藏条件下（5℃±3℃）可以稳定超过 24 个月，以及在冷冻干燥制剂中稳定超过 36 个月。这些研究通常包括可提供低温保护、等渗性和剪切诱导变性保护的缓冲剂和赋形剂的选择。基于 CQA 的风险分析，可以包括其他赋形剂，如抗氧化剂或螯合剂。图 6.11 显示了用作 mAb 中潜在氧化清除剂的甲硫氨酸的最佳浓度的确定。在此步骤中，对不同封闭容器的鉴定进行了调查，以避免潜在的兼容性问题。此时，评估稳定性所需的许多分析测定法均由分析开发小组进行确证，从而使制剂人员能够在冷藏和适当选择的加速条件下建立稳定性研究（Perez-Ramirez et al. 2010）。应该指出的是，使用阿仑尼乌斯动力学模型来预测大型多结构域液体蛋白药物产品的保质期，其价值是有限的，因为动力学可能不是严格线性的，并且其他反应也可能成为速率限制因素。因此，在推荐的和加速的温度和其他应激条件下获得稳定性研究的结果需要时间。这些结果与根据处方前研究的输出创建的"指纹"（模型）进行比较以更新和完成稳定性风险评估。

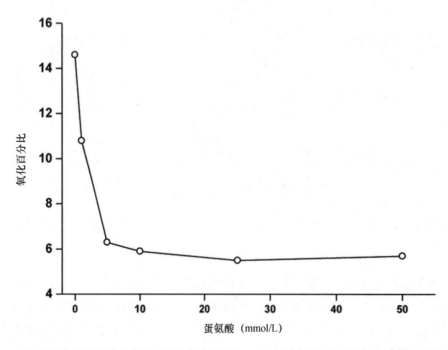

图 6.11　鉴别蛋氨酸作为电位氧化清除剂的最佳浓度。37℃不同蛋氨酸浓度下 9 个月后蛋氨酸氧化

最终，制剂开发需要将小规模研究推广到大规模生产或制造。这种放大应该进行实际测试，以确保早期 QbD 所做的假设能够保持较大的规模。这在生产过程中尤为重要，其中包括大规模工艺、各种生产场地以及所用原材料和设备的差异等额外复杂程度可能会带来新的挑战和变数，而这些变数在确定初始开发空间时可

能未加考虑。因此，开发空间的优化是一个连续统一体。优化处方和启动人类临床研究之间总是需要取得平衡。考虑到随着项目进行到不同的发展阶段，开发空间仍将继续进行，应该理解的是，用于毒理学研究的制剂和早期人体研究（例如I/II期临床研究）中的制剂，可能不同于关键研究制剂和商业化制剂。此外，随着早期人类研究收集到更多的信息，关于制剂的重点将转向确定 CPP 和完善控制策略。

6.6　总结

当前已经确定了一个系统化的工作流程，该流程加强了探索研究和处方开发之间的关键接口，以便及早识别合适的蛋白质候选药物并将其转移到制剂开发中。这种以开发前风险为基础的方法对于①了解治疗性蛋白质的溶出行为，②识别 pCQA，③更早地优化液体制剂，④与 QbD 要求匹配是至关重要的，即 ICH Q8（R2）、Q9 和 Q10（ICH 2005；ICH 2008；ICH 2009）。适当的处方前研究还有助于为进一步的液体制剂优化（如早期工艺开发的一些关键参数），从而定义一个良好表征的多维操作窗口（知识空间）。

参考文献

Aalberse R, Schuurman J (2002) IgG4 breaking the rules. Immunology 105:9–19

Choh S, Cross D, Wang C (2011) Facile synthesis and characterization of disulfide-cross-linked Hyaluronic acid hydrogels for protein delivery and cell encapsulation. Biomacromolecules 12:1126–1136

Code of federal regulations (2012) Design Controls, 21 CFR Sect. 820.30.

Friess W, Uludag H, Foskett S et al (1999a) Bone regeneration with recombinant human bone morphogenetic protein-2 (rhBMP-2) using absorbable collagen sponges (ACS): influence of processing on ACS characteristic and formulation. Pharm Dev Technol 4:387–396

Friess W, Uludag H, Foskett S et al (1999b) Characterization of absorbable collagen sponges as rhBMP-2 carriers. Int J Pharm 187:91–99

Geiger M (2001) Porus collagen composite carriers for bone regeneration using recombinant human bone morphogenetic protein-2 (rhBMP-2). Dissertation, Friedrich-Alexander-Universitat

Gibson T, McCarty K, McFadyen I et al (2011) Application of a high-throughput screening procedure with PEG-induced precipitation to compare relative protein solubility during formulation development with IgG1 monoclonal antibodies. J Pharm Sci 100:1009–1021

Giteau A, Venier-Julienne M, Aubert-Pouessel A et al (2008) How to achieve sustained and complete protein release from PLGA-based microparticles. Int J Pharm 350:14–26

Guziewicz N, Trierweiler G, Johnson K et al (2008) Probing the solution behavior of proteins by differential scanning calorimetry: applications to pre-formulation and formulation development. In: Reese E, Spotts S (eds) Proceedings of the 2007 Current Trends in Microcalorimtry. MicroCal LLC, Northampton, pp 127–153

Guziewicz N, Best A, Perez-Ramirez B et al (2011) Lyophilized silk fibroin hydrogels for the sustained local delivery of therapeutic monoclonal antibodies. Biomaterials 32:2642–2650

Haidar Z, Hamdy R, Tabrizian M (2009) Delivery of recombinant bone morphogenetic proteins for bone regeneration and repair. Part B. Delivery systems for BMPs in orthopaedic and craniofacial tissue engineering. Biotechnol Lett 31:1825–1835

Hall C, Abraham G (1984) Reversible self-association of a human myeloma protein. Thermodynamics and relevance to viscosity effects and solubility. BioChemistry 23:5123–5129

Hayter J, Robertson D, Gaskell S et al (2003) Proteome analysis of intact proteins in complex mixtures. Mol Cell Proteomics 2:85–95

He F, Becker G, Litowski J et al (2010a) High-throughput dynamic light scattering method for measuring viscosity of concentrated protein solutions. Anal Biochem 399:141–143

He F, Phan D, Hogan S et al (2010b) Detection of IgG aggregation by a high throughput method based on extrinsic fluorescence. J Pharm Sci 99:2598–2608

He F, Woods C, Trilisky E et al (2011) Screening of monoclonal antibody formulations based on high-throughput thermostability and viscosity measurements: design of experiment and statistical analysis. J Pharm Sci 100:1330–1340

ICH (1999) Specifications: test procedures and acceptance criteria for biotechnological/biological products. Q6B. http://www.ich.org/fileadmin/Public_Web_Site/ICH_Products/Guidelines/Quality/Q6B/Step4/Q6B_Guideline.pdf. Accessed 1 Oct 2012

ICH (2005) Quality risk management Q9. http://www.ich.org/fileadmin/Public_Web_Site/ICH_Products/Guidelines/Quality/Q9/Step4/Q9_Guideline.pdf. Accessed 1 Oct 2012

ICH (2008) Pharmaceutical quality system. Q10. http://www.ich.org/fileadmin/Public_Web_Site/ICH_Products/Guidelines/Quality/Q10/Step4/Q10_Guideline.pdf. Accessed 1 Oct 2012

ICH (2009) Pharmaceutical development Q8(R2). http://www.ich.org/fileadmin/Public_Web_Site/ ICH_Products/Guidelines/Quality/Q8_R1/Step4/Q8_R2_Guideline.pdf. Accessed 1 Oct 2012

Jezek J, Rides M, Derham B et al (2011) Viscosity of concentrated therapeutic protein compositions. Advan Drug Deliv Rev 63:1107–1117

Jiskoot W, Randolph T, Volkin D et al (2012) Protein Instability and immunogenicity: roadblocks to clinical application of injectable protein delivery systems for sustained release. J Pharm Sci 101:946–954

Kowalkowski T, Buszewski B, Cantado C et al (2006) Field flow fractionation: theory, techniques, applications and the challenges. Crit Rev Anal Chem 36:129–135

Kumar S, Singh S, Wang X et al (2011) Coupling of aggregation and immunogenicity in biotherapeutics: T and B-cell immune epitopes may contain aggregation-prone regions. Pharm Res 28:949–961

Li X, Zhang Y, Yang R et al (2000) Influence of process parameters on the protein stability encapsulated in poly-DL-lactide-poly (ethylene glycol) microspheres. J Control Release 68:41–52

Li Y, Weiss W, Roberts C (2009) Characterization of high molecular-weight nonnative aggregates and aggregation kinetics by size exclusion chromatography with inline multi-angle laser light scattering. J Pharm Sci 11:3997–4016

Liu J, Nguyen M, Andya J et al (2005) Reversible self-association increases the viscosity of a concentrated monoclonal antibody in aqueous solution. J Pharm Sci 94:1928–1940

Liu W, Switf R, Torraca G et al (2010) Root cause analysis of Tungsten-induced protein aggregation in pre-filled syringes. PDA J Pharm Sci Technol 64:11–19

Manabe T, Okino H, Maeyama R et al (2004) Novel strategic therapeutic approaches for prevention of local recurrence of pancreatic cancer after resection: trans-tissue, sustained local drug delivery systems. J Control Release 100:317–330

Morin R, Kaplan D, Perez-Ramirez B (2006) Bone morphogenetic protein-2 binds as multilayers to a collagen delivery matrix: an equilibrium thermodynamic analysis. Biomacromolecules 7:131–138

Overcashier D, Chan E, Hsu C (2006) Technical considerations in the development of pre-filled syringes for protein products. Am Pharm Rev 9:77–83

Perez-Ramirez B, Steckert J (2005) Probing reversible self-association of therapeutic proteins by sedimentation velocity in the analytical ultracentrifuge. Methods Mol Biol 308:301–318

Perez-Ramirez B, Guziewicz N, Simler R (2010) Preformulation research: assessing protein solution behavior during early development. In: Jameel F, Hershenson S (eds) Formulation and process development strategies for manufacturing biopharmaceuticals. Wiley, Hoboken, pp 119–146

Sahoo S, Ang L, Goh J et al (2009) Growth factor delivery through electrospun nanofibers in scaffolds for tissue engineering. J Biomed Mater Res 93:1539–1550

Saluja A, Fesinmeyer R, Hogan S et al (2010) Diffusion and sedimentation interaction parameters for measuring the second virial coefficient and their utility as predictors of protein aggregation. Biophys J 99:2657–2665

Scherer T, Liu J, Shire S et al (2010) Intermolecular interactions of IgG1 monoclonal antibodies at high concentrations characterized by light scattering. J Phys Chem B 114:12948–12957

Simler R, Walsh G, Mattaliano R et al (2008) Maximizing data collection and analysis during preformulation of biotherapeutic proteins. BioProcess Int 6:38–45

Sinha V, Trehan A (2003) Biodegradable microspheres for protein delivery. J Control Release 90:261–280

Stamatis D (2003) Failure mode and effects analysis: FMEA from theory to execution, 2nd edn. ASQ Quality Press, Milwauke

Van Tomme S, Storm G, Hennink W (2008) In situ gelling hydrogels for pharmaceutical and biomedical applications. Int J Pharm 355:1–18

Wakankar A, Borchardt R (2006) Formulation considerations for proteins susceptible to asparagine deamidation and aspartate isomerization. J Pharm Sci 95:2321–2336

Wakankar A, Borchardt R, Eigenbrot C et al (2007a) Aspartate isomerization in the complementary-determining regions of two closely related antibodies. BioChemistry 46:1534–1544

Wakankar A, Borchardt R, Eigenbrot C et al (2007b) Aspartate isomerization in the complementary-determining regions of two closed related monoclonal antibodies. BioChemistry 46:1534–1544

Yadav S, Shire S, Kalonia D (2010) Factors affecting the viscosity in high concentration solutions of different monoclonal antibodies. J Pharm Sci 99:4812–4829

Zhao H, Graf O, Milovic N et al (2010) Formulation development of antibodies using robotic system and high-throughput laboratory (HTL). J Pharm Sci 99:2279–2294

Zhu G, Mallery S, Schwendeman S (2000) Stabilization of proteins encapsulated in injectable poly (lactide-co-glycolide). Nat Biotechnol 18:52–57

第 7 章

QbD 在蛋白质/生物液体制剂中的应用：后期处方开发策略

Alavattam Sreedhara，Rita L. Wong，Yvonne Lentz，Karin Schoenhammer and Christoph Stark

高静　译，郑爱萍　校

7.1　引言

　　蛋白质处方开发是一个复杂的过程，在此过程中需要评估蛋白质的物理性质（例如溶解性和聚集性）和化学稳定性（例如，氧化、脱酰胺、异构化等）（Wang et al. 2007）。保持蛋白质药物处于活性状态通常需要在其保质期内防止其物理和化学性质的变化。由于供应链和营销限制，可持续产品的最短保质期通常在 18～24 个月之间。在处方开发过程中，对溶液 pH、缓冲液类型、蛋白质浓度、糖、防腐剂、盐和表面活性剂等多种因素进行了评估。除了这些因素之外，蛋白质的某些固有性质（例如其一级结构、熔点和黏度）的知识是有帮助的。制剂科学家利用关于某类分子的所有可用信息、各种决策树方法、试错法或组合方法，以获得可行产品开发的成功处方。虽然平台处方在临床开发的早期阶段经常使用，但对于Ⅲ期临床和上市来说需要稳定的处方。稳定的蛋白质处方开发是所有生物制药的关键。除了工艺开发期间的许多其他挑战（包括生产能力差）之外，不适当的上市处方可能会导致不良安全性事件、效率低或生物利用度降低。

　　通常在早期平台处方开发期间，重点是根据分子类别的先验知识筛选不同的处方组分以证明对早期临床供应的足够的稳定性。即使在早期研究/临床前阶段，准确的预测和（或）测试蛋白溶解度可以为临床候选药物成功开发成制剂提供方案，并避免长期稳定性问题。Perez-Ramirez 等在第 6 章中更详细地讨论了蛋白质和单克隆抗体早期可开发性评估的各种方法。目前几种筛选方法的主要缺点是需要大量蛋白质进行检测。平台处方为早期临床研究和首次人体研究节省了时间和资源（Warne 2011），然而，当该分子转移到晚期药物产品开发（Ⅲ期临床和上市）时，很少有关于该处方中蛋白质的行为信息。后期处方开发通过筛选赋形剂范围来优化和表征处方以确定最佳组合。此外，过程单元操作以及主包装或设备的性能起着主要作用。随着目标产品质量概况在整个分子临床开发过程中的更新，后期处方开发可能涉及重要的Ⅲ期研究的再配方，以增加浓度、降低黏度或引入新的初级包装［例如预充式注射器（prefilled syringe，PFS）］或用于新的给药途径或不同剂量给药的其他装置。

　　单克隆抗体（monoclonal antibody，mAb）制剂的开发提出了与其他治疗性蛋白质可能不相关的独特挑战（Shire 2009）。通常以较高剂量（10～200 mg）给予 mAb 用于治疗免疫学和变应性疾病或肿瘤学应用。引起人们对蛋白质生物药物关注的关键问题之一是聚集体的产生，特别是在高浓度制剂条件下以及在聚集体形成之后可能增加的有害免疫原性应答（Maas et al. 2007；Jiskoot et al. 2012）。

有时需要液体制剂皮下（subcutaneous，SC）给药以确保用户使用方便。为了通过皮下途径以可接受的剂量体积（约 1.0 ml）施用这样的高剂量，根据适应证，需要将 mAb 配制成 100～200 mg/ml 或甚至更高的浓度范围（Shire 2009）。正如 mAb-1 的报道（Liu et al. 2005）中一样，高浓度蛋白质通常导致溶液黏度急剧增加。Liu 等（2005）报道，在 25℃条件下，125 mg/ml 的 mAb-1 比单独的缓冲液的黏度增大约 60 倍。作者继续表明，在 mAb-1 的情况下，可逆的自缔合是观察到高溶液黏度的原因。高溶液黏度导致从容器泵送、填充、过滤和产物回收时有困难，并且甚至妨碍制剂的可注射性。溶液黏度的知识和降低溶液黏度的根本机制对药物开发至关重要，并且可在必要时提出可行的目标产品概况和设备。

7.2　将 QbD 要素纳入药品开发

质量源于设计（QbD）是一种基于科学和风险的药品开发方法，并提供了一种信心，即所期望的目标质量的产品质量概况可以被实现并得到充分理解。本章涉及后期制剂开发和 QbD 在开发稳定的可销售制剂中的作用。使用填充到玻璃瓶中通过静脉内（intravenous，IV）给药的液体药品（mAb-1 和 mAb-2）或 SC 给药的 PFS（mAb-3）中的产品进行的表征研究结果，用于例证在药品开发中体现的 QbD 理念。先前的平台知识和风险评估用于确定关键质量属性（CQA）、主要工艺参数和关键工艺参数（CPP），并制定控制策略和设计实验研究以确定多元制造空间。期望的制造空间也需考虑到制造能力，从而可以在保证产品质量的同时实现稳健的工艺性能。QbD 方法的一个重要组成部分是开发用于进行多变量实验研究的实验室模型。这些模型需要确认或证明它们代表了全规模的操作，并在必要时为进一步的处方开发提供相对快速的反馈。按照标准方法，在多变量研究中使用这些类型的实验室模型是有限的。总的来说，大部分讨论和减少到标准程序实践的内容，现在都经过了正式评估、记录并表现得更加稳健。

本章介绍的方法利用对产品和工艺的科学理解、风险评估和合理的实验设计，以提供符合 QbD 理念但不需要增加额外工作的工艺。这些方法产生的结果不仅会加强数据信息以支持规范和生产范围、简化测试，而且有望简化上市后变更和技术转移的实施。

风险分析和评估工具　本章不对每种可用风险评估工具进行深入分析，但强调了在 QbD 设计中一些工具的应用。ICH 指南 Q9（ICH 2005）在附录Ⅰ中显示了各种风险评估工具，简要描述了不同的工具，并推荐了一个潜在的使用领域。此外，一些公布的 QbD 模拟示范模块使用不同的风险评估工具；例如，失效模式、效应和关键性分析（EFPIA 2010）被用来确定 CPP。在 CMC-Biotech 工作组（2009）提出的 A-mAb 案例研究中，风险矩阵、风险等级排序和筛选（risk ranking and filtering，RRF）工具、故障树分析和初步危害分析（preliminary hazard analysis，PHA）用于 CQA 和 CPP 的排名。Ng 和 Rajagopalan（2009）报道了使用 Ishikawa（Fishbone）图表来展示处方开发过程中评估的因素。所有可能影响各种CQA 的潜在变量都被列出并分析。此外，可以使用失效模式和效应分析（failure mode and effect analysis，FMEA）来排序影响质量属性的参数，这些 FMEA 是用于评估、优先排序和记录工艺和产品性能潜在失效的风险评估工具。有报告指出风险优先值（risk priority number，RPN）分数是基于操作参数偏移（S）的严重性，偏移发生的频率（O）以及偏移（D）检测的难易程度来计算的。这三个方面分别给出一个数值，通常在 1 到 10 之间（10 为风险最高）。RPN 评分（＝S×O×D）已用于优先活动和风险管理计划中，并且还应用于各种工艺开发研究（Singh et al. 2009）。

7.2.1　玻璃药瓶的液体填充

7.2.1.1　处方开发——传统方法

Genentech 公司的处方开发，包括药物产品的单元操作，传统上是以单变量的方式进行的。在传统的制剂开发过程中，目标处方条件通常用于验证工艺可接受的范围。在开发初期，可制造性评估筛选用于帮助分子选择。通常基于减少的氧化、脱酰胺或低黏度属性等问题来选择分子。另外，在处方开发之前没有正式的风险评估。许多公司在Ⅰ期和Ⅱ期临床开始实施评估平台。基于历史知识和一类分子在预先商业化环境中性能进行赋形剂的最小处方筛选。制剂参数的选择是通过改变其浓度来进行的，同时保持所有其他条件在目标范围内。例如，改变表面活性剂浓度超过规格范围，同时保持 pH 和其他组分为目标值（表 7.1 和图 7.1，研究设计 1、2 和 3）。虽然这些研究提供了关于单个处方组分的信息，但是对于与其他重要处方属性的任何相互作用（例如聚山梨醇酯 20 与 pH 的相互作用）无法获得分析。同样，选择 pH、缓冲液组分、张力剂、稳定剂等也是以单变量方式进行的，并且在各种监督意见书中都是合理的。

表 7.1　典型单变量制剂筛选研究[a]

pH	调节剂浓度（mmol/L）	表面活性剂浓度（% w/v）	蛋白质浓度（mg/ml）	缓冲液浓度（mmol/L）
5.5	240	0.005	25	20
5.5	240	0.02	25	20
5.5	240	0.04	25	20

[a] 应力研究包括冻融、搅拌和高温筛选

稳定性研究在不同的贮存时间点进行（表 7.2），以支持临床试验的研究。对于Ⅲ期临床和上市后处方和工艺开发，进行额外的研究以评估对蛋白质浓度、赋形剂质量、冷冻/融化条件、容器和接触表面等的灵敏度，并且微调赋形剂浓度和范围以确保稳健性。如果产品是冻干的，则需专门研究该加工步骤。如果需要设备，开发过程中会包含更多的研究。冻干和设备开发研究不在本章的范围内，将在其他地方讨论。通常，为了了解分子，进行几个单变量（图 7.1，研究设计 1）和（或）多变量研究（图 7.1，研究设计 2）。在指定Ⅲ期临床处方之前进行初步特征研究，如冷冻/融化稳定性、使用稳定性和主容器相容性（图 7.1，研究设计 3）。随着分子在研发过程中的不断发展，我们开展了几项工艺表征（process characterization，PC）研究。这些表征研究的结果通常会进入工艺验证研究，这些研究在注册或商业规模下进行，使用 1~3 批参数范围变化有限的产品批次。由于材料限制，很少有药物产品的操作（如过滤和冻干）具有线性缩小模型，并且大规模研究也进行得非常小心。

表 7.2　单变量制剂筛选研究的典型贮存条件

贮存条件		时间（月）[a]						
温度（℃）	% RH	0	0.25	0.5	0.75	1	3	6
−20	—	X[b]	—	—	—	X	X	X[b]
5	—	X[b]	—	—	—	X	X	X[b]
25	60%	X[b]	—	X	—	X	X	X[b]
40	75%	X[b]	X	X	X	X[b]	—	—

RH，相对湿度

[a] −20 和 5℃下时间点可延长 6 个月至失效期

[b] 应力包括搅拌研究，以确保表面活性剂降解不会阻碍产品开发。样品分析包括稳定性指示分析，如尺寸排除色谱法、离子交换色谱法、效价，以及其他分析如澄明度、乳白色和着色、亚可见颗粒、肽图谱等

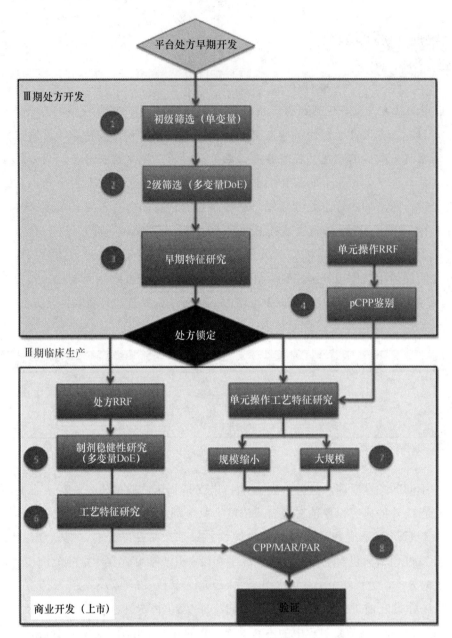

图 7.1 Ⅲ期/上市 mAb 液体制剂的 QbD 要素开发。文中引用了研究设计编号 1～8（圆圈），有助于将 QbD 要素纳入传统的开发研究

7.2.1.2 采用包括分析抽样方案的 QbD 方法进行处方开发

作为传统处方开发工作的一部分，进行了一系列单变量研究以确定先导处方。图 7.1 概述了Ⅲ期处方和工艺开发。此外，图 7.1 还描述了如何将 QbD 要素嵌入到传统开发中。研究设计 1、2 和 3 说明了传统的研发通常是针对Ⅲ期临床处方开发进行的。为了支持 QbD 程序，使用先前确定的工具进行单元操作 RRF 以识别潜在的关键工艺参数（pCPP；图 7.1，研究设计 4）。在 CQA 评估之后，使用与单元操作相同的 RRF 评估工具，完成处方 RRF。这有助于启动处方稳健性研究（图 7.1，研究设计 5），并构成支持生物药品开发 QbD 计划的新范例。进行进一步的工艺表征（PC）研究，如制造应激的影响（例如混合、冷/融、汽化过氧化氢灭菌等），以支持Ⅲ期临床和上市后处方的开发（图 7.1，研究设计 6）。同时，在单元操作研究中对 pCPP 进行识别后，使用最差情况下的加工条件，以及以比例缩小模式或大规模（图 7.1，研究设计 7）的目标处方进行几项 PC 研究。迄今为止收集的所有数据都用于确定玻璃瓶中Ⅲ期临床

和上市后液体制剂的 CPP、多变量可接受范围（multivariate acceptable range，MAR）和已证实可接受范围（proven acceptable range，PAR）（图 7.1，研究设计 8）。

案例研究：mAb-1 是阶段Ⅲ开发中的 IgG1 分子。使用 A-mAb 案例研究中给出的工具进行 RRF 分析（Martin-Moe et al. 2011）。mAb-1 的 RRF 分析获得的结果见表 7.3，相应的实验设计（design of experiment，DoE）见表 7.4。在 mAb-1 的情况下，设计 PC 研究以评估 pH、蛋白质浓度、表面活性剂、缓冲剂和张力剂，以及时间和温度对其 CQA 的影响。如表 7.4 所示，需要使用具有 5 个因子和 2 个水平（$2^{5-1}=16$ 个处方）的部分因子设计的多变量研究来研究制剂的稳健性。该设计在药物产品的 3 个温度（5、25 和 40℃）下进行，使用各种分析方法［例如离子交换高效液相色谱（ion-exchange high-performance liquid chromatography，IE-HPLC）和尺寸排阻高效液相色谱（size-exclusion high-performance liquid chromatography，SE-HPLC）］并通过 JMP® 软件进行统计评估。图 7.2 显示了各种制剂参数的预测分布曲线以及通过 IE-HPLC 分析的 pH 和时间对酸性变体在 25℃超过 6 个月的影响。如图 7.2 所示，pH 以外的任何参数都没有显示出任何统计学或实际意义，这表明处方工艺中应严格控制 pH。

对于临床开发中的另一种 IgG1 mAb（mAb-2），进行类似的 RRF。RRF 评估用于确定 mAb-2 原料药和药品中的处方成分，这对保持产品质量和确定哪些处方成分将被纳入进一步的多变量和（或）单变量稳健性研究中至关重要。具体而言，每个处方参数被赋予其潜在主要效果的评分和对产品质量的潜在交互作用。然后处方参数总体严重性评分通过这些评分的乘积计算出来，并且用于确定处方参数是否需要进一步表征。在需要进一步表征的情况下，严重程度评分指示所需的健全性研究的类型（例如，单变量、多变量）；表 7.5 总结了这种评估的结果。mAb-2 Ⅲ期临床和上市后原料药和药物制剂的 RRF 分析确定溶液 pH、表面活性剂浓度和蛋白质浓度为要在多变量稳健性研究中评估的处方参数，而缓冲液和稳定剂浓度可以在单变量研究中检查。以前在－20℃和 2~8℃分别对原料药和药物产品进行的单变量研究表明，mAb-2 在稳定剂（60~240 mmol/L 蔗糖）的上限和下限保持稳定性为 10 mmol/L L-组氨酸氯化物或 20 mmol/L L-组氨酸乙酸盐时、缓冲液的 pH 为 6.0。由于缓冲液和稳定剂的个别浓度预计不会与其余处方参数产生相互作用，因此将这些参数组合成一个因子，即渗透压，并包括在多元稳健性研究中。使用 pH、渗透压、蛋白质浓度和表面活性剂浓度作为处方参数进行多元二级部分因子（$2^{4-1}=8$ 个处方加 2 个中心点）稳定性研究。表 7.6 给出了 mAb-2 原料药和药物制剂的目标处方和多变量研究范围。对于在玻璃瓶中药物产品建议的（2~8℃）、加速的（25℃）和应激的（40℃）贮存条件下，以及在不锈钢小罐中原料药的推荐（－20℃）和加速（2~8℃）储存条件下，评估稳定处方中 mAb-2 的稳定性。

类似于 mAb-1，使用各种分析方法（例如 IE-HPLC 和 SE-HPLC）分析样品并使用 JMP® 软件进行统计学评估。在长期（25℃长达 6 个月）和加速（40℃长达 1 个月）储存条件下，所有药品处方都显示出低分子量种类百分比（low molecular weight species，LMWS）增加，高分子量种类的百分比无明显变化，以及 IE-HPLC 百分比主峰降低，这与酸性变体的增加相符合。各种处方参数的预测分析如图 7.3 所示。当储存在 25℃长达 6 个月和 40℃长达 1 个月时，LMWS 的增加百分比在所有稳健性处方中相似。具体而言，所有处方都在 25℃储存长达 6 个月时显示 LMWS 增加 0.4%，或在 40℃储存长达 1 个月时 LMWS 增加 0.5%。研究的所有其他品质属性（包括蛋白质浓度和 pH），除了颜色之外，在加速和应激条件下储存最长时间时，与初始时间点相比都没有可测量到的变化。但是，一些处方在 40℃下储存 0.75~1 个月后会呈现更浓一点的颜色。我们还收集了在 25℃下储存长达 6 个月或在 40℃下储存长达 1 个月的药品稳健性处方的显微镜可见颗粒数据（2~25 μm）。有关≤10 μm 的颗粒的数据仅供参考。由于固有的挑战（Scherer et al. 2012）以及方法和有限数据集的可变性，不可能对药物产品稳健性处方的显微镜可见颗粒数据进行统计分析。如 mAb-1 案例的情况所见，pH 是唯一显示电荷变体的统计显著性的参数。然而，基于各种其他生物化学和生物物理学分析，包括 PK 和体外效力，在该范围内（±0.3 单位）的 pH 影响不被认为对该分子存在实际意义。

表 7.3　mAb-1 的处方风险等级排序和筛选（Adapted from Martin Moe et al）

处方因素	处方组分	建议设计空间范围 低	建议设计空间范围 高	典型控制空间范围 低	典型控制空间范围 高	设计空间范围的基本原理 低	设计空间范围的基本原理 高	主效应分数的基本原理	主效应分级（M）	交互效应分级（I）	潜在交互作用参数	交互效应的基本原理	严重性分数（M×I）	基于严重性评分的推荐研究
溶液 pH（5.3）	—	4.8	5.8	5.0	5.6	化学和（或）物理稳定性不足	化学和（或）物理稳定性不足	物理和化学降解	8	4	mAb-1 浓度、聚山梨酯 20	制剂辅料和（或）mAb-1 的化学（或）物理降解；预期适度的添加剂效应	32	多变量
表面活性剂浓度（0.02%）	聚山梨酯 20	0.01%	0.04%	0.01%	0.03%	物理稳定性不足	脂肪酸链降解；过氧化物氧化	物理和化学降解	8	4	mAb-1 浓度 pH	mAb-1 的化学和（或）物理降解；预期适度的添加剂效应	32	多变量
蛋白质浓度（30 mg/ml）	mAb-1	27 mg/ml	33 mg/ml	27 mg/ml	33 mg/ml	低剂量患者	过量患者	潜在的疗效不足和（或）过量；上游过程确保严格控制	4	4	pH、辅料（例如，缓冲液、表面活性剂）	预期适度的添加剂效应	16	多变量 单变量证据
缓冲液品种	醋酸钠、冰醋酸	18 mmol/L	22 mmol/L	18 mmol/L	22 mmol/L	pH 太高	pH 太低	上游过程确保严格控制	2	1	非预期	N/A	未研究	未研究
低温保护剂（106 mmol/L）	二氢海藻糖	74 mmol/L	138 mmol/L	85 mmol/L	127 mmol/L	低温保护不足	海藻糖的潜在结晶	聚集的可能性<50 mmol/L 或 >160 mmol/L；上游严格控制	2	1	非预期	N/A	未研究	未研究

表 7.4　实验研究设计的 mAb-1 处方设计 （Adapted from Martin Moeet et al.）

图示	pH	聚山梨酯 20（%）	mAb-1（mg/ml）	醋酸钠浓度（与目标值的%变化）	海藻糖浓度（与目标值的%变化）
00000	5.3	0.02	30	0	0
−+++−	4.8	0.04	33	10	−30
−++−+	4.8	0.04	33	−10	30
−+−++	4.8	0.04	27	−10	−30
+−−−−	5.8	0.01	27	−10	−30
−−+−−	4.8	0.01	33	−10	−30
++−−+	5.8	0.04	27	−10	30
+++−−	5.8	0.04	33	−10	−30
+−−++	5.8	0.01	27	10	30
+++++	5.8	0.04	33	10	30
−−−+−	4.8	0.01	27	10	−30
+−+−+	5.8	0.01	33	−10	30
−−++−	4.8	0.01	33	10	30
−+−++	4.8	0.04	27	10	30
+−++−	5.8	0.01	33	10	−30
++−+−	5.8	0.04	27	10	−30
−−−−+	4.8	0.01	27	−10	30
00000	5.3	0.02	30	0	0

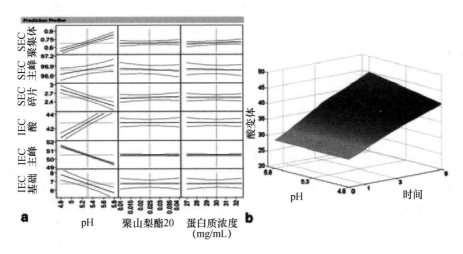

图 7.2　a. 对 mAb-1 假定 CQA 的制剂参数（25℃ 6 个月）影响的预测分析。b. 通过 IE-HPLC 测定 mAb-1（25℃ 6 个月）pH 和时间对酸性变异体的影响

表 7.5　基于风险等级排序和筛选的 mAb-2 制剂参数分类

RRF 评估中的参数数量	多变量研究参数	单变量研究参数	额外研究需要
5	溶液 pH 表面活性剂浓度 蛋白质浓度	缓冲液浓度[a] 稳定剂浓度[a]	无

RRF，风险等级排序和筛选

[a] 缓冲液和稳定剂的浓度被合并成一个因素，即渗透压，用于多变量配方稳健性研究

表 7.6   mAb-2 原料药和药品的靶向制剂及多变量研究范围

参数	目标	目标制剂范围	多变量研究范围
mAb-2 浓度	30 mg/ml	27～33 mg/ml[a]	27～33 mg/ml
缓冲液浓度	20 mmol/L	18～22 mmol/L[b]	10～30 mmol/L
溶液 pH	6.0	5.7～6.3[a]	5.7～6.3
调味剂浓度	120 mmol/L	108～132 mmol/L[b]	60～180 mmol/L
表面活性剂浓度（w/v）	0.02%	0.01%～0.03%[a]	0.005%～0.04%

[a] 基于规范验收标准的目标范围
[b] 基于制造工艺限制的目标范围

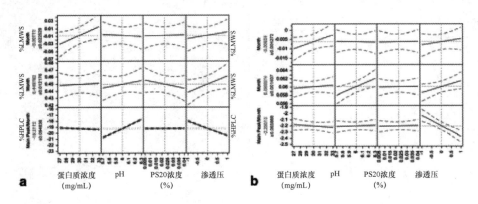

图 7.3   描述处方参数对 mAb-2 在（a）40℃下 1 个月和（b）25℃下 6 个月质量属性处方参数影响的预测分析

对 mAb-2 的时间点和采样的总体评估导致大约 2000 个样品将被分析以支持制剂稳健性研究。将这部分工作量添加到开发中的价值在于设定保质期规格的能力，并且可能证明从正式 GMP 稳定性研究中移除某些测试的合理性。此外，应该指出的是，这些样品将在 4 年内进行测试。还应该指出的是，如果开发商没有锁定一个稳健的处方，那么在整个工艺这个阶段的稳健性研究可能产生的结果需要更改处方，并且会使项目时间线处于风险之中。这些都是项目后期设计研究的重要考虑因素，因此也需要在早期开发中推动 QbD。

7.2.2   预充式注射器

7.2.2.1   在传统液体预充式注射器开发中并入 QbD 要素

在预充式注射器（prefilled syringe，PFS）药物产品中液体制剂的 QbD 开发的起点是一种已经存在的、高度浓缩的蛋白质制剂，它是根据传统的开发方法开发的。在开发此 PFS 药品时，只有有限的平台知识可用。对该分子的 CQA 的理解是在冻干产品分子的技术和临床开发的背景下。尽管这些信息提供了分子的基本科学认识，但高浓度液体制剂、主要容器和工艺方面在 PC 研究中需要特别关注。

彩图 7.4 概述了制剂、主容器和工艺开发以及 QbD 要素如何嵌入传统开发中。黑方框显示传统的开发研究，红方框标记 QbD 研究。

7.2.2.2   初次包装中商业化制剂的传统开发（案例研究 mAb-3）

商业制剂的开发始于彩图 7.4 研究编号 1 中分子最适 pH 的选择。这在制剂开发中很早就通过 pH 筛选完成。随后，开发了小瓶中的冻干粉以满足早期临床供应需求。不久之后，开始进行 PFS 中液体制剂的商业化开发，首先通过辅料选择（彩图 7.4，研究编号 2），然后辅料浓度范围查找（彩图 7.4，研究编号 3）。值得注意的是，彩图 7.4 中的研究编号 2 和 3 是作为多元 DoE 调查进行的。在优化研究中（彩图 7.4，研究编号 4），作为初级包装的 PFS 被引入到 PFS 液体的开发中。使用 1 年实时稳定性和加速条件的结果来锁定商业化处方。最终的主容器尚未选定。为了锁定主容器，还对附加的搜索研究（彩图 7.4，研究编号 5）和不同注射器质量（彩图 7.4，研究编号 6）进行了评估，并且在生产线上进行了加工。有了足够的商业化处方在最终的主容器中的稳定性数据后，锁定 PFS 商业化配置中的液体。

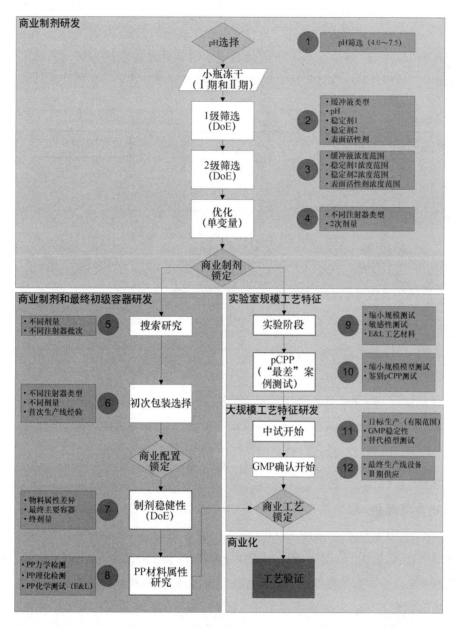

彩图 7.4　QbD 要素的预充式注射器（PFS）中 mAb-3 液体的研制：对 PFS 研制中的液体进行研究（白方框）；响应性研究设置的信息（灰方框）；文本中引用了研究编号（红圆圈）1～12，应促进传统研究序列（黑方框白底）和 QbD 研究（红方框白底）。DoE，实验设计；RSD，响应面设计；pCPP，潜在关键工艺参数；PP，初级包装；E&L，萃取剂和浸出剂

7.2.2.3　嵌入到传统方法中的 QbD 要素

在处方锁定之后和 PFS 的配置锁定之前进行 pCPP 的初始识别和其对材料属性影响的研究。为达到此目的而使用 PHA。PHA 被发现对 PC 之前的初始风险评估最有用。一般来说，对于工艺风险评估来说，FMEA 是一个有用的工具。但是在仅有有限平台经验的开发阶段，控制策略不能完全建立。因此，为了进行 FMEA，几乎不可能确定工艺参数变化的可检测性。PHA 的格式尽可能地与用于 FMEA 的格式保持一致（即，使用 1～10 的分数来排序严重性和发生率）。初始 PHA 的风险评估更新后即可以通过

在严重性和发生率上增加"可检测性"因素轻松过渡到 FMEA（图 7.5）。在 PHA 中，已将严重性和发生率分数分配给所有 pCPP 和材料属性。基于对分子的先验知识、来自类似分子的开发经验和文献，在预期商业化处方、主容器和生产工艺上评估了严重性和发生率的等级。关键风险优先值（关键 RPN）是通过将严重性和发生率（两者的数值范围均为 10）相乘而生成的。关键 RPN 分为低（1~16）和主（17~100）风险两类。在实验室实验中选择严重性评分≥9 或整体关键 RPN≥17 的所有 pCPP 和材料属性进行调查。很重要的发现是，来自开发和商业制造业的科学和技术专家为获得有意义的风险等级排序做出了贡献。根据 pCPP 和材料属性的排序，确定了商业生产工艺中 PC 所需的实验计划。

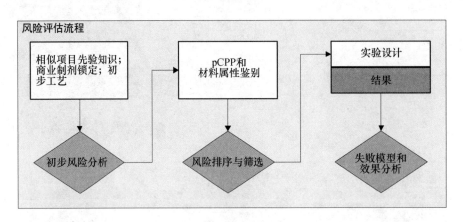

图 7.5　预充式注射器（PFS）中液体的风险评估流程示例（mAb-3）

使用 PHA 的类似的风险评估方法已用于"Sakura 片剂"模块 2（NIHS，日本 2013）的 QbD 模拟示例，并已在 A-mAb 案例研究中被描述（CMC-Biotech Working Group 2009）。

对于 PFS 中液体的特定情况，使用 PHA 根据其关键 RPN 对材料属性进行排序。对于此评估，包括了处方中的辅料质量（杂质和降解产物）和浓度范围、主要包装容器质量、产品接触材料质量和主要容器的可浸出物和可提取物以及产品接触材料。用于排序 pCPP 和材料属性的 PHA 对于确定需要进一步调查的材料属性是非常有用的。

7.2.2.4　处方稳健性

在 PHA 鉴定了 pCPP 和物质属性后，定义了 QbD 研究的设置（图 7.4）。为了定义"处方稳健性"的实验设计，使用了 RRF 工具。通过 RRF 工具进行的排序得到了分析输出中每个单一处方参数的处方开发过程（直到处方锁定）中产生的数据的支持。RRF 工具为评估单个制剂赋形剂的多变量或单变量实验提供全面的理论基础非常有用。A-mAb 案例研究（CMC-Biotech Working Group 2009）中描述了 PHA 和 RRF 工具。PFS 液体中"处方稳健性"的 RRF 导致 3 个因素（处方参数）在多变量研究被调查以及 2 个因素在单变量研究中被调查（表 7.7）。

最后，在"处方稳健性"（彩图 7.4，研究编号 7）中，多变量研究设计中讨论了窄幅范围内的 3 个处方参数。赋形剂浓度范围已根据预期的规格、配混中的变化以及分析方法的变化（赋形剂测定）而确定。表 7.8 给出了"处方稳健性"研究的设计细节。制订了一个稳定计划，实时涵盖预期的药品保质期、加速和应激（40℃）条件，以便及时发现为了进一步精炼设计空间而可能需要的额外研究。选定的分析方法取决于受材料属性影响的潜在关键质量属性（pCQA）的性质和数量（表 7.9）。材料属性和 CQA 之间关系的矩阵有助于建立分析程序。

表 7.7　"处方稳健性"中需要研究的因素

因素	范围	基本原理	研究
mAb-3 浓度	目标值±15%	规范配置	单变量
pH	目标值±0.3	处方开发过程中的重大影响参数	多变量
缓冲液浓度	目标值±10%	处方开发中测试	无
稳定剂 1 浓度	目标值±10%	处方开发中测试	无
表面活性剂浓度	目标值±0.02%（w/v）	处方开发过程中的重大影响参数	单变量
稳定剂 2 浓度	目标值±50%	处方开发过程中的重大影响参数	多变量
稳定剂 3 浓度	目标值±5%	处方开发过程中的重大影响参数	多变量

表 7.8　"处方稳健性"的实验设计

实验编号[a]	pH	稳定剂 2 浓度	稳定剂 3 浓度
1	−	−	−
2	−	+	−
3	−	−	+
4	−	+	+
5	+	−	−
6	+	+	−
7	+	−	+
8	+	+	+
9	0	0	0
10	0	0	0
11	0	0	0
12	目标处方//+15%蛋白质浓度		
13	目标处方//−15%蛋白质浓度		
14	目标处方//+0.02%表面活性剂浓度		
15	目标处方//−0.02%表面活性剂浓度		

−，低范围水平；+，高范围水平；0，目标水平

[a] 实验编号 1~11 为实验设计；实验编号 12~15 为单因素扩展

表 7.9　评估主容器材料属性潜在影响的峰值研究

实验编号	峰值分量	浓度
1	钨提取物	低
2	钨提取物	高
3	负钨控制	无峰
4	硅化注射器	高
5	控制硅化	目标

7.2.2.5　主要包装

除了与处方辅料有关的材料属性外，主要容器的材料属性也需要引起注意。为了开发 PFS 的液体制剂，近年来已经有许多包材和药品相互作用的报道。例如，蛋白质的降解和聚集是由注射器中不同氧化态的氧化钨诱导而来的，这些氧化钨来自于注射器-筒形成过程中的残留物（Bee et al. 2009；Liu et al. 2010；Nashed-Samuel et al. 2011）。对于氧化钨，文献中讨论了不同的测试方法。需要强调的是，出于进

行氧化钨强化研究的目的，一些注射器供应商提供了在注射器成型过程中使用的钨针的提取物。最近，有研究比较了各种钨盐溶液与钨针空白提取物的效果（Seidl et al. 2012）。对于在头对头研究中研究的依泊汀 α 的情况，使用两种掺钨方法都发现了相当的聚集体形成。

玻璃注射器内筒表面含有硅油，以减少注射药品期间橡胶塞的松脱和滑动力。硅油潜在地影响药品质量这一情况也被进行了讨论（Thirumangalathu et al. 2009）。有人建议在蛋白质溶液中掺入硅油乳剂可以模仿注射器中出现的情况，并可能导致蛋白质聚集。一些供应商提供了定制的硅化注射器来研究蛋白质溶液对注射器内筒硅油的敏感性。

另外，将注射针固定到注射器玻璃筒的环氧胶可能导致蛋白质氧化（Markovic 2006）。为了鉴定主要包装的材料属性，需要对药品与主要容器的相互作用进行彻底调查研究。

在这里讨论的情况中，主要关注蛋白质与处于不同氧化态的钨和硅油浓度的相互作用。这两种材料属性在最初的 PHA 中也被评为潜在关键的属性。在无钨容器和"最坏情况"硅化注射器中进行了钨提取物掺入药品的研究（彩图 7.4，研究编号 8）。在玻璃瓶中进行了没有掺入的阴性对照的平行研究。在实时条件下对预期保质期设定稳定性计划并加速测试，以便及时确定潜在的额外研究。选定的分析方法取决于受主要容器材料属性影响的 pCQA 的性质和数量。

7.2.2.6　工艺表征

彩图 7.4 还描述了在实验室规模（研究编号 9 和 10）和生产规模（研究编号 11 和 12）进行的 PC 研究，直到 PFS 药品中的液体的工艺锁定。在工艺锁定之后，在启动地点进行验证。小规模模型和大规模的 QbD PC 以及工艺验证并不是本章的重点。

7.3　控制策略简介

一般来说，QbD 程序中证明控制的愿望和需要与其他任何程序中没有区别。QbD 程序的优势在于，对 CQA 和 CPP 进行正式的基于风险的识别可以将控制映射到关键要素。CMC-Biotech Working Group（2009）文件介绍了 QbD 开发计划中的控制案例。

7.4　处方开发的新路线图

7.4.1　QbD 方法在后期处方开发中的建议时间表

正如 Martin-Moe 等（2011）讨论的，QbD 要素可以嵌入到的现有流程中。而应用 QbD 的一个重要步骤是小规模模型的开发，但它们必须具备全规模操作的代表性。至少对于一个分类中的头几个分子（例如，IgG1 mAb），需要在时间表中建立使用小规模模型的工艺理解。一旦完整的理解记录下来，依赖这些实验室模型来证明大规模操作（例如，过滤、冻干循环开发等）的合理性就变得更加容易。在其他情况下，可能有必要使用最坏情况研究来证明小规模模型的正确性（例如，在最坏表面积与体积界面的情况下的小规模冻融研究）。同样，QbD 领域中的新要素（如 RRF、pCQA 鉴定以及与最终 CQA 一起的最终 CPP 鉴定）必须纳入Ⅲ期临床开发的不同阶段，使用Ⅲ期临床生产批次以及鉴定批次的结果。随着 QbD 成为生物制药产品开发的支柱，在第 6 章 Perez-Ramirez 等讨论的一些关键要素如 pCQA 鉴定和处方知识空间也可以嵌入早期开发。

7.4.2　QbD 方法对药品处方开发的潜在益处

对于典型的液体工艺来说，为了符合标签成分声明的要求，通常不希望出现制剂参数设计空间内的移动。相反，稳健性研究旨在确保产品在标签声明的整个公差范围内满足其目标产品质量概况（quality target product profile，QTPP）。将 QbD 要素嵌入到药品开发和验证程序中，可以简化整个工艺和文档。将基于风险的方法形式化后，可允许登记在案的先验知识的使用，产生更强的开发基本原理以及消除不必要的实验。在包括所有工艺步骤的小规模模型开发方面需要初始投入，并且还有可能需要其他稳健性研究。额外的稳健性研究具有支持设计空间定义和规范设置的双重目的。通过临界最坏情况测试而不是完整或部分 DoE 操作，有可能显著减少稳健性研究，因为可以针对新分子重复平台设计空间（先验知识反馈循环）。QbD 计划最终可能会让开发人员更为轻松，特别是对分子类组合（例如 IgG1s），同时加强对特定药品工艺的范围和规范的支持。

提交内容更为标准化，"端到端"逻辑更容易遵循，并且提交内容提供的支持信息增加了对整个工艺和产品控制策略的信心。QbD 提交的内容可能会更长但是会提供更强的意见，并且在产品生命周期内对补充提交的需求可能会减少，从而减轻监管压力。这可通过使用 QbD 与扩展的变更协议或相似性协议相结合来减少提交的数量或类型。正如 Lim 等在第 27 章所讨论的一个例子，将药品工艺从一个地点转移到另一个地点。同样的工作和测试将会在公司的评估中进行，但不是上市后补充申请，CBE30 文件要求可能是可以接受的。

QbD 方法也可以主动确定可接受的偏差和偏移，并提供一些关于质量调查研究的缓解措施。例如，如果在可接受的处方空间中捕获到工艺中某个点存在温度偏移，在性质上可能会变化较小，因为在处方空间确定期间已经研究了其对产品质量没有影响。最后，更加严格和标准化的工艺可能导致更可预测的批准时间表和检查的成功，并且可能带来更大的灵活性和上市后工艺优化的机会，对新药或改进药的可用性及与公司、监管机构和患者相关的成本产生积极的影响。

参考文献

Bee JS, Nelson SA, Freund E et al (2009) Precipitation of a monoclonal antibody by soluble tungsten. J Pharm Sci 98:3290–3301

CMC–Biotech Working Group (2009) A–Mab case study. http://www.casss.org/associations/9165/files/A–Mab_Case_Study_Version_2–1.pdf. Accessed 01 Oct 2012

EFPIA Working Group (2010) Goals and status of the mock submission document on monoclonal antibody products by EFPIA. http://www.eapb.de/fileadmin/Attachement/SIGs_2010/Kasulke.pdf Accessed 15 Oct 2013

ICH (2005) Quality risk management Q9. http://www.ich.org/fileadmin/Public_Web_Site/ICH_Products/Guidelines/Quality/Q9/Step4/Q9_Guideline.pdf. Accessed 01 Oct 2012

Jiskoot W, Randolph TW, Volkin DB et al (2012) Protein instability and immunogenicity: roadblocks to clinical application of injectable protein delivery systems for sustained release. J Pharm Sci 101:946–954

Liu J, Nguyen MDH, Andya JD et al (2005) Reversible self–association increases the viscosity of a concentrated monoclonal antibody in aqueous solution. J Pharm Sci 94:1928–1940. Erratum in J Pharm Sci (2006) 95:234–235

Liu W, Swift R, Torraca G et al (2010) Root cause analysis of tungsten–induced protein aggregation in pre–filled syringes. PDA J Pharm Sci Technol 64:11–19

Maas C, Hermeling S, Bouma B et al (2007) A role for protein misfolding in immunogenicity of biopharmaceuticals. J Biol Chem 282:2229–2236

Markovic I (2006) Challenges associated with extractable and/or leachable substances in therapeutic biologic protein products. Am Pharm Rev 9:20–27

Martin–Moe S, Lim FJ, Wong RL et al (2011) A new roadmap for biopharmaceutical drug product development: integrating development, validation, and quality by design. J Pharm Sci 100:3031–3043

Nashed–Samuel Y, Liu D, Fujimori K et al (2011) Extractable and leachable implications on biological products in prefilled syringes. American Pharmaceutical Review 14

Ng K, Rajagopalan N (2009) Application of quality by design and risk assessment principles for the development of formulation design space. In: Rathore AS, Mhatre R (eds) Quality by design for biopharmaceuticals. Wiley, Hoboken pp 161–174

NIHS, Japan (2009) 2.3 quality overall summary mock P2, Sakura Tablet, MHLW Sponsored Science Research Study, 57 pages http://www.nihs.go.jp/drug/section3/English%20Mock%20 QOS%20P2%20R.pdf Accessed 15 October 2013

Scherer TM, Leung S, Owyang L et al (2012) Issues and challenges of subvisible and submicron particulate analysis in protein solutions. Aaps J 14:236–243

Seidl A, Hainzl O, Richter M et al (2012) Tungsten–induced denaturation and aggregation of epo-etin alfa during primary packaging as a cause of immunogenicity. Pharm Res 29:1454–1467

Shire SJ (2009) Formulation and manufacturability of biologics. Curr Opin Biotech 20:708–714

Singh SK, Kirchhoff CF, Banerjee A (2009) Application of QbD principles to biologics product: formulation and process development. In: Rathore AS, Mhatre R (eds) Quality by design for biopharmaceuticals. Wiley, Hoboken, pp 175–192

Thirumangalathu R, Krishnan S, Ricci MS et al (2009) Silicone oil– and agitation–induced aggre-gation of a monoclonal antibody in aqueous solution. J Pharma Sci 98:3167–3181

Wang W, Singh S, Zeng DL et al (2007) Antibody structure, instability, and formulation. J Pharm Sci 96:1–26

Warne NW (2011) Development of high concentration protein biopharmaceuticals: The use of platform approaches in formulation development. Eur J Pharm Biopharm 78:208–212

第 8 章
QbD 在冻干制剂开发中的应用

Ambarish Shah，Sajal M. Patel and Feroz Jameel

李蒙 译，高静 校

8.1 引言

在过去 20 年间随着生物制药的大量涌现，冻干法已成为稳定许多蛋白质治疗药物的首选方法。冻干是一个涉及去除溶剂（大多数情况下是水）的工艺，从而得到了在使用时可以随时重新配制的质量优良的最终药品。当产品在水溶液中不具有足够的稳定性时，产品需要以稳定的固体形式生产。众所周知，由于反应物质的流动性受到限制，除去水后稳定性通常会增加。冻干法将降解速率降低了几个数量级，并改善了物理和化学不稳定分子的储存稳定性。

由于以下优点，冻干法是用于注射给药产品的首选方法：

- 低温工艺，因此与"高温"工艺（如喷雾干燥）相比预计会造成更少的热降解；

- 不涉及终端灭菌步骤，比其他工艺更容易保持产品的无菌性和"无颗粒"特性；

- 为对残留水和瓶顶空间气体成分（如氧气）敏感的产品提供了一种控制残余水分含量和顶部空间气体成分的方法；

- 易于放大和合理的工艺产量。

冻干药品的最终特征取决于多种因素，包括处方、冻干工艺以及容器封闭尺寸和几何形状。处方不仅影响蛋白质的稳定性，而且影响冻干工艺的设计和性能，因此精心选择赋形剂会带来显著的益处。就生物制药的应用来说，可供选择的既可以稳定蛋白质又对冻干工艺的性能有正面贡献的赋形剂是很有限的。通常需要使用蔗糖或海藻糖等糖类作为冷冻保护剂和冻干保护剂，可以找到几篇优秀的参考文献（Pikal 1990；Carpenter et al. 1997，2002），描述了制剂人员应该牢记的许多考虑因素，例如蛋白质稳定性所需的最佳蛋白质-糖比例（Cleland et al. 2001）。甘露醇和甘氨酸等结晶赋形剂可作为低蛋白质浓度制剂的填充剂，在适当的水平使用时提供质量优良的块状结构（Jameel et al. 2009；Lu and Pikal 2004）。总体而言，制剂人员经常将制剂的总固体含量限制在 $10\% \sim 12\%\,w/v$ 以下，以保持冻干工艺相对高效。聚山梨酯 20 和 80 等表面活性剂的使用也得到了广泛研究，它们可能影响蛋白质稳定性（Kerwin 2008；Bam et al. 1998）和重构时间（Webb et al. 2002；Wang et al. 2009）。

如 ICH Q8（R2）中所定义的，QbD 的目标是确保药品质量（即确保患者安全和药品有效性）。QbD 体现了获得产品和工艺知识的系统方法，包括：

- 在产品和工艺设计过程中采用良好的设计实践（例如，先验知识、DoE 研究、确定交互效应、了解失败原因），以确定影响产品性能的因素并建立知识库。

- 国际人用药品注册技术协调会（ICH）第9版中描述的系统风险评估，根据其影响的严重性、发生的可能性和可检测性确定影响安全性和有效性的关键质量属性（CQA）。
- 通过确定适当的控制策略进行风险管理，其中可能包括接受低风险，或进一步使产品和工艺的变化趋于稳健以将风险降低至可接受水平。

本章介绍了一个模拟案例研究来说明 ICH Q8 中描述的 QbD 原理在开发冻干制剂中的应用。"目标产品概况（target product profile，TPP）"描述了药品的临床和商业化要求，从中确定了药品的目标产品质量概况（quality target product profile，QTPP）。下面提供的研究是一个模拟的案例描述，它做出了几个假设：

1. 蛋白质药物是一种称为 mAb-X 的单克隆抗体（mAb），它与 mAb-Y 和 Z 非常相似，对于 mAb-Y 和 Z 已经产生了大量的先验平台处方知识。根据需要，可以利用这个先验知识。

2. 在开发液体制剂方面的先前工作表明蛋白质不太可能提供 2~3 年的保质期，所以开发了 mAb-X 的冻干产品。在这项工作中，已经产生了大量的知识来鉴定缓冲种类、稳定赋形剂、表面活性剂、物理和化学降解途径，并且这些先验知识也得到了利用。

3. 原药物、原料和容器/封闭物的潜在 CQA 之前已经针对 mAb-X 进行了鉴定，并且与 mAb-Y 和 Z 生成的先验知识一致，这些先验知识在初始风险评估过程中将很有用。

8.2　冻干药品开发的 QbD 策略概述

一旦根据剂量选择了包装，最终的冻干药品的质量取决于处方组成和冻干循环参数。药物开发研究可以建立知识空间和设计空间，在其中人们可以设想各种处方赋形剂和处方浓度在一系列冷冻干燥工艺条件下产生可接受的产品质量。尽管所产生的知识将非常有用，但由于对局部的耐受性、药代动力学和功效有潜在影响，仅仅基于这些知识就期望对上市后进行处方组成变更放松监管仍是不合理的，即使变更是处于既定设计空间内的。解释处方设计空间的方法是评估和理解处方参数（即 pH、赋形剂及其水平）对药品质量的影响，该影响随后能够确定原料药生产过程中可接受的变化性。因此，将产品设计（处方组成）和工艺设计（冻干工艺）作为两个不同步骤进行评估的方法是合理的。然而，所有冻干工艺设计考虑因素都被考虑在产品设计中。处方设计的目标是确定合适的赋形剂、优化其比例并选择具有以下特点的最终药品配置。

1. 当它通过所有的生产单元操作以及最终冻干以后，支持药物的稳定性。

2. 在保质期内保持药品在最终产品中的稳定性，并支持药品在给患者使用时的安全性和有效性。

以上需要 mAb-X（即蛋白质）、赋形剂、原料、容器闭合等理化特性的科学知识与经验，包括这些参数的可变性和它们之间的相互作用，以及这些要素如何启用或禁用以满足 TPP。

首先根据 QTPP（如表 8.1 所述）以及蛋白质特性的先验知识（图 8.1）选择制剂组分。此阶段的蛋白质可以使用保守冷冻干燥循环冻干，所得产物被彻底表征。然后进行初始风险评估，以确定影响冻干工艺和（或）最终产品质量属性的 pCQA（潜在关键质量属性）。基于初始风险评估，然后再选择所需制剂组分之前进行处方的进一步优化。一旦选择了处方，就可以应用更传统的 QbD 方法来研究处方参数变化对冻干工艺性能和产品质量属性的影响。这首先是通过进行正式的风险评估、表征处方和冻干工艺开始的，并以提出控制策略为结束，所有这些都是后续章节的重点。

表 8.1　目标产品质量概况（QTPP）

产品属性	可接受概况	备注
目标指引	肿瘤——白血病治疗	
剂型	注射用无菌冻干粉	
最终规格	药品配置，20 ml，带 20 mm 塞子	1 型玻璃瓶，弹性塞
给药途径	静脉输液	药品填充量较大的冻干最坏情况
剂量（蛋白质）	125 mg/瓶	
剂量范围	50～250 mg	≤350 mg/周
剂量频率	每次 2 周（参考）	每次 1 周可接受
使用情况	临床管理	医务人员协助
单剂量或多剂量	单剂量弹性密封瓶	
每次剂量体积	根据患者体重	
静脉输液袋	50 ml 或 100 ml 袋	说明袋子的类型和尺寸以及管子的类型：生理盐水或葡萄糖溶液
目标体积	5.5 ml	标称最终体积 5.0 ml
稀释剂	商用注射用水	
目标时间	<10 min	
pH	6±0.5	pH 5～7 都是可接受并适用的
渗透压	280～350 mOsm	基于 USP 等渗溶液
建议储存条件	冷藏（2～8℃）	
保质期	2～8℃ 2 年以上	2～8℃ 1 周，重建后室温 8 h
主要降解途径	聚集	
次要降解途径	脱酰胺和氧化	

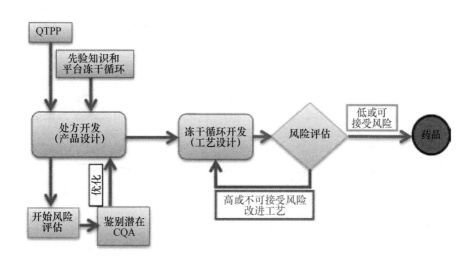

图 8.1　冻干药品开发的 QbD 策略概览

8.3　mAb-X 的初步知识

　　mAb-X 是具有 κ 轻链的 IgG1 抗体，其分子量大约为 146 000 道尔顿。一级序列分析显示在该分子的互补决定区（complementary determining region，CDR）中没有序列负责进行脱酰胺（deamidation，NG）、异构化（isomerization，DG）、片段化（fragmentation，DP）或 N-连接糖基化（Asn-X-Ser）。没有游离的半胱氨酸残基存在。强制降解研究表明，Fc 区域的脱酰胺（NG/PENNY 序列）和甲硫氨酸构架残基的氧化对效力的影响最小。

8.4 来自 mAb-Y 和 Z 的先验知识

与 mAb-X 相似的 mAb-Y 和 Z 的处方前研究表明由于快速聚集，液体制剂中蛋白质具有的边缘稳定性。聚集体本质上是非共价的，并且建立了对初始蛋白质浓度的依赖性。暴露于冻融循环也显示，在高效尺寸排阻色谱（high-performance size exclusion chromatography，HPSEC）上主要原生峰的损失表明它们对冻融过程的敏感性。mAb-X 的处方前数据与 mAb-Y 和 Z 分子具有类似性。

8.5 mAb-X 的处方前研究

文献中的先验知识和设计类似 mAb 冻干制剂的经验被用作确定初始或研究处方的基本原理，并总结如下。

当在微酸性 pH 下配制时，mAb 通常是最稳定的，并且许多商业上市的 mAb 是在这样的条件下配制的。而且，mAb-Y 和 Z 稳定性的先验知识显示出类似的行为。mAb-X 的稳定性作为处方 pH 和蛋白质浓度的一个函数，被实施以确定合适的处方条件并鉴定主要的降解模式。在 40℃ 下 1 个月和 5℃ 下 3 个月，对 mAb-X 稳定性在不同处方 pH 下进行评估，并且使用 HPSEC 测定分子的物理稳定性。如图 8.2 所示，mAb-X 的物理稳定性在 pH 6.0 下配制时最佳，其中观察到最低的碎裂和聚集速率，可接受的范围为 pH 5.5～6.5。

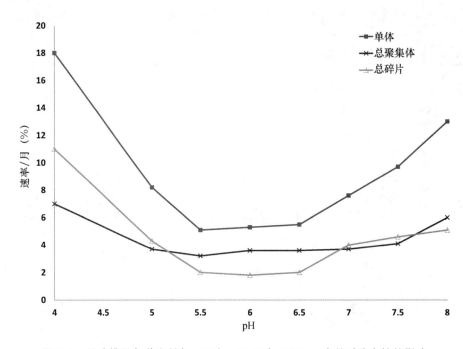

图 8.2 尺寸排阻色谱法研究 pH 对 mAb-X 在 40℃、1 个月时稳定性的影响

此外，mAb-X 的长期稳定性在 5℃ 储存温度下评估 6 个月，如图 8.3 所示。在冷藏条件下，mAb-X 稳定性也表现出轻微的 pH 依赖性，但是每年 2.3％（在 pH 6.0）的单体损失最低速率对于液体制剂来说仍然是不可接受地高，并且导致上市药品无法达到所需的 2 年储存保质期。因此，mAb-X 制剂需要冻干。

对 mAb-X 物理稳定性的蛋白质浓度依赖性进行了评估，以确定在制造操作期间以液体形式储存时以及作为冻干药物产品时的最佳稳定性的蛋白质浓度。如图 8.4 所示，如预期一样，mAb-X 的聚集速率随着蛋白质浓度的增加而增加，但与 25 mg/ml 相比 50 mg/ml 的聚集速率要高得多。由于预计 mAb-X 的预期商业剂量大于 500 mg，故低于 25 mg/ml 的蛋白质浓度在商业上不可行。因此，所有未来的研究都选择了 25 mg/ml 的蛋白质浓度。

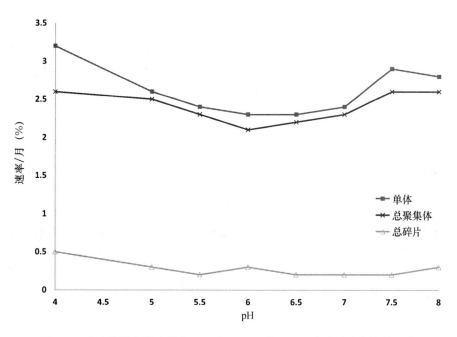

图 8.3　尺寸排阻色谱法研究 pH 对 mAb-X 在 5℃/3 个月时稳定性的影响

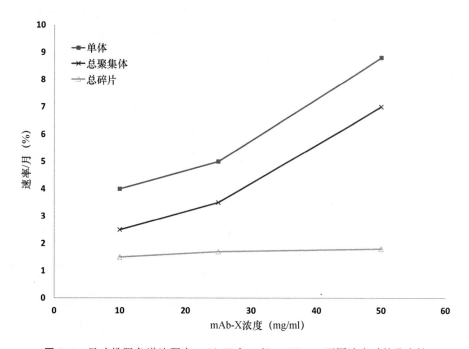

图 8.4　尺寸排阻色谱法研究 mAb-X 在 40℃，pH 6.0 不同浓度时的稳定性

基于这些处方前研究和确定的 mAb-X QTPP，mAb-X 的冻干制剂合适的处方 pH 和蛋白质浓度分别为 pH 6.0 和 25 mg/ml。

8.6　基于类似的 mAb-Y 和 Z 的先验经验选择候选赋形剂

QbD 策略在 mAb-X 处方开发中的应用涉及使用先验知识来确定改进的分子特征和 mAb 常见的可能的降解模式，以实现对处方赋形剂的合理和基于风险的选择。表 8.2 描述了基于 mAb-Y 和 Z 先验知识，可以应用于 mAb-X 处方方法的几个参数。

此外，一般来说，冻干蛋白质的先验处方策略可应用于 mAb-X 冻干制剂中赋形剂的选择及确证。表 8.3 描述了冻干蛋白质的常用赋形剂的选择及其合理性。

表 8.2　mAb-Y 和 Z 提供的先验知识

制剂参数	先验知识
mAb 分子	● 在处方前过程中根据物理化学稳定性评估选择候选药物 ● 处方前数据证明 mAb-X 与 Y 和 Z 的可比特性，通过先验知识使用 ● 序列优化，以防止 Fab（CDR）中的脱酰胺 ● 已知关键点是根据对先前分子的了解从 mAb-X 中设计出来的 ● pI 适用于 pH 5～7.5 范围内的溶解度 ● 用 DSC 测定 mAb-X 的热稳定性与 mAb-Y 和 Z 的热稳定性相似
不稳定模式	● 共价降解（天冬氨酸异构化/天冬酰胺脱酰胺）在 pH 5～6 范围内最小 ● 中性 pH 下二硫加扰率较高 ● 聚集可能影响效力，因此可能具有免疫原性风险 ● 碎片的形成会影响效力 ● 亚可见颗粒的形成可以预测可见颗粒，并取决于蛋白质浓度（较低的蛋白质浓度更有可能产生较高的亚可见颗粒）

8.7　处方开发研究

基于表 8.2 和表 8.3 中总结的处方先验知识，以及这些处方中先前抗体的广泛经验，选择 3 种处方：

a. 10 mmol/L 组氨酸，4％甘露醇，2.5％蔗糖，0.01％聚山梨酯 20，pH 6.0。

b. 10 mmol/L 组氨酸，2.5％甘露醇，2.5％蔗糖，0.01％聚山梨酯 20，pH 6.0。

c. 10 mmol/L 组氨酸，8％蔗糖，0.01％聚山梨酯 20，pH 6.0。

使用冷冻干燥显微镜和调制 DSC 研究这些制剂的热特性作为冷却和加热的函数，表 8.4 中总结了研究结果。

甘露醇是一种常见的结晶填充剂，而蔗糖是一种无定形的赋形剂，预期其在冻融以及冷冻干燥过程中促进蛋白质的稳定性。

使用表 8.5 所示的保守冷冻干燥循环，将 3 种处方一次冷冻干燥。将处方以 0.5℃/min 的搁板温度升温速率冷冻至 −40℃ 并再保持 2 h。初次干燥在搁板温度 −25℃，65 μm 的室压下进行 82 h。二级干燥分别在架子温度 40℃ 下进行 6 h，保持压力不变。

冷冻干燥后，使用几种测定法检查药瓶的外观、滤饼特性、残余水分、重构时间和重构后稳定性，结果见表 8.6。每种处方的药瓶都看起质量良好，并且装有可接受的块状结构，没有明显的坍塌或倒退迹象。处方 C 产生的块状表现出轻微的回拉，这是仅有糖的处方的特征（Rambhatla et al. 2005），并且不被认为是缺陷。Karl Fischer 测量残余水分，并且在所有 3 种处方中均低于 1.5％ w/w。在 25℃、40℃ 和 55℃ 的加速温度下评估每种处方的稳定性，并随时间监测 3 个月。冷冻干燥固体在 DSC 上的初始表征表明玻璃化转变温度高于 60℃，因此应用 Arrhenius 时间动力学平方根来预测在所需搁板温度下的储存稳定性（Wang et al. 2010）。

此外，上述处方也通过在 −40～5℃ 之间的连续循环进行 5 次冷冻和解冻循环，并评估纯度、次可见颗粒和效能的变化（表 8.7）。

基于冻融和加速冻干药品 3 个月后稳定性的总体结果，由于冻融稳定性、更快的重构时间、质量良好的块状外观和机械强度、理想的重构后外观、较低的次可见颗粒以及较长的预测保质期，选择处方 A 作为药品处方。原料药处方与药品处方相同：10 mmol/L 组氨酸、4％甘露醇、2.5％蔗糖和 0.01％聚山梨酯 20 以及 pH 6.0。

表 8.3　先验知识在 mAb-X 辅料筛选中的应用

处方参数	先验知识
处方变量及其相互作用	pH/缓冲液类型对稳定性的影响是最重要的因素，与辅料对稳定性的影响无关 磷酸盐和醋酸缓冲液在加工过程中导致 pH 变化
聚山梨酯 20	0.01％(w/v) 聚山梨酯 20 可防止界面不稳定，并可减轻冻融和其他生产和运输单元操作过程中的吸附/聚集 过氧化物污染物的可能性
蔗糖	用作一种无定形膨胀剂 作为冷冻和冷冻保护剂，在加工和储存过程中稳定蛋白质 通常用作渗透压单体，以提供对质量的等渗性影响：蛋白质在低 pH 和高温下的水解和随后的糖基化，葡萄糖污染
甘露醇	甘露醇是一种常用的晶体膨胀剂，在以前的产品中已成功地用于为冻干饼提供晶体基质和机械强度 完全结晶对产品的外观和稳定性很重要 冷冻干燥和储存过程中可能形成水合物，影响稳定性（Yu et al. 1999）
甘氨酸	甘氨酸通常用作晶体膨胀剂，在以前的产品中已成功地用于为冻干饼提供晶体基质和机械强度（Nail et al. 2002） 完全结晶对产品的外观和稳定性很重要 在冻干和储存过程中保持部分非晶态的可能性会影响稳定性
蛋白质浓缩过程中的赋形剂结合	Donnan 效应解释了 pH 在 UF/DF 切换是由于高浓度蛋白质的辅料浓缩和排除
pH	mAb-Y 和 Z 证实在 pH 4～6 具有最佳稳定性
缓冲液	组氨酸在 pH 5～7 的范围内具有良好的缓冲能力，并成功地用于 mAb-Y 和 Z

表 8.4　选定处方的热特性

处方	玻璃化转变温度，T_g'（℃）	坍塌温度（℃）
A	−21	−18
B	−22	−19
C	−25	−22

表 8.5　保守平台冻干循环

步骤	变温速率（℃/min）	温度（℃）	压力（mTorr）	持续时间（h：min）
上样	N/A	20	N/A	0：15
冷冻	0.5	−40	N/A	2：00
退火	0.5	−16	N/A	2：00
冷冻	0.5	−40	N/A	2：00
一级干燥	0.3	−25	100	82：00
二级干燥	0.1	40	100	6：00
去折叠	1	5	100	0：15

表 8.6   3 个月稳定性评价总结

属性	处方 A				处方 B				处方 C			
	开始	25℃	40℃	55℃	开始	25℃	40℃	55℃	开始	25℃	40℃	55℃
冻干药品												
饼外观①	+++	+++	+++	+++	+++	+++	+++	++	++	++	++	++
湿度（% w/w）	0.2	0.2	0.9	1.2	0.9	0.9	1.2	2.5	1.6	1.6	1.8	1.9
Tg 中点（℃）	95	95	84	79	90	90	85	70	80	80	79	74
重组药品												
重组时间范围（min，n+3）	2～4	2～4	3～6	4～12	6～10	6～10	8～14	8～20	5～8	5～8	5～15	8～20
重组后外观②	CCPF	CCPF	CCPF	CCPF	OCPF	OCPF	OCPF	OCPF	CCPF	CCPF	CCPF	CCPF
亚可见粒子相对变化（>2μm）③		+	NT	NT		++	NT	NT		+ ++	NT	NT
纯度损失（SEC 单体%）	1.0	3.0	11		1.2	3.7	15		1.1	3.0	10	
纯度损失（IEX 主荷电峰%）	0.0	1.5	6.4		0.0	2.0	8.2		0.0	2.5	6.8	
纯度损失（RP-HPLC 氧化%）	0.0	3.0	8.0		0.0	3.3	9.2		0.0	2.8	6.5	
效力（参考标准%）	98	98	90	85	98	95	90	80	98	98	95	85
模拟保质期（年 5℃）	5.0				3.0				5.0			

① ++ 轻微拉回的较好机械饼；+++ 无回拉的较好机械饼
② CCPF：透明、无色、无颗粒；OCPF：变色、无色、无颗粒
③ +：小幅增长；++：中等幅度增长；+++：显著增长；NT：未测试

表 8.7   处方的冻融特性

处方	相对于无冻控制的变化			
	可见外观	HPSEC 纯度（%单体）	亚可见微粒	效力
A	无变化	无变化	无变化	无变化
B	乳白增加	无变化	轻微增加	无变化
C	无变化	无变化	轻微增加	无变化

表 8.8   初始风险评分法

原因（参数）与效果（质量属性）的关系标准	评分
不合理、不可能（文献中没有已知或报告的关系，与先验知识不一致）	1
合理但不可能（可能在文献中报道，但基于对 mAb-Y 和 Z 的先验知识，mAb-X 不可能）	4
合理、可能（基于文献和基于 mAb-Y 和 Z 的先验知识确定的强可能性）	7
已建立或极有可能（基于与 mAb-Y 和 Z 的先验知识而建立的关系或极有可能）	10

8.7.1   初始风险评估

　　处方的初始风险评估包括所有理论参数的因果分析，这些参数可能直接或间接地通过其对冻干工艺的影响而影响药品质量属性。产品或工艺参数（原因）和产品质量属性（效果）是基于 mAb-Y 和 Z 的先验知识而进行选择。风险评估采用表 8.8 所示的简单评分方法。

　　对于初始风险评估（表 8.9），根据之前对 mAb-Y 和 Z 的经验使用任意截断分数 60。评分高于 60 的属性被认为是潜在的 CQA，包括块状外观、重构时间、聚集率、残余水分、次可见颗粒和效力。得分高于 60 的 4 个参数被确定为潜在的关键产品参数或关键工艺参数，用于进一步优化，包括蛋白质、甘露醇、蔗糖和聚山梨酯 20 浓度、pH 和冻干工艺。

表 8.9　产品或工艺参数和药品质量属性的初始风险评估(因果分析)

质量属性参数	外观(冻干)	重组后外观	充足时间	残余水分	降解(聚集体形成)	降解(脱酰胺)	降解(碎片形成)	可见微粒	降解甘露醇水合物的形成	效力	pH测量	肉毒素	无菌或容器/密封完整性	黏度和可注射性	剂量准确性	评分
蛋白质浓度	7	4	7	1	4	1	4	7	1	7	4	4	1	4	7	62
pH	1	4	1	1	10	10	4	4	4	7	10	1	1	4	1	60
甘露醇浓度	10	7	7	4	7	1	1	7	7	7	1	4	1	4	1	69
蔗糖浓度	10	7	10	1	10	1	1	10	7	7	1	4	1	7	1	84
聚山梨酯 20 浓度	4	4	10	1	10	1	1	10	1	7	10	4	1	4	1	63
缓冲液浓度	4	4	1	1	1	4	1	1	1	1	10	4	1	1	1	36
填充体积	7	1	4	4	1	1	1	4	4	1	4	4	1	4	4	51
药瓶大小	7	1	4	4	1	1	1	4	4	1	4	4	4	4	1	45
瓶塞封口类型	4	1	4	4	1	1	1	1	1	1	1	1	1	1	1	24
瓶塞封口制剂	1	1	4	4	1	1	1	1	1	1	1	1	1	1	1	21
顶部空间气体	1	1	4	4	1	1	1	1	1	1	1	1	1	1	1	21
原料药制剂工艺	4	1	1	1	7	7	4	7	1	7	4	4	1	1	7	54
原材料纯度	4	4	1	1	4	4	4	4	1	4	4	4	4	1	1	39
填充速度	7	4	1	1	4	1	4	1	1	4	1	1	4	4	1	39
过滤	1	4	4	1	4	1	1	7	1	1	1	4	10	4	4	39
封盖	1	1	4	4	4	1	1	7	1	7	1	1	7	1	1	24
冻干流程	10	7	7	10	4	1	1	7	4	7	4	4	4	1	1	63
评分	80	53	74	62	70	38	29	83	26	62	53	47	41	41	35	41

8.7.2 蔗糖和甘露醇浓度的优化

QTPP 将处方定义为等渗的,并且因为甘露醇和蔗糖对渗透压的影响最大,所以增加一个用量则必须减少另一个,从而使它们被视为其他额外研究的协变量参数。在此阶段应进行多元 DoE 研究,以进一步优化蔗糖和甘露醇的比例;然而,为了简单起见,我们将假设基于使用类似的 mAb-Y 和 Z 获得的先验知识而选择的组分是最佳的。

8.7.3 聚山梨酯 20 浓度的优化

由于聚山梨酯 20 可以影响重构时间以及产品特性,其中产品特性包括重构后的次可见颗粒和视觉外观,因此对聚山梨酯 20 浓度进行进一步优化。使用 DoE 方法在 20～30 mg/ml 的蛋白质窄浓度范围内评估聚山梨酯 20 从 0.01% w/v 到 0.05% w/v 的浓度。该蛋白质浓度范围是基于产品浓度规格在目标值的 20%(即 25 mg/ml)内的假设来选择的。由于先验知识表明蛋白质浓度影响次可见颗粒形成,因此蛋白质浓度与聚山梨酯 20 一起评估。使用具有两个中心点的中心复合设计。在 20～30 mg/ml 蛋白质和 0.01～0.05 mg/ml 聚山梨酯 20 的情况下,采用通用的冻干循环将处方 A 冻干。重构后,测量不可见颗粒并评估重构时间。图 8.5 显示,当蛋白质浓度目标为 25 mg/ml 时,聚山梨酯 20 的浓度为 0.01% w/v 可获得最高的有利条件(即显示最低次可见计数和最短重构时间的条件)。

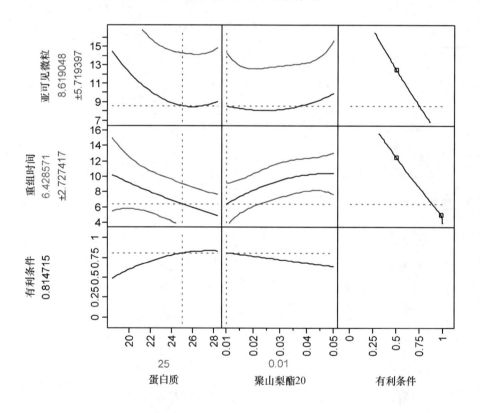

图 8.5 聚山梨酯 20 浓度优化的预测分析结果

8.7.4 蛋白质浓度和 pH 的优化

基于较早的考虑,蛋白质浓度固定在 25 mg/ml,所以未进行蛋白质浓度的进一步优化。此外,根据以前的研究(图 8.2 和图 8.3),目标 pH 6.0 被认为是最佳的。

8.7.5　残留水对冻干药物产品稳定性的影响

通常，冷冻干燥工艺被设计为确保冷冻干燥后残留水<1%。然而，同一批次中以及不同批次之间的小瓶在干燥过程中可能具有异质性，这可能会导致残留水的差异（Rambhatla and Pikal 2003；Rambhatla et al. 2004，2006）。此外，冷冻干燥工艺的放大具有挑战性，并且对于相同的循环参数从一个冷冻干燥机移动到另一个就可能导致残留水的差异。因此，了解残留水对产品质量的影响对于确定关键质量属性和冻干工艺设计空间识别的可接受限制至关重要。此外，这些信息可以用来评估流程事件的影响，这些流程事件会产生比典型残留水含量高的批次，并最终设定药品残留水分规格。

通过水分平衡研究以确定残留水对冻干药品稳定性的影响。简单地用 LiCl 和 $MgCl_2$ 的饱和盐溶液分别在 11% 和 32% 相对湿度下平衡冻干（Breen et al. 2001；Chang et al. 2005）。平衡 24 h 后得到的残留水和 Tg（通过 DSC 测量）显示在表 8.10 中。

表 8.10　冻干药品的 Tg 残留水的影响

湿室饱和盐溶液	室内湿度（%RH）	%滤饼中的残留水	Tg 中点（℃）
干（冻干后）	不适用	0.5	92±0.5
LiCl	11	1.4	72±0.4
$MgCl_2$	32	3.5	50±2

平衡后，所有样品都保留了块状结构，其中包括含 3.5% 残留水的样品。此外，对于含水分低（0.5%）和水分高（3.5%）的样品，在 40℃ 和 5℃ 下进行稳定性研究，以确定残留水的可接受范围。首先，用 HPSEC 测量长达 4 周的单体损失。在 40℃ 时，3.5% 残留水样品的单体损失率高于 0.5% 样品；然而，在 5℃ 下没有观察到差异。这与之前使用 mAb-Y 和 Z 的经验是一致的，在类似处方中，观察到对稳定性没有影响的残留水达 4%。另外，由于 Tg 远高于 5℃ 的预期储存温度，因此预期对稳定性的影响最小甚至没有影响。基于这些研究，在浓度直至 3.5% 时，残留水分似乎都不会影响 mAb-X 蛋白质的稳定性；然而，由于其对长期稳定性的影响未确定，并且与先验知识和大量关于残留水分随着时间的推移而增加的物理和化学降解速率的相关文献相一致，所以它被确定为潜在的 CQA。此外，这项研究提供了一个很好的理由，基于对加速稳定性期间水分对降解速率的影响的理解，确定稍高的 3.5% 残留水为上限。

8.7.6　处方组成变化对冷冻干燥性质的影响

处方风险评估的结果与基于先验知识的预期一样。筛选来自风险评估的最高等级参数（pH、mAb-X、甘露醇、蔗糖和聚山梨酯 20 浓度）作为影响冷冻干燥性质（塌陷温度、共晶熔融温度和 T_g'）的主要原因和 CQA（残留水分、重建时间、滤饼外观、聚集和重构后的颗粒形成）。采用部分因子实验设计，以确定进一步表征的关键处方参数。

冷冻系统的表征包括实验，其中处方组成（包括 pH）系统地变化以确定处方的稳健性；即确定一种或多种处方特性中相对小的变化是否对冷冻干燥行为和（或）冻干产品的质量属性具有实质影响。采用 MDSC 和冷冻干燥显微镜研究赋形剂浓度变化对冷冻干燥性质的影响（表 8.11）。

蛋白质浓度　预计处方中高蛋白质浓度会提高塌陷温度，但也可能抑制甘露醇的完全结晶。

蔗糖和缓冲液浓度　高浓度的蔗糖和缓冲盐将抑制甘露醇的完全结晶，降低塌陷温度，并且可能增加残留水分含量和重构时间，从而影响干燥的滤饼的储存稳定性，导致形成集合体、可见粒子和次可见粒子。

蔗糖与甘露醇的重量比　通常甘露醇的完全结晶需要蔗糖与甘露醇的重量比为 1∶1～1∶2。与蔗糖相比较高浓度的甘露醇有利于甘露醇的完全结晶，这进而为结块提供更多的机械强度和质量良好。相反的效果也是如此，与蔗糖相比甘露醇的浓度较低导致甘露醇的不完全结晶，降低了坍塌温度，从而导致质量不好并且可能影响储存稳定性。

较低浓度的蔗糖会正向影响制剂的热特性（T_g'/T_c），但任何低于有效的冷冻和冻干保护剂所需的最小值并且等渗透压，会显著影响干燥产品的稳定性和等渗性。

聚山梨酯 20 浓度　对于冷冻干燥性质和储存稳定性来说，更高的聚山梨酯 20 水平没有有害影响，但是低于保护蛋白质界面不稳定性和防止聚集所需的最低水平，形成可见和次可见颗粒可以显著影响产品的质量。

其他考虑因素　瓶子尺寸和填充量可能会影响有效的冷冻和干燥速率。预计冷冻速率会影响冰的形态和甘露醇在该过程中完全结晶的能力。传热率不足会引起初级和二级干燥过程中干燥率不足从而对最终产品 CQA 产生显著影响。所有这些将在下一章关于冻干工艺设计和开发的章节中讨论。

在处方组成的典型变化范围内，处方 A 产生可接受的产品质量属性和稳定性，而对工艺性能没有任何显著的影响。识别故障的边缘有助于验证药品释放规格和储存稳定性（pH、蛋白质浓度、渗透压、聚山梨酯 20 等）的合理性。

表 8.11　处方参数变化对冷冻干燥性能的影响

制剂关键参数	Tc	T_g'	Teu	备注
高 pH	−18	−21	−2	无变化
低 pH	−18	−21	−1.8	
高蛋白	−17.5	−20.2	−2	显著变化
低蛋白	−18.5	−21.2	−2	
高甘露醇	−17	−20	−2.1	
低甘露醇	−18.5	−21.2	2	
高蔗糖	−18	−21	−1.9	
低蔗糖	−17.5	−20.5	−2	
高聚山梨酯 20	−18	−21	−2	无变化
低聚山梨酯 20	−18	−21	−2	

T_g'，最大冷冻浓缩液的玻璃化转变温度

T_c，坍塌温度

T_{eu}，共晶温度

8.8　总结

虽然 QbD 要素在工艺中的应用非常直观，但 QbD 应用于产品设计并不直观（此模拟案例研究中的处方开发），因此很少在文献中讨论。本案例研究说明了与 QbD 要素一致的冻干处方开发方法，同时牢记处方与冻干工艺之间的密切关系。正如在工业实践中，处方的选择经常领先于冻干工艺的开发和优化。重点放在说明 QbD 要素，例如①使用先验的或平台的知识或文献，②了解每个处方变量对冻干周期和最终产品的作用，并着眼于维持对药物产品安全性和有效性很重要的理想和可接受的质量属性，③通过使用因果矩阵方法说明的风险评估，以及④通过进一步处方优化论证的风险管理。

尽管期望将 QbD 要素应用于处方设计可能不会导致任何监管轻松，但很明显还有几个额外的好处，包括生成稳健的产品知识、全面了解影响产品质量的关键属性以及进一步理解风险和如何减轻风险。这些知识对于评估生产工艺、规模和场地变化后以及解决生产偏差后产品质量的风险评估非常有用。

后续章节提供了一个很好的 QbD 要素在冻干工艺设计和总体风险评估方面的说明性应用。

参考文献

Bam NB, Cleland JL, Yang J, Manning MC, Carpenter JF, Kelley RF, et al (1998) Tween protects recombinant human growth hormone against agitation-induced damage via hydrophobic interactions. J Pharm Sci 87:1554–1559

Breen ED, Curley JG, Overcashier DE, Hsu CC, Shire SJ (2001) Effect of moisture on the stability of a lyophilized humanized monoclonal antibody formulation. Pharm Res 18:1345–1353

Carpenter JF, Pikal MJ, Chang BS, Randolph TW (1997) Rational design of stable lyophilized protein formulations: some practical advice. Pharm Res 14:969–975

Carpenter JF, Chang BS, Garzon-Rodriguez W, Randolph TW (2002) Rational design of stable lyophilized protein formulations: theory and practice. Pharm Biotechnol 13:109–133

Chang LL, Shepherd D, Sun J, Tang XC, Pikal MJ (2005) Effect of sorbitol and residual moisture on the stability of lyophilized antibodies: implications for the mechanism of protein stabilization in the solid state. J Pharm Sci 94:1445–1455

Cleland JL, Lam X, Kendrick B, Yang J, Yang TH, Overcashier D, et al (2001) A specific molar ratio of stabilizer to protein is required for storage stability of a lyophilized monoclonal antibody. J Pharm Sci 90:310–321

Jameel F, Tchessalov S, Bjornson E, Lu X, Besman M, Pikal M (2009) Development of freeze-dried biosynthetic factor VIII: I. A case study in the optimization of formulation. Pharm Dev Technol 14:687–697

Kerwin BA (2008) Polysorbates 20 and 80 used in the formulation of protein biotherapeutics: structure and degradation pathways. J Pharm Sci 97:2924–2935

Lu X, Pikal MJ (2004) Freeze-drying of mannitol-trehalose-sodium chloride-based formulations: the impact of annealing on dry layer resistance to mass transfer and cake structure. Pharm Dev Technol 9:85–95

Nail SL, Jiang S, Chongprasert S, Knopp SA (2002) Fundamentals of freeze-drying. Pharm Biotechnol 14:281–360

Pikal MJ (1990) Freeze-drying of proteins: part II: formulation selection. Biopharm 3:26–30

Rambhatla S, Pikal MJ (2003) Heat and mass transfer scale-up issues during freeze-drying, I: atypical radiation and the edge vial effect. AAPS Pharm Sci Technol 4:e14

Rambhatla S, Ramot R, Bhugra C, Pikal MJ (2004) Heat and mass transfer scale-up issues during freeze drying: II. Control and characterization of the degree of supercooling. AAPS Pharm Sci Technol 5:e58

Rambhatla S, Obert JP, Luthra S, Bhugra C, Pikal MJ (2005) Cake shrinkage during freeze drying: a combined experimental and theoretical study. Pharm Dev Technol 10:33–40

Rambhatla S, Tchessalov S, Pikal MJ (2006) Heat and mass transfer scale-up issues during freeze-drying, III: control and characterization of dryer differences via operational qualification tests. AAPS Pharm Sci Technol 7:e39

Wang B, Tchessalov S, Cicerone MT, Warne NW, Pikal MJ (2009) Impact of sucrose level on storage stability of proteins in freeze-dried solids: II. Correlation of aggregation rate with protein structure and molecular mobility. J Pharm Sci 98:3145–3166

Wang B, Cicerone MT, Aso Y, Pikal MJ (2010) The impact of thermal treatment on the stability of freeze-dried amorphous pharmaceuticals: II. Aggregation in an IgG1 fusion protein. J Pharm Sci 99:683–700

Webb SD, Cleland JL, Carpenter JF, Randolph TW (2002) A new mechanism for decreasing aggregation of recombinant human interferon-gamma by a surfactant: slowed dissolution of lyophilized formulations in a solution containing 0.03 % polysorbate 20. J Pharm Sci 91:543–558

Yu L, Milton N, Groleau EG, Mishra DS, Vansickle RE (1999) Existence of a mannitol hydrate during freeze-drying and practical implications. J Pharm Sci 88:196–198

第 9 章
QbD 在蛋白质/生物液体制剂冻融过程中的应用

Philippe Lam，Fredric J. Lim and Samir U. Sane

张慧　译，高云华　校

9.1　引言

蛋白质药物通常需要长期冷冻保存，在冷冻状态下可保存数月至数年。冷冻延长了其保质期，并且为制定最终处方以及设计产品的外包装提供了灵活性。根据所涉及药物的性质和体积，人们采取了许多不同的方法来进行药物的冻融操作。在下面的讨论中我们假定药物在冻融过程中能保持稳定。某些处方，例如含有防腐剂的处方，冷冻过程会导致产品破坏，因此无法进行这种操作（Maa and Hsu 1996）。

冷冻的常见做法是将药物装入商用塑料瓶或玻璃瓶中，然后将该容器放入标准的自然对流冷冻柜中、大型步入式冷冻柜或专用鼓风冷冻柜进行冷冻。最近，一些供应商也推出了一次性袋系统（内有保护层的袋子、带支架的袋子）来替代瓶子作为冷冻容器，他们声称，由于袋子的形状优势，当与专用的冻/融硬件设备配套使用时，袋装有可能使冷冻或解冻更快、更可控。解冻时，将药物容器转移至冷藏室或直接置于室温环境即可。但这些低成本解决方案适用于处理适中批量药物，因为通常每个容器的体积限制在20 L以下。然而，由于许多蛋白质类药物需要大剂量给药才能有效，因此，需要加工的原料药的体积也相对较大，每批有几百到上千升。如果使用标准瓶储存这批药物，就需要大量的容器，而处理、跟踪以及运输的复杂性就会随之增加。在这种情况下，使用专门的设备（例如夹套金属容器和专用冷却滑轨）来进行药物的冷冻和解冻将更为实用。

本章中，我们将对在夹套金属容器中进行的大规模蛋白质产品冻/融（freeze/thaw）操作方法进行重点介绍。并且，我们介绍的概念可以很容易地应用于其他系统。为了更好地领会这一流程，我们对冻/融基本物理知识和系统风险评估策略联合运用如何指导蛋白质药品的开发流程进行了介绍。首先，我们对冻/融过程以及可能影响蛋白质质量属性（quality attribute，QA）的冷冻和解冻相关的重要因素进行了概述。然后，我们对基于风险评估的关键要素以及风险评估工具进行了介绍，检验了产品在加工过程中对所经历条件的敏感性，评估结果对我们开展大规模还是小规模研究起到了指导性作用。最后，我们介绍了研究结果如何用于确定生产工作范围和关键工艺参数（critical process parameter，CPP）。

9.2　冻/融过程概述

不管所涉及的生产规模是几毫升还是几百升，冻/融过程都可能对蛋白质产生应力。本节概述了蛋白质产品在冻/融过程中可能遇到的主要物理变化，以及由此引发的人们对蛋白质药品和工艺开发稳定性的担忧。我们可以在其他地方找到适用于生物制品的冷冻和解冻的详述（Lam and Moore 2010）。

9.2.1　冷冻应力

在冷冻（水的结晶）过程中，溶质分子被"冷冻浓缩"，由于它们无法从固态冰相进入剩余的晶体间液相，因此其浓度可以达到初始溶液浓度的许多倍。当处于"浆状"状态时，即已经形成大量冰但尚未完成冷冻操作前，温度可能仍然足够高，从而允许溶质分子有明显的运动。因此，在蛋白质药物中，可能存在蛋白质聚集的风险，并且在极端情况下，高浓度的环境可能会导致蛋白质沉淀。根据溶液组成、温度、容器形状和冷却速率、冷冻浓缩液袋等因素，在固有的自然对流的影响下，比初始溶液浓度更大的冷冻浓缩物的小孔可以发生迁移。这可能导致溶质在冷冻体内分布不均匀。整个溶液中蛋白质与赋形剂的比例也可能发生变化。

在微观条件下，虽然不可能阻止冷冻浓缩现象的发生，但加快冷冻速率可以使宏观冷冻浓缩物的迁移最小化。据推测，通过迅速降低温度，冷冻浓缩液袋的移动性变得更差，并且被困在冰晶间空间内。因此，一些可以提供更好的热传递的冷冻方法，比如使用空气冷冻喷射机或专用冷冻轨道来循环夹套金属容器内的冷冻液比常规冰箱更具优势（Wilkins et al. 2001；Wisniewski 1998）。对于用于商业用途的散装尺寸而言，使用常规冰箱可能需要几天才能完成冷冻操作，而使用强化对流方法可以在 24 h 内就达到同样的效果。因此，在最初的药物处方研制过程中，就应仔细考虑实际的生产、存储和冷链运输能力。

9.2.2　解冻应力

解冻过程与冷冻过程所遇到的应力相似，但由于冰立即融化所需的温度较高，所以解冻过程中的应力可能会加剧。因此必须找到操作时间和暴露温度之间的平衡点。解冻通常的做法是将冷冻容器从冷冻仓库移到 5℃环境保存多日直至药物完全解冻。这一做法可以将高温影响降到最低，但缺点是药物暴露在冷冻浓缩条件下的时间较长。另一种做法是将冷冻容器放置在室温下或使用某种强对流方法，则解冻可以在几天或更短的时间内完成。在这种情况下，药物可能会暴露在 20℃或更高的温度下，但一旦冰融化，药物会迅速冷却到 5℃。

在冷冻操作中，液体最初是均匀的，而解冻操作与冷冻操作不同，其本身涉及多个阶段（冰和冷冻浓缩阶段）。在解冻过程中，减少冷冻物的组分变化有助于促进混合。混合许多分散的小型冷冻浓缩液区域要比混合容器底部的一个较大的冷冻浓缩层容易得多。在实际操作中，混合是通过机械方法实现的（例如容器旋转、容器倒置、使用搅拌棒或叶轮搅拌、泵）。在容器倒置混合时药物可能遇到气-液界面应力，在叶轮搅拌或抽吸混合时药物可能遇到剪切应力。因此，我们还需要将这些附加的解冻后操作所导致的物理应力一并考虑。

9.3　装置操作说明

由于批量较大，人们通常采用便携式夹套金属冻/融容器（容量为 120 L 和 300 L）来长期冷冻储存大部分药物。这些容器可以在市场上买到，而且还可以连接到冷却滑轨上，冷却滑轨能够将导热流体（heat transfer fluid，HTF）在容器的外套层和内盘管之间进行循环。根据温度控制设置点的不同，滑轨系统既可用于冷冻也可用于解冻。在进行冷冻时，HTF 温度通常保持在 -55～-45℃。在此条件下，冷冻装满的 120 L 和 300 L 容器内药物分别需要约 14 h 和 18 h。使用低温 HTF 是为了加快冷冻过程。一旦冷冻完成，就可以把容器从滑轨上拆除并移至 -25℃的冷藏库储存。

当 HTF 温度设定在 22～25℃时，解冻 120 L 和 300 L 容器内药物用时分别在 9 h 和 12 h 内。用泵把已经液化的内容物以缓慢的流速（例如，1 L/min）从容器底部抽到容器顶部，为了减少液体溅起，液体可以从汲取管外部流出，如此循环来完成容器内容物的混合。当液体多到可以用泵吸时（例如，在解冻开始后约 4～5 h），就可以开始混合操作；循环混合可一直进行到解冻结束。图 9.1a 所示的是解冻操作的系统装置原理图，图 9.1 b 所示的是汲取管组件的部件。

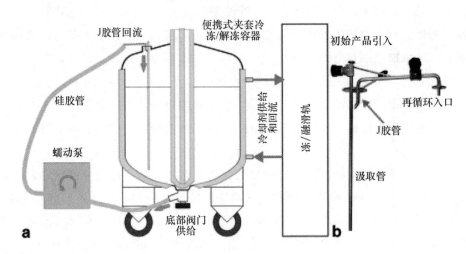

图 9.1　冻/融装置操作示意图。**a.** 在解冻操作期间连接到滑轨上的用于泵循环混合的冻/融容器配置。除了泵和管没有与容器相连外，冷冻操作与解冻操作类似。**b.** 汲取管组件细节

9.4　基于风险的冻/融评估方法

9.4.1　基于风险的方法概述

　　Martin-Moe 等人（Martin-Moe 2010；Martin-Moe et al. 2011）之前阐述了一种应用于药品工艺开发的基于风险的方法。在药品研发周期的早期进行风险评估，以确定蛋白质药物的潜在关键质量属性（potential critical quality attribute，pCQA）。然后对每个单元操作进行单独的风险评估，以判定工艺参数对已确定的 pCQA 和其他属性的影响。第二次风险评估就是为了确定潜在关键工艺参数（potential critical process parameter，pCPP），以及充分描述单元操作所需的特征研究的类型。

　　研究通常以多变量方式进行，选定的工艺参数同时变化到操作极限的极端值。取得的研究结果用于确定 CPP 和稳健性的多元可接受范围（multivariate acceptable range，MAR）。这些 MAR 通常比标准生产范围更宽。

　　下面的章节中，我们将更加详细地介绍这种基于风险的方法的具体步骤，并结合案例来说明。

9.4.2　潜在关键质量属性的确定

　　如 Motchnik（2009）所述，我们使用风险等级排序和筛选（risk ranking and filtering，RRF）工具来确定目标分子的 pCQA。通常在药品研发周期的早期即可初步确定 pCQA，并且随着更多药品相关知识的获得而更新。pCQA 需要预先确定，因为它们是评估工艺对蛋白质影响的标准。RRF 过程中涉及两个因素：①影响值，评估属性对患者安全性或有效性的影响；②不确定值，评估影响值的不确定性程度。将影响值与不确定值相乘可得到风险评分。风险评分在预先定义的风险矩阵中的位置决定了该属性是否为 pCQA。高品质目标产品概况、药物分子或类似分子的先验知识以及临床经验，都是进行风险评分时需要考虑的因素。表 9.1 列举了某个药品的 pCQA。

表 9.1　药品单元操作对潜在关键质量属性（pCQA）的影响

pCQA 种类	举例
产品变量	聚集
	断裂
	电荷变化
	氧化
	显微镜下可见微粒
环境组成和强度	pH
	渗透压
	蛋白质浓度
工艺杂质	溶出物
	杂质颗粒
微生物	内毒素
	生物负载
	无菌度

9.4.3　潜在关键工艺参数（pCPP）的确定和表征研究

如上文所述，冻/融操作使药物受到各种应力的影响，包括低温浓缩、气-液界面相互作用、机械剪切力以及暴露于高温环境下。蛋白质所承受的应力大小取决于工艺操作条件。进行 RRF 评估（McKnight 2010）可以判定冻/融工艺参数对工艺和产品属性的影响。RRF 工具可用于确定哪些工艺参数能被纳入过程特征或验证研究，还可用于确定研究是以单变量还是多变量方式进行。在单变量研究中，只有一个工艺参数变化而其余参数保持在设定值。在多变量研究中，多个工艺参数同时变化［例如，实验设计（design of experiment，DoE）研究］。

进行风险评估需要研发人员具备产品知识、对单元操作的基本原理的理解以及过去处理类似类型产品的经验。相应的理论依据正式记录在 RRF 报告中。主题专家列出单元操作的工艺参数。利用 RRF 工具，对每个工艺参数的潜在①主效应以及②与其他工艺参数相互作用所产生的对预设定响应的影响进行评估。我们需要考虑两种类型的响应：①产品 QA（质量评价）响应，包括影响产品安全性、活性或有效性的 pCQA；②非 CQA 和工艺属性，它们是工艺的非产品质量输出，通常适用于工艺性能。主效应评分不依赖于其他工艺参数，用来评估给定工艺参数对所有响应的影响程度。交互效应评分用来评估两个或多个同时变化的因素由于相互作用所产生的响应比每个因素单独变化所产生的响应之和更大（或更小）的可能性。评估以每一个设定参数的操作范围为基础。根据设定的标准（表 9.2）对主效应和交互效应进行评分。pCQA 比非关键属性或工艺属性的权重更大。主效应和交互效应分值相乘得到严重度评分，用于确定研究方法和 pCPP。如表 9.3 所示，有 3 种选择：①无需额外研究；②单变量研究；③多变量研究。如果选择正确，工艺参数常常可能升级到更高等级的研究（例如，从单变量到多变量）。我们以蛋白质 X 的研究为案例阐明 RRF 过程。

表 9.2　pCPP RRF 影响值的分值标准

影响值	描述	评分定义
1	无影响	效应导致工艺输出的变化，该变化预计不会被检测到（例如，未产生影响或者在分析误差范围内）
2～4	次要影响	效应导致工艺输出的变化，该变化预计在可接受范围内（非关键质量属性为 2 分）
4～8	主要影响	效应导致工艺输出的变化，该变化预计超出可接受范围（非关键质量属性为 4 分）

表 9.3   pCPP 风险等级排序和筛选决策矩阵

严重度评分	实验策略
≥32	多变量研究
8～16	多变量研究或者有正当理由的单变量研究
4	可接受的单变量研究
≤2	无需额外研究

表 9.4 和 9.5 归纳了蛋白质 X 在冷冻和解冻单位操作过程中应用 RRF 的结果。针对不同的质量和工艺属性，列出了每个 pCPP 的主效应和交互效应评分。蛋白质 X 的 QA 可能受冻/融单元操作影响，包括产品变异属性（例如大小变化、电荷变化）、过滤性和组分属性（例如蛋白质浓度和渗透压）。相关工艺属性为冻/融的完成和解冻后的可过滤性。这些属性是在风险评估期间选择的，并且是产品特有的。主题专家根据之前所积累的蛋白质知识做出属性选择。需要注意的是，长期冷冻保存所带来的影响不是评估或研究的一部分。对于每个 pCPP 而言，根据最大属性风险优先值编号对研究类型进行分类。

表 9.4   冷冻单元操作：蛋白质 X 的 pCPP 风险等级排序和筛选试验

工艺参数	潜在影响属性	主效应等级（M）	主效应得分依据	交互效应等级（I）	潜在相互作用参数	交互效应得分依据	严重度评分（M×I）
冷冻持续时间	冷冻完成时间	8	冷冻时间取决于处方。药物完全冷冻需要足够的时间	8	HTF 温度，药物体积	HTF 的温度和药物体积会对药物完全冷冻所需的时间和冷冻速率产生影响	64
	PV 属性	4	由于产品可能在较长时间内处于部分冷冻状态，因此冷冻时间不足对产品和工艺属性有影响。由于 DS 的相变温度高于冷冻温度，因此冷冻持续时间过长预计不会影响其属性	4			16
容器中药物体积	冷冻完成时间	8	冷冻完成时间取决于药物体积	8	HTF 温度，冷冻循环时间	较高 HTF 温度会延长冷冻时间；持续低温冷冻循环会导致不完全冷冻	64
	PV 属性	4	单批药物的体积影响冷冻速率。单批药物体积较大，时间延长，药物可能处于冷冻浓缩状态	4			16
HTF 温度	冷冻完成时间	8	HTF 温度影响冷冻速率	8	药物体积，冷冻循环时间	产品量大会延长冷冻时间；循环时间短会导致不完全冷冻	64
	PV 属性	4	较高的 HTF 温度可能导致不完全冷冻或冷冻减缓使冷冻时间延长导致产品长时间暴露于冷冻浓缩状态	4			16
冷冻次数	冷冻完成	2	不受冷冻次数影响	2	NA	根据先前产品的经验，没有交互效应	4
	PV 属性	4	多次相变循环和较长时间暴露于解冻循环温度可能影响产品属性	2			8

表 9.5　解冻单元操作：蛋白质 X 的 pCPP 风险等级排序和筛选试验

工艺参数	潜在影响属性	主效应等级 (M)	主效应得分依据	交互效应等级 (I)	潜在相互作用参数	交互效应得分依据	严重度评分 (M×I)
整体再循环时间	解冻/均匀+混合完成时间	8	均匀性受再循环时间的影响。对于某些处方，有时需要额外的再循环才能使药物混合均匀	8	HTF温度，再循环速率，药物体积，再循环开始时间	HTF温度高、再循环速率、在小体积下多次冻/融循环可能影响PV属性和过滤性。HTF温度低、再循环速率低、再循环启动时间早、药物体积大都影响均一性	64
	PV属性	4	较长的再循环时间使蛋白质受到循环应力和较长时间的环境温度的影响。之前的研究表明该影响最小	4			16
	滤过性	4	长时间的再循环增加了空气/蛋白质的相互作用，这可能导致亚可见颗粒的形成和过滤池的污染	4			16
药物再循环开始时间	均一性	8	如果药物再循环开始时间过早，容器内可能没有足够数量的解冻液体可供循环。这可能会导致泵内掺入空气和操作结束时混合不均匀	8	HTF温度，再循环时间，再循环速率，药物体积	产品体积和HTF温度影响开始时药物的解冻量。再循环参数影响解冻速率	64
容器中药物体积	均一性	4	大批量更难解冻，更难达到均一	4	HTF温度，再循环速率，再循环时间，药物再循环开始时间	高HTF温度、长时间再循环、较快的再循环速率和多次冻/融循环都会影响PV属性和滤过性。低HTF温度、短时间再循环、较低再循环速率、较早开始再循环和大药物体积会影响均一性	16
	PV属性	4	大批量解冻时间延长，部分产品可能还处于冻结状态。小批量带来更多的循环量和再循环应力。存储容器体积小，蛋白质在环境温度下暴露时间较长。既往研究表明该参数影响很小	4			16
	滤过性	4	由于容器中的液面较低，再循环过程中药物下降的距离更长，因此小体积增加了空气/药物之间的相互作用	4			16
再循环流速	均一性	8	如果流速太低，可能会解冻不完全或混合不均匀	8	HTF温度，再循环时间，药物再循环开始时间，药物体积，冻/融循环次数	高再循环速率低体积下的再循环时间和多次冻/融循环都会影响产品的特性和滤过性。HTF温度低、再循环时间短、循环开始时间早和体积过大会影响产品均一性	64
	PV属性	4	高流速增加了再循环的应力。既往研究表明影响很小	4			16
	滤过性	4	高流速增加了空气/药物之间的相互作用	4			16
HTF温度	均一性	4	低HTF温度会影响解冻的完成	4	再循环时间，药物体积，再循环开始时间，冻/融循环次数	高再循环速率、低体积下的长时间再循环和多次冻/融都会影响产品的特性和滤过性。再循环时间短、再循环速率低、再循环开始时间早和体积过大会影响产品均一性	16
	PV属性	4	高HTF温度可能会影响产品属性。既往研究表明影响较小	4			8
	滤过性	1	无影响	1			1
解冻次数	均一性	2	无影响	2	再循环时间，药物体积，再循环开始时间，HTF温度	潜在的相互作用变量会改变再循环应力和暴露于环境温度的时间，这会影响PV属性和滤过性。但对均一性无影响	4
	PV属性	4	可能会受到来自多个相变循环和暴露于环境温度的中度影响。既往研究表明影响较小	4			16
	滤过性	4	如果两次循环之间不过滤，可能会受到多次解冻循环的影响	2			8

冷冻单元操作的 pCPP 为：冷冻持续时间、容器中药物体积、HTF 温度和冻/融循环次数。解冻单元操作的 pCPP 为：药物再循环时间、药物再循环启动时间、容器内药物体积、再循环流速、HTF 温度和冻/融循环次数。对于冷冻和解冻单元操作，HTF 流速由设备固定而不能修改，因此不作为工艺参数。

对于解冻单元操作，所有参数都应纳入多变量研究。对于冷冻单元操作，除了冻/融循环次数可纳入单因素研究外，其他所有工艺参数都应纳入多变量研究。

9.5 冻/融特性研究

在冻/融操作中，常用做法是使用与产品无关的通用循环参数进行商业冷冻和解冻操作。由于设备或操作的不同，不同厂家之间的配方可能有所不同，但对于给定场所，其加工所有产品所使用的操作条件都是相同的。因此，表征研究的目的不是为了优化操作参数，而是为了证明该工艺的操作参数范围能够始终保持蛋白质的 CQA。冻/融过程中的物理应力易于理解。该操作不涉及复杂的化学和合成修饰或反应。这样就可以根据科学原理和第一原理知识来选出这些最坏情况。因此，我们采用的方法是进行最坏情况的多变量研究来确定加工范围，以此替代 DOE 系列研究。如果在最坏情况下能够得到可接受的产品质量，那么在极值参数范围内的操作效果应该也很好。因为不同的 QA 其极端情况可能不同，所以仍然需要多次实验来研究确定。这样一来，如果观察到参数对 QA 有影响，那么可能需要更多的研究来确定哪些参数是关键的。

图 9.2 中列举了通常需要的两种类型的特性研究。第一类研究，称为操作条件验证研究，用于评估操作条件是否足以使药物完全冻结或者使药物完全解冻并均匀分散。对于解冻操作，第一类研究仅适用于成分关键质量属性（CQA），例如蛋白质浓度或渗透压。这些内容在下文 9.8.1 部分中进行探讨。

第二类研究称为产品影响研究，用于评估冻/融操作对药物的物理或化学属性的影响。这些内容将在 9.8.2 部分中进行探讨。在这种类型的研究中，我们会对产品的变异属性和滤过性进行评价。操作条件验证研究的最坏工艺条件与产品影响研究的最坏情况工艺条件有所不同。采用分别研究的方法来判定工艺参数对最终工艺和 QA 的影响将更为有效，这在后面的章节中将继续探讨。

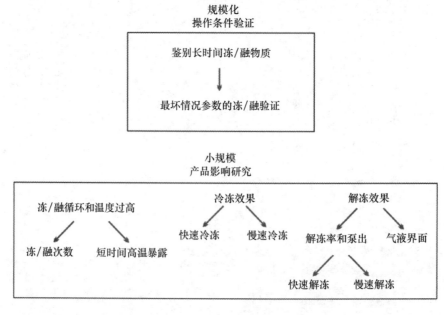

图 9.2 大规模和小规模表征研究汇总图

最坏情况研究为每个参数提供了下限或上限。例如，解冻操作的操作条件验证研究能够得到 HTF 温度下限，而解冻操作的产品影响研究可得到 HTF 温度上限。这两种类型的研究最终确定了 MAR 范围。

9.6　关键工艺参数评估

我们用最坏情况下的冻/融特性研究来建立工艺参数的 MAR，并根据观察到的对产品 pCQA 的影响来确定 CPP。然而重要的一点是：CPP 的确定仅限于测试参数 MAR 操作范围，在这些范围之外的操作仍需要进一步评价。

CPP 是根据每个被检测的 QA 的影响比例来确定的（McKnight 2010）。影响比例检测的是相对于 pCQA 的容许偏差而言，参数对 pCQA 的影响程度。其定义如下：

$$影响比例 = \frac{影响幅度}{CQA\ 容许偏差} = \frac{CQA_{Stress} - CQA_{Control}}{CQA_{Mean} - CQA_{Spec}}$$

其中，CQA_{Stress} 为应力下样品的 CQA 测试结果；$CQA_{Control}$ 为无应力样品或对照样品的 CQA 测试结果；CQA_{Mean} 为相应批次的 CQA 平均值（通常是 GMP 临床批次或上市批次）；CQA_{Spec} 为 CQA 的规格限度。根据需要，可以缩小规格限度以保证安全。

导致任何 CQA 影响比例大于规定值的参数则为 CPP。此规定值是基于过往知识、典型的可见变化以及主题专家的意见来确定的。并且此数值应在研究开始之前确定。如果所有的 CQA 影响比例都小于规定值，或者影响幅度小于分析精度，那么这些参数就不是 CPP。

对于定性属性（例如，外观），如果对 pCQA 产生可观察到的变化则参数被视为 CPP。否则，参数被视为非 CPP。

9.7　案例研究

9.7.1　大规模操作条件验证研究

药物完全冷冻或解冻以及混合给定体积的药物所需的实际时间在很大程度上取决于容器的大小和几何形状，而液体的组成对此影响较小。为确保冷冻或解冻操作的完整性，这一过程需要使用规模较大的容器。

盛装药物之前需要对冻/融容器进行清洗和消毒。容器在正常工作期间是封闭系统，可以阻止微生物的进入。冷冻或解冻过程的进展无法直观监测，而且容器内容物的温度只能在一个固定的位置用温度计测量。尽管使用真正的药物进行每一次滑轨调试、滑轨验证或冻/融循环验证最有实际意义，但是这种做法既不实际也不经济。因此，我们需要在容器内部不同位置安装多个温度探针，但这样会破坏容器的完整性。在这些研究中，可用一种有代表性的或性能"更差"（冷冻或解冻需要更长时间）的消耗性物质代替实际材料。

为了找到一个合适的替代品，我们将几种典型的蛋白质处方、其他活性成分和空白制剂放入最大容量为 300 L 的冻/融容器中，进行冷冻和解冻时间的比较研究。由于每个实验都是在相同的条件下进行的，并且使用相同的冷却滑轨，因此可以直接对比每一种情况（表 9.6）。在实验中，通过放置在容器中的一个小型摄像机，可以记录操作过程并且直观地观察冷冻和解冻时间。冷冻时间指完全固化所有液体所需的时间；解冻时间指融化所有冰所需的时间。通过采集容器顶部、中部和底部的样品并分别测定其蛋白浓度（可行情况下）、渗透压和折射率来判断解冻后药物是否混合均匀。

值得一提的是，尽管去离子水的总潜热需求最高（蛋白质、盐类和其他辅料等溶质对冻/融期间的热负荷作用不大），但在所有测试溶液中去离子水的冷冻和解冻速度最快。因此，不应使用去离子水的冻融时间来设定最小操作时间，因为所获得的时间数值可能无法保证实际产品的充分冷冻和解冻。从表 9.6 这些例子可以看出，蛋白质 2 的空白制剂是需要最长冻融时间的"最坏情况"处方。因此，蛋白质 2 的空白制剂可以作为药物的替代品，用来进行设备测试、验证和参数验证以确保冻/融操作的完整性。任何新产品处方都可以进行类似规模的测试，并与先前的数据进行比较，以验证工艺的适用性。如果测试结果在之前确定的最坏情况参数范围内，则不需要进行全面的重新验证。

表 9.6   蛋白质制剂与空白制剂的冷冻和解冻时间的比较

产品	溶解的固体（g/L）	冷冻时间（h）	解冻时间（h）	解冻后是否混合
蛋白质 1，25 mg/ml	46.5	10.7	8.9	是
蛋白质 1 空白制剂	21.5	10.6	9.7	是
蛋白质 2，21 mg/ml	34	11.4	8.8	是
蛋白质 2，55 mg/ml	68	10.7	8.8	是
蛋白质 2 空白制剂	13	12.1	11.1	是
蛋白质 3，25 mg/ml	86.1	11.8	9.4	是
蛋白质 3 空白制剂	61.1	11.6	9.4	是
去离子水	0	10.6	8.4	—

表 9.4 和 9.5 中总结的风险等级排序步骤中多变量冻/融操作条件验证研究可以使用蛋白质 2 空白制剂进行。这些测试将最坏情况设备参数设置与最坏情况处方相结合。既然其他任何设置都不会导致最坏情况（最长冷冻或解冻时间），那么就没有必要做完整的 DOE 研究。

对于冷冻操作，将测试以下几种最坏情况参数条件：

● 最大允许充填量；

● HTF 温度设置比目标温度高 5℃；

● 将最大的热负荷和最低的热驱动相结合。这项研究旨在确保在指定的循环时间内药物可以充分冷冻。

对于解冻操作，将测试以下几种最坏情况参数条件：

● 最大允许充填量；

● HTF 温度设置比目标温度低 2℃；

● 在标准再循环时间和标准再循环开始时间条件下将再循环混合泵的流速设置为目标值的 90%。

这一测试将最大热负荷与最低热驱动力和最低混合速率结合在一起。

在这些条件下，我们用实际的生产设备进行了一次大规模重复试验。根据观察结果和热电偶数据显示，当容器内所有位置的药物在 16 h 内达到 −20℃ 以下，则证明冷冻操作成功完成。同样，当观察到冰的消融则证实解冻也是完全的。之后通过在容器顶部和底部采集样品，对其电导率和 pH 进行测试分析，检测药物混合的均匀性。

上述结果表明，冷冻和解冻工艺是稳定的，并且在标准操作条件下，能成功完成所有产品的操作。

9.8   使用小规模模型评估单元操作对产品属性的影响

如果所有大规模测试都使用实际产品，那么将需要大量的原料并且费用昂贵。在许多情况下，在加工单元操作过程中，小规模模型就可以提供药物有关特性的足够信息。并且，小规模工艺的条件通常更容易操作、控制和修改，更有助于收集所需的数据。冷冻和解冻动力学以及由此产生的冷冻浓缩行为既取决于与规模尺度无关的固有参数，例如 HTF 温度和物质属性（例如，热容和导热系数），也取决于与规模尺度相关的性质（例如容器和药物体积、传热表面积和解冻再循环条件）。因此，使用简单的小规模装置不可能完全精确地模拟大规模的冻/融动力学。例如，给定两个容积不同但纵横比相同的圆柱形容器，当暴露在相同的冷冻条件下时，较小的容器总是比较大的容器冻结得更快。因此，冷冻速率和冷冻温度不太可能同时匹配。

如前面所讨论的，优化循环工艺参数不是目标，因此小规模模型不是要把规模缩小得多精确，而是要把商业运作期间所遇到的应力模拟出来。因此，我们可以采用分块策略，即适当地选择小规模条件，使其比在正常规模工艺中观察到的情况更加极端。假设在极端条件下结果仍能令人满意，那么在多变量范围内的任何操作就都能得到质量合格的产品。我们精心设计了系列实验来解决风险评估中的重要问题。

对于冷冻操作，以下参数被纳入多变量最坏情况研究：冷冻操作时间、容器中药物体积、HTF 温度和冻/融循环次数。就小规模研究而言，前 3 个工艺参数最终影响药物的冷冻速率和最终的冷冻药物温度。因此，可以通过单变量冷冻速率研究将这 3 个参数的影响进行合并。而最后一个参数，即冻/融循环次数，将会在 9.8.2 和 9.8.3 部分中单独讨论。

对于解冻操作，以下参数被纳入多变量最坏情况研究：容器中药物体积、HTF 温度、药物再循环时间、再循环流速和冻/融循环次数。对于小规模研究，前两个参数是通过改变冷冻和解冻速率来计算的。再循环时间和再循环流速可与产品周转次数成比例换算。对于冻/融循环次数我们进行了两种类型的实验。第一种类型的实验，是在有快速冷冻和快速解冻速率但没有再循环的条件下，对药物进行多次冻/融循环。第二种类型的实验，是采用单次冻/融循环进行再循环研究，通过增加循环次数来计算冻/融循环的最大次数。图 9.2 概述了下面将要讨论的实验。

9.8.1　多次冻/融循环与冷冻温度偏差

我们会将一些冻/融容器内的药物解冻，并将这些药物收集在一起生产出同一批次的药品。在某些情况下，某个冻/融容器中只有一部分解冻的药物可以使用，剩余的部分需要重新冷冻。此外，某些不可预见的生产推迟可能需要将融化的药物重新冷冻。因此，药物可能会遇到多次的冻/融循环。此外，在冷冻药物的储存和处理过程中，药物可能会短时间内处于非规定温度下。这可能造成药物部分解冻，导致赋形剂结晶或冷变性，进而可能会影响到产品。

进行小规模研究是为了证实允许的最大冻/融循环次数和短期温度偏移。这些研究可以单独进行也可以使用灭菌微型罐（25～70 ml）连续进行，这些微型罐与大规模冻/融容器一样，都是由金属合金制成。我们要证实的是，微型罐中的产品体积，①容器表面积与药物体积之比以及②空气表面积与产品体积之比均大于冻/融容器。小规模研究的冷冻速率和解冻速率均高于大规模研究。

对蛋白质 X 进行温度偏移和多次冻/融循环研究相结合的实验。将过滤后的原料药（20 ml 样品）在无菌条件下添加到灭菌后的 25-cc 316-L 不锈钢微型罐中，然后冷冻并在 −40℃下储存 2 天。随后，将微型罐转移到 −20℃的冷冻器中存储 2 天以模拟实际贮存温度。

为了评估温度偏移的影响，可将几个微型罐分别转移到 −20℃（对照）、−14℃和 −8℃的独立容器中储存 2 周。2 周后，将微型储罐转移到 5℃条件下完全解冻，随后取样进行检测。

如前所述，在温度偏移研究中，微型罐要在 −40℃和 −20℃的条件下重新冷冻。然后，把微型罐从 −20℃的容器中转移到 5℃的容器中存放至少 8 h 以确保完全解冻。在冷冻温度下储存随后在 5℃条件下解冻这一过程视为一个循环，一共重复 5 个循环。在最后一个冻/融循环之后取样进行检测。

对所取样品进行蛋白质浓度、浊度和蛋白质聚集物的检测（表 9.7）。结果表明，起始原料与储存和循环条件之间的差异均在允许的分析精度范围之内。因此，根据属性检测显示，在推荐温度 −20℃以上短期储存并且随后经过 5 次冻/融循环的药物对产品没有明显影响。

表 9.7   冷冻温度偏移和多次冻/融循环对蛋白质 X 的影响

样品储存温度、持续时间、冻/融循环次数	340~360 nm 处浊度平均值（AU）	蛋白质浓度（mg/ml）	尺寸排阻色谱法（单体百分数）
开始时间点（T=0）	0.10	49.7	99.3
−8℃，2 周	0.11	50.5	99.2
−8℃，2 周＋5 次冻/融循环	0.09	50.1	99.2
−14℃，2 周	0.12	50.7	99.3
−14℃，2 周＋5 次冻/融循环	0.10	49.9	99.3
−20℃，2 周	0.10	50.3	99.3
−20℃，2 周＋5 次冻/融循环	0.10	49.6	99.3

9.8.2   冷冻

在对冻/融容器实施大规模冷冻过程中（说明见上文），药物会有一系列的冻结速率。我们将冻结速率定义为冰开始形成时和温度达到−20℃（储存温度允许上限）时之间的时间。靠近主动冷却表面（如容器壁和冷却管）的区域可以在 0.25~0.5 h 内快速冻结，而容器内最热（离冷却表面最远）的位置在 12~18 h 后才能达到−20℃以下。因此，这个单元操作的小规模模型将包括两个部分，每个部分都要模拟规模操作的极值：

（1）为了模拟容器夹套壁和冷却管附近的"快速冻结"区域，可以用小体积容器进行实验，在容器冰核化后，容器内样品温度可在冰成核后的 0.25 h 之内降至−20℃以下。

（2）为了模拟离冷却表面最远的"缓慢冻结"区域，可以进行样品温度在容器冰核化后逐渐降低到−20℃以下的实验。方法是将样品放置于冻干机架上，并开启一个缓慢的降温程序，从而最大限度地延长样品在"冰沙"状态下的时间。

我们无需探索更为极端的条件，如在液氮中瞬间冻结或历时数周的缓慢冻结，因为这些条件无法通过典型的大规模冷冻过程实现。

在下面的示例中，我们运用上述方法来测试几种蛋白质处方：

快速冷冻样品的制备方法是将 1 ml 待测溶液装入 20 ml 的药瓶中，并将药瓶放置在已在−40℃的冰箱中预冻的铝板（冷源）上。这种方法使得待测溶液在几分钟内冷冻并降至−20℃。

缓慢冷冻样品的制备方法是将 1 ml 样品填充到 5 ml 药瓶中（以获得一个较理想的填充高度），然后将填充好的药瓶放置在中试规模的冻干机架子上，温度保持在−5~−1℃之间持续 2~4 h，确保液体温度略低于冰点。通过用一块干冰逐个接触瓶底边缘的方法来诱导各个样品中冰核的形成。冰核形成后立即将药瓶放回冻干机架子上。进行冰核化操作是为了避免不同瓶中的样品过冷和不均匀冻结。随后启动冷却步骤，在 72 h 内将温度从平衡温度线性降至−40℃。

冷冻完成后，将样品转移到−20℃冰箱中存放 2 天以上。然后将样品进行解冻，并对其蛋白质浓度、外观、浊度进行分析，并且利用尺寸排阻色谱法对蛋白质聚集物进行分析。表 9.8 总结了蛋白质 X 的研究结果。本研究的对照品是通过预冷冻的药物。

根据分析精度以及与对照品的比较发现，蛋白质 X 的快速冷冻样品或缓慢冷冻样品在各项检测属性结果上均无显著差异。研究表明，蛋白质 X 的 CQA 不受这些极端冷冻条件的影响，那么控制冷冻速率的 3 个冷冻工艺参数（冷冻操作时间，容器内药物体积，HTF 温度）就不是被测操作范围内的 CPP。

我们对蛋白质 Y 进行了类似的冻/融研究（结果汇总见表 9.9）。在这一研究中，蛋白质 Y 经快速冷冻后形成显微镜可见微粒，浊度有所升高。尽管如此，蛋白质聚集物以及蛋白质浓度均未受到影响。显微镜可见微粒在过滤过程中可去除从而不会影响最终灌装的药品。在缓慢冷冻研究中各项检测属性未观察到显著差异。

表 9.8　快速冷冻和缓慢冷冻速率对蛋白质 X 的影响

冷冻速率、样品描述	蛋白质浓度（mg/ml）	外观描述[a]	340～360 nm 处浊度（AU）	尺寸排阻色谱法（单体百分数）
快速冷冻				
对照品[b]	30.5	颜色：≤B8 澄明度/乳白光：≤Ref I	0.07	99.7
供试品	30.4	颜色：≤B8 澄明度/乳白光：≤Ref I	0.08	99.7
缓慢冷冻				
对照品[b]	30.4	颜色：≤B8 澄明度/乳白光：≤Ref I	0.07	99.7
供试品	30.4	颜色：≤B8 澄明度/乳白光：≤Ref I	0.08	99.7

[a] 颜色，澄明度/乳白光检测采用美国药典和欧洲药典标准
[b] 对照品为预冻药物

表 9.9　快速冷冻和缓慢冷冻速率对蛋白质 Y 的影响

冷冻速率、样品描述	蛋白质浓度（mg/ml）	外观描述[a]	340～360 nm 处浊度（AU）	尺寸排阻色谱法（单体百分数）
快速冷冻				
对照品[b]	5.9	颜色：≤B8 澄明度/乳白光：≤Ref I	0.00	99.7
供试品	6.1	澄清，无色	0.02	99.7
缓慢冷冻				
对照品[b]	6.0	澄清，无色	0.01	99.7
供试品	6.0	澄清，无色	0.00	99.7

[a] 颜色，澄明度检测采用美国药典和欧洲药典标准
[b] 对照品为预冻药物

9.8.3　解冻和混合

在解冻过程中，除了暴露于热环境之外，再循环混合过程中产生的另外两种主要的应力也会影响产品质量：

（1）溶液通过泵和管路所产生的泵和流体应力：再循环开始时，解冻后的液体浓度明显高于初始的预冷冻体，因为在解冻温度下冷冻浓缩物可以移动并聚集在容器底部。虽然这种高浓度液体"堵塞"很快就会消失，但在再循环过程的前 10～15 min 内，机械泵产生的应力仍可能导致蛋白质聚集浓度的增加。影响容器内冷冻浓缩物解冻率和存留时间的工艺参数为：容器体积、HTF 温度、再循环时间和再循环流速。虽然冻/融循环次数不影响解冻速率，但仍需评估多次冻/融循环的累积效应。

（2）溶液沿浸没管向下流动并撞击液体表面时增加的气-液界面：对界面敏感的产品其变性和聚集的可能性相应增加。气-液相互作用的严重程度取决于再循环流动条件（再循环时间和再循环流速）和容器中药物体积。

采用与上述相同的方法，我们将大规模单元操作分解成几个小规模模型，以此来模拟实际过程中观察到的极端情况。

解冻和泵的应力   为了模拟泵产生的应力，我们建立了一个由 500 ml 贮液瓶（容器）、柔性软管和蠕动泵组成的系统（图 9.3）。这些元件都可以进行蒸汽灭菌。在大规模冻/融容器中，解冻后的溶液被蠕动泵从容器底部抽出然后返回顶部。然而，在小规模冻/融容器中，我们把浸没管作为出口，可以使解冻后的液体回流到液面以下，从而最大限度地减少混合。这延长了浓稠的冷冻浓缩物在泵和软管中循环的时间。尽管小规模冻/融容器中的容积流速低于大规模冻/融容器中的容积流速，但管内相应的切变率却明显高于大规模冻/融容器。总的再循环时间是根据流速计算的，以便提供比最坏大规模生产条件下更大的周转量，并最大限度地延长药物暴露在 HTF 温度下的时间。此计算中包括了最大的冻/融循环次数。一旦容器中的试验溶液达到容量的一半，就可以将装置冷冻。将冷冻瓶放入水浴中（既能加热又能冷却）来控制解冻速率。当解冻出足够允许抽取的液体后，再循环就可以开始了。

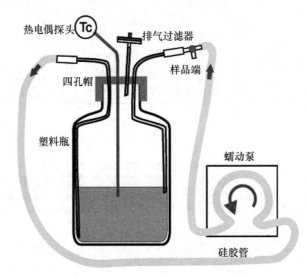

图 9.3   小型解冻再循环装置原理图。瓶子为透明聚碳酸酯材质。浸管材质为 316 L 不锈钢或者是 Hastelloy（哈斯特镍合金）C22。回流管位于液体表面下方，以减弱混合效果和延长解冻时间。蠕动泵管为铂固化的硅酮。热电偶探头（T_c）的位置略低于液面

在下面的例子中，样品以两种不同的速率解冻。如前所述，把蛋白质 X 冷冻在瓶子中，之后先在室温下解冻 90 min（以产生足够多的解冻液体供再循环），然后浸泡在水浴中开始循环。"缓慢解冻"是将水浴温度设置为接近 0℃，解冻完成时间为 16~18 h（通过观察冰是否存在来判断）。"快速解冻"是将水浴温度设置为允许的最高 HTF 温度，解冻完成时间小于 1 h。在这两种情况下，再循环泵都持续工作直到达到预定的周转量为止。用这种方法，我们可以捕捉到在解冻开始时，即当高浓度的液体开始循环时，以及在解冻结束时，即当混合良好的液体暴露在较高的温度下时，符合大规模生产、普遍存在的条件。图 9.4 和 9.5 中分别是蛋白质 X 在缓慢解冻和快速解冻过程中的典型温度分布。

在缓慢解冻和快速解冻实验中，我们将蛋白质 X 再循环了 40 h，相当于比大规模生产最坏情况下的循环量还要大 20%。在整个解冻过程中采集中间样品并分析其蛋白质浓度和渗透压（图 9.4 和 9.5）。早期蛋白质浓度和渗透压水平的升高是由低温浓度引起的。在缓慢解冻过程中，即使在所有的冰融化后，蛋白质浓度（以及缓慢解冻速率下的渗透压）仍高于初始水平。回流出口管故意放置于液面之下会造成混合不充分。混合不充分会延长浓缩效应，使产品出现最坏情况。在研究结束时，取样并分析。有可能在小规模解冻研究中，蛋白质 X 的 QA 会受蛋白质聚集和脱酰胺的影响。结果见表 9.10。我们分析了预实验对照品和对照品二，对照品二没有经历再循环而是暴露在与应力下样品相同的温度条件下。检测浊度以确定颗粒的形成，这可能对滤过性产生影响。根据检测精度，快速解冻和缓慢解冻的应力下样品以及两种对照样品之间在检测属性上均无显著性差异。

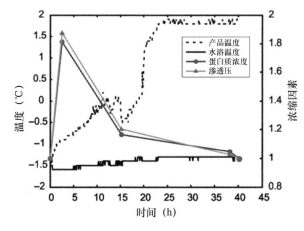

图 9.4　蛋白质 X 缓慢解冻过程中液相的产品温度（T）、蛋白质浓度和渗透压

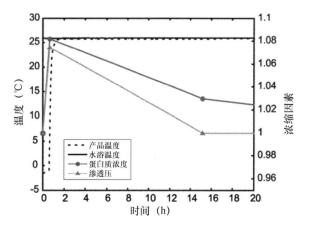

图 9.5　蛋白质 X 快速解冻过程中液相的产品温度（T）、蛋白质浓度和渗透压

表 9.10　解冻和再循环应力对蛋白质 X 缓慢解冻和快速解冻的影响

解冻速率、样品条件[a]	340～360 nm 处浊度（AU）	尺寸排阻色谱法（单体百分数）	离子交换色谱法（百分主峰面积）
缓慢解冻			
预实验对照品（T=0）	0.08	99.7	67.2
对照品（未再循环）	0.07	99.7	67.2
应力下样品（再循环）	0.07	99.7	67.2
快速解冻			
预实验对照品（T=0）	0.07	99.7	67.3
对照品（未再循环）	0.07	99.7	67.0
应力下样品（再循环）	0.08	99.7	67.0

[a] 预实验对照品和对照品均暴露在与应力下样品相同的温度条件下

为了进行比较，我们对蛋白质 Y 进行了类似的小规模解冻研究，结果见表 9.11。在这一研究中，与对照品相比，应力下样品的浊度有所增加，这可能是由于亚可见颗粒的增加所导致，但通过尺寸排阻色谱法未观察到蛋白质聚集现象。为了测定这些微粒的存在是否会造成过滤问题，我们将快速解冻和缓慢解冻实验中剩余的蛋白质 Y 收集到一起，使用 Millipore Millex® GV 0.22 μm×4.5 cm² 的滤器进行了小规模过滤研究（图 9.6）。将两种样品收集到一起是为了确保在大规模生产的最坏情况下可以测试出产品体积与过滤面积比。过滤曲线的停滞表明有过滤杂质存在。无应力对照品的过滤曲线呈一条直线，表明无过滤杂质存在。过滤后蛋白质含量分析显示，蛋白质浓度没有显著变化，但浊度降低到初始水平（表 9.12）。因此，尽管解冻单元操作的应力可能会影响蛋白质 Y 的过滤性能，但对过滤后蛋白质产品的 QA 没有影响。

表 9.11　解冻和再循环应力对蛋白质 Y 缓慢解冻和快速解冻的影响

冷冻速率、样品描述[a]	340～360 nm 处浊度（AU）	尺寸排阻色谱法（单体百分数）
缓慢解冻		
预实验对照品（T=0）	0.00	99.7
对照品（未再循环）	0.01	未检测
应力下样品（再循环）	0.06	99.7
快速解冻		
预实验对照品（T=0）	0.00	99.7
对照品（未再循环）	0.00	未检测
应力下样品（再循环）	0.06	99.7

[a] 预实验对照品和对照品均暴露在与应力下样品相同的温度条件下

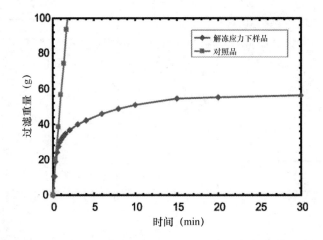

图 9.6 从快速解冻和缓慢解冻试验中收集的蛋白质 Y 应力下样品的过滤速率分布图；蛋白质 Y 无应力下对照品

表 9.12 快速解冻和缓慢解冻蛋白质 Y 混合液过滤结果

样品状态	蛋白质浓度（mg/ml）	340～360 nm 处浊度（AU）	尺寸排阻色谱法（百分单体数）
预实验对照品（$T=0$）	6.6	−0.04	99.7
过滤前样品	6.6	0.06	99.7
过滤后样品	6.5	−0.02	99.7

气-液界面应力 由于应力的来源和性质取决于液体撞击液面前运行的距离，因此在小规模试验中，很难重复再循环混合过程中产生的气-液界面应力。但是，保持小规模试验中使用的再循环导管的线性尺寸和几何形状的一致性是有可能的，而且所需的试验药量比实际的冻/融容器所需药量要低得多。如图 9.7 所示，该装置占地面积小，而且可以在低至 0.7 L 的体积下进行测试，仍然使用按比例缩小的泵、管路和流速。液体"掉落"的距离，h，至少比在最坏情况（容器的最小允许填充量）下实际过程中"掉落"的距离多 10%。

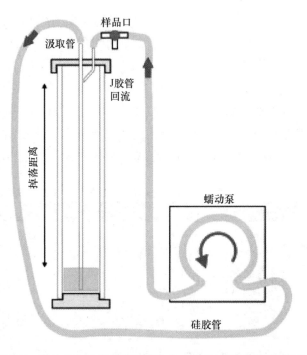

图 9.7 小型气-液再循环装置原理图。圆柱体由透明聚碳酸酯构成，端点材料为聚甲醛树酯。"掉落"距离 h 大于由最小填充量确定的极端值

蛋白质 X 以比目标流速高 20% 的速度在室温下循环 2 h。在这些条件下的周转量比规模生产最坏情况下的周转量还要高 20%。研究结束时进行取样分析。小规模再循环研究中的蛋白质聚集和脱酰胺可能对 QA 产生影响。可能受到影响的工艺参数为滤过性，因此我们还测量了浊度，因为浊度是可能影响滤过性的颗粒形成的重要指标。结果见表 9.13。我们对预实验对照品和对照品二进行了分析，对照品二没有经历再循环但是暴露在与应力样品相同的温度条件下。根据精度分析，应力下样品和两种对照品的所有检测属性均没有显著差异。

表 9.13　气体界面/再循环应力对蛋白质 X 的影响

样品状态[a]	340～360 nm 处浊度（AU）	尺寸排阻色谱法（单体百分数）	离子交换色谱法（主峰面积百分比）
预实验对照品（$T=0$）	0.07	99.7	67.3
对照品（未再循环）	0.07	99.7	67.3
应力下样品（再循环）	0.07	99.7	67.3

[a] 预实验对照品和对照品均暴露在与应力下样品相同的温度条件下

我们对蛋白质 Y 也进行了类似的小规模再循环研究。观察到了与之前快速解冻应力和缓慢解冻应力研究中相类似的现象。与对照品相比，应力下样品的浊度增加，但蛋白质聚集率无明显变化（表 9.14）。使用 Millipore Millex GV 的 $0.22~\mu m \times 4.5~cm^2$ 滤器对剩余的蛋白质 Y 进行了小规模过滤研究（图 9.8）。过滤曲线的停滞表明有过滤杂质产生，但是杂质不像快速/缓慢解冻应力实验那么严重（图 9.6）。然而，过滤后分析表明蛋白质浓度无明显变化，并且浊度降至初始水平（表 9.15）。因此，尽管解冻装置操作产生的应力可能会影响蛋白质 Y 的滤过性，但它们不会影响过滤后产品的 QA。

表 9.14　气体界面/再循环应力对蛋白质 Y 的影响

样品状态[a]	340～360 nm 处浊度（AU）	尺寸排阻色谱法（单体百分数）
预实验对照品（$T=0$）	0.04	99.7
对照品（未再循环）	0.01	未检测
应力下样品（再循环）	0.02	99.7

[a] 预实验对照品和对照品暴露在与应力下样品相同的温度条件下

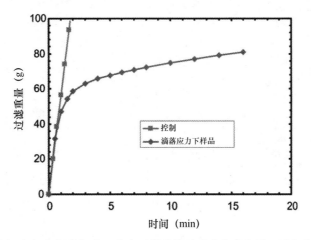

图 9.8　再循环滴落解冻实验中蛋白质 Y 应力下样品的过滤速率分布图；蛋白质 Y 无应力下对照品

表 9.15　气体界面/再循环应力研究中蛋白质 Y 的过滤效果

样品状态	蛋白质浓度（mg/ml）	340～360 nm 处浊度（AU）	尺寸排阻色谱法（单体百分数）
预实验对照品（$T=0$）	6.6	0.00	99.7
过滤前样品	6.6	0.02	99.7
过滤后样品	6.6	0.00	99.7

9.9   多变量可接受范围和关键工艺参数（CPP）

我们对蛋白质 X 进行了几个大规模和小规模的多变量最坏情况案例研究以评估冷冻和解冻操作对蛋白质 QA 的影响。所有研究都观察到 pCQA 的微小变化。因此，根据这些研究结果，可以为蛋白质 X 的冻/融工艺建立稳健的 MAR。表 9.16 和 9.17 分别总结了用于冷冻和解冻研究的工艺参数条件，最终的 MAR 范围也列于其中。

大规模解冻完成研究和小规模研究表明，在这些最坏夹套解冻条件下，蛋白质 X 的 CQA 没有受到任何影响。根据影响系数计算，没有确定 CPP。研究结果还证实，小规模模型中所用条件能够产生足够的应力以识别有可能在大规模生产过程中出现问题的产品。例如，在蛋白质 Y 的案例中，如果考虑到蛋白质的过滤性，那么在生产工艺设计上就可能采用更大的过滤器或者在杂质堵塞时更换过滤器。

表 9.16   用于蛋白质 X 冷冻研究的工艺参数条件和 MAR 范围

参数	冻/融完成	冷冻速率表征（快速冷冻）	冷冻速率表征（缓慢冷冻）	冻/融循环次数和温度偏移	MAR
HTF 温度（℃）	mfg 下限	不适用	不适用	不适用	≤mfg 下限
药物体积（L）	mfg 上限	支持 mfg 范围[a]	支持 mfg 范围[a]	不适用	mfg 范围[a]
冷冻循环时间（h）	目标值	10 min 内冷冻	2 倍目标值	不适用	目标值的 1～2 倍
冻/融循环次数	不适用	不适用	不适用	mfg 上限	≤mfg 上限

HTF，导热流体；MAR，多变量允许范围；mfg，制造业
[a] 研究适用的药物体积下限和上限取决于产品暴露在≥−20℃环境下的储存时长

表 9.17   用于蛋白质 X 解冻研究中的工艺参数条件和 MAR 范围

参数	冻/融完成	解冻和再循环应力表征（缓慢冷冻）	解冻和再循环应力表征（快速冷冻）	解冻和再循环应力表征（滴落再循环）	冻/融循环次数和温度偏移	MAR
药物再循环时间	目标值	>1.5 倍目标值[a]	≤12[a]	≤12[a]	不适用	1.0～1.5 倍设定值
药物再循环流速	0.9 倍设定值	>1.2 倍目标值	>1.2 倍目标值	>1.2 倍目标值	不适用	0.9～1.2 倍设定值
药物再循环开始时间	目标值	不适用	不适用	不适用	不适用	≥设定值
药物体积	mfg 上限	<mfg 下限[b]	<mfg 下限[b]	<mfg 下限[b]	不适用	mfg 下限-上限
HTF 温度	mfg 下限	<mfg 下限	mfg 上限	室温	不适用	mfg 下限-上限
冻/融循环次数	不适用	>mfg 上限	>mfg 上限	>mfg 上限	Mfg 上限	≤mfg 上限

MAR，多变量允许范围；HTF，导热流体；mfg，制造业
[a] 药物再循环时间和冻/融循环次数上限取决于药物体积周转次数，并且与再循环的药物体积成正比。这里所描述的极限值是针对每个储罐尺寸中最坏情况（最小）体积计算的
[b] 药物体积和冻/融循环次数的下限取决于再循环过程中的周转次数

9.10   结论

质量风险管理框架为冻融工艺的开发提供了一个系统的方法。进行风险评估可以确定蛋白质的 pCQA。一项单独的风险评估可以确定单元操作的 pCPP，还可以描述某一特定过程所需的研究类型。小规模和大规模的最坏情况研究可以建立 MAR。我们研发出小规模模型模拟与冷冻和解冻操作相关的应力。与大规模操作相比，小规模模型更方便并且可以节约大量的成本，并且可以探索更广泛的可变空间。但是，模型的搭建必须以我们对大规模操作中涉及的基础物理理论的深入理解为基础，而且还要考虑到它

们的局限性，这样才能使数据有意义。最后，提出了一个基于对 pCQA 影响的 CPP 识别工具。按照这种基于风险的方法，可以确定生产范围，以确保冻/融工艺的稳健性以及可以持续生产出具有可接受 QA 的药品。

参考文献

Lam P, Moore J (2010) Freezing, biopharmaceutical products. In: Flickinger MC (ed) Encyclopedia of industrial biotechnology: bioprocess, bioseparation and cell technology. Wiley, New York, pp 2567–2581

Maa Y, Hsu C (1996) Aggregation of recombinant human growth hormone induced by phenolic compounds. Int J Pharm 140:155–168

Martin-Moe S (2010) Holistic quality by design for drug product: the integration of formulation, process development and process validation. Presented at BioProcess International conference and exhibition, Providence, Rhode Island, 20–24 September 2010

Martin-Moe S, Lim FJ, Wong RL et al (2011) A new roadmap for biopharmaceutical drug product development: integrating development, validation, and quality by design. J Pharm Sci 100:3031–3043

McKnight N (2010) Elements of a quality by design approach for biopharmaceutical drug substance bioprocesses. Presented at BioProcess International conference and exhibition, Providence, Rhode Island, 20–24 September 2010

Motchnik P (2009) Identifying critical quality attributes for monoclonal antibodies. Presented at the 2nd International conference on accelerating biopharmaceutical development, Coronado, California, 9–12 March 2009

Wilkins J, Sesin D, Wisniewski R (2001) Large-scale cryopreservation of biotherapeutic products. Innov Pharm Technol 1:174–180

Wisniewski R (1998) Developing large-scale cryopreservation system for biopharmaceutical products. BioPharm Int 11:50–56

第 10 章
原料药中基于 QbD 的超滤和渗滤工艺开发

Joseph Edward Shultz，Herb Lutz and Suma Rao

张慧　译，高云华　校

10.1　引言

目标制剂辅料中蛋白质治疗药物的含量和处方是我们生产并获得最终药品（drug product，DP）处方最关键的操作之一。蛋白质原料药（drug substance，DS）处方步骤的主要任务是将蛋白质产品浓缩至最终所需的浓度，将蛋白质产品转换成所需的处方辅料，并且替换出先前提纯操作中的残余辅料。

一般而言，由切向流过滤（tangential-flow filtration，TFF）研发而来的超滤（ultrafiltration，UF）和渗滤（diafiltration，DF）步骤与其他生物药产品生产中常见的工艺操作有相似的演变过程。早期的生物制药工艺的开发只是为了生产一种产品，采用的是单因素实验研究。人们对哪些工艺参数以及工艺参数是如何影响产品质量的认知非常有限。人们关注的是能够快速生产出药品并进行市场注册。除此之外，对工艺变化和质量变化的理解十分有限。随着行业的进一步成熟，人们需要药品具有良好的特性和生产工艺，这一理念催生了实验设计（design of experiment，DoE）策略。该策略主要采用工艺参数的单因素矩阵，但是人们对工艺参数之间相互作用的理解仍然微乎其微。当人们预测参数之间有相互作用时，业内人士开始设计双因素相互作用实验。

在最近的实践中，甚至在正式引入质量源于设计（quality by design，QbD）概念之前，采用具有DoE策略的工艺研发了解多种交互因素已经变得更加普遍。在许多情况下，这些相互作用非常复杂，只有通过等高线图才能表述研究结果。由此产生了一种数据分析方法，这种方法可以从数据中挖掘出一个强大的操作空间，从而在正常的工艺变化范围内实现产品质量可预测。事实上，我们把 QbD 定义为将质量设计融入工艺中，而不是检测由工艺引起的质量结果（ICH Q8 2009）。

尽管业内许多企业仍在评估或已经打算放弃提交 QbD 生物许可证申请（biological license application，BLA），但这些理念仍然很有价值并与当前"创新工艺研发战略"这一理念趋势保持一致。该策略驱动探索性收集的数据和利用等高线数据展示的研究向精心设计的实验研究转变，使我们不仅能利用机械模型来理解实验结果，还可以实际界定一个稳健的操作空间（QbD 术语中设计空间）。事实上，"创新开发策略"早已利用这些模型并将之贯穿于整个工艺研发过程，用来确定工艺的设计和发展方向。这一超前理念加上人们过往的经验，使我们能够确定操作空间并操控最终操作空间不受对最终 DP 质量产生较差影响的条件的影响。

本章将概述与 UF 和 DF 操作相关的关键质量属性（critical quality attribute，CQA）以及可能影响这些 CQA 的常见工艺参数，讨论这些参数如何影响质量风险评估，并提供在设计这些操作时应予以考虑的分子特征、设备和设施因素的实例。

10.2　影响处方操作结果的重要属性和参数

为了实现主动的"创新设计"，我们必须首先评估哪些分子属性和工艺属性是重要的。我们也必须了解分子属性和工艺属性这两者如何相互影响。以下部分从标准操作研发顺序方面描述了 TFF 操作的目标。

10.2.1　操作的关键成果

对处方进行 TFF 操作的主要目的是使蛋白质产品达到最终浓度并将产品与所需的处方赋形剂充分混合。因此，潜在的 CQA 包括：

（1）回收的渗析滞留物（在渗析过程中未能通过半透膜而被保留下的保留物）的浓度；

（2）回收的渗析滞留蛋白质的纯度，通常通过测量聚集体或带电异构体含量获得；

（3）渗析滞留物缓冲液的组成；

（4）渗透压；

（5）pH。

与关键工艺相关的属性包括：

（1）产品产量；

（2）处理时间。

10.2.2　标准 TFF 工艺研发

在简易的工艺研发方案中，我们可以考虑将分子扩大或转移到一个不受 TFF 工艺设备限制的 TFF 系统中去（在后面的章节中讨论设施和设备限制）。可变性来自于蛋白质原料流、DF 缓冲液、过滤器以及用于设置、处理和周转环节的操作参数。

我们需要使用最小的操作流量来限制工艺时间和减少引起蛋白质聚集的过泵次数。清洗系统可以确保在最小过滤器渗透规格下批次与批次之间的流量保持一致。流量可以通过交叉横流和跨膜压力（trans-membrane pressure，TMP）来控制。

DF 步骤取决于最终产品的缓冲液组成。由于 DF 会引起物料损失，因此对任何缓冲液组分而言，初始进料溶液必须是最大规格。这可能包括由于上游操作导致的进料溶液中的可浸出渗透组分。最终产品中的最大和最小组分浓度应该与 DF 缓冲液中最大和最小组分浓度相对应。同时体积倍数也需要最小。

回收步骤旨在不引起降解或过量的滞留物稀释的情况下限制持液量损失。通常使用透析缓冲液冲洗。要求提供最大缓冲液流量以及最大和最小冲洗量参数。

依靠清洗和消毒步骤来限定系统中的产品残留和生物负荷。预清洗可减少过滤器可浸出物。最后，相关的冲洗步骤可确保组件中无清洁剂或消毒剂残留，不会造成蛋白质产品的化学降解。这就要求在最短的时间和最低的温度下使用最低浓度的清洁剂和消毒剂以及使用最少的冲洗体积以达到效果。

确保良好的产品产量需要完整性试验。最大完整性试验气流参数能够排除由于过滤器模块安装不当或损坏而造成的损失。

UF 步骤的研发可以总结为以供应商推荐（EMD Millipore 1999）、生物处理器经验和实验结果分析为基础的一系列选择。使用再生纤维素或改性聚醚砜膜以及供应商推荐的滤网式或横流式制成的暗盒是较为典型的模块之一。通常，膜名义上的分子量临界值约为蛋白质分子量的20%～33%。以下部分描述了典型的"基于案例"的研发方案。在后面的讨论中将对建立在分子或操作限制上的设计例外予以说明（图10.1）。

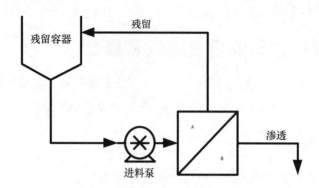

图10.1 典型的批量 TFF 系统配置。典型的 TFF 系统配置包括一个可以容纳一系列膜组件的支架、一个可以使蛋白质溶液跨膜循环的泵、一个调节膜上压力的限制装置以及一个暂存（保留）容器

10.3   对渗透通量的横流速率和 TMP 的评估

使用小面积滤膜暗盒建立一个小型测试系统来生成流量/跨膜压力（TMP）数据并在曲线的"拐点"处选择一个数值（图10.2；EMD Millipore 1999）。例如，160 kD 抗体工艺可以使用 30 kD 再生纤维素暗盒，用 C 型滤网，进料流量为 3 Lpm/m²，TMP 为 20 psid。TMP 设定值在拐点右侧，以便能够减少流量增加而获得额外压力。我们通常认为设定值在曲线拐点左侧时渗透通量不太理想，因为渗透流量随 TMP 降低成比例地减少。

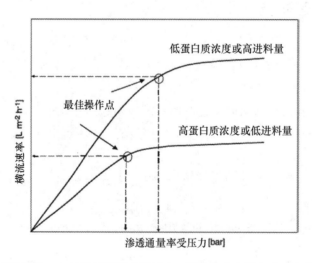

图10.2 操作参数对渗透通量率的影响。TFF 渗透通量率受压力、横流速率和蛋白质浓度的影响。这种反应通常呈线性关系，直到驱动压力或 TMP 变得太大以至于膜孔开始产生污垢，渗透通量下降

10.4   蛋白质浓度对工艺性能影响的评估

在相同进料流量和 TMP 条件下进行小规模浓度实验获取流量/ln（蛋白质浓度）数据。X 轴的截距为 ln（C_g），或"临界胶束浓度"，斜率为 k 或传质系数。蛋白质工艺操作过程如下：

（1）初始浓缩步骤，在初始阶段增加进料浓度使 C_g/e 达到最佳 DF 浓度；

（2）在 C_g/e 浓度下进行恒定体积 DF，通常为 10 个 DF 体积，保守地降低最终工艺溶质浓度；

（3）最终使蛋白质浓度从 DF 浓度增加到大于所需的最终浓度（过浓度）。通常使用"活塞式"系统进行回收冲洗收集，用于提高工艺产量。

膜面积由整个工艺中（J_{ave}）测量的平均通量得出，即单位面积和时间产生的渗透体积。以抗体为例，最终处方环节可能为工艺池进料浓度 20 g/L、最佳 DF 浓度约为 70 g/L 以及回收浓度为 150 g/L，此浓度在回收过程中最终被稀释为 100 g/L。该工艺处理 11 L 进料液，在平均流量为 40 LMH 的情况下每升进料液产生 3.8 L 渗滤液。系统负荷为 220 g/（m² • h），考虑到安全系数和工艺扩展情况，系统负荷可设置为 150～180 g/（m² • h）。

10.5　膜清洗评估

根据供应商的建议（EMD Millipore 1991）或以往的经验，通常用膜的渗透性是否恢复来验证清洗步骤的性能。我们对滞留物产品进行检测以确保其满足关键结果。通常是刚刚清洁过后纯水渗透性测量结果［标准化水渗透率（normalized water permeability，NWP）］的 65%～80%。

这种工艺研发方法在快速界定某个工艺方面非常有效。但是它没有界定工艺缺陷，也没有考虑到一些性能与需求产出不匹配的特殊情况，因此还需要进一步研发。

10.6　风险评估

关于 CQA 的确定和风险评估方案的一般性原则已在前几章中进行了描述。本章将讨论可能对 TFF 处方操作产生重要影响的潜在属性。

理想情况是，在选择工艺操作之前应进行质量属性评估，以确定潜在的 CQA，并且随着人们对产品知识和工艺理解的不断增加，应该在产品生命周期的战略节点上进行重新评估。原料属性和工艺参数与确定的 CQA 相关联，通过风险评估以评估其影响所需 CQA 的能力。风险评估还可以确定可能影响工艺一致性和稳健性的参数。这些参数可能不会影响 CQA，但对确保过程的成功和可靠非常重要（步骤产量就是一个很好的例子。）

可能受 UF/DF 操作影响的 CQA 包括：

- 蛋白质浓度；
- 蛋白质聚集水平；
- pH；
- 渗透压；
- 辅料浓度；
- 工艺加工试剂残留水平。

早期的风险评估是根据先验知识和早期研发经验来确定在工艺研发中应该评估哪些参数。可使用多种风险评估方法，如风险等级排序和筛选，这些方法利用简单的工艺影响和不确定性评分方法对参数进行排序。

对于切向过滤操作，可能需要评估的参数包括：

- 膜负载；
- 交叉横向流速［进料和（或）滞留物］；
- TMP；
- 操作温度；
- DF 期间的蛋白质浓度；
- 最终蛋白质浓度；

- 回收期间的蛋白质浓度；
- DF 和回收/稀释缓冲液特性；
- DF 期间交换的缓冲液体积。

在工艺研发/表征之后，我们可以用在工艺过程方面累积的经验和理解来进行更详细的风险评估，以评估设计空间并协助制定控制策略。此时可使用诸如故障模式和效应分析（failure mode and effects analysis，FMEA）等工具进行更彻底的风险评估，以确定今后的控制策略。该评估考虑了产品质量和工艺性能所受影响的严重程度、参数超出可接受限值的可能性以及检测和（或）纠正错误的能力。根据此风险评估的结果对工艺参数进行相应分类。评估的参数与初始风险评估类似，CQA 和工艺属性受到的影响也相似。

回收滞留物产品中的组分浓度决定了蛋白质产品的质量和上述的关键结果。如表 10.1 所示，我们可以方便地描述这些组分。但我们要对进料溶液中需要被渗滤掉的缓冲液组分以及渗滤液中最终存在于终产物中的缓冲液组分进行区分。杂质浓度（例如，聚集体、渗出物、残留物或清洁剂）通常与蛋白质产品浓度相关，例如 1% 聚集体即每 100 g 蛋白质产品含有 1 g 聚集体。

使用质量平衡（Bird 2002）可以方便地确定可能影响组分浓度的因素，其中滞留物浓度 = 滞留物质量/滞留物体积。这涉及在 UF 处理滑轨周围标注控制体积并保存每个组分的质量。最初在控制体积中有一些物料，通过添加产品流和缓冲液增加物料，通过回收产品和渗滤去除物料，工艺结束时仍然可能有物料，而且物料可能在操作过程中随着化学反应损耗或生成一些组分。我们得到：

滞留物质量 = 最初物料 − 最终物料 + 进料产品 + 进料缓冲液 − 渗透物质量 − 反应损耗

应当指出，控制体积中的最终物料可能会被吸附到表面或者会被当作未被回收的液体而保留。这使人们能够确定表 10.1 中列出的潜在因素。CQA 是该列表的一个子集，可以使用风险分析来进行优先级排序。

表 10.1　影响产品质量属性（最终浓度或者关键结果）的因素

组成部分	影响最终浓度的因素
蛋白质产品	产品损失（渗透、吸附、滞留和相互作用）、进料量、最终体积
进料缓冲液	进料量、最终体积、渗透损失
渗滤缓冲液	渗滤量、最终体积、渗透损失
产品聚集	进料量、最终体积、技术发展（泵抽、发泡）
浸出物	过滤器和系统中的初始量、最终体积、渗透损失
批次剩余	清洁后系统中初始量、最终体积
清洁剂/消毒剂	清洁后系统中初始量、最终体积、渗透损失、相互作用
微生物量	系统中初始量、环境中混入的量、增长量、滞留量

还有一些工艺属性对经济上可行的制造工艺而言很重要。表 10.2 列出了一些人们可能感兴趣的属性以及可能影响这些属性的因素。关键工艺属性（key process attribute，KPA）是该清单的一个子集，而且已经使用风险分析进行优先排序。

表 10.2　影响关键工艺属性（KPA）的因素

关键工艺属性	影响属性的因素
产量	产品损失（渗透、吸附、滞留和相互作用）
工艺时间	流量、过滤面积、进料体积、体积缩小、渗滤
运营成本	可重复使用的过滤器、缓冲液、公用设施、劳动力、QC
资本成本	滑轨、自动化、验证
稳健性	生产过程偏差成本
占用空间	过滤面积、泵需求
扩展性	泵倒置、管径、过滤架

10.7　关键工艺参数

虽然 CQA 可能受许多因素影响，但精心设计的工艺可以最大限度地减少其中一些因素对 CQA 的影响。影响 CQA 的操作参数或工艺参数被视为关键工艺参数（critical process parameters，CPP）。回收的产品中蛋白质浓度由进料质量、最终体积和产量等工艺参数决定。人们可通过选择滤器和系统组件来减少吸附损失。通过组分选择及减少发泡和过泵降解操作可以使失活损失最小化。由于渗透损失与完整测试气流工艺参数相关，而且回收损失与回收冲洗工艺参数相关，因此产品产量会有所变化。

人们通过蛋白质产品的化学降解来测定回收的滞留物聚集物浓度。泵或阀门中的气穴现象或储罐发泡都会引起化学降解，储罐发泡时会形成气泡并为蛋白质去折叠提供疏水表面。虽然通过组件选择和设计可以使泵导致的蛋白质聚合最小化，但可能影响结果的操作工艺参数包括：

（1）过泵次数增加导致的处理时间延长；

（2）更高的流量导致泵的反压更大；

（3）更高的温度；

（4）较高的蛋白质浓度会增加聚集。

通过组件选择和设计也可以最大限度地减少储罐发泡引起的蛋白质聚集，但以下操作工艺参数会影响结果：

（1）更快的搅拌器速度；

（2）更小的滞留体积；

（3）更高的滞留流量；

（4）向滞留槽中添加进料不当，导致液体中有气体进入。

由改变缓冲液条件而引起的降解更加少见，因此无需进一步考虑。滞留物溶液中还可能包含残留的进料组分、渗滤的组分、可浸出物和工艺残留杂质。缓冲液组分保留由过滤器以及蛋白质产物的结合或缔合情况决定，并且批与批之间应保持一致。残留的进料组分和可浸出物取决于以下工艺参数：

（1）初始浓度；

（2）渗滤体积。

渗滤的组分取决于以下工艺参数：

（1）渗滤浓度；

（2）渗滤体积。

杂质将与蛋白质产品共同纯化并取决于蛋白质初始浓度。

对于固定的膜面积、工艺参数，"工艺时间"随着通过每个浓度和渗滤步骤的平均流量、体积减小量和 DF 次数以及进料体积的变化而变化。工艺时间随以下操作工艺参数而异：

（1）体积减小量；

（2）渗滤体积；

（3）进料量；

（4）流量（由 TMP 和进料流量参数决定）。

在确定了 CQA 以及可能影响它们的相关工艺参数之后，可以进行风险评估以确定 CPP。由于潜在参数和属性的相互作用，风险评估包括：根据①对每个属性的影响的相对严重性，②这种影响的相对可能性，以及③检测负面事件发生的相对能力这三个属性进行一个相对评级（高、中、低）。表 10.3 给出了可用于确定属性相互作用的净风险的示例或建议的评级基准。

最大 PQA 风险来自于：①产品滞留物浓度（由滞留物质量、滞留物体积和回收率变化而产生）；和②滞留聚集物浓度（低进料量储罐发泡导致的化学反应、化学残留、低流量泵送损伤及高渗滤体积）。最大工艺参数风险来自系统完整性变化造成的产量损失。

10.8   分子特征及其对 TFF 操作的影响

随着 TFF 工艺的发展，我们需要对一些分子的特征引起足够的重视。这些特征与工艺参数相互作用并影响 TFF 的最优操作。以下各小节描述了分子最重要的属性及其产生的影响。

表 10.3   工艺参数示例和风险评估可能性排名

变异源	工艺参数	质量属性	工艺属性	严重性	可能性	可检测性	净风险
进料	进料蛋白质量	蛋白质浓度		高	中	高	高
		聚集物浓度		中	中	高	高
			时间	低	低	高	低
	进料蛋白质浓度	聚集物浓度		低	低	高	低
	进料缓冲液浓度	缓冲液浓度		中	低	低	低
缓冲液	渗透组分	缓冲液浓度		中	低	低	低
过滤器	平均流量		时间	低	低	高	低
设置	完整性		产量	高	中	高	中
	溢出性	萃取物浓度		高	低	低	中
工艺	平均流量	聚集物浓度		中	低	低	中
	进料流量、TMP		时间	低	低	高	低
	缓冲液浓度		时间	低	低	高	低
	总体积	缓冲液浓度		低	低	中	低
	滞留物体积	蛋白质浓度		高	中	高	高
	总体积	聚集物浓度		中	低	中	中
	回收量	蛋白质浓度		高	低	中	中
	回收量		产量	中	中	高	中
时间	清洗	残留物浓度		高	低	高	低

10.8.1   蛋白质浓度

通常，蛋白质治疗剂需要保持相当高的浓度以药品的形式呈现。浓度从 25 mg/ml 到高达 183 mg/ml（Luo et al. 2006）都已有文献报道。根据皮下注射的要求，较高的蛋白质浓度处方允许注射剂量为 1～1.5 ml。由于患者接受的剂量取决于装置中的产品浓度，因此产品浓度为 CQA。蛋白质的大小和分子量通常不同，例如浓度为 100 g/L、分子量为 50 kD 的蛋白质（例如，Fab、肽体）转化为 2 mmol/L、分子量为 150 kD 的（抗体）蛋白质对应的是 0.66 mmol/L。蛋白质的大小受其氨基酸组成、三维结构以及分子所处缓冲液（pH、离子成分）的综合影响。缓冲液组分与蛋白质电荷和蛋白质浓度一起决定蛋白质的流体动力学半径，流体动力学半径在非特异性静电相互作用中起关键作用（Burns and Zydney 2001）。

在商用 TFF 工艺中，操作中的大多数环节需要在高浓度下进行，以实现工艺时间短和批量可控。渗滤浓度对工艺时间和缓冲体积有影响，因此需要转化为适宜的体积。如前所述，最佳渗滤浓度是 C_g/e。

通常，我们需要从 TFF 滑轨中回收浓度高于目标终产物浓度的产品，以便从无菌过滤步骤进行后续稀释。为了在适当的浓度下回收产品，需要精心设计回收操作。对于浓度约为 50～70 g/L 的产品，回收操作是一个简单的过程。然而，随着浓度非常高的蛋白质处方（浓度＞120 g/L）的出现，回收操作对我们来说已成为一个更加复杂的挑战。根据批次体积与滞留体积的比值，预计蛋白质过度浓度因子高达 50％。因此，如果蛋白质浓度为 120 g/L 时，需要将产品浓缩至 180 g/L 以确保高产量回收率。

当蛋白质浓度较高时，溶液黏度会显著增加（Shire et al. 2004）。这些高黏度溶液会产生明显的流动阻力，导致进料压力非常高，并超出现有滑轨的有效压力限制。高黏度阻碍了允许范围内的过度浓缩，从而使蛋白质无法达到最大浓度，或者通过降低稀释能力来回收滞留在滞留罐中的原料来减少总回收量，这两种结果都是不可取的。图 10.3 描述了蛋白质浓度引起的黏度增加与操作压力之间的关系。

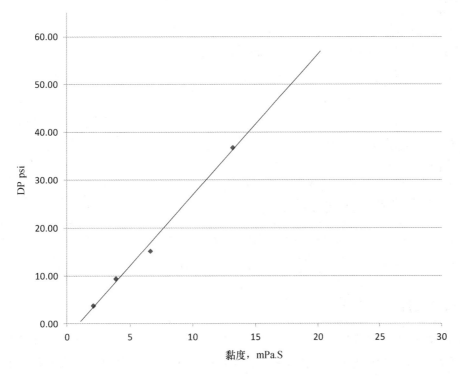

图 10.3　黏度与标准化 △ 压力的线性关系。蛋白质浓度和分子特征会影响溶液黏度。该图描述了一个单克隆抗体在 37℃下以 120 L/（h·m²）进行膜（LMH）循环时，通过 TFF 膜盒的黏度与合成压力之间的关系

某些辅料如钙盐和氨基酸能够降低黏度（Manning et al. 2010；He et al. 2010）。在高温下也可以降低黏度（Winter 2008）。黏度通常随浓度增加呈指数增长（Monkos 1996），通常用 Arrhenius 方程来描述这种关系。Monkos 等人报道，随着温度从 5℃ 升高到 50℃，牛 IgG 的黏度降低约 50%（Monkos and Turczynski 1999）。高黏度溶液除了引起较高的系统压力外，还导致操作流量显著降低，从而使总处理时间延长。因此，了解蛋白质黏度与蛋白质浓度、辅料浓度和温度的关系对于确定总体设计空间至关重要。此外，工艺开发人员还需要掌握批次大小、滞留体积和滞留罐的冲洗动力学之间的关系，在这里需要用低黏度缓冲液替代高黏度产品。

10.8.2　蛋白质电荷

在高蛋白质浓度下，溶液中相当大一部分体积被蛋白质分子所占据。Stoner 等报道，蛋白质浓度为 100 g/L 的典型抗体占溶液体积的 7.5%（Stoner et al. 2004）。在 TFF 工艺中，蛋白质被选择性地保留在膜的滞留侧，由于大量蛋白质分子的存在，使得溶液体积变小。这导致在远离分子等电点（pI）的 pH 下进行操作时溶质分配不均匀。这些情况导致滞留物和渗透侧之间的溶质失衡，通常称为 Donnan 效应。在低离子强度溶液中这种现象会加剧。蛋白质-蛋白质相互作用是由静电作用、疏水作用（表面暴露斑）以及与处方缓冲液组分相互作用（即盐、糖、氨基酸的存在并且可能影响膜系统中的溶质分配）引起的。蛋白质表面总电荷取决于氨基酸序列、蛋白质的结构、蛋白质的大小、蛋白质所处的缓冲液系统以及可能存在的特异性和非特异性相互作用。因此，蛋白质电荷、离子种类的浓度和操作的 pH 是相关的，在设

计渗滤缓冲液时需要慎重考虑，以获得符合条件的配方。在处方开发过程中，了解关键辅料的作用对于确定总体设计空间至关重要。Stoner 等人提出了一些令人信服的案例研究，用来证明他们可以在考虑体积排除、Donnan 效应和非特异性相互作用的情况下制出渗滤缓冲液（Stoner et al. 2004）。

10.8.3　蛋白质溶解度

在 TFF 操作中，经过上一个单元操作，蛋白质通常浓缩至渗滤浓度（例如，与处方缓冲液相比，蛋白质处于高离子强度溶液的色谱柱中）。如"设备限制对性能的影响"一节所述，蛋白质浓缩到最佳渗滤浓度。随着蛋白质的浓缩，它开始与溶液中的其他离子竞争溶液空间，离子强度越高，竞争力越强。蛋白质溶解度在其等电点 pH 下最低（Rupley 1968）。通常，当蛋白质浓度增加时，会形成以蛋白质沉淀形式出现的不明凝胶（Middaugh and Volkin 1992）。这些往往是非平衡悬浮物。在工艺研发中，人们需要根据初始缓冲液组成和最终处方缓冲液确定蛋白质的溶解度空间，以确保蛋白质始终处于水溶状态而不是非平衡悬浮状态。

10.8.4　监测产品属性的分析方法

为了监测 QbD 体系中的重要质量指标或 CQA，必须采用适当的分析方法。下文所述分析方法有助于在研发过程中对这些质量属性进行定性，并按产品属性进行分组。

10.9　蛋白质浓度测定

分光光度法是测定蛋白质浓度的最常用方法。我们需要一个恰当的分析方法，可以通过充分混合以及在超滤、渗滤和回收步骤的关键阶段进行采样来检测整个工艺过程中的蛋白质浓度。也可以使用高效液相色谱法（high-performance liquid chromatography，HPLC），但这种方法通常不用于高度纯化的样品，只用于测定某些赋形剂或处方添加剂在 280nm 对吸收有影响而不能采用分光光度法来测定的样品。

10.10　赋形剂浓度测定

赋形剂在决定蛋白质特性如电荷、黏度等方面起关键作用。我们需要恰当的方法进行浓度测定以确保最终产品符合处方条件。我们通常检测两组赋形剂，即最后一个纯化步骤中存在的赋形剂（将从最终处方中交换出来）和期望在最终药品处方中存在的赋形剂。其中许多赋形剂可以使用 USP 法检测，包括比色法和 HPLC 法。

10.11　溶液 pH、电导率和渗透压

作为工艺的一部分，我们要经常检测溶液的 pH 和电导率，以确保缓冲液充分交换以及药品处于适当的缓冲液中。蛋白质治疗药物通常是靶向药物，需要溶解于等渗溶液中，因此溶液渗透压通常是测定原料药投料的一个质量参数。

10.12　粒子测试和产品尺寸测量

泵内和阀门内的气穴现象和气液界面会产生蛋白质颗粒。可以使用各种粒子的测试方法来识别和描述原料药中的粒子。这些测试方法包括可见和亚可见粒子的 HIAC 方法。

尺寸排阻色谱和动态光散射技术通常分别用于测定不可见颗粒的相对蛋白质大小和动态半径。这些方法也有助于评估更大和更小粒子的存在。

10.13　设备限制对性能的影响

如前所述，超滤流程的性能取决于组件选择、组件尺寸和组件组合（Lutz 2007）。组件选择包括确保①所有湿润表面与工艺溶液（包括清洁剂和防腐剂）化学相容并且不会导致蛋白质变性，②在系统中没有难以冲洗的死角以及没有上一步中残留的清洁剂或产品（Brunkow 1996），③进料泵和滞留液混合器在其要求操作范围内不会导致蛋白质聚集（Virkar 1981；Maa 1996）。

组件尺寸需要确保：

（1）泵可以在系统背压下提供所需进料流量范围；

（2）管道元件的尺寸足够大，以限制溶液在系统流动中的压力降低；

（3）组件可以承受操作所需的压力；

（4）滞留罐体积足够大，能够容纳整个进料体积（如果使用分批浓缩，至少可容纳渗滤条件下的体积）；

（5）混合器可以在滞留罐的容量范围内提供充分的混合；

（6）过滤器模块支架能够容纳所需的膜面积。

组件组合需要确保：

（1）由滞留罐发泡而决定的最小工作体积要足够小，以使其达到所需的最终产品浓度；

（2）管道系统中未形成导致脱气和蛋白质降解的真空；

（3）过滤器出口和罐体弯月面之间的滞留线压力下降至足够小，因此可以在所需的 TMP 和交叉横流条件下运行。

其中一些因素考量适用于任何系统。然而，在不同的生产场所或不同的公司中，人们也可以考虑将蛋白质分子放大或转移到现有系统。一个特定的系统可能适合处理一种分子，但不适用于另一种分子，这种分子具有较大的进料体积，并且需要更大的滞留罐、膜面积和泵送系统。另外，系统的有些方面很容易扩展，有些方面则不然。

10.13.1　设备限制对设计空间的影响

为了使 PQA 符合规范，设备限制进一步限制了设计空间。如上所述，给定的超滤系统在其可以处理的物料量方面受到限制。该系统需要最小进料量，以便在不低于最小工作体积的情况下获得最终浓度。最小工作体积是指滞留罐液位低于最低值并且可能发生起泡和（或）混合不均导致蛋白质降解时的体积。因而我们需要一个最大进料量，这样进料体积就可以装入滞留罐中。如果上一步骤的转移罐与超滤滞留罐不同，则可以将初始浓缩步骤按照分批操作实施。这就要求最大进料量要受渗滤液体积的限制。罐混合必须是整个罐内的充分配合。

给定的超滤系统对其可容纳的模块区域有限制。最小面积是由相关的泵送组件滞留体积决定。该体积限制了最小工作体积和达到最终浓度规格的能力。最大面积由工艺支撑架和泵送限制决定。目前已成功应用 6 层高、120 m² 的工艺支撑架。流速的定义是单位膜面积流量，具有最大流速和最大横流速率的泵受限于较大面积。如果将需要额外面积的工艺放入较小的系统中，那么工艺时间将会增加。这将影响下游工艺操作之间的工作流程并可能引发瓶颈。它还可能导致微生物污染问题或过泵次数增加引起聚集。

给定的超滤系统受泵限制。对泵损伤特别敏感的蛋白质可能不适用于某些特殊设计的泵或涉及高流量和高背压的操作条件。如上所述，最大泵流量限制了最大膜面积。如果泵以较低的横流运行，则流量减少，工艺时间增加。对于某些工艺而言，建议在最终浓缩步骤中减少泵流量，以补偿由于黏度增大导致的压力增加。泵的最小流量会限制最终浓度。

集成系统压力额定值和压降可能会限制工艺。对于高黏度溶液，泵输出/过滤器的进料压力会显著增加。尽管滤器的额定持续压力通常为 80 psig，但系统的最大压力值不会与之等量。另外，系统滞留液体可能具有高流动阻力，在工作流速下可能会引起压力升高。结果导致系统 TMP 会增加到最小值。如果目标工艺的 TMP 规格低于此限制，则必须修改滑轨才能使用。

10.13.2 工艺控制

我们需要运用超滤工艺控制策略将工艺保持在设计空间内。这些策略包括监测系统规范和与操作限制相关的操作。如果进料量超出系统工作范围，可通过测量滴定度和体积以及限制超滤工艺来监测进料量。在下游损失允许的情况下，可以在生物反应器中进行。虽然低进料量可以与另一批进料进行合并，但这会导致其他复杂的问题。

进料溶液和缓冲液中的组分浓度需要保持在规定范围内。蛋白质产品、聚集体、微生物量和缓冲液组分的进样浓度可以通过之前的操作直接测量并控制。渗滤液、冲洗液、清洁液和消毒液都需要进行监测和控制。

超滤过滤器的持久性、完整性、渗透性和压降都需要保持在设计范围内。过滤器供应商对其制造的膜和组件进行一致性评价。他们发布了其中一些属性的规范，并且可以测试多个批次间的一致性。生物制造商开展的供应商质量审核是一个监测系统，可以确保过滤器性能保持一致。过滤器必须满足完整性测试的最大气流规格，以确保在运输、搬运和操作过程中不会因密封不良或膜穿孔而导致大尺寸缺陷。

监测和控制过滤器内的水力状况以确定流量可以通过多种方式实现。①TMP 驱动力和②把交叉横流看作相对正交的独立变量比较简便。其他选择，如 P_{inlet} 和 P_{outlet} 对其他变量很敏感，但与过滤器模块中工作时的基本力没有直接关系。通过监测进料量、滞留物和渗透压以及控制滞留物阀门来限制过滤器的 TMP。虽然渗透压和滞留物压力有时被假定为 0 psig，但情况并非总是如此。通过监测和控制泵的进料流量、滞留物流量、平均流量或过滤器 ΔP，可以控制过滤器的交叉横流。在这些可选参数中，通常建议使用进料流量，因为它最不易受过滤器 ΔP 或流量以及测量误差的影响。控制工艺时间、搅拌器转速、泵送流速和泵背压可以限制蛋白质的聚集。

我们需要对浓度、渗滤和回收步骤进行监测和控制。可以把滞留罐容积的测量作为浓缩步骤的终点。我们需要对渗滤步骤进行监测和控制以确保体积恒定和溶质充分渗滤。通过控制渗滤液流速使被监测滞留罐容积保持在规定范围内。测量累积的缓冲液或渗透物体积以确保冲洗充分。渗滤工艺可用于减少缓冲离子，还可用于直接监测滞留物或渗透离子的浓度或电导率，并以此来控制渗滤的工艺时间。通过监测使得该工艺对初始滞留物和缓冲液规范不太敏感。回收冲洗浓度监测和控制冲洗体积和流速可以限制回收过程中的产量损失和产品稀释。

通过监测和控制清洗过程可以确保工艺的一致性以及限制批次间的残留。如果没有恢复到最小渗透率，说明清洗效果不佳，可能需要更换过滤器。控制清洁液和消毒液浓度以及操作条件（如时间、温度和流速）可以确保操作性能一致。控制冲洗流速和次数可以限制残留。

综上所述，这些控制策略中的一部分策略可以通过工艺分析控制（process anatytical control，PAT）来改变以实时测量为基础的工艺操作。

10.13.3 连续工艺验证

在操作过程中，人们的预期是批处理的一致性提高，参数的可变性降低。此外，我们在质量和工艺属性的相似性、严谨性和（或）可检测性方面还有改进的可能。改进将改变风险评估，并且这些改进措施将改变工艺控制。在年度工艺回顾报告中更新分析报告部分将十分有用。

10.14　案例研究实例或经验推断

前几章节我们通过案例讨论了基础案例研发策略。然而，个别蛋白质产品会表现出多样化的分子行为和特性，因此我们可能需要对所述研发项目进行调整。正因为如此，在工艺研发开始之前，深入了解分子特性及分子与操作因素和环境因素的相互作用至关重要。本节介绍了一系列潜在特性及其影响。

10.14.1　由 pH 或对盐敏感引起的考虑因素

如上所述，蛋白质产品的稳定性会受溶液条件如 pH 和盐浓度的影响。因此，为了实现给定蛋白质产品的稳定性，我们不能把产品从最终纯化池直接转移到制剂原料。例如，最终纯化池的 pH 可能高于蛋白质产品的 pI，而处方的 pH 可能低于蛋白质产品的 pI。如果蛋白质在 pI 或该值上下时不稳定，我们可能无法直接将纯化物渗滤到最终处方缓冲液中，因为这可能导致产品聚集或从溶液中沉淀出来。对盐浓度敏感的产品也需要考虑类似的因素。因此，我们有必要在产品研发之前了解有关分子的溶解度和特性。

在"创新研发策略"或类似 QbD 研发项目案例中，我们进行了初步的分子评估，评估的是 pH 快速变化对产品纯度的影响以及分子聚集或结合的倾向性。我们还用同样的方法，在 pH 矩阵和盐浓度条件下完成了广义上的溶解度和纯度评估，在项目研发早期就确定了稳定性差的部分（数据尚未公布）。我们利用这些信息来了解蛋白质在其环境中的机械行为，以 pH 和盐分区为重点设计研发项目，获得稳健的操作空间。处理过程采用快速初始滴定法使样品 pH 达到稳定并且与处方缓冲液 pH 接近，这样可以避免产品受 pH 和盐浓度等已知的会导致产品不稳定的因素的影响。这种方法在多种制造规模下进行了延伸运用并证明是稳定的。

10.14.2　易聚集分子引发的考虑因素

聚集是 TFF 工艺主要的 CQA 之一。因此，我们在控制可能导致聚集或微粒浓度水平增加的工艺参数方面做了大量的工作。然而，有些分子更容易发生自身缔合，这不仅会导致产品质量变差，而且还会对操作产生影响。我们来举例说明一下，分子极易在气液界面上发生自身缔合，表现为在混合罐表面形成一层直接与空气接触的薄膜，并且可溶性聚集物的含量也会升高。这种蛋白质对泵和阀剪切以及气穴现象极为敏感。了解蛋白质的这一特性可以促使人们积极研发工艺设备，从而使气液界面产生的影响最小化。此外，人们还进行了大量的工作来确定能使气穴现象最小化的泵送系统。如果事先没有了解分子特征，那么工艺研发和扩展将会受到不同范围和条件下不同的聚集物的干扰。

10.15　结论和总结

无论机构是否打算提交 QbD 申请，但在 TFF 处方工艺研发概念上都应该具有前瞻性和理论性，这样可以使工艺设计高效、稳健。掌握操作参数对潜在 CQA 的基本机械效应对于深入了解工艺和提供更广泛稳健的操作空间具有重要意义。通过了解可能的操作、设施和设备感应器以及常见的 CQA，可以实现工艺与质量并重。工艺不再定义质量，质量将融入工艺以及工艺研发过程中。

参考文献

Bird RB, Stewart WE et al (2002) Transport phenomena. Wiley

Brunkow R, Delucia D et al (1996) Cleaning and cleaning validation: a biotechnology perspective. PDA. Bethesda, MD

Burns DB, Zydney AL (2001) Contributions to electrostatic interactions on protein transport in membrane systems. AIChE J 47(5):1101–1114

EMD Millipore (1991) Maintenance procedures for pellicontm cassette filters. Lit. No. P17512, 1991

EMD Millipore (1999) Protein concentration and diafiltration by tangential flow filtration. Lit. No. TB032, Rev. B, 1999

He F, Woods CE et al (2010) Screening of monoclonal antibody formulations based on high-throughput thermostability and viscosity measurements: design of experiment and statistical analysis. J Pharm Sci 100(4):1330–1340

International conference on harmonization of technical requirements for registration of pharmaceuticals for human use, ICH harmonized tripartite guideline pharmaceutical development, Q8(R2), Current Step 4 version, August 2009

Luo R, Waghmare R et al (2006) Highconcentration UF/DF of a monoclonal antibody. Bioprocess Int 4:44–46

Lutz H, Raghunath B (2007) Ultrafiltration process design (Chap. 10). Shukla AA et al (eds) Process scale bioseparations for the biopharmaceutical industry. CRC Press, Boca Raton

Maa Y-F, Hsu CC (1996) Effect of high shear on proteins. Biotechnol Bioeng 51(4):458–465

Manning M, Chou D et al (2010) Stability of protein pharmaceuticals: an update. Pharm Res 27(4):544–575

Middaugh CR, Volkin DB (1992) Protein solubility. Ahern TJ, Manning MC (eds) Stability of protein pharmaceuticals. Part A: chemical and physical pathways of protein degradation. Plenum, New York, 109–134

Monkos K (1996) Viscosity of bovine serum albumin aqueous solutions as a function of temperature and concentration. Int J Biol Macromol 18(1–2):61–68

Monkos K, Turczynski B (1999) A comparative study on viscosity of human, bovine and pig IgG immunoglobulins in aqueous solutions. Int J Biol Macromol 26(2–3):155–159

Rupley JA (1968) Comparison of protein structure in the crystal and in solution: IV. Protein solubility. J Mol Biol 35(3):455–476

Shire SJ, Shahrokh Z et al (2004) Challenges in the development of high protein concentration formulations. J Pharm Sci 93(6):1390–1402

Stoner MR, Fischer N et al (2004) Protein–solute interactions affect the outcome of ultrafiltration/diafiltration operations. J Pharm Sci 93(9):2332–2342

van Reis R, Zydney A (2007) Bioprocess membrane technology. J Memb Sci 297(1–2):16–50

Virkar PD, Narendranathan TJ et al (1981) Studies of the effect of shear on globular proteins: extension to high shear fields and to pumps. Biotechnol Bioeng 23(2):425–429

Winter C, Mulherkar P et al (2008) Formulation strategy and high temperature UF to achieve high concentration. rhuMAbs. Recovery of Biological Products XIII

第 11 章

基于 QbD 的混合工艺开发与放大

Feroz Jameel and Sonja Wolfrum

韩晓璐　译，高云华　校

11.1　引言

"汇集和混合"（发生在解冻之后，涉及多个批次的"准备填充原液"的情况下）或只是混合（在辅料已溶解和混合的情况下）是生产过程中单元操作的关键步骤之一。在这两种情况下，该单元操作的预期结果是确保所得到的处方均匀、符合规格、并能保持产品质量属性。

混合过程是复杂的、多方面的，需要掌握其流体动力学。设备的设计与溶液性质之间的关系影响工艺性能，进而影响产品质量属性（Harnby et al. 1992；Tatterson 1991，1994；Wan et al. 2005）。从流体动力学或机制的角度来看，搅拌容器内形成大的液体漩涡使混合性能变差。为确保有效混合，需要对设备和搅拌速度加以设计，使叶轮搅拌的流体在合理的时间内扫过整个容器。为避免出现混合盲点，离开叶轮的流体速度必须足够大到将原料输送到罐的最远部分。选定的搅拌速度（转/分）（revolutions per minute，RPM）应在液体中产生湍流，以达到最佳混合效果。也可以通过改变系统的配置来改善混合，因此在大规模的生产操作中，对于较大批量推荐使用带有折流板的混合罐。安装挡板可以破坏涡流、产生更大的湍流，有利于更好地混合（Oldshue 1983；Paul et al. 2004）。从设备的几何学角度来看，为了有效混合，叶轮应安装在容器几何中心下方。在标准设计中，叶轮位于罐底上方大约一个叶轮直径或罐直径的三分之一处。所有这些因素都是有效混合的核心，可以用 3 个物理过程的组合来描述：分布、分散和扩散（Brian et al. 1969；Levins and Glastonbury 1972a，b；Okamoto et al. 1981）。

不同的生物分子表现出不同水平的剪切敏感性，例如，单克隆抗体（monoclonal antibody，mAb）对机械力特别敏感（Bee et al. 2009）。在无菌操作过程中，混合通常被认为是一种低切变率的操作，但是，人们在挡板周围和叶轮外缘可以观察到较高的切变率（Okamoto et al. 1981）。混合过程中使用的搅拌容器必须对剪切强度予以限制，但同时还需提供足够的混合和传质。此外，如果容器内充满空气，由于与气泡有关的剪切效应（Maa and Hsu 1997）的存在，当叶轮速度较低时也可能发生剪切损伤。

在实际生产中确定最佳操作条件是不可取的，因为这样不仅费钱而且费时。我们通常使用缩小规模实验来模拟大规模生产操作环境，用来确定大规模生产下的最佳操作条件。只要小型罐和大型罐中液体的流态是相同的，那么在小型罐中获得的实验结果就更有可能在更大的系统中重现。在研发过程中，这些研究通常与大规模替代研究相结合，随后又在产品认证过程中进行确认。

在确定最佳操作条件之前，我们要考虑以上所有能够定性混合工艺和液体物理特性的因素以及变量（例如密度、黏度和表面张力），或它们的无量纲组合［例如雷诺数（Re）、牛顿数（Ne）等］，这样我们才能设计出优良的混合操作工艺。潜在的放大问题应该通过风险分析和实验来确定，以理解和减轻出现的问题。应该理解的一个关键因素是槽罐的几何尺寸对放大的影响。一旦选择了罐和搭配的混合设备，就应该确定操作条件。理想情况下，这可以通过计划好的实验室规模的实验来完成，该实验将以实验室规模观察到的与商业生产规模类似的性能为目标，然后结合数学模型来预测商业生产规模的操作条件。

在本章中，我们将通过讨论如何将质量源于设计（QbD）要素应用于复杂混合操作的模拟案例研究，来更好地理解如何开发一个设计良好的具有可放大性和稳健性的混合操作。

11.2　目标工艺框架的定义

混合目标工艺框架描述了两个步骤的过程。在第一步骤中，在所有辅料都混合的情况下制备稀释剂或缓冲剂；在第二步骤中，稀释剂或缓冲剂与原液混合，生产出规定活性浓度的药品处方。

稀释剂/缓冲液的制备与混合　不锈钢稀释制备槽装入注射用水（water for injection，WFI），然后加入缓冲物质乙酸钠（辅料 1）和乙酸（辅料 2），并混合至溶解。接着加入蔗糖（辅料 3）并溶解。另外，将聚山梨酯 80（PS 80）加入到保持在 20～25℃温度条件下 WFI 的烧杯中，搅拌得到 10%（w/w）的溶液，制得 10% 的 PS 80 储备液。向缓冲液中加入 10% PS 80 储备液（辅料 4），使其最终浓度为 0.1%（w/v）并混合。在线检测 pH 并调整至最终 pH 为 5.3。用 WFI 和稀释剂混合调节得到溶液的最终总重量。该工艺的预期批量为 30～200 L。缓冲液或稀释剂在氮气压力下通过 0.1 μm 的 Posidyne 过滤器。以除去内毒素，过滤后的液体转移到已消毒的不锈钢容器中。

称量上一步制备的原液至混合容器中。原液可以来自单个容器或批次，或来自多个容器和批次的汇集。稀释剂过滤后添加到原液中，以达到药品处方的最终重量要求。pH、渗透压和蛋白质浓度都在线检测，最后完成混合步骤。

填充原液准备（bulk drug substance，BDS）　在原液不需要稀释且可以用于填充的情况下，遵循以下步骤。使用蠕动泵将每个容器的 BDS 收集到一个不锈钢容器中。所有瓶子中的内容物收集完成后，将容器中的原液通过 0.22 μm PVDF 过滤器进行过滤除菌，盛装到另一个灭菌容器内。收集容器配备了一个搅拌器，以进行 BDS 的搅拌。在转移 BDS 和搅拌步骤中采取措施以尽量减少泡沫。汇集/搅拌之前和之后对 BDS 采样并检测产品质量属性。

11.3　先验知识

混合是 mAb 生产的一种标准单元操作。只需要适用性的验证，以前产品的开发信息就可以直接应用于 mAb-X。本节总结了多种市场上 mAb 的开发研究和用于非临床和临床研究的批次的先验知识。表11.1 中列出的 mAb-X 的设计空间，实际上它与 mAb-A、mAb-B 和 mAb-C 对应的设计空间相同。

表 11.1　mAb 混合和搅拌的设计空间的先验知识总结

参数	mAb 产品	经证实的可接受范围		经验和知识
		临床批次 10～30 kg	生产批次 50～200 kg	
缓冲液/稀释剂/安慰剂				
搅拌速度	mAb-A	30～40 RPM	60～120 RPM	临床安慰剂/缓冲液生产经验表明,在 30～40 RPM 搅拌 10 min 可以达到均一。工业生产 50～200 kg 规模的相似 mAb 的经验表明,所给出的工艺范围适用于完全溶解辅料。在此操作范围内,完全溶解所需的搅拌时间小于 40 min
搅拌时间	mAb-B	10～15 min	20～40 min	
温度	mAb-C	16～23℃	15～25℃	
10%聚山梨酯 80 储备液的制备				
搅拌速度	mAb-A		300～400 RPM	先验知识和经验表明,顶部空间体积越大,过氧化值越高。顶部空间中空气较少时过氧化物含量较低。基于此经验,在室温下建议采用较小的顶部空间体积和充氮的储存方式。另外,一瓶开启的聚山梨酯 80 应该在一次制备过程中使用,且在开启后 2 周内使用。若一次制备中未使用完,则应丢弃
搅拌时间	mAb-B		30～60 min	
温度	mAb-C		20～25℃	
填充体积			0.46～0.97	
			聚山梨酯 80 体积/顶部空间体积比	
顶部空间			氮气	
储存			在室温下以 100 RPM 转速连续搅拌可保持 8 h。保持时间超过 8 h,需使用 0.2 μm 滤膜过滤,并在使用前搅拌 5 min	
不同批次原液的稀释和(或)混合				
搅拌速度	mAb-A		60～120 RPM	在 50～150 L 规模下稀释的先前经验表明,在此温度、搅拌速度和时间条件下不会产生飞溅/气泡,对 mAb 的纯度没有不良影响。此经验是从多个罐体和搅拌器形状得到的
搅拌时间	mAb-B		30±5 min	
温度	mAb-C	2～8℃	2～8℃	
在 2～8℃和室温条件下储存在不锈钢容器中药品制剂的保存期				
时间 (2～8℃)	mAb-A	1 周	1 周	先验的经验表明,保持时间的影响是通过从容器中浸出的金属和任何可能发生的生物污染产生的。mAb 对金属诱导的氧化很敏感,因此应该研究金属对每个 mAb 的影响,因为不同产品可能具有特异性。所观察到的最大金属含量为 15 ppm Fe
	mAb-B			
	mAb-C			
时间 (室温)	mAb-A	72 h	72 h	
	mAb-B			
	mAb-C			

RPM,搅拌速度

11.4　初始风险评估

使用因果矩阵进行初始风险评估,以确定对 mAb-X 的总体质量和有效期有最大影响的混合和搅拌参数。通常评估的参数与处方在配制和储存/处理过程中可能经受的工艺条件和设备/材料有关。因果矩阵由质量属性列和参数行(混合和处理/储存)组成。通过将每个质量属性(每列顶部的数目)的排序乘以参数排序(每行中对应列的数字)来计算量化风险。这是对一个不良事件后果的严重程度与事件发生的相对可能性的综合评估。功能风险优先化将结合这些关键质量属性(CQA)/关键工艺参数(CPP)属性来开发 FMEA 以在验证过程中进行严格的测试。得分分为"高""中""低"。高为>300 分,中为 200～300 分,低为<200 分。基于初始风险评估的得分,对得分最高的混合参数进行进一步详细检查,并使用 DoE 进行表征。结果汇总在表 11.2 中,其中最高分数被认为是最高优先级。然后,用这个初始风险评估

的结果来指导工艺开发和表征研究。

表 11.2　混合和搅拌的因果矩阵

参数	质量属性和排序（1～10）										得分	实验策略
	蛋白质浓度	聚集	可见粒子	SVP	pH	渗透压	PS 80	蔗糖	微生物量	无菌度		
辅料、水的质量	1	7	5	7	1	1	9	9	9	1	428	先验知识
DS 稀释剂的温度	1	7	7	7	1	1	1	1	9	1	330	稳定性偏差
DP 稀释剂的温度	1	7	7	7	1	1	1	1	9	1	330	稳定性偏差
PS 80 处理	1	7	5	7	1	1	9	1	1	1	292	先验知识
DS 稀释剂搅拌时间	5	5	7	7	1	1	1	1	5	1	310	DoE
辅料重量准确度	1	5	1	5	5	7	9	9	1	1	362	DoE 偏差
DS 稀释剂搅拌速度	5	7	7	7	1	1	1	1	1	1	290	DoE
稀释剂滤膜种类	1	1	9	1	1	1	9	1	9	1	206	先验知识
稀释剂滤膜尺寸	1	1	9	1	1	1	9	1	9	1	206	先验知识
DS 过滤流速/泵交换速度	1	1	9	1	1	1	9	1	9	1	206	先验知识
溶解搅拌时间	1	1	1	1	5	7	9	9	1	1	282	先验知识
溶解搅拌速度	1	1	1	1	5	7	9	9	1	1	282	先验知识
DS 在室温下保持时间	1	1	1	1	1	1	1	1	9	1	168	稳定性
稀释剂在室温下保持时间	1	1	1	1	1	1	1	1	9	1	168	稳定性
DP 在室温下保持时间	1	1	1	1	1	1	1	1	9	1	168	稳定性
DS 重量准确度	9	1	1	1	1	1	1	1	1	1	188	DoE 偏差
稀释溶解温度	1	1	1	1	7	1	1	1	5	1	168	先验知识
pH 计准确度	1	1	1	1	9	1	1	1	1	1	88	校准
辅料加入顺序	1	1	1	1	1	1	1	1	1	1	88	先验知识
叶轮/搅拌器结构——混合罐	1	1	1	1	1	1	1	1	1	1	88	模型
混合罐尺寸	1	1	1	1	1	1	1	1	1	1	88	模型
稀释罐尺寸	1	1	1	1	1	1	1	1	1	1	88	先验知识

PS，聚山梨酯；DS，原料药；DP，药品

11.5　设计空间——工艺表征

初步风险评估确定了以下 4 组研究，以进一步详细检查和建立设计空间：①稀释制备过程中的搅拌和温度；②聚山梨酯溶液的制备和处理（由于有形成过氧化物的倾向）；③活性产物稀释过程中的搅拌和处理；④保持时间。

在本案例研究中，mAb-X 原液与稀释剂/缓冲液混合稀释以生产填充原液，用以阐明为了确定在中试规模（50 L）的操作条件而进行的搅拌特性研究的设计。使用放大模型与在 50 L 规模下获得的数据一起被用来预测 300 L 规模下的操作条件。本研究的具体结果确定了在不产生泡沫或飞溅并且对蛋白质分子的完整性和纯度没有不良影响的情况下，能够得到均一的溶液所需的搅拌速度（RPM）和搅拌时间。为了实现这些目标，我们创建并且研究了一个交叉方法或两个极端的操作条件。

在一种情况下，罐内溶液填充到与最小商业批次规模对应的高度，mAb-X 批次的蛋白质浓度为 20～25℃下规格的最低限度（±15%），并且测定了在室温（25℃）不产生旋涡、泡沫或飞溅的情况下，能够使

溶液混合均匀所需的最大 RPM。本研究确定了搅拌工艺的 RPM 范围。

在另一种情况下,将罐填充到对应于最大商业批次规模的高度,其中 mAb-X 批次的蛋白质浓度为规格的最高限度。温度保持在 2~8℃,并且获得在 5℃条件下使用上述确定的 RPM 使溶液混合均匀所需的最小搅拌时间(min)。本研究定义了混合工艺的搅拌时间范围。

在 50 L 罐中进行两个不同填充高度(最小和最大)下的中试规模混合表征研究,并且混合参数(搅拌速度和搅拌时间)被确定为蛋白质浓度(流体黏度和密度)的函数。基于此信息,确定了中试规模容器的混合特性、牛顿数(Ne)和雷诺数(Re),并为中试规模的罐和混合器构造建立了 Ne 和 Re 之间的相关性。

由于混合工艺从中试规模到商业生产规模的扩大都是在具有类似几何构造的混合器容器之间进行,中试规模研究要求的填充高度(代表最小和最大商业规模批量)是基于中试规模和商业生产规模之间的联系,以及商业生产规模罐/混合器的尺寸。混合器-容器的结构相似性意味着 D_{mixer}/T_{vessel} 和 $H_{filling\ level}/T_{vessel}$ 比值在小规模和大规模间是恒定的。

其中,

D_{mixer} 混合器直径

T_{vessel} 容器的直径

$H_{filling\ level}$ 填充高度

$$\frac{D_{mixer}}{T_{vessel}}=常数=0.368$$

$$\frac{H_{filling\ level}}{T_{vessel}}=常数=1.059$$

11.5.1　中试规模(50 L 容器)的表征

在中试规模下,使用以下输入/操作参数(表 11.3)进行混合表征研究,以确定最佳输出/性能参数、搅拌速度和时间。

表 11.3　中试规模研究的操作参数

工艺参数	$n=$各种 RPM(如 90)
测试液体参数	$\rho=$各种(如 1.03 g/ml)
	$\eta=$各种(如 2.5 mPas)
	$\nu=$各种(如 $2.43 \cdot 10^{-6}$ m²/s)
容器尺寸	$T_{vessel}=408$ mm
	$H_{filling\ level}=432$ mm(最小)
	$H_{filling\ level}=921$ mm(最大)
	$(V_{fluid}=50$ L)
搅拌器尺寸	$D_{mixer}=150$ mm
温度	5℃和 25℃

11.5.1.1　方法学

用测试液体将混合罐填充到代表最小商业批量的填充高度并在室温(25℃)下平衡。RPM 按照有规律的时间间隔逐渐提高。在 RPM 的每一增量上,对罐中的溶液进行目测检查,以观察涡旋、飞溅和起泡情况并记录观察结果,以此确定溶液开始产生气泡或产生涡旋的 RPM。在此观察基础上,确定测试液体的最佳 RPM。对具有不同蛋白质浓度(黏度和密度)的测试液体重复这一操作,并确定每个测试液体的最佳 RPM。

对不同位置进行采样并使用 SE-HPLC 测定 mAb-X 的纯度（或聚集体）。

使用在上述研究中为每个测试液体确定的最佳 RPM，在 5℃ 下将测试液体填充到代表最大商业批量的填充高度下重复混合研究。为每个试验液体确定产生均一溶液所需的最佳搅拌时间。溶液混合过程中的均一性是通过分析从不同位置（包括混合死角）多次抽取的样品的蛋白质浓度来确定的。蛋白质的完整性也采用 SE-HPLC 方法确定。

11.5.1.2 无量纲数的确定

牛顿（或幂）数以及 Re 通常用于描述混合罐中液体的混合行为（Gorsky and Nielsen 1992）。牛顿（或幂）数定义为阻力与惯性力之比，表示为：

$$\mathrm{Ne} = \frac{P}{\rho \cdot D_{\mathrm{mixer}}^5 \cdot n^3}$$

其中 P 是单位为瓦特的搅拌器功率，主要影响对溶解的分子起作用的机械应力，

P　$2 \cdot \P \cdot n \cdot M_{\mathrm{d}}$（$M_{\mathrm{d}}$ 是测量所得搅拌器保持速度的扭矩）

ρ　密度，单位为 kg/m^3

n　搅拌速度，单位为 rpm

Re 是惯性力与黏滞力之比，其公式为：

$$\mathrm{Re} = \frac{n \cdot D_{\mathrm{mixer}}^2}{\nu}$$

ν　运动黏度，单位为 m^2/s

下面将展示这些参数将如何用于放大的混合工艺。

利用上述方程，计算出每种试验液体在一定的蛋白质浓度（黏度和密度）或转速 "n" 以及相应的 Ne 数，并建立相关性（图 11.1）。

机械力对产品溶液影响的强度是搅拌速度（n）和搅拌时间（Θ）的乘积，我们对它与雷诺数（Re）作图并建立了相关关系（图 11.2）。

这两个相关性作为混合工艺规模放大的基础。

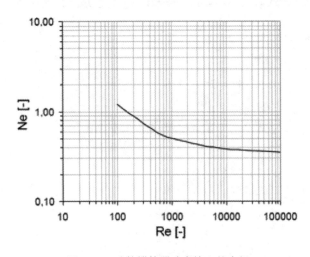

图 11.1　叶轮搅拌器功率输入的表征

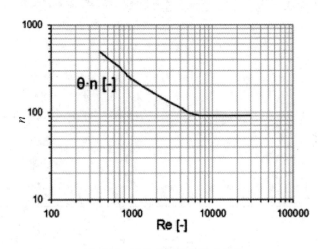

图 11.2　叶轮搅拌器的混合行为

11.5.2　具有相似罐体和搅拌器结构的由小到大的规模放大

这里有几种规模放大或缩小的方法：①基于恒定的特定功率影响的混合工艺：P/V＝标准常数，因此在两个规模上有着相似的机械应力（Perry and Green 2008；Hughmark 1974）；②恒定搅拌时间 Θ（Norwood and Metzner 1960）；③药液流速（Barker and Treybal 1960），④药液剪切；⑤叶轮外缘切变率。在本案例研究中，使用恒定的 P/V 比值作为放大标准，将 mAb-X 混合工艺在具有相似罐体结构和搅拌器结构的情况下从 50 L 罐规模放大到 300 L 罐（图 11.3）。

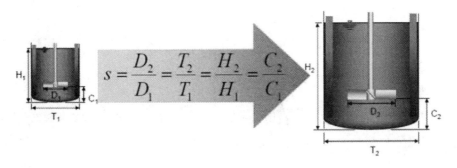

图 11.3　结构相似性——单规模比例 s 定义了小规模和大规模之间所有线性尺寸的相对大小

11.5.2.1　规模放大程序概述

一旦在中试规模容器中确定了最佳混合参数，这些参数就被用来确定 300 L 罐的目标操作参数：

- 从小规模容器的信息出发，建立规模放大标准，计算 P/V 常数；
- 对于较大规模的罐，计算 P；
- 使用扭矩（M_d）的知识作为每个罐的搅拌器转速的函数计算 "n"；
- 使用图 11.1 中的相关性计算 Re 并获得 Θ；
- 在确定较大储罐的操作参数之后，通过适当的大规模实验来确定这些数值。

对于任何给定的具有一定蛋白质浓度（黏度和密度）的测试流体，混合特性可以按如下的例子进行估计。

11.5.2.2　步骤 1

计算给定转速的试验流体的 Re（以 RPM＝90 为例）：

$$\mathrm{Re} = \frac{n \cdot D_{\mathrm{mixer}}^2}{\nu} = \frac{\dfrac{90}{60s}(0.150m)^2}{2.43 \cdot 10^{-6}\ \dfrac{m^2}{s}} = 13\,888$$

11.5.2.3　步骤 2

从图 11.1 中确定 Ne 数为 0.37。

11.5.2.4　步骤 3

已知 Ne＝0.37，从下列方程计算功率 P：

$$\rho = 1030\ \frac{kg}{m^3}$$

$$D_{\mathrm{mixer}} = 150 \cdot 10^{-3}m$$

$$n = \frac{90}{60s}$$

$$\mathrm{Ne} = \frac{P}{\rho \cdot D_{\text{mixer}}^5 \cdot n^3} 0.37 = \frac{P}{1030 \frac{kg}{m^3} \cdot (150 \cdot 10^{-3}m)^5 \cdot (90/60s)^3}$$

$$P = 0.37 \cdot 1030 \cdot (150 \cdot 10^{-3})^5 \cdot (90/60)^3$$

$$P = 0.137W$$

11.5.2.5　步骤 4

计算规模放大标准：

$$\frac{P}{V} = 常数, \frac{0.137W}{50 \times 0.001m^3} = 2.74 \cdot \frac{w}{m^3}$$

得到放大标准（应力具有可比性），$\frac{P}{V} = 2.74 \cdot \frac{w}{m^3}$

从工艺性能和产品质量的角度出发，在中试规模（50 L）下得到的可接受的最优操作混合参数（表 11.4）被用作估算大规模生产（300 L）时混合操作参数模型的输入值。

表 11.4　中试规模混合研究概要

中试规模（50 L）混合条件的研究	温度=25℃ 填充高度=最小批量（15 L） 搅拌时间=30～100 min 搅拌速度=40～140 RPM	温度=5℃ 填充高度=最大批量（50 L） 搅拌时间=40～130 min 搅拌速度=90±20 RPM
目标	确定最佳搅拌速度	确定最佳搅拌时间
速度/时间的性能范围标准	无发泡、无涡旋、对产品无影响（无聚集物形成）	形成对产品无不良影响的均相溶液
结果汇总		
雷诺数（Re）	13 888	13 888
牛顿数（Ne）	0.37	0.37
功率（P）	0.137	0.137
P/V 标准	9.13 W/m³	2.74 W/m³
最佳搅拌速度	90±10 RPM（注：RPM>120 时观察到发泡现象）	90±10 RPM
最佳搅拌时间	10 min 内达到均一。达到 100 min 对产品质量无负面影响	60±10 min（注：40 min 内达到均一）

规模扩大到 300 L 罐　为了确定可以在 300 L 液罐内产生与 50 L 规模罐相同的混合条件和剪切应力水平适当的混合参数，利用产品溶液/罐体参数的知识（表 11.5）和相似的结构标准，确定了 300 L 液罐所需的混合器的直径。

$$\frac{D_{\text{mixer}}}{T_{\text{vessel}}} = \text{constant} = 0.368$$

$$D_{\text{mixer}} = 312.8 \text{ mm}$$

鉴于规模放大标准为$\frac{P}{V}$=常数=2.74$\frac{w}{m^3}$

300 L 液罐的混合器功率可以计算如下：

$$P = 300 \times 0.001 \text{ m}^3 \times 2.74 \frac{W}{m^3} = 0.82W$$

表 11.5　产品溶液和 300 L 规模罐体参数

搅拌速度（RPM）	n＝?（放大模型的输出结果）
搅拌时间	(Θ)＝?（放大模型的输出结果）
测试流体参数	ρ＝1.03 g/ml
	η＝2.5 mPas
	ν＝2.43・10^{-6} m²/s
容器尺寸	T_{vessel}＝850 mm
	$H_{filling\ level}$＝900 mm
	$(V_{fluid}$＝300 L)
搅拌器尺寸	D_{mixer}＝? mm（放大模型的输出结果）
温度	5℃

创建相同的剪切应力水平所需的搅拌速度可以使用功率 P＝0.82 W，相应的转矩 M_d＝0.343（从设备测量得到）使用以下方程计算：

$$P = 2 \cdot \P \cdot n \cdot M_d$$

$$n = \frac{0.82}{0.343 \times 2 \times 3.14} \times 60 = 23 \text{ RPM}$$

如果使用 P/V 作为规模放大标准，则对于 300 L 的液罐来说可以实现更长的搅拌时间和更高的雷诺数。从图 11.1 可知，在 Re>10 000 时，Ne 几乎是常数（0.35）。Ne 的计算公式：

$$Ne = \frac{P}{\rho \cdot D_{mixer}^5 \cdot n^3}$$

上述公式和 Ne 的数值 0.35，可以在不知道搅拌器相应扭矩的情况下，确定 300 L 大型容器的转速（此处为 19 rpm）。

因此，在任何小规模罐（50 L）的转速，被认为从均一性、产品质量（剪切力）和发泡的角度来说，对于 300 L 罐的搅拌速度计算是可以实现的。

一旦知道搅拌速度，就可以计算 Re。

$$Re = \frac{n \cdot D_{mixer}^2}{\nu} = \frac{\frac{23}{60}(0.313m)^2}{2.43 \cdot 10^{-6} \frac{m^2}{s}} = 15\ 320$$

得到了"Re"，利用 Re 和 $n \cdot \Theta$ 之间的相关关系，就可以估计 300 L 级罐体中的搅拌时间（图 11.2）。

在图 11.2 中 Re 和 $n \cdot \Theta$ 之间的相关性的回顾表明，对于 300 L 规模，由 $n \cdot \Theta$ 表示的对产品溶液的机械力影响为 90。

因此，在 300 L 罐中的搅拌时间，Θ＝235 s。

在设备运行期间，我们对以上预测的参数进行了测试，并且用 mAb-X 在与中试规模研究时相似的两个最坏情况下进行了验证。取样并测试其均一性和产品质量属性，结果汇总见表 11.6。

表 11.6　300 L 罐运行参数估算值汇总

商业规模（300 L）下混合条件研究	温度＝25℃	温度＝5℃
容器尺寸	T_{vessel}＝850 mm	T_{vessel}＝850 mm
	$H_{filling\ level}$＝900 mm	$H_{filling\ level}$＝900 mm
搅拌器直径	312.8 mm	312.8 mm
雷诺数（Re）	17 470	15 320
牛顿数（Ne）	0.37	0.37
功率（P）	0.456 W	0.82 W
P/V 标准	9.13 W/m³	2.74 W/m³
$\Theta \cdot n$（图 11.3）	75	90
搅拌速度	26 RPM	23 RPM
搅拌时间（Θ）	2.8 min	4 min

11.5.3　条件1

11.5.3.1　输入参数

- 批量 35 kg；
- 温度：25℃；
- 搅拌转速：26 RPM。

11.5.3.2　输出参数

- 取样（顶部、底部和盲点）：检测蛋白质浓度均一性，SE-HPLC 检测纯度/聚集体；
- 目检：检查飞溅、泡沫和涡旋情况（表 11.7）。

表 11.7　检法测定得到的 35 kg 批量的最大转速（RPM）

搅拌速度（RPM）	目检现象
10	溶液流动、没有涡旋、没有泡沫产生、观察到分层
15	分层开始消失、未产生泡沫、未观察到涡旋或飞溅现象
25	分层和梯度消失、无泡沫、无涡旋或飞溅
30	观察到泡沫和涡旋

11.5.4　条件2

11.5.4.1　输入参数

- 批量 300 kg；
- 温度：5℃；
- 混合速度：23 RPM。

11.5.4.2　输出参数

- 聚样（顶部、底部和盲点）：蛋白质浓度检测均一性（图 11.4），SE-HPLC 检测纯度/聚集物；
- 目检：检查飞溅、起泡和涡旋情况。

规模放大数据的结果表明预测数据和实验数据之间有良好的一致性，说明从小规模容器开发的模型方法适合于放大生产。混合的完成与模型估算的比较总结见表 11.8。与模型相比，搅拌时间的差别为 0～15%。

表 11.8　50～300 L 的混合容器所需搅拌时间的实验值和预测值差异汇总

温度	罐体积＝50 L	罐体积＝300 L		
	实验值	实验值	预测值	模型误差（%）
5℃	4	5	4	20

11.5.5　罐体结构不同时的规模放大

当生产车间的组合容器的形状或混合器的类型与先前研究的容器不同，那么 Ne-Re-和混合图表不能应用。容器内的流动形态的特点是不同的。

批量药品5℃混合于50 L容器

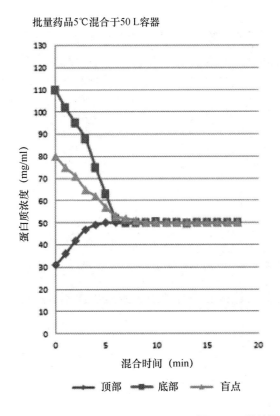

批量药品5℃混合于300 L容器

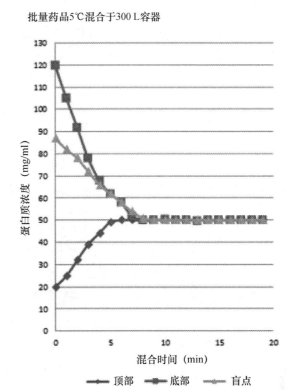

图 11.4　通过蛋白质浓度（均匀度）测定混合时间

11.6　设计空间

广泛的先验知识、初始风险评估再加上由中试规模的混合特性研究而确定的规模放大时的操作条件及其验证，有助于创建一个设计空间，以确保混合操作生产出均一的产品（表 11.9）。在大规模生产下的工程运行研究也证实了混合步骤中的亚单元操作不影响 mAb-X 的纯度（聚集体和颗粒形成）。

表 11.9　知识空间范围

工艺参数	名称	单元操作	质量属性	经探索的工艺范围	设计空间：PAR	控制空间：NOR	目标值	范围合理性
PS 80 填充体积	CPP	辅料处理	过氧化值	填充体积与顶空比 0.14~0.97	PS 80 填充体积与顶空比 0.46~0.97	PS 80 填充体积与顶空比 0.50~0.95	PS 80 填充体积与顶空比 0.50~0.95	填充量越大，过氧化值越低
PS 80 顶空体积	CPP	辅料处理	过氧化值	空气-氮气	空气-氮气	空气-氮气	空气-氮气	空气含量越少，过氧化物越少
DS 稀释剂搅拌速度	CPP	DS 稀释剂	聚集、氧化、蛋白质含量	5~120 RPM	5~120 RPM	5~25 RPM	10 RPM	涵盖典型操作而不增加聚集
DS 在室温下保存时间	CPP	DS 稀释剂	微生物、聚集、氧化	0~12 个月	0~10 天	0~7 天	1 天	涵盖典型操作而不增加聚集、氧化或微生物
药品在室温下保存时间	CPP	DS 稀释剂	微生物、聚集、氧化	DS 实验支持	0~10 天	0~7 天	1 天	涵盖典型操作而不增加聚集、氧化或微生物
DS 稀释剂温度	WC-CPP	DS 稀释剂	聚集、氧化、蛋白质含量	5~30℃	5~25℃	10~20℃	10~20℃	涵盖典型操作而不增加聚集

工艺参数	名称	单元操作	质量属性	经探索的工艺范围	设计空间：PAR	控制空间：NOR	目标值	范围合理性
DS稀释剂搅拌时间	WC-CPP	DS稀释剂	聚集、氧化	0～600 min	3～600 min	20～40 min	30 min	涵盖典型操作而不增加聚集
稀释剂在室温下保存时间	WC-CPP	稀释剂制备	微生物	0～3个月	0～10天	0～7天	3天	涵盖典型操作
稀释剂搅拌速度	KPP	稀释剂制备，辅料溶解	辅料溶解、泡沫	25～150 RPM	75～150 RPM	100～150 RPM	125 RPM	30 min内溶解完全
稀释剂温度	KPP	稀释剂制备，赋形剂溶解	辅料溶解、泡沫	5～25℃	15～25℃	17～23℃	20℃	以NOR速度在30 min内溶解完全

PS，聚山梨酯；CPP，关键工艺参数；KPP，重要工艺参数；DS，原料药

11.7　控制策略

对过滤工艺所提出的控制策略有双重目的：

1. 确保产品质量和安全；

2. 确保商业化生产工艺的一致性和稳健性。

在设计空间的范围内控制所有与质量相关的良好控制的关键工艺参数（well-controled-CPP，WC-CPP）以确保产品质量和安全性。在已确定的范围内控制重要工艺参数（key process parameter，KPP）和监控相关的工艺属性来保证工艺的一致性。

下面将讨论本案例研究中对给定工艺参数的控制策略。执行研究结果以探索允许区分关键工艺参数（CPP）和重要工艺参数（KPP）以及一般工艺参数（general process parameter，GPP）的设计空间（如表11.10所示）。

表11.10　混合工艺参数的控制策略

工艺参数	名称	控制策略
辅料重量准确度	CPP	批记录
辅料添加顺序	GPP	批记录
溶解搅拌时间	KPP	批记录
溶解搅拌速度	KPP	批记录、设备校正
DS稀释剂温度	KPP	批记录
pH计准确度	CPP	平时维护、使用时校正
稀释剂保存时间	CPP	批记录中记录低温和室温条件累积暴露时间
原液重量准确度	CPP	批记录、设备校正
原液保存时间	CPP	批记录中记录低温和室温条件累积暴露时间
DS稀释剂搅拌时间	CPP	批记录
DS稀释剂搅拌速度	CPP	批记录、设备校正
混合罐尺寸	CPP	批记录
叶轮/搅拌器构造—混合槽	CPP	批记录
药品保存时间	CPP	批记录中记录低温和室温条件累积暴露时间

DS，原料药；CPP，关键工艺参数；KPP，重要工艺参数

11.8　最终风险评估

最终风险评估是为了从工艺参数的角度来理解如何降低风险。通过把 CPP、WC-CPP、KPP 和 GPP 都考虑在内来完成最终风险评估。此外，评估还包括对参数和控制策略的 NOR/PAR 宽度的评估。

11.8.1　最终风险评估工具说明

如果 NOR/PAR 具有广泛的范围，那么一个工艺满足此范围的内在风险就较低，因此有一个较低的风险值。狭窄范围更难控制，因此风险值更高。控制策略分为严格、中、低不同级别。严格控制的系统的风险比中等或较低水平控制的系统风险小，因此风险值较低。PP 风险排名 CPP>KPP>GPP。对于每个指定的值，表 11.11 中描述了参数的 NOR/PAR 宽度和控制策略级别。从这些值，可以计算风险缓解值。

表 11.11　风险评估值

风险值	名称	参数 NOR/PAR 宽度	控制策略级别
1	GPP		高
3		宽	
5	KPP		中
7		窄	
9	CPP		低

风险缓解值=名称 NOR/PAR 宽度×控制策略级别

风险缓解值≤200 时，认为风险降低，风险缓解值>200 时，需要额外的降低策略。这个界限意味着：
- 对于 NOR/PAR 范围较窄的 CPP，其范围需要超过 200（认为风险降低）；
- 具有宽范围的 NOR/PAR 的 CPP，其中间值需要超过 200；
- NOR/PAR 范围较窄的 KPP，其中间值要超过 200；NOR/PAR 较宽的 KPP 将始终超过 200；
- NOR/PAR 范围较窄的 GPP 要始终超过 200；
- NOR/PAR 范围较宽的 GPP 始终超过 200。

对于混合而言，表 11.12 中计算了初始风险评估中各个工艺参数的风险降低分数。

在最终风险评估中，通过风险缓解值确定原液和药液的保存时间以及进一步进行风险降低的要求。还采取一项额外的控制策略，以注明保存时间。即在批记录中添加了保存时间日志并固定在每个储罐上。在增加一个实施控制策略之后，对这些工艺参数进行重新评估，证明风险得到降低（表 11.13）。

基于新的控制策略和进一步的风险降低重新评估，以前被指定为 CPP 的所有工艺参数现在在风险评估中的得分均降至 200 以下，并且认为能够得到良好控制（WC-CPP）。

表 11.12　混合工艺参数的风险缓解值

工艺参数	CPP/KPP	风险值	NOR/PAR 宽度	控制策略等级	风险缓解值（D×W×C）	风险降低（是/否）（D×W×C≤200）
辅料重量准确度	CPP	9	3	1	27	是
辅料添加顺序	GPP	1	7	5	35	是
溶解搅拌时间	KPP	9	3	2	54	是
溶解搅拌速度	KPP	9	3	5	135	是

续表

工艺参数	CPP/KPP	风险值	NOR/PAR 宽度	控制策略等级	风险降低数（D×W×C）	风险降低（是/否）（D×W×C≤200）
DS 稀释剂温度	KPP	9	3	1	27	是
pH 计准确度	CPP	9	7	1	63	是
稀释剂保存时间	CPP	9	3	5	135	是
DS 重量准确度	CPP	9	7	1	63	是
DS 保存时间	CPP	9	7	5	315	否
DS 稀释剂搅拌时间	CPP	9	3	5	135	是
DS 稀释剂搅拌速度	CPP	9	7	1	63	是
混合罐尺寸	GPP	5	3	5	75	是
叶轮/搅拌器形状——混合罐	GPP	1	3	5	15	是
药液保存时间	CPP	9	7	5	315	否

DS，原液；CPP，关键工艺参数；KPP，重要工艺参数

表 11.13　进一步风险降低评估

工艺参数	CPP/KPP	NOR/PAR 宽度	控制策略等级	风险降低数（D×W×C）	风险降低（是/否）（D×W×C≤200）
原液保存时间	9	7	1	63	是
药液保存时间	9	7	1	63	是

11.9　工艺说明与验证

11.9.1　稀释剂和药液的保存时间

在工艺运行期间，对在 1 L 不锈钢储罐中进行的小规模保留时间研究和用于支持临床批次的可接受范围（proven acceptable ranges，PARS）都进行了规模验证。在工艺运行期间，我们只验证了最坏的情况。稀释液在室温（17～25℃）下放置 2 周，而药液在室温（17～25℃）下放置 1 周。保存时间结束时采样，对其质量属性和微生物进行检查，结果汇总于表 11.14。试验结果满足稀释剂和药液的所有验收标准。

表 11.14　稀释剂和药液的保存时间数据

稀释剂在保存时间之后（室温 10 天）			
	微生物量	pH	渗透压	电导率
接受标准	<1 CFU/10 ml	5.0～5.5	280～350 mOSm/kg	报告结果
Lot 1	0 CFU/10 ml	5.2	310	0.8 mS/cm
Lot 2	0 CFU/10 ml	5.2	301	0.9 mS/cm
Lot 3	0 CFU/10 ml	5.3	296	0.9 mS/cm
药液在保存时间之后（室温 5 天）			
	微生物量	聚集体	亚可见微粒（HIAC）
接受标准	<1 CFU/10 ml	<5%	10 μm<6000，25 μm<600
Lot 1	0 CFU/10 ml	2.1	140/ml≥10 μm，18/ml≥25 μm
Lot 2	0 CFU/10 ml	1.8	165/ml≥10 μm，25/ml≥25 μm
Lot 3	0 CFU/10 ml	2.0	170/ml≥10 μm，32/ml≥25 μm

11.10　全生命周期管理

在混合部分概述的细节证明了这个模型可以灵活应用于批量在 50～300 L 之间 mAb-X 的生产。该模型已被实验证实，不需要进一步的大规模实验来研究。

参考文献

Barker JJ, Treybal RE (1960) Mass-transfer coefficients for solids suspended in agitated liquids. AIChE J 6:289–295

Bee JS, Stevenson JL, Mehta B, Svitel J, Pollastrini J, Platz R, Freund E, Carpenter JF, Randolph TW (2009) Response of a concentrated monoclonal antibody formulation to high shear. Biotechnol Bioeng 103:936–943

Brian PLT, Hales HB, Sherwood TK (1969) Transport of heat and mass between liquids and spherical particles in an agitated tank. AIChE J 15:727–733

Gorsky I, Nielsen RK (1992) Scale-up methods used in liquid pharmaceutical manufacturing. Pharm Technol 16:112–120

Harnby N, Edwards MF, Nienow AW (1992) Mixing in the process industries. Buttersworth Heinemann, Oxford

Hughmark GA (1974) Hydrodynamics and mass transfer for suspended solid particles in a turbulent liquid. AIChE J 20:202–204

Levins DM, Glastonbury JR (1972a) Application of Kolmogorofff's theory to particle-liquid mass transfer in agitated vessels. Chem Eng Sci 27:537–543

Levins DM, Glastonbury JR (1972b) Particle-liquid hydrodynamics and mass transfer in a stirred vessel. 2. Mass transfer. Trans Inst Chem Eng 50:132–146

Maa YF, Hsu CC (1997) Protein denaturation by combined effect of shear and air-liquid interface. Biotechnol Bioeng 54(6):503–512

Norwood KW, Metzner AB (1960) Flow patterns and mixing rates in agitated vessels. AIChE J 6(3):432–437

Oldshue JY (1983) Fluid mixing technology. Chemical Engineering, New York, p 574

Okamoto Y, Nishikawa M, Hashimoto K (1981) Energy dissipation rate distribution in mixing vessels and its effects on liquid-liquid dispersion and solid-liquid mass transfer. Int Chem Eng 21:88–91

Paul EL, Atiemo-Obeng VA, Kresta SM (2004) Handbook of industrial mixing: science and practice. Wiley-Interscience, Hoboken, p 1377

Perry RH, Green DW (2008) Perry's chemical engineers' handbook. McGraw-Hill, New York

Tatterson GB (1991) Fluid mixing and gas dispersion in agitated tank. McGraw-Hill, New York

Tatterson GB (1994) Scale-up and design of industrial mixing processes. McGraw-Hill, New York

Wan Y, Vasan S, Ghosh R, Hale G, Cui Z (2005) Separation of monoclonal antibody alemtuzumab monomer and dimers using ultrafiltration. Biotechnol Bioeng 90:422–432

第 12 章
基于 QbD 的过滤工艺开发与放大

Feroz Jameel

赵子明　译，高云华　校

12.1　引言

使用灭菌过滤的无菌操作工艺经常作为会造成蛋白质降解的终端灭菌技术的替代技术应用在生物技术药品的生产中。但每种过滤器都有其一定的适用范围，不可能应用于所有工艺过程。为了保证高效的生产工艺，无论是批过滤还是在线过滤，都需要选择适用于特定产品和工艺的特定无菌过滤器。过滤器的选择应满足：①保证能够截留微生物，制备出无菌滤液（FDA 2004；ASTM 1988，2005）；②与产品和工艺相容性好；③无毒性；④不吸附处方组分或增加可溶性杂质（Sundaram et al. 2001）；⑤可以清除微生物负载；⑥可进行完整性测试；⑦可灭菌（Jornitz et al. 2001）。从工艺的角度来讲，过滤工艺应当是可扩大的，在工业生产场所是可行的，并且不会对药品质量属性产生负面影响（Jornitz and Meltzer 2000，2006）。为了符合上述要求，应对过滤器与工艺参数开展全面的特性研究以考虑并确定一个稳健的过滤器与过滤工艺。本章详述了质量源于设计（Quality by Design，QbD）要素怎样能够应用于确定最佳过滤器与过滤工艺，其具有理解透彻、控制良好、安全与稳定等性质［U. S. Department of Health and Human Services Food and Drug Administration Center for Drug Evaluation and Research（CDER）Center for Biologics Evaluation and Research（CBER）Center for Veterinary Medicine（CVM）Office of Regulatory Affairs（ORA）2006］。

12.2　目标产品过滤工艺的确定

单抗隆抗体 X（mAb-X）原液（drug substance，DS）装于多个容器中被运输到生产场所，每个容器中的内容物用蠕动泵注入一个无菌的不锈钢罐中。注入的 DS 在装配有搅拌器的容器中混合 10～20 min，形成均相溶液。混合后的溶液在压力下通过一个过滤器被转移到另一个无菌不锈钢储存容器中。储液可以中途保存在 2～8℃的不锈钢缓容器中，或立刻输送到灌封设备进行下一步工艺。使用处在 C 级洁净区的 0.2 μm 过滤器对储液进行无菌过滤，滤液直接进入处于 A 级洁净区的灌装设备的缓冲罐中（在线过滤）。然后，无菌过滤后的储液被灌装到灭菌和除热原的药瓶中。工艺流程包括降低微生物负载的初次过滤，然后是在线过滤，在线过滤之后的 DS 溶液可认为是无菌的。

过滤器与过滤工艺的要求包括：

- 过滤器与过滤工艺应能覆盖 50～150 L 的批量范围；

- 过滤工艺应在 4～23℃下操作；
- 为减少辅料特别是蛋白质与聚山梨醇的损失，当进行降低微生物负载的过滤时，过滤工艺应能在低压力和高压力下进行，从而实现高流量并减少药品与膜的接触时间；
- 过滤器应与产品无反应，且不脱落颗粒物。

12.3　先验知识

鉴于不同 mAb 的处方组成（辅料）、物理化学性质与目标过滤工艺是相似的，则可以创建并应用一种平台化技术方法。利用这个方法，开展广泛的评估评价来确定通用于所有 mAb 早期药品开发与早期临床批次生产的过滤器与过滤工艺。评估包括各种过滤器对预期的 mAb 过滤工艺（表 12.1）适用性的评价，评估主要基于供应商详细说明文件与有关文献，包括以下这些方面：膜材料、是否有一次性囊式包装、可用的连接方式、放大范围（膜面积）、双层选项（预滤器）、流速［注射用水（water for injection，WFI）］、尺寸（长度）、固定与支撑材料、灭菌方法选项、推荐冲洗体积、残液量、浸出物/萃取物以及操作经验。

表 12.1　用于抗体产品的不同过滤器滤膜型号对比

属性	PVDF	PES	PES/复合物	尼龙	醋酸纤维素
孔径(μm)	0.2，0.1	0.2，0.1	0.5，0.2	0.2	0.2，0.1
电荷性	中性、正电荷	中性	中性	中性、正电荷	中性
蛋白质吸附	低	低	低	高	低
亲水性	是	是	是	是	是
制造商	Millipore、Pall、Sartorius、Meissner	Millipore、Pall、Sartorius、Meissner	Millipore	Millipore、Pall、Sartorius、Meissner	Sartorius

根据上述属性对过滤器选择标准的重要程度，用 10 到 1 的加权值来评估它们（10 代表高、5 代表中等、1 代表低）。如果预期过滤工艺可以达到想要的质量属性，则该过滤器获评 10 分。所需属性包括：是否可以封装成胶囊式（省去了场地清洁与清洁验证并可整合为一次性使用系统）、能与生产设备以多种方式连接、残液量较低、可以适应多种灭菌方法（例如多循环高压蒸汽灭菌、γ 射线灭菌或原位蒸汽灭菌）、可以升级放大、浸出物或萃取物很少。能够满足部分所需属性的过滤器评分为 5，而只有少数属性符合的过滤器评分为 1。表 12.2 列出了对不同滤器的评分情况。

表 12.2　初步的过滤器筛选与性能评估

过滤器	滤膜材料	囊式封装	接口	滤膜面积(m^2)	双层预滤	流速	尺寸/长度	外壳材质	支撑材质	灭菌方式选择	推荐冲洗体积	残液体积	E/L	操作经验	性能得分
权重	5	10	5	10	5	5	1	1	1	10	5	10	10	10	
PVDF 供应商 1	10	10	5	5	1	5	10	10	10	10	5	10	10	10	620
PVDF 供应商 2	10	10	5	10	10	10	10	10	10	10	10	5	10	5	710
PES 供应商 1	10	10	5	5	10	10	10	10	10	10	10	10	10	1	590
PES 供应商 2	10	10	5	10	10	10	10	10	10	10	10	10	10	5	710
纤维素供应商 1	10	5	5	5	10	10	10	10	10	10	5	10	10	1	540
纤维素供应商 2	10	10	5	10	10	5	10	10	10	10	5	10	10	5	685

只有过滤器的整体性能总分>500时，才可以进行下一步针对 mAb 产品流体性质的性能评价。基于上述选择标准与评分，聚偏氟乙烯（PVDF）与聚醚砜（PES）膜材料被选中进行进一步用于 mAb 溶液（mAb-A、mAb-B 和 mAb-C）。特性研究包括流动特性（V_{max}）、产品质量影响（切变应力、蛋白质/辅料吸附、粒子脱落）和完整性测试前的冲洗体积（图 12.1）。

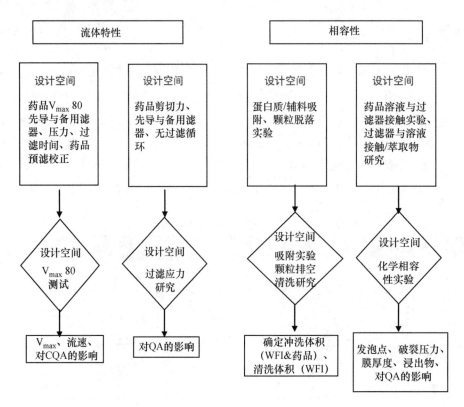

图 12.1   在早期工艺开发中关于滤器选择的用于建立平台技术的通用特性

12.4   特性研究

所有滤器都比较容易脱落其自身材料形成的颗粒。一般采用已知体积的 WFI 冲洗过滤器，并且测定单元冲洗体积（以升为单位）中颗粒数量的变化。在初步的过滤器完整性测试之前，每个过滤器都要进行不致产生颗粒脱落的最小 WFI 冲洗体积的测定。经过 WFI 冲洗、完整性测试与热压灭菌的过滤器，接下来还要进行 V_{max}、重复过滤与对产品质量影响的研究。

12.4.1 V_{max}研究

V_{max} 法是用来区分不同滤膜性能的手段之一。采用不同的 mAb 产品来研究每种所选过滤器的流体特性与压力和蛋白质浓度的函数关系。表 12.3 是一个简单部分析因设计，其中蛋白质浓度变化范围为 30～80 mg/ml，压力变化范围为 7～20 psi。为了消除过滤器几何形状（囊式、褶皱与盘式过滤器）与系统构造对 V_{max} 研究的影响，所有被选择的滤膜材料的 V_{max} 实验统一在一个不锈钢外壳的 47 mm 的盘式滤器中进行。

这项研究的输出结果是：①流速；②最大体积流量（V_{max75}）的测定；③颗粒或聚集体形成的测定。温度对 V_{max} 的影响不包括在此研究中。

表 12.3　V_{max} 研究的实验设计

序号	压力（psi）	浓度（mg/ml）	滤器材质
1	7.0（－）	30.0（－）	PES
2	20.0（＋）	30.0（－）	PES
3	7.0（－）	80.0（＋）	PES
4	20.0（＋）	80.0（＋）	PES
5	12.0	50.0	PES
6	7.0（－）	30.0（－）	PVDF
7	20.0（＋）	30.0（－）	PVDF
8	7.0（－）	80.0（＋）	PVDF
9	20.0（＋）	80.0（＋）	PVDF
10	12.0	50.0	PVDF

＋，最大；－，最小

12.4.2　重复过滤与产品质量影响研究

任何对蛋白质完整性的剪切力影响的敏感性、任何处方组分与滤膜间的相互作用（蛋白质/辅料吸附）或在过滤工艺中出现的浸出物或萃取物都是通过对 mAb 产品进行重复过滤（3 次）并分析滤液的变化来评价的。分析的指标包括：蛋白质（聚集体）的纯度、蛋白质/辅料的含量与每升滤液中颗粒的数量。对滤液蛋白质/辅料损失与每升滤液中颗粒数量的分析有助于确定是否有必要进行预冲洗，如果必要，又需要多大体积。由于产品质量的微小改变在 $t=0$ 时不明显，样品需做短期稳定性实验以检测产品质量是否随时间延长而发生变化。

12.4.3　滤器过滤后完整性测试之前 WFI 最小冲洗体积的确定

由于溶液性质如表面张力、接触角、温度与扩散速率等的不同，一个过滤器被 WFI 润湿的起泡点不同于被 mAb 产品溶液润湿的起泡点。因此，对 WFI 与 mAb 产品的起泡点规定应分别定义。首先，滤器过滤后完整性测试是在产品过滤完成后在过滤器上进行的，此时过滤器已被产品润湿。如果测试失败，用 WFI 将残留的产品完全冲洗干净后再次对 WFI 润湿的过滤器进行完整性测试。因此，有必要确定将产品完全冲净所需的最小 WFI 冲洗体积。

把过滤器在不同的 mAb 产品溶液中浸泡一定的时间，然后将浸泡后的过滤器每次用 1 L 的 WFI 冲洗，测定相应的起泡点并分析滤液中的蛋白质/辅料含量。当起泡点数值与蛋白质/辅料含量达到稳态时所用的注射用水的体积被定义为最小冲洗体积。

为了建立过滤平台（现用与备用滤器）与过滤工艺而进行滤器筛选和特性研究，从中获取的知识与科学认知代表了先验知识。作为早期工艺开发的一部分，用 mAb-X 进行小规模工艺调整研究，以证实平台工艺的应用和证明 mAb-X 药品合理的稳定性。之后，这个过滤平台与过滤工艺开始被用于 mAb-X 早期的毒理学、Ⅰ期与Ⅱ期临床研究样品的生产。先验知识与从临床试验批次生产中获得的经验结合在一起，被用于 mAb-X 产品的过滤器和过滤工艺的初步风险分析。

12.5　初步风险分析

表 12.4 列出了能够潜在影响产品关键质量属性（critical quality attribute，CQA）的过滤工艺参数。基于先验知识和临床试验批次生产经验，采用因果矩阵分析方法为这些参数赋予关键性分值。这个分析的目的是

确定 mAb-X 药品的需要重新审查或详细描述的关键工艺参数（critical process parameter，CPP）。

因果矩阵中质量属性为纵列，工艺参数为横排。风险的量化值是通过将每个质量属性的分值（每列顶部的数字）与参数的分值（相应列每行的数字）相乘计算得到。这是对一个不良事件的结果严重程度与该事件发生的相对可能性的评估。在验证过程中，包含了这些 CQA/CPP 属性的运行风险优先次序用于开发"失效模式和影响分析"（failure modes and effects analysis，FMEA）。分值被分为高、中、低三档，高：>250，中：150～250，低：<150。超过 250 分的项目用红色突出，介于 150～250 分之间的项目用黄色标示，低于 150 分的项目用绿色标示（表 12.5）。

表 12.4   过滤工艺的初步风险评估

工艺步骤	质量属性								原理	得分
	蛋白质含量	纯度（聚集体/碎片）	PS 20	可见异物	不溶性微粒	无菌	澄清度	内毒素		
评分	10	10	10	10	10	10	7	10		
预冲洗体积（注射用水）	1	5	1	7	10	1	1	1	粒子与氧化物可能影响聚集体或不溶性微粒的形成	267
过滤器完整性测试（过滤前/后）	1	1	1	7	7	10	7	10	对无菌与颗粒物的影响	419
药液冲洗体积（过滤前）	5	5	10	7	10	1	5	1	蛋白质和（或）辅料在滤膜上的吸附	335
单位膜面积流速	1	7	1	1	7	1	7	1	影响切变应力并可能导致聚集	239
N₂ 压力	1	5	1	1	1	1	5	1	压力将影响流速，从而导致切变应力与发泡	145
微生物负载水平（过滤前）	1	1	1	1	1	7	1	7	微生物负载水平能够影响工艺性能	197
滤器尺寸（膜面积）	5	1	5	1	1	7	1	7	过滤器尺寸需要与预期的批量匹配	217
滤器接触时间	1	1	1	1	1	7	1	1	微生物的跨膜生长造成污染	137
结构	1	5	1	1	1	1	1	1	因滤器结构产生的切变应力（流体动力学）	117
批量	1	1	1	1	1	1	1	1	预测对 CQA 无影响	77
过滤温度	1	1	1	1	1	1	1	1	预测对 CQA 无影响	77
颗粒负载（过滤前）	1	1	1	1	1	1	1	1	对过滤膜堵塞、V_max 75% 与流速有影响	77

PS，聚山梨酯

表 12.5   定义初步风险评估值的标准

关键性分值	关键性水平	标准
<150	低	所有指定工艺参数的质量属性评分为 1
150<分值<250	中	至少 1 个参数在关键性分值为 7 的属性中得分为 7
>250	高	至少 1 个参数在关键性分值为 10 的属性中得分为 10

12.6   设计空间

这一节详述了界定无菌过滤操作的设计空间的过程。所有被指定了关键性分值的预定义工艺参数与可获取的先验知识揉在一起，然后引入设计空间的概念。根据指定的关键性分值，确定了 4 套实验来评价对

mAb-X的过滤工艺性能、流速、V_{max}的特定影响，以及因过滤工艺产生的切变应力对 mAb-X 的 CQA（纯度、可见异物与不溶性微粒）的影响。另外，为了确定无菌过滤前的冲洗体积而开展的两种过滤器与 mAb-X 溶液的相容性（特别是蛋白质和辅料吸附）研究、颗粒脱落或消耗研究、完整性测试前后起泡点测定所需 WFI 冲洗体积等研究都已进行了验证。在完成这些研究之后，采用一个简单的部分析因设计总结见表 12.6。在较高的蛋白质浓度条件（57.5 mg/ml）下（最差条件），评价 mAb-X 药品与流速和 V_{max} 的特殊影响之间的关系。

表 12.6　采用 PVDF 滤膜时 V_{max} 研究的实验设计

序号	压力（bar）	温度（℃）
1	0.5	3
2	1.0	12
3	2.0	23

12.6.1　设计空间估算

12.6.1.1　采用孔隙逐渐堵塞模型估算 V_{max}

Badminton 模型（Badmington et al. 1995）　一张滤膜在恒定压力下的过滤能力可以用孔隙逐渐堵塞模型通过 V_{max} 测试方法测定。这个方法能够根据滤液的特性与批量大小，用较少的材料精确地选择适当的滤膜尺寸。通过对于流速衰减的一般方程的适当操作：

$$\frac{d^2 t}{dV^2} = k\left(\frac{dt}{dV}\right)^n$$

其中参数 n 在逐渐堵塞模型中为 1/2，系统处于恒定压力，定义 $Q=dV/dt$，可以推导出下面的公式：

$$\frac{t}{V} = \left(\frac{K_s}{2}\right)t + \frac{1}{Q_0}$$

另外，通过对流量衰减模型进行简单的积分，并且设定当 $V=V_{max}$ 时 $dV/dt=0$，就可以推导出：

$$V_{max} = \frac{2}{K_s}$$

因此：

$$\frac{t}{V} = \frac{1}{V_{max}}t + \frac{1}{Q_i} \tag{12.1}$$

这是一个 $Y=mX+b$ 形式的线性方程，只用 t 与 V 的数据就可以绘出图形。这个案例中，用 t/V 对时间 t 作图，线性回归后该直线斜率的倒数就是 V_{max} 这个目标参数值。

为了确定哪一部分数据是线性的，根据对线性公式 12.1 中 t/V 对 t 作图的每一个点（从最终时间点倒推）都进行 r^2 的计算。当线性公式满足至少 6 个点的数据计算出的相关系数 ≥0.99 时，可以得到 V_{max} 的结果。建议选择具有最大斜率的数据点，因为它们能代表最差条件下对 V_{max} 的估算。

Brose 模型（Brose et al. 2004）　Brose 吸附性截留过滤模型（adsorptive-sequestration filtration model，ASM）也可以用来估算过滤特性。堵塞膜孔的机制在两种孔堵塞模型中是一样的。实验数据可以根据公式 12.2 来绘图。

$$\frac{t}{V(t)} = \frac{1}{J_0 A_0 P} + \frac{K_{Ads}}{A_0}t \tag{12.2}$$

其中 J_0 是在过滤开始前的初始压力归一化流量，A_0 是被测试的膜面积，P 是操作压力，K_{Ads} 是依赖于被过滤溶液的性质的吸附性滤器堵塞常数。J_0 与 K_{Ads} 从公式 12.2 的斜率与截距计算得到。与 Badminton 模型相似，在 t/V 对 t 作图的每一个点（从最终时间点倒推）都进行 r^2 的计算，并且 J_0 与 K_{Ads} 选择 $r^2 \geq$

0.999 的点的数据来计算。

除了 ASM 模型，Brose 还提出了一个筛保留模型（sieve retention model，SRM）。SRM 模型认为滤器堵塞过程是由于在滤膜表面形成薄层（或"滤饼"）而不是膜孔内形成堵塞。在滤膜堵塞过程中，形成了与过滤体积有函数关系的厚度不断增加的边界层，从而导致对流体阻力增加。为了评价与估计 SRM 模型中溶液与滤器的性质，实验数据可以用下面的公式绘制成图：

$$\frac{t}{V(t)} = \frac{1}{J_0 A_0 P} + \frac{K_{\text{Sieve}}}{2 J_0 A_0^2 P} V(t) \tag{12.3}$$

其中，K_{Sieve} 是依赖于被过滤溶液性质的滤器堵塞常数。J_0 与 K_{Ads} 从公式 12.3 的斜率与截距计算得到。与前面提到的其他模型类似，用 t/V 对 V 作图的每一个点（从最终时间点倒推）都进行 r^2 的计算，并且 J_0 与 K_{Sieve} 选择 $r^2 \geqslant 0.999$ 的点的数据来计算。

ASM 与 SRM 模型都可以用来分析过滤数据。Brose 建议如果 t/V (t) 对 t 作图是线性的，则用 ASM 模型来计算；如果 t/V (t) 对 V 作图是线性的，则用 SRM 模型描述过滤工艺更为合适。在某些案例中，两个方程都不能得到直线，那么就假设两种机制都在一定程度上发挥了作用。Brose 等建议使用一种保守的方法，即采用低于预计的流量来代入模型计算，这种模型可能导致过滤系统的过度设计或滤器面积过大。

12.6.1.2   模型估算滤过液体体积

对于 Badmington 的逐渐孔隙堵塞模型来说，过滤溶液的体积与时间的函数关系可以用公式 12.4 来估算：

$$V(t) = \frac{A_0}{\frac{1}{V_{\max}} + \frac{1}{Q_1 t}} \tag{12.4}$$

对于 Brose 的 ASM 模型（与逐渐孔隙堵塞模型类似）来说，滤过溶液的体积与时间的函数关系可以用公式 12.5 来估算：

$$V(t) = \frac{J_0 A_0 P_t}{1 + J_0 K_{\text{Ads}} P_t} \tag{12.5}$$

与公式 12.4 对比，12.5 方程中引入了压力参数，这样在评估压力对滤过体积的影响时具有优势。

对符合 SRM 模型的过滤工艺来说，滤过体积可以根据下面的公式来估算：

$$V(t) = \frac{A_0}{K_{\text{Sieve}}} (\sqrt{1 + 2 J_0 K_{\text{Sieve}} P t} - 1) \tag{12.6}$$

12.6.1.3   在线过滤的流速估算

作为时间的函数，流速可以用从 Brose 模型（Brose et al. 2004）推导出的公式 12.7 来估算：

$$Q(t) = \frac{A_0 J_0 P}{(1 + J_0 K_{\text{Ads}} P t)^2} \tag{12.7}$$

温度对归一化流速 J_0 的影响可以用公式 12.8 估算：

$$J_0(T) = J_0(20^\circ\text{C}) \frac{\eta(20^\circ\text{C})}{\eta(T)} \tag{12.8}$$

其中，mAb-X 的黏度与温度的函数关系可以用公式 12.9 来表示：

$$\eta(T) = \exp\left(-7.8843 + \frac{5413.53}{1.987 T}\right) \tag{12.9}$$

12.6.1.4   批过滤的时间估算

基于 Brose 模型，在跨膜压力 P 下通过滤膜面积 A 过滤一定批量 V_{B} 的液体所需要的时间可以通过公式 12.10 来估算：

$$t = \frac{V_B}{J_0 P(A - V_B K_{Ads})} \tag{12.10}$$

J_0 与 K_{Ads} 可以用来自小规模实验的数据代入公式 12.2 计算得到。

12.6.1.5　过滤面积的估算

根据 ASM 模型（10），在指定时间 t 内，过滤指定批量 V_B 的液体所需的过滤面积可以用公式 12.11 来估算：

$$A_{min} = V_B \left(\frac{1}{J_0 t P} + K_{Ads} \right) \tag{12.11}$$

根据 SRM 模型（Daniel et al. 2004），最小过滤面积可以用公式 12.12 来估算：

$$A_{min} = \frac{V_B K_{Sieve}}{\sqrt{1 + 2 J_0 K_{Sieve} P t} - 1} \tag{12.12}$$

对于逐渐堵塞模型（Badmington et al. 1995）来说，最小过滤面积 A_{min} 可以用公式 12.13（基于滤器尺寸的 V_{max}）和公式 12.14（基于滤器尺寸的流速）来估算：

$$A_{min} = \frac{V_B}{V_{80}} \tag{12.13}$$

其中 V_{80} 代表流速达到初始值的 20% 时的滤过体积。

$$A_{min} = \frac{V_B}{K Q_i t_{filtration}} \tag{12.14}$$

其中 $t_{filtration}$ 代表需要的最大过滤时间（通常认为是 1 h），K 是流量衰减系数，对大多数过滤工艺来说初始估值为 $K \approx 0.9$。

12.6.1.6　表面积安全因子

为了解释来自过滤参数（压力、温度）与滤器特性（批次间差异）的偏差，在工艺放大的过程中经常使用表面积安全因子。一些供应商目前使用参数 V_{75} 作为衡量大生产规模的滤器大小的一个标准。V_{75} 可以通过公式 12.15 来估算：

$$V_{75} = V_{max} \left(1 - \sqrt{\frac{Q}{Q_i}} \right) \text{where} \frac{Q}{Q_i} = 25\% \tag{12.15}$$

或者，计算 V_{75}/V_{max}

$$\frac{V_{75}}{V_{max}} = 0.5 \tag{12.16}$$

此时，认为有 50% 的过滤面积被堵住或者不能被利用（Badmington et al. 1995），如公式 12.16 所示。公式 12.17 给出了过滤指定批量体积 V_B 所需的最小表面积 A_{min}：

$$A_{min} = \frac{V_B}{V_{75}} \tag{12.17}$$

因此，推荐每单位表面积的过滤体积是计算所得 V_{max} 的一半，或反过来，对于一定体积的液体，推荐把表面积增至 2 倍。

为了避免在流量或时间收益递减非常明显的条件下操作，需要确定允许的堵塞百分比（% Plugging）。堵塞百分比用下面的公式来计算：

$$\% \text{Plugging} = \left(1 - \frac{Q}{Q_0} \right) \times 100\% = \left(1 - \frac{J}{J_0} \right) \times 100\%$$

其中，Q 与 J 是任一点的流速和流量，Q_0 与 J_0 是初始的流速和流量。建议大生产中使用 75%（$0.5 V_{max}$）

的最大允许堵塞百分比（% Plugging），而在临床批次生产中使用 50%（$0.29V_{max}$）的堵塞百分比，因为临床批次生产中变异性更大。

12.6.2 过滤能力测定（V_{max}）试验研究

大约 0.7 kg 的 mAb-X 被注入不锈钢缓冲罐中。压力罐采用一个可调节的室内氮气线提供 12 psi 的压力。压力罐的出口加装一个 47 mm 的测试用过滤外壳，里面封装一个 $0.22\ \mu m$ 的 PVDF 测试过滤盘，安装 2 L 的特氟龙（teflon）瓶子作为可测量 32 kg 皮重的接收罐。测试开始前，过滤器后面的管子用止血钳封住。设备被组装起来，加压并达到平衡。将过滤器中的气体排空，然后立刻移走止血钳并开始测量。累计重量每隔 20 s 记录一次，持续测量 31 min，然后记录的时间间隔延长到 1 min 继续测量 23 min。当发现流速已经降到初始流速的 50% 以下时，测定结束，并将剩余的液体转移到最终的容器中。

随时间变化的累积质量数据按照标准方法（时间/质量 $vs.$ 时间）作图，可以推导出 V_{max} 值。绘制的数据与包括残差的回归分析见图 12.2 和 12.3。

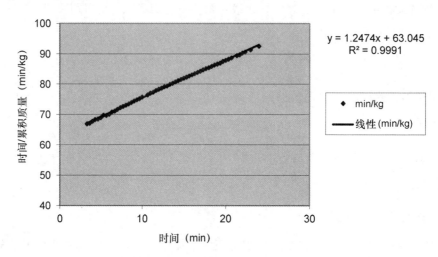

图 12.2 累积质量与时间的线性关系

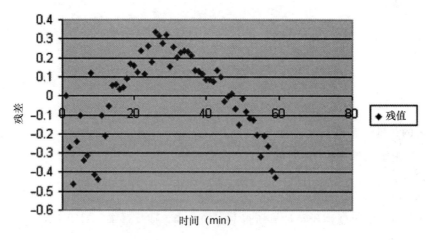

图 12.3 模型残值

残差对时间作图显示为另一种不同的过 0 点的近似抛物线的单弧线形式，表明存在其他潜在的高阶作用没有被纳入这个模型。线性模型的 r^2 值为 0.9991，说明线性模型对数据的拟合很好，足以外推。另外，残差随着时间增加说明流速衰减曲线向下偏转，转而又会导致较小的斜率和较高的 V_{max}（1/m）值。因此，早期数据得到的 V_{max} 值将代表最差情况。

如图 12.2 所示，最佳拟合线的斜率是 1.2474。斜率的倒数被用来计算 47 mm 测试滤器的 V_{max}，结果是 0.801 667 kg。由于过滤器周围有 2 mm 周长的垫圈材料密封，该测试过滤器的总有效过滤面积是：

$$\left[\left(\frac{0.047}{2}\right) - 0.002\right]^2 \times \pi = 0.00145 m^2。$$

最终 V_{max} 是

$$\frac{0.801\ 667 kg}{0.00\ 145 m^2} = 552.87\ \frac{kg}{m^2}。$$

假定总滤膜面积是 0.18 m² 与 0.7 m²，则过滤器的 V_{max} 值如以下计算结果所示：

$$552.87\ \frac{kg}{m^2} \times 0.18 m^2 = 99.52 kg$$

$$552.87\ \frac{kg}{m^2} \times 0.7 m^2 = 387.00 kg$$

由于过滤介质降低了过滤器的可渗透性，同时流速与假定过滤容积的平方成反比，通常不推荐过滤超过 V_{max} 计算值 50% 量的物料。在过滤量达到 V_{max} 的 50% 时，流速大约是初始流速的 25%，随后快速降低到不能接受的水平。因此，对于一个过滤面积为 0.18 m² 的过滤器，推荐过滤不超过 49.80 kg 的 mAb-X，对于一个过滤面积为 0.7 m² 的过滤器，则推荐过滤不超过 193.50 kg 的 mAb-X。

12.6.3　不同温度下的过滤器特性

在目标工艺中，大生产场所的批过滤与在线过滤工艺都能在 3～25℃ 温度范围与 7～14.5 psi 压力范围下进行。由于过滤过程中流速对温度非常敏感，作为温度范围的函数，做 V_{max} 试验或用小规模验证模型来估计流速与 V_{max} 值是十分必要的。作为温度的函数，进行过滤试验，正如预期，3℃ 下过滤同等量的溶液比 12℃ 要慢，与 20℃ 的过滤速度相比就更慢。每个温度下用新材料至少开展 3 次试验。为了估算过滤系数，按照公式 12.1 与 12.2 的形式将数据绘图。图 12.4 中展示了 $t/V(t) = f(t)$（逐渐孔隙堵塞模型与 ASM 模型）绘制图的结果。作为温度函数的过滤特性可以从图 12.4 中曲线的斜率和截距估算得到，结果见表 12.7。过滤特性参数选择 $r^2 \geq 0.999$ 的点的数据来计算。

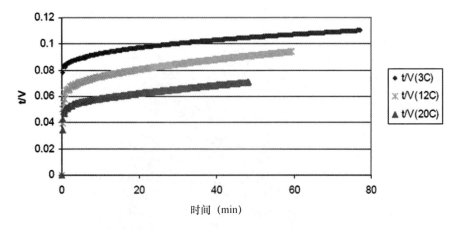

图 12.4　不同过滤温度下 mAb-X 的 $t/V(t) = f(t)$ 图。过滤压力为 10 psi

表 12.7　采用 47 mm PVDF 滤膜过滤 57.5 mg/ml mAb-X 的流体性质的估算（10 psi，流体性质在 $r^2 \geq 0.999$ 的数据点估算）

温度（℃）	吸附截留模型		逐渐孔隙堵塞模型	
	J_0 ml/(min·psi·cm²)	K_{Ads} cm²/ml	V_{max} L/m²	Q_i L/(m²·h)
20	0.1257	0.00356	2798	759
12	0.0990	0.00401	2385	589
3	0.0695	0.00289	3390	425

如上表所示，流速（J_0）随着温度的下降而降低，最可能是由于液体黏度的增加。在各个温度下 J_0 的计算值与实际值相比差异不超过 5%，表明可以用 $J_0(20℃)$ 的值与公式 12.8 和 12.9 来估算 3～20℃ 范围内任一指定温度的 $J_0(T)$ 值。表 12.7 中列出的过滤特性参数的实验结果可以用于不同温度下所使用的滤器筛选。

12.6.4 批过滤

在大生产场所进行灌装封口的 mAb-X 药品的批量一般在 30～150 L。不同批量的 mAb-X 批过滤的推荐最小过滤表面积（m²）用公式 12.11 估算，然后作为温度、压力和批量的函数绘制成图（图 12.5）。

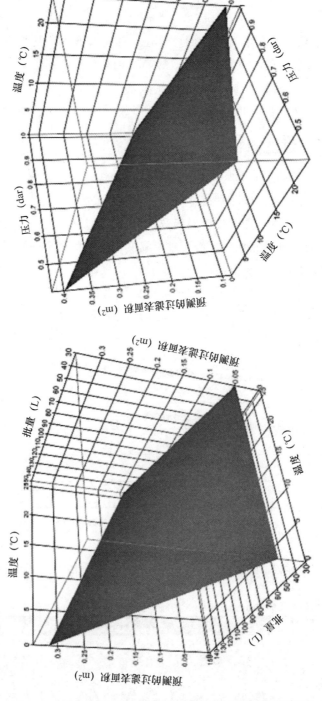

图 12.5 作为批量、温度和压力函数的过滤表面积的估算

　　不同批量 mAb-X 的批过滤时间（min）与温度和压力的函数关系用公式 12.10 及表 12.1 中的流体特性参数来估算（图 12.6）。将表面积安全因子设定为 2 纳入计算。用 10 英寸（0.69/2 m²）的 Durapore 过滤器来计算。

　　计算结果显示在最差条件（4℃与 0.5 bar）下过滤 150 L 的 mAb-X 原液耗时高达 95 min，这比正常期望的时间（≤1 h）要高。如果 95 min 的过滤时间在实际操作中不可行；可以选择使用两个滤器平行过滤或增压过滤。

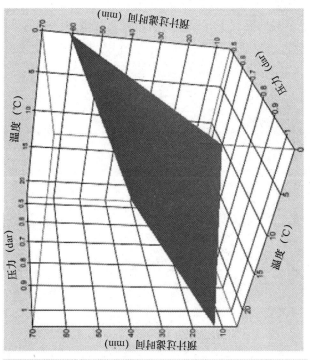

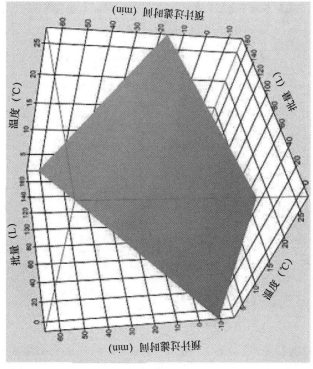

图 12.6　作为批量、温度和压力函数的过滤时间的估算

12.6.5　在线过滤（除菌过滤）

大生产工艺要求待灌封的批量原液（bulk drug substance，BDS）在 2～8℃下储存在储液罐中。BDS 在 7 psi 的恒定压力下通过一个过滤器从储液罐中转移到缓冲罐中。除菌过滤工艺的一个要求是在整个灌装工艺中，过滤流速与灌装速率一直都保持匹配，没有任何中断或延迟。根据 250 支注射器/分钟/0.98 毫升的灌装速率，估算出最小过滤流速为 14.7 L/h。由于在恒定压力下流速会因为滤器堵塞而不断变化，必须要确定适宜尺寸的滤器以保持在整个过滤期间（特别是过滤工艺终点时）的流速都能够超过最小流速 14 L/h。在安全因子为 2、不同的温度下并保持流速始终超过最小流速的条件下，对不同尺寸的 PVDF 滤器进行表征并评估它们能够过滤原液的最大体积。公式 12.5 与 12.7 以及表 12.4 中总结的过滤特性参数可用于确定滤过液的体积与流速，结果绘制在图 12.7、12.8 与 12.9 中。

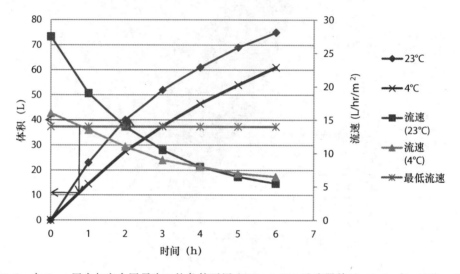

图 12.7　在 7 psi 压力与安全因子为 2 的条件下用 Millipak-200 过滤器单元（0.1 m²）过滤 mAb-X

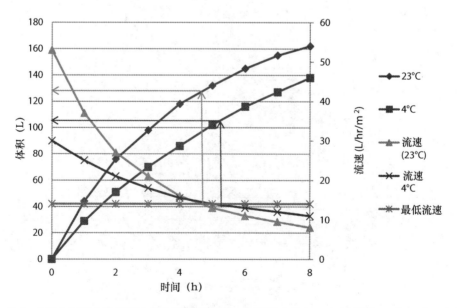

图 12.8　在 7 psi 压力与安全因子为 2 的条件下用 Millipore 4 英寸 Durapore 过滤器（0.19 m²）过滤 mAb-X

基于在绘图数据中的最差条件（4℃和 0.5 bar）下的计算结果，能够估算出当保持流速不低于最小要求流速 14.0 L/h 时，Millipak-200 过滤器最多能过滤 12 L 药液，而 4 英寸与 5 英寸 Durapore 过滤器分别能够过滤 105 L 和 280 L 药液。根据批量的要求，这几种过滤器都能使用。5 英寸 Millipore 0.22 μm Durapore 过滤器被推荐用于 4～20℃温度范围内批量为 150 L 的 mAb-X 的在线过滤，该滤器能够提供超过 150 L 的额外余量。

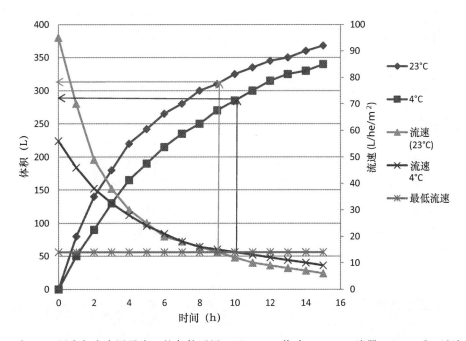

图 12.9　在 7 psi 压力与安全因子为 2 的条件下用 Millipore 5 英寸 Durapore 滤器（0.35 m²）过滤 mAb-X

推荐用于在线过滤的过滤器型号是 0.22 μm 的 Millipore Durapore 5 英寸 Opticap XL 囊式滤器。

以上结果显示该 PVDF 过滤器符合平台方法（mAb-A、mAb-B 与 mAb-C）覆盖的设计空间。

12.6.6　产品质量评估：多重过滤对产品质量的影响

mAb-X 产品需要进行每次更换新滤器的多重过滤（3 次），且对过滤前后的滤液进行收集。专门的聚山梨酯 80 检测方法与反相高效液相色谱（RP-HPLC）被用来评价由于吸附造成的损失。多重过滤对 mAb-X 蛋白质完整性的应力影响也用 SE-HPLC 与 CEX-HPLC 等指示稳定性的分析方法进行评价，结果见表 12.8。过滤前后结果的对比表明多重过滤不会使 mAb-X 因吸附而损失，对 mAb-X 的纯度也没有不利影响。

表 12.8　SE-HPLC，CEX-HPLC，RP-HPLC 和 PS 80 过滤测试结果

样品	SE-HPLC		CEX-HPLC			RP-HPLC	%PS 80 (w/v)
	高分子量峰 %	主峰 %	酸性异质体峰 %	主峰 %	基础峰 %	浓度 (mg/ml)	
预过滤	0.6	99.40	3.753	93.926	2.321	50.20	0.104
在过滤 10 ml 后的三重过滤	0.70	99.30	3.812	93.749	2.438	49.06	0.101
在过滤 20 ml 后的三重过滤	0.82	99.18	3.721	93.811	2.468	50.80	0.105
在过滤 30 ml 后的三重过滤	0.57	99.43	3.767	93.777	2.456	51.05	0.110
在过滤 40 ml 后的三重过滤	0.45	99.60	3.763	93.906	2.331	50.31	0.107

多重过滤后的滤过液也进行了可见异物与不溶性微粒分析以检测是否有颗粒脱落。采用 HIAC 检测不溶性微粒（$\geqslant 10\ \mu m$ 和 $\geqslant 25\ \mu m$）。经过认证的检查员来进行可见异物的目检。没有发现可见异物，且不溶性微粒的数量也远低于 USP 的限度。

以上测试结果证实了平台工作的发现（先验知识），即对 PVDF 滤器进行 100 ml 冲洗后，对处方组成没有任何影响，也没有发现颗粒污染。因此，确定并建议 3 个 GMP 生产相关选项：

选项 1：为了冲淡或中和损失效应，等灌装机的缓冲罐被 mAb-X 药品装满后再开始灌装工艺。

选项 2：将 mAb-X 药品通过滤器再循环返回供料罐，这样可以保证如果滤膜有蛋白质吸附的话，在灌装开始前吸附达到饱和。

选项 3：弃掉装有前 300～500 ml 产品的药瓶。

12.7 控制策略

以下案例中概述的是对这个除菌过滤案例研究中指定的工艺参数的控制策略。进行设计空间研究的结果是为了区分出 CPP、重要工艺参数（KPP）与一般工艺参数（GPP），如表 12.9 所示。按照这种认定，控制策略被定义为削弱指定参数的关键性、并且符合表 12.10 中每个单元操作的工艺参数的证实可接受范围（proven acceptable range，PAR）与正常操作范围（normal operating range，NOR）的要求。基于控制水平与消除相应风险的有效性（风险水平$\leqslant 200$），CPP 将变成 WC4793 CPP。

表 12.9   无菌过滤工艺参数的控制策略

序号	参数	名称（CPP/KPP/GPP）	控制策略
1	注射用水的预冲洗体积	CPP	遵照注射用水预冲洗体积的 NOR 与 PAR 说明和批记录文件
2	滤膜完整性测试（过滤前、后）	CPP	遵照说明和批记录文件
3	药液的冲洗（预运行）体积	CPP	遵照药液冲洗体积的 NOR 与 PAR 说明和批记录文件
4	单位滤膜面积流速	CPP	遵照滤器说明文件，N_2 压力的 NOR 与 PAR 说明和批记录文件
5	构成材料	CPP	遵照滤器说明文件和批记录文件
6	N_2 压力	CPP	遵照 N_2 压力的 NOR 与 PAR 说明和批记录文件
7	滤器尺寸（基于 V_{max} 80% 得到的单位面积的过滤体积）	CPP	遵照基于批量的说明文件
8	过滤温度（室温）	GPP	环境控制

12.8 最终风险评估

如果 NOR/PAR 的范围比较宽，那么某个工艺能够达到这个界限的内在风险很低，则具有较低的风险值。较窄的范围则比较难以控制，会转化为较高的风险值。控制策略可以被认为有高/严格、中、低三种。对一个系统进行严格控制与中等控制或低控制相比，具有较小风险。PP 风险的等级为 CPP＞KPP＞GPP。对表 12.11 中显示的每个名称、参数的 NOR/PAR 宽度和控制策略水平赋值。从这些值中可以计算出一个风险缓解值。

表 12.10　无菌过滤工艺参数的控制策略

工艺参数	质量属性	工艺范围研究	PAR	NOR	目标	范围的说明
注射用水的预冲洗体积	可见异物,不溶性微粒,澄清度	1~50/L	>10/L	>20/L	20/L	基于颗粒脱落研究
滤膜完整性测试(过滤前)	可见异物,不溶性微粒,澄清度,内毒素,无菌	必须通过供应商规定的最小水润湿起泡点检测	必须通过供应商规定的最小水润湿起泡点检测	必须通过供应商规定的最小水润湿起泡点检测	必须通过供应商规定的最小水润湿起泡点检测	与供应商质量标准一致
批量(过滤体积)	预计对 CQA 无影响	0.5~200 L	30~200 L	30~150 L	150 L	基于 V_{max75} 研究
N_2 压力	聚集体	0.5~2 bar	0.5~2 bar	0.5~1 bar	0.7 bar	X-mAb 药品特性研究
过滤温度	预计对 CQA 无影响	4~23℃	4~23℃	4~23℃	18℃	X-mAb 药品特性研究
滤器尺寸:批量过滤(基于 V_{max} 75% 得到的单位面积的过滤体积)	PS 80 含量,微生物负载,无菌					X-mAb 药品特性研究
药液的预冲洗体积	蛋白质含量,PS 80 含量,可见异物,不溶性微粒	0~1 L	0~1 L	0.3~0.5 L	0.3 L	X-mAb 药品特性研究
药品的过滤时间(滤器接触时间)	无菌	36 h	≤24 h	≤12 h	≤8 h	排除滤膜内细菌生长
滤膜完整性测试(过滤后)	无菌	必须通过供应商规定的最小水润湿起泡点检测	必须通过供应商规定的最小水润湿起泡点检测	必须通过供应商规定的最小水润湿起泡点检测	必须通过供应商规定的最小水润湿起泡点检测	与供应商规定的起泡点相适应的膜孔尺寸

表 12.11　风险评估值

风险值	名称	参数 NOR/PAR 宽度	控制策略级别
1	GPP		高
3		宽	
5	KPP		中
7		窄	
9	CPP		低
风险缓解值＝名称×NOR/PAR 宽度×策略控制水平			

当风险缓解值≤200 时，被认为风险缓解。当风险缓解值＞200 时，则需要额外的缓解策略。这个临界点表示：

- 具有较窄 NOR/PAR 的 CPP 必须得到严格控制以通过 200 临界点（被认为得到缓解）；
- 具有较宽 NOR/PAR 的 CPP 必须得到中度甚至严格控制以通过 200 临界点；
- 具有较窄 NOR/PAR 的 KPP 必须得到中度甚至严格控制以通过 200 临界点，具有较宽 NOR/PAR 的 KPP 通常能够通过 200 临界点；
- 具有较窄 NOR/PAR 的 GPP 通常能够通过 200 临界点；
- 具有较宽 NOR/PAR 的 GPP 通常能够通过 200 临界点。

最终风险评估验证了建立的控制策略足以减轻所有工艺参数的风险程度，并证明了对整个过滤工艺的控制，见表 12.12。

表 12.12　过滤工艺的风险缓解评估

参数	名称 CPP/KPP	风险值	NOR/PAR 宽度	控制策略水平	风险缓解值（D×W×C）	风险缓解与否（是/否）（D×W×C≤200）
注射用水的预冲洗体积	CPP	9	3	1	27	是
滤膜完整性测试（过滤前）	CPP	9	7	1	63	是
批量（过滤体积）	KPP	5	3	1	15	是
N_2 压力	KPP	5	7	1	35	是
过滤温度	GPP	1	7	1	7	是
滤器尺寸（基于 V_{max}80% 得到的单位面积的过滤体积）	CPP	7	7	1	49	是
药液的预冲洗体积	CPP	9	3	1	27	是
药品的过滤时间（滤器接触时间）	KPP	5	3	1	15	是
滤膜完整性测试（过滤后）	CPP	9	7	1	63	是

12.9　工艺实证/验证

基于对过滤操作工艺的全面特征研究和高水平的先验知识，结合根据预期批量大小来定义过滤器与工艺参数规格的数学建模，有效缩小比例模型对验证过滤工艺具有很好的科学理解。该方法可以省去正式的工艺实证/验证，只需要在大生产规模下进行持续的工艺验证/监测。

致谢　感谢 Amgen 的同事 Fuat Doymaz 和 Undey Cenk 在技术探讨与绘图上的帮助。

参考文献

American Society for Testing and Materials (ASTM) Committee F-21 (1988) Standard test methods for determining bacterial retention of membrane filters utilized for liquid filtration, Annual book of ASTM standards, pp 790–795. West Conshohocken

American Society for Testing and Materials (ASTM) (2005) Standard F838-83 now F838-05, Standard test method for determining bacterial retention of membrane filters utilized for liquid filtration. 1983, Revised 1988

Badmington F, Honig E, Payne M, Wilkins R (1995) Vmax testing for practical microfiltration train scale-up in biopharmaceutical processing. Pharm Technol 19:64–76

Brose DJ, Dosmar M, Jonitz MW (2004) Membrane filtration. In: Nail SL, Akers MJ (eds) Development and manufacture of protein pharmaceuticals. Pharmaceutical biotechnology series, vol 14. Springer, New York, pp 213–279

FDA (2004) Center for drugs and biologics and office of regulatory affairs, Guideline on sterile drug products produced by aseptic processing, Rockville

U.S. Department of Health and Human Services Food and Drug Administration Center for Drug Evaluation and Research (CDER) Center for Biologics Evaluation and Research (CBER) Center for Veterinary Medicine (CVM) Office of Regulatory Affairs (ORA) (2006) Guidance for industry quality systems approach to pharmaceutical CGMPs regulations. Pharmaceutical CGMPs

Jornitz MW, Meltzer TH (2000) Sterile filtration a practical approach. Marcel Decker, New York

Jornitz MW, Meltzer TH (2006) The scaling of process filters by flow decay studies. Bio Process J 5(4):53–56

Jornitz MW, Agalloco JP, Akers JE, Madsen RE, Meltzer TH (2001) Filter integrity testing in liquid applications. Pharm Technol 25(10):34–50

Sundaram S et al (2001) Protein adsorption in direct flow filtration: testing at laboratory scale and strategies for minimizing adsorptive losses. Genet Eng News 21(14):1–6

第 13 章

基于 QbD 的灌装工艺开发与放大

Feroz Jameel，Cenk Undey，Paul M. Kovach and Jart Tanglertpaibul

赵子明　译，高云华　校

13.1　引言

"工艺造就产品"的格言是正确的。按处方配制的原料药在被做成能够让患者或医护人员使用的药品前需要经过许多生产中的单元操作。灌装工艺是生产中一个关键的单元操作并且得到重点关注和严格检查，因为灌装操作具有诱导应力使蛋白质分子形成聚集物或粒子的可能（Cromwell et al. 2006；Vzquez-Rey et al. 2011；Meireles et al. 1991）。另外，灌装工艺也要求能做到剂量（灌装量）精准且不外溅不漏滴。

为保证药品的品质，对各种灌装机功能、操作条件与能够影响药品产品质量属性和品质的参数等的原则必须有一个全面理解。QbD 方法在开发针对有不同黏度与温度且对切变应力敏感的蛋白质产品的罐装工艺时是非常有用的，因为它能够基于可靠的科学与质量风险管理 ［ICH Q8（R2）；ICH Q9；ICH Q10；U. S. Department of Health and Human Services Food and Drug Administration Center for Drug Evaluation and Research（CDER），Center for Biologics Evaluation and Research（CBER）Center for Veterinary Medicine（CVM）Office of Regulatory Affairs（ORA），Pharmaceutical CGMPs 2006；Website www. ich. org，Quality-Guidelines-menu，under Q8，Q9 and Q10］. 去理解产品和生产工艺。QbD 的组成要素包括：①目标产品质量概况（QTPP）；②先验知识；③关键质量属性（CQA）；④风险评估，将物料属性和工艺参数与药品 CQA 联系在一起；⑤设计空间；⑥控制策略；⑦产品生命周期管理与持续改进。

在本章，将通过一个模拟案例研究来说明 QbD 的各种要素在一种 mAb-X 预充式注射器（prefilled syringe，PFS）形式的产品商业化灌装工艺的开发与转化中的应用。

13.2　目标灌装工艺的定义

注射器针管与针头零件已在大容器中预先灭菌，可直接使用。注射器活塞从供应商处购来时是经过漂洗、硅化与灭菌的，可直接使用。该预充注射器填充的目标装量是 1.07 g、警戒限度为 ±0.02 g 以及纠偏限度为 ±0.03 g。整套设备包括组装安装 2 ml 泵、泵控制阀、14 ga 喷嘴与硅胶管。灌装速度与缺陷在产品被泵过管线同时空气被抽走后进行调整。根据灌装重量用天平来调整和确认灌装体积。当设备安装完毕后，一批 100～150 L（相当于 100 000～150 000 支注射器的装量）的液体将以单一模式被灌装，每灌装 30 支注射器就会进行灌装重量检查（n＝3）。

通常在拥有 10 头旋转活塞泵的目标灌装生产线上，采用 25 支注射器/（分钟·喷嘴）的灌装速度，

150 L 的 mAb-X 配伍药品将用 10 h 灌装完毕。同样的速度在拥有 16 头蠕动泵的目标灌装生产线上大约用 6 h 完成。此灌装工艺的时间不超过培养基灌装挑战验证的 36 h 灌装时间极限。在灌装工艺中，处方的滴落、吸附、发泡与速度限制都将被考量，所有的观察结果将被记录下来。灌装完成后，利用一个在线 HYPAK 高压灭菌活塞放置装置（autoclarable stopper placement unit，ASPU）将活塞放置在注射器针管中。

对药品 PFS 将进行 100％人工检查。人工检查包括由认证的检查员进行目检。认证的检查员将进行如可见异物、溶液颜色与澄明度等一小部分项目的检测。人工检查完成后，PFS 将从容器中被转移到 Rando 托盘中。通过检查的注射器将被贴上标签、包装起来并在 2～8℃条件下储藏。

工艺要求　由于前期研发工作显示药品对切变应力敏感，因此选择不会施加切变应力并阻止聚集物或粒子形成的灌装机与灌装参数是非常关键的。另外，除了达到灌装重量的精度（$Cp_k \geqslant 1.4$ 和用公差灌装重量），灌装机与灌装工艺应不会引起药液在泵内或在喷嘴外滴漏或变干。

商业策略与要求　为了满足供应商/市场的要求，各生产场所经常接受认证并进行预生产和（或）后续整改。在这些情况下，生产场所可能共存多种不同机制的泵（灌装技术），并且产品可能不得不采用多种灌装技术来灌装。因此，要求或预期需要根据多种灌装技术对产品进行评估，并且生产工艺的开发/表征和多种灌装技术的设计空间需要按照需求准备实施。历史上在注射器灌装的案例中，由于旋转活塞或时间压力灌注系统非常符合注射器灌注的预期或要求，并且在生产精密度、提高产量与减少设备检修期上都具有显著的优势（Sethuraman et al. 2010），它们经常被应用于注射器的灌装。然而，在时间-压力技术中，相比 Bosch-Stroebel 灌装机来说，Innova 灌装机可以作为最差条件，因为它缺少孔板并且喷嘴内径比孔板更宽。

在时间/压力灌装机设计中，相较旋转活塞式灌装机而言，产品从中间容器到超窄孔板的过程中会处于高切变率和不同气-液表面相互作用下。另外，时间-压力灌装系统在液体流路中有特氟龙（Teflon）管道，产品会与之接触。而在旋转活塞式灌装机中，产品不会与特氟龙材料有接触。

近来，蠕动泵被证明是对切变应力敏感并且易于形成粒子的蛋白质产品的最佳选择（Kiese et al. 2008；Gomme et al. 2006）。这些灌装机基于不同的机制或原理运行，对药品产生不同性质的应力。认为某一种灌装机相比另一种设备是最差条件的想法将会是一种误导，反之亦然。因此，有必要慎重地将所有类型的灌装技术分别独立表征。

13.3　先验知识

13.3.1　文献综述

这部分综述了各种类型灌装机的基本原理、能力和局限性，以及能够影响产品质量的工艺参数。灌装技术包括容积式泵、时间-压力泵、蠕动泵和质量流量泵。通常，根据溶液性质、生产需要和生产现场可用设备等来选择灌装系统的类型。各种不同的灌装机以及它们的属性列在表 13.1 中。

活塞泵灌装机　这些活塞泵是设计用来精准计量液体量的空气驱动的自吸式容积泵，视产品不同其精度可以达到＋0.5％或更高。灌装体积通过调整测微计控制预置。随着液体活塞的下降，液体内腔中产生一个真空度，它能够打开进口止回阀隔膜并关闭出口止回阀隔膜。这种操作允许液体内腔自吸装填。在活塞上升时，内腔中的液体因活塞运动而增压，压力会打开出口止回阀隔膜并关闭进口止回阀隔膜。活塞运动会使液体排出泵进入系统。这种系统的优势是对产品的切变应力较小，但是整个操作过程中产品接触的部位较多，也比较难以清洗与灭菌。

表 13.1　不同灌装机的属性

泵类型	产品接触表面	机械功能	驱动力	控制	灌装精度(%目标内)	产品潜在影响	产品物理性质对温度变化的敏感性	灌装体积 >1 ml	灌装体积 <1 ml	需要易于访问 CIP/SIP 部件
旋转式活塞泵[b]	不锈钢 316	旋转与冲程	活塞	冲程长度	0.5	活塞的切变	++	++	+	−
滚动隔膜泵[b]	不锈钢 316，橡胶	冲程	隔膜	冲程长度	0.5	极小	++	++	+	−
蠕动泵[a]	硅胶管	滚动与压缩	滚压机	转速	1.0	极小	+	+	−	+
可控压差定时灌装机[a]	硅胶管与特氟龙管	夹管阀	压力	时间	0.5	极小	−	++	++	++

＋＋，非常适用；＋，适用；－，不优先使用

[a] 参考文献：Pharmaceutical filling system overview by Optima-Pharma 02/2008

[b] 基于以往的知识

旋转式活塞泵（容积式）　这是一个常用的灌装机制，它由一个活塞、配套气缸以及在两者之间形成紧密间隙的气缸组成。泵的气缸由两部分组成，进料口和出料口。当泵缸垂直上升或下降时，活塞通过旋转来开闭进料口和出料口。当活塞转动且气缸向下运动时，为液体从进料孔进入泵缸提供了通路。活塞接着转动，当气缸向上运动时，液体通过出料孔被压送出泵到灌装针处。在这种类型的泵中还整合了一个控制阀，可以控制流进流出泵的液体量。这种系统的优势之一是可以连续运转并且可以快速精确地灌装非常小的体积。然而，这种旋转泵系统也有缺点：①在操作过程中产品自身作为泵润滑剂；②由于泵的活动部分与产品持续接触，长时间后泵的涂层材料或不锈钢材料可能从泵表面脱落，导致微粒异物或蛋白质聚集体；③由于活塞与气缸的间隙仅有 0.006 mm，极有可能在两者界面产生明显的切变应力。泵运动产生的切变应力可能使蛋白质展开导致蛋白质吸附在泵的表面，最终产生产品稳定性的问题。对于那些对切变应力敏感的蛋白质，在工业化灌装前，强烈推荐完整地评价这种灌装技术的影响。

蠕动泵系统　这类系统本来是设计用来流体输送而不是用来高速精准灌装的。这个系统是马达驱动机械轧辊，将压力施加到柔性软管上，对输送的液体产生吸力和压缩力。软管在接受挤压后的恢复时产生了一个真空度，此真空度吸取更多液体进入管子，产生了一种轻柔的泵吸作用，此泵吸作用对管内产品的损伤最小，特别是与容积泵系统相比。

通过改变如何将弹性软管夹在装置上的动力学，机械装置已变得具有更好的可重复性。如前所述，这种灌装具有完全的即用即抛的特点，几乎没有产品交叉污染的可能，同时灌装重量与温度无关。它的缺点是对产品的黏度有限制、管子会松弛，以及灌装精度比旋转泵稍差。

可控压差定时（time-over-pressure，TP）系统　可控压差定时灌装技术利用加压罐与夹管阀打开或闭合连接储料罐与灌装针之间的硅胶管，这个系统控制储料罐顶部空间的压力与温度的能力使其比泵系统更加精确。这些系统中产品在规定的时间内被过滤气体（干净的氮气或压缩空气）产生的压力驱动，系统中没有泵的作用。灌装精度与产品的温度与黏度、管道内压力、液流时间、灌装针头直径及液流孔径有关。储料罐和供液歧管被维持在恒定的压力和温度下。此系统内部压力的维持一部分原因是仅有经允许的产品能够经过极小的孔从多路供液管出去，其液流还受伺服电机或夹管阀的控制。这些孔与灌装针用软管相连。快速反应步进电机或伺服电机控制着夹管阀的活动，夹管阀基于预设的目标灌装重量、灌装范围、产品密度与流速来调节适当的时间内通过管路内产品流量。通过一个整合的可编程逻辑控制器（PLC），灌装控制的调节能够反映产品温度的变化。

TP 系统的优势包括：产品流路中没有任何机械运动部件，因此产品不会接触可能脱落外来粒子的部件。步进电机或伺服电机、PLC 与数学算法的使用让灌装控制能够根据实时监测与校正的温度和压力参数进行持续调整。这些优点让 TP 系统比其他可选择系统（如容积泵）具有更高的精密度。另外，TP 系统中需要清洗和灭菌的部分也较少。TP 技术有两个主要的缺陷。它利用小孔来控制灌装精度，这些孔约束了产品液流可能会导致产品在经过小孔转移到单条灌装管线的过程中大部分时间受到较高的切变应力作用。这种高切变应力对蛋白质产品可能是有害的（Sethuraman et al.）。因此，使用 TP 系统灌装工艺中切变应力对产品的影响需要作为技术评价的一部分进行评价。另外，TP 系统在灌装开始时需要花更多的时间去调整，并且需要控制和修正产品的温度，因为温度会影响产品液流的性质。

13.3.2　降低切变率

药品在流经喷嘴和管路时受到大量的切变应力作用，这种切变应力在为满足较大灌装体积而进行高流速灌装时是最大的。对于切变应力敏感产品，切变应力作用时间或持续时间与管子的长度和灌装速度呈正比。因此，在产品供应管线上推荐尽可能使用最短的管子长度与最粗的管子内径以减少切变敏感产品的作用时间。

对于切变敏感产品：为了最大限度地降低切变应力对敏感药品的影响，推荐在最慢灌装速度下用最大孔径灌装机（TP式灌装机）或者活塞与泵缸间具有最大间隙的灌装机（RP式灌装机）来进行灌装。

13.3.3　灌装工艺其他方面的考虑与产品质量

灌装工艺由于引入了物理应力如切变应力、摩擦力与空化作用力，会对产品质量产生影响（Thomas et al. 2011；Neumaier et al. 2000；Van Reis et al. 2007）。其他对产品不利的因素包括灌装工艺中产生的温度、发泡、与灌装系统中某些材料［包括工艺助剂（如硅油）］的接触。某些类型的泵可能脱落外来颗粒从而导致因异相成核形成的聚集物（Tyagi et al. 2009）。这些各类的泵送机制对蛋白质溶液产生不同水平的机械应力，这些应力都可能导致抗体变性及随后聚集或粒子形成。

聚集物能够导致免疫反应，从而影响药品疗效甚至治疗蛋白质的内源性变异。聚集物可能是可溶的/不溶的、共价/非共价结合、可逆/不可逆的以及天然的/变性的。具有类天然结构的聚集物最有可能引起免疫反应。

Nayak 等（Nayak et al. 2011a，b）在研究中使用微流成像、尺寸排阻色谱（size-exclusion chromatography，SEC）与比浊法分别定量测定亚可见微粒、聚集物与乳光。灌装工艺采用一些常用的灌装系统来进行，包括旋转活塞泵、滚动隔膜泵、蠕动泵和 TP 灌装机。他们发现滚动隔膜泵、蠕动泵和 TP 灌装机比旋转活塞泵产生的蛋白质亚可见微粒显著减少，尽管 SEC 没有发现任何一个泵的聚集物含量发生变化。

Tyagi 等（Tyagi et al. 2009）进行的类似工作研究了采用容积式旋转活塞泵灌装药瓶导致一种免疫球蛋白（IgG）处方形成蛋白质微粒的因素。他们假设纳米粒子从泵的溶液接触面上脱落诱发蛋白质成核聚集并形成微粒。

另一个活塞泵的关注点是蛋白质溶液在操作过程中作为活塞的润滑剂，同时由于活塞与气缸内壁间极小的缝隙（0.006 mm）造成活塞-泵缸界面可能产生切变应力。因此，当用此设备处理对切变应力高度敏感的蛋白质分子时可能会对药品产生潜在破坏风险（Cromwell et al. 2006）。

13.3.4　产品知识

产品 mAb-X 是一种 IgG1 mAb，相对分子质量为 145 kDa（包括 3 kDa 的糖基化部分），等电点（pI）是 8.7。它是用含蔗糖的磷酸钠（10 mmol/L，pH7.0）配成蛋白质浓度为 50 mg/ml 的溶液。

先验知识和这种产品的临床试验批次生产得到的经验表明它对加工过程中切变应力敏感，导致聚集物/微粒的形成。由于它是一种含有蔗糖的高蛋白质浓度产品，其高黏度会使灌装时碰到灌装量精度不易控制与滴漏的问题。

13.3.5　工艺特定知识

旋转式活塞泵与 TP 灌装机在 mAb 药品的生产中曾交替使用过。两种设备都在工业化规模生产上取得过一定程度的成功，但都需要彻底的表征与优化。在 mAb-X 产品开发的早期阶段，进行了单泵头旋转活塞泵模拟商业化批量生产的研究，来评价灌装机的性能与产品质量属性。性能评价包括泵在无工艺偏差（灌装量偏差）的前提下进行商业化批量灌装的能力、是否有滴漏以及过程中是否有药品挥干。药品在泵的内部或外部被挥干导致泵咬粘，表现为输送体积显著降低、活塞移动、在泵内产生来源于泵本身或来源于产品的微粒。在生产过程中取出一些样品，用 HIAC 进行可见与亚可见微粒分析。活塞与缸壁间隙大小对产品质量的影响也进行了评估（用于注射器灌装的 2 ml 泵）。2 ml 泵测试使用了能找到的最小间隙的泵与最大间隙的泵，也就规定了间隙范围。虽然药品一般只从泵头中通过一次，但此测试让药品几次经过泵传输从而理解药品在重复切变后的性状变化，最终发现药品对重复切变敏感。

　　另外，以往生产高浓度 mAb 处方的经验建议考虑黏度对灌装操作的影响。发现产品会在灌装机的喷嘴上滴漏从而导致灌装量的不精确。如果没有进行适当的工艺优化与表征，精确灌装黏性溶液的能力可能无法实现。

　　以往的经验还表明灌装含有高比例糖的高浓度 mAb 处方可能会导致泵堵塞，如果温度、湿度、层流与灌装工艺间歇时间没有得到控制与监控，将会导致设备停机。

　　无论待灌装原料药的蛋白质浓度值处于浓度规格中较高水平或较低水平，灌装剂量一般都是固定不变的。这会使灌装存在超出标示量从而浪费昂贵的蛋白质或低于标示量不能满足药品蛋白质含量规格的风险。为了消除这种风险，对灌装剂量与蛋白质浓度的关系做全面研究并建立一个灌装工艺的设计空间将是非常有益的。

　　在处方设计过程中，采用一个类似的 mAb 来评价灌装工艺/设备对处方健全性或处方与灌装设备之间相容性的影响，结果描述如下。

13.3.6　灌装泵的初步筛选

　　颗粒物或聚集物可能在灌装工艺中产生。下面的案例研究讨论了采用不同的灌装技术灌装两种类型的药品。

- mAb-A—20 mg/ml 的柠檬酸缓冲液溶液，pH6.5（产品 A）；
- mAb-B—10 mg/ml 的柠檬酸缓冲液溶液，pH6.0（产品 B）。

　　处方中聚山梨酯 80（PS 80）的浓度范围是 0～0.01%。每种溶液都分别使用滚动隔膜泵、蠕动泵与旋转活塞泵来灌装。样品中的颗粒物检测采用 HIAC 粒径仪。

　　彩图 13.1、13.2、13.3 与 13.4 显示了产品 A 中不同粒径大小颗粒的单位体积累积粒子计数值与处方中表面活性剂 PS 80 浓度之间的关系。

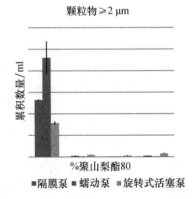

彩图 13.1　产品 A 中≥2 μm 的颗粒

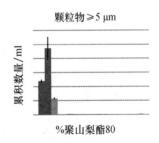

彩图 13.2　产品 A 中≥5 μm 的颗粒

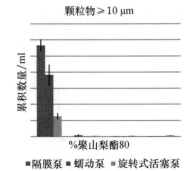

彩图 13.3　产品 A 中≥10 μm 的颗粒

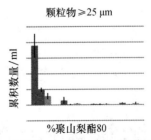

彩图 13.4　产品 A 中≥25 μm 的颗粒

这些数据表明处方产品中颗粒物的生成与处方、灌注技术以及蛋白质内在性质有关。当产品 A 处方中存在 PS 80 时，三种泵的类型对颗粒物生成的影响非常小。然而，在产品 B 处方中有相似浓度的 PS 80 条件下，滚动隔膜泵与旋转式活塞泵比蠕动泵会产生更多的颗粒物（彩图 13.5，13.6，13.7，13.8）。

彩图 13.5、13.6、13.7 与 13.8 显示了产品 B 中不同大小颗粒的单位体积累积粒子计数值与处方中表面活性剂 PS 80 浓度之间的关系。

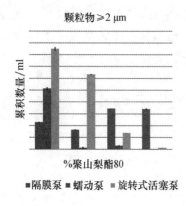

彩图 13.5　产品 B 中≥2 μm 的颗粒

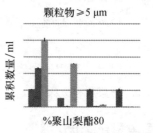

彩图 13.6　产品 B 中≥5 μm 的颗粒

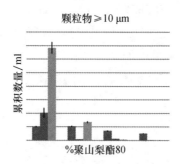

彩图 13.7　产品 B 中≥10 μm 的颗粒

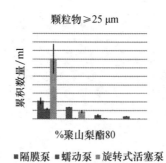

彩图 13.8　产品 B 中≥25 μm 的颗粒

根据粒径，对灌装操作进一步表征可以确定一个特定灌装技术的哪些操作参数对固定 PS 80 浓度下颗粒物的生成影响最大（见下文）。

13.4　关键质量属性（CQA）

产品的所有质量属性被列出来，采用因果矩阵进行风险评估。CQA 根据与目标产品概况（target

product profile，TPP）有关的风险优先值（risk priority number，RPN）来确定，详见第 3 章与第 21 章。产品的 CQA 包括颜色、聚集物、碎片、可见异物、亚可见微粒、氧化、电荷异质性、溶解度与黏度。然而，只有 3 种质量属性（聚集物、可见颗粒、亚可见颗粒）被选中举例说明设计空间的构建。

13.5　初步风险评估（排序）与关键工艺参数（CPP）的确定

为了开发一种稳健的、在建立的"设计空间"内可重复操作的，并能够输送符合 CQA 标准的产品灌装工艺，对操作参数、设备设计和性能参数/输出属性之间关系的全面理解是非常需要的。首先将那些能够潜在影响工艺一致性与性能并最终影响产品质量属性（如聚集物、微粒等）的操作参数初步地制成一张表，然后基于一种能评估每个工艺参数的主要作用及对其他工艺参数的潜在相互作用的风险等级排序和筛选（risk ranking and filtering，RRF）工具，对列出的操作参数进行排序。主要作用与相互作用影响评分相乘可得到一个总体严重度评分，这个严重度评分决定了需要开展的特性研究的类型（如单变量或多变量）。风险评估分析考虑了工艺能力与先验知识，这些先验知识是从实验室、非临床研究、临床研究以及与灌装参数对相似 mAb 产品质量属性影响相关的商业化生产经验中逐步积累所得。

举例说明，表 13.4 列出了所有能够潜在影响药品质量属性与 RPN 的灌装工艺参数。工艺参数严重度评分≥8 或 RPN＞72 的被划分为 CPP，RPN＜72 的参数被划分为重要工艺参数（key process parameter，KPP）。

接下来这个初步风险评估的结果被用于指导工艺开发与特性研究。

评分标准总结在表 13.2 中。表 13.3 提供了相对影响描述的定义及分数。

影响被认为是跨越推荐设计空间范围的参数变化。

表 13.4 总结了以活塞泵和蠕动泵为例推荐的工艺特性研究的清单，这份列表是基于上述风险评估与在设计实验（design of experiment，DoE）中研究的各种关键工艺参数的范围而得到的。

由于知识的范围可能因产品开发的阶段而有不同，这种评估会贯穿整个药品开发过程。当更多安全性与有效性信息被获得时，就会重新评估风险。

在几批 mAb-X 的全规模大生产完成后，获得了经验和理解（知识）时，将重新进行风险评估以最终确定控制策略。

表 13.2　风险等级的评分标准

危险性得分	实验策略
≥32	多变量研究
8~16	多变量或可校正的单变量
4	可接受单变量
≤2	无需额外的研究

表 13.3　主要影响的定义与评分

影响的描述	定义	评分
无影响	检测不到对工艺输出的变量的影响（例如，无影响或处于分析变化限度内）	2
次要影响	对工艺输出的变量的影响预计在可接受范围内	4
主要影响	对工艺输出的变量的影响预计超出可接受范围内（能够接近失败的边缘）	8

表 13.4　对活塞泵和蠕动泵灌装机工艺参数的风险评分研究

工艺参数	推荐的设计空间范围 低	推荐的设计空间范围 高	主要影响评分 (M)	(M) 的说明 主要影响	相互作用评分 (I)	(I) 的说明 相互作用	危险性评分 (M×I)	潜在相互作用参数	推荐的特性研究
过滤持续时间	24 h	1 周	4	微生物污染、高微生物负载、蛋白批量水解	2				对温度的单变量研究
泵速/泵头 (spm)	10	40	8	由于空气相互作用产生的切变效应和发泡可能导致聚集	4	其他参数可能加重发泡和滴漏效应	32	温度、灌装体积、喷嘴位置	喷嘴直径、喷嘴位置与变量位置的多变量研究
灌装温度 (℃)	2	23	8	mAb-X 在室温下具有良好的稳定性但低温度时的高粘度可能影响灌装工艺	4	可能有累加效应，泵内滴漏与喷嘴干燥	32	泵速	见泵速研究
喷嘴直径 (mm)	1	3	4	直径会影响空气相互作用的喷溅	4	可能有累加效应	16	泵速	见泵速研究
喷嘴位置 (mm)	0.5	2.5	4	高度影响空气相互作用的量	4	可能有累加效应	16	泵速、喷嘴直径	见泵速研究
灌装量设定（目标灌装量）	1.04	1.1	8	低于/超过剂量	4	可能有累加效应	16		将作为工程运行的一部分开展
批量 (L)	40	200	8	体积影响泵冲程的数量；处在泵与缸壁间的产品因压力过大产生聚集	2	可能有累加效应	32	泵速	对泵速、每个泵头的冲程数的多变量研究
泵速/泵头 (RPM)	50	250	8	切变效果与发泡、飞溅。空气界面相互作用可能导致聚集	4	其他参数可能加重发泡和滴漏效应	32	加速、反转与延迟时间	对加速、反转与延迟时间的多变量研究
加速	50	250	8	能够产生较大切变应力导致聚集的切变作用	4	其他参数可能加重发泡和滴漏效果	32	泵速反转与延迟时间	对泵速、反转与延迟时间的多变量研究
灌装间的延迟时间 (s)	1	4	8	滴漏	4	可能有累加效应	8	泵速	见泵速研究
倒转（反吸）	0	5	4	滴漏	4	可能有累加效应	16	与其他参数无关	单变量研究
管路/针头直径 (mm)	0.6	1.6	8	持续使用管子能使管子变松弛导致灌装量不精准	4	可能有累加效应	32	泵速、加速、反转	对泵速、加速与反转的多变量研究
批量 (L)	40	200	4		4	没有累加效应	16	泵速	对泵速、反转、针头尺寸与加速的单变量研究
产品温度 (℃)	2	23	8	灌装量精度、滴漏与干燥	4	对针头尺寸、泵速与反转没有累加效应	16	针头尺寸、泵速与反转	对泵速、反转、针头尺寸与加速的单变量研究

13.6　设计空间（工艺表征研究）

这些研究的最终目标是建立起灌装单元操作的知识空间，由此再定义一个可接受的设计空间与控制空间。这些研究成果将展示出对灌装工艺的理解，帮助解决未来出现的典型工艺优化需求，还能解决商业化生产中出现的不合格问题（表 13.5）。

表 13.5　模块化工艺表征研究

开发活动	研究主题	工艺参数
泵的研究	评价采用单泵头的活塞泵机制的影响，模拟大生产批量评价灌装机的性能与产品质量属性	泵速 活塞冲程数
灌装研究	使用无菌过滤后的 mAb-X，通过不同的泵速、针头内径与位置评价灌装参数的影响	泵速 喷嘴内径 喷嘴位置
环境条件研究	评价灌装空间/隔离大气环境对灌装机性能的影响	温度 相对湿度 空气流速 中断时间
工程运行	在符合给定限度的不同规模运行条件下证明灌装 mAb-X 的结果	泵速 灌装量精度 生产线中断/干燥时间 温度 相对湿度 空气流速

13.7　策略与研究设计

在前几节进行的理论风险分析的结果确定了 CPP 与 KPP，并且推荐对 CPP 开展多变量灌装研究以更好地理解影响 CQA 的主要作用与相互作用。为了用试验证明理论评估的结果，基于商业化生产场所存在的灌装机和操作条件中潜在变异性知识，在下面试验研究中选择使用灌装工艺条件或操作参数。

根据灌装机的类型，多变量研究的试验设计通常会导致 15～18 项研究，并需要消耗巨大的资源和时间。因此，可以设计一种开发理论模型（见附录），并利用此模型进行模拟研究的策略。如附录所示，作为工艺条件函数的切变率与灌装机规格（如速度、喷嘴尺寸等）能够被估算出来，同时它们对药品质量属性的影响能够用缩小模型进行评价。根据毛细管流体流动可以构建缩小模型，需要的切变率与暴露时间也能被创建。

基于模拟研究的结果可以构建一个设计空间。模型预测的正确性或可靠性可以通过开展灌装试验来证实。这种灌装试验在两种极端条件或在中试规模的最差条件下进行，也包括产品的短期稳定性评价。这种策略会减少构建设计空间所需做的试验数量。

由于单泵头被认为是一种缩小模型，而且通过增加泵头的数量可以扩大工艺的规模，因此没有必要在大生产车间用最大生产规模的操作条件去验证泵与灌装特性研究的结果。然而，能够影响工艺一致性与产量的 KPP 是在大生产灌装车间中按最大产量工程运行时进行优化的。

13.8 活塞泵研究——溶液性质对泵性能的影响

方法 除了评估灌装条件对 mAb-X 药品质量属性的影响外，还评估了溶液特性或性质对灌装机性能的影响。评估包括将 2 L 的药品泵送 3 次来模拟用六泵头灌装 40 L 药品（临床试验用批量）的泵研究。这种再循环的理论依据有两点：①扩大应力并理解产品对灌装相关切变应力的敏感性，尽管在现实中药品只经历一次泵输送；②获得在无卡死和渗漏情况下泵送临床试验批量（40 L）样品时泵的能力。

另外，灌装工艺模拟了商业生产灌装中断的不同时间长短的中断，来观察这些中断是否会导致产品在喷嘴处或泵内部挥干和结晶，从而影响流畅的灌装工艺或导致泵卡死故障。原料药初始温度变化对灌装机性能的影响也进行了评估。

结果 未发现反复用泵输送原料药对泵的性能造成不利影响；没有观察到泵卡死现象或溶液的渗漏和漏滴。表 13.6 中总结的纯度与粒子分析的结果显示用 SE-HPLC 没有检测到高阶聚集物的显著增加，但是可检测到一些亚可见微粒。

表 13.6 泵研究结果总结

分析方法	泵输送的次数			
	对照	1	2	3
SE-HPLC（单体）%	99.3	98.8	98.8	98.6
SE-HPLC（HMW）%	0.7	1.2	1.2	1.4
可见微粒	0	0	0	0
亚可见微粒 >10 μm（MFI）	5	8	16	25
不溶性微粒 >25 μm（MFI）	1	1	1	1

13.9 灌装研究——灌装条件对药品质量属性的影响

理论（数学模型） 产品在上述条件下将要承受的切变率用数学模型进行理论估算。采用一台实验室规模的毛细管流体仪（内径、长度已知，流速可控）构建模型，使 mAb-X 处方产品暴露在大约 2179 s^{-1} 的高切变率下。这些切变参数已经过计算能够代表产品将在活塞泵灌装机中受到的切变作用（灌装机规格、设计与可能操作条件已设定）。

采用 0.2 μm 的 PVDF 滤膜过滤 mAb-X 药品，并储存在 2～8℃备用。使用的 BD RNS Hypak 注射器针筒或针头（规格：1 ml 27 GX 1/2 in.）、BD Hypak TSCF 5 斜面柱塞，Cozzoli 活塞泵。在嵌套装置中以 10×10 形式排布的注射针筒，采用真空辅助柱塞装置灌封阻塞。所有产品会接触的容器与灌装机部位在使用前及每个批次之间都需进行清洗。将清洗好的灌装机部件组装起来，管线先注射用水冲洗，再注入 50 ml mAb-X 药品溶液将管线中的注射用水替换掉，使用活塞泵灌装大约 2050 单位。另外，有 100 支注射器用手工灌装作为对照。所有灌装好的注射器在确定做稳定性加速试验之前，除了做稳定性指示分析法之外，还要进行可见颗粒与亚可见颗粒分析。灌装条件按照表 13.7 中所列试验设计确定。

采用一种单头活塞泵在不同灌装条件下进行药品的灌装。由于温度对浓缩药品的黏度有显著性影响，继而又会影响流体性质和灌装，因此研究了药品温度对灌装工艺的影响。研究比较了两种灌装工艺药品温度影响，一种工艺是从 2～8℃储存条件取出药品溶液立即过滤并灌装到注射器中，另一种工艺是先放在室温（23℃）下使温度平衡后再灌装。为了评价灌装喷嘴的效果，对喷嘴位置与喷嘴尺寸也进行了改变。喷嘴的位置是指灌装过程中喷嘴末端插到注射器筒内的深度。在开放的管道中测定了喷嘴的内径。

表 13.7　灌装研究实验设计

序号	模式	温度（℃）	喷嘴内径尺寸（mm）	喷嘴位置（mm）	泵速（单位/min）
1	＋＋－－	23	2	0.5	10
2	＋－0－	23	1	1.5	10
3	＋＋－0	23	2	0.5	25
4	－－－－	4	1	0.5	10
5	＋＋00	23	2	1.5	25
6	－＋－0	4	2	0.5	25
7	－－00	4	1	1.5	25
8	－－＋＋	4	1	2.0	35
9	－＋－＋	4	2	0.5	35
10	－＋＋－	4	2	2.0	1
11	＋－＋0	23	1	2.0	25
12	＋＋＋＋	23	2	2.0	35
13	－＋0－	4	2	1.5	10
14	－＋＋0	4	2	2.0	25
15	＋－－＋	23	1	0.5	35
16	＋＋0＋	23	2	1.5	35
17	－＋0＋	4	2	1.5	35
18	＋＋＋－	23	2	2.0	10

＋，代表一个参数范围的上限

－，代表一个参数范围的下限

0，代表一个参数范围的中间值

　　灌装研究的结果清楚地表明，在所有测试的工艺参数中，灌装速度与喷嘴（或孔）尺寸显著影响药品质量，特别是影响 mAb-X 的纯度和完整性。因此这两个参数被认为是 CPP。灌装时药品温度影响产品黏度，继而影响了灌装工艺的性能，被认为是 KPP。

　　根据下列哈根-泊谡叶（Hagen-Poiseuille）方程描述的切变率（γ）的函数关系可知，这个结果并不令人惊讶。

$$\gamma = \frac{8u}{d_p}$$

其中 u 是局部流速，可由哈根-泊谡叶模型（Macosko and Larson 1994；Darby 2001）确定：

$$u = \frac{d_p^2}{32\mu}\left(\frac{\mathrm{d}P}{\mathrm{d}x}\right)$$

当液流通过喷嘴时，灌装速度（流速）较高并且压缩较小或喷嘴（孔）的内径（ID）较小将会使蛋白质承受的切变应力增大。

　　基于灌装工艺研究的结果，构建起一个知识空间（彩图 13.9）。黑球的大小对应于高分子量物质（high molecular weight species，HMWS）的水平；球越大，检测到的 HMWS 或聚集物的水平越高。在知识空间中，定义了一个表示操作空间的亮绿盒区和另一个表示控制空间的粉红盒区，在提供足够的空间给生产工艺优化与柔性化的同时监测并控制 HMWS 的形成。

　　推荐的设计空间如下：温度在 5～23℃，灌装速度控制在 10～30 个注射器每分钟每泵头，喷嘴内径 1～2 mm，以及喷嘴位置 0.5～2.0 mm。

　　从试验设计研究中获得的知识与理解（设计空间）可以用作具有类似处方的类似 mAb 产品的先验知识与标杆。设计空间的适用性可以在设计空间的最差条件（＋＋＋＋，如 23℃、35 spm、喷嘴内径 2 mm 和喷嘴位置 2 mm）下做试验来验证或测试而不用重复整个研究。如果在这些条件下没有观察到药品质量属性受到负面影响，则可以将这个设计空间应用于新的产品。

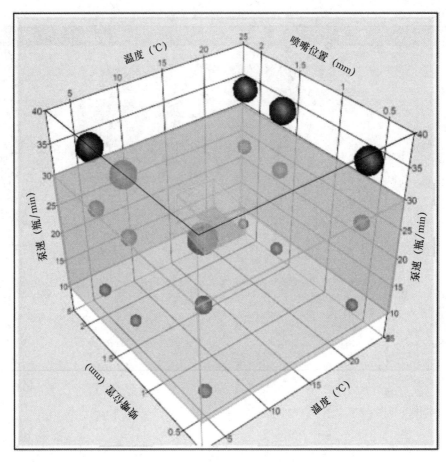

彩图 13.9　mAb-X 灌装研究的知识空间矩阵

13.9.1　蠕动泵

如表 13.8 所列，创建全因子研究矩阵，一共 15 轮试验在中心点条件（加速度 175、泵速 200、延迟 2 s、反向 2 次）下进行，灌装 1.04 g 产品的目标重量到注射器，每轮试验共灌装 300 支注射器，每 10 支进行装量差异检查。

表 13.8　全因子试验设计研究矩阵

运行次序	模式	加速	泵速（RPM）	延迟（s）	反转
1	++--	200	250	1	1
2	中点	175	200	2	2
3	----	150	150	1	1
4	++++	200	250	3	3
5	---+	150	150	1	3
6	--+-	150	150	3	1
7	+++-	200	250	3	1
8	中点	175	200	2	2
9	-+-+	150	250	1	3
10	--++	150	150	3	3
11	++-+	200	250	1	3
12	-+--	150	250	1	1
13	-++-	150	250	3	1
14	-++-	150	250	3	3
15	中点	175	200	2	2

评价灌装工艺参数的变化对灌装特性（滴漏、发泡、飞溅与灌装量精度）以及产品质量属性特别是亚可见颗粒与可见颗粒（见图 13.10 中的单因素方差分析）的影响，没有发现 HMWS，同时与活塞泵相比粒子数非常少，说明蛋白质在蠕动泵灌装工艺中没受到切变影响。图 13.10 中的单因素方差分析结果显示，与蠕动泵相比，活塞泵的使用会造成非球形亚可见颗粒数量显著增加。

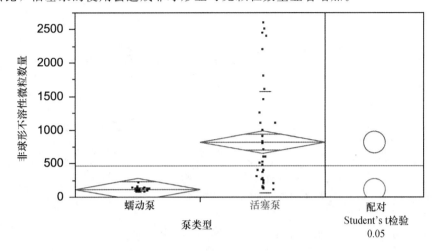

图 13.10　不同泵类型的非球形不溶性微粒计数的单因素方差分析

滴漏、飞溅、发泡现象在灌装工艺中通过目检并评价，而灌装量精度通过 C_{pk} 值测定。采用显微镜聚焦成像（microscope focal imaging，MFI）技术来检查亚可见颗粒。以上研究确定了不产生发泡、飞溅与滴漏现象的最高泵转速为 200 rpm，同时加速度设定为 200。泵速低于 100 rpm 下操作会导致液滴形成。当泵速为 200 rpm 时，T1 限值的工艺产能指数（C_{pk}）大于 1。

管路松弛或破损导致的剂量不准确是蠕动泵灌装中出现的常见问题。为了评价管路的耐久性，在不换管路的情况下，让灌装工艺持续运行 3～4 h。没有发现管路的破损，但灌装剂量随着时间延长会下降。在 T1 限值范围内，所有的灌装剂量值都是合格的。在最大规模的工程运行试验中进一步评价灌装量精度，从而了解是否需要降低批生产规模或进行频繁校准以保证灌装量处于 T1 限值范围内。

13.9.2　温度对泵性能的影响

在较低温度下，特别是对于高蛋白质浓度的处方会由于黏度引起一系列问题，此时原料药的温度能够影响泵精准输送药液的能力。这个研究模拟了灌装前的制备工序与环境暴露温度。每灌装 30 次检测一下灌装量与温度。正如预测，灌装量在一开始轻微地波动且低于目标值，但当药品的温度经过一定时间与室温平衡后，灌装量也稳定下来。然而，所有数据都在 T1 范围内且 T1 范围的 $C_{pk}>1$，说明药品温度对泵和灌装工艺精准输送药液的能力没有影响。

13.9.3　活塞泵环境条件研究

根据出现的各种问题特点不同，灌装生产线和（或）灌装工艺经常会被中断不同时长，这种中断会导致产品挥干，继而使泵堵塞。发生在泵内部活塞与缸壁之间或者喷嘴末端的产品挥干是由环境条件造成的。对产品挥干起到作用的环境条件包括温度、相对湿度、中断时长与气流。因为这些条件对灌装机的性能和灌装工艺产生显著的影响，所以研究这些变量并且找出能确保泵不堵塞的优化的和可操作的条件非常重要。表 13.9 列出了试验设计：温度 15～30℃、相对湿度 34%～75%、中断时长 15～60 min、层流空气流速为 0.45 m/s 恒定。该研究使用了 2 mm 管路、1.6 mm 针头和 8 个活塞泵。

这将提供一个足够大的特性空间来支持预期在不同场地的制备工艺，也为未来其他工艺变更提供了充足余地。

表 13.9   评价环境条件对旋转活塞泵性能影响的实验设计

序号	模式	温度	相对湿度%	中断时间
1	313	30	34	60
2	331	30	75	15
3	321	30	50	15
4	112	15	34	40
5	111	15	34	15
6	131	15	75	15
7	231	20	75	15
8	311	30	34	15
9	223	20	50	60
10	332	30	75	40
11	312	30	34	40
12	221	20	50	15
13	121	15	50	15
14	212	20	34	40
15	313	30	34	60
16	233	20	75	60
17	322	30	50	40
18	232	20	75	40
19	222	20	50	40
20	122	15	50	40
21	211	20	34	15
22	323	30	50	60
23	123	15	50	60
24	113	15	34	60
25	133	15	75	60
26	213	20	34	60
27	333	30	75	60

　　如图 13.11、13.12 和 13.13 所示，环境特性研究结果表明，在恒定的层流下，升高的温度与较低的相对湿度加上灌装工艺中断会导致泵堵塞。当温度保持在 17～25℃，相对湿度在 35%～65%，并且中断

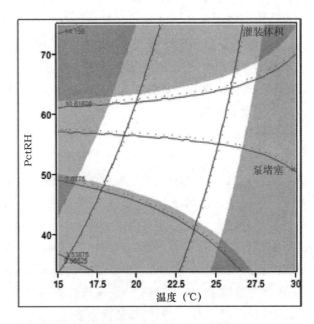

图 13.11   灌装体积和泵堵塞速率相关的相对湿度百分比（PctRH）*vs.* 温度

时长≤30 min 时，即使恒定的层流气流对着灌装机的方向吹也不会观察到泵堵塞现象。泵堵塞发生在中断时长超过 30 min、环境温度超过 25℃、相对湿度低于 35％并且层流气流开放的情况。然而，如果关闭层流气流，在同样条件下不会出现泵堵塞。这表明气流参数对泵内产品的挥干是关键因素。

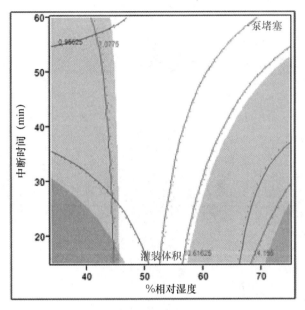

图 13.12　灌装体积和泵堵塞速率相关的相对湿度百分比（PctRH）vs. 机器中断时长

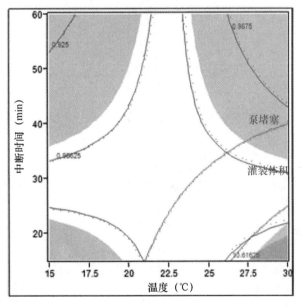

图 13.13　灌装体积和泵堵塞速率相关的温度 vs. 机器中断时长

13.10　规模放大与工程运行

13.10.1　位置特异性 CPP 的鉴定

在技术转移时，对设计空间与生产场所的知识进行 FMEA 风险评估来确定需要详细检查的高风险的位置特异性缺陷或参数（CPP）。

表 13.10 列出了灌装工艺的工艺参数风险分析。

表 13.10　大生产场地的 FMEA 风险分析

工艺参数	输入/输出	目标值/正常运行范围	确认可接受范围	失败	影响	RPN	参数归类	校正/注意/行动
灌装量控制	输出	目标范围:±0.034 g 目标值=1.04 g	目标范围: 1.04 g±0.04 g	蛋白质含量过高或过低	每支注射器的剂量过高或过低	75	重要	如果灌装量超过 PAR,注射器将被丢弃。对质量的影响低。依赖于灌装的蛋白质浓度与 0.2 μm 过滤的原料药采用灵活与相应的目标灌装量方法。使用相应的目标灌装量
灌装时间	输出	—	参照培养基灌装	灌装时间过长	超过无菌灌装要求的时间	72	重要	无菌灌装时间在批记录中被记录。无菌灌装时间被动态培养基。无菌灌装验证覆盖
灌装速度	输入	最大值(~225 支注射器/分)	最大值(~225 支注射器/分)	灌装速度过快	外观不良导致产品废品率高	515	不关键/WC-CPP	研究灌装速度波动对产品质量的影响并通过设计空间确定可接受的运行范围。在每次灌装精度的检查中记录每个泵的速度;参数易调整
无菌灌装的连贯性与批次均一性	输出	—	X-mAb 特性	在生产工艺中灌装与过滤影响产品质量属性	对 API 质量的影响	300	关键	按照取样方案在灌装开始、中间与结束时取样

13.10.2　灌装量策略

符合药品的蛋白质含量（毫克/注射器）规格限度是复杂的挑战，因为它与灌装量（g）和原料药蛋白质浓度（mg/ml）有关。原料药蛋白质规格允许蛋白质浓度存在±10％的浮动。为了保证每支注射器装有 50 mg±5％的蛋白质含量，一种可变灌装量的策略被采用。该策略根据待灌装原料药的蛋白质浓度来计算目标灌装量。灌装量、原料药与药品蛋白质浓度的变化幅度假设分别是 0.007 g、0.7 mg/ml 与 0.4 毫克/注射器。图 13.14 说明当原料药蛋白质浓度或灌装量接近于他们的下限或上限时，导致蛋白质含量超限（out of specification，OOS）的可能性显著增加。因此，药品蛋白含量风险空间的充分理解，对准确地优化原料药蛋白浓度与灌装量的中间过程限度十分关键。

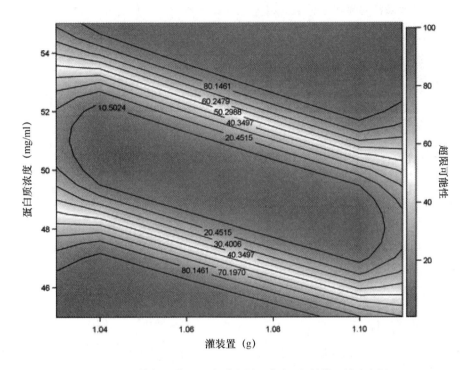

图 13.14　模拟的药品蛋白质含量（毫克/注射器）风险空间

基于灌装机自身的精密度，为了保证蛋白质 50 毫克/注射器的目标规格，规定了目标灌装量应为 1.07 g±0.02 g（T1）与 1.07 g±0.03 g（T2）。

除了验证在中试规模生成的设计空间外，工程运行的目的是为了评估灌装生产线的整体机械性能，包括初级包装的容器密闭完整性、灌装量精度、活塞泵的性能以及 mAb-X 药品溶液在经过全部生产操作流程后的状态。

工程运行使用 Cozzoli 的配有 2 ml 活塞泵的十泵头灌装机在最大规模操作条件到极限条件下进行，同时目标设定点要在限定的控制空间范围内。工程运行的结果允许在设计空间内设定特殊重要参数与关键参数，在工艺验证和工艺性能确认运行中为生产线优良性能提供了高度保证。表 13.11 列出了 3 轮工程运行中研究的关键参数。在每一轮灌装工艺运行的开始、中间与结束阶段，取样测试灌装条件对产品质量属性的影响。灌装设备具有自动重量检查的功能，如有需要也能自动调整灌装量。为了检测生产规模下的灌装量精度，灌装量数据采用 Cp_k 来分析。

表 13.11　工程运行的工艺参数概况

工程运行次数	条件	泵速（unit/min）
1	最差	35
2	最好	20
3	目标	25

　　三批次 mAb-X 样品以每批 100 L 的规模在表 13.11 的条件下灌装。从这些工程运行中得到的产品质量和工艺性能结果与中试规模运行的结果进行了对比，发现在处理能力与产品兼容性上都保持一致，表明规模放大与工艺转移的成功。在灌装工艺的不同阶段取样，采用 SEC-HPLC 检测 mAb-X 的完整性和纯度。三次工程运行中 HMW 百分比与时间的函数关系被绘制在彩图 13.15 中。不同样品间的％HMW 无显著性差异并且所有结果都明显优于验收标准，表明提出的设计空间适用于大规模生产。

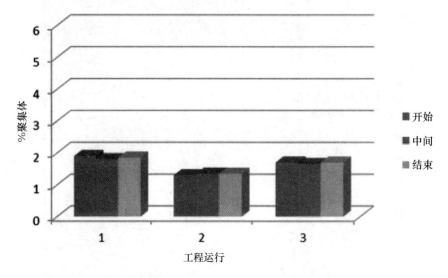

彩图 13.15　mAb-X 工程运行结果

　　生命周期管理　如前所述，市场需求要求不断扩张生产规模，将灌装操作从一个工厂转移到另一个工厂，还可能引入不同的泵送机制。对预充式注射器来说，活塞泵、蠕动泵与可控压差定时灌装泵是最常用的灌装系统。对活塞泵和蠕动泵的灌装研究在本章进行了描述，但是，如果新的生产场所需要使用可控压差定时灌装系统，利用这个新泵送系统对 mAb-X 进行的灌装研究可以利用上面研究得到的经验、知识与方法开展。

　　控制策略　按照之前章节中讨论的总指南，将每个灌装工艺中间过程控制（in-process control，IPC）参数划分为关键工艺、重要工艺与一般工艺。然而，这些参数控制限度和纠偏限值的建立，需要基于工艺性能、大生产场地使用的灌装机特性，并且要符合灌装机性能确认验收标准。灌装量、灌装产能与一致性核对是灌装单元操作的 IPC，必须在大生产过程中进行监控。

13.10.3　灌装量

　　灌装量是需要监控的 IPC，以保证灌装工艺中灌装机将目标体积的药品输送到注射器中。最小灌装量被归类为 CPP 以保证每个注射器中的蛋白质含量符合标示量，如低于标示量将影响产品的疗效。最高灌装量被归类为 KPP，不仅是因为它反映了工艺中的不一致性，而且它还关系到原料药的浪费。由于药品是按照注射器刻度来注射，因此最高灌装量对患者不会产生影响。

　　如表 13.12 所示，列出了 mAb-X 产品的最小与最大灌装批量、工艺抽样率以及整个生产工艺中检查灌装量的注射器总数量。在调试期间，需要检查注射器的灌装量以确定生产工艺处理稳定态并做好生产准备。

表 13.12　在中间过程灌装量检查中抽查注射器的数量

产品，mAb-X（运行时间）	标示量（1 ml）	批量（kg）	灌装成功率（%）	目标灌装量（g）	灌装的注射器数量	抽检率（%注射器）
mAb-X（最小）	1.0	50	80	1.07	39 000	2
mAb-X（最大）	1.0	100	99	1.07	79 000	2

使用在工程运行、验证批次收集的灌装量数据，也根据临床批次生产的部分数据，获得了灌装量 IPC 的纠偏界限与控制限度

中间过程灌装量检查按照有规律的时间间隔进行，此时间间隔因机器而异。对于 mAb-X 来说，活塞泵灌装机灌装速度是 250 支注射器/分钟，每 30 s 抽取一支注射器检查。因此大约每 125 支注射器取 1 支检查灌装量。另外，通过可给药体积法验证可排出的最大体积达到标示量要求，每批次产品检验 5 支样品。

设备有能力进行 100% IPC（检查每支注射器在灌注前、中、后的重量）。100% IPC 通常在调试阶段进行或在设备长时间停工后进行。在生产模式的 IPC，开始称重的位置是随机的，但接下来是按顺序称重（例如，如果从 3 号针头开始 IPC，那么将在 2 号针头结束），在生产过程中一直按照这种 IPC 模式进行。

- 目标灌装量（gm）＝1.07；
- 处纠偏限度（gm）＝1.04～1.1；
- 控制限度（gm）＝TBD。

13.10.4　灌装产能与一致性核对

在灌装工艺中，无菌过滤和灌装操作的总性能通过计算理论产能与一致性核对的百分比来监控。在此阶段，理论产能的百分比作为关键性能参数来监控。产能被定义为包括样品在内所有用来检验的产品数量与预计的理论产品数量的比值。

此阶段一致性核对作为重要工艺参数来监控以确保工艺的可计量性与工艺产出的一致性。这个参数是单元生产产品的总数（包括废品、QA 样品与其他用途样品）与预计的理论单元产量的比值。

灌装产能与一致性核对的纠偏限度是基于对相当多数量历史批次的统计学评价而建立的，反映了在生产区域特定设备与工序条件下预期的结果。用来计算这些限度的历史数据按照批量归类，因为批量能够显著地影响两个参数值。

灌装产能与一致性核对的纠偏限度分别推荐为 95%～101% 与 98%～102%。

13.10.5　推荐的控制策略

为灌装工艺推荐控制策略有双重目的：

1. 保证产品质量与安全性；
2. 保证大生产工艺是可持续与稳固的。

产品质量与安全性通过控制所有质量相关工艺参数（WC-CPP）在设计空间的范围内来保证。工艺一致性是通过控制 KPP 在建立的范围内并且监控相关工艺属性来保证。

对在这个案例研究中列出的灌装工艺制订工艺参数的控制策略将在下面讨论。这些研究的成果是为了探索能够区分出 CPP、KPP 与 GPP 的设计空间，如表 13.13 所示。按照这种设计，控制策略被定义为降低指定参数的危险程度并且符合表 13.13 中每个单元操作的工艺参数的确认可接受范围（proven acceptable range，PAR）与正常操作范围（normal operating range，NOR）要求。根据控制的水平与消除

相应风险的有效性（风险水平≤200），CPP 将变成 WC-CPP。

表 13.13　灌装工艺参数的控制策略

序号	参数	名称（CPP/KPP）	控制策略	最终认定
1	过滤液保持温度	CPP	遵照 NOR 与 PAR 中对滤液温度的规定，并在批记录中记录	GPP
2	灌装机速度	CPP	在每次灌装精度检查中记录每个泵的速度；遵照 NOR 与 PAR 对灌装速度的规定	WC-CPP
3	灌装量设定	KPP	中间过程灌装量检查。遵照基于临床批次、工程运行与验证批次的数据得到纠偏限度与控制限度；如果灌装量超出 PAR，丢弃超限的注射器	KPP
4	喷嘴位置	CPP	按照专门的灌装机设置的 SOP 训练操作者；在设置过程中记录喷嘴的位置；遵照从设计空间得到的 NOR 与 PAR 来设定喷嘴位置	WC-CPP

13.10.6　最终风险评估

最终风险评估验证已经建立的控制策略完全能够缓解所有工艺参数的关键性，同时证明了整个工艺的控制。

工具描述　如果 NOR/PAR 的界限比较宽，某个工艺能够达到这个界限的内在风险很低，因此具有较低的风险值。较窄的界限则比较难以控制，会转化为较高的风险值。控制策略可以被认为有高/严格、中、低三种。一个进行严密控制的系统与中等控制或低控制的相比具有较小的风险。工艺参数风险的等级为 CPP＞KPP＞GPP。表 13.14 显示了赋予每类参数、参数 NOR/PAR 宽度与控制策略水平的值。从这些风险值可以计算出一个风险缓解值，具体见表 13.15。

表 13.14　风险评估值

风险值	名称	参数 NOR/PAR 宽度	控制策略水平
1	GPP		高
3		宽	
5	KPP		中
7		窄	
9	CPP		低

风险缓解值＝名称×NOR/PAR 宽度×策略控制水平

表 13.15　过滤工艺的风险缓解评估

参数	称号 CPP/KPP	风险值	NOR/PAR 宽度	控制策略水平	风险缓解值（D×W×C）	风险缓解与否（D×W×C≤200）
过滤液保持温度	CPP	9	3	1	27	是
灌装速度	CPP	9	7	1	63	是
灌装量设定	CPP	7	7	1	49	是
喷嘴位置	CPP	9	3	1	27	是

当风险缓解值≤200 时被认为是缓解了风险。当风险缓解值＞200 时则需要额外的缓解策略。这个临界点是：

- 具有较窄 NOR/PAR 的 CPP 必须得到严格控制以通过 200 临界点（被认为得到缓解）；
- 具有较宽 NOR/PAR 的 CPP 必须得到中度甚至严格控制以通过 200 临界点；

- 具有较窄 NOR/PAR 的 KPP 必须得到中度甚至严格控制以通过 200 临界点，具有较宽 NOR/PAR 的 KPP 通常能够通过 200 临界点；
- 具有较窄 NOR/PAR 的 GPP 通常能够通过 200 临界点；
- 具有较宽 NOR/PAR 的 GPP 通常能够通过 200 临界点。

风险缓解与评估结果表明灌装工艺如设计要求得到了良好控制。

致谢　感谢 Amgen 的同事 Ozzie Diaz 的技术探讨与在模拟药品蛋白含量风险空间上的帮助。

附录

切变率估算与影响评价　在可控压差定时灌装机中，当药品流经歧管孔时所经受的切变率比流经进料、出料管与灌装针时大 1～2 个数量级。在用旋转活塞灌装机灌装时，最高切变应力出现在活塞与缸壁的间隙，持续最多几秒钟。

这些切变率可以用下面的标准切变率公式 13.1 估算。

$$\gamma = \frac{4Q}{\pi R^3} \tag{13.1}$$

其中 γ 是切变率，Q 是平均流速，R 是管路或孔的半径。

存在于活塞与缸壁间隙（旋转活塞泵技术）的切变率用第一原理来估算。在每一个灌装周期里，缸壁上下运动，同时活塞进行 360° 旋转。在活塞与缸壁间隙中，流体同时进行垂直和径向运动。垂直运动与缸壁上下行冲程有关，而径向运动与活塞的旋转和水平运动有关。为了估计切变应力，两种运动被分别评价并估算均方根值。这种简化处理将得到一个近似值，但是得到的切变值将包括最差条件。

灌装体积为 1.04 ml 的 mAb-X 的切变率的计算与雷诺数及过渡区长度总结如下。雷诺数与过渡区长度的估计对阐释一个完整的速度剖面图与层流条件是必要的。层流的雷诺数应处于 2100～10 000。

旋转活塞灌装技术的切变应力估算。假设：

- 流体是不可压缩的牛顿流体；
- 流体是稳态的并处于没有气流分离的层流区（或许不可能在所有位置实现）；
- 已获得完整充分的流体剖面图（或许不可能在所有位置实现）；
- 壁面不滑移假设作为边界条件。

经过喷嘴的切变应力　将在大生产中使用有 10 个喷头/喷嘴的 Cozzoli 灌装机。根据选择的灌装速度，灌装一支注射器需要的时间可以按照下面的方法来计算。

为了灌装每一支注射器，灌装喷头臂完成一个完整的椭圆运动，一半的循环时间用来灌装注射器，另一半时间让喷嘴臂回到初始位置。用 10 个喷嘴来实现 250 支注射器/分钟的灌装速度，每支灌装需要的时间为 25 支注射器/(分钟·喷嘴)＝50 半圈/(分钟·喷嘴)＝1.2 s/注射器。

目标灌装体积除以灌装时间可以计算出流速。灌装体积为 1.04 ml 时，流速为 $(Q)=1.04/1.2=0.86\,\text{Ml/s}$。

对于 1.59 mm 内径(D)的喷嘴，输送速度 $V=$ 输送流速(Q)/喷嘴面积。

$$V = \frac{Q}{\pi r^2}$$

输送速度 $=0.86/(\times0.159)^{2/4}$

输送速度 $(v)=452.6\,\text{mm/s}$。

对于一定流速与喷嘴内径（1.59 mm），切变率可以用公式 13.1 来计算

$$\gamma = \frac{4x0.86}{\pi(0.795)^3} \times 1000 = 2,1791/s$$

基于输送速度与流体的物理学性质，经过喷嘴的雷诺数（Re）能够确定。mAb-X 的密度（ρ）$=1.03$ gm/ml，黏度（μ）为 2.7。

$$\text{Re} = \frac{D \cdot v \cdot \rho}{\mu}$$

其中，Re 是雷诺数（对管路里的层流应<2100），D 是管路的内径，v 是流体的平均流速，ρ 是流体密度，μ 是流体黏度。

$$\text{Re} = \frac{1.59 \times 10^{-3} \times 0.4526 \times 1003}{0.0027} = 267$$

暴露时间根据喷嘴长度来估算。对于 138.5 mm 的喷嘴：

暴露时间＝喷嘴长度/输送速度

暴露时间＝138.5/452

暴露时间＝0.30 s。

可控压差定时灌装机——流经孔的切变应力估算　流经孔的流体经受的切变率的估算采用上面一样的流程进行。根据不同的孔径与孔的长度，输送速度、雷诺数、过渡区长度、暴露时间以及壁面切变率被计算出来。举个例子，指定了孔径 0.7 mm 与孔长 2.34 mm，下表中的结果可以计算出来。

输送速度	6591 mm/s
雷诺数	1762
过渡长度	61.66 mm
暴露时间	0.0004 s
缸壁切变率	75 328 s^{-1}

切变率对药品质量属性影响的评价　如前所示，切变率作为工艺条件与灌装机规格如速度、喷嘴尺寸等的函数，可以被估算出来。切变速率对药品质量属性的影响可以采用缩小尺寸模型来评价。缩小尺寸模型可以基于毛细管流体建立起来，在此基础上可以创造出想要的切变率和暴露时间。

参考文献

Bee JS, Stevenson JL, Mehta B, Svitel J, Pollastrini J, Platz R (2009) Response of a concentrated monoclonal antibody formulation to high shear. Biotechnol Bioeng 103(5):936–943

Cromwell MEM, Hilario E, Jacobson F (2006) Protein aggregation and bioprocessing, AAPS J 8(3):e572–579

Darby R (2001) Chemical engineering fluid mechanics, 2nd ed. CRC, Boca Raton, p 64

Gomme PT, Hunt BM, Tatford OC, Johnston A, Bertolini J (2006a) Effect of lobe pumping on human albumin: investigating the underlying mechanisms of aggregate formation. Biotechnol Appl Biochem 43(2):103–111

INTERNATIONAL CONFERENCE ON HARMONISATION Q8 (R2) (November 2009) Pharmaceutical Development. Published in the Federal Register. 71(98)

INTERNATIONAL CONFERENCE ON HARMONISATION Q9 (2 June 2006) Quality Risk Management. Published in the Federal Register, 71(106):32105–32106

INTERNATIONAL CONFERENCE ON HARMONISATION Q10 (8 April 2009) Pharmaceutical Quality System. Published in the Federal Register, 74(66):15990–15991

Kiese S, Pappenberger A, Friess W, Mahler HC (2008) Shaken, not stirred: mechanical stress testing of an IgG1 antibody. J Pharm Sci 97(10):4347–4366

Macosko, CW, Larson RG (1994) Rheology: principles, measurements, and applications. Advances in interfacial engineering series. VCH, New York, p 550

Meireles M, Aimar P, Sanchez V (1991) Albumin denaturation during ultrafiltration: effects of operating conditions and consequences on membrane fouling. Biotechnol Bioeng 38(5):528–534

Nayak A, Colandene J, Bradford V, Perkins M (2011a) Induction and analysis of aggregates in a liquid IgG-antibody formulation formation during the filling pump operation of a monoclonal antibody solution. J Pharm Sci 101(2):493–498

Nayak A, Colandene J, Bradford V, Perkins M (2011b) Characterization of subvisible particle formation during the filling pump operation of a monoclonal antibody solution. J Pharm Sci 100(10):4198–4204

Neumaier R (2000) Hermetic pumps: the latest innovations and industrial applications of sealless pumps. Farmont, Houston, pp 391–399

Sethuraman A, Pan X, Mehta B, Radhakrishnan V (2010) Filling processes and technologies for liquid biopharmaceuticals, Chap. 33. In: Jameel F, Hershenson S (eds) Formulation and process development strategies for manufacturing biopharmaceuticals. John Wiley & Sons, New York

Thomas CR, Geer D (2011) Effects of shear in proteins in solution. Biotechnol Lett 33:443–456

Tyagi AK, Randolph TW, Dong A, Maloney KM, Hitscherich C Jr, Carpenter JF (2009) I gG particle formation during filling pump operation: a case study of heterogeneous nucleation on stainless steel nanoparticles. J Pharm Sci 98(1):94–104

U.S. Department of Health and Human Services Food and Drug Administration Center for Drug Evaluation and Research (CDER) Center for Biologics Evaluation and Research (CBER) Center for Veterinary Medicine (CVM) Office of Regulatory Affairs (ORA), Pharmaceutical CGMPs (2006) Guidance for industry quality systems approach to pharmaceutical cgmp regulations

Van Reis R Zydney A (2007) Bioprocess membrane technology. J Membr Sci 297:16–50

Vázquez-Rey M, Lang DA (2011) Aggregates in monoclonal antibody manufacturing processes. Biotechnol Bioeng 108(7):1494

www.ich.org,Quality-Guidelines-menu,under Q8, Q9 and Q10

第 14 章
基于 QbD 的冷冻干燥工艺开发与放大

Sajal M. Patel，Feroz Jameel，Samir U. Sane and Madhav Kamat

赵子明　译，高云华　校

14.1　引言

目标冷冻干燥工艺必须能够安全、稳定和高效地提供干燥产品。也就是说，冻干工艺必须保证令人满意的产品质量属性，例如低残余含水量、短的复溶时间、药效的保持以及其他优良品质。由于冻干是一项成本高且耗时的工艺，从操作的角度来看，工艺应该耗时短、可重复性好且稳定。在设备的限制、工厂公用设施与适当的安全边际以内操作的最优工艺是追求的目标。冻干工艺由 3 个不同的阶段组成：①溶液的预冻；②初级干燥或冰的升华；③二级干燥（除去未冷冻的水）。

预冻工艺至关重要，因为它可以影响后续的干燥环节。在预冻过程中，由于某些缓冲组分的结晶（Gomez et al. 2001）、低温浓缩、冰液界面（Bhatnagar et al. 2007，2008）、相分离（Izutsu et al. 2005；Padilla and Pikal 2010）以及冷变性（Tang and Pikal 2005）等造成了 pH 改变，可能会出现稳定性问题。用于冻干的处方通常可能会展现出过冷倾向和热力学问题如共熔或玻璃化转变（Pikal 1990）。当溶质在间隙相结晶时通常表现为共晶转变（Teu），而保持无定形态的辅料则表现出玻璃化转变温度（Tg'）或崩塌温度（Tc）。对于部分干燥或全部干燥的产品，存在两种转变——崩塌温度（Tc）与玻璃化转变温度（Tg）。Tc 定义了一次干燥阶段产品的最高允许温度；当高于 Tc 时，溶质相具有足够的活动性从而失去固有结构，导致了局部或完全崩塌。通常在初级干燥过程，产品温度保持在低于最高允许温度 2～3℃。固态"干"物质的 Tg 依赖于固体的水分含量；水分含量越高 Tg 越低，反之亦然。在二级干燥过程中，产品温度应保持低于 Tg。

为了获得结构合理的冷冻物质，必须使用设计良好的冷却循环（爬坡与保温时间）。冷冻阶段的冰核温度影响冰晶的大小（Konstantinidis et al. 2011；Patel et al. 2009；Rambhatla et al. 2004；Searles et al. 2001a）。较高的过冷温度（较低的冰核温度）导致较小的冰晶、较高的产品阻力，因此初级干燥的时间会较长。退火处理（保持冷冻结构下进行的成功冷却与复温方案）是冷冻阶段经常采用的方法，用来减少冰核的不均匀性，从而获得均一的初级干燥速率（Searles et al. 2001b，Lu and Pikal 2004）。退火也用来诱导易于在冷冻时结晶的辅料（如甘露醇与甘氨酸）的结晶（Chongprasert et al. 2001；Pyne and Suryanarayanan 2001；Li and Nail 2005；Yu et al. 1999；Sundaramurthi and Suryanarayanan 2010；Al-Hussein and Gieseler 2012；Cao et al. 2013）。

冷冻干燥工艺的第二阶段是初级干燥或升华阶段，该阶段在高真空度的冻干箱［50～250（mTorr）］

与保持产品温度在 0℃以下进行。在此条件下，由水的相图中的冰/水-蒸汽平衡线支配，冰发生升华。冰冻基质中升华出来的水汽直接穿过冰块，进入药瓶的顶部空间，经过瓶塞的排气孔进入冻干箱，最终进入冷肼的冷凝盘管，在那里水汽重新凝结成冰。这样，药瓶中冰冻的水通过升华作用蒸发排出，然后被收集在冷肼的冷却盘中。冰的升华是一种需要能量的相变，能量来自于控温搁板提供的热量。冷冻干燥是一种结合了热量与物质转移的工艺，在这个过程中所有的转移现象必须小心地保持平衡，从而在冷冻物不会因为来自加热搁板（热转移）积累的热量发生崩塌或熔化的前提下，保证干燥率（物质转移）的持续进行。在整个升华阶段，产品温度应一直比 Tg、Tc 或 Teu 低几度，从而获得外观令人满意的冻干产品。影响热量与物质转移速率的因素将在后续章节中进行讨论。

冻干循环的最后一个阶段是二级干燥，该阶段在保证产品稳定性的最高搁板温度（例如 20～45℃）与高真空度下，主要通过解吸附作用除去未冷冻的水。

典型的冻干工艺包括：①批量的溶液通过能截留细菌的滤器过滤除菌；②无菌溶液灌装至独立的半加塞的灭菌容器中；③将装了药液的开口药瓶放在冻干箱里的搁板上预冻；④冷冻室抽到一定的真空度，搁板加热让冰升华；⑤通过提高搁板温度除去未结冰的水；⑥在干燥结束时用无菌空气或氮气解除真空状态；⑦在冻干机内塞上瓶塞；⑧从冻干机中取出药瓶；⑨铝盖封口。

14.2　冻干工艺参数的风险评估

在冻干工艺中有许多变量能够影响工艺性能与最终产品质量。按照 ICH Q9，实施冻干工艺参数对工艺性能与产品质量属性影响的风险评估。风险评估利用了开发过程中获得的知识、冻干工艺的第一原理以及过去冻干类似产品的经验。风险评估过程由评价每个冻干工艺参数的重要性（包括产品安全性、PK/PD、免疫原性、活性或疗效）、发生率和可检测性组成。与冻干相关的工艺属性是可接受范围内的工艺参数不被产品质量属性影响前提下，冻干循环完整过程中的各种工艺属性。

冻干工艺通过转变产品处方的物理状态创造出一种更稳定的药品形式。因此，有许多产品质量属性与这个操作相关。这些产品质量属性包括残留水分含量、干饼外观、重构时间、蛋白质效价、纯度、稳定性与容器密封完整性（为了灭菌与阻止水汽再进入）。表 14.1 总结了需要被考虑的工艺参数。能够影响工艺性能或产品质量属性的工艺参数与风险评估分数被列在表 14.1 中。用于定义每种影响因素和不确定因素的评分系统分别列在表 14.2 与 14.3 中。塞子的停留时间不作为一个变量包括在风险评分中，因为它通常是作为大规模冻干机开发行为的一部分，一旦上塞封口的合适力度确定下来，塞子的停留时间是固定的。

任何总分＞235 分的参数都被确定为潜在的关键工艺参数（表 14.1）。如预期的一样，潜在的关键工艺参数有：

(1) 预冻阶段：退火时间与温度；
(2) 初级干燥阶段：变温速度，搁板温度，冻干室真空度、初级干燥时间；
(3) 二级干燥阶段：变温速度，搁板温度，二级干燥时间。

如前所述，处方的热力学性质与冻干设备特性和容器密闭特性对设计开发一种稳健的冻干工艺是关键的。这一章的其余部分展示了一个 QbD 原理（PAT 与设计空间）应用于冻干工艺设计、开发与放大的模拟案例研究。

表 14.1　冻干工艺参数的风险评估

工艺参数	质量属性				工艺性能	总分	评分说明	推荐的特性研究
	稳定性/效力	残留水分	重构时间	干饼外观	工艺效率			
分值	10	7	7	7	7			
上样温度	10	1	1	1	1	128	动态控制保证产品直到上样温度达到时才开始冻干；获得稳定性数据来确定上样温度与时间	无需研究（从开发阶段的稳定性研究中获得数据来确定可接受的温度范围）
上样时间	10	1	1	1	10	191	获得稳定性数据以支持上样温度与时间	无需研究（从开发阶段的稳定性研究中获得数据来确定可接受的持续时间）
冷冻速率	5	1	5	7	10	211	改变变温速率能够改变冰晶的形态与改变干燥特性；在较大的冰-液界面上会出现蛋白变性现象；较小的冰晶能够在最终冻干饼中产生较小的孔与较长的重构时间；退火步骤可以使上述不良影响减弱或消失	进行研究以确定冷冻速率是否在 $t=0$ 时对产品属性产生影响（如稳定性、重构时间、残余水量）
最终冷冻温度	1	1	1	1	1	38	最终预冻温度应低于 Tg′ 以保证完全冻实；在未冻实之前进入一次干燥能导致干饼结构的损失，继而影响产品稳定性	无需研究（支撑数据一般可以从开发阶段研究中获得）
冷冻持续时间	1	1	1	1	10	101	由于通常使用的冷冻持续时间远于完全冻实所需的最小时间，因此应该不会产生影响	无需研究（支撑数据一般可以从开发阶段研究中获得）
退火的变温速率	5	1	1	1	10	141	因为退火消除由于变温带来的任何不均匀性，因此预期不会有影响	无需研究；受设备能力限制
退火温度	5	5	5	7	10	239	应超过 Tg′ 以保证进入 Ostwald 熟化，但不能过高导致熔化	进行研究以确定最优退火温度，使干燥率同缩短并获得较好的批次干燥率均一性
退火时间	5	5	5	7	10	239	应足够长使晶体生长；时间过短对退火无好处	进行研究以确定最优退火时间，使干燥率同缩短并获得较好的批次干燥率均一性
一次干燥的变温速度的变温速率	7	7	7	10	10	308	较高变温速率会使冰升华过快并失去对真空度的控制，当变温速率过快控制时会出现各种问题	进行研究以确定一次干燥的不会对产品质量（特别是干饼外观）产生失影响的最优变温速率
一次干燥时的搁板温度	7	7	7	10	10	308	一次干燥温度影响干饼外观与干燥的彻底程度；例如，低干燥温度导致较长的干燥时间	采用数学模型辅助研究以确定能够达到目标产品温度的搁板温度
一次干燥的真空度	7	7	7	10	10	308	真空度低会导致产品回熔，真空度高在大规模生产中难以控制	采用数学模型辅助研究以确定目标产品温度设定值，以获得目标冻干温度曲线

续表

工艺参数	质量属性				工艺性能	总分	评分说明	推荐的特性研究
	稳定性/效力	残留水分	重构时间	干饼外观	工艺效率			
分值	10	7	7	7	7			
一次干燥时间	7	7	7	10	10	308	不充分的干燥会导致坍塌和（或）高水分残留而影响稳定性；然而，采用 PAT 工具确保一次干燥完全再进入二次干燥阶段	采用 PAT 工具辅助研究与标定一次干燥终点
二次干燥搁板温度的变温速	7	7	7	10	10	308	较快的变温速率等导致产品因玻璃化转变而坍塌	进行研究以确定最不会影响产品属性（特别是干饼外观）的二次干燥变温速率
二次干燥搁板温度	7	7	5	10	10	294	过低的搁板温度导致较长的二次干燥时间才能获得需要的剩余水分；过高的隔板温度导致产品降解	进行优化研究以确定最优的二次干燥搁板温度
二次干燥的真空度	1	1	1	1	1	38	超过较窄的运行范围，预期不会对产生质量属性产生影响；二次干燥过程中，产品温度与搁板温度接近；因此，水的局部压力比冻干室真空压力低得多，冻干室真空度变得无足轻重	在一次干燥过程中使用相同的冻干室真空度
二次干燥时间	7	10	7	10	10	329	不充分的干燥导致高水分残留而影响稳定性；高温度下太长时间也会影响稳定性	采用 PAT 工具辅助研究以标定二次干燥终点
最终储存温度	1	1	5	1	1	66	储存在预期的温度范围（一般 2~8℃），用开发阶段的稳定性数据支撑	可以从开发研究获得足够的支撑数据
玻璃瓶闭塞前冻干室真空度	7	7	5	7	1	210	通气前真空对重构时间和提取溶液的能力有影响	进行研究以测试在常规限度内通气前空度对重构时间和溶液提取质的影响
闭塞的液压压力	7	7	5	7	1	210	需要足够的力（kg/瓶）完成闭塞过程但无太大的力；过大的力会导致药瓶破裂	需要小规模研究以确定闭塞需要的力（kg/瓶）并进行大生产时不会导致破裂以确定闭塞力的上限；进行大规模的验证测试以确定闭塞力（闭塞力 PQ）

表 14.2   产品质量属性评分

描述	评分
确定对产品安全性与生产率有影响	10
预期对产品安全性与生产率有影响	7
不太确定对产品安全性与生产率是否有影响	5
对产品安全性与生产率无影响	1

表 14.3   基于影响产品质量属性的能力进行的工艺参数评分

描述	评分
强烈相关	10
预期相关	7
不太确定是否相关	5
不相关	1

14.3   处方、冻干机与容器密闭系统的表征

mAb-X 的处方（25 mg/ml mAb-X、4%甘露醇、2.5%蔗糖、0.01%聚山梨酯 20、pH6.0），Tg' 用 DSC 测定为 −21℃，−40℃下冷冻 2 h 能够确保灌装在 20 ml 玻璃药瓶中的 5.5 ml 药液被彻底冷冻。采用冻干显微镜测定此处方的 Tc 为 −18℃。相应地，在初级干燥期间的目标产品温度被设定为 −21℃（比 Tc 低 3℃）以提供一个安全边际来应对温度或真空度的漂移。

首先，采用操作确认/安装确认（OQ/IQ）测试（Rambhatla et al. 2006；Patel et al. 2010a）建立起冻干机的操作限度范围以确定能够在不失去工艺控制能力的前提下正常运行。简单地说，充水无底托盘被放置在搁板上，测定在指定升华速率（即隔板温度和冻干室压力）下冻干室能达到的最高真空度。明显地，在较低的升华速率 [<0.2 kg/（m² · h）] 时，实验室规模与大生产规模的冻干机所能达到的最高真空度很接近；然而在较高升华速率 [≥0.2 kg/（m² · h）] 时，两者间的差别十分明显（图 14.1）。目前处方在大约 0.4 g/（cm² · h）的升华速率时最高真空度大约为 100 mTorr。因此，为保证工艺控制，冻干室真空度设定值为 >100 mTorr。另外，如文献中广泛报道，当干燥步骤冻干室的真空度 >250 mTorr 时没有任何附加优势。根据这些限制，冻干室真空度的操作空间为 100~250 mTorr（图 14.2）。

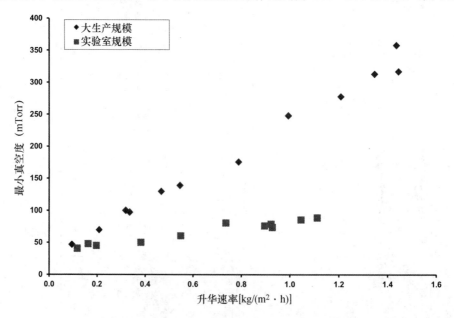

图 14.1   冻干室最小真空度与升华速率的关系

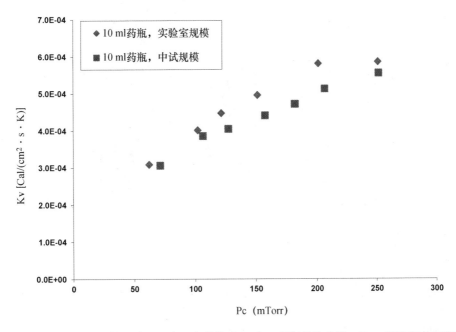

图 14.2　药瓶传热系数与冻干室真空度的关系（K_V，药瓶传热系数；P_C，冻干室真空度）

10 ml、20 mm 直径的药瓶的传热系数在真空度 60～250 mTorr 范围内在实验室规模与大生产规模冻干机上都进行了测定（表 14.4 与 14.2）。

表 14.4　在 Pc＝150 mTorr 时对比 10 ml，20 mm 药瓶在实验室规模与大生产规模干燥的传热系数

药瓶位置	药瓶传热系数，K_r［×10⁴ cal/（cm² · s · K）］	
	实验室规模冻干机	大生产规模冻干机
边缘	3.24±0.08	2.85±0.04
中心	2.15±0.03	1.69±0.03

边缘的药瓶传热系数明显比中心的药瓶传热系数至少高 20%（Rambhatla and Pikal 2003）。同样，实验室规模下药瓶传热系数与中试规模相比要高（彩图 14.3）。因此，在指定的搁板温度与冻干室真空度下，大生产规模冻干机中产品温度比在实验室规模冻干机中要更低。对各种冻干机，药瓶传热系数可以用下面的数学公式表达（Pikal et al. 1984；Tang and Pikal 2004）：

$$K_V = KC + \frac{KP \cdot P_c}{1 + KD \cdot P_c} \tag{14.1}$$

其中 KC 是通过接触传导（K_c）与辐射传热（K_r）传递的总热量，KP 与 KD 是常数（详见 Tang and Pikal 2004），P_c 是冻干室真空度。

另外，进行搁板表面温度测绘以确定任何热点或冷点，以及在实验室与大生产规模冻干机上能达到的最大和最小升温速率和降温速率（Rambhatla et al. 2006）。两个规模的冻干机都能够实现最大 1.5 ℃/min 的升温和降温速率。然而，穿过搁板的温度梯度最低能达到的变温速率是≤1 ℃/min。因此，≤1 ℃/min 的变温速率确定了冷冻与干燥步骤过程中冻干机的操作限度。

最后，采用压力温度测定仪（manometeric temperature measurement，MTM）测定了实验室规模冻干机中的产品阻滞。在 MTM 测定过程中，样品室被短时间（约 25 s）隔离，压力上升作为时间的函数被记录下来（Tang et al. 2006）。将压力上升数据代入 MTM 公式，得到产品温度、产品阻滞与药瓶传热系数。在实验室，通常冰在−13℃成核。然而，在大生产规模的冻干机上，基于以前批次生产的数据，冰在约−20℃才成核。为了减少由冰成核温度的差异造成的干燥不均匀，冷冻过程中引入退火步骤。通过 BET 测量的由实验室规模与大生产规模冻干机制备的样品的比表面积具有可比性（0.5 m²/g），表明退火

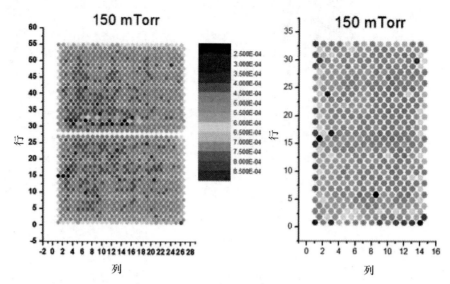

彩图 14.3 药瓶传热系数在中试规模（左）与实验室规模（右）冻干机中的分布图

工艺对缩小实验室与大生产之间的冷冻差异是有效的。产品阻滞用公式 14.2（Pikal et al. 2005）表达，对冰厚度的平均产品阻滞大约是 3 cm^2·Torr·h/g。

$$\hat{R} = R_0 + \frac{A_1 L}{1 + A_i L} \tag{14.2}$$

其中 R_0（=2.2），A1（=3），A2（=2）都是常数，1 是干燥层厚度。

　　在冷冻阶段，冰成核温度是放大时需要考虑的重要问题，因为颗粒物在大生产环境（100 级）与实验室环境存在差异。冰成核温度决定了干饼中形成的孔结构。因此，较高的过冷度会导致较大的产品阻滞以及较长的干燥时间。为了消除冰成核温度的不均匀性，在冷冻阶段进行退火操作（如之前所讨论的）。优化退火时间与退火温度从而在同一批次内不同冻干机器上取得一致的干燥速率。另外，总干燥时间因退火被缩短了至少 15%。根据冻干显微镜筛选研究与之前从 mAb-Y 与 mAb-Z 产品中得到的经验，选择退火温度为 −12℃，大约比 T_g' 高 9℃，退火时间为 2 h。甘露醇在冻干饼中的结晶通过偏光显微镜与 XRPD 测定得到证实。最终的冷冻温度选择为 −40℃，比处方的 T_g' 低 20℃，辅以足够长的冷冻时间（通常 ≥2 h），可以让药液完全冻实。0.5℃/min 的冷冻速率处在冻干机的能力限度内，而且在实验室和大生产规模的冻干机上都有最小的跨搁板温度梯度。同样，药瓶在室温下被放置在搁板上，因为处方在室温下放置 72 h 都不会出现稳定性问题。

　　通过对相似分子的冷冻步骤的优化得到内部数据。在没有退火步骤时，由于冷冻速率能影响冷冻步骤形成的冰形态，因此冷冻变温速率的变化可能对产品有潜在影响。对冰形态影响能够潜在影响升华速率、最终水分含量、干饼外观与重构时间。使用上述退火工艺，在两种不同冷冻速率（0.1℃/min 与 1℃/min）下开展实验。使用这两个冷冻速率制备的产品在升华速率、产品温度、干燥时间、干饼外观与重构时间上没有显著性差异（表 14.5）。在两种条件下，最终水分含量完全符合产品的质量标准（≤3%）。此研究说明，在期望操作条件范围内，冷冻速率对工艺与产品属性的影响很小。根据这个结果，没有必要再结合初级干燥和二级干燥参数来进一步研究冷冻步骤的表征。

表 14.5　预冻速率的影响

样品	故障率（%）	升华速率 [毫克/（瓶·小时）][a]	含水量（%）[b]	重构时间（m：ss）[c]
慢速预冻，0.1℃/min	0	0.38	0.3	1:14
快速预冻，1℃/min	0	0.41	0.8	1:00

[a] 基于初级干燥 1、2、4、6 h 后平均减少重量/瓶的线性回归方程（每个时间点 3 瓶的平均值）
[b] 8 瓶平均值
[c] 5 瓶平均值

尽管没有对最终冷冻温度进行单独的表征研究，众所周知最终冷冻的搁板温度应远低于处方的玻璃转变温度。因此，对于 mAb-X 处方，确定−30℃这个远低于处方玻璃化转变温度（−21℃）的温度为搁板温度的上限。mAb-X 的冷冻步骤如表 14.6 所示。

表 14.6　mAb-X 的冷冻步骤

T_s（℃）	变温速率（℃/min）	时间（min）
23	NA	NA
5	0.5	36
5	NA	15
−5	0.5	20
−5	NA	15
−40	0.5	70
−40	NA	120
−12	0.5	56
−12	NA	120
−40	0.5	56
−40	NA	120
总冷冻时间（min）		644

NA，不适用

14.4　基于热量与物质转移的数学模型

基于冻干设备、容器密封系统与处方的热量与物质转移特性开发了一个数学模型，以预测初级干燥阶段的产品温度与干燥时间。使用热量与物质转移的第一原则（Pikal et al. 1984）对冻干工艺的初级干燥步骤建模。升华速率 dm/dt 可以用下式表示：

$$\frac{dm}{dt} = \frac{A_p(P_0 - P_c)}{\hat{R}_{ps}} \tag{14.3}$$

其中，A_p 是药瓶内横截面积，$\hat{R}_{ps}$ 是归一化药品与塞子阻力后的总面积，P_0 是冰的蒸汽压力，可用公式 14.4 计算：

$$\ln P_0 = \frac{6144.96}{T} + 24.0185 \tag{14.4}$$

其中 T 是升华界面的温度。

药瓶到产品的热量转移用公式 14.5 计算：

$$\frac{dQ}{dt} = A_v K_v(T_s - T_{ice} - \Delta T) \tag{14.5}$$

其中 dQ/dt 是热量转移速率（cal/h 每瓶）；A_v 是药瓶外横截面积（cm²）；T_s 是搁板表面温度（K），T_{ice} 是在升华界面的冰温度（K），ΔT 是冷冻层两侧的温度差；K_v 是药瓶的传热系数。

热量与物质转移可以用公式 14.6 关联起来，

$$\frac{dQ}{dt} = \Delta H_s \frac{dm}{dt} \tag{14.6}$$

其中 ΔH_s 是升华热。

根据上述热量与物质转移公式，这个模型的输入参数为：

1. 搁板温度；

2. 冻干室真空度；

3. 描述药瓶热转移系数与冻干室真空度相关性的参数；

4. 描述产品阻力与干燥层厚度相关性的参数；

5. 药瓶内部和外部横截面积；

6. 灌装体积；

7. 总固体数。

这个模型得到的结果是冻干工艺的初级干燥步骤的升华速率、产品温度与干燥时间。这个模型经过多次进行验证以确定该模型对为了预测不同冻干机间差异而采用的不同处方与工艺条件是稳定的。

14.5 在线工艺监控（PAT）与控制策略

14.5.1 初级干燥

产品温度是冻干工艺的一项关键工艺参数。在初级干燥过程中，产品温度应低于最高允许温度（即无定形系统的 T_g' 或 T_c，或结晶系统的 Teu）。超过最高允许温度干燥会导致产品崩塌或回熔，可能会进一步影响产品稳定性。一般产品温度用热电偶来监测。然而，含有热电偶的药瓶与大多数药瓶（无热电偶的药瓶）在冻干机中的冻干行为有差异。它们在更高温度成核，导致较低的产品阻滞与较快的初级干燥。另外，在生产型冻干机中，为保证产品的灭菌效果，热电偶被安装在边缘的药瓶里。如前所述，边缘的药瓶比中间的药瓶升华得更快（快大约15%）。因此，热电偶是一项有害的、局部的（即不能代表整个批次）热检测技术。

监测冻干工艺的一项新兴技术是可调谐半导体激光吸收光谱（tunable diode laser absorption spectroscopy，TDLAS）。此技术目前可以在实验室规模及大生产规模的冻干机上商业化应用。TDLAS装置通常安装在连接冻干室与冷肼的管道里（Gieseler et al. 2007）。一束激光通过管道传送，调节其输出波长，使其经过存在于管道内的气体分子吸收特征波长。积分得到的吸收曲线下面积与水汽的浓度有关。TDLAS基于多普勒频移水汽吸收光谱同样可以检测气流速率。采用公式14.7，升华速率可以用气流速率（u）、气体密度（ρ）与管道的横截面积（A）计算得到。

$$\frac{dm}{dt} = \rho \cdot A \cdot u \tag{14.7}$$

在这个案例研究中，两个关键工艺参数产品温度与干燥时间的监测都由 TDLAS 完成。基于药瓶传热系数与 TDLAS 测定的升华速率，产品温度被实时监控（彩图14.4，Schneid et al. 2009）。

将管道中的水汽浓度下降的时间界定为初级干燥的终点，表明药瓶中残留的水分含量足够低可以进行二级干燥（Patel et al. 2010b）。用目前处方在实验室规模的冻干机中，水汽浓度≤5×10^{14}分子/cm³ 意味着残留水分含量≤16%（图14.5）。因此，初级干燥的终点是实时监测和控制的，而不是在固定的时间测量。

初级干燥时间依赖于规模和批量（Patel et al. 2010c），但是由于通过实时测定来决定干燥时间，产品在进行二级干燥前是足够干燥的。另外，在实验室规模与大生产规模的冻干机上都使用皮拉尼压力计做正交试验，来监测初级干燥和二级干燥的终点（Patel et al. 2010b）。当皮拉尼压力计测定的冻干室真空度与电容压力计测定的真空度相差不到10 mTorr时，二级干燥的变温开始启动。尽管不是定量测定，皮拉尼压力计仍是监控初级干燥终点的相对廉价的批处理技术。

14.5.1.1 灌装体积的影响

灌装体积（在这个案例中为5.5 ml）是一个能够影响冻干工艺性能（主要是初级干燥时间）的潜在关

键灌装终止参数。通常来说，较高的灌装体积将导致较高的干饼高度与更长的干燥时间。然而，从实用角度来看，灌装结束时常见的灌装体积偏差（±3%～5%）对干燥时间的影响是微乎其微的（图 14.6）。同样，数学模型也能够精准地预测灌装体积对初级干燥时间的影响。另外，在早期开发时，由于临床试验的给药剂量没有确定，对药品外观的要求经常改变，直到获得关键指标。可能的剂量范围经常通过改变灌装体积来获得，在这种情况下灌装体积对工艺性能的影响变得极为关键。数学建模对于评价灌装体积改变对初级干燥时间的潜在影响是非常有帮助的（图 14.6）。通过这种方法，当调整灌装体积能够实现较宽的剂量范围时，需要的时间和材料明显减少。

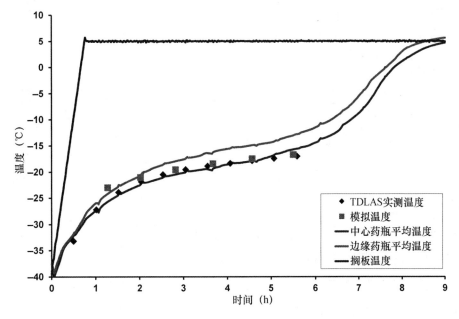

彩图 14.4　理论与实测产品温度曲线

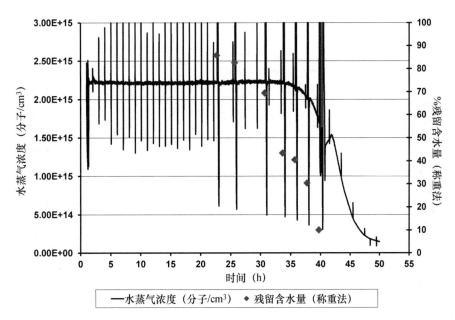

图 14.5　初级干燥过程中 TDLAS 测定的水蒸气浓度曲线与残留含水量。图中的尖峰是由 MTM 测定导致（Reprinted from Ref. Patel et al. 2010b with permission from AAPS）

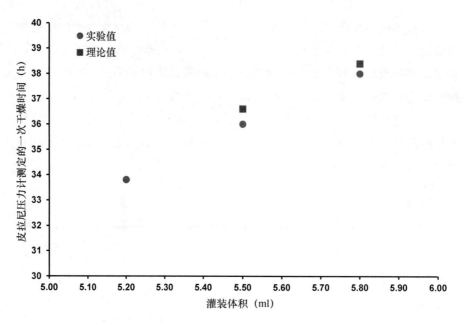

图 14.6　灌装体积对初级干燥时间的影响

14.5.2　二级干燥

TDLAS 被用在二级干燥过程中对残留水分进行实时原位监控（Schneid et al. 2011）。TDLAS 测定的初级干燥的升华速率与比重法测定的升华速率的误差在 5％以内。因此，对初级干燥过程中升华速率的简单积分不能够用于测定在初级干燥结束时残留的水分含量。在实验室规模的冻干机上生成了一系列关于干燥速率与残留水分含量及温度的校正曲线。为了在实验室规模冻干得到这些校正曲线，用配备的采样器从冻干室取样，用 Karl Fischer 法测定初级干燥终点的残留水分，这同时也是二级干燥开始时的残留水分含量。另外，在二级干燥过程中定期取样测定残留水分，其与干燥速率（g/s）存在正相关性，与 TDLAS 的检测结果一致。在工程运行时，初级干燥结束时的残留含水量通过 TDLAS 的干燥速率与实验

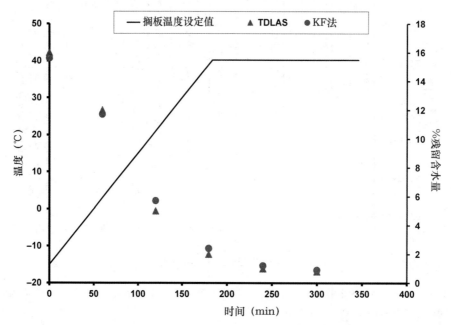

图 14.7　在二级干燥过程中 TDLAS 与 Karl Fischer 法（KF 法）测定的残留含水量比较。温度用实心黑线表示，残留含水量用圆形（KF 法）与三角形（TDLAS）表示

室得到的校正曲线来计算。已知二级干燥开始时的含水量，则二级干燥过程中任何一个时间点的含水量可以用初始含水量与 TDLAS 测定的二级干燥速率计算得到。在实验室与大生产规模，TDLAS 与 Karl Fischer 法测定的参与含水量都是非常一致的（图 14.7）。对目前这个处方，将残留含水量≤0.5％的时间点确定为二级干燥的终点。因此，使用 TDLAS 技术而非固定循环时间，初级干燥和二级干燥均可以监测和控制。

目前，TDLAS 更常被用作工艺监控工具而没有建立相应的反馈回路去控制工艺。然而，对冻干软件做简单的修改就能将 TDLAS 的输出结果整合进软件中，从而实现对工艺的控制。TDLAS 是开发稳健的冻干工艺时的一种多功能的工具，它可以节省大量的时间和材料。

14.6 工艺稳健性

基于对热量与质量转移的基本理解，可以为冻干工艺建立良好模型。首先，要确定冻干机的极限与能力范围以定义出操作空间。基于文献研究与这个操作空间内的内部数据，应用实际界限可以确定知识空间。进一步地，热量与质量转移原理被用于建立冻干工艺的初级干燥阶段（如前所述）的模型从而确定设计空间。

冻干室真空度、变温速率、搁板温度与干燥时间是定义冻干工艺初级干燥步骤的重要参数。冻干室真空度设定为 150 mTorr，相当于−21℃时冰的蒸汽压力的 30％，比升华速率为 0.4 kg/（m² · h）时能达到的最大真空度（100 mTorr）高 50 mTorr。不超过 0.5℃/min 的变温速率可制备出有良好外观的干饼。因此，使用 0.2℃/min 的变温速率（即需要 125 min 的变温时间）来进行初级干燥步骤。此变温速率提供了一个适宜的安全边界以应对不同冻干机之间可能存在的变温速度差异。基于数学模型，搁板温度−15℃与 150 mTorr 的冻干室真空度让产品温度保持在−21℃左右。如前所述，采用 TDLAS 与皮拉尼压力计实时监控干燥时间。通常总共需要做 7 个试验来保证工艺的稳健性（图 14.8）。

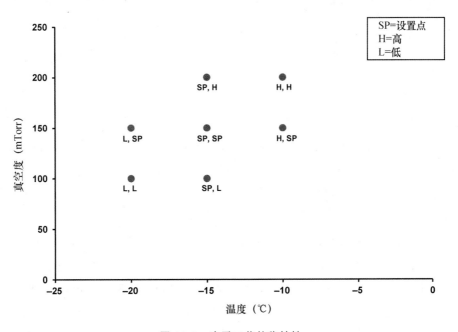

图 14.8 冻干工艺的稳健性

然而，使用数学建模的方法（Patel et al. 2010d），只需在设定值、较高与较低的搁板温度与冻干室真空度条件下进行 3 个试验即可。表 14.7 显示了产品温度与干燥时间的理论与试验结果。

表 14.7　在实验室规模冻干机 50%负载量下冻干工艺的初级干燥阶段的产品温度与干燥时间的理论值与试验结果

Ts（℃）	Pc	Tp（理论值、实验值）	干燥时间（理论值、实验值）	说明
−10（高）	200（高）	−19.6，−19.2	32，33	最高产品温度与最短干燥时间
−15（设定值）	200（高）	−20.6，−20.5	36，36.5	较高产品温度与较短干燥时间
−10（高）	150（设定值）	−20，−20.1	34，34.2	
−15（设定值）	150（设定值）	−21，−21.4	38，37	设定值条件
−20（低）	150（设定值）	−22，−22.5	42，43	较低产品温度与较长干燥时间
−15（设定值）	100（低）	−21.5，−21.6	39.5，40	
−20（低）	100（低）	−22.4，−22.6	43，43.5	最低产品温度与最长干燥时间

在搁板温度与冻干室真空度高于设定值的条件下，产品温度可能会超过初级干燥时的最大允许温度并导致干饼外观的损失。另一方面，在搁板温度与冻干室真空度低于设定值的条件下，进入二级干燥之前的干燥可能不完全，继而会导致塌陷或回熔（即干饼外观的损失）。因此，干燥时间应该足够长以保证初级干燥的彻底，但也不用进行无必要的长时间干燥。类似地，搁板温度应当低至使产品温度保持低于最高允许温度，还要高至产生具有适当安全边界的最短循环时间。在所有评估条件下，产品温度始终低于处方的 Tc（−18℃），并且残留含水量、重构时间、干饼外观与冻干后的稳定性曲线都不发生变化。由于辐射热转移在大生产规模的冻干机中相对较少，因此在大生产规模的冻干机中搁板温度的略微升高会导致产品温度曲线和干燥时间与实验室规模冻干机相同。在生产型冻干机上以 100%的负载，按照 TDLAS 与皮拉尼压力计的指示进行干燥时间为 46 h 的工程运行。当皮拉尼压力计与 TDLAS 无法正常监控冻干工艺时，作为应急选择将初级干燥时间固定为 50 h（增加大约 10%的安全边界以应对冻干机规模的不同）。初级干燥工艺参数被列在表 14.8 中。

表 14.8　初级干燥阶段的参数

Ts（℃）	变温速率（℃/min）	Pc（mTorr）	时间（min）
−15	0.2	150	125
−15	N/A	150	3000

14.7　二级干燥

与初级干燥阶段类似，变温速率、搁板温度、冻干室真空度与干燥时间是冻干工艺二级干燥阶段需要确定的参数。从相似处方与外观的药品得悉，0.5℃/min 的变温速率不会造成大的干饼外观缺陷。因此，选择对二级干燥变温速率来说具有适当安全边界的 0.3℃/min（183 min 变温时间）。通过类似处方与类似药品外观表现的内部数据分析，发现二级干燥的冻干室真空度（Pikal and Shah 1997）与初级干燥（150 mTorr）相同，因为改变冻干室真空度对二级干燥无附加优势。

开展小规模的研究来评价搁板温度（25、35 与 45℃）对二级干燥残留含水量的影响。二级干燥期间用采样器定期从药瓶中取样，并用 Karl Fischer 法测定残留含水量。正如预期，残留含水量在 40℃搁板温度比 25℃时减少得更快。同时，在冻干后干饼结构与产品纯度没有差异（Tang and Pikal 2004）。因此，隔板温度设为 40℃。当 TDLAS 显示残留含水量<1%时，标记为二级干燥的终点。在全负载的大生产型冻干机上，大约 240 min 的干燥时间可以达到<1%的残留含水量。在 25%负载时，200 min 内能达到残留含水量<1%。总的来说，冻干机负载量对二级干燥的影响不大。因此，当皮拉尼压力计与 TDLAS 无法正常监控冻干工艺时，作为应急选择将二级干燥时间固定为 300 min。表 14.9 列出了二级干燥工艺条件。

表 14.9　二级干燥阶段的参数

（℃）	变温速率（℃/min）	Pc（mTorr）	时间（min）
40	0.3	150	183
40	NA	150	300

最终储存的搁板温度设定为 5℃，药瓶在 650 Torr 的局部真空度下完成加塞工艺。下一节详述了评价顶部空间压力影响的系统研究。

14.8　顶部空间压力的影响

冻干好的药瓶一般在真空下加塞以有利于重构。基于早期开发研究，制备 mAb-X 时选择目标顶部空间压力为 650 Torr。为了评价药瓶顶部空间压力对重构行为的影响，对顶部空间压力的上限与下限进行了研究。如表 14.10 所示，顶部空间压力对重构时间无明显影响。

表 14.10　顶部空间压力对重构时间的影响

顶部空间压力（Torr）	重构时间（m：ss）
550	1：07
650	1：13
750	1：14

结果是 5 瓶样品的平均值，四舍五入到秒

14.9　冻干工艺的可接受范围

基于工艺知识、风险评估与工艺特性研究的数据，建立起各种冻干工艺参数的可接受范围（表 14.11）。

表 14.11　冻干工艺参数的可接受范围

工艺参数	可接受范围	设定值
冷冻变温速率，℃/min	0.1～1	0.5
冷冻保持温度，℃	≤−30	−40
冷冻保持时间，h	≥2	2
初级干燥变温速率，℃/min	≤0.5	0.2
初级干燥搁板温度，℃	−20～10	−15
冻干室真空度，mTorr	100～200	150
初级干燥时间，h	≥50	实时监控（皮拉尼真空计与 TDLAS）
二级干燥变温速率，℃/min	<0.5	0.3
二级干燥搁板温度，℃	35～45	40
二级干燥时间，h	4～6	实时监控（TDLAS）
顶部空间压力，Torr	550～750	650

14.10　冻干工艺设计空间

14.10.1　冷冻过程

如表 14.6 所示，mAb-X 的冷冻步骤能够保证药液完全冻实，其中的退火步骤将消除批次内的冷冻不均匀性。冷冻步骤的工艺可接受范围见表 14.9。

14.10.2　初级干燥

　　初级干燥步骤的优化对缩短总冻干循环时间是非常关键的。热量与质量转移原理、处方性质、冻干机以及容器密闭系统能够帮助开发初级干燥步骤的设计空间。如前所述，为达到 0.4 kg/（m² · h）升华速率，真空度控制的下限值为 100 mTorr，同时当真空度＞250 mTorr 时对冻干工艺没有益处。因此，该处方的冻干室真空度的操作限度为 100～250 mTorr。在实验室规模和大生产规模的冻干机上，气流阻塞或冷肼过载限度会将升华速率限定在一个范围内。因此，任何使升华速率处于阻塞流态（彩图 14.9 中粉红色区域）的工艺条件都将导致"失控"的工艺（即冻干室真空度会失控）。

　　另外，最高允许产品温度（彩图 14.9 中黑色虚线 Tp＝−21℃）限定了产品温度的上限。当超过这个上限时，产品会失去干饼结构。但是，当工艺运行在产品温度远低于最高允许温度时又造成时间和资源的不必要浪费。因此，需限定产品温度的下限（彩图 14.9 中黑色虚线 Tp＝−24℃）以避免无必要的冻干时间延长。产品温度不受某项因素直接控制，而是由搁板温度与冻干室真空度间接控制的。隔板温度等温线（圆圈与菱形表示）定义了冻干室真空度与隔板温度的组合，它可以被用来控制产品温度，使其处于−24～−21℃。绿色区域被定义为设计空间，蓝色区域被定义为控制空间，控制空间是设计空间的子空间（彩图 14.9）。因此，初级干燥工艺参数设定值（彩图 14.9 中的红点）应该处于控制空间内。设计空间在定义时应加入适当的安全边界。在设计空间内，工艺总是处于控制之下并且为产品温度和干燥时间做了优化。

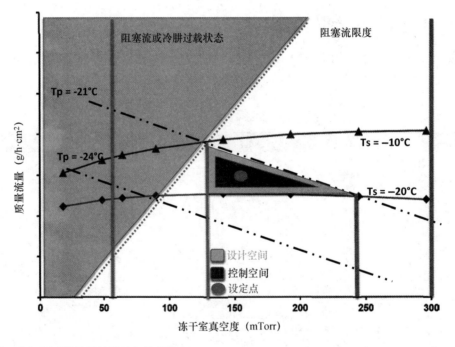

彩图 14.9　冻干工艺初级干燥阶段的设计与控制空间（Reproduced from Ref. Patel et al. 2013），with permission from J. Wiley & Sons，Inc

14.10.3　二级干燥

　　在二级干燥过程中，变温速率、搁板温度与干燥时间是保证在冻干工艺结束后产品符合质量属性要求的关键工艺参数。这些参数的可接受范围列在表 14.9 中。

14.11　总结

这个模拟案例研究阐明了 QbD 要素在冻干工艺设计与开发中的应用。现在有许多工具可用来实时监测和控制冻干工艺，因此产品质量控制可以在工艺中建立起来而不是在工艺结束时离线监控。工艺的设计空间与控制空间可以在 PAT、数学模型以及处方、设备与容器密闭系统的完整特性研究的帮助下建立起来。处方特性控制了工艺开发，而工艺条件与处方控制了产品质量。因此，对处方与工艺的理解在开发一个稳健的独立规模和场地的冻干工艺时是非常关键的。只有在进行系统研究表明工艺参数对产品质量属性存在影响时，才可以要求工艺设计空间。一旦要求了工艺设计空间，不要其他更多的管理文件，工艺参数就可以在此空间内被改动。另外，当需要改变生产场地、规模和批量大小或解决设备原因造成的工艺偏差（温度与压力的偏差）时，评价和预测工艺参数对产品质量影响的能力将有助于技术转让。

参考文献

Al-Hussein A, Gieseler H (2012) The effect of mannitol crystallization in mannitol-sucrose systems on LDH stability during freeze-drying. J Pharm Sci 101:2534–2544

Bhatnagar BS, Bogner RH, Pikal MJ (2007) Protein stability during freezing: separation of stresses and mechanisms of protein stabilization. Pharm Dev Technol 12:505–523

Bhatnagar BS, Pikal MJ, Bogner RH (2008) Study of the individual contributions of ice formation and freeze-concentration on isothermal stability of lactate dehydrogenase during freezing. J Pharm Sci 97:798–814

Cao W, Xie Y, Krishnan S, Lin H, Ricci M (2013) Influence of process conditions on the crystallization and transition of metastable mannitol forms in protein formulations during lyophilization. Pharm Res 30:131–139

Chongprasert S, Knopp SA, Nail SL (2001) Characterization of frozen solutions of glycine. J Pharm Sci 90:1720–1728

Gieseler H, Kessler WJ, Finson M, Davis SJ, Mulhall PA, Bons V et al (2007) Evaluation of tunable diode laser absorption spectroscopy for in-process water vapor mass flux measurements during freeze drying. J Pharm Sci 96:1776–1793

Gomez G, Pikal MJ, Rodriguez-Hornedo N (2001) Effect of initial buffer composition on pH changes during far-from-equilibrium freezing of sodium phosphate buffer solutions. Pharm Res 18:90–97

Izutsu K, Aoyagi N, Kojima S (2005) Effect of polymer size and cosolutes on phase separation of poly(vinylpyrrolidone) (PVP) and dextran in frozen solutions. J Pharm Sci 94:709–717

Konstantinidis AK, Kuu W, Otten L, Nail SL, Sever RR (2011) Controlled nucleation in freeze-drying: effects on pore size in the dried product layer, mass transfer resistance, and primary drying rate. J Pharm Sci 100:3453–3470

Li X, Nail SL (2005) Kinetics of glycine crystallization during freezing of sucrose/glycine excipient systems. J Pharm Sci 94:625–631

Lu X, Pikal MJ (2004) Freeze-drying of mannitol-trehalose-sodium chloride-based formulations: the impact of annealing on dry layer resistance to mass transfer and cake structure. Pharm Dev Technol 9:85–95

Padilla AM, Pikal MJ (2010) The study of phase separation in amorphous freeze-dried systems, part 2: Investigation of raman mapping as a tool for studying amorphous phase separation in freeze-dried protein formulations. J Pharm Sci 100:1467–1474

Patel SM, Bhugra C, Pikal MJ (2009) Reduced pressure ice fog technique for controlled ice nucleation during freeze-drying. AAPS Pharm Sci Technol 10:1406–1411

Patel SM, Chaudhuri S, Pikal MJ (2010a) Choked flow and importance of Mach I in freeze-drying process design. Chem Eng Sci 65:5716–5727

Patel SM, Doen T, Pikal MJ (2010b) Determination of end point of primary drying in freeze-drying process control. AAPS Pharm Sci Technol 11:73–84

Patel SM, Jameel F, Pikal MJ (2010c) The effect of dryer load on freeze-drying process design. J Pharm Sci 99:4363

Patel SM, Jameel F, Pikal MJ (2010d) The effect of dryer load on freeze drying process design. J Pharm Sci 99:4363–4379

Patel SM, Michael JSM, Pikal MJ (2013) Lyophilization process design space. J Pharm Sci 102(11):3883–3887 [Epub ahead of print].

Pikal MJ (1990) Freeze-drying of proteins. Part I: process design. Biopharm 3:18–20, 22–24, 26–28

Pikal MJ, Shah S (1997) Intravial distribution of moisture during the secondary drying stage of freeze drying. PDA J Pharm Sci Technol 51:17–24

Pikal MJ, Roy ML, Shah S (1984) Mass and heat transfer in vial freeze-drying of pharmaceuticals: role of the vial. J Pharm Sci 73:1224–1237

Pikal MJ, Cardon S, Bhugra C, Jameel F, Rambhatla S, Mascarenhas WJ et al (2005) The non-steady state modeling of freeze drying: in-process product temperature and moisture content mapping and pharmaceutical product quality applications. Pharm Dev Technol 10:17–32

Pyne A, Suryanarayanan R (2001) Phase transitions of glycine in frozen aqueous solutions and during freeze-drying. Pharm Res 18:1448–1454

Rambhatla S, Pikal MJ (2003) Heat and mass transfer scale-up issues during freeze-drying, I: atypical radiation and the edge vial effect. AAPS Pharm Sci Technol 4:e14

Rambhatla S, Ramot R, Bhugra C, Pikal MJ (2004) Heat and mass transfer scale-up issues during freeze drying: II. Control and characterization of the degree of supercooling. AAPS Pharm Sci Technol 5:e58

Rambhatla S, Tchessalov S, Pikal MJ (2006) Heat and mass transfer scale-up issues during freeze-drying, III: control and characterization of dryer differences via operational qualification tests. AAPS Pharm Sci Technol 7:e39

Schneid SC, Gieseler H, Kessler WJ, Pikal MJ (2009) Non-invasive product temperature determination during primary drying using tunable diode laser absorption spectroscopy. J Pharm Sci 98:3406–3418

Schneid SC, Gieseler H, Kessler WJ, Luthra SA, Pikal MJ (2011) Optimization of the secondary drying step in freeze drying using TDLAS technology. AAPS Pharm Sci Tech 12:379–387

Searles JA, Carpenter JF, Randolph TW (2001a) The ice nucleation temperature determines the primary drying rate of lyophilization for samples frozen on a temperature-controlled shelf. J Pharm Sci 90:860–871

Searles JA, Carpenter JF, Randolph TW (2001b) Annealing to optimize the primary drying rate, reduce freezing-induced drying rate heterogeneity, and determine T(g)' in pharmaceutical lyophilization. J Pharm Sci 90:872–887

Sundaramurthi P, Suryanarayanan R (2010) Influence of crystallizing and non-crystallizing cosolutes on trehalose crystallization during freeze-drying. Pharm Res 27:2384–2393

Tang X, Pikal MJ (2004) Design of freeze-drying processes for pharmaceuticals: practical advice. Pharm Res ;21:191–200

Tang XC, Pikal MJ (2005) The effect of stabilizers and denaturants on the cold denaturation temperatures of proteins and implications for freeze-drying. Pharm Res 22:1167–1175

Tang XC, Nail SL, Pikal MJ (2006) Evaluation of manometric temperature measurement (MTM), a process analytical technology tool in freeze drying, part III: heat and mass transfer measurement. AAPS Pharm Sci Technol 7:97

Yu L, Milton N, Groleau EG, Mishra DS, Vansickle RE (1999) Existence of a mannitol hydrate during freeze-drying and practical implications. J Pharm Sci 88:196–198

第 15 章

基于 QbD 的可见和亚可见蛋白质粒子的检测

Erwin Freund and Shawn Cao

杜祎萌　译，韩晓璐　校

15.1　引言

　　预期通过质量目标产品特性（quality target product profile，QTPP）定义并利用早期产品设计，该设计需以新蛋白质治疗药物的体内良好性能为基础。这种整合也是积极主动进行科学的工艺开发的基础。这有利于更好地控制药品的属性。例如对药品的安全性和有效性评价，其中重要部分是通过监测临床试验和药品属性以检测治疗药品的每个已定义标准参数来实现。临床试验材料必须检测以满足相关标准，并必须满足所有药品关键质量属性（critical quality attributes，CQA）标准。对于重组蛋白质，这些CQA 覆盖了几个类别，包括安全性（例如热原性、无菌性、残留 DNA），有效性（例如蛋白质浓度和生物活性），剂量（例如可注射的体积），鉴定（例如正确的异构体分布），纯度（例如宿主细胞蛋白质的最大杂质水平、氧化百分比和高分子量或聚集体百分比），以及外观（例如颜色、澄明度或浊度、颗粒、制剂的优美性和功能）。本章的重点是检查可见和亚可见的颗粒物，因为它代表了药品质量的风险（Langille 2013）。

15.1.1　颗粒类型

　　颗粒可以按不同的方式分类，其中一种是按来源分类的。在注射药品中，颗粒或由异物组成或来源于药品活性成分，如重组蛋白质。

　　异物可以分为三类：外源性的、内源性的和固有的。内源性颗粒（intrinsic particle）能够发生改变并且这一改变与药品容器或封闭物（包括输送系统，例如有硅油的预充式注射器）、辅料和工艺（或组装过程）相关，但通过清洗工艺过程不能充分去除。在 USP〈788〉中规定，外源性的或无关的颗粒被定义为"非有意地存在于溶液中的可移动不溶颗粒（非气泡）。"外源性颗粒（extrinsic particle）是添加的、外来的，非处方、包装或组装过程引入。外源性材料包括纤维、纤维素物质、植物性物质、腐蚀产物、包衣/涂层，以及建筑材料（如石膏、混凝土、金属和塑料）。外源性颗粒一般不会改变产品的保质期，除非发生碎裂、溶胀（水合）或降解。橡胶、塑料、金属和玻璃碎片是主要的外源性颗粒物质，由组装过程中沉积到产品中或在容器/封口制备过程中未被除去而形成。然而，如果这些典型的外源性颗粒是从特定的容器（封闭物）或者更连续更慢的方式在工艺中出现，那么人们可以认为它们的存在是一种内源性的，具有相似的关注水平。

目前没有对纳米颗粒进行常规监测，FDA 也没有指定一种优选方法（Susan 2014），这超出了本章的范围。

USP〈787〉（2014）公布了在注射中包括的亚可见颗粒物质，作为 USP〈788〉的补充，其专门讨论了治疗性蛋白质注射剂并分析了允许使用的较小试验体积。"治疗性蛋白质注射剂中的颗粒物质包含可能由各种来源的可移动的不溶物质。"颗粒可能是（a）真正的外源性的，或"外来的"，例如不可预期的外源性物质（如纤维）；（b）由于在制造过程中添加或不充分的清洁而产生的"内源性的"，例如罐金属或垫圈、润滑剂、填充硬件或由不稳定物质引起的。例如，时间引起的变化（如不溶性药物盐形式或包装老化降解）；（c）"固有的"内源性的，例如蛋白质或处方成分的颗粒。

固有的颗粒物质适用于与活性药物成分（active pharmaceutical ingredient，API）有关的颗粒；就治疗性蛋白质产品而言，它指的是由于蛋白质聚集而形成的颗粒，其可以报告（WIN 或"what is normal"）中的形式获得和利用。报告涵盖了蛋白质聚集的典型外观，并提供了最小的定性数据作为时间函数，因为颗粒可能不明显，直到随着时间的推移甚至在大量释放之后很长时间内形成颗粒。

由蛋白质聚集体组成的颗粒也可以根据其大小分为低聚物（有时称为可溶性聚集体，通常通过尺寸排阻色谱法分析）、亚微米或纳米聚集体、微米聚集体［通常称为亚可见颗粒（sub-visible perticle），在 $2 \sim 100 \, \mu m$ 范围内］以及可见聚集体或颗粒（$100 \, \mu m$ 或以上，Narhi 2012）。形态学、化学修饰和解离/可逆性是在分类和理解根本原因和风险时的重要特征，特别是对于 SbVP（亚可见颗粒）。

与此相反，外源性颗粒的存在是对制造环境缺乏适当控制的反映，而内源性颗粒的存在反映了容器清洁度/稳定性和过滤步骤的效果。固有蛋白质颗粒（protein particle）的存在反映了制剂药物 API 的稳定性。在本章中，重点是蛋白质颗粒，但在需要和适当的时候一些讨论中也包含了内源性颗粒和外源性颗粒。

15.1.2   手动或自动检测颗粒的目的

15.1.2.1   可见颗粒

对全部批次进行 100% 目检（visual inspection）工艺是生产的最后一道工序（无损的）以排除可见的产品缺陷，包括了一系列的外观和颗粒瑕疵，以及颜色和澄清度。检查工艺不是一个分类工艺，而是对各组分、环境条件和工艺程序的合理控制的持续验证。外观检验确保动态药品生产管理规范（current Good Manufacturing Practices，cGMP）是有效的，产品是安全和有效的，符合具体鉴定要求、强度、质量和纯度。目检工艺结果有助于减少工艺和产品的变化。目前基于 QbD 的方法需要详细的过程和对产品的深入理解。目检不能被个别样品的典型生物化学和生物物理测试替代，也不能被各批次中均匀存在的可溶性物质检测所替代。外观缺陷包括轻微缺陷（如容器表面划痕）和主要或关键缺陷（如破裂容器或容器密封的缺陷）。生物药品中的颗粒或聚集控制是各种正在进行生产的和长期稳定性的难题中的一个（Das 2012）。具体地说，伴随亚可见聚集体缓慢释放，涉及相关的安全性（免疫毒性和细胞毒性）、有效性（聚集物的减弱或增强）和药代动力学（pharmacokinetic，PK）行为需要被考虑。目的是实现最佳的生产效率，确证低错误拒绝率并捕获所有真正缺陷，这些缺陷可用于进行根本原因分析和趋势缺陷分类。对于拒绝原因的相关信息是生产持续改进的关键。

15.1.2.2   亚可见颗粒

目的是测量和控制亚可见颗粒属性，称这种检测方法为分析比检查更合适，因为检测是破坏性的，是对有限数量的样本进行的，并且没有自动化。方法在 15.3 部分和 USP〈787〉中进行了详细的阐述。

15.1.3　颗粒分析

由于粒径的范围广泛，从纳米到微米到毫米，目前没有一个单一的分析技术可以覆盖整个粒径范围。要对颗粒的大小和计数（Cao et al. 2009；Doessegger et al. 2012）进行表征，通常首先将颗粒大小划分为易管理的子范围区间（如上所述，即低聚物、纳米尺寸范围、亚可见范围和可见范围），然后应用合适的技术测定不同粒径范围的颗粒（Wang et al. 2013）。例如，对纳米尺寸颗粒表征，光散射为基础的技术已被传统使用，并且一些最近开发的新技术 [如纳米孔为基础的传感（IZON，www. izon. com/media/publications/）、纳米颗粒跟踪分析（Malvern 公司的 nano-sight）和共振质量测量（Malvern 公司的 Archimedes）] 也有良好前景。光透法是针对亚可见颗粒研究和应用的技术，并且最近基于动态成像分析（dynamic imaging analysis，DIA；Oma et al. 2010）的技术 [如微流成像分析（www. proteinsimple. com）和 FlowCam（www. fluidimaging. com）] 显示出巨大的前景，可提供额外的颗粒外形信息。注意，与使用目检或机器的对可见颗粒检测相反，上述所有测试都是破坏性的检测。利用过滤和后续使用显微镜和光谱分析表征的颗粒分离（Wen et al. 2013；Ripple et al. 2012）通常可以用来补充这些常规分析，特别是当需要识别颗粒或聚集物的类型、性质和来源时（Narhi 2009；Susan 2014）。

目检领域存在着许多不足与空白。截至目前，无损自动定量仪器尚未实际应用。工业上难以明确接受或拒绝定义的特征性质范围而处处受限。一些问题仍然存在，例如什么大小应被定义为可见；建立与临床安全性/有效性结果和触发抗药抗体应答相关的粒径、颗粒数量和聚集化学（Doessegger et al. 2012）。在分析仪器领域，正交方法需要适当的参考标准（即类蛋白质的颗粒标准）和采样的定量可比性评估。这些类蛋白质标准目前还未建立（Ripple et al. 2011）。除了这些复杂性之外，还缺乏适用于所有监管的通用指南。因此，检测治疗蛋白质充填容器仍然是最新分析前沿研究之一，其极具挑战性的要求是达到 100% 无损检测。

15.2　监管预期、影响和思考

对于颗粒，首先期望通过预防来解决，其次是通过纠正措施（结果的检查拒绝），重点是解决上游必须确定成分的颗粒源。另外监管机构期望不仅减少而且有效控制产品中的颗粒，包括 QbD 预测的一部分亚可见范围的颗粒物（Martin-Moe et al. 2011）。2011 年，作为传统验证的一部分的、仅通过三次连续运行来证明控制措施的方法，在美国被称为连续工艺确认（CPV，2011 "工业工艺验证指南"）的新概念所替换，它包括监测、统计追踪和评价 CQA（如颗粒负载）以确保质量，由 ICH Q8、9、10、11（Korakiaiti et al. 2011）和 FDA 对性能合格后的工艺生命周期指南（Process Lifecycle after Performance Qualification）推动进行。这一工艺反过来可以实现持续改进，这是产品生命周期工艺的一部分，并通过在预定的设计空间内调整工艺控制来提供潜在灵活性。对于外观而言，目标是零缺陷，但是会受限于实际考量因素，包括由于蛋白质固有的自缔合性质引起的蛋白质聚集（Cordoba 2008；Mahler et al. 2008）。蛋白质聚集的预防方面涉及一级氨基酸序列的最优分子工程、处方条件、主容器接触表面的选择以及制造（或处理、存储）条件选择。这些因素不能通过一次一个组分的修改来优化，而是要求应用实验设计（design of experimentation，DoE）通过使用 QbD 要素预期的多变量实验来定义最佳配置。CPV 的增补是连续质量验证 [CQV（美国国家标准协会 ASTM E2537 2008）或 FDA 的（连续质量保证 CQA）]。

在过去 10 年中各机构对主要原因的监测表明大量结果与颗粒相关问题多重 t 相关，这些问题包括从检查员的培训、研究、取样、原料、监控不足和预防措施等。生产商必须证明一定水平的控制而不仅仅是依靠最终检测作为达到质量要求的一个方法。这包括对蛋白质形成聚集的理解、根本原因分析、可见颗粒与 SbVP 的可逆性和数量与粒径分布和颗粒形成动力学研究。尤其是在聚集监测领域，生物科技公司认识到一般方法应用于 t 蛋白质颗粒上是有问题的。与外来物质不同，这些蛋白质颗粒会产生安全性问题，因此蛋白质不仅需要改进的表征方法而且需要不同的控制策略。根据颗粒分析发现蛋白质聚集的结果需要产业开发商的风险分析来作为合适的控制策略基础。风险评估（Carpenter et al. 2010；Rosenberg et al. 2012）评价一个对安全性和有效性有影响的事件发生概率，并且必须包括探测该事件或其影响的能力。严重的或不确定的生物学后果，即使发生概率很小，仍然可视为高风险性事件。探测事件或其临床后果的能力缺失无疑增加了风险。风险评估的实施必须包括各个方面，如质量、生产、医疗安全、临床、毒理学和免疫原性［Guidance（draft）for Industry 2013；Bee et al. 2012］。QbD 非常适合作为一个工艺开发策略，通过分子、工艺参数和质量属性的理解整合到以往的设计空间中以主动表征、理解和控制蛋白质聚集，以往的设计空间由药品研究资料定义边界，药品研究资料必须保证药品性能能够满足目标产品质量概况（quality target product profile，QTPP）。

CQA 一般都要确定一个定量的值，该值不仅反映测量缺陷的能力而且反映监控和制定标准的能力。只要制定了产品发布和有效期确定的限度标准，经验证的分析方法实际应用可以"允许"降解物存在。缺乏特定 CQA（例如可见蛋白质颗粒）的定量数据是存在控制相关挑战的。临床试验的结果试图建立一个在试验中患者和不同药品批次之间都有差异的环境下的安全性和有效性。首先建立覆盖了临床试验材料的表征范围的 CQA 值的范围，进而用来定义质量应当符合或超过临床试验材料质量的未来商业材料的发布标准。

在小分子 API 的情况下颗粒是不典型的，除非颗粒被设计为控制发布策略（例如结晶态和悬浮液）的一部分。相反，重组蛋白质治疗剂有一些不可溶蛋白质颗粒。蛋白质分子具有固有的自缔合性质，它会在高蛋白质浓度时加重。自缔合会导致很小一部分可溶性蛋白质形成较大聚集物，这些聚集物最终会以不溶性或可见颗粒（visicle perticle）的形式出现，成为复杂动态蛋白质行为和展开的一部分（Sharma and Kalonia 2010；Joubert 2011）。出于伦理原因考虑，人体高浓度蛋白质聚集物的临床测试不建议进行。有时可以使用具有较高浓度聚集物的临床产品作为早期临床材料，该临床产品将可以获得临床材料"资质"（Parenky et al. 2014）。

尽管做了最大努力和广泛的研究，蛋白质自缔合是蛋白质的一种固有性质，并且聚集和微粒化可能发生，它的数量取决于特定产品的性质。这种情况通常是随时间变化的，在所有填充的容器中不均匀地出现，不像颜色或化学降解这类变化均匀地分布在药品批次中。根据可逆缔合的程度和动力学研究，这种聚集可导致各种尺寸不可逆的不溶性颗粒（即可见的和亚可见的）。这种独特的属性是蛋白质颗粒概率概念的基础，只能通过统计抽样来确定。蛋白质颗粒性质是开发设计空间的一个重要特征，推荐用定量数据描述，定量数据目前主要基于破坏性技术获得，例如用于亚可见颗粒的光透法（light obscuration）或 DIA 和用于可见颗粒的目检。由于检测概率与颗粒存在的数量和大小有关、许多药瓶中 SbVP 数量需要测试、变异性控制问题，因此采样计划必须在统计学上是合理的。

所获得的颗粒分布应该通过风险管理来评估，因为在一个正式的风险评估后，应当根据已知的风险管理和工具［例如，失效模式影响分析（Failure Mode Effect Aralysis，FMEA）或故障树分析（Fault Tree Analysisi，FTA）或其他 ICH Q9 质量风险管理指南中描述的方法］制订一个减缓风险的计划。告知风险评估的临床考量包括给药频率、给药途径、清除率、患者免疫状态以及治疗蛋白质与任何内源性蛋白质的关系（Bennett et al. 2004）。额外的风险因素是患者影响（PK、效力、生物分布、毒性和免疫原性）和可检测性。

15.2.1 监管要求的颗粒标准设置

对可见的外源性颗粒物质的监管要求是"几乎没有颗粒"。对固有蛋白质颗粒的要求在过去 10 年中不断发展，并将基于改进的检查设备和更进一步的临床理解而继续发展。任何蛋白质聚集都是不希望的，除非它被设计成 QTPP 的一个要求。在现实中蛋白质聚集有时是不可避免的，由生产商提供药品安全有效的证据和特殊聚集没有不利影响并在控制之下的证据。

- 对≥10 μm 和≥25 μm 的亚可见颗粒监测一直是一个监管要求，与药典方法的发布标准（USP⟨788⟩）有关。FDA 要求发布标准定期审查和更新，以紧跟行业标准（Susan 2014）。USP⟨790⟩适用于注射剂中的可见颗粒，并且作为分销产品时颗粒问题的批次发布和行动相关部分，为 AQL 取样的人工检查执行提供指导。如果从储备样品中的 20 个单位样品（至少）中均未发现可见颗粒，则认为是没有可见颗粒。

- 此外，按照 21 CFR 601.70 对生物制品的上市后承诺（Post Marketing Commitment，PMC）规定，FDA 要求对低于 10 μm 的亚可见颗粒进行研究和监测。此时有一些定量方法可用，且优选方法是基于传统的批次发布方法的光透法（Cao et al. 2010）；最新的 USP⟨787⟩ 和其补充 USP⟨788⟩ 对此进行了解释。信息丰富的 USP⟨1787⟩ 章节包括了测量技术的通用信息。预期结果包括形态学、定性、方法开发和选择，以及大小分布（例如，≥2 μm、≥5 μm、≥10 μm 和≥25 μm）。允许足够的数据和方法的稳健性并将在未来用于评估，评估随着时间的推移可以转化为设置的标准（批量放行、可比性、年度 GMP 稳定性批次）或测试技术成熟的行为限度。正如低聚物聚集的案例中所述，方法认证应该包括有应力下样品的问题和正交法分离降解物的独立确认。

- 药品中蛋白质颗粒的控制策略是颗粒大小的函数。它包括使用调查或正交方法的研究、生成"仅用于信息"评估的数据和最终设置的发布接受拒绝标准（图 15.1 中所示）。

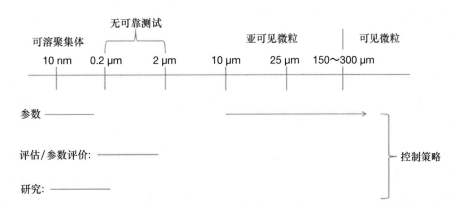

图 15.1　作为颗粒大小的函数获得颗粒表征的能力。控制策略将受到仪器能力和统计在获得非常可变和动态现象（如整个批次而不是一个药品容器的代表性颗粒）的数据时能力限制。图示尺寸范围均为近似值

如前所述，FDA 对小于 10 μm 的亚可见颗粒没有预先设定的限度。当亚可见颗粒是非预期杂质时，它们的水平越低，产品质量越好（Susan 2014）。设置限度的主要驱动力是 CQA 的安全性和有效性风险。这需要先验知识、工艺理解、制造经验和临床经验支持。在临床试验中包含大量批次的原料药和药品，可以提供丰富的数据作为制定标准的基础。如果颗粒负载在不同容器间不均匀分布，仅仅从一个批次的一个或几个容器中取样，不足以真正地测量出整个批次的颗粒负荷。在传统商业产品中，无法获得这些数据，尽管由于批次中颗粒的不均匀性不太可能提供丰富的数据集，但仍可以使用归档样本。另一种方法是跟踪 2~10 μm 的数据，直到收集足够设置统计相关标准的数据，尽管它受到验证和技术现状的统计挑战影响。作为一种选择，可以尝试收集不同尺寸范围（例如，低聚物与亚微米颗粒）的聚集数据之间的可能相关性，用于设置限制。对于亚微米颗粒，由于缺乏类蛋白质颗粒标准和可用的稳健性（成熟的和可验证的）分析方法（这也是耗时耗力的），在未来这一领域将是一个相当大的挑战。相反，建议使用定性方法，包括使用先前所描述的应力下样品。基于这些研究结果，开发商应进行风险评估，并提出用于技术转

移或可比性研究的控制策略，而不是用于限度行动或批量放行标准的控制策略，除非有可靠的测试方法和丰富的数据库。在具有可见聚集性的药品案例中，生成"WIN"报告是设置外观标准的有用工具。

特别报告描述是一种通过记录聚集以使用目测法的方法（USP⟨790⟩）。从安全的角度来看，聚集大小、数量和免疫原性之间的相关性仍有待确定（Joubert 2011）。基于免疫原性途径和细胞摄取机制，重点关注小于 10 μm 的蛋白质颗粒（Carpenter et al. 2009；Singh et al. 2010）。这种聚集尺寸范围目前是免疫原性研究的焦点（Joubert et al. 2012）。

15.3　蛋白质颗粒目检与定量分析的挑战

一般来说，与典型的酸或热诱导的致密蛋白质可见沉淀不同，蛋白质颗粒在形状上是无定形的、半透明的、可悬浮的并且大部分由大量液体组成。这些性质使得它们难以准确地检测和定量。其他混杂因素包括容器间的不均匀性、时间依赖性的形成或动力学，这种动力学在整个批次中进展不一致。颗粒组成不同于连续的共价结构或由松散缔合的子聚集体组成，这些子聚集体可以在检测和测试过程中被搅拌或涡旋分解（Ripple et al. 2011）。

15.3.1　可见颗粒的解释

对于目检（Melkor 2011），需要一些基础知识来解释颗粒的定义，一般人能够目检的球形颗粒大小为～100 μm颗粒。人类能够在 10 cm 的距离内检测到或感知到 30 μm（20/20 视觉灵敏度）的高对比度狭缝，尽管有些人能够检测出更小的颗粒，而其他人只能检测出更大的颗粒；这种是人类能力内在的可变性，需要训练和严格定义"什么是可见"。注意，真正具有分辨力的完美眼睛定义为大约 0.5 弧分的角度大小（http://arapaho.nsuok.edu/~salmonto/vs2_lectures/Lecture21.pdf）。实际上，检测到低对比度和移动物体的阈值在 50 μm 的范围内更大，只要物体具有与介质不同的折射率。Julius Knapp 和 Harold Kushner 提出引入检测和拒绝域效率（RZE，反映需要检查的最差的 30% 代表缺陷的检测效率）的概率因子作为检查的概念（Knapp et al. 1980；Knapp et al. 1990，1996），该方法通过使用类似的缺陷集提供了一个可以比较人工检查和自动检查的策略。然后使用实际的药品进行验证。在这种情况下，缺陷集包含 NIST 可追踪的标准以及特定的异物（例如可见的蛋白质聚集体，如果被检测的产品蛋白质聚集物正常）。自动检测的缺陷集是在不同产品的基础上确定的，因为部件具有与原材料（药瓶、塞和密封件）和材料加工表面的制造工艺相关的独特缺陷。

在可见范围内的颗粒检测是基于概率的（Knapp et al. 1990），随着粒径的增大而增大。在容器中检测到大约 30 μm 的单圆形高对比度物体存在的概率小于 1%，被定义为 20/20 视觉的可见度阈值，作为可见缺陷的定义没有实际应用价值。

相反，应用检测概率为 70% 更实用（Knapp et al. 1982，1990）。认证检查员在不同地点进行的研究证实在 20/20 条件下的人眼（未经辅助）的最佳条件下观察到在半透明容器中检测到 100 μm 的单一理想高对比度颗粒有大约 40% 的能力，当检查一个 200 μm 颗粒时（Smulders et al. 2012）可以增加到 95%～70% 概率的大小范围随条件而变化，并且覆盖 100～200 μm 范围（Smulders et al. 2012）。

具有杆状形状的纤维检测被认为是更困难的。Stephen Langille（FDA）在注射用 ECA 颗粒会议（2014 年 9 月 24 日）上说明了可见颗粒和纤维之间的区别，分别为 150～250 μm 和 500～2000 μm。即使检测目标是 100% 检测，但是通常会分别发生超过 70% 的次要缺陷和超过 80% 的主要缺陷。

15.3.2　影响颗粒检出效率的因素

因为许多影响检验有效性的变量存在，对这些可见尺寸范围值的额外讨论是比较学术性的：

（1）光学差异：人工或基于相机的视觉感知物体的对比度被定义为区分其特征与背景或相邻特征的能力。对比度被定义为物体图像和相邻背景之间相对于整体背景光强度的光强差。

（2）颗粒特性：反射与光散射与吸收、密度、折射率的空间变化、双折射、形状（球体和杆状）和荧光效应。第二个因素涉及颗粒自由悬浮的倾向，它是浮力、黏附于内容器表面或裂缝、尺寸、数量、颜色、对比度、形状/方向等的方程。微气泡从光学角度讲是真实颗粒，但从安全的角度来看是可以接受的。

（3）容器：形状、玻璃药瓶曲率的放大效果、结构材料、划痕、指纹等，全都会影响检测效果。容器壁的均匀性起着很大的作用，例如吹塑玻璃瓶或塑料容器的内部弯曲对光折射造成破坏。

（4）人类工程学：视觉距离、时间/速度、搅动时手眼协调性、重复性、扫描策略和容器保持物，也会影响检查结果。

（5）容器内液体的性质：密度、黏度、颜色、折射率、几何形状、不透明度、表面眩光、光偏振和表面张力等，也起到一定的作用。填充体积和上部空间的存在是另一个重要的参数，因为它们影响在倒置或旋转后搅拌引起的颗粒位移特性。在固体如冻干制品的情况下，冻干饼通常是白色的，除非溶解否则不能进行目检。最近的低能量 X 射线检查可以在一定程度上对异物颗粒提供一些有限检查，但无法检测聚集。

（6）照明：物体与光相互作用，由于光的角度、入射光的波长、光源（无闪烁）、相干/漫射、偏振和强度产生的光亮度、颜色的变化。除了检查室外，在低环境光区域检查是首选。过度照明可增加眩光和增加视疲劳。

（7）背景介质：哑光黑能降低回归反射率、防眩白适于检测白色和深色颗粒。

（8）检查者视力（20/20 视力和对比敏感度）、检查持续时间、眼球运动、焦点、固定、同时检查属性的数量、放大镜使用，以及先验知识或更强感知增加灵敏度。暗适应可受弱光环境强度的辅助。

（9）移动性：物体移动时检测更容易。较早陈述的 $100\sim200\ \mu m$ 颗粒（球状）的近似 70% 检测即是假设颗粒相对于容器运动。如果颗粒有 50% 的时间不运动，检出率可能会下降。

一个属性的发生率会影响其被感知，并导致个体偏倚作为该属性的函数。人类的检测能力随着检测的减少而减少，这将增加错误的接受。一般推断，人类错误拒绝率的检查能力随着目标属性发生率增加而增加。人工检查的其他混杂因素有：精神状态、眼睛疲劳、预设期望、经验、警觉和人体工程学舒适度。尽管检查员虽然允许快速比较并改进异常值的检测（例如填充体积缺陷），但使用机械工具或夹持器同时拾取多个容器将增加检品量挑战。另外检查员需要足够的休息时间来对抗疲劳。

先验知识发挥很大作用，它是训练、经验、教学辅助工具、视频或静态图像的集合，而不是口头描述。由于视觉刺激是随机呈现的，检查者在看到时不能预测。在这里，先验知识起着很大的作用，因为视觉作为人类的感觉工具是一种心理物理现象。

15.3.3　检查过程的 QbD 原则

15.3.3.1　人工目检（manual visual inspection，MVI）

目检效果的影响因素太多，不能像上面所说明的那样以一种整合方式进行研究。目前方法是为了符合标准化检验室参数和使用适当人为标准和线缺陷的检验员认证方法，并通过标准化人类工程学因素、容器处理（反转/旋涡）和辅助检验条件来最小化变异。辅助检验条件有包括图像或视频在内的培训材料。必须特别注意识别外来颗粒和所有外来物质。Knapp 研究必须进行，以建立缺陷检测率作为缺陷危害性的函数，这又与风险评估相关。标准化的检测能力是设置半自动化和全自动检验的工艺要求基础，必须满足或超越手动检查标准。半自动检验是指包含人工检查的自动化容器处理过程。这要求检测员仍然能够像人工检查一样高效。只要有一个检验条件合理，可基于光学和几何性质来支撑一系列参数，就没有必要对每一个潜在 SKU 重复 Knapp 研究。认证项目包括使用特征明确的缺陷检测试剂盒（Melchore et al. 2012）反映可能的固有颗粒（例如，蛋白质聚集体）和实际的容器线缺陷。在缺陷试剂盒中有可能会有缺漏，因为并非所有可能的真正缺陷都可作为标准，例如独特的容器/封口制造缺陷。

15.3.3.2 自动目检

机器检测虽然不受人类的各种可变性影响，但缺乏对人类检查的数据处理能力和对亮度变化的快速调节。这就是为什么可接受质量限度（acceptance quality limit，AQL）采用 MVI 用于较小但对于整个批次来说具有统计相关样品量。检验机器必须在检验过程的启动和一个批次检测终止之前保持在校准状态。自动目检（auto visual inspection，AVI）需要使用多个摄像机，对于每个属性而言摄像机速度和分辨率必须被优化以有效地检测缺陷。摄像机速度和分辨率作为预定义的、与人类能力相同或超过人类能力检测有效性的功能。这需要相机、透镜、光、容器处理和视觉算法的良好协同作用，以便为可高达 600 单位/每分的高通量提供最佳检测。高速 AVI 的缺点是使用较低分辨率的摄像机导致较低的检测，这可能会降低检测性能。AVI 系统的资质鉴定需要由每个 SKU 加上包括可能的固有颗粒范围的单颗粒缺陷的缺陷集。预计 AVI 将为每个缺陷类别提供一定的有效性，对关键缺陷来说其值接近理想的 100%。AVI 机需要选择合适的性能参数，包括灵敏度、旋转速度、后自旋制动和总通量的设置以及视觉程序的软件算法设置。预期通过 DOE 因子设计实验的 AVI 供应商确定关键的变量并定义操作 AVI 的设计空间。这种设计空间在很大程度上是容器和内容物特征的函数，如前文所述。在悬浮液中，高蛋白质浓度相关的黏度是重（或高）密度的外来颗粒进入视野的一个重要障碍。

拒绝分析 不同类别的缺陷分离允许特定缺陷类别的分类。基于历史数据触发可以被定义为如果一个特定的缺陷类别超过设定的标准就开始调查，进一步提供了一个减少变异性和解决 CAPA 趋势的机会。

取样 理论上必须以书面形式来记录对一个批次的大量统计取样，重点是在填充的开始、中间和结束时捕获数据。整个取样排除了随机方法。如果在灌装工艺中进行局部检查，则实时信息可以对工艺提供立刻反馈和干预。

为颗粒检验定义的设计空间包括对所有在 100% 和 AQL 检查期间执行的人工和自动检查都面临挑战的关键检查属性的深刻理解。与 AVI 不同，MVI 过程不那么稳健，为在可能的情况下寻求 AVI 提供了基础。然而，由于机器视觉和图像分析两个方面的局限性，MVI 继续发挥重要作用。此外，在拒绝检查的情况下存在第二层分析，它被定义为在 AVI 拒绝的那些具有 AVI 能力范围之外的某些属性的单位上执行 MVI，例如自动识别和接受微气泡，这些微气泡是真实的但通常是瞬变的，但是不存在安全问题。第二层检查剔除的理由必须恰当。

出于讨论和简化的目的，在本章中，可见颗粒范围被定义为 $100\sim200~\mu m$（大于纤维）。采用验证试验来保证 100% 检验的有效性。由于迄今为止的检验技术并不是 100% 有效的，颗粒上的典型外观标准在美国将定义为"基本上没有颗粒"或在欧盟"几乎没有颗粒"。

"基本上没有颗粒"不是定义为每个容器的属性，而是适用于整个填充批次。这意味着外观测试必须针对所有容器进行，而不是像作为发布分析的氧化一样在单个容器上进行。每一次外观测试的实际发布仅通过在有限样本集上的 USP〈790〉试验中定义的 AQL 形式化，从而验证 100% 检验符合一定标准的有效性。100% 生产检验后的批放样是基于 ANSI/ASQ Z1.4 或 ISO 2859-1。按照一般检验等级 II，采用 AQL 为 0.65% 的标准抽样方案进行单一采样方案的正常检测。

在这两种情况下都有文字显示各种稳健检测方法的内在不足。正是这样，监管机构才推行了两种不同的方法：AQL 方法检查外来颗粒和 QbD 方法检查蛋白质颗粒。

由于外源性物质或蛋白质聚集不是一个固有成分，基本上没有或几乎没有的定义偏向于统计学定义，AQL 和相关的抽样计划为颗粒检出提供了一个考虑到异质性的实际限制的统计保证。与均一的属性（如颜色或%氧化）不同，外源性颗粒不均匀地分布在代表批量群体的容器中。这种独特的属性解释了一个事实，即基于颗粒的批次发布而不是基于对少量容器进行检查来评估颗粒的外观。

对于蛋白质颗粒，QbD 提供了另一种方法。QbD 原理指出，控制策略必须到位，不仅防止外源性物质的存在，而且控制蛋白质聚集体和颗粒的类型、大小和数量，使其不影响在使用特征材料的临床研究中建立的安全性和有效性。这不能仅仅通过"质量检查"来实现，而是需要工艺监控和基于科学的发布标准，理想状态下至少是在半定量的基础上进行。

在可见颗粒的外观检查的情况下，目前在所有填充容器中使用的 100%无损检测方法仅限于二进制方法（通过 vs. 未通过）。这不适用于特定的蛋白质稳定性表征，因为这个检测是定量的。检查工艺由检查员执行时，需要拒绝任何具有可见颗粒的容器，而不管该颗粒是否在可见的尺寸范围内。如果检查员观察到任何颗粒，该样品将被拒绝。另一类拒绝是指由于"瞬态气泡"而被"拒绝"的样品。这些都不是假拒绝，因为气泡是"真实的"，但由于气泡不构成安全隐患，它们是可以接受的，并且可以通过 MVI 重新检查这些被拒样品来完成。在某些情况下，如果蛋白质聚集体是固有的处方成分并且在开发和临床试验批次中均在外观上具有相似的观察和记录，那么蛋白质聚集体也是可接受的。

15.3.3.3　亚可见颗粒分析

为了分析可见尺寸范围以下的颗粒（如亚可见颗粒），目前技术可以定量表征微米尺寸范围内的颗粒，并可定性或半定量地分析亚微米尺寸范围内的颗粒。对于亚可见颗粒，而不是微米颗粒，光透法测试及其相关限制一般应用于在离散尺寸范围内产生诸如颗粒浓度的定量信息，而基于 DIA 的技术被用于提供正交尺寸和计数测量，同时产生颗粒形状和形貌信息（USP〈788〉和 USP〈787〉）。目前，USP〈788〉或 USP〈787〉对亚可见颗粒最常用的方法进行了评价。亚可见颗粒分析的定量性质使得它成为 QbD 方法的优秀候选之一。人们需要注意的一个复杂因素是，传统的光透法（light obscuration，LO）及其相关的颗粒余量限度不能区分蛋白质颗粒与其他颗粒，例如硅油滴或外源性颗粒。在预充式玻璃注射器中硅油作为润滑剂的存在对 LO 方法在亚可见范围内（尤其是在<10 μm 范围内）提出了挑战。基于轴比例的图像分析校正存在，但不能完全中和硅油颗粒对总数量的贡献，这使得难以在预充式玻璃注射器中定义<10 μm 的颗粒基线。

蛋白质聚集作为降解方式必须加以表征。文献中有很多可用的各种方法介绍（Wolfe et al. 2011a, b; Zoll set al. 2012）。对于 QbD，重点应该是选择那些可验证的方法，或者至少可以是合格的。只要数据解释是基于正确的判断，那么就可以使用正交方法。由于微米尺寸范围内分析方法的复杂性，方法或仪器专用的颗粒定量基线当用相同方法进行趋势分析。只要方法精确，即使精度不确定也能达到目的。精确的数据将识别趋势，对于作为技术转移和产品保质期改进的一部分的相似性来说是非常有用的。

为了应用 QbD 原理，第一步是理解和记录产品的颗粒概况。为此，典型的蛋白质聚集模式应该被捕获作为 WIN（什么是正常的）现象，该现象可以记录在该产品的颗粒总结报告（Paticle Summary Report，PSR）中。由于蛋白质聚集在生产批次上性质不均一，并且异质性通常在储存期间随着时间的推移而增加，因此 PSR 应该包括药品的每个特定发展阶段相关的数据摘要。对于每个阶段，可能包含在 PSR 中的特性包括：产品的可见蛋白质颗粒外观的定性描述，如浮力、对比度、形状、半透明性、光反射/散射、浊度、边缘等；蛋白质成分确认数据的参考标准；聚合可逆性对温度和时间的函数；使用有代表性的样本大小在一个批次上的百分比分布；在可能的不同尺寸的容器中用颗粒计数进行定量描述；可忽略的颗粒数据的交叉引用；非加速稳定性研究中的不同温度下时间变化动力学；作为时间函数的聚集平台确定；冻融对聚集的影响；通过发泡对聚集效果影响运输振动和气液相互作用（Bee et al. 2012）；相对于％不溶性蛋白质的聚集对剂量强度的影响；理想情况下，在封闭容器的最小静态图像或优选视频图像上进行背景反射消除，以消除表面缺陷、嵌入颗粒或表面外源性颗粒。

PSR 有很多实际用途。例如，它可以作为外观规格的基础；作为一种检查人员人工检查训练的辅助工具；作为一种时间校正工具来估计临床试验中的聚集；作为产品返回调查的背景文件，拒绝的规格上限（out of spec，OOS）；如果需要展示技术转移后的生物等效性和第二代工艺开发包括处方优化（Sharma et al. 2010），还可为 USP 专著提供数据。当药品上市后，经过多年保质期观察后得到新信息后，该 PSR 文件必须更新。

通过适当的申请可以获得相关批件，即批准产品的可控蛋白质颗粒形成水平伴随有机械理解和控制策略。申请程序是由申请人全权准备好，而监管者必须在申请批准前逐步确认。因为潜在不溶性蛋白质物质的异常接受，这种情况变得有趣，但是不允许外源性物质的存在。在 PDA 的目检研究组的支持下，FDA 和 USP 正在讨论推出针对可能产生内在聚集颗粒的每种蛋白质治疗药物的相应专题（Joubert et al. 2010）。

产品生命周期的不同阶段要求 QbD 的不同应用。在临床开发阶段，当应用 QbD 原理时，考虑到减少颗粒和聚集，当进行下列步骤：

- 首先，定义 QTPP，包括标示、递送方法、患者群体、给药途径、给药量、储存要求等信息来。其次，在选择候选分子的过程中，对初级氨基酸序列的最佳选择进行分子评估；然后在包括处方辅料、容器材料、运输路线和环境因素的工艺开发中进行初步测试。
- 包括原材料（容器部件和辅料）的可变性，并在所有单元操作中建立有效过滤。建立良好的颗粒分离、表征和识别能力。应用统计合理抽样来反映批次间的不均一聚集性。
- 通过使用每时间点的样品统计量，确定商业化过程中的材料开发中稳定性，进而确定动力学和聚集特征。表征临床材料中的聚集水平和调节动力学，并分离和建立聚合错误折叠或共价修饰，如果可能的话，当考虑恢复限制。在 WIN 或 PSR 文档中捕获数据作为 FIH 和后期临床材料外观标准的基础。在 QTPP 的环境中进行风险评估并对结果进行排序并定义是否需要缓解。
- 将降解途径与内在或外部因素联系起来，并将这些因素与关键工艺参数（CPP）联系起来。尝试使用基于 DOE 的多变量实验将聚集速率与一个或多个 CPP 值的范围相关联。
- 在工艺性能确认（process performance qualification，PPQ）材料的 cGMP 稳定性研究下进行聚合追踪，并确定 "CpK"，该统计工具测量工艺满足质量要求的能力。应用预先确定的统计分析来定义混淆区间内的聚集范围，并设置警报/行动和拒绝可见颗粒的水平。
- 最后，建立临床免疫原性监测程序，以确定可能的抗体应答。在中和和非中和抗体方面建立抗体性质，再次使用风险分析来解释数据。

由此产生的设计空间必须展示一种生产可重复质量的制造工艺。当生产临床材料时，需要确保聚集水平不是人为地降低到商业可行性后所致不达标水平。在这种模式下，三批验证运行方式不再能够形成验证的基础。相反，PPQ 运行会作为一个充分控制策略的演示。前面获得的知识越多，PPQ 的数量就越少，因为剩余风险越少。如果聚合是治疗药物的固有属性，许可证申请必须反映并表现出足够的理解，附以详细表征和控制策略。

在商业制造过程中，QbD 方法要求建立理想的实际（线缺陷）药品标准以进行比较，并在过期时更换它们。可以建立一个除了可以覆盖快速检查之类（诸如重量准确度和外观测试）的属性外，还覆盖灌装和封盖工艺的开始、中间和结束的检查模式。对于半自动化或 MVI，如果可能使用外观报告文件帮助的话，可以使用产品特定的培训和标准。接下来，建立灌装和检查之间的时间窗口和存储。需要通过 AQL 取样和测试验证 100％检验（USP〈790〉）作为批次放行的一部分。预期基于批次预定义数量数据的聚合拒绝占比来设定警报或动作限制。超过这些限制将是调查启动的基础，重点是观察的附加颗粒是否存在更多相同或代表新类型的聚集。为每个颗粒类别的过程监控和跟踪趋势绘制数据使得能够持续验证。这些检查也可应用于年度稳定批次评估和保留采样限制测试。蛋白质的实时在线测试（PAT）的连续验证需要持续开发，以替代由人类检查或自动化仪器进行的快速离线测试。需要不断改进分析技术，使用预测模型研究数据趋势和相关性。这些期望不仅是通过商业标准，而且还可以通过在许多不同批次中收集历史数据来更好地利用它们。这些定量的聚集性测量数据可以应用于支持生物等效性、产品投诉、工艺变化评估和技术转移落地。

QbD 原理要求从发现蛋白质聚集后开始启动。在控制条件下，程序要恰当在内部接收样品；在容器仍然完好无损的情况下，尝试对内容进行成像以获得颗粒数量和大小；接着打开容器并通过过滤收集内容物，并使用规定方法分析颗粒数量、大小和成分。如果是蛋白质颗粒，将视频/静止图像与 PSR 文档所预期的进行比较。调查可以包括不同的情况，包括关闭 CAPA（纠正和预防措施）。如果预期观测与 PSR 中已经记录的一致，在时间依赖动力学的校正之后不需要进一步的调查。然而，如果观察是不同的，不一致（N/C）可以启动进一步的调查（Wen et al. 2013），这可能导致同一批次的留样样品检查，甚至包括重新检查。这些数据提供了与受试者的批次属性相关联的能力，以便进行风险评估改进属性。注意，批次的接受/拒绝标准必须事先建立统计协议。如果标准鉴定结果显示出与 PSR 不匹配的新类型蛋白质颗粒形成，则考虑要求制造商 [对于除了血液和血液成分以外的生物产品的有执照的制造商的许可制造商的工业生物制品偏差报告指南，21 CFR 600. 14（a）通过部分（e）] 出具生物产品偏差（Biological Product Deviation，BPD）的报告并可能进行产品召回（www. fda. goc/safety/recalls/industryguidance/ucm129259. htm）。

15.4　QbD 案例研究

15.4.1　蛋白质颗粒形成的案例研究

一种新的药品（其 QTPP 按照玻璃容器中的液体填充）已被制造用于一个工艺的临床研究中，在该工艺中通常在容器罐装工艺 1~2 周后开始检查，容器在经过中间再冷藏后调节到室温。在制造过程中或在稳定性研究中，没有观察到任何可见蛋白质聚集，每一时间点使用 3 个容器的样本大小。一些临床批次要求保留长达 6 个月。其中某批次被重新检查，主要是检查外部包装缺陷，通常这被认为是次要的。在他国进行临床试验产品的外观预期是药品容器外部无颗粒和瑕疵。第二次 100% 检验显示几个容器只有少数颗粒，经过广泛的标准分析表明是由蛋白质物质形成。观察到的绝大多数聚集尺寸小于 80 μm，在所有容器中约占 3%。在所有检测到的颗粒中，只有约 5% 是在可见的尺寸范围内，并且限制在所有容器的约 3%。这些是新发现，但因为检测的统计概率低，所以不用再检测，此外还表现出时间依赖现象。进行风险分析，随后使用较大的样本大小跟踪聚集，表明在 6 个月的时间点所做的观察在剩余的产品保质期内保持大致恒定。聚集物可以通过过滤除去，但在 2~3 个月后在一小部分容器中重新出现。为了提高稳定性研究中的检测概率，增加每个时间点的样本数，重复使用相同的药瓶。改进的抽样方案的统计合理性被写入并应用于其他稳定性研究中，以便在开发过程中更早地收集聚集。对现有的蛋白质聚集报告进行了修订，以更新可见物质外观描述和动力学。此外，定量分析扩展到其他方法（破坏性）以跟踪形成的亚可见聚集体。由于除了光透法之外，这些新方法还没有被验证，所生成的信息不用于设置产品特定标准，而是用于描绘趋势和设置可比性的评估标准。该控制策略是亚可见聚集物动力学早期作为未来可见聚集物的替代标记应用，因为在这两个尺寸范围内的颗粒之间存在相关性。此外，使用 DIA 捕获蛋白质聚集体形态以供将来使用。在保质期结束时测量总可溶性蛋白质以确认效价或剂量浓度是否满足标签要求。

15.4.2 外源性颗粒检测的案例研究

在 100％人工检查后，药品（其 QTPP 按照充液容器的液体填充）的 AQL 没有达到预先设定的验收标准。AQL 可见颗粒物的评价表明，这些颗粒很难从容器中取出，但一旦游离，相对容易检测。试图改变检查条件包括放大倍数、增加照明、增加检查时间，但没有效果。唯一有效的方法是引入增加的机械搅拌，然后停止和立即检查。接下来，证明这种增加的搅拌对药品的稳定性或容器封闭完整性（container closure integrity，CCI）没有影响。这种情况表明颗粒检测不仅是其能见度的函数，而且具有在运动中被检测到的特征。这个例子再次强调了颗粒检测中的可能性作用，因为它包括人类检查概率（参见先前关于 Knapp 的讨论）和颗粒黏附在主容器内的表面或微凹陷上的概率。

15.5 检查现状及未来趋势

外观属性作为一项 CQA，在美国（USP）、欧洲（EMEA）、WHO、日本（日本药典）、印度和中国（中国药典）等之间是不同的。随着全球化和国际化的增加，它将逐步符合各方利益。虽然取得了重大进展，但这个过程缓慢而艰巨，更新内容经过包括公众评论和标准制定组织参与在内的广泛评审。FDA 目前希望跟踪 SEC 和可见颗粒之间的聚集。目前，广泛的替代方法可用于亚微米和微米范围内的亚可见颗粒的分析和定量，尽管这样获得的结果并不总是一致或关联良好。随着技术的成熟和认可，未来的标准可能包括亚微米到 $10~\mu m$ 尺寸范围内的亚可见颗粒的定量。建议采用多种方法并在大量批次中收集数据，并结合反映异质性的固体采样计划。要求目检作为工艺监控的精确而非干扰的工作，并增加工艺理解和控制。作为风险管理后的设计空间的一部分，目检提供了实施作为 QbD 原理的颗粒控制策略的一个有力工具。目检只是增加在线监测以验证工艺控制的一个例子，随着技术的进步，它的影响也将随之增加。最终，将来接近无颗粒的唯一途径是从硬件和软件均进步到完全实现自动视觉系统。

参考文献

American National Standards Institute (2008) ASTM E2537 Standard guide for the application of continuous quality verification to pharmaceutical and biopharmaceutical manufacturing

Bee JS et al (2012) Production of particles of therapeutic proteins at the air-water interface during compression/dilation cycles. Soft Matter 8:10329–10335

Bee JS et al (October 2012) The future of protein particle characterization and understanding its potential to diminish the immunogenicity of biopharmaceuticals. J Pharm Sci 101(10):3580–3585

Bennett CL et al (2004) Pure red-cell aplasia and epoetin therapy. N Engl J Med 351:1403–1408

Cao S et al (2009) Sub-visible particle quantitation in protein therapeutics. Pharmeur Bio Sci Notes 2009:73–80

Cao S et al (May-June 2010) A light obscuration method specific for quantifying subvisible particles in protein therapeutics. Stimul Revis Process Pharmacop Forum 36(3):824–834

Carpenter JF et al (2009). Overlooking subvisible particles in therapeutic protein products: gaps that may compromise product quality. J Pharm Sci 98:1201–1205

Carpenter J et al (2010) Meeting report on protein particles and immunogenicity of therapeutic proteins: filling in the gap in risk evaluation and mitigation. Biologicals 38(2010)602–611

Cordoba RV (2008) Aggregates in monoclonal antibodies and therapeutic proteins, aggregates, a regulatory perspective. BioPharm Int

Das TK (2012) Protein particulate detection issues in biotherapeutics development-current status: a mini review. AAPS Pharm Sci Tech 13(2):732–746

Doessegger L et al (2012) The potential clinical relevance of visible particles in parenteral drugs. J Pharm Sci 101(8):2635–2644

Guidance for the Industry Process validation (2011) General principles and practices, Jan 2011 cGMP revision 1

Guidance (draft) for Industry (2013) Immunogenicity assessment for therapeutic proteins on immunogenicity draft February 2013

Guidance for Industry Biological product deviation reporting for licensed manufacturers of biological products other than blood and blood components, 21 CFR 600.14(a) through section (e)

Guidance for Industry Product recalls, including removals and corrections. www.fda.goc/safety/recalls/industryguidance/ucm129259.htm

Joubert MK (2011) Classification and characterization of therapeutic antibody aggregates. J Biol Chem 286:25118–25133

Joubert M K et al (2012) Highly aggregated antibody therapeutics can enhance the in vitro innate and late-stage T-cell immune responses. J Biol Chem 287(30):25266–25279

Knapp Z et al (1980) Bull Parenteral Drug Assoc 34:369

Knapp JZ et al (1982) Pharmaceutical inspection of parenteral products: from biophysics to automation. PDA J Pharm Sci Technol 36:121–127

Knapp JZ et al (1990) Automated particulate inspection systems: strategies and implications. J Parenteral Sci Technol 44(2):74–107

Knapp JK et al (1996) Evaluation and validation of non-destructive particle inspection methods and systems in the liquid and surface borne particle measurement handbook. pp 295–450

Korakiaiti E et al (2011) Statistical thinking and knowledge management for quality driven design and manufacturing in pharmaceuticals. Pharm Res 28:1465–1479

Langille SE (2013) Particulate matter in injectable drugs: review. J Pharm Sci Technol 67(3):186–200

Mahler H-C et al (2008) Protein aggregation: pathways, induction factors and analysis: a review. J Pharm Sci doi:10.1002/jps.21566

Martin-Moe S et al (2011) A new roadmap for biopharmaceutical drug product development: integrating development, validation, and quality by design. J Pharm Sci 100(8):3031–3043

Melchore JA (March 2011) Sound practices for consistent human visual inspection: a review article. AAPS Pharm SciTech 12(1):215–221

Melchore JA et al (2012) Considerations for design and use of container challenge sets for qualification and validation of visible particulate Inspection. J Pharm Sci Technol 66(3):273–284

Narhi L et al (2009) A critical review of analytical methods for subvisible and visible particles. Curr Pharm Biotechnol 10:373–381

Narhi L et al (2012) A commentary: classification of protein particles. J Pharm Sci 101(2):493–498

Oma P et al (2010) Flow microscopy: dynamic image analysis for particle counting. USP Pharmacopeial Forum 36(1):311–320

Parenky A et al (2014) New FDA draft guidance on immunogenicity. AAPS J 16(3) Meeting report

Ripple DC et al (NIST) (2011) Am Pharm Rev (14): 90–96

Ripple D et al (2012) Protein particles: what we know and what we do not know. J Pharm Sci 101(10):3568–3579

Rathore AS, Mhatre R (eds) (2009) QbD book for bio pharmaceuticals, principles and case studies. Wiley, Hoboken

Rosenberg AS et al (2012) Managing uncertainty: a perspective on risk pertaining to product quality attributes as they bear on immunogenicity of therapeutic proteins. J Pharm Sci 101(10):3560–3567

Sharma VK et al. (2010) Reversible self-association of pharmaceutical proteins, Chap. 17. In: Jameel F, Hershenson S (eds) Formulation and process development strategies for manufacturing biopharmaceuticals. Wiley, Hoboken

Sharma VK, Kalonia DS (2010) Experimental detection and characterization of protein aggregates, Chap. 5.3.8. In: Wang W, Roberts CJ (eds) Aggregation of therapeutic proteins. Wiley, Hoboken, p 240

Singh SK et al (2010) An industry perspective on the monitoring of subvisible particles as a quality attribute for protein therapeutics. J Pharm Sci 99(8):3302–3321

Smulders R et al (2012) Detection of visible particles. In analysis of aggregates in protein pharmaceuticals, 1st edn. Wiley, Hoboken

Susan LK (FDA Office of biotechnology products) (2014) on Regulatory expectations for the analysis of aggregates and particles at the July 17, 2014. Protein aggregation meeting AAPS

Wang T et al (2013) Case studies applying biophysical techniques to better characterize protein aggregates and particulates of varying size, Chap. 9. In: Narhi (ed) Biophysics for therapeutic protein development. Springer

Wen Z-Q et al (2013) Investigation of nonconformance during protein therapeutic manufacturing, Chap. 10. In: Narhi L (ed) Biophysics for therapeutic protein development, biophysics for the life sciences

Wen Z et al (2013) Investigation of nonconformance during protein therapeutic manufacturing Chap. 10. In Biophysics for therapeutic protein development. Springer

Wolfe J et al (2011a) Incorporating industrial forensics into a quality by design approach for foreign particulate matter characterization. Pharmaceutical Manufacturing

Wolfe J et al (2011b) Incorporating industrial forensics into a QbD approach for foreign particulate matter characterization in Pharmaceutical Manufacturing magazine October and Nov/December, 2011

Zolls S et al (2012) Particles in therapeutic protein formulations, part 1: overview of analytical methods. J Pharm Sci 101(3):914–935

http://arapaho.nsuok.edu/~salmonto/vs2_lectures/Lecture21. pdf

第 16 章
QbD 在环境敏感型药品运输中的应用

Paul Harber

杜祎萌　译，韩晓璐　校

16.1　引言

　　制药公司在全球配送温度敏感型产品，包括原料药、中间体和药品。配送过程使药物在制药厂、销售商和消费者之间传递。治疗蛋白质是一种新型药物。这种蛋白质对物流环境中的温度、物理应力很敏感。QbD 对于确保药物在产品保质期的质量是一种重要手段。本章关注了适用于生物制品的合适方法。这些方法可以成功应用于广泛的温敏或物流易损产品。

　　QbD 为配送过程的认识以及产品质量的影响提供了一个可评估框架。"工艺验证 CDER 指南"（2011年 1 月修订本）就是 QbD 原理规范化的一个良好案例；文件中所包含的差异与最初的指南形成了鲜明对比。没人提到"最坏的情况"，相反，这取决于制药商是否能为产品建立起一个设计空间，且能保证工艺在该设计空间内操作。美国食品和药品管理局（FDA）考虑将产品的配送过程和终端保存作为动态药品生产质量管理规范（current good manufacturing practice，cGMP）的一部分。因此，工艺验证指南包含的原则能够且应当应用到药品配送中。

　　为维护全球配送系统的网络控制，要求在物流和药品开发方面提供专业指导，也需要合格的材料保护药品。过去，配送方法仅仅基于运输药品成品的结果而监控。现在，监管机构认为不同配送方法的经验主义分析不能作为独立指标。FDA 新颁布的指南采用了生命周期法使产品的设备和管理合理有效。生命周期从产品开发开始，到工艺停止和产品配送结束时截止。指南也通过监测和控制来支撑工艺的发展和创新。可控制的环境物流系统能够适应这一生命周期。配送过程的实施最好是通过一个配送验证总计划（validation master plan for distribution，dVMP）来完成，该计划描绘了产品特性、操作和性能质量以及对已验证系统的持续监控的责任。理想情况下，QbD 原则应包含在 dVMP 中。

　　定义设计空间的研究可能需要针对特定的处方。比如，在冷冻产品中，用于维持所需范围的干冰可能穿透某些容器封闭系统，并使得 pH 偏离要求范围（Murphy et al. 2013）。对于蛋白质溶液，在配送环境中的普通冲击和振动可以降低物理稳定性。给患者注射含有聚集产物的蛋白质可能会产生严重的后果，包括免疫原性或过敏性休克和死亡（Schellekens 2002；Moore and Leppert 1980；Ratner et al. 1990）。在没有为每个关键质量属性（critical quality attribute，CQA）建立产品设计空间的情况下，风险评估仅仅是对可能影响产品的事件进行头脑风暴式的讨论，而不需要对事件的关键性进行排序。因此，这些事件要么一开始被忽略，要么在项目周期的后期，当缓解成本更高时，这些事件就会被解决。经典的稳定性研究是生产和贮存过程中衡量化学和物理稳定性的重要数据来源。治疗性蛋白质在配送过程有关条件下的物理稳定性数据，与整个制造和贮存过程中的物理化学稳定性相结合时，可以确保该产品在供货链末端在保质期内适于使用。

16.2　范围

本章的范围是对配送过程中每个部分进行概述，并比较当前行业中工艺验证的最佳管理规范。比较的目的是为证实 QbD 对改进管理规范和标准所做的贡献。

16.3　过程概述

生物技术和制药工业中产品运输过程的设计（图 16.1）将按照 5 个类别进行分析：外部要求、质量手册、配送过程、技术转移和具体实施。dVMP 的组成证明每个关键区域都必须满足要求，以便保持过程在控制范围内。当 5 个类别区域被整合成为一个合格的过程，一个良好物流过程就成功地形成了。经验证的物流或"供应链"流程将质量体系与配送过程结合起来。QbD 通过确定配送中那些可能对产品质量有重大影响的要素来进行深入的分析。

图 16.1　配送过程设计中的要素

16.4　外部要求

设计过程从监管机构发布的条例和指导文件开始，这些出版物构成了工艺设计的外部要求（external requirement）（图 16.2）。监管机构发布了一些法规，并间接涉及 QbD 原理。这些条例规定了制造产品过程中必须遵守的质量体系和控制手段。

图 16.2　配送过程设计，外部要求

一些行业组织〔例如注射药物协会（Parenteral Drug Association，PDA）和美国药典（United States Pharmacopoeia，USP）〕制定指导文件和支持监管要求的工艺改进方法。很多组织的指南要求有文件记录的流程，这些流程旨在确保产品在"控制状态"下生产和运输。在运输过程中采用 QbD 正在逐步实践成熟中。QbD 原则可以为产品的整个生命周期提供保护。本章结尾中的资源部分包括有关条例和指导文件的链接和标题。对于建立一个既可文档化，又兼具科学性，可保证产品运输合乎最基本规范的、定义明确的工艺来说，理解外部要求非常关键。

16.5　质量手册

质量政策贯穿产品开发、制造、贮存和配送过程，为基于科学的产品质量、评估和保证提供标准。图 16.3 中的质量手册（quality manual）的位置反映了该公司对外部要求的理解和预期的商业化的严格科学需求。

图 16.3　配送过程设计，质量手册

公司质量手册的目的之一是将常规要求和指导文件合并纳入配送过程。质量手册的目的也是为了使目前的质量系统要求适用于所有支持临床和商业生产、贮存和配送的功能。

质量手册中的章节描述了质量体系所需的过程，被分成药品工艺过程的多种要素。本部分涉及环境控制的物流，包括文件等级、过程控制、培训和审核。

16.6　质量文件等级

通过文档等级结构进行质量设计，建立质量体系。以下列出控制文件的类别：

A. 全球标准：提供公司满足特定监管要求的方法，这些要求必须在所有合适的地点应用；

B. 全球标准作业程序：为如何将一个多地点的公司纳入监管要求提供指导；

C. 本地文件：本地文件遵循质量手册或作业标准中的要求。这些文件用于执行特定的功能或任务，应当遵守。特定功能和任务例如：

—标准作业程序；

—验证协议；

—技术报告；

—指南；

—表格；

—最佳管理规范。

16.7　过程控制

运输产品的过程应具有高效和有效的配送控制。配送过程分为四个部分以满足监管机构制定的要求。此外，以下每种功能都是开发科学家在规划规模扩大和技术转移活动时使用的数据来源。

（1）接收（从交货到送货之间的时间？）；

（2）贮存（适当的控制和监控是什么？）；

（3）包装（产品暴露在仓库条件下多长时间？）；

（4）装运（服务水平和预计的运输时间？）。

16.8　培训

所有员工都有责任遵守以下适用的法律、法规或指导原则，以及向监管机构做出的承诺。每项任务职能都应配备能胜任的合格成员来实现其质量目标。通过确保在生命周期内产品开发过程中使用的测试参数持续生效，这种操作的一致性通过培训支持 QbD 作用。当添加 QbD 原理到正规授权培训中，这项培训对员工有更多的意义。所有支持配送的功能都有助于过程的控制和稳定。

16.9　审计测量

审计程序的目的是查明和传达与关键媒介、活性药物成分（active pharmaceutical ingredient，API）和必要时保证对监管机构的承诺和国际规范的遵从性的药品制造、处理、包装、持有和测试有关的遵从性缺陷。基于 QbD 试验提供的产品知识共享质量属性到关键属性，不仅增加了超越遵从性的背景环境，而且表明审计如何改进支持产品的过程。

制造商有责任确定可接受的限制和公差，并在供应商框架内共享这些要求。监测这些定义为不合格的情况发生，并与供应商合作及时解决这些问题，以满足供应商质量协商的意图，这是由包括 QbD 在内的需求驱动的。当它建立在产品需求的基础上时，所导致的改进就会真正达到对患者监测和测量的改进。例如，在一些发展中国家中，冷藏室操作可能存在困难。一些第三方物流公司的管理者们认为低温对冷藏材料更好。通常，不稳定的电网状况是主要原因。因此，有些存储区域的设置点被故意设置为低温（＋1℃）。存储区域的正常变化也会使产品暴露在低至－2℃的环境中，这些信息应该被纳入产品的开发和测试中。

总的来说，对于质量手册，QbD 应该被看作是一种重要工具，而不是额外任务。质量手册使过程成立，QbD 提供了特定要求的相关支持。

16.10　配送过程

QbD 的应用需要配送过程（distribution process）（图 16.4）在公司开发和运营部门深入人心，如图 16.5 所示。目前，很少有公司在产品开发过程中考虑到这一点。采用基于风险的方法，比较和制约对产品有要求的配送过程的能力。网络知识和基于网络性能的产品数据收集可以提高效率并对所有配送都很关键，无论是内部采购还是与运输服务提供商签订合同。

外部要求　质量手册　配送过程　技术转让

图 16.4　配送过程设计，配送程序

对于越来越多的产品来说，传统方法缺乏对构成配送环境的现实认识。下面是一些例子。

基本情况一　稳定性研究支持封装在药瓶中的液体制剂在＋5℃条件下保质期 36 个月。

传统方法　遵循国际人用药品注册技术协调会（ICH）指南和在＋25℃和－15℃条件下循环进行应力研究。

结果：产品分析不合格。

影响：暴露在 2～8℃之外的产品最终会被丢弃。

QbD 方法　从供应链网络收集的数据显示，有能力使冷藏产品保持在 99％置信度的 0～12℃环境下。在 0℃和 12℃两个条件下循环测试产品。测试样品的长期稳定性。

结果：产品通过早期测试和保质期结束后测试。

影响：产品设计空间已与网络能力相协调，长期存储条件之外的微小改变对产品质量没有影响。

基本情况二　片剂的稳定性研究支持＋25℃保存，保质期 36 个月。

传统方法　性能加速研究显示在 40℃和－15℃条件下可保存 1 个月。

结果：确定存储温度为 20～25℃。

影响：暴露于 20～25℃之外的产品都会被丢弃。

QbD 方法　从供应链网络收集到的数据显示了保持室温产品在 99％置信度的 0～35℃之间的能力。在 0℃和 35℃两个条件下循环测试产品。测试样品的长期稳定性。

结果：产品通过早期测试和保质期结束后测试。

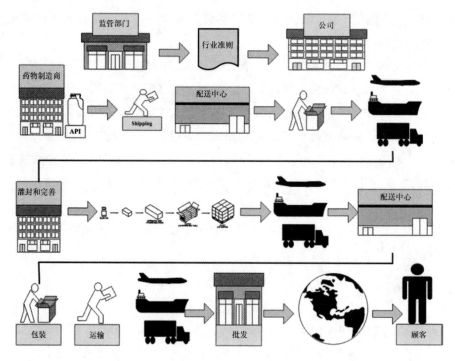

图 16.5　配送流程图

影响：产品设计空间已与网络能力相协调，长期存储条件之外的微小环境变化对产品质量没有任何影响。

基本情况三　内部开发过程需要对蛋白质溶液进行剪切测试，以评估处方是否适合于选定的灌装机。

传统方法　对颗粒进行剪切测试和分析。

结果：灌装机通过测试适用于液体制剂。

影响：未对生命周期影响进行研究。

QbD 方法　对于填充体积范围内的样品进行上述剪切测试，使样品暴露于运输条件下的温度、振动、冲击和压力。研究长期效应对聚集、后迁移的影响。

结果：生命周期测试可以保证产品处方成型，以便于可见或亚可见颗粒在阈值以下。

影响：药物处方具有通过技术转移和商业化进行的稳健质量。

16.11　技术转移

技术转移（technology transfer）（图 16.6）是配送过程设计的最后一步。它包含根据开发研究和目前制造经验的结果，开发出实用的解决方案应用于新地点和新规模。为了履行其计划、实施、管理和控制冷链运输功能，供应链需要便利运输过程的工具。供应链将需要一个可接受的过程工具来设计、构建和维护兼容的生物制药-控制的环境。如何达到精通这种"工具"是生物制药厂面临的巨大挑战之一。QbD是解决此挑战的关键。在开发阶段形成产品知识是至关重要的。有了足够的开发数据，技术转移就可以形成规模直接复制并取得可靠结果。可以根据产品需求选择合适的供应链合作伙伴。只有这类潜在的合作者才可以满足相关要求。没有一系列的监控策略就无法完成技术转移。必须对关键工艺参数进行审查以确定是否符合要求。下面是一个不匹配的配型伙伴的生动例子。温控型卡车的司机通常有 3 天的运输时

图 16.6　配送过程设计，技术转移

间，在他们睡眠期间定期关闭发动机驱动的压缩机。这种做法是连续两次货物损失后发现的。QbD 原则在重要事件前问一些重要问题，为选择过程提供了严格的要求。

16.12　结论

将 QbD 原则整合到配送过程中是一个控制产品的重要环节，而且可以为从生产到使用的温度敏感和运输敏感的产品制订安全处理计划。它定义了必要的活动，并有适当的检测和控制以确保重要的质量属性。长期静止存储条件以外的产品知识给了一个风险评价和缓解的背景。在充分掌握产品稳定性的基础上，行业最佳管理规范降低了运输成本。例如，短时间、温度升高某一特定的微小值是造成运输成本降低的关键。治疗型蛋白质的成功上市是因为在上市之前就知道了分子的物理稳定性是如何经受住运输环境的。为了避免干预产品上市进程，许多问题都应被确定和纠正。公司倡导的"快速进入市场"值得被怀疑。在开发过程早期强调创建附加产品知识是一个投资行为，优秀公司正在研究获得这种知识所必需的手段。遗憾的是，上市后大部分开发资源都被转移到新的项目中，所以当整个团队在一起的时候是生成数据的最佳时间。当成功被分享和复制，QbD 工艺将被合并到公司药物开发领域。目前，这一益处只在行业的一部分中得到了共享。在未来，这将不仅用于公司内部节约成本，而且当投资者和合作伙伴评估有前景的新项目时会更广泛地得到运用。

16.13　资源

16.13.1　注射药物协会（PDA）

PDA 的使命是为公司和管理机构提供实用的、科学的良好技术信息和教育，以此来推进国际制药和生物制药技术。PDA 质量监管部门利用影响 PDA 成员的新指南监管国际和国内环境。监管部门通过 PDA 官网、PDA 邮件和 PDA 信件通知指导人员。相关指南有质量系统、风险管理、PAT、争端解决、生产、化学和生产质量控制（chemistry and manufacturing cortrol，CMC），还有 cGMP。PDA 质量监管部门也会出版一些新闻信息帮助 PDA 成员理解和遵守复杂的全球监管要求。

PDA 与 FDA、欧洲药品管理局（European Medicines Agency，EMEA）、WHO、ICH、USP 以及世界各地的许多其他监管机构相互作用。通过 PDA 监管部门和质量委员会（Regularory Affairs and Quality Committee，RAQC），向监管机构提出了对指南和原始建议的意见来完善以科学为基础的监管和协调。PDA 科学和技术办公室通过检查管理要求来支持制药和生物制药公司，以确保它们是科学合理的。

如果监管要求被发现在科学上不合理，那么 OST 将向有关部门提出修改申请。PDA OST 的另一个功能是在事先不存在的情况下提供行业指导。PDA 出版了很多技术报告，为公司提供了相当多的未开发课题。

16.13.2　ICH 和美国药典（USP）

USP 是关于美国制造和销售的所有处方药和非处方药以及膳食补充剂和其他保健产品的官方公共标准制定机构。USP 与医疗服务提供商合作，为这些产品的质量制定标准。USP 标准也在美国以外的许多国家使用。这些标准在超过 185 年里一直有助于确保全世界的人们的用药安全。新章节《良好储存和运输管理规范（Good Storage and Shipping Practices specifies，GSSP）》〈1079〉规定：

- 文件中的包装和贮存声明；
- 仓库、药房、卡车、船坞和其他地点的贮存；

- 药典中关于配送和装运的文章；

- 特殊处理；

- 制药商至批发商的运输；

- 制药商至药房或批发商至药房的运输；

- 药房至患者或消费者的运输；

- 患者或消费者的药学文件的反馈；

- 销售代表处理医师样品在汽车中的贮存；

- 救护车上的药物贮存；

- 稳定性、贮存条件和标签；

- 与药物直接接触的容器和包装上的说明/标签。

关于人用药注册技术要求的 ICH 指南在 1990 年作为一个联合管理和行业项目建立，目的是通过过程协调提高欧洲、日本和美国开发和注册新医疗产品的效率。技术要求的最终目标是使患者能在最短时间内获得药物。

参考文献

Moore WV, Leppert P (1980) Role of aggregated human growth-hormone (Hgh) in development of antibodies to Hgh. J Clin Endocrinol Metab 51(4):691–697

Murphy MM, Swarts S, Mueller BM, Geer P van der, Manning MC, Fitchmun MI (2013) Protein instability following transport or storage on dry ice. Nat Methods 10:278–279

Ratner RE, Phillips TM, Steiner M (1990) Persistent cutaneous insulin allergy resulting from high molecular weight insulin aggregates. Diabetes 39:728

Schellekens H (2002) Immunogenicity of therapeutic proteins: clinical implications and future prospects. Clin Ther 24(11):1720–1740

第 17 章
QbD 在主要包装器具中的应用

Fran DeGrazio and Lionel Vedrine

孙勇　译，韩晓璐　校

17.1　主容器

　　主要包装器具，即主容器（primary container）的主要功能是在其保质期内保护药物，包括在制造、运输、储存和使用过程中的所有步骤。根据主容器是否与给药系统结合使用，可以预设多种功能。功能包括：

- 无菌屏障；
- 药物稳定性；
- 功能性；
- 递送给患者；
- 易用性。

这些功能中的每一个都需要被表征，并且应当识别它们的关键属性。

　　不同类型的预填充容器，最常见的是药瓶、预充式注射器和注射笔型药筒。预充式注射器是独特的，因为它们的双重功能包括装盛（或保护）和递送药物，单独或与自动注射器结合，而药瓶和药筒需要使用其他给药系统（塑料注射器或笔）。

　　质量源于设计（QbD）的一般概念多年来已经被广泛应用，诸如六西格玛管理模式（Six Sigma）或稳健工程管理模式（Robust Engineering），但是还没有被广泛地与药品结合应用。对于药物组合产品，独立地观察主容器和给药系统并不能解决这两个系统之间的关键相互作用，也不是一个成功的开发方法。最近，影响药物组合产品质量的问题已经触发药品和主容器制造商更深入地看到质量属性及其对主容器的功能和性能的影响，包括主容器与药品的关键相互作用。这样一种整体的方法用来理解关键质量属性（critical quality attribute，CQA）和关键材料属性（critical material attribute，CMA）单独或相互影响，该方法已经被证明是主容器和组合产品的成功关键。

　　QbD 方法是在与给药系统（用户接口、主容器保护）并行的情况下，识别主容器（药品保护、设备接口、二次包装）的不同功能。主容器的主要功能是：

- 在保质期内保存药品；
- 保护药品免受侵略性环境（光、污染、细菌等）的侵害；
- 递送药物（用于预充式注射器：准确性、给药途径、完整性等）。

给药系统的主要功能是：

- 保护主容器（运输应力，防止活性增加）；
- 递送药物（准确性、给药途径、完整性等）；
- 便于运输（终端用户接口）。

许多工具可用于识别关键属性。包括风险管理、应用失效模式和影响分析（application failure mode and effects analysis，AFMEA）、设计失效模式和影响分析（design failure mode and effects analysis，DFMEA）、工艺失效模式和影响分析（process failure mode and effects analysis，PFMEA）（Stansbury and Beenken 2011）、Monte Carlo 仿真的容差分析、数学建模、噪声分析（Taguchi）和稳健性设计。使用适当的 ICH 指南文件给出的工具构建 QbD 框架的指南，为下一步实施提供了基础。这些指南包括 ICH 8（药物开发）、ICH 9（质量风险管理）和 ICH 10（药品质量体系）。这些指南文件中的一些重要摘录如下：

Q8 R2 药物开发   至少在最低限度，应确定对产品质量至关重要的原料药、辅料、容器封闭系统和制造工艺，并且确定控制策略是合理的。关键处方属性和工艺参数通常通过评估它们对药品质量影响程度的差异来确定（ICH 2009）。

Q9 风险管理   对风险的评估应基于科学知识，并且最终与患者的安全性相联系。质量风险管理过程的操作实施、方法形式和文件记录的水平要求应与风险水平相称匹配（ICH 2005）。

Q10 生命周期和知识管理   表 17.1 描述了工艺性能和产品质量监控系统在产品生命周期中的应用（ICH 2008）。

表 17.1   工艺性能和产品质量监控系统在产品生命周期中的应用

药物开发	技术转移	商业生产	产品中止
工艺和产品相关知识，以及在整个开发过程中进行的工艺和产品监控可以用来建立生产控制策略	在放大过程中的监控可以提供工艺性能的初步指示，并成功地集成到生产中。在技术转移和放大活动中获得的知识对于进一步开发控制策略是有用的	一个定义好的工艺性能和产品质量监控系统应当应用于确保在控制状态下的产品性能，并确定改进空间	一旦生产停止，监测（如稳定性测试）应延续到研究结束。市售产品应继续按区域规定合理执行

选择合适的密闭容器要从多方面考虑，包括：保护性、相容性、安全性和性能。生产商的责任是确保容器封闭系统中使用组件的适用性和控制；通常，这是通过与供应商建立功能关系来掌握其生产过程、供应链和生命周期管理的能力来实现的。图 17.1 反映了包装组件的资质合格范围，突出显示的项目是包装组件的 CQA 案例。

17.2   药瓶

17.2.1   玻璃药瓶成分概述

玻璃药瓶通常是实验室中在药物开发、早期临床试验中使用的基本容器，通常用于商业化的剂型。为了解玻璃药瓶对药品最终质量的潜在影响，对玻璃成分和药瓶制造工艺的基本理解是有帮助的。

玻璃的基本成分是：

- SiO_2，其为基础材料；
- Na_2CO_3 或 K_2CO_3，用作熔剂以降低玻璃的熔点；
- $CaCO_3$、Al_2O_3 或 B_2O_3，作为稳定剂；
- 各种着色剂，可以用来提供琥珀色或其他色调。

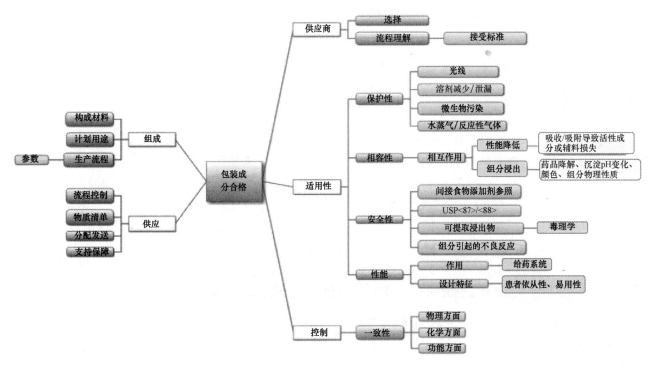

图 17.1　包装成分合格的考虑因素（Reproduced from DeGrazio 2011）

硼硅酸盐型玻璃更耐用，通常由 70%～80% 的 SiO_2 和 7%～13% 的 B_2O_3 组成，其余成分是添加剂。Ⅰ型药用玻璃是肠外药品（包括生物制品）的标准。对于生物制品，通常要避免使用着色剂和其他添加剂（除非绝对必要），以尽量减少潜在的浸出物。

17.2.2　药瓶设计

图 17.2 显示了不同药瓶特征的示例。药瓶设计和与封闭系统兼容性的选择对生产效率和功能问题是至关重要，如容器封闭完整性（container closure integrity，CCI）。从 QbD 的角度来看，与药瓶尺寸相关的关键属性可以包括以下方面：

药瓶结构图

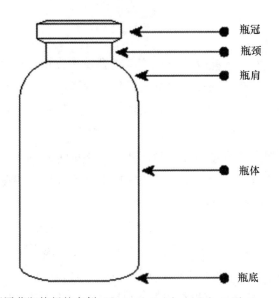

图 17.2　不同药瓶特征的实例（Reproduced from Schott Pharmaceutical 2000）

- 最小的底部厚度和最大的凹部——这些属性会影响冻干有效性；
- 瓶冠内径——与塞子配合以确保 CCI；
- 瓶冠外径——对确保铝密封或翻转密封十分重要，瓶塞适当地配合以确保整个系统的完整性。

17.2.3　药瓶尺寸

玻璃包装协会（Glass Packaging Institute，GPI）和 ISO 定义了药瓶尺寸的工业标准；GPI 药瓶尺寸在北美洲广泛使用，而 ISO 标准药瓶在欧洲占主导地位。虽然两者都在使用中，但在全球化概念下，北美洲药瓶尺寸有向欧洲尺寸药瓶靠拢的趋势，包括在组织内全球使用的预先认可的包装标准。此外，欧洲尺寸药瓶受益于更充分的密闭系统，同时保持相同的 CCI 优点。这些都是推动整个行业向欧洲玻璃药瓶靠拢的主要动力。当然，对产品尺寸的任何改变不仅对最终容器有影响，而且影响机器组装的能力。因此，需要进行调整以确保实施过程中的生产速度和质量。

17.2.4　冷冻干燥的药瓶形状、填充体积和瓶塞设计考虑

当选择合适的药瓶时，重要的是考虑它是否将用于液体灌装或冻干产品。如果用于冷冻干燥应用，药瓶的形状对于减少破损、保证 CCI 和最大化热传导以优化冻干工艺至关重要。从历史上看，平底玻璃药瓶被认为是冷冻干燥的最佳形状（DeGrazio et al. 2010）。然而，最近进行的研究（DeGrazio et al. 2010）与这一过去的假设相反。在这项研究中，一个标准药瓶的扁平底部被改变成一个更"类香槟酒瓶状"的几何形状。结果发现其形状改进了热传导和增强了机械稳定性（DeGrazio et al. 2010；Hibler et al. 2012）。

灌装体积是选择冷冻或冻干药品的适用药瓶的另一个重要考虑因素。已经报道了含有结晶辅料的处方在冷冻过程中药瓶破裂比例显著增加，如甘露醇（Jiang et al. 2007a）或氯化钠/蔗糖（Milton et al. 2007）。这种现象在无定形处方（特别是高蛋白质浓度的处方）中也有报道（Jiang et al. 2007b）。灌装体积已被证明在所有情况下都是一个关键属性。通常不建议灌装量超过药瓶容量的 35%（Bhambhani and Medi 2010），这也对灌装线吞吐量和二次包装有影响。

适当的瓶塞设计选择还取决于药品是否将被提供为液体或冻干粉末。虽然具体设计特点和尺寸可以改变；一般而言，冻干塞设计有槽用于水蒸气和其他气体的传递，以及在干燥过程中将瓶塞定位在瓶上方的方法。两种基本的瓶塞设计在 17.3.2.1 部分中进一步描述。

17.2.5　生产工艺

生产药瓶有两种基本方法。制药领域应用中，USP 1 型玻璃应用于所有方法生产的药瓶。第一步工艺是模塑，将熔融玻璃倒入模具，然后冷却以形成或设定物理形状。虽然目前模制药瓶仍然可用所有尺寸，但通常它们主要用于 50~100 ml 范围内较大的尺寸。小体积肠胃外给药（small volume parenteral，SVP）更常用的技术是另一种长玻璃管生产的药瓶。用这种方法生产的药瓶叫管制药瓶。管状工艺利用火焰热度来穿透闭锁式玻璃管底部，然后将热施加到瓶颈部，借助工具用于完成瓶颈部和口形成，再在一个狭窄的区域加热，最终将药瓶与管分开，变成药瓶的底部（这最后一步限制了该方法对较大药瓶的适用性）。为了保持尺寸控制，需要精细的温度调节。

使用管制药瓶代替模制药瓶有几个优点。最重要的是，管制药瓶具有更好的玻璃壁和尺寸一致性。此外，管制药瓶没有接缝，重量轻，而且通常更容易贴标签。由于这些原因，对于 SVP 来说管制药瓶通常是首选的。然而，因为在成型过程中施加额外的热量，管制药瓶在某些条件下更容易发生玻璃分层（Ennis et al. 2001）。玻璃分层可能会导致玻璃颗粒从瓶内表面脱落到药品中。其他因素也会影响分层率，

包括生产工艺 ［例如终端灭菌（Iacocca et al. 2010）］、处方条件 ［如碱性 pH 和（或）磷酸盐或柠檬酸缓冲液（Sacha et al. 2010）］和储存温度（Iacocca and Allgeier 2007）。已有一系列与玻璃分层有关的无菌产品召回，包括至少两种生物制品（2010 年 5 月的 HyLenex 和 2010 年 9 月的 Epogen 和 Procrit），导致了 2011 年 FDA 发布关于药物生产商在某些注射药物中形成玻璃片的报告（FDA 2011）。最近的一些出版物报道了加速分层试验方法以及改进的检查药瓶内表面的方法（Wen et al. 2010；Guadagnino and Zuccato 2012）。这些例子清楚地说明了药品和内包装之间有时复杂的相互作用，并强调需要同时考虑药品和内包装的关键属性。

17.2.6　玻璃药瓶表面处理

玻璃药瓶表面可能与装于瓶内的各种材料反应。玻璃与药物之间可能产生各种相互作用。除了在 17.2.5 节讨论的玻璃分层外，也有潜在的无机物质从玻璃表面浸出到药品中。在 17.2.8 节讨论了玻璃的可萃取和可浸出组分（Walther et al. 2002）。

有几种方法可以使玻璃的反应性最小化。首先是对制造工艺的控制。热输入对玻璃表面的反应性是至关重要的。药瓶生产过程中的热量输入和工艺控制可以随制造商不同而各不相同。这是一个关键工艺参数（critical process paremeter，CPP），直接导致玻璃药瓶的 CQA 控制（Haines et al. 2012）。

第二种考虑的方法是使用表面处理来降低玻璃的反应性。这种方法可以与改进的制造工艺结合使用。最常见的处理是使用硫磺来进行玻璃脱碱，采用硫酸铵溶液喷入药瓶中。这种方法清除了玻璃中的金属离子，并将它们转化为水溶性盐。然后，这些盐可以很容易地从药瓶冲洗出来（Markovic 2009）。然而，反应表面可以随着时间推移而恢复，因为这种处理仅有有限的穿透深度。

第三种选择是使用药瓶涂层。这是将药瓶的内表面用等离子体处理，以在玻璃的反应表面和药品之间形成纯二氧化硅的屏障膜（Schwarzenbach et al. 2002；图 17.3）。

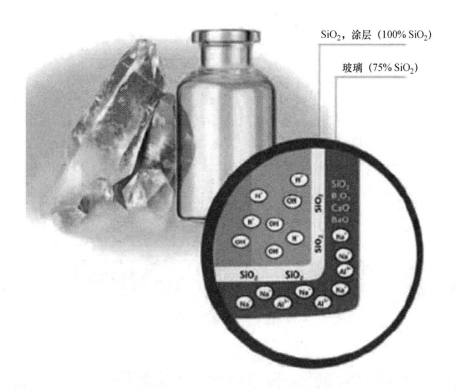

图 17.3　玻璃表面的 SiO_2 涂层的示例（Reproduced from Schott Pharmaceutical 2000）

17.2.7　玻璃药瓶缺陷

2007 年，肠胃外药物协会（Parenteral Drug Association，PDA）发布了第 43 号技术报告：《药品生产的模制和管制玻璃容器中不合格品的识别和分类》。这个由一个跨行业的专家团队制定的文件实际上是玻璃缺陷的指南。它提供了一个对管制和模制药瓶潜在缺陷的完整概述，并涵盖抽样策略、标准开发和缺陷词典（PDA 2007）。

确保高质量的玻璃药瓶是供应商和药品制造商两者的责任。控制药瓶的工艺以尽量减少缺陷和确保有效的包装是至关重要的，这也是对供应商的重要要求。药品生产企业需要对质量标准有一定的了解，并积极参与制定确保产品质量的综合规范。药物制造商的另一个关键方面是了解其工艺中可能影响产品质量的高风险区域。整体的 PFMEA 应该完成，以减少灭菌灌装/完成和包装过程中的风险。有关玻璃药瓶质量的细节已公开发表（Loui 2011）。

17.2.8　化学相容性：萃取物/浸出物

玻璃不是惰性物质，在玻璃及其内容物之间，有一系列潜在的相互作用可能发生（Paskiet et al. 2010）。以下是应考虑的反应：

- 离子交换：Li、Na、Mg、Ca、Al；
- 玻璃溶解和离子交换；
  - 酸性/中性（离子交换）：Na^+（玻璃）$+H_3O^+$（溶液）$\leftrightarrow Na^+$（溶液）$+H_3O^+$（玻璃）。
  - 碱性（溶解）：$2 OH^-$（溶液）$+ (SiO_2)_x \leftrightarrow SiO_3^{-2} + H_2O$。
- 凹痕：与 EDTA 反应；
- 吸附：材料，如胰岛素、白蛋白、肾上腺素和阿托品苏氨酸可以黏附在玻璃药瓶表面，因此这些不能使用；
- 沉淀：$MgSiO_3$、$BaSO_4$ 或类似材料的形成。

这些反应中的一些是由于玻璃成分或添加剂对药品成分的浸出和反应的潜在作用。表 17.2 提供了玻璃萃取物的类型概述，以及它们最容易浸出的条件。

与用于生物药物贮存的任何材料一样，必须进行可萃取的浸出研究，以表征药品与玻璃药瓶的长期相互作用所导致的与产品相关的降解物或杂质。每个单独的药品可能具有特定的敏感性。例如，pH 的变化对产品稳定性或许多生物制品的耐用性有显著影响。如果这是关键的，那么由于玻璃药瓶的浸出引起的 pH 变化必须被识别为 CQA，这必须通过理解影响该性质的 CMA 和 CPP 来降低风险。药物开发中 QbD 过程的一部分应该是风险评估过程（如 FMEA），以了解包装可能对药物产生负面影响的最高风险。欲了解更多信息，Wakankar 等（2010）提供一个通用程序用于评估提取物和浸出物（包括主容器）。

表 17.2　玻璃的浸出物

玻璃的浸出物		
主要	次要	痕量
Si^{+4}	K^{+1}	Mg^{+2}
Na^{+4}	Ba^{+2}	Fe^{+2}
	Ca^{+1}	Zn^{+2}
	Al^{+3}	
玻璃的潜在反应		
离子交换	玻璃溶解	
发生在 pH<7	发生在 pH>8	

17.2.9　新技术：塑料瓶

如上所述，大多数用于无菌、肠胃外给药的药瓶均为玻璃制造。然而，该行业的一个新趋势是使用塑料瓶。虽然从历史上看，在塑料中存储的唯一类型产品是简单液体，例如注射用水或盐水溶液；引入新的塑料树脂可以允许这些材料在将来成为生物药品的主要容器。

传统的塑料（如聚乙烯或聚丙烯）未被使用的主要原因之一是这些材料不能承受灭菌时的高温。此外，对于这些传统塑料而言，氧气和湿气的渗透和传输速率明显大于玻璃容器。此外，这些材料不是完全透明的，导致每个药瓶的颗粒目检都必须作为质量控制发布的一部分。无论是自动视觉检测或人工目检，为了便于检查，药瓶必须透明。最后，传统塑料缺乏"制剂漂亮外观"和一个完全透明的"玻璃样"外观。

随着更先进的塑料材料（如多环烯烃）的出现，这些缺点已经被最小化，并且这些材料还可以兼有玻璃的优点。由于其独特性质（包括玻璃样的透明度），多环烯烃材料的开发提高了塑料瓶的质量。如表17.3 所示，这些材料提供了许多关键优点，但相比玻璃瓶仍有一些缺点（Vilivalam et al. 2010）。

表 17.3　环烯烃用于肠外给药的特点

关键优点	缺点
玻璃样透明、可灭菌（通过高压釜、辐射和环氧乙烷）、高断裂阻挡层、优异的防潮性、生物相容性（惰性、低结合性和离子可萃取性）、设计灵活性和优良的尺寸可变性、良好的耐化学性	防气和防潮性能弱于玻璃但优于其他塑料，对划痕敏感，辐射可引起短期变色

目前，在日本、欧洲和北美洲已经批准了许多采用这些高性能树脂包装的小分子和大分子药物，并且正在评估使用新塑料包材的许多生物药物。

17.2.10　关键属性

容器封闭系统的关键属性反映了主容器在其保质期内保护药品的多种功能，包括提供无菌屏障以及保持产品的完整性和稳定性。此外，在整合的 QbD 方法下，在开发一组 CQA 时也考虑了药物和容器系统之间的潜在相互作用。可应用于药物和容器系统的 CQA 包括：

- 保护产品无菌性；
- 不形成玻璃碎片或分层；
- 与药物的相容性；
- 最小化溶液中的颗粒；
- 最小化 pH 偏移；
- 减少容器破损；
- 药品包装精美。

与药品开发的各个方面一样，特定系统的特定 CQA 将随着设计空间、产品知识和单个产品的风险评估而变化。

17.3　药瓶部件和预充式注射器系统部件

17.3.1　弹性部件

弹性部件是用于密封容器的橡胶基材料。在这种情况下，主容器可以是药瓶或预充式注射器系统。就药瓶来说，封闭物被称为塞子（图 17.4），它具有多种功能，例如确保无菌和允许针进入药物中并重新密封。在注射器应用中，通常有多个弹性体部件，如图 17.4 所示。最关键的是在注射器筒内的活塞（ISO 术语）或柱塞（通用术语）。该组件与药品具有恒定的直接接触，因此其与药物的化学相容性是至关重要的。它还具有多种功能，如它必须在注射桶内上下滑动，并且在保持系统 CCI 的同时帮助给药。无论是 Luer-锁设计还是支架针系统，在注射器的末端还有另一个弹性部件密封注射器的尾端。该部件是尖端盖（用于 Luer 系统）或针头防护罩（用于支架针系统）。

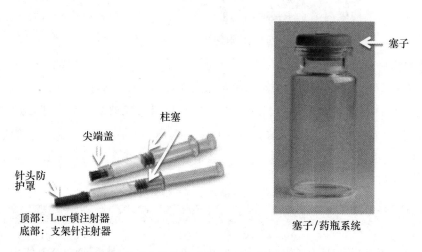

图 17.4　用于注射药物的包装系统：a. 塞/瓶系统和 b. 注射器系统

17.3.2　闭合结构

17.3.2.1　塞子结构

有许多不同的塞子设计，塞子设计中最关键的因素是它在液体或冻干产品中的应用。一种液体产品的塞子被设计成确保无菌的内环境，针穿透后重新密封，并且生产时可以在加塞机器上平滑工作。冻干塞需要额外的特性，以便药瓶在冻干过程中水汽或其他溶剂无阻碍升华。图 17.5 显示了适用于这些类型应用的塞子实例。

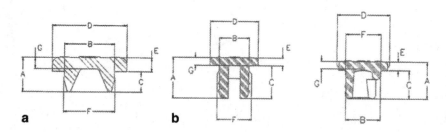

图 17.5　塞子配置示例：a. 血清塞子和 b. 冻干塞。A. 总高度，B. 插头外径，C. 插头高度，D. 凸缘外径，E. 凸缘厚度，F. 无弹出环，G. 膜片厚度

17.3.2.2　注射器组件配置

活塞/柱塞具有关键的双重作用，因为它需要平衡脱松和挤压特点以及 CCI 特性，同时保证化学相容性和药品稳定性。

通常，在注射器筒内侧和柱塞上使用硅油，以优化其功能。也可以使用其他类型的润滑或阻隔涂层，例如 B2 涂层、聚合硅酮和通过气相沉积涂布的各种材料。这些变量中的每一个都可以影响柱塞和注射筒之间的配合。

各种柱塞设计的例子如图 17.6 所示。塞子表面的暗区表示氟橡胶薄膜涂层，通常被用作橡胶和药品之间的屏障（West Pharmaceuticals 2012）。

这些类型的膜应用使可溶萃取物迁移到药品中的可能性最小化，从而使浸出液进入药物的影响最小化。使用 West FluroTec® 氟橡胶涂层柱塞是在 Eprex 实例中使用的纠正措施之一（Boven et al. 2005）。目前，大多数生物产品利用 Fluro Tec® 涂层瓶塞和柱塞作为风险缓解的标准。

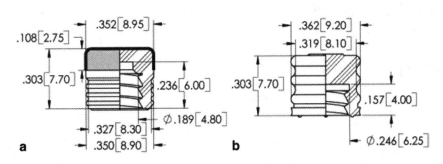

图 17.6　a. 膜覆盖和 b. 未覆盖的柱塞的示例

17.3.2.3　弹性处方组成

将多种成分混合在一起生产出一种橡胶成分。这些弹性组成不仅有助于生产弹性体，还赋予弹性体物理和化学特性。橡胶成分中的典型材料列于表 17.4，表 17.5 列出了典型橡胶处方成分的一个实例。

表 17.4　橡胶组成

成分	组件用途/功能
弹性体	基材
交联剂	形成交联
加速剂	类型和交联率
活性剂	加速剂效率
抗氧化剂	抗降解剂
增塑剂	加工助剂
填料	物理性质
颜料	颜色

表 17.5　典型热固性橡胶处方（来源：West Pharmaceutical Services Formulation Development Group 2012）

成分	重量百分率
氯丁基橡胶	52.7
煅烧黏土	39.4
石蜡油	4.2
二氧化钛	1.1
炭黑	0.13
秋兰姆	0.14
氧化锌	1.6
受阻苯酚 AO	0.53

弹性体部件的基本制造工艺如下：将原材料混合在一起并压延或挤压成片状；将未硫化的橡胶片材放入压力机中，其包含指示封闭件设计的模具；在极端的热压下，橡胶发生交联，这是不可逆的化学反应。

弹性体制造过程的总体 QbD 目标是：设计一种产品以满足患者的要求；始终如一地满足 CQA；了解

材料和工艺参数；识别关键的变化源；随着时间的推移监测和改进质量（Nasr 2009）。随着 QbD 的出现，包括在开发项目中利用 DOE 来定义 CQA，通过使用工艺分析技术（process analytisal technology，PAT）来深刻理解 CPP，这是与药品有关的容器/封闭系统组合中的控制策略的一部分。随着技术发展进步，已经有新方法来提高这类产品的质量。这包括开发药物处方和制造以满足预先定义的产品质量属性。就包装部件而言，技术进步包括研发技术（例如添加阻隔膜或涂层，这些涂层被涂布到橡胶表面以使其更加惰性或更润滑）和检测技术（如确保产品合格的自动视觉检测技术）。ICH 指南 Q8R2 通过控制策略（ICH 2009）指导 CQA 的药物开发过程。

17.3.3 关键属性

弹性体处方建议，无论是塞子还是注射器组件的应用都是基于它们的具体应用。一般情况下，如下：

- 塞子
  - 卤代或非卤化丁基；
  - 需要非常好的水分和氧气传输屏障；
  - 蒸汽灭菌。
- 柱塞
  - 卤代或非卤化丁基；
  - 需要非常好的水分和氧气传输屏障；
  - γ 辐射或蒸汽灭菌。
- 针尖或针头护罩
  - 聚合物共混物；
  - 需要高气体传输速率以促进环氧乙烷或蒸汽在注射器筒上消毒（仅适用于玻璃）。

17.3.3.1 涂层和薄膜

基于氟弹性体的阻隔膜可应用于塞子和注射器组件，使可萃取物迁移的潜力最小化，以改善内包材与药物的一般相容性并改善功能。这些薄膜（通常采用的是 Teflon® 和 FluroTec®）被应用在元件成型工艺中，并与橡胶表面化学键合。

其他涂层也可用。这些通常仅用于增加具有可加工性或功能性的润滑剂。最典型的涂层是聚二甲基硅氧烷流体（即硅油）。

17.3.3.2 弹性体缺陷

表 17.6 展示了常见的弹性元件缺陷分类并给出了典型弹性元件关键、主要和次要缺陷的示例。这只是组件制造商可以向客户提供的一个完整列表中的一部分，并且是对最终产品具有高度重要性的常见缺陷。"弹性体封闭件和密封件缺陷" PDA 工作组为弹性体缺陷制定开发标准。2014 年底完成了技术报告草案。

通过密闭系统维持药品质量

最后，总体包装方案中最重要的考虑因素之一是"洁净"密闭的使用。这是药品生产期间完成的，因为有许多因素有助于这种"洁净"因素，并且在此时大多数可以很好地控制密闭。

封口洁净度由三个部分组成：颗粒清洁度、化学洁净度和生物洁净度。表 17.7 给出了 CQA 的示例，其与系统各组成部分的清洁度有关。每一组件符合这些标准是非常重要的，这不仅适用于处方和制造过程，也适用于它的结构、制备和灭菌。

表 17.6　弹性体部件的常见缺陷类型

缺陷类型	缺陷分类
关键	生物来源污染（毛发或昆虫）
	导致渗漏和非无菌的缺陷
	薄膜不完整/缺失/裂纹
主要	削弱功能的缺陷（非填充、空洞、薄膜起皱等）
	损害加工的缺陷（修剪边、切断、畸形等）
	嵌入异物≥0.2 mm²
	嵌入纤维≥2 mm
	在溶液接触/靶/密封区内嵌入杂质≥0.05 mm²，<0.2 mm²
次要	不损害功能的缺陷（非填充、空洞、薄膜起皱等）
	不损害加工的缺陷（修剪边、切断、畸形等）
	嵌入纤维<2 mm，≥0.5 mm
	非溶液式接触/靶区内/密封区嵌入异物≥0.05 mm²，<0.2 mm²

表 17.7　清洁度相关弹性体组成的关键质量属性（CQA）的示例

粒子洁净度	化学洁净度	生物清洁度
内源性	可溶性萃取物	热原
外源性	可挥发性萃取物	溶血
可见	敷霜	微生物
亚可见	生产残留	毛发
磨损		
纤维		

17.3.4　主容器萃取物和渗出物

在监管环境中，主容器对药品和患者的适用性被定义为包括相容性、安全性、保护性和性能（美国卫生和公众服务部 1999）。在此背景下，萃取物的问题及其与浸出物的关系，特别是关于患者安全的问题是至关重要的。萃取物（定义为可在应力状态下从包装中移动的物质）可直接影响药品质量、影响相容性，甚至由于测试方法产生干扰或相关问题而影响药物分析。在生产、储存、运输和处理过程中，萃取物向药品中的迁移被称为浸出；浸出物是药品完成包装时 CQA 的一个重要考量。由于浸出物往往是可萃取的子集，因此浸出物与提取物的定性和定量相关性是最终目标。考虑到这些浸出物会注射到患者体内，它与患者安全直接相关（Markovic 2006）。

萃取物和浸出物的 QbD 概念可以通过系统的方法来解决，它包括以下内容：

- 掌握药物开发过程中主要包装物的萃取物；
- 理解特定药品的敏感性（如金属、氧化剂等）；
- 基于风险的评估，涉及定义 CQA、获得材料和工艺知识，并进行受控提取研究；
- 萃取物和浸出物的识别和测量、验收标准的开发和控制的保证（Wakankar et al. 2010）。

17.3.5　关键功能特性

除了 CCI 之外，还需要考虑与药瓶/塞子/密封系统有关的各种因素。对于塞子，一些最关键的问题是取芯和再密封的问题。取芯是在一种确定结构下用一个针头进行多次吸取而不产生塞子碎裂的特性。碎裂可能是以小块橡胶的形式，也可以是填充橡胶套管的内芯断开。这可能导致安全性、无菌性和质量问题。再密封是多次注射后橡胶密封的特性。取芯和再密封方法见《欧洲药典参考标准 3.2.9 (EP3.2.9)》:"用于水性注射剂、粉末和冻干粉末的橡胶封闭容器"。

除了这些基本的测试之外,应该根据药物的最终应用来考虑其他的功能测试。这些考虑因素包括穿刺或钉刺,这需要用力使用针或者尖刺穿过塞子。在所有情况下,功能测试都应该在灭菌前后进行,因为任何能量的添加,无论是蒸汽、γ 射线还是电子束辐照,都会影响橡胶弹性体并改变功能特性。基本功能测试方法可在 USP⟨381⟩ 和 EP 3.2.9 检测方案中找到。

特定药物应用的弹性体的其他关键特性包括湿气透过、氧传输和水汽吸收等方面。通常,蒸汽和氧传输的数据可以由弹性体供应商提供。丁基橡胶弹性体通常推荐用于药物和生物制药应用,因为它们是湿气和氧气的良好屏障(Bhambhani and Medi 2010)。

然而,吸湿特性是处方特定的。吸湿是处方在高压釜循环后吸收和保留水的能力。这对于冻干产品是很重要的。在蒸汽灭菌之后,如果塞子没有充分地干燥内部水分,那么水分可以在贮存时间内从塞子转移到冻干饼状物上,潜在地影响干饼结构或蛋白质药物的稳定性。另一方面,塞子干燥周期很长,从而增加了工艺成本,并且持续加热可以通过使其黏性改变或增加交联密度而破坏塞子,可能带来功能的影响。因此,重要的是避免过度干燥(Wolfe et al. 2004;DeGrazio et al. 2010)。

QbD 技术可用于优化和理解干燥过程及其对加工过程中保持在瓶塞中水分的影响。这是一个良好的实例,可用来优化封闭物的干燥循环以确保所需的水分水平,并使干燥所需的时间最小化。图 17.7 提供了与封闭系统取芯的关键 CQA 相关的 CPP 实例。

挤出孔道和固化温度是正在评估的工艺参数,以了解塞芯的 CQA。

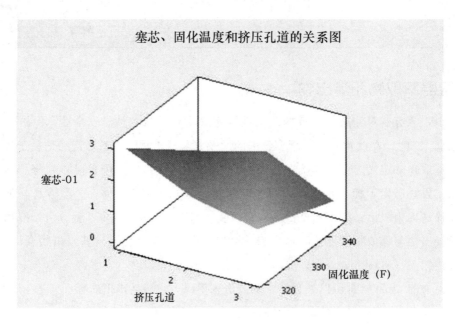

图 17.7 CPP 示例:塞芯、固化温度和挤压孔道的关系图

17.3.6 药瓶、瓶塞和密封的系统相容性

需要理解的最关键问题是整个系统的空间相容性。塞子和玻璃的偏差应为 3%~4%。

该系统如图 17.8 可见。瓶塞匹配是瓶塞插入到瓶颈部内部和外部的百分比。如果没有足够的重叠,则 CCI 会受到影响。如果有太多的重叠,瓶塞将不会插入药瓶或可能弹出。

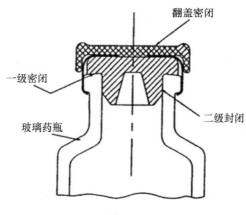

图 17.8　药瓶密闭系统图

17.3.7　容器密闭系统的完整性

药瓶、瓶塞和密封系统的 QbD 开始于设计标准的开发。本标准基于先验知识、风险评估和持续学习。这些容器密闭设计对每种药物及其预期应用都是特定的。除了系统设计标准之外，每个组件都应该引用 CQA。CQA 应该涉及最终药品质量和患者安全，以及药品生产工艺本身的潜在影响。

制药工业的产品开发方法预计将市场/用户/监管要求转化为所提出产品的可测量的、技术性的质量标准（PDA Letter 2010）。表 17.8 提供了与 CCI 相关的 CQA 示例，这将在下文中进一步描述。

表 17.8　与容器/密闭完整性相关的关键质量属性示例

塞子	玻璃
活塞外径	存在回击
塞子边缘厚度	瓶颈内径

17.3.7.1　瓶塞/药瓶/密封系统的容器封闭完整性

综合整个系统，可以直接影响最终患者安全性的最关键一个方面即 CCI，该术语涵盖了通过阻断微生物进入药瓶来确保无菌的方面。它也适用于确保气体或蒸汽被适当地包含在内。它是在无菌药品的保质期内提供保护并维持功效和无菌的系统能力及质量的衡量标准。每个系统最好的状态也就是各个部分之和，因此各个部件适当地组合在一起是十分关键的。单个组件设计和组件的处理可能对该特征产生影响。此外，装配过程是至关重要的，装配各方面（如盖压和卷边技术）都会对 CCI 产生影响。

要真正理解 CCI，首先必须了解泄漏率和理解需要维持的屏障。许多药品是湿或氧敏感的。湿气或氧气可以通过渗透或泄漏进入药瓶。气体的传输速率（渗透）由系统中孔的大小和数量决定。如果选择合适方法密封药瓶以减少渗透，那么重点应是尽量减少渗漏。泄漏可归类为严重泄漏和轻微泄漏。一般来说，许多标准测试方法适合于检测总泄漏，包括以下几个方面（Guazzo et al. 2010）：

- 氦泄漏；
- 激光吸附顶部；
- 剩余密封力；
- 真空衰变；
- 染料浸染；
- 微生物侵入。

在选择合适的方法时，关键是要了解每种方法的能力和灵敏度，以确保严重泄漏和轻微泄漏都得到解决（Kirsch et al. 1997a；Kirsch et al. 1997b）。

17.3.7.2　容器密闭完整性的考虑要点

根据《FDA 包装人类药物和生物制品容器密闭系统指南（FDA 1999）》，密封完整性技术可用于代替无菌包装检测系统。这允许染料渗透（重量损失和气泡测试只能够检测出严重泄漏），并确保氦泄漏率与微生物侵入之间有很好的相关性，并且可以被验证。

17.4　预充式注射器

在过去的 10 年中，玻璃预充式注射器是增长最快的主要容器，应用范围不断扩大，如高浓缩处方、黏性溶液和组合产品（如自动注射器）。这对原先未设计的预充式注射器提出了新的要求。

迄今为止发现的主要问题包括三大类：药品的可灌注性和可注射性，特别是对于高浓度或高黏度的制剂；药品的稳定性和与预充式注射器组分的相容性；注射装置中预充式注射器的性能。可灌注性和可注射性可能是高黏度药品的特别重要关注点（例如聚乙二醇的蛋白质和高浓度抗体处方）（Shire et al 2010）。在药物稳定性和相容性方面，问题包括由于钨引起的药物不稳定性、与硅油的相互作用以及来自预充式注射器部件的浸出液，特别是柱塞或针头胶组件（Adler 2012）。影响注射装置性能的问题可能包括未达最佳标准的硅酮分布和玻璃破碎（Rathore et al. 2012）。随着市场的成熟，许多问题已得到解决，并对预充式注射器进行了改进。例如，已经开发了附加的针头结构（包括薄壁针头）用于更高黏度的产品，开发了可用低和无钨注射器，利用潜水喷头技术改进了硅酮分布和有机硅量，通过成形工艺和更好设备要求理解的改进控制使玻璃破裂最小化。

下面的小节描述了预充式注射器的不同组件、过程和包装，以及需要被提出的关键质量属性。

17.4.1　QbD 的预充式注射器应用

表 17.9 中列出的属性可能是设计空间研究的一部分：

表 17.9　预充式注射器的潜在关键质量属性

属性	设计空间研究		
	因子	响应	注释
针	内径	流速	人为力（人为因素）、弹簧设计（自动注射器）
	外径	疼痛知觉/穿透力	患者可接受性
有机硅	数量	滑动力	人为力（人为因素）、弹簧设计（自动注射器）
		药物稳定性	亚可见颗粒，原料药变化
	分布	滑动力	人为力（人为因素）、弹簧设计（自动注射器）
胶	胶合百分比	可萃取/浸出	药物稳定性
钨量	W 定量、氧化 W、W 盐	粒子（聚集……）	
塞边缘	设计、直径	断裂力、跌落	自动注射器设计、针的安全性设计

17.4.2　嵌套包装 *vs.* 批量包装

注射器可以嵌套或批量包装形式给药，如图 17.9 所示。

嵌套包装：包装于密封盒内，在密封盒内进行注射器清洗、顶帽硅化或针罩组装以及环氧乙烷灭菌。

批量包装：包装于不带注射器的托盘，在生产商或合同商填充之前进行洗涤、干燥、硅化、针罩或尖端盖放置以及灭菌（用于针式注射器的蒸汽和 Luer 注射器的干热/蒸汽灭菌）。

目前的市场趋势是嵌套包装。这种趋势是由灵活性、易加工性（无清洗、硅化、灭菌）、灌装设备的低投入性和质量一致性（设施以相同格式 24/7 运行）所决定的。几年前只有两家制造商能够提供嵌套注射器，现在几乎所有供应商都能提供嵌套包装。

对于批量包装的注射器，有几种不同的杀菌方法，可以在洗涤和硅化之后使用：干热隧道用来固化有机硅以及灭菌、环氧乙烷或蒸汽消毒。干热（>200℃）仅适用于尖帽或 Luer 结构，因为目前在针头注射器中使用的胶黏剂不能抵抗高温。

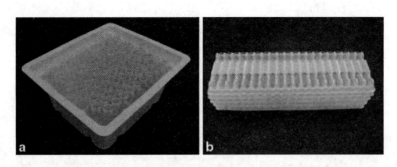

图 17.9　注射器（a）嵌套包装和（b）批量包装的实例

17.4.3　设计

预充式注射器基本上不同于药瓶、使用药瓶的塑料一次性注射器和其他类似装置。预充式注射器在保质期内保存药品，并且被设计为保存和输送精确量的药品。两种主要类型的预充式注射器是可用的：支架针注射器和 Luer 注射器。

17.4.3.1　支架针注射器

图 17.10 表示一个带有支架针的玻璃预充式注射器（针头黏接在注射器本体上）。它有一个针罩来闭合液体通道并保持针的无菌性，用一个橡胶塞和柱塞杆组装和密封。一些还可以通过刻度线来实现剂量调整。带针头的预充式注射器可采用不同的针头长度和规格。

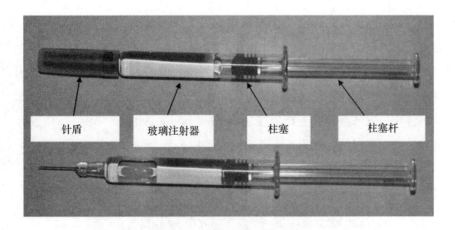

图 17.10　支架针预充式注射器

在装有针头的预充式注射器中，针头通过胶黏剂保持在注射器内，通常通过 UV 光固化。塑料注射器的新制造技术通过在针周围模压过的聚合物来消除胶黏剂（胶黏剂可能是萃取物和浸出物的来源）。到目前为止，该解决方案已被用于特定应用，但通常在任何情况下不适用于大多数常规玻璃预充式注射器。套管本身由不锈钢制成，符合 ISO 9626（ISO 1991）标准。

支架针注射器有一些独特的特点，可以影响药物的稳定性和相容性，包括从针插入过程和针胶组件产生的钨沉积物。此外，针选择的范围更为有限。尽管如此，使用支架针注射器仍在增加，其驱动力包括易于使用、更高的剂量准确度、减少的滞留体积和减少的外部污染（无针连接）。此外，支架针注射器是用于自动注射器的标准主容器，能最大限度地实现这些装置的便利性和易用性。

17.4.3.2 Luer 注射器

图 17.11 表示玻璃预充式注射器与 Luer 锁相连接。它有一个顶盖来密闭液体通道并保持无菌，它被灌装后用橡胶塞和柱塞杆组装和密闭。有些还印有刻度线以进行剂量调整。当不需要锁定螺纹时，也可使用 Luer-锁滑移解决方案。相比支架针注射器，Luer 注射器提供更多的针规格和长度，因为针的优势可以使其更广泛地使用。

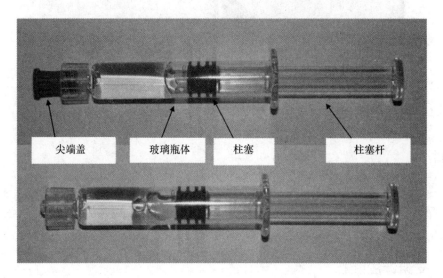

尖端盖　　　玻璃瓶体　　柱塞　　　　　柱塞杆

图 17.11 有顶盖的 Luer 注射器

17.4.4 针套和顶盖

针套（支架注射器）和顶盖（Luer 注射器）的设计是为了保证药物的 CCI，即确保无菌和防止泄漏。它们由弹性材料制成，包括新的无胶处方。顶盖的功能类似于塞子来维持 Luer 注射器的 CCI。不同的设计可用于形成带有滑动或锁定螺纹注射器的紧密密封。针套设计成通过针尖端刺穿的形式，以确保密封性。针尖的 1～2 mm，嵌入到橡胶中以封闭液体路径。由于这种设计中胶塞处方对针尖锋利度有影响，一些供应商已经开发出特殊处方来保护针尖锋利度（Vedrine et al. 2003）。如图 17.12 所示，针头的无菌性由注射器针尖和针套的接口来保证，而不是由通常认为的嵌入到橡胶中的针头来保证。

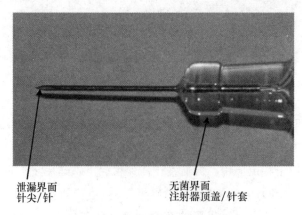

泄漏界面　　　　　　　　　　无菌界面
针尖/针　　　　　　　　　　　注射器顶盖/针套

图 17.12 注射器针尖和针套密闭接口

17.4.5　针

针头是注射器与患者接触的最终界面。针的特性影响药品的注射性以及患者对疼痛或不适的感知，因此是预充式注射器设计的一个极其重要的方面。

针（图 17.13）通过其长度、量规、内径和斜面设计来进行表征。

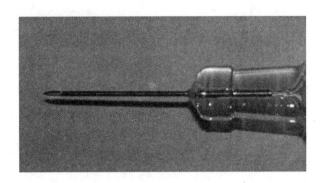

图 17.13　支架针

长度：定义注射深度和给药途径。不同用途的标准针长度如下：

- 皮内：1.5 mm；
- 皮下：4～12.5 mm（1/2 in.）；
- 肌肉内：15.8～55 mm（5/8～2 in.）。

量规　针的外径并定义为适合于限定直径的数值；量规越大，针的外径越小。量规可从 33 至 16 G 或更大。量规与疼痛感知相关，而内径是与流量相关。

内径　由针外径和壁厚决定。为了改善高黏度药物产品溶液（如高浓度抗体）的注射能力，最近开发了薄壁针，该薄壁针对于给定的针量规来说壁厚减小并且内径增大。薄壁设计的优点在于患者舒适度和产品流量改进，但缺点在于在处理和使用过程中弯曲或变形倾向增加，优缺点之间必须平衡好。

斜面设计　斜切是指针尖的斜切，目的是为了提高注射的易使用度和舒适性。各种各样的斜面设计可用于一次性针，这些针也可选择与 Luer 尖预充式注射器一起使用。目前支架式预充式注射器最常见的斜面设计是标准的三斜面设计。然而，最近采用五斜面设计，其目的是进一步减少注射过程中疼痛和不适感觉。

17.4.6　QbD 的针头应用

针的内径是组合产品的关键属性。它确保药品溶液的充分流动。驱动液体的标称值是基于液体黏度的，而公差驱动变化量。基于层流的 Hagen-Poiseuille 方程，内针直径是主要影响因素：

$$F_{\mathrm{HP}} = \frac{128 Q_u L}{\pi D^4} \times A$$

其中，F_{HP} 是由于黏滞效应而产生的力（需要加上塞摩擦力），Q 是体积流速，μ 是动态流体黏度，L 是针的总长度，A 是注射器的横截面积，D 是内针直径。

由于模型相当准确，因此不需要测试，并且灵敏度分析将显示主要因素和基于不同因素的公差变化（图 17.14）。灵敏度分析用于了解影响因素在公差内变化时对应答的影响。在图 17.14 中，第一个因素是主要因素，这意味着该因素很小的变化将会对响应产生较大影响，因此需要更多地关注这一因素。这类模型可用于 QbD 以理解和界定关键因素的限制。

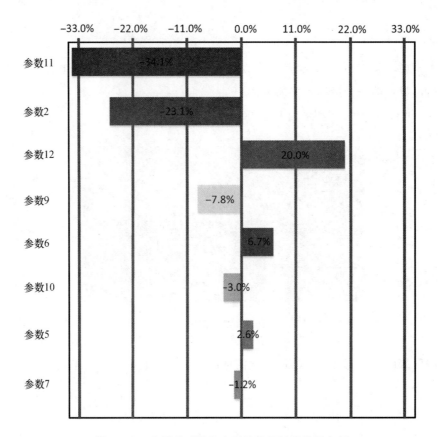

图 17.14　多因素对推注力贡献的灵敏度分析实例

17.4.7　胶黏剂

对于玻璃注射器，标准胶黏剂是氨基甲酸乙酯聚氨酯。胶黏剂在套管和玻璃尖端之间，然后用能够穿透玻璃并引发聚合的 UV 光固化。玻璃和塑料预充式注射器的工艺也类似（为消除对胶黏剂需要的超塑性塑料选项除外）。

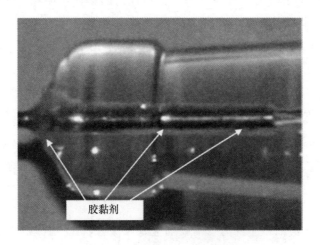

图 17.15　胶黏剂沿流体路径的位置

因为胶黏剂是在流体路径中（图 17.15），并且在存储过程中与药物和主容器接触，因此应该从可提取物、可浸出物和稳定性的角度来研究。有关胶黏剂（包括光引发剂）成分的信息可从制造商获得。[见 Wakankar（2010）获得更多关于萃取物和浸出物评价的信息。]

17.4.8　针尖设计与尖锐度

市场上有两种主要针尖设计：三斜面针和五斜面针（图 17.16）。［第三种设计，称为 V 形斜面（四斜面设计）也存在，但目前还没有公开的临床数据。］三斜面针是老式的，目前大量信息支持其使用的产业标准。五斜面针是一个最近的创新，旨在优化点阻力和尖锐度，一些临床研究已经发表以支持设计（Jaber et al. 2008；Hirsch et al. 2012）。此外，由 Merck Serono 进行的临床研究比较了不同的注射器，并且表明点设计、量规和针帽材料可以改善患者舒适度（Bozzato and Jaber 2004）。

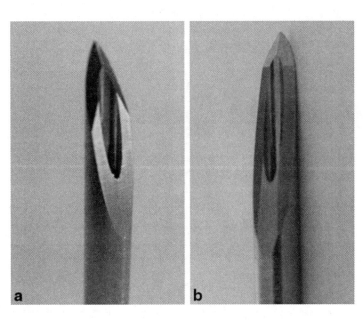

图 17.16　a. 三斜面针和 b. 五斜面针设计的实例

17.4.8.1　台式穿刺试验的缺点

针尖设计在针尖锐度和点阻力的二元性问题上是具有挑战性的。针尖几何形状的设计是困难的，因为通过台式试验评估穿透力（在薄膜带、橡胶等物体上）来预测针尖锐度并不是一个好方法。比较护士感知（临床研究）和台式试验的研究表明，当护士给患者打针时，台式试验并不是护士感知的预测好方法（Vedrine et al. 2003）。这些差异来自人类皮肤的复杂性、皮肤厚度以及针的几何形状。台式试验可能有助于比较批内针的损坏或缺陷（例如钩），但如果没有临床试验的支持，则它们不适于应用于针尖设计的选择。一些供应商提供特定的针测试机，在刺穿薄膜时通过声音或力进行测试，但标准的拉/推台式机足以检测针损伤的差异。

17.4.9　注射器硅化

硅油是预充式注射器的关键部件。它用于润滑注射器的内侧，并允许塞子滑入桶中。所用的有机硅是中等黏度（<500 cP），并且在注射器洗涤后喷到注射器中。对于支架型针注射器，硅氧烷没有固化；然而，对于 Luer 注射器，它可以通过在高温烘箱中处理来固化（烘烤）。为了解决对硅油高度敏感的产品，供应商也在开发新的玻璃注射器涂层（Majumdar et al 2011）。此外，一些较新的塑料注射器设计有特定的塞子，不需要硅化。

适当的硅化程度必须平衡注射器一致的滑动力，同时保持尽可能低的总水平来对原料药稳定性的潜在影响最小化。有机硅应用的一致性从功能角度来看也是关键的。此外，重要的是评估在保质期内由于硅浸出到药品溶液中导致各种性能变化的潜在影响。（硅酮对药品质量和稳定性的影响相关的问题在本书的其他章节都有报道。）

17.4.10   QbD 的功能性注射器硅化应用

有机硅会影响原料药的特性，降低硅含量是当前的市场趋势。图 17.17 显示了硅氧烷量与滑动力之间的关系（作者的未发表数据）。如图所示，硅氧烷的量与滑动力不是直接线性相关的。在曲线的平坦部分开始处可以确定最佳的硅氧烷水平，当大于此最佳值时，额外加入有机硅不会进一步减小滑动力。使用此关系表可以最小化硅氧烷水平，同时确保不损害保质期内的功能。

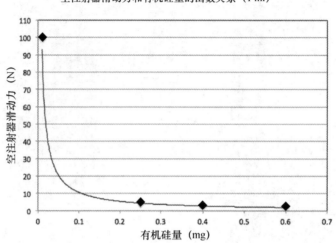

空注射器滑动力和有机硅量的函数关系（1 ml）

图 17.17   硅化程度对滑动性能的影响。基于注射器在 0.6、0.4、0.25 mg 和未硅化的情况下收集的 1 ml 注射器滑动力数据。采用有机溶剂对提取有机硅胶和采用原子吸收分光光度法（AAS）定量。资料来源：作者未发表的资料

硅酮分布是确保注射器纵向长度上良好的滑动性能的关键参数，并避免在滑动结束时产生更大的作用力。滑动力测量可作为硅酮分布的间接测量方法。各种光学和光谱方法也有报道（Wen et al. 2009；Chan et al. 2012）。

从 QbD 的角度来看，硅化设计空间可以通过测试硅氧烷在保质期内的不同水平的滑动力来定义。强烈建议为了尽早了解药物制剂对有机硅的敏感性和由浸出导致的硅树脂从注射器表面消除，测试应尽早开始。不合格边界（最低数量，但仍然具有所需的滑动性能）的定义为这些研究的一部分。研究变量可以包括不同水平的有机硅、表面活性剂浓度、温度以及在适宜速度下测量滑动力以检测变化的响应。

17.4.11   钨

在玻璃注射器成型过程中，玻璃在非常高的温度下处理（>1000℃）。对于 Luer 或支架针注射器，需要在注射器尖端产生漏斗（流体路径，图 17.18）。漏斗用于为 Luer 注射器装配针（Faulkner 2006）或排出药物。

这就需要一个当玻璃被压在周围时可以承受高温的针。铂通常用于玻璃加工/成型，因为传统上认为铂不是高活性材料，并且它不会黏在熔融玻璃上。铂针可用于 Luer 注射器，但不能用于支架针式注射器，因为铂太柔软，不能产生针所需的小直径。此外，通常认为铂是惰性的，但仍然可以引起未预测到的结果，因为铂在化学中用作催化剂（Jiang et al. 2009）。

钨针由于其物理性质是最常用于注射器针头的成型的金属。钨与其他金属相比，具有最高的熔融温度（3422℃）、最高的拉伸强度和最低的热膨胀系数（Narhi et al. 2007）。然而，在高温和空气存在下，

不同种类的钨层（水溶性或不溶性）会沉积在注射器漏斗中，该区域可能具有高的局部钨浓度。

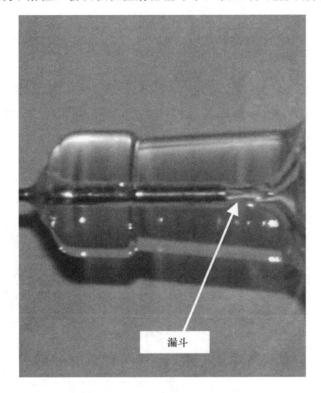

图 17.18　注射器尖端的液体路径

　　近年来已证实钨的高残渣水平会导致蛋白质聚集和沉淀增加。研究表明，沉淀物由蛋白质和钨组成。在观察到这些钨诱导的蛋白质沉淀之后，注射器制造商已经更新了注射器的生产工艺（包括形成温度和时间），以减少注射器内留下的钨残留物。在过去的几年中，通过更好地理解钨和玻璃形成的相互作用和控制因素（例如成型温度、钨针扣寿命和其他形成参数），某些玻璃注射器供应商已经成功地将钨含量从数千个 ppb（十亿分之一）降低到几个 ppb。

17.4.12　注射器桶尾部设计

　　各种桶尾部设计可用于预充式注射器，包括标准切割桶尾部（裁剪或切割以避免滚动）、大圆桶尾部和小圆桶尾部。图 17.19 显示了每个设计实例。

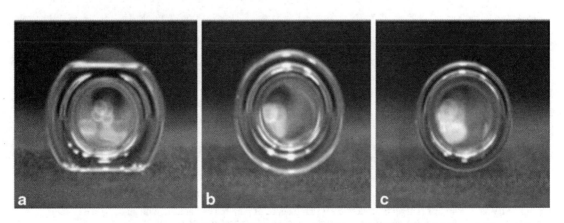

图 17.19　注射器桶尾部设计实例：a. 切边，b. 大圆和 c. 小圆

选择最合适的注射器桶尾部设计需要考虑最终的剂型。如果预充式注射器计划单独使用（即没有自动注射器），裁剪或大型圆形设计在抓握或避免滚动方面具有优势。附加桶尾部或桶尾部扩展器也可用于帮助患者进行注射。如果预充式注射器计划用于自动注射器，断裂成为主要考虑因素。

当三种类型的注射器桶尾部设计用于噪声实验时，小圆桶尾部优于其他单独使用或与安全针或自动注射器相结合使用的设计。标准切边桶尾部具有最弱的断裂点，而小圆形桶尾部断裂点最强（对于 1 ml PFS 尺寸增强 2～5 倍；见图 17.20）（作者的未发表数据）。桶尾部设计是 QbD 应用于设备的一个很好例子，早期选择最合适的设计可以使潜在问题最小化。

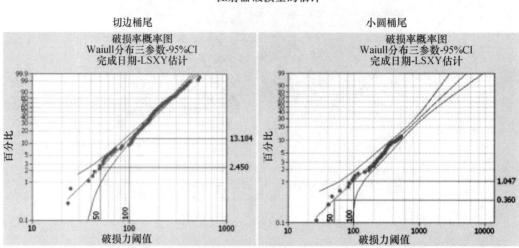

注射器破损量的估计

小圆桶尾部使桶断裂的概率降低约10倍

破损界限（N）	切边估计破损率	小圆桶尾部估计破损率
100N	13.18%	1.05%
50N	2.45%	0.36%

来源：作者的未发表数据

图 17.20   注射器桶尾部设计对强度的影响

17.5   药筒

药筒是多年使用的主要容器，不如预充充注射器复杂。从 QbD 的角度来看，主要的设计空间调查涉及硅化（滑行和对药品的影响）、隔膜可重复性以及当组装入笔试注射器时剂量精度的公差分析。药筒的定义设计空间和 CQA 研究可参见预充式注射器部分。

参考文献

Adler M (2012) Challenges in the development of pre-filled syringes for biologics from the point of view of a formulation scientist. Am Pharm Rev 15

Bhambhani A, Medi BM (2010) Selection of containers/closures for use in lyophilization applications: possibilities and limitations. Am Pharm Rev 13

Boven K, Stryker S, Knight J et al (2005) The increased incidence of pure red cell aplasia with an Eprex formulation in uncoated rubber stopper syringes. Kidney Int 67:2346–2353

Bozzato GB, Jaber A (2004) The thinner and finer needle for interferon-b-1a subcutaneous administration leads to improved patient satisfaction. Presented at 20th congress of the European committee for treatment and research in multiple sclerosis (ECTRIMS), Vienna, 6 Oct 2004

Chan E, Hubbard A, Sane S et al (2012) Syringe siliconization process investigation and optimization. PDA J Pharm Sci Technol 66:136–150

DeGrazio F, May JC, Rey L (2010) Closure and container considerations in lyophilization. In: May JC, Rey L (eds) Freeze-drying/lyophilization of pharmaceutical and biological products, 3rd edn. Informa Healthcare, London

DeGrazio F, West Pharmaceutical Services, Formulation Development Group (2012) 530 Herman O. West Drive, Exton, PA 19341

Ennis RD, Pritchard R, Nakamura C et al (2001) Glass vials for small volume parenterals: influence of drug and manufacturing processes on glass delamination. Pharm Dev Technol 6:393–405

Faulkner E (2006) Closure interactions with biopharmaceutical parenteral products. Proven methods for improving stability, manufacturability and delivery. Presented at the BioProcess international conference and exhibition, 6 Nov 2006

FDA (1999) Guidance for industry, container closure systems for packaging human drugs and biologics. http://www.fda.gov/Drugs/GuidanceComplianceRegulatoryInformation/Guidances/ucm064979.htm. Accessed 14 Jan 2014

FDA (2011) Advisory to drug manufacturers on the formation of glass lamellae in certain injectable drugs. http://www.fda.gov/drugs/drugsafety/ucm248490.htm. Accessed 14 Jan 2014

Guadagnino E, Zuccato D (2012) Delamination propensity of pharmaceutical glass containers by accelerated testing with different extraction media. PDA J Pharm Sci Technol 66:116–125

Guazzo D, Nema S, Ludwig JD (2010) Parenteral product container closure integrity testing. In: Nema S, Ludwig JD (eds) Pharmaceutical dosage forms: parenteral medications, 3rd edn. Informa Healthcare, London

Haines D, Rothhaar U, Klause M et al (2012) Glass delamination mechanisms: an update. Presented at PDA/FDA glass quality conference, Washington, D.C., June 2012

Hibler S, Wagner C, Gieseler H (2012) Vial freeze-drying, part 1: new insights into heat transfer characteristics of tubing and molded vials. J Pharm Sci 101:1189–1201

Hirsch L, Gibney M, Berube J et al (2012) Impact of a modified needle tip geometry on penetration force as well as acceptability, preference, and perceived pain in subjects with diabetes. J Diabetes Sci Technol 6:328–335

Iacocca R, Allgeier M (2007) Corrosive attack of glass by a pharmaceutical compound. J Mater Sci 42:801–811

Iacocca RG, Toltl N, Allgeier M et al (2010) Factors affecting the chemical durability of glass used in the pharmaceutical industry. AAPS Pharm Sci Tech 11:1340–1349

ICH (2005) Quality risk management Q9. http://www.ich.org/fileadmin/Public_Web_Site/ICH_Products/Guidelines/Quality/Q9/Step4/Q9_Guideline.pdf. Accessed 14 Jan 2014

ICH (2008) Pharmaceutical quality system. Q10. http://www.ich.org/fileadmin/Public_Web_Site/ICH_Products/Guidelines/Quality/Q10/Step4/Q10_Guideline.pdf. Accessed 14 Jan 2014

ICH (2009) Pharmaceutical development Q8(R2). http://www.ich.org/fileadmin/Public_Web_Site/ICH_Products/Guidelines/Quality/Q8_R1/Step4/Q8_R2_Guideline.pdf. Accessed 14 Jan 2014

ISO (1991) ISO 9626. Stainless steel needle tubing for the manufacture of medical devices. International Organization for Standardization, Geneva

Jaber A, Bozzato GB, Vedrine L et al (2008) A novel needle for subcutaneous injection of interferon beta-1a: effect on pain in volunteers and satisfaction in patients with multiple sclerosis. BMC Neurol 8:38

Jiang G, Akers M, Jain M et al (2007a) Mechanistic studies of glass vial breakage for frozen formulations. I. Vial breakage caused by crystallizable excipient mannitol. PDA J Pharm Sci Technol 61:441–451

Jiang G, Akers M, Jain M et al (2007b) Mechanistic studies of glass vial breakage for frozen formulations. II. Vial breakage caused by amorphous protein formulations. PDA J Pharm Sci Technol 61:452–460

Jiang Y, Nashed-Samuel Y, Li C et al (2009) Tungsten-induced protein aggregation: solution behavior. J Pharm Sci 98:4695–4710

Kirsch LE, Nguyen L, Moeckly CS (1997a) Pharmaceutical container/closure integrity. I: mass spectrometry-bas helium leak rate detection for rubber-stoppered glass vials. PDA J Pharm Sci Technol 51:187–194

Kirsch LE, Nguyen L, Moeckly CS et al (1997b) Pharmaceutical container/closure integrity. II: the relationship between microbial ingress and helium leak rates in rubber-stoppered glass vials. PDA J Pharm Sci Technol 51:195–202

Loui AW (2011) A method to quantitatively define and assess the risk of cosmetic glass defects on tubing glass vials. PDA J Pharm Sci Technol 65:380–391

Majumdar S et al (2011) Evaluation of the effect of syringe surfaces on protein formulations. J Pharm Sci 100:2563–2573

Markovic I (2006) Challenges associated with extractable and/or leachable substances in therapeutic biologic protein products. Am Pharm Rev 9:20–27

Markovic I (2009) Risk management strategies for safety qualification of extractable and leachable substances in therapeutic biologic protein products. Am Pharm Rev May/June:96–100

Milton N, Gopalrathnam G, Craig GD et al (2007) Vial breakage during freeze-drying: crystallization of sodium chloride in sodium chloride-sucrose frozen aqueous solutions. J Pharm Sci 96:1848–1853

Narhi LO, Wen Z, Jiang Y (2007) Tungsten and protein aggregation. Presented at protein stability conference, Breckenridge, 2007

Nasr M (2009) Status and implementation of ICH Q8, Q9, and Q10 quality guidelines. Topic introduction and FDA perspective. Presented at pharmaceutical science and clinical pharmacology advisory committee meeting, 5 Aug 2009

Paskiet D, Smith E, Nema S et al (2010) The management of extractables and leachables in pharmaceutical product. In: Nema S, Ludwig JD (eds) Pharmaceutical dosage forms: parenteral medications, 3rd edn. Informa Healthcare, London

PDA (2007) Identification and classification of nonconformities in molded and tubular glass containers for pharmaceutical manufacturing. PDA J Pharm Sci Technol Technical Report No. 43

PDA Letter (2010) Design specification—missing link to knowledge management. PDA Lett July/Aug:34–42

R&D Engineering, West Pharmaceutical Services (2012) 530 Herman O. West Drive, Exton, PA 19341

Rathore N et al (2012) Characterization of protein rheology and delivery forces for combination products. J Pharm Sci 101:4472–4480

Sacha GA, Saffell-Clemmer W, Abram K et al (2010) Practical fundamentals of glass, rubber, and plastic sterile packaging systems. Pharm Dev Technol 15:6–34

Schott Pharmaceutical (2000) Schott pharmaceutical packaging, 150 North Grant Street, Cleona, PA 17042 (March 2000)

Schwarzenbach MS, Reimann P, Thommen V et al (2002) Interferon alpha-2a interactions on glass vial surfaces measured by atomic force microscopy. PDA J Pharm Sci Technol 56:78–89

Shire SJ, Liu J, Friess W, Jörg S, Mahler H-C (2010) High-concentration antibody formulations, in formulation and process development strategies for manufacturing biopharmaceuticals (eds Jameel F, Hershenson S). Wiley, Hoboken

Stansbury W, Beenken K (2011) Failure is an option. http://asq.org/quality-progress/2011/06/one-good-idea/failure-is-an-option.html Accessed 14 Jan 2014

Vedrine L, Prais W, Laurent PE et al (2003) Improving needle-point sharpness in prefillable syringes. Med Device Technol 14:32–35

Vilivalam V, DeGrazio F, Nema S et al (2010) Plastic packaging for parenteral drug delivery. In: Nema S, Ludwig JD (eds) Pharmaceutical dosage forms: parenteral medications, 3rd edn. Informa Healthcare, London

Wakankar AA, Wang YJ, Canova-Davis E et al (2010) On developing a process for conducting extractable-leachable assessment of components used for storage of biopharmaceuticals. J Pharm Sci 99:2209–2218

Walther M, Rupertus V, Seemann C et al (2002) Pharmaceutical vials with extremely high chemical inertness. PDA J Pharm Sci Technol 56:124–129

Wen ZQ, Vance A, Vega F et al (2009) Distribution of silicone oil in prefilled glass syringes probed with optical and spectroscopic methods. PDA J Pharm Sci Technol 63:149–158

Wen ZQ, Torraca G, Masatani P et al (2010) Nondestructive detection of glass vial inner surface morphology with differential interference contrast microscopy. J Pharm Sci 101:1378–1384

Wolfe S, Hora M, May JC et al (2004) Critical steps in the preparation of elastomeric closures for biopharmaceutical freeze-dried products. In: May JC, Rey L (eds) Freeze-drying/lyophilization of pharmaceutical and biological products, 2nd edn. Informa Healthcare, London

第 18 章

生物技术药物的药物-器械组合

Rey T. Chern，Jeffrey C. Givand，Robin Hwang and Thomas J. Nikolai

王坚成 译，韩晓璐 校

18.1 引言

由于转化研究的发展导致基于大分子药物分子的多种疗法的引入，生物药物疗法的市场在过去十年中经历了强劲增长。根据一份名为"2015 年全球蛋白质治疗市场预测"的新报告，基于蛋白质药物的疗法已被证明对临床治疗癌症和代谢紊乱疾病等大量疾病都有效，并有可能达到 1434 亿美元的市场（RN-COS 2012）。生物制剂在 2009 年的销售额为 930 亿美元，预计到 2015 年增长速度将是小分子药物的 2 倍（Kline 2010）。到 2011 年，全球蛋白质药物疗法市场估计达到约 1050 亿美元，并有可能在 2012—2015 年期间以 8% 左右的综合年增长率增长（RNCOS 2012）。随着生物制品应用的不断扩大，有越来越多的产品需要在一个相对长的周期内频繁使用，这些产品的安全性应当支持患者本人在家庭环境中使用。此外，生物制品市场的竞争越激烈，很多品种都有多家生产厂商生产相同治疗类别的产品（比如胰岛素、人生长激素、肿瘤坏死因子 α 抗体等）。尽管生物治疗药物通常需要在确保物理化学性质都稳定的条件下通过注射器注射到目标位置，但是它的市场还是不断增长，竞争也日益激烈。在所有给药形式中，通过针头注射对患者来说可能是最不愿意接受的，因为它涉及操作难度大，给药本身会比较费时，并且许多患者对针头或者注射有着不同程度的反感。为了解决这些问题同时满足特定患者群体的特定需求，生物制药公司正在越来越多地与医疗器械制造商合作，以提高患者的生活品质并管理这些相关药物的生命周期。

最近药物递送系统的创新带来了许多诸如减少制备步骤、提高易用性和改善最终用户依从性等优点（French，2007）。胰岛素是最老的生物制剂之一，其历史早于重组 DNA 技术。这个药物就提供了一个很好药物递送创新的例子。因为随着糖尿病患者人数的快速增长和市场上的激烈竞争压力，促使长期以来患者和生物制药公司都期望为胰岛素产品推出精确、易于操作、剂量可调的注射器械，从而减少医疗保健费用上涨（减少医院和医疗保健机构门诊量）。图 18.1 显示了相对于使用传统的药瓶和注射器给药方式的主要胰岛素产品（甘精胰岛素、地特胰岛素、赖脯胰岛素、门冬胰岛素、谷赖胰岛素）的中等速度增加，在全球主要市场内使用笔式注射器的胰岛素产品市场呈现加速增长（来源：IMS MIDAS™ 数据）。由于其便利性和相同的（在一些情况下，更高的）剂量准确性（Luijf and DeVries 2010；Pfützner et al. 2013），已经促使处方医师和供货商都鼓励患者使用笔式注射器进行治疗。

另一个例子，可注射 TNFα 抑制剂为推动注射器械的发展带来了竞争性市场压力效应，并且相应地说明了这些器械如何用于药物生命周期管理。Enbrel® 是第一种皮下注射的 TNFα 抑制剂产品［最初用于治疗类风湿关节炎（rheumatoid arthritis，RA）］，于 1998 年以冻干制剂的形式上市。该制剂在给药前需

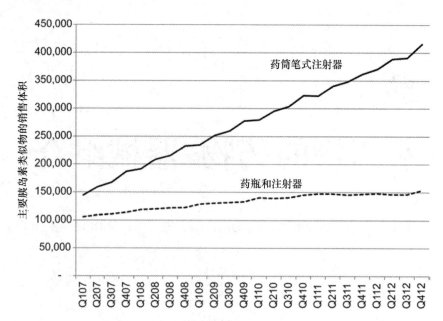

图18.1　全球按给药方式分列的主要胰岛素类似物的销售体积（升）（2007—2012 年）：笔式注射器与药瓶和常规注射器方式的全球增长率

要复溶。因此需要加入稀释剂，然后进行混合以完全溶解药物。在注射之前必须进行相对复杂及制剂转移的步骤，这使得过程变得更加复杂，增加了给药准备过程和剂量错误的可能。考虑到存在这些缺点，在使用 5 年之后，于 2003 年推出了一种更方便的药瓶适配器 Humira® PFS。这种竞争性产品是一个有固定针头的注射器，同时将液体制剂预填充到注射器中。这种即时注射产品消除了冻干制剂 Enbrel® 给药时所需 15 步以上的步骤。它还降低了产品复溶过程中出现错误的可能，降低了患者对医护人员的依赖。Enbrel PFS 于 2004 年上市。2006 年，两款自动注射产品 Enbrel® SureClick™ 和 Humira® Pen 在同月推出，为用户提供更多便利并最大限度地减少受到意外针扎的可能。自动注射器自此成为 TNFα 抑制剂的主要产品。最近随着对 RA 的其他有效治疗的引入，给药器械（以及缓释给药）正在加速发展，如图 18.2 所示。如今，Enbrel 的 90％以上是以 PFS 和自动注射器的形式销售，到 2012 年，TNF 抑制剂的年销售额达到 260 亿美元，其中绝大多数为 PFS 或自动注射器（Thomson 2012）。

通过注射器械整合治疗药物对于生物制药行业来说是一种具有成本效益和低风险的方法。此外，通过应用辅助药瓶、预充式注射器（PFS）和注射器械来提高产品的差异化在市场上变得越来越普遍。当然，为了缩短上市时间并将其作为生命周期管理策略的一部分，冻干生物制剂通常会作为首先推向市场的产品，随后才会开发更便利的剂型，如使用液体制剂给药的 PFS 或药筒。这一类产品的发展也使更复杂的药物给药器械成为可能，例如含 PFS 的自动注射器或带药筒的笔式注射器。当前，众多生物制药公司都在生产大量蛋白质和单克隆抗体（mAb）（PhRMA 2013），如果皮下给药，许多这类药物需要较高剂量并可能导致高黏度问题（Shire 2009）。这样就带来了额外的给药挑战，这也要求采用新的递送方式。因此这需要对药物处方、主要容器和给药器械进行开发，以确保处方和给药器械的所有性质具有相容性。

毫无疑问，生物制药行业的快速增长和日益激烈的竞争将会给患者带来持续增加的治疗机会并给市场带来更大的竞争压力，从而推动注射药物递送技术的持续创新。比如赫赛汀和利妥昔单抗/mAb Thera 皮下注射剂型利用组合产品方法得到了给药技术的持续更新，使药物从静脉注射转向更简单的皮下注射途径，从而改善了给药顺应性（Roche 2013；Shpilberg and Jackisch 2013）。

许多生物制药公司已经通过投资于新型药物递送技术（处方和给药器械）以及通过第二代和第三代给药器械对现有药物分子进行生命周期管理来应对这些挑战。然而，挑战在于确保这些先进的生物药物

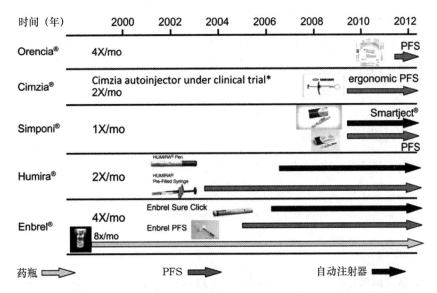

图 18.2　随着多种商业产品之间市场竞争的加剧，TNFα抑制剂注射器械的开发速度显著加快

在没有医护人员监督的家庭环境中由患者使用的安全性和有效性。因此，必须确保产品是直观使用和高度可靠的组合产品，这就使"质量源于设计"理念成为生物制药公司开发令人满意的组合产品的基础。以科学的、基于风险和全面的方式对药物产品、主要容器和药物给药器械进行整合，并在开发和制造药械组合产品时充分考虑，以确保它对于其预期用途是安全和有效的。在本章中，将给出生物技术药物的器械情况概述。将对医疗器械和组合产品的监管框架以及质量源于设计（QbD）理念对药物器械开发的影响进行简要概述。更重要的是，将提供通过 QbD 方法进行自动注射器械开发的框架。

18.2　组合产品开发中的 QbD

在 FDA 的 cGMP 和国际人用药品注册技术协调会（ICH）Q8/Q9/Q10 指南中，风险导向的指导下，生物制药行业已经取得了显著进展。通过 QbD 模式，该行业在产品开发、风险管理和原料药质量基础设施以及后期药品开发等方面也取得了很大进展。

多年来，医疗器械行业一直遵循六西格玛设计（design-for-six-sigma，DFSS）和 FDA 质量体系法规（QSR；21CFR820 2013），该规范与 QbD 的基本框架非常吻合。QSR 在开发周期的早期就建立了理解设备用户需求的明确要求。随着产品开发临床阶段的推进，设计控制有助于确定产品开发转向商业化的关键考虑因素。在设计阶段开始时，医疗设备的开发通常会对产品进行综合风险分析，随着设计、工艺和用户性能的改进，将进行一系列失败模式和影响分析（failure modes and effects analysis，FMEA）。随着器械历史记录文件的创建，用于医疗器械开发的 QSR 需要在产品开发过程中提供清晰的文档记录。在商业化之前，制造、风险评估和可靠性设计是必须完成的。这些考虑反映了 ICH Q8(ICH 2009) 中描述的 QbD 方法所倡导的要求，以及 ICH Q9(ICH 2005) 和 Q10(ICH 2008) 中规定的将产品生命周期中的风险分析和管理整合到一起。

制药公司面临的挑战是寻求一致之处以满足 21 CFR 820（器械）（21CFR820 2013）和 210/211（药物）（21CFR210 2013；21CFR211 2013）的要求。术语"标准误差分配分析"和"标准 R&R 分析"对于传统的生物制药开发来说是相对较新的，甚至是外来的。随着生物制药设备组合产品逐渐加入到生物制药公司的产品组合中，器械验证和生物制药资质鉴定（IQ/OQ/PQ）与验证实践之间的差距正在缩小。风险管理工具已成为任何产品、工艺开发和（或）故障排除工作的预期组成部分。不幸的是，当对这些概念的理论认识付诸实践时，仍然存在很大差距。

本文作者们的共同愿景是，通过在原料药、药品、主要包装和器械开发中采用全面的 QbD 方法，生物制药公司及其器械合作伙伴可以更顺利地通过复杂的监管框架，最终提供质量优化的产品，并为患者带来风险最小化和性能提高的益处。本章说明了如何将基本 QbD 原理应用于这类生物器械组合产品的开发和制造。

18.3　生物制药器械种类

值得注意的是，安全性和便利性的改进不一定要以复杂的器械设计形式出现。适当的给药器械，甚至在注射器上简单增加一个手指边缘扩展设计，也可以明显令患者受益。由于可用于满足不同需求的器械数量庞大以及类似产品普遍缺乏标准化，因此在本节中我们仅简要介绍较为流行的设备。

18.3.1　预充式注射器

关于预充式注射器（PFS）的一些最新经验和开发难点与关于 QbD 方法的更多综合应用的可能性将一起在后续的案例研究中讨论。这里只是简要介绍 PFS 最重要的特征（与自动注射器的集成而言）。

历史上，PFS 是为医护人员用于手动注射而开发的，这些应用早在自动注射和带有 PFS 的自动注射器的出现之前就已存在。因此，当自动注射成为健康管理必需品并且自动注射器被引入市场时，为了确保与自动注射器械的功能兼容性，需要重新开发 PFS 的规格和制造质量。但是，这些变化的需求并未立即得到认可。事实上直到最近含有 PFS 的注射器主要作为一个药物储库看待，并且以 PFS 形式呈现的药品在所有主要市场上被注册为药物或生物产品（而不是将整个系统视为组合产品）。2013 年，FDA 发布了关于组合产品的最终规则（21CFR4 2013）以及明确认定 PFS 产品为组合产品的附加指南。这一规范为注射器的质量属性带来了更新和更多的关注。

就本质而言，含有 PFS 产品的注射器既是主要容器又是给药器械。因此，其质量属性包含适用于两者的考虑因素。首先，作为主要容器，注射器针筒加上柱塞塞子、接触针头和针头护罩必须对其内容物药物提供充分保护，例如稳定性和无菌性。质量属性，例如浸出物、容器闭合完整性（CCI）和氧气或光线透过性（分别用于氧敏感和光敏药物）需要进行研究和控制，以确保与内容物药物或生物产品的长期化学相容性。有害可浸出物的来源可能包括柱塞或针罩中的添加剂、针胶的组分、注射器针筒或柱塞上的硅胶、玻璃或塑料针桶本身以及玻璃针桶中的钨酸盐（Markovic 2011）。

CCI 主要由柱塞与注射器针筒之间、针与针锥之间、针与针罩之间以及针罩与针锥之间的接触面所控制。当然，CCI 也依赖于整体主要部件，包括无针孔或无裂纹的玻璃注射器筒、无缺陷的弹性柱塞和针罩。

从作为给药器械的 PFS 的角度来看，需要开发适当的机械性能指标，并且应始终保持器械的性能。一些质量属性，例如作为注射速率函数的滑动力曲线、针刺风险和注射器相关区域强度需要被研究和控制。当 PFS 打算装在另一个器械（例如自动注射器）中时，控制这些关键属性尤为重要。

滑动/注射力曲线取决于许多 PFS 性质，包括针的内径（inner diameter，ID）和长度、筒的硅化均匀性、柱塞止动件-玻璃筒相互作用的一致性、柱塞外径和玻璃桶内径之间的适合程度、注射速度以及药品的黏度。注射器的强度取决于注射器的几何设计、注射器中的残余应力、玻璃针筒的表面损伤程度以及注射器受到的机械应力。而且，针对注射器与注射器械（例如自动注射器）之间以及注射器与药物填充器械之间的物理相互作用的各种关键尺寸的严格控制措施，必须通过与供应商的质量协议来实施。

大多数 PFS 由玻璃制成（除了日本市场），在日本销售的大约 80% 的 PFS 是由塑料制成的（Constable 2012）。由于上述一些质量问题，西方世界对模制塑料 PFS 的兴趣日益增加。由于具有无硅油、无钨和无胶黏剂的潜在优点，塑料 PFS 作为传统玻璃 PFS 的替代品一直在研发中。有关模制塑料 PFS 的可萃取物和可浸出物的担忧已基本解决（DeGrazio 2011）。另外，模制塑料 PFS 的更精确控制的尺寸和更高的抗破碎性使其成为自动注射器应用的极具吸引力的替代方案。但是，除非得到进一步的技术发展，较高的气体渗透性、静电荷累积和成本（相对于玻璃）将继续被认为是塑料注射器的缺点。

18.3.2　附加设备

附加设备通常是相对简单的塑料组件，可帮助用户准备注射药物、执行注射或将注射后针刺的风险降至最低。这些设备可以是一次性的或可重复使用的。手指边缘扩展件和手动针头保护装置就是这种装置的例子。当手指边缘扩展件与玻璃 PFS 一起使用时，出于对注射器凸缘的抗破坏性和尺寸公差的考虑可能需要提高公差标准，以确保与附加的手指边缘扩展件的兼容性。Enbrel® 和 Humira® PFS 等商用产品配有塑料模制手指边缘扩展件，以便于患者使用。

不幸的是，对各种注射辅助设施概念的标准化很少有进展。在改善玻璃 PFS 方面取得了一些成功；但是对于其他容器（如药瓶、安瓿甚至药筒）却没有类似进展。这部分是由于主要容器尺寸标准化不足的历史原因。因此即使在今天，仍然存在一些根据 ISO 等标准制造的定制药物容器。

18.3.2.1　药瓶适配器

尽管当有竞争力的 PFS 或注射器械产品出现时，传统药瓶被认为是新生物制剂的商业劣势，但是当产品需要追求更加快速的上市时间时，它有时也会受到青睐。为了克服易用性和用户安全性方面的一些先天缺陷，已经开发了多种药瓶适配器，并且在商业上用于复溶冻干药物和将液体制剂从药瓶转移到注射器械（如注射器）中。因为有些看上去一样的药瓶其具体尺寸却不一样，所以许多适配器可能需要针对特定产品进一步定制。因此，在做出这样的决定之前，应该对药瓶适配器的现有状况进行全面和仔细的评估。

18.3.2.2　针头保护（needle stick protection，NSP）装置

根据针头安全与预防法案（2000）中详细阐述的国会调查结果，仅在美国，医药卫生工作者的意外针刺伤害发生率估计每年在 600 000~800 000 例。许多血液传播的病原体可通过意外的针刺伤传染，并且研究表明还有很多针头意外刺伤未被报道（Johns Hopkins Medical Institutions 2009）。许多国家随后通过了包括针刺预防在内的劳动安全法。随着相关认识加强和全球监管行动实施，NSP 设备的热度和应用一直在增加。

有几种不同类型的安全注射器，通常称为"主动"或"被动"类型，用于针头注射后的屏蔽。除了正常的注入动作之外，主动设备需要用户进行特定操作来激活保护机制，而被动设备被激活则不需要用户做额外操作。根据具体情况，两种方法都可以令人满意地提供预期的保护（Dierick 2011）。但是，主动方法通常使用真正的附加组件，如护套/护罩或翻盖/铰链帽。虽然他们符合立法的要求，但他们需要将医护人员的手指危险地放在暴露的针头附近。因此，近年来在制药公司中采用了具有集成可伸缩针头的所谓被动安全注射器。将安全功能直接集成到 PFS 中的新技术也已经出现。

18.3.3　笔式注射器

笔式注射器通常用于需要基于体重或病情的定量给药，或者需要患者频繁调节服用剂量的多剂量药物给药。例如，糖尿病和人类生长激素（human growth hormone，hGH）缺乏患者几十年来一直在使用笔式注射器。笔式注射器通常需要患者连接分离式笔式针，灌注药物，然后注射他们的处方剂量。这些系统通常是手动插入针头和注射药物。笔式注射器使用的主要容器通常是在前端具有密封隔膜的玻璃药筒，以及塞子插入开口端。这些药筒和相关部件的设计允许多次穿刺和推药以建立多次使用给药系统。目前的笔式注射器能够

提供低至 5 μl 和高至约 1 ml 的剂量。大多数笔式注射器可以提供 10 μl 调节量的剂量灵敏性。

笔式注射器可以容纳液体或冻干制剂，这比一些其他只限于液体的器械具有优势。当今最新和最先进的笔式注射器配备了自动注射（通过内部弹簧）和可以提供剂量记忆和剂量间隔时间的电子装置。除了之前提到的糖尿病市场流行之外，这些器械还进入了多发性硬化症、骨质疏松症和生殖健康等药物市场。市场上甚至还有带有独立简单护套或护罩的安全笔式针，它可以在注射前将针隐藏并且在单次使用后永久锁定以防之后的针刺事件。

18.3.3.1 可重复使用的笔式注射器

笔式注射器也可以设计成可重复使用的器械，但需要用户定期更换已经用空的药筒。对一次性笔式注射器和可重复使用的笔式注射器的偏好存在一些明显地区差异（由患者、保险机构或政府推动）。德国、加拿大、波兰、中国和荷兰等国家在胰岛素给药方面显然对可重复使用的配置（相对于一次性笔式注射器）更感兴趣（Perfetti 2010）。当然，使用可重复使用的笔式注射器还是一次性笔式注射器也取决于给药方案和适应证。

可重复使用的笔式注射器需要作为获得 CE 标记或 510 k 授权的纯医疗器械进行管理。制造商需要设计、生产和测试在 2～5 年的使用期限内的注射器以确保注射器保持性能规格。因此，内部机械结构和注射器外表面的耐用性成为核心设计要求。然而，需要引起注意的是，在不同的制造厂家之间，单个可重复使用的笔式注射器很少与药筒和产品兼容。基于不同供应商或制造商的来源，即使药筒或部件尺寸方面的微小差异也会导致器械故障或剂量准确度问题。

18.3.3.2 一次性笔式注射器

在过去 10 年中，一次性笔式注射器（特别是用于胰岛素给药）在市场上变得非常普遍（如图 18.3 所示，来源：IMS MIDAS™ 数据）。这些系统不可逆地与装有药品的药筒预先组装在一起，并且通常作为药物-器械（或生物药物-器械）组合产品进行管理，需要与药物/生物药物的监管档案一起申报才能获得批准。一次性笔式注射器的接受度和使用仍存在明显的地域偏好，美国笔式胰岛素注射器市场几乎完全处于一次性器械垄断状态。

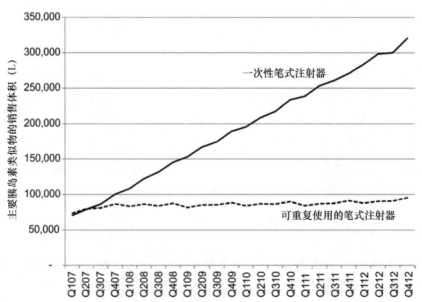

图 18.3　全球按给药方式分列的主要胰岛素类似物的销售体积（升）（2007—2012）：一次性和可重复使用的笔式注射器的全球增长率

一次性笔在可变剂量选择、笔针附件、多次使用和空芯方面都呈现与可重复使用的笔几乎相同的功能。根据剂量通常是 1～4 周，那些使用药筒预先装填药物的一次性笔式注射器将会在药物使用完毕后丢弃。那些需要严格限定误差来保证给药精密度并且通常预期注射力要求较低的弹力组件可以使用工程塑料制造。为了确保产品的使用寿命或有效期时间受到制剂稳定性而不是器械稳定性的限制，通常要对产品的性能、老化和稳定性进行研究。当然，与可重复使用的注射器形式不同，一次性笔的设计并不需要高度耐用，它们通常使用寿命不到 1 年。

18.3.4　自动注射器

随着一次性自动注射器完全成为不经常注射（每周一次或更低频次）自我给药的金标准，自动注射器与 PFS 相结合带来了更多的易用性和安全性。为了整合包含 PFS 和自动注射器械的药物递送系统，必须围绕现有的 PFS 开发自动注射器。自动注射器设计上要清空注射器的全部内容物。在用户启动激发后，所有的步骤应当都是被动并且连续发生直到给药完成，并且注射器的所有其他机械部分已经到达其最终的机械位置。在注射之前，其针头应当隐藏在装置内并且注射之后的针头应当回到针头保护装置内。

18.3.4.1　可重复使用的自动注射器

可重复使用的系统仅适用于自我给药应用。可重复使用的自动注射器系统在 MS 市场中已经特别成熟。作为经常使用的产品，可重复使用的系统是一种经济高效的选择。但是，这些自动注射器需要大量的用户培训和操作才能准确执行注射。因此，使用的复杂性限制了它们的推广。每次注射前将含有药物的 PFS 或药筒装入可重复使用的自动注射器中。一旦被触发（通常通过按下按钮或将装置推向注射部位来完成），自动注射器使用自动构件将针插入 SC/IM 组织中，并且迫使液体药物通过注射器进行注射。

18.3.4.2　一次性自动注射器

目前生物药物给药的趋势主要集中在单次使用、固定剂量的一次性自动注射器的方向，并不需要由用户执行特定的剂量设定功能。当然，生物分子的性质通常需要支持每周一次或更少频率的给药方案，以及足够宽的治疗窗口以消除对剂量调整的需要。而需要每日注射的给药方案就使得一次性自动注射器的给药形式从商品角度来看并不切实际。

30 多年前（1980 年前后）单次使用的一次性自动注射器最初是用于急救药物市场，并于 2005 年进入治疗性蛋白质的贫血和肿瘤市场。这些系统预装了装填药物的 PFS，它们本身比可重复使用的系统更易于使用，并且可以集成 NSP 功能，这使得它们可灵活用于临床和家庭环境。单次使用的一次性自动注射器功能与可重复使用的器械非常相似，只是装有药物的 PFS 由制造商在器械中预先组装。

18.3.5　贴片泵

糖尿病市场引领了使用贴片泵输送设备的潮流。如所设想的那样，糖尿病患者将戴上贴片泵，其在一天中提供基础的胰岛素输注速率。这些泵采用电池供电，并且需要用户定期将胰岛素药筒装入器械。许多医疗器械制造商正在推进这一技术，以满足患者控制其疾病时所需的便利性、舒适性和控制的要求（Schaepelynck et al. 2011）。最近，人们正在研发一种贴片泵以满足对使用大剂量 mAb 的需求。同时能够满足皮下自动注射的需求也使得这种给药方式具有吸引力。

18.3.6　无针喷射注射器

无针喷射注射器可以在不使用针头的情况下注射药品。其基本原理是高压气体或弹射能量源通过小孔直接将药品射入皮肤。迄今为止，无针注射器尚未成为市场的主流产品。生物制药行业推出的主要无针自动注射器械是用于生长激素疗法和疫苗给药的可重复使用的系统。可重复使用的系统提供剂量和处方的灵活性，但所有可重复使用的器械与一次性器械相比，它们的操作难度更大。在过去的几年中，单次使用的一次性无针器械已经在偏头痛治疗市场上实现商业化，并且在血液病、多发性硬化症和类风湿性关节炎领域的产品也正在开发中。尽管喷射注射技术已经存在了几十年，但从2013年通过FDA批准的产品来看，市售喷射注射器产品仍然屈指可数（Gratieri et al. 2013）。主要原因可能是由于设计的复杂性、成本因素、人体安全性和有效性的评价，以及经历了高速喷射的生物分子的稳定性。

18.4   组合产品的监管复杂性

FDA已经定义了4种不同类型的组合产品。根据21 CFR 3.2（e）（2013），组合产品可以包括：

（1）两个或多个独立实体通过物理或化学方法合并为一个集成产品，如药物洗脱支架。

（2）将两种或更多种不同类型的独立产品包装在一个产品包装中，例如药物与给药器械包装在一起。

（3）与已经批准且单独销售的药物、器械或生物制品一起使用的新的药物、器械或生物制品，例如注明与已经批准的、单独上市的药物或生物制品一起使用的给药器械，在批准新产品后，需要改变批准产品的使用说明（例如，反映拓展用途、剂型、强度、给药途径或剂量的重要变化）。

（4）两种都需要达到预期效果的研究产品。

这些不同类型的组合产品在表18.1中进行了比较，并与当前生物制品的相关示例进行了对比。

表 18.1   各种组合产品的规格对比

单一实体组合产品	联合包装组合产品	虚拟（独立包装）组合产品	虚拟（独立包装）研究性组合产品
药物-器械 生物制品-器械 药物-生物制品	药物-器械 生物制品-器械 药物-生物制品	药物、器械或独立包装的生物制品……**仅用于**……单独被授权的特定药物、器械或生物制品	研究性药物、器械或生物制品……**仅用于**……单独被授权的特定研究性药物、器械或生物制品
物理、化学或其他方式组合或混合以及以单一实体生产	两个或更多单独的产品包装在一个单一的包装或单位里	两个产品都要求达到预期使用、指标或效果；根据研究性产品的授权需要改变已授权产品的标签	两个产品都要求达到根据建议标签的预期使用、指标或效果
例子：包含mAb的PFS；包含PFS的自动注射器	例子：与药瓶适配器和一次性注射器一起包装的药瓶	例子：用可反复使用的自动注射器的注射用PFS	例子：使用特定的可反复使用的自动注射器给药的研究性药物

18.4.1   法规框架

正如前面的章节所述，在当前范围内用于药物递送的医疗器械是多种多样和复杂的。将药品（包括生物制剂）组合进医疗器械中作为组合产品增加了复杂性和潜在监管要求。

从历史上看，产品开发和商业化的监管法规、指南和组织层面已经由与整个治疗所涉及的相关部分的现有法规框架所确定：即药物、生物制品或器械。医疗器械的3个主要法规，美国FDA 21 CFR 820部分（即QSR）、ISO 13485：2003以及全球协调工作组（Global Harmonization Task Force，GHTF）指南，确定了组合产品的每个要素或"组件"的基本要求（Combination Products Coalition 2007）。

对于结合了不同类型产品并跨越多个职能部门管理范围的组合产品，会出现额外的问题，即由哪个管理机构率先审查产品。正如FDA关于组合产品主要作用模式定义的最终规定（21CFR3 2005）中所述，牵头管理部门由主要作用模式决定，定义为"组合产品中提供了最重要的治疗行为的单个作用模式……"有一种正式的决策算法可以决定那些难以确定主要作用模式的组合产品，2002年组建的组合产品办公室

（Office of Combination Products，OCP）将承担为组合产品指定牵头管理机构的最终责任。

18.4.2　器械和生物技术药物的二元化理念

尽管器械和药物都受到 FDA 的监管，但药物和器械行业在根本上有所不同。FDA 认为 cGMP（21CFR210 2013；21CFR211 2013）和 QSR（质量体系法规 21CFR820 2013）是相似的，它们旨在达到相同的目标。cGMP 和 QSR 具有相当的重叠性，但在许多细节方面有所不同，因为每套规定都是根据不同的产品属性量身定制的。重要的是要注意质量不是由制药公司定义的，它由监管机构和购买大众共同定义。药物和生物技术药物与器械之间有一个普遍的区别：药物和生物技术药物是通过物一部分反复试错法发现的，而产品质量都是按照一个标准制造实现；另一方面，器械是为了实现预定的功能而设计的，并且按照所需的规格制造。这种差异反映在 FDA 制定 cGMP 和 QSR 的方式中。将药物和生物技术药物与器械组合成组合产品需要解决这些差异。

化学和生物与机械领域的二元化理念带来了更多的挑战。药物和生物技术药物与器械具有非常不同的生命周期和开发过程。药物或生物技术药物在市场推出前 10 多年的时间内进行研发的情况并不少见，而器械公司不能接受如此长的产品开发周期。药物/生物制品的开发成本非常高，并且通常成功上市的可能性要低得多。创新药物的每剂成本通常远高于该器械的成本。一旦获得批准，药物往往在市场上几十年内保持不变；生物技术药物尤其如此。相比之下，医疗器械倾向于通过创新和持续改进（continuous improvement，CI）迅速发展。老药可以保持可观的利润率（至少在专利到期之前），但不变的器械设计容易过时。这种改进的能力由不同的监管约束来决定。药品公司在没有得到 FDA 批准的情况下在制造药品或说明修改方面几乎没有自由度，甚至改进器械组成部分的使用也是如此。

18.5　来自行业经验的案例

尽管组合产品在生物制药领域有了显著的增长，但整体 QbD 并未充分应用于组合产品开发，可能是由于对药品、主要容器和注射器械之间的复杂相互作用被低估。本部分重点介绍组合产品开发和商业化过程中遇到的一些挑战，目的是分享学习和激励对生物制药的商业化并努力纳入到系统的 QbD 开发实践中。

第一个例子，据报道，早年间有些组合产品就是由于不明确的玻璃注射器凸缘尺寸导致市场上引进可重复使用的自动注射器显著滞后（French 2010）。在产品发布前的几周，发现在临床现场测试中有很高比例的器械"未能完成注射"。随后的广泛调查认识到注射器的凸缘直径的较大变化使得许多注射器与自动注射器中的注射器固定器不兼容。注射器供应商和制药公司都没有认识到凸缘直径是一个关键属性，为这种"工艺性"问题埋下了种子。这种疏漏导致缺乏注射器凸缘直径的适当规格和控制，并导致两种关键组件属性之间的不匹配，进而导致组合产品的性能故障。在检查阶段，注射器供应商最终修改了测量方法，以提供高水平的凸缘几何形状确保符合新规范的规格范围（French 2010）。

其他组合产品开发案例，包括由于注射时间过长或注射停止而导致的大量自动注射器被召回（PMR Publications 2006）。这种不良性能的根本原因始于缺乏对关键组件性质的历史评价和评估以及其与器械性能的关联。注射针的内径和注射器筒的硅油分布都对完成注射所需的弹力和时间有很大的影响。由于焊接和拉伸工艺的固有变化，完成的针头内径通常参考其标称内径。例如，27 号针（标准壁）的标准标称内径可以在大约 0.19～0.21 mm（有些甚至高达 0.22 mm）的范围内。针内径是自动注射器组合产品的关键部件性质，因为推动流体通过针的力与内径的四次方程反比。因此，针头内径的微小变化会导致推进注射器中的柱塞并排出液体产品所需的力有巨大的变化。

由于弹簧给的力量是有限且固定的（Hwang 2008），因此硅油涂布不足成为注射器柱塞在自动注射器内失速的根本原因。这也导致我们需要利用现有的 PFS 思路设计工件，而该方法最初并不是用于自动注射器设计的。在标准的 PFS 模式中，硅油分布的均匀性不是关键属性，因为使用者能够施加所需的力来克服注射冲程期间阻力的任何变化。然而，早期的自动注射器最初是设计有标准的盘绕式压缩弹簧，当它们被激活并膨胀时，弹簧力呈现线性衰减。不幸的是，传统的注射器硅化工艺采用了固定硅化喷嘴，这种喷嘴对注射器的颈部/针头端沉积硅油的效果很差。在弹簧膨胀的后期阶段，较低的弹簧力与玻璃筒下部的低水平硅胶相结合导致柱塞失速的可能性大大增加。由于市售自动注射器组合产品的多次停顿注射的结果，随后在工业内对注射器硅化步骤进行了增强，使得喷嘴被设计成伸入注射器筒中以确保硅油更均匀地分布。

在自动注射器还处于创新的早期，另一个罕见但严重的事件是自动注射器内发生玻璃破裂。报告显示很多召回和停止供应事件是因为由于凸缘或主体产生的裂纹、破碎或任何类型的玻璃注射器碎裂（例如 FDA 2011）。2010 年就有一个涉及 2 948 741 枚 Enbrel 注射器的严重事件的案例。据报道，由于"注射器针筒凸缘略微偏离注射器针筒中心线，导致注射器破裂或破碎"，因此无法保证自动注射器的无菌性（FDA 2010）。在第一支自动注射器出现的早期，制造的玻璃注射器在筒、鼻部或尖端以及凸缘的几何形状和尺寸方面有相当大的差异。从历史上看，这种差异在完全作为 PFS 模式存在时是可以接受的，因为人手的灵活性降低了它们对成功注射的影响。然而，当注射器被放置在具有固定尺寸和机械特征的器械中时，尺寸公差要求变得更加严格。尺寸或强度要求不匹配，甚至错位都会导致在生产或患者实际使用过程中出现问题。造成这种性能故障的根本原因可能是由于缺乏对关键部件属性（critical component attribute，CCA）的理解及其与设计原理的关联，以及缺乏足够的风险评估和控制这些风险的后续风险管理方案。

上述例子想表述的主要意思很清楚，要很好地建立和理解与自动注射器有关的液压阻力和摩擦学的基本工程原理和物理现象。另外，在纯粹使用 PFS 模式时，玻璃注射器的设计特性也开始令人满意。然而，因为缺乏用于将处方、注射器和器械整合到组合产品中的有组织的整体方法学，所以器械设计中注射器性能的关键重要性（和制造公差控制）被错过并带来严重后果。

18.6   通过 QbD 进行器械开发

诸如自动注射器和笔式注射器之类的自动注射器械已经为患者和更广泛的医疗保健行业带来了许多益处。随着自动注射器械的推广，不仅患者的便利性和依从性得到满足改善，而且整个医疗保健费用也可以通过减少慢性疾病治疗的门诊量来降低。通过智能工业设计和对人因工程的早期考虑，安全且易于使用的自动注射器械简化了皮下和肌内注射药物的给药。这是通过相对于药瓶和注射器的传统产品形式减少注射前用户操作步骤和复杂性来实现的。尽管可能由于存在熟练性限制或移动性伤害导致治疗时的操作困难，许多用户还是选择自动注射器械治疗来缓解他们的症状。

自动注射器械还可以设计为其他优于传统药瓶和注射器产品形式的优点。预充式自动注射器可以在注射之前、注射期间和注射后等过程中都做到隐藏针头。这种设计不仅有助于意外针扎伤害的风险最小化，而且还为怕针患者提供了显著的益处。凭借其设计，该系统可以减少患者对针头的恐惧。经常有患者由于害怕打针而无法进行蛋白质生物制品的治疗。另外，这些自动注射器械预先装满了完整的处方剂量，以减少当不熟练的使用者试图使用注射器从传统药瓶中取出产品时导致剂量不足或过量给药的可能性。通过注射器械的机械设计还可以实现注射深度的一致性。而且，很多注射器械具有一个视觉和（或）听觉的综合信号以向使用者确认全剂量给药完毕。

为了充分实现上述益处，必须遵循系统的方法和工艺以确保商业生产中一致的"可制造性"以及用户手中的药物-器械组合产品有令人满意的性能。这种有组织的方法在开发阶段特别关键，与药物本身的重要性一样，因为任何商业生产中的重大偏差都可能导致昂贵的维修费用并且由于产品短缺而不利于患者维护。在下面的讨论中，我们在 QbD 方法的框架下提出了这种整体而有机的方法。

正如本章开篇所述，医疗器械行业历来遵循 DFSS、欧盟医疗器械指南和 FDA 的 QSR。因此，我们将尝试调整药物行业和设备行业的语言和实践，以更好地阐明产品质量属性及其对组合产品安全性和功效的影响之间的关系。

QbD 方法的本质包含在 ICH Q8、Q9 和 Q10(ICH 2005，2008，2009) 中，要求产品在开发计划开始时就应当从适当的目标产品剖析（target product profile，TPP）的关键性和关键质量属性（critical quality attribute，CQA）定义开始。"瀑布设计工艺"对医疗器械的开发进行了框架设计，该设计主要等同于 QbD 框架；由此定义用户需求和设备输入要求（与来自 ICH 的 TPP 和 CQA 相当）。以失败模式和效应分析的形式进行应用、设备设计、制造和组装风险评估，然后采用类似于 ICH Q9 中定义的方法，在评估阶段进行风险识别、风险分析和风险评估。

在 QSR 的指导下，历史上将通过器械生产测试来验证组件制造和组装工艺是否合格。通过针对设计输入要求（drug input requirement，DIR）对全部功能进行论证来验证定型和组装工艺。随着包装、标签和使用说明的开发，器械将通过与目标患者群体进行人为因素测试来"验证"在实际使用中的安全性和有效性。

在 QSR 下，设计控制要求设计验证，在该设计验证中，对具有商业代表性的制造和组装操作需要在初始 DIR 阶段针对规定的性能测试进行测定。QbD 方法将进一步要求开发包含工艺参数和原材料属性的多变量设计空间，以确保制造的稳定。由于时间限制和成本方面的考虑，目前这种设计领域进展的努力并未广泛用于器械开发。此外，彻底的 QbD 方法要求建立和联系在线生产（成型和装配工艺）控制并与已经在设计控制工艺中执行的风险评估，以完成风险管理。

器械和组合产品开发的严格方法的关键性可以通过简要回顾本文案例研究部分中概述的已公布的召回历史和器械性能问题来说明。传统的 cGMP 方法侧重于通过代表大规模生产的 3 批样品制造工艺的规定验证来证明其可重现性。目的是通过 3 批样品的很小偏差来确认组装后的自动注射器产品始终符合成品规格，类似于制药行业普遍采用的传统药品开发过程。换句话说，这是一种以测试为中心的方法。这种方法可能忽略了对最终组合产品的 CQA 有重大影响的关键部件和材料属性的批次间变化。根据作者的经验，将整体 QbD 框架不完整应用于传统方法中被认为是可能导致器械故障、制造供应挑战以及许多这些先进的药-械组合产品所经历的产品召回事件的促成因素。

显然，关键的 QbD 概念，如 TPP、支持 TPP 的 CQA、开发 CCA 的设计领域以及 CQA 的关键工艺参数（critical process parameter，CPP）在设计和开发这些"先进注射器"过程中并未得到阐述和应用。正如历史事件所证明的那样，在传统的自动注射器开发过程中，那些知之甚少的参数的某些偏差可能导致在上市后商业生产期间失去对产品质量的控制（Hirshfield 2010）。而且，由于关于设计空间的知识有限，制造工艺的任何变化都需要昂贵且长期的监管机构批准。

这里的大部分讨论都集中在基于注射式自动注射器组合产品上。对于笔式注射器和其他类型的注射组合产品可以做出类似的陈述；质量源于设计（QbD）理念和应用方法同样有效。

18.6.1　目标产品概况

与 ICH Q8、Q9 和 Q10（ICH 2005、2008、2009）中描述的 QbD 方法类似，注射器械的开发始于对该药物的 TPP 以及用于该器械 DIR 的明确定义。要求并倡导执行与目标用户群体使用原型设备或其他提取真正 DIR 的刺激来进行关键性人为因素研究。其中一些要求可能来自已经销售用于治疗相关适应证的设备性能。表 18.2 阐述了当开发药-械组合注射产品的 TPP 时的典型考虑范围。

表 18.2   用于自动注射器组合产品的假设 TPP

目标	范例
疾病或治疗领域和适应证	根据药物或生物制剂的作用机制和临床开发计划予以确定
患者人群	成年人（可明确关于年龄或合并症的更多细节）
功效和安全	优于市场领导者 X（详情见左侧）
自动注射器产品的用户	患者、护理人员和医疗保健专业人员
产品描述（即演示文稿）	市场 A：在自动注射器的预充式玻璃注射器中含有 10 mg API 的 0.6 ml 澄明液体制剂 市场 B：在自动注射器的预充式玻璃注射器中含有 5 mg API 的 0.3 ml 澄明液体制剂；等等
给药方式	皮下（可能有更多细节）
给药频率	每月一次
储存条件和保质期	在 25℃/60％RH 下 2 年

由于注射器械的独特功能，可以将其他注意事项添加到 TPP 中或收集在包括器械的关键功能和性能测试的 DIR 文件中。表 18.3 提供了这些额外关注的例子。

在利益相关方（包括技术、商业、临床和监管代表）的合作努力下，随着细节和严谨程度不断提高，DIR 应分阶段发展。一种通用方法是从 TPP 开始，最好是扩展版本，其包括从用户的角度来看在注射前准备、注射和注射后操作方面的产品特征；然后列出器械必须要做什么来满足这些 TPP 要求。如前所述，主要容器（如 PFS 或药筒）的机械特性和几何特性（范围）必须明确定义为此考虑的输入。对后一个关键领域的关注不足一直是痛点，不仅会导致项目延误而且会导致大量的上市后调查和纠正措施。

表 18.3   开发自动注射器组合产品 TPP 的其他注意事项

目标	范例
激活持续时间	3～10 s
剂量设定旋钮扭力	25～40 N-mm
注射力量	不超过 15 N
被动或主动皮肤渗透	自动插入针头
注射完成时被动或主动取针	自动保护针罩取针
开始和完成注射的指示	音频、视觉、触觉或组合
药品的使用前目检	屏蔽窗口，用于无阻碍地检查液体产品
针刺预防或注射后风险缓解	各种方法
注射器的整体尺寸和形状	不大于市场领先者 X

历史上制药业未得到全面关注的另一个领域是所谓的人为因素评估。理想情况下，在器械的概念/设计开发过程中，各种机械和外形设计的原型应在开发早期进行评估（作为关键性人为因素研究的一部分），通过与用户进行测试使用过程中梳理出接近故障的安全设计。根据 FDA 的最新指南（CDRH 2011），这些当他们向 DIR 通报注射器械时的研究将被称为"可行性"。使用失败的例子包括器械过早"击发"、不完全注入、注射失败和器械的错误"方向"。当然，并非所有的误用都是可以预防的，但良好的工业和机械设计将这种可能性降到最低。值得注意的是，主要解决用户偏好的传统"市场研究"通常不足以在患者由于错误操作产品而对患者造成的风险最小的情况下提出设计。用户对器械的处理和使用应尽可能直观，以消除患者的风险，特别是产品要在紧急情况下使用时。FDA 现在认为须将人为因素和可用性工程报告作为器械开发的设计控制的一部分，其关键内容如下。

（1）预期的器械用户、使用、使用环境和培训；

（2）器械用户界面；

（3）已知使用问题的总结；

（4）用户任务选择，表征和优先级；

（5）可行性评估摘要；

（6）验证（总结）测试（模拟测试或临床评估）；

（7）结论（安全性和有效性）。

18.6.2　关键质量属性

一旦 TPP 和 DIR 被定义，通过对安全性、有效性、满足用户的需求或其他方面的预研究获得的先验知识或新知识帮助确定支持 TPP 和 DIR 的 CQA。表 18.4 描述了特定于自动注射器组合产品的器械相关（非药物）CQA。

表 18.4　自动注射器组合产品的假设 CQA

属性	范例
完好的容器密闭性	不漏液
锁定/解锁状态的正确指示和功能	合适的机制和准确的标示、组装
无故障地拆除针罩	按照设计去除针头护套
根据设计启动注射	没有提前激活注射机制
按照设计无损伤地完成注射	针端的失败-安全指示 在目标时间内完成注射 完成注射后针收回和保护机制

18.6.3　风险评估

通过基于 TPP 和 DIR 定义的 CQA，注射器械的设计和开发可以在任何系统方法的指导下进行，例如：美国 FDA 的医疗器械质量体系手册。为了强化 QbD 方面的发展，作者强烈建议采用 DFSS（El-Haik 和 Mekki 2008）。在医疗器械开发中习惯于通过执行用户或应用程序故障模式以及效应分析演示开始设计优化工作。此项工作严格检查用户-器械界面，目标是突出显示可能导致器械使用不安全或无效的可能用户行为。然后开发团队应该尝试通过重新设计器械界面和功能来缓解最高风险的项目。在重新设计不合理或不可行的情况下，应在撰写器械使用说明时加以说明/指出可能出现的操作错误。

接下来的步骤之一是与器械设计人员和开发人员合作完成注射系统部件的产品公差分析。这个工作旨在确定对 CQA 至关重要的尺寸，以及确保零件制造过程中在 DIR 中定义条件下得到令人满意的性能所需的尺寸公差。重要的是要考虑直接影响器械操作/功能的部件尺寸和公差，以及那些影响部件整合到功能机制中的关键因素。再次，应该定义基于 FMEA 演示产生的最高风险项目的风险缓解策略，以保持所需的器械 CQA。这些策略通常包括过程监测和控制措施或最终产品抽样和测试计划。

FDA QSR 对医疗器械开发中是否完全符合预期要求和制造工艺能力的传统风险评估活动进行了详细描述，与 ICH Q9 中药品开发的质量风险管理流程完全契合。上述风险管理方案的框架已经在 ICH 指南中进行了描述，关键步骤的要点如图 18.4 所示。图 18.4 反映了风险评估的基本流程。

18.6.4　设计空间、关键组件属性和关键工艺参数

在设计和原型设计阶段，通常会采用迭代循环来考察设计特征、工艺参数和材料/组件属性对 CQA

的影响。这些有时冗长但必要的工作可以用来选择 CPP 和 CCA 及其各自的设计空间。在这个发展阶段，利用先验知识的能力起着关键作用；先验知识可以存在于制药公司、组件供应商、器械设计者或装配机械供应商中。建立一个有效整合各方面知识的业务流程至关重要。

关键的成型和装配工艺参数最初应作为工艺 FMEA 的一部分来确定，以确保满足所有关键部件尺寸。而且，尺寸对于提供所需的器件功能可能至关重要，或者可能对确保准确和完整的器件组装非常关键。选择具有适合于预期性能的材料时，必须大量参考材料（如合成高分子）和制备零件（如模具）工艺的先验知识。历史上对这些问题的不重视往往导致项目延期（Deacon，2013）。

使用自动注射器可以自动插入针头，并通过释放压缩弹簧的势能将药物注入患者体内。装载注射器的塑料部件会在受到机械冲击下将针头停止在一个固定注射深度。选择坚固的塑料材料并恰当浇注组件以降低残余应力对于器械坚固性的影响和避免塑料部件的失效至关重要。

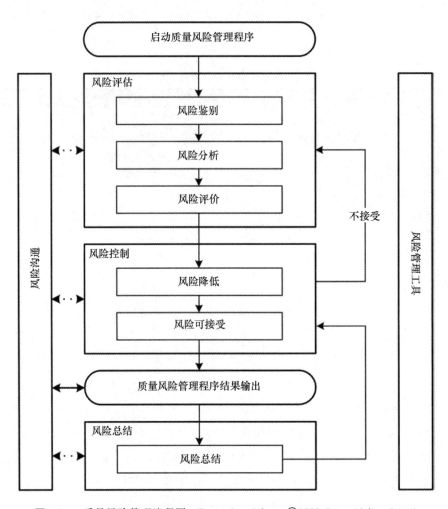

图 18.4 质量风险管理流程图（Reproduced from ©ICH Q9 guideline 2005）

彻底应用 QbD 开发理念将促进器械 CQA 和 CPP/CCA 之间的联系。设计空间开发阶段需要所有的成型和组装工艺开发，通过该工艺开发能够确立生产可接受产品的一系列工艺参数（通过 FMEA 确定）范围。理想情况下，这项研究工作将以多元方式进行，以便在每个器械相关 CQA 的所有相关原材料、成型和组装工艺变量中建立相互关联的工艺参数范围。

18.6.4.1　预填充主容器

如前所述，我们将在接下来的讨论中使用 PFS 来举例说明关于确保与自动注射器完全兼容的关键 QbD

概念。类似的原理适用于其他类型的主容器，例如药筒。PFS 本身应被视为组装成最终组合产品的一个"组件"，其特性与其他关键组件相类似，必须明确定义、控制并与器械设计保持一致。历史上就对 PFS 机制特征理解的重要性缺乏关注，甚至缺乏意识。由于 PFS 本身被 FDA 视为药物-器械组合产品（21CFR4 2013，对拟议规则的注解，注解 8，19～20 页），因此本章中描述的原理也应适用于 PFS 的开发。

根据作者个人经验，一个常见错误是，由于缺乏关键性或器械开发时间限制的预判，在对 PFS 的性质范围完全了解之前就设定了注射器设计的关键特性。PFS 特征取决于制式产品的性质、注射器针筒、柱塞塞子、针头、针头护罩以及药品与注射器组件之间的相互作用。历史上，注射器组件的尺寸和润滑区被控制在相当大的范围内。人们必须确定器械的设计是否能适应这些变化，或者规格是否应该严格控制。在某些情况下，可能需要更改部件的设计和规格，或者改进部件供应商的生产控制。不完全理解药品的物理性质或填充工艺的能力也可能导致器械设计失败或冗长的纠正措施。

由于玻璃材料的性质、相关的注射器成型制造工艺以及专有的商业秘密①，尽管存在"标准设计"，来自不同供应商的玻璃注射器在尺寸和功能上都不能精确复制。因此，大多数自动注射器必须针对特定的 PFS 产品进行"定制"，即使许多详细的"考虑事项"可以从一种设计到另一种设计中使用。关于 PFS 正确表征的详细描述可以在若干出版物中找到（Rathore et al. 2011）。简而言之，必须利用 PFS 组件特性的代表性范围，并将其用于指导自动注射器的设计和测试。这些特性包括：①注射器（针筒、凸缘、针头和针头护罩）和柱塞的关键尺寸，②匹配针筒和柱塞（药品或当量的安慰剂）在不同的体积速率和温度下的松脱和滑动力曲线，③注射器在相关压力情况下的机械强度②，④取下针罩所需的力，⑤填充量和柱塞的位置。基于先验知识和新的研究，特别是正在开发的自动注射器系统，可以建立针对各种关键 CCA 和 CPP 的完整设计空间，至少原理上当时间和资源可用的时候。人们应努力与注射器部件供应商合作以获得每种关键性质的"规格限制"组件，然后通过设计实验方法完成对器件性能的评估。事实上，由于各种限制，人们通常不得不接受关于设计空间的不完整的知识；但是，风险评估演示应优先考虑注射器组件参数评估，这对于器械性能的安全性和有效性来说是最关键的。

一些上述性质的可能结果证明 CCA 并且不能良好地控制，例如注射器机械强度、针头内径、硅油分布。这些性质如果没有得到充分控制，可能会对本章之前讨论的自动注射器组合产品的性能产生负面影响。例如，一些 CPP 通过通气管插入柱塞时如果不能很好地控制可能会使 PFS 加压，从而在取下针护罩时导致药物损失并影响自动注射器的性能。一些性质可能会产生较大的影响，但是受到了良好的控制。例如，如果滑动力分布或柱塞止动器尺寸的范围都良好地处于各自的设计空间中提供适当的器械性能，那么这两个变量都不会被指定为 CCA（或 CPP，如果是工艺变量）。

18.6.4.2　注射器械组件和器械组装

由于有各种各样的注射器性质可用，在此不再提供注射器本身的全部代表性属性来说明 QbD 原理。实际上注射器械通常包括两个单独的组装部件；从本质上来说，一个提供"动力"而另一个是容纳主容器的主体（例如，PFS 或药筒）。为了识别 CCA，需要考虑给定组件的作用，并分析固有材料属性和（或）尺寸控制的需求导致故障的风险，以确保与其他相互作用部件的功能兼容性。例如，选择可靠的金属弹簧设计和线规（如果动力源是弹簧）、坚固和尺寸稳定的塑料承重组件（在组装或保质期内）以及当相对移动时有较低表面摩擦系数的塑料部件。

根据注射器的设计，可能至少有几个关键尺寸或 CCA 确保器械"电源组"内的内部组件按设计的顺序自由移动。对于关键尺寸，不仅应该规定标称尺寸还应规定这些尺寸的公差。通常对每个器械功能执

① 由于对成型工艺进行了更好的尺寸控制，塑料注射器的情况可能稍好一些；但非标因素仍然可能使真正的标准化变得困难。
② 例如，注射器法兰或鼻部的强度，取决于在触发和注射过程中如何支撑预充式注射器。

行堆叠容差分析，检查给定功能的负载/执行路径内的组件（Hurlstone 2014）。正如本章前面所述，特定的元件尺寸对于实现特定的器件功能可能是至关重要的，或者对于确保最终产品的正确和完整的组装来说至关重要。在下文中作者依次简要地讨论。

通过定义相关器械组件的关键尺寸（及相关的所需公差），人们将其转化为注塑模具和工具设计。从QbD的角度来看，考虑器件操作过程中的组件应力状态以及材料性能的理论和实验室工程分析应选择合适的树脂。作者认为，注塑工艺相关的设计空间是存在开发机会，以保证注塑组件的所有关键尺寸的常规实现。多变量设计实验（design-of-experiment，DOE）应在相关的成型工艺参数（例如，装填压力、针筒温度、冷却时间等）的预期上限和下限范围内运行，以确定可接受的组件质量的设计空间以及工艺参数控制测量的严格要求。与任何部件建立的关键尺寸的变化显示出强相关性的任一成型参数都可以被指定为CPP。

适当的器械功能不仅取决于成型工艺中所有关键尺寸的实现，还取决于模制组件之间和组件与主要容器之间的正确组装。许多注射器械需要内部组件相互间的精确定位，以及应用于特定组件属性的特殊装填或位移的应用以确保完整组装。许多注射器械的商业规模足够大，可以将装配推向半自动化或全自动化工艺。为了确保所有关键特征适当的定位、参与或加载，开发团队必须利用先前执行的FMEA流程来合理设计自动化器械。组装工艺参数对于确保两个部件的正确组装和最终的药物–器械组合产品（通过FMEA演示或工程研究评估）的组装是必需的，可以被指定为控制范围确定的CPP。此外，在适当的情况下，应加入进程内监控或过程控制措施以降低正确组装的风险。例如，PFS和自动注射器组件的可重复校准是至关重要的；理想情况下，在使用时应当应用某种反馈控制措施（特别是如果需要定向部件），这些校准参数可能是CPP的候选对象。

其他考虑因素包括存储和运输属性。在运送到影响整个组合产品储存期的药物公司之前，预装填器械可以存储在器械公司。器械组件通常也会在与主容器最终组装之前进行运输和操作。当然应该进行风险评估，以确保包装和支架设计、包装材料以及包装/运输方法的可靠性（即，与受控空间相比，设计空间相对较大）。如果环境气压变化较大，柱塞可能会稍微移动，因此如果可行的话，作者不主张将用于自动注射器组件的PFS进行运输。当注射器运输不可避免时，应在注射器设计时就要考虑到塞子的运动、在组装前要检查塞子位置或选择可以避免塞子运动的运输条件。

18.6.5 控制策略、持续改进和知识管理

一旦确定了DS、CPP和CCA，风险评估工具再次与工艺能力研究一起应用以促进控制策略（control strategy，CS）的开发。从历史上看，这是药械组合产品供应链中最薄弱的环节。因失去对一个或多个CPP或CCA的控制而导致的客户投诉、供应短缺甚至召回都曾经发生过；通常直到不良事件被调查时才被发现CPP或CCA的罪魁祸首。2008年的PDA大会报道了硅化工艺已经影响了硅油在PFS上的分布和自动注射器性能。在注射器供应商改善硅化工艺（视为CPP）后，PFS内的硅油分布以及随之而来的自动注射器性能才得到改善（Hwang 2008）。在一份2011 PDA出版物中报道，针内径的变化影响注射力和注射时间（Rathore et al. 2011）。然而，作者的理解是，通常该行业在硅油分布和针头内径方面缺乏通用的CS。组合产品的开发者应当努力确保所有利益相关方和提供关键组件的每个供应商在CS上保持一致（包括处理步骤或组件的变更控制）至关重要。

在产品发布之前，应该建立一个有组织的CI系统（如CS指导），以利用从商业生产中获得的经验和来自上市后的反馈。这种改进可能会去除风险和取消CPP，或者扩大CPP或CCA的设计空间。历史上，工艺分析技术（process analytical technology，PAT）在注射器械组合产品的开发中未被深入研究。然而，PAT的目标应用应该有利于某些CPP或CCA的控制。如前所述，组装器械可以配备反馈控制回路，

以在施加力之前确保组件的校准，而不是在运行之前依靠简单的机械设置。现代高速计量检测传感器可以安装精确的100％检测关键部件，以取代固有的有缺陷的采样设计，这种采样设计几乎不适用于"六西格玛结果"。例如，已经证明可以通过纹影光学系统（Schlieren Optics）实现非破坏性有机硅成像，这使得润滑剂可见（Wen et al. 2009）。在2008年的PDA大会上也讨论过注射器械的性能与硅油成像结果有很好的相关性。回顾性批次处置与30多批次数据的99％置信区间相关。单个注射器性能与预筛选批次的99％置信区间相关（Law 2008）。最近在法兰克福召开的阿赫玛展会（Achema）（2012年6月）上展示了以600支注射器/分钟的速度100％在线检测硅油分布的可行性。

严格且易于访问的知识管理（knowledge management，KM）系统将完成彻底的QbD方法学。根据FDA医疗器械质量体系手册的规定，器械开发过程中的清晰和严格的文件记录实际上是一项法规要求。在QbD模式下，KM系统不仅能够按需访问设计历史记录，而且还能访问可以用于及时决策、CI和未来参考的所有相关信息。

18.7　总结

图18.5中的流程图汇总了本章中综述的主要QbD要素。该图是为了突出通过ICH Q8/Q9/Q10（ICH 2005，2005，2005）阐述的典型器械开发过程与QbD原理之间的互连性而设计的。许多成熟的传统器械开发活动、里程碑和研究都在中间列中描述，并与器械研究的相关阶段以及QbD开发模式中的等同阶段相关联。这种描述突出了传统器械开发过程扎根于QbD模式的相同理念的事实。

传统的QbD流程图已在此处进行了调整（左栏），首先强调了原料药、药品/处方、主容器和器械在各个工作阶段之间相互作用的关键性。从历史上看，可以认为制药/生物制药公司尚未采用这种考虑所有4项开发工作相互作用的整体方法。作者认为，如果不着重考虑这些跨功能的相互作用，就无法实现与QbD原理相一致的适当的给药器械研发。

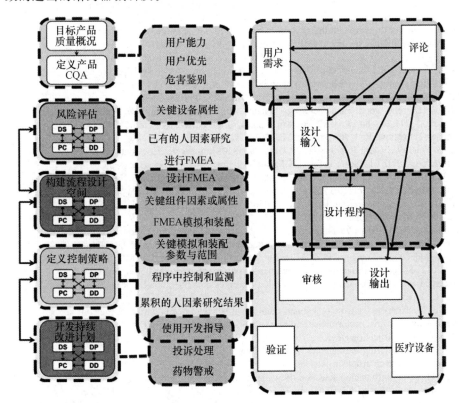

图 18.5　适用于组合产品的QbD工艺流程图。DS，原料药；DP，药品；PC，药物储库；DD，给药器械

　　图 18.5 进一步构建，以突出显示哪些常规器械行为（中间列）与瀑布式器械开发工艺和 QbD 阶段都密切相关。例如，确定目标患者群体的人口统计数据和能力是确定瀑布图中"用户需求"的核心要素之一，并且该工作应完全集成到产品质量 TPP 的开发中。此外，QbD 在组合产品开发方面的充分和全面应用将在常规器械设计-FMEA 与原料药、药品和主容器风险评估活动之间提供反馈。关于主容器组件的物理尺寸的预期偏差、柱塞插入深度的填充工艺公差或者产品在储存期的柱塞运动的初始和持续力变化的信息必须被输入到设计-FMEA 演示中以确定对器械组件进行适当的规定，以确保足够的性能。

　　虽然许多传统的器械开发活动和阶段与 QbD 开发原则高度相关，但作者相信实现整体 QbD 应用于组合产品开发的最佳机会包括 DS、DP、主容器和器械风险评估工作以及这 4 个开发领域的整合设计空间的研发工作。正如本文前面提到的那样，显然有机会更直接地将器械组件规范以及模制和组装工艺变量设计空间与原料药和药品属性的规格和工艺能力连接起来。此外，根据其他要素的控制策略，很可能有机会更好地证明 DS、DP、主容器和基于其他要素控制策略的器械生产工艺的控制策略。因此我们认为 QbD 方法的主要进步或优势在于它将工作重点立足于设计空间和风险评估和管理所采取的步骤。

　　虽然本章阐述的一些原则对于某些应用似乎很费力，但是读者应当受到鼓励并挑战去尽可能地从先验知识中吸取经验，明智地简化这些原则的执行。无论开发商决定采用哪种严格的 QbD 原则，通过应用系统化和完整的 QbD 流程，将能够及时地把生物技术药物-器械或药物-器械组合产品推向市场。当问题出现时，公司将进一步致力于快速和有效地排除故障，并且坚定地确保在整个产品生命周期中持续改进。

参考文献

CFR3 (2005) Definition of primary mode of action of a combination product, Aug 25, 2005, 21 CFR Part 3. http://www.fda.gov/ohrms/dockets/98fr/05-16527.htm. Accessed 05 May 2014

CFR3.2 (2013) Subchapter A, General, 21 CFR Part 3.2. http://www.accessdata.fda.gov/scripts/cdrh/cfdocs/cfcfr/CFRSearch.cfm?fr=3.2. Accessed 05 May 2014

CFR4 (2013) Current good manufacturing practice requirements for combination products, 21 CFR Part 4. http://www.fda.gov/downloads/CombinationProducts/UCM336194.pdf. Accessed 05 May 2014

CFR210 (2013) Current good manufacturing practice in manufacturing, processing, packing, or holding of drugs; General, 21 CFR Part 210. http://www.accessdata.fda.gov/scripts/cdrh/cfdocs/cfcfr/CFRSearch.cfm?CFRPart=210&showFR=1. Accessed 05 May 2014

CFR211 (2013) Current good manufacturing practice for finished pharmaceuticals, 21 CFR Part 211. http://www.accessdata.fda.gov/scripts/cdrh/cfdocs/cfcfr/CFRSearch.cfm?CFRPart=211&showFR=1. Accessed 05 May 2014

CFR820 (2013) Quality System Regulation, 21 CFR Part 820. http://www.accessdata.fda.gov/scripts/cdrh/cfdocs/cfcfr/CFRSearch.cfm?CFRPart=820&showFR=1. Accessed 05 May 2014

CDRH (2011) Draft guidance for industry and food and drug administration staff: applying human factors and usability engineering to optimize medical device design. http://www.fda.gov/downloads/MedicalDevices/DeviceRegulationandGuidance/GuidanceDocuments/UCM259760.pdf. Accessed 05 May 2014

Combination Products Coalition (2007) Guidance for industry and FDA: application of cGMP regulations to combination products: frequently asked questions, proposed guidance. http://combinationproducts.com/images/CPCcGMP%20FAQ1.15.07.pdf. Accessed 05 May 2014

Constable K (2012) State-of-art manufacturing practice of polymer based prefilled syringe systems. Presented at 2012 PDA Universe of Prefilled Syringes and Injection Devices. 15–17 October 2012, Las Vegas

Deacon B (2013) Considering the tribological and rheological behaviour of polymers at the concept stage to deliver optimal performance and reduce risk. Presented at 2013 PDA Universe of Prefilled Syringes and Injection Devices. 5–6 November 2013, Basel

DeGrazio F (2011) Considering extractables and leachables for prefilled syringes. http://www.pharmtech.com/pharmtech/article/articleDetail.jsp?id=705367. Accessed 05 May 2014

Dierick W (2011) Factors influencing selection of a sharps injury protection device. Presented at 2011 PDA Universe of Prefilled Syringes and Injection Devices. 7–11 November 2011, Basel

El-Haik B, Mekki K (2008) Medical device design for six sigma: a road map for safety and effectiveness. Wiley, Hoboken

FDA (2010) Enforcement Report for January 27, 2010. http://www.fda.gov/safety/recalls/enforcementreports/ucm199063.htm. Accessed 05 May 2014

FDA (2011) Enforcement report for March 16, 2011. http://www.fda.gov/Safety/Recalls/EnforcementReports/ucm247463.htm. Accessed 05 May 2014

French D (2007) Market trends in injection devices for pharmaceuticals. Touch Briefings, pp 20–25

French D (2010) SimpleJect lessons learned. Presented at 2010 PDA Universe of Prefilled Syringes and Injection Devices. 18 Oct 2010, Las Vegas

Gratieri T, Alberti I, Lapteva M, Kalia Y (2013) Next generation intra- and transdermal therapeutic systems: using non- and minimally-invasive technologies to increase drug delivery into and across the skin. Eur J Pharm Sci 50:609–622

Hirshfield K (2010) PFA recalls and inspections. Presented at ISPE Tampa Conference, Managing the Risks and Challenges of Syringe Processing session, 22–25 Feb 2010

Hurlstone C (2014) Advanced delivery devices - engineering the perfect click for drug delivery devices. Drug Development & Delivery, Jan/Feb 2014. http://www.drug-dev.com/Main/Back-Issues/ADVANCED-DELIVERY-DEVICES-Engineering-the-Perfect-647.aspx. Accessed 05 May 2014

Hwang R (2008) Ensuring the completion of injection stroke in auto-injector. Presented at 2008 PDA Universe of Prefilled Syringes and Injection Devices. 6–7 October 2008, San Diego

ICH (2005) Quality risk management Q9. http://www.ich.org/fileadmin/Public_Web_Site/ICH_Products/Guidelines/Quality/Q9/Step4/Q9_Guideline.pdf. Accessed 05 May 2014

ICH (2008) Pharmaceutical quality system Q10. http://www.ich.org/fileadmin/Public_Web_Site/ICH_Products/Guidelines/Quality/Q10/Step4/Q10_Guideline.pdf. Accessed 05 May 2014

ICH (2009) Pharmaceutical development Q8(R2). http://www.ich.org/fileadmin/Public_Web_Site/ICH_Products/Guidelines/Quality/Q8_R1/Step4/Q8_R2_Guideline.pdf. Accessed 05 May 2014

IMS Health, MIDAS™ http://www.gphaonline.org/media/cms/GPhA_Generic_Cost_Savings_2014_IMS_presentation.pdf. Acceesed 28 May 2013

Johns Hopkins Medical Institutions (2009) Potentially dangerous needlestick injuries often go unreported. http://www.news-medical.net/news/20091126/Potentially-dangerous-needlestick-injuries-often-go-unreported.aspx. Accessed 05 May 2014

Kline C (2010) Biosimilars—a sophisticated market with attractive growth potential, Biosimilars. Presented at DVFA Life Science Conference, Frankfurt, 08 June 2010. http://www.dvfa.de/fileadmin/downloads/Verband/Kommissionen/Life_Science/2010/4_christopher_klein_sandoz.pdf. Accessed 05 May 2014

Law R (2008) Using novel machine vision technology to determine compatibility of syringes in auto-injectors. Presented at 2008 PDA Universe of Prefilled Syringes and Injection Devices. 6–7 October 2008, San Diego

Luijf Y, DeVries JH (2010) Dosing accuracy of insulin pens versus conventional syringes and vials. Diabetes Technol Ther 12:S73–S77

Markovic I (2011) Considerations for extractables and leachables in single use systems: a risk-based perspective. Presented at the PDA Single Use Systems Workshop. 22–23 June 2011, Bethesda

Needlestick Safety and Prevention Act (2000) Pub L No 106-430, 114 Stat 1901 (Nov 6, 2000). http://history.nih.gov/research/downloads/PL106-430.pdf. Accessed 05 May 2014

Perfetti R (2010) Reusable and disposable insulin pens for the treatment of diabetes: understanding the global differences in user preference and an evaluation of inpatient insulin pen use. Diabetes Technol Ther 12(1):S79–S85

Pfützner A, Bailey T, Campos C, Kahn D, Ambers E, Niemeyer M, Guerrero G, Klonoff D, Nayberg I (2013) Accuracy and preference assessment of prefilled insulin pen versus vial and syringe with diabetes patients, caregivers, and healthcare professionals. Curr Med Res Opin 29(5):475–481

PhRMA (2013) The biopharmaceutical pipeline: evolving science, hope for patients. http://www.phrma.org/sites/default/files/pdf/phrmapipelinereportfinal11713.pdf. Accessed 05 May 2014

Publications PMR (2006) Amgen recalls Neulasta SureClick in Europe, also Poland. http://www.ceepharma.com/news/42319/Amgen-recalls-Neulasta-SureClick-in-Europe-also-Poland.shtml. Accessed 05 May 2014

Rathore N, Pranay P, Eu B, Ji W, Walls E (2011) Variability in syringe components and its impact on functionality of delivery systems. PDA J Pharm Sci Tech 65:468–480

RNCOS (2012) Global protein therapeutics market forecast to 2015. Available via RNCOS. http://www.rncos.com/Report/IM389.htm. Accessed 05 May 2014

Roche (2013) CHMP recommends EU approval of Roche's Subcutaneous Herceptin for HER2 positive breast cancer. Media release on 28 June 2013. http://www.roche.com/media/media_releases/med-cor-2013-06-28.htm. Accessed 05 May 2014

Schaepelynck P, Darmon P, Molines L, Jannot-Lamotte M, Treglia C, Raccah D (2011) Advances in pump technology: insulin patch pumps, combined pumps and glucose sensors, and implanted pumps. Diabetes Metab 37: S85–S93

Shire S (2009) Formulation and manufacturability of biologics. Curr Opin Biotechnol 20(6):708–714

Shpilberg O, Jackisch C (2013) Subcutaneous administration of rituximab (MabThera) and trastuzumab (Herceptin) using hyaluronidase. Br J Cancer 109(6):1556–1561

Thomson RP (2012) Biologic drugs set to top 2012 sales. Nat Med. doi:610.1038/nm0512-1636a. http://www.nature.com/nm/journal/v1018/n1035/pdf/nm0512-1636a.pdf

Wen Z-Q, Vance A, Vega F, Cao X, Eu B, R S (2009) Distribution of silicone oil in prefilled glass syringes probed with optical and spectroscopic methods. PDA J Pharm Sci Tech 63:149–158

第 19 章

QbD 在疫苗开发中的应用

Liuquan（Lucy）Chang，Jeffrey T. Blue，Joseph Schaller，Lakshmi Khandke and Bruce A. Green

王坚成　译，郑爱萍　校

19.1　引言

疫苗是迄今为止生物医学科学中最大的成就，可以预防许多传染病的患病和死亡。历史上，疫苗生产是一种低成本、低技术含量的产业。尽管医药科学取得了重大突破，但疫苗的生产基本没有变化（Streefland et al. 2007）。目前有许多用于预防和治疗用途的含有新型作用机制、佐剂和递送系统的疫苗正在开发中。较新的技术包括采用重组蛋白、病毒载体和 DNA 质粒对人体进行免疫。Sanofi Aventis（巴斯德）、葛兰素史克（GSK）、默克和辉瑞等制药公司对疫苗研发的投入有所增加。从 1995 年到 2008 年，在研疫苗总数从 144 个增加到了 354 个（Davis et al. 1995—2008）。为了确保安全性、生产一致性和符合全球监管要求（Dellepiane et al. 2000），疫苗的处方工艺和制造技术正在变得更加通用、稳定和高效。

由于监管监督更加严格，疫苗处方工艺的发展比治疗性蛋白质或小分子药物的工艺更具挑战性。诸多因素导致疫苗开发需更加慎重。首先，因为大多数疫苗是用于健康的婴儿、儿童和成人预防疾病，而不是用于治疗现有健康问题的典型药物，所以对毒副作用的容忍度非常低。其次，大多数药物（包括蛋白质治疗剂和小分子药物）都可以通过生物标记物来测量其功能活性，而疫苗除了引发免疫反应之外没有任何固有活性。由于缺乏与人类反应相关的体外或体内临床前模型，通常难以区分高效的和低效的疫苗批次（效价）。第三，预防性疫苗的许可需要广泛而昂贵的临床试验来证明疫苗的有效性，部分原因是由于每年感染率的变化。例如，Prevnar® 是一种针对中等感染率的病原体的疫苗，有近 36 000 名婴儿参与了Ⅲ期临床试验。相反，对于那些治疗性药物/疫苗做临床试验的话，可以找到相应疾病的患者并且试验可以小得多。

在全球范围内提供疫苗的需求导致了额外难题，包括最大限度地降低这些重要产品的成本以便进入发展中国家和新兴市场。此外，可能需要在这些市场（例如印度、中国和巴西）内进行生产，这需要成功的技术转让。为确保在这些新市场的成功上市，重要的是要建立一个稳健的生产工艺，并明确和控制关键质量属性（critical quality attribute，CQA）（Kristensenand and Zaffran 2010）。

开发有效的疫苗需要合适的疫苗处方和递送系统，这不仅可确保疫苗的稳定性，也可增加疫苗有效性。随着疫苗市场的不断扩大，疫苗的其他重要属性也需要进行考察。例如，疫苗的热稳定性特性导致（Chenand and Kristensen 2009；Brandau et al. 2003）进入新兴市场和发展中国家时可能需要冷藏，但可能无法获得有效的冷链系统，疫苗可能会在运输、处理和产品配送给患者的过程中温度升高。通过改进处方以提供疫苗药品（drug product，DP）更好的热稳定性，药物在配送期间温度偏移的潜在影响就可以被最小化。除了改善热稳定性外，确定正确的包装对于项目的成功至关重要。这包括一级包装（即单剂量 vs. 多剂量、药瓶 vs. 预充式注射器以及液体 vs. 冻干）、二级包装（即 1× vs. 10×、组合装 vs. 单个药瓶）以及三级包装（凝胶包 vs. 纳米冷却）。在开发早期应当将产品与特定目标产品概况（target product profile，TPP）相匹配，以确保产品适合推广到更多的地区，并确保以客户为中心。

疫苗处方研发分为 3 个阶段实现：①处方前研究、②处方和③工艺开发。在处方前研究过程中，研究包括调研生物物理和生物化学特性，以更好地了解溶液稳定性并确定降解的主要途径。另外，进行临床前动物研究以评估预期抗原的免疫原性。佐剂的需求和选择也基于所需的免疫应答，以及候选疫苗和佐剂的相容性和稳定性及抗原-佐剂相互作用来确定。在处方前研究阶段确定疫苗的前导抗原和佐剂后，项目进入更严格的处方开发阶段。在处方开发中，对关键产品属性进行调研和识别。确定处方变量对这些属性的影响，并将先导处方介入到临床研究中。候选疫苗的处方目标概况以及递送系统是基于预期的抗原剂量水平、疼痛管理和通过与临床医生协商的临床前研究确定的给药途径而研发的。在开发的最后阶段，重点是处方工艺。

与其他药物相比，疫苗可接受的辅料有限。例如，虽然公认安全（generally regarded as safe，GRAS）的辅料用于疫苗、生物制剂和药物，但疫苗的给药途径要求使用可注射辅料，因为大多数疫苗是通过注射给药的。为了推广到世界某些地区，必须去除所有动物衍生的原料和辅料，并且可能会限制替代选择。如果目标是要在全球范围内推广疫苗，传统产品的处方再研究可能会更具挑战性。

疫苗的另一个挑战是活性成分的复杂性。目前，许多疫苗由多种抗原成分组成，其中包括由辉瑞公司授权的 Prevnar®13（其由 13 种与 CRM_{197} 蛋白偶联的不同多糖结合物组成，然后被吸附到磷酸铝上）、由 Merck&Co. Inc. 授权的 Pnuemovax®（一种 23 价多糖疫苗）以及由 Merck&Co. 授权的 ProQuad® [由 4 种不同活病毒（麻疹、腮腺炎、风疹和水痘）组成的活病毒疫苗]。确定一个所有涉及的抗原都有可接受稳定性的处方可能是巨大难题。选定的处方必须与每个组分具有相容性，并且通常是需平衡每个组分优化的条件。

由于大多数疫苗具有多组分性质，分析方法的开发也可能是复杂且具有挑战性的。分析方法必须能够检测每种抗原的差异，以便所有的体内和体外效力测定均符合可接受的稳定性特征，因此总是难以开展且费时费力。除了疫苗的多组分性质之外，抗原的高分子量 [例如应用于人乳头瘤病毒疫苗（比小分子药物大 10 000 倍以上）的病毒样颗粒（virus-like particle，VLP）] 和处方中抗原的低浓度（大多数疫苗药物含有的抗原浓度 ≤1 mg/ml）也可能存在问题。可用于分离高分子量抗原的分析方法是有限的，并且浓度低可能会使最终药物中单个组分的定量变得困难。例如，每 0.5 ml 剂量的 Prevnar®13 含有约 2 μg 用于 1、3、4、5、6A、7F、9V、14、18C、19A、19F 和 23F 血清型的肺炎链球菌荚膜多糖-CRM_{197} 偶联物，以及约含 4 μg 用于血清型 6B（Prevnar）。这些因素也使得疫苗处方和灌装-封装工艺复杂得多，因为考虑到少量抗原吸附到表面（即罐、管道和过滤器外壳）而难以在放大过程中去测定工艺回收率。

由于疫苗的表征比生物制剂更难，因此传统上定期应用体内动物模型以确保工艺或处方的变化不会影响产品。尽管利用了体内测试，但它们在预测人类免疫原性方面的能力有限。与人免疫原性或已知临床保护相关联的明确的体外免疫标记物的缺乏以及由于不同制造和处方条件导致的功效变化可能会威胁疫苗的注册。临床开发过程中改变处方或加工工艺可能需要额外的临床衔接研究来证明相似性，从而增加了研发的复杂性和成本。因此，在早期确定最优处方和工艺是理想的选择。

在质量控制方面，一直以来就很难界定疫苗的 CQA。疫苗质量的确基于加工和工艺控制的整体一致性，而不仅仅依靠逐批发布测定。因此，生产疫苗本身的工艺和处方确定了产品的质量。任何规模或工艺上的变化都需要重新确认产品在有效性和安全性方面保持不变，并且要向主要监管机构提供令人信服的证据。因此，可能需要非常复杂和广泛的分析表征，并可能需要额外的临床试验来证明新疫苗和旧疫苗之间的等效性，以弥合工艺、处方或生产规模的变化。这要求国家（或欧洲区域）管理机构在确保疫苗质量方面发挥关键作用。例如，负责美国疫苗监管的 FDA 生物制品评估与研究中心（center for Biologics Evaluation and Research，CBER）持续发布所有商业批次的疫苗。FDA 还有权自己对制造商的疫苗进行测试。

自从 FDA 于 2005 年推出化学、生产和控制（chemistry manufacturing and control，CMC）试点项目（21 世纪 ICHQ8 and GMPs）以来，QbD 方法在制药行业得到了发展。QbD 要求对产品及其生产工艺有透彻的理解，如原材料的可变性、工艺与产品 CQA 之间的关系以及 CQA 与产品临床性质之间的关系（Rathoreand and Winkle 2009）。与其他生物药相比，生产疫苗的工艺尚未得到很好的掌握，质量属性更难以衡量。最重要的是，因为上述原因使得工艺定义了产品。目前，将 QbD 整体应用于疫苗开发仍然不完全适用，并且在产品开发周期中仅使用 QbD 可能会导致在整个申请注册期间得不到法规监管的豁免。相反，正如最近发表的工作中（A-VAX 2012）所提到的，疫苗申请可能会采用一套"混合"方法。除了与疫苗注册相关的典型研发工作之外，"混合"方法还需要部分 QbD 应用（即应用于冻干等特定单元操作）。QbD 有助于理解疫苗工艺，并可通过使工艺更少依赖经验和更多保持质量一致性来改进疫苗生产。然而，监管机构已经表示，QbD 确保了改进的产品和工艺知识并且是对公司有利的，因为它可以帮助公司更好地理解他们的产品。

19.2 处方前研究

疫苗由各种抗原组成，包括减毒或灭活的病毒和细菌、天然和重组蛋白质以及与蛋白质载体结合的多糖或肽（Shi et al. 2004）。正在研发的每种疫苗都有其自身的复杂性。由于缺乏充分的活病毒疫苗表征方法，真正理解其降解机制的能力有限，与重组蛋白质疫苗相比，这进一步增加了其研发的复杂性（A-VAX 2012）。因此，采取的改善疫苗稳定性、效价和给药的方法取决于正在研发的疫苗的具体类型。

通常在开发的早期阶段，没有可靠的稳定性分析。因此，处方前研究涉及理解抗原和佐剂的物理化学性质，以及通过生物物理表征理解抗原-佐剂相互作用（Hem et al. 2010）。处方前研究应该采用可以使处方研究人员洞察与候选疫苗相关的降解机制的方法。

处方研发早期的主要挑战之一是缺乏用于研究的"代表性"抗原，所以可使用高通量方法和少量抗原来筛选处方条件。通常，通过在加速条件下（例如 25℃、37℃ 和 45℃）对抗原进行强化实验以快速识别优先处方来进行早期处方前实验。

处方前开发研究通过理解潜在的降解途径以及克服任何固有的物理或化学不稳定性，可以更好地进行抗原表征和处方稳定性研究。这些还有助于确定产品的主要佐剂，以及可以推进体内实验的初始处方。早期的处方通常用于评估疫苗的临床前免疫原性和效价，以及用于产生对体外分析研究至关重要的单克隆和多克隆抗体试剂。最终的处方选择应考虑抗原和佐剂的稳定性。利用基于合理设计的方法进行处方前研究在产品整个研发过程中为 QbD 方法提供了基础。

19.2.1 抗原的生物物理表征

生物物理技术提供了处方前数据，以掌握原料药和佐剂的许多性质，包括热稳定性、等电点、活性好的磷酸盐基团、pH 对热稳定性的影响以及抗原-佐剂相互作用机制。这在疫苗前期开发中至关重要（Hem et al. 2010）。这些生物物理表征结果可用于促进处方研究以筛选和鉴定保持抗原结构完整性的稳定剂（Volkin et al. 1997）。生物物理特性对于工艺监测和抗原提纯的故障排除也很有用，例如它可以定量地确定纯化过程中高盐缓冲液中抗原的溶解度极限（Volkin et al. 1997）。

热量计学技术

- 差示扫描量热法（differential scarning calorimetry，DSC）是一种相对简单的技术，可以测量各种处方中疫苗抗原的热稳定性（Le Tallec et al. 2009；Krell et al 2005）。由于大分子实体的高度协同结构在加热时会发生构象或物相的变化，因此可通过 DSC 获得重要信息（Sturtevant 1987）。毛细管 DSC 仪器的出现也使其正在成为高通量技术。当测量的转变是可逆时，可以使用 DSC 进行严密的热力学分析，但是这很少在复杂的多组分颗粒（例如病毒和 VLP）上观察到（Kissmann 2010）。测得的热转变中点（transition midpoint，Tm）已被证明是液体制剂中抗原相对稳定性的非常好的指标（Remmele et al. 2005；Richard and Remmele 2005）。DSC 可以通过剔除可能失败的处方节省时间和资源，并有助于将精力集中在那些对实时和加速稳定性研究更具可行性的处方。虽然 DSC 是确定先导辅料和处方的有力工具，但其确实存在一些缺点，例如对每个样品需要较高的抗原浓度（~1 mg/ml）和较长的运行时间。一个常见的问题是疫苗药物通常处方浓度低于 1 mg/ml，并且在 DSC 中使用的较高浓度下观察到的行为可能并不能代表药物中较低浓度的状态。另外，在项目研发的这个阶段，原料药的量有限，这可能会影响使用 DSC 筛选各种条件的能力。虽然 DSC 可用于高通量方法，但整个运行时间可能需要数天才能完成对多组分处方的全面分析。对于药物而言，光谱技术更适合，因为它需要的浓度低得多，它常用于考察热稳定性和结构变化。

光谱技术　多种光谱技术适用于疫苗材料的物理表征。圆二色谱（circular dichroism，CD）和荧光光谱是最通用和广泛使用的，虽然高分辨率二阶导数紫外（ultraviolet，UV）吸收光谱也被用于疫苗的表征。

- 当入射光是远紫外线区时，通过检测右旋和左旋圆偏振光的样品吸收差异的 CD 是快速评估蛋白质二级结构（α-螺旋、β-折叠、无规则卷曲等）、折叠和键合性质的最好方法。也可以在近紫外区域检测由蛋白质芳香生色团的突变引起的蛋白质三级结构的变化。

- 二级结构也可以通过蛋白质的傅立叶变换红外光谱（Fourier traasform infrared spectroscopy，FT-IR）来评价（Heller et al. 1999；Matheus et al. 2006）。文献报道了使用 FTIR 检测二级结构含量和蛋白质展开的情况，特别是使用 IR 光谱的酰胺 I 吸收区（1600~1700 cm^{-1}）。通常 FTIR 在计算 β-折叠和转角的含量时比远紫外 CD 光谱更准确，而远紫外 CD 光谱具有计算 α-螺旋含量的优势（Hurtado-Gómez et al. 2005）。但是，当 FTIR 光谱学应用于候选疫苗表征时，它受限于对高蛋白质浓度（~10 mg/ml）的要求。最近，Dong 的研究团队（Dong et al. 2006）通过将抗原吸附在 Alhydrogel® 上得到了低浓度（0.5 mg/ml 和 1.0 mg/ml）蛋白质水溶液的 FTIR 光谱，并证实其二级结构没有改变。这些结果表明，在适当条件下，FTIR 可能是一种非常有用的生物物理表征工具，可用于在疫苗处方前研究中考察抗原结构。

- 三级结构通常是使用荧光方法来考察。蛋白质的内荧光主要是色氨酸的芳香族侧链发射的，其明显具有更高的量子产率；而酪氨酸和苯丙氨酸的量子产率较弱，因此未被广泛使用。色氨酸残基的激发态通常位于有序蛋白质的溶剂限制域内，对溶剂极性及其微环境特别敏感。因此，内荧光光谱可用于研究蛋白质折叠和展开以及氨基酸荧光团的溶剂可接触性变化导致的更精微的构象变化。对于没有色氨酸残基或色氨酸埋藏在大分子内部的抗原，可以使用外荧光方法。诸如与蛋白质的疏水区域结合的 bis-ANS 探针或与特定氨基酸残基共价连接的探针可以用于检测大分子系统的物理变化。利用内在和外在荧光方法，可以在处方研究过程中检测到各种抗原的精微构象变化。例如，可检测温度作用下的荧光强度的降低和（或）荧光光谱的最大波长的偏移，以评估不同处方中的抗原热稳定性。热稳定性数据通常与抗原的储存稳定性相关联，并且与 DSC 相比荧光方法需要更少的材料和更短的运行时间。

由于每种生物物理表征工具都有其优点和缺点，并且可以评估分子的不同属性，因此探索候选疫苗处方前研究的多种生物物理表征技术非常重要，以避免对检测结果进行误判。

19.2.2　佐剂评估

"佐剂"一词来自拉丁语"adjuvare"，意思是帮助或援助。佐剂不仅用于增强抗原的免疫原性，而且用于帮助引发最高质量的免疫应答。选择疫苗候选物的特定佐剂由多种因素决定，特别是佐剂增强免疫应答的作用机制，这种机制也会影响佐剂的分析方法。例如，佐剂可能导致免疫应答向 Th_1 倾斜（包括细胞毒性 T 细胞和 IgG 的 Th_1 亚类在内的 T 淋巴细胞反应），或使免疫应答倾向 Th_2 应答（主要是少量细胞毒性 T 细胞应答介导的抗体）。它们还可以帮助驱动平衡的 Th_1/Th_2 反应或促进黏膜表面的抗体反应（Coxand and Coulter 1997；Exley et al. 2010；Hunter 2002）。佐剂也具有经济优势，例如节省抗原剂量和减少免疫频率（CHMP 2005）。

最广泛使用的佐剂是氢氧化铝（明矾）或磷酸铝盐，因为这些是在 2009 年之前被批准在美国使用的唯一佐剂。2009 年，FDA 批准了 GSK 的 Cervarix® 疫苗，它是用 GSK 的新型 AS04 佐剂系统［氢氧化铝与 MPL（单磷酸化脂质 A）］进行处方制备的。其他新型佐剂如 MF59、CpG、ISCOMATRIX®、QS-21、流感病毒体和 AS03（水包油乳剂、MPL 和 α-生育酚），现在已被纳入正在用于临床研究或在欧洲被许可供人使用的疫苗，但它们仍未在美国获得批准（Harandi et al. 2009）。虽然铝佐剂通过引发 Th_2 类免疫反应证明了它们在大量应用中的实用性，但是由于其增强 Th_1 和细胞毒性 T 细胞免疫应答的能力差，它们在某些新一代疫苗中被严格限制（Harandi et al. 2009）。从处方的角度来看，氢氧化铝可能由于其局部高 pH 微环境（Chang et al. 2001）和经常观察到的抗原紧密结合而对其表面吸附的抗原稳定性不利。因此，为了增强免疫原性，通常在临床前体内动物模型和早期稳定性研究中同时检查多种佐剂。最近的新型疫苗佐剂，如 Toll 样受体（Toll-like receptor，TLR）激动剂（即 CpG、MPL），已被批准用于人体试验，并且在质量控制和表征方面提出了新的挑战。最后，选择合适的抗原和佐剂组合可能会受到给药途径和疫苗的预期安全性和功效的影响（Coxand and Coulter 1997）。

除了佐剂选择之外，佐剂/抗原复合物的粒度也是重要的（Oyewumi et al. 2010；Clausi et al. 2009）。如 Morefield 等人所建议的，抗原和佐剂复合物的理想大小应该为 $10\ \mu m$ 或更小以便更好地被树突细胞摄取（Morefield et al. 2005）。因此，抗原/佐剂的粒径通常是疫苗药物的 CQA 之一。

为了检查和测量微米级颗粒（$>1\ \mu m$），主要的分析方法是光透法（HIAC）和显微镜观察的方法。流动成像显微镜，包括 Brightwell Technologies Inc. 公司的微流式显微镜（micro-flow imaging，MFI），将液体样品泵送通过流动池，并且由数码相机对亚可见颗粒（$2\sim70\ \mu m$）成像并计数。根据由溶液中的颗粒产生的透射光强度的变化，对图像进行实时分析。MFI 允许通过捕获的图像对颗粒性质进行定性表征，而且与当前的"黄金"标准 HIAC 相比，MFI 对较小（$1\sim10\ \mu m$）尺寸范围内的颗粒具有更高的灵敏度。尽管 MFI 在较小尺寸范围内有更高的灵敏度，但随着颗粒增加到 $10\ \mu m$ 以上，HIAC 有着更好的重现性，并且它仍然是测量颗粒物的首选仪器。

另一个重要评估参数是佐剂的 zeta 电位（表面电荷的指示），它可以帮助确定疫苗药物中不同抗原的结合能力或亲和力（Clausi et al. 2008；Diminsky et al. 1999）。此外，zeta 电位的表征将确定潜在的特征性零电荷点（PZC，即颗粒表面净电荷为零时的 pH）。关于佐剂表面电荷特征应用的更多细节将在下面的佐剂/抗原相互作用部分中阐述。

目前，许多疫苗制造商生产针对其抗原定制的各种形式的铝佐剂。将这些制造工艺转移到新兴市场和发展中国家可能会遇到挑战。因此，在研发过程中检查 TPP 并探索使用市售佐剂的选择可能是一个可行的选择。利用市售的佐剂（例如 Adjuphos®、Alhydrogel®、ISCOMATRIX® 和 QS-21®）可以有助于产品的成功推广。

19.2.3 抗原/佐剂相互作用评估：铝佐剂

一直以来，含有佐剂的疫苗制剂的开发遵循了一种经验主义方法。针对一种疫苗药物开发的抗原/佐剂处方通常不能外推至另一种候选疫苗。佐剂与疫苗中所有抗原组分的相容性应该在动物研究中和加速稳定性研究中进行评估，考察其对免疫应答的潜在影响。

在文献中有关于抗原与铝佐剂结合的重要性及其对免疫应答影响的不同观点的例子（Chang et al. 2001；Hemand and HogenEsch 2007；Romero Mendez et al. 2007；Clapp et al. 2011）。抗原和铝佐剂之间的吸附是由于它们之间的静电、疏水和配体交换机制引起的（其中配体交换被认为作用最强）（Iyer et al. 2004；Vogeland and Hem 2003；Levesque and Alwis 2005）。尽管佐剂和抗原之间的大多数相互作用在性质上是静电作用，但氢氧化铝佐剂可发生与磷酸二酯的配体交换。这种强烈的相互作用可能会对产品的稳定性产生不利影响，因此必须仔细研究以确保疫苗获得必要的稳定性特征（Wittayanukulluk et al. 2004；Sturgess et al. 1999）。因此，重要的是不仅要确定抗原结合的量，而且还要确定抗原吸附到铝佐剂上的强度，如文献中的例子所示，结合强度可以影响产品的免疫原性（Hansen et al. 2007；Hansen et al. 2009；Levesque et al. 2006；Egan et al. 2009）。尽管如此，从质量控制的角度来看，有必要证明疫苗药物批次内和整个保存期限内的一致结合［WHO 2003；C. f. M. P. f. H. U.（CHMP）2005］。

由于蛋白质与铝佐剂的结合一般是通过静电相互作用（Hemand and HogenEsch 2007），通常选择使佐剂和蛋白质在溶液中带相反电荷的条件。通过增加佐剂的负电荷或（作为另一选择）增加抗原的正电荷，可达到提高抗原与佐剂之间的静电相互作用（Le et al. 2001）。两种市售铝佐剂 Adjuphos® 和 Alhydrogel® 分别具有约 5.0 和 11.0 的 PZC。当在生理条件下配制时，Adjuphos® 会产生与佐剂相关的负电荷，而 Alhydrogel® 会产生正电荷。因此，知道了在生理条件下与抗原相关的电荷将有助于选择适当的佐剂用于吸附（Matheis et al. 2001；Callahan et al. 1991）。

pH 可能是佐剂/抗原相互作用中的关键因素，并且在每种抗原的稳定性和其对佐剂的吸附性之间可能存在微妙的平衡（Chang et al. 2001；Clausi et al. 2009；Jones et al. 2005）。例如，抗原可能在较高的 pH 下稳定而在较低的 pH 下倾向于聚集，同时在较低的 pH 下对 $AlPO_4$ 有更大的吸附。因此，就 pH 选择而言，必须在最大吸附和抗原稳定性之间寻找平衡点。在使用氢氧化铝作为佐剂的情况下，还需要考虑在佐剂表面发生可能导致易感蛋白质脱酰胺的微环境 pH 变化。

如前所述，通过使用 FTIR 可以监测一些吸附在铝盐上的蛋白质抗原的结构完整性（Hem et al. 2010）。虽然蛋白质结构的变化可能不会改变免疫原性，但它可能是理解产品质量的重要特征（Hem et al. 2010）。使用抗原、佐剂和抗原-佐剂混合物进行一系列处方前研究对于优化疫苗处方非常有用，由此可以在临床前和临床研究中使用更稳定的处方（Hem et al. 2010）。

19.2.4 分析控制策略和方法开发

疫苗开发的分析控制策略应涵盖疫苗的所有质量属性，包括成分相互作用。如已经讨论过的，抗原可以与佐剂相互作用，因此需要开发方法来分析佐剂存在下的抗原，这在不影响其整体结构的情况下可能是具有挑战性的。例如，抗原与一些铝佐剂相对紧密的结合可影响充分表征抗原的能力。对不与大多数抗原相互作用的某些佐剂来说，如 ISCOMATRIX™，分析方法应该更直接。

分析控制策略应该能够评估可能影响疫苗安全性、鉴别、强度、纯度和功效的属性。然而，由于 CQA 在开发早期可能并不为人所知，因此，应该在制定控制策略时采取基于风险的方法。制定最终分析控制策略的过程涉及建立一个知识库以确定 CQA、处方和工艺设计空间。实施使用苛刻条件的加速稳定性研究或强降解研究以了解该产品（疫苗）可能的降解途径，如有利于氧化/脱酰胺的极端 pH（5.0 和 8.0）或高温（如 25℃、37℃和 45℃）。这些研究非常有助于确定需要测量的质量属性。在确定质量属性的同时，应该对化验方法和控制策略进行改进。一个单独的进程内分析控制策略应该解决可能影响最终产品质量的工艺参数。随着该项目在研发阶段（第一阶段至第三阶段）的推进，生化特性和生产工艺得到更好的理解，并且分析控制策略可能会进一步完善。

在所有质量属性中，效能被认为是疫苗药品发布和稳定性最重要的因素之一。国际人用药品注册技术协调会（ICH）指南中的 Sect. 6B 指出"基于与相关生物学特性相关联的产物属性，使用适当定量生物学测定法（也称为效价测定法或生物测定法）测量生物活性"和"相关的、经验证的效价测定应该是生物技术或生物原料药和（或）药物规范的一部分。"世界卫生组织（World Health Organization，WHO）已采纳了 ICH 指南（2003），并且还指出"效价试验可以测量疫苗的生物活性，但不一定反映人体保护机制。"效价测定用于证明药物将引起所需的免疫应答，并且也可以用作稳定性测定方法。美国联邦法规（Code of Federal Regulations，CFR）第 21600.3（s）部分规定，效价测试应包括体外或体内方法，或两者兼有。理想的疫苗体外效价测定的结果应与体内测定的结果相关，这可能表明对人类有效。在没有这种相关性的情况下，CBER 预计体内效价测定法可用于药品发布。此外，效价测定可用于证明批次之间的生产一致性和可比性。随着疫苗市场的不断扩大，这可能非常关键，因为同一疫苗在世界各地可能会有多个生产地点。

可以使用各种检测方法，例如物理化学性质、抗原性、免疫原性、感染性和防范感染或疾病的试验，来测定疫苗效价。如上所述，很难确定哪些质量属性会影响疫苗在人体内的免疫原性。因此，使用一种确定的测试方法（即，体内或体外）开发效价测定可能是具有挑战性的，因为任何一种测定都将有其局限性。一系列分析，物理化学和免疫化学检测方法可用于控制生产一致性和疫苗处方，但它们与人类保护效力的相关性往往难以确定。如果特定的免疫反应与临床疗效相关，那么相关性可能是效价测定的基础（Petricciani et al. 2007）。因此，可能需要针对各种已批准疫苗类型（例如，包含类毒素的疫苗、减活病毒疫苗、多糖结合物疫苗）开发测量各种属性和功能性免疫应答的独特效价测定法（Petricciani et al. 2007）。例如，对基于类毒素的疫苗，几十年来毒素中和抗体的测量已经主导了疫苗效价测试（Hendriksen 2009）。测量与每种人乳头瘤病毒（human papillomavirus，HPV）类型的中和表位结合的抗体量的酶联免疫测定法用作 Merck's Gardasil® 疫苗的体外相对效价（invitro relative potency，IVRP）测试。由于临床结果表明 IVRP 可预测人免疫原性，所以 IVRP 测定已被用作发布 Gardasil® 的唯一效价测定（Shank-Retzlaff et al. 2005）。虽然 Prevnar 13® 和流感嗜血杆菌 b 型结合疫苗没有体外或体内效价方法，游离糖类水平被认为是 DP 的 CQA。虽然在疫苗开发期间必须对动物免疫原性进行检测，但 WHO 建议，流感嗜血杆菌 b 型结合疫苗的检测应集中在物理化学试验上，以监测多糖、蛋白质载体和结合原料药生产的一致性（WHO 2000）。

19.2.5　临床前动物研究

疫苗在用于人体之前要在实验室和动物中进行全面测试（临床前动物研究）。目前除 WHO 指导文件以外，对临床前评价项目的指导意见有限，WHO 指导文件仅提供了临床前评价疫苗的一般原则，并特别关注对新疫苗和新型疫苗的监管期望（WHO 2003）。临床前动物研究可以提供阐明引起机能反应、保护机制和安全性的数据（WHO 2003）。同样应该注意的是，动物模型可能无法预测在人体中的免疫原性和功效，并且动物中的保护剂量很少转换为人类剂量。

完成临床前动物试验对确定体外稳定性试验和体内反应之间是否存在相关性至关重要。虽然在动物模型中研究了各种处方，但应该研究的一个主要因素是动物的剂量范围。了解临床前研究中考察的处方

（抗原剂量和一些佐剂剂量）落在量效曲线（最小有效剂量和过量剂量之间）的位置是有用的。因此，在确定用于未来临床前研究的单剂量抗原和佐剂之前，应该在任何动物模型中尽早研究大范围的剂量水平。从生物统计学家那里获得的关于充足的动物研究指导可能是有用的，因为它们能够区分研究中使用的各种剂量水平。然而，在剂量水平之间获得统计学显著差异的动物数量要求甚至会是 3 倍差距，这可能是不切实际的。在这些情况下，动物研究可能会作为某些疫苗缺乏免疫原性的"灾难检查"。由于临床前动物研究在评估新的候选疫苗中的重要性，因此这些研究中使用的处方样品的质量控制至关重要。处方应解决潜在的问题，如疫苗的稳定性以及佐剂和抗原组分的相容性，以便动物研究可以被解释和重复。为了避免所有稳定性问题，可以在样品制备后立即将样品冷冻、冻干或注射到动物体内，以帮助克服这些挑战。由于内毒素是一种强有力的佐剂，可掩盖与免疫原性有关的问题，因此重要的是原料药物和 DP 有较低内的毒素水平，所以佐剂的作用可在临床前动物研究中确定（Britoand and Singh 2011）。

19.3　处方开发和 QbD 方法

19.3.1　定义质量目标产品概况（TPP）

与其他制剂和生物制剂非常相似，有关疫苗处方开发相关的关键因素之一是确保在项目早期建立特定的 TPP。利用 TPP，处方和开发团队理解最终药物产品需要什么条件。代表性的 TPP 应具有特定的剂型、产品浓度、给药途径、预期保质期、市场预期和包装注意事项。在本书的前几章已经对 TPP 规定进行了广泛的讨论。正如 ICH Q8 R2 所述：质量目标产品概况构成了产品开发设计的基础。质量目标产品概况的注意事项包括：

- 临床预期用途、给药途径、剂型、递送系统；
- 剂量强度；
- 容器密封系统；
- 治疗部分释放或递送和影响适用于药品剂型开发的药代动力学特征（例如溶解、空气动力学性能）的属性；
- 适合市场预期的药品质量标准（如无菌度、纯度、稳定性和药物释放）。

表 19.1 是 WHO 肺炎球菌联合疫苗 TPP 的例子。

表 19.1　用于肺炎球菌联合疫苗的 TPP

属性	最低可接受的配置
A. 疫苗血清型	疫苗处方中的血清分型必须覆盖目标区域至少 60% 的侵入性疾病分离株，并且必须包含血清型 1、5 和 14，这些血清型是 GAVI 合格的国家中最常见的分离株
B. 免疫原性	应按照 WHO 标准证明免疫原性，这些标准是根据 WHO 关于生产和控制肺炎球菌结合疫苗的建议中列出的获得许可的肺炎球菌疫苗的非劣性进行的（WHO 技术报告系列，第 927 号，2005 年及随后出版的指导意见）
C. 目标人群/目标年龄组	该疫苗的设计必须能够预防 <5 岁的儿童的疾病，特别是在 <2 岁的儿童中有效
D. 安全性、反应原性、禁忌证	安全性和反应原性概况应该与目前获得许可的肺炎球菌结合疫苗相当或更好。禁忌证应仅限于对任何疫苗成分的已知的过敏反应
E. 用药方案	疫苗用药方案必须与国家婴儿免疫接种项目兼容，并且包括在婴儿出生的第一年不超过 3 剂。第一剂疫苗必须显示在 6 周或更早的时候可以给药
F. 与其他疫苗的干扰和共同服用	对于同时使用的疫苗，安全性和免疫原性应该不存在临床上显著的相互作用或干扰
G. 给药途径	肌内或皮下

续表

属性	最低可接受的配置
A. 疫苗血清型	疫苗制剂中的血清分型必须覆盖目标区域至少 60％的侵入性疾病分离株，并且必须包含血清型 1、5 和 14，这些血清型是 GAVI 合格的国家中最常见的分离株
H. 产品介绍	疫苗必须以单剂量或低得多剂量形式提供。单剂量可以是单剂量药或不可重复使用的压缩型预填充装置。低得多剂量给药的制定应依从多剂量药瓶政策制定（在后续的免疫接种活动中已打开的多剂量疫苗药瓶的使用，WHON&B/00.09）
I. 产品剂型	标准体积为 0.5 ml/剂的液体制剂
J. 存储和冷藏链要求	疫苗必须在 2～8℃下稳定，保质期至少为 24 个月，并按照使用疫苗药瓶监测器中所述安装疫苗药瓶监测器。灵活的脊髓灰质炎疫苗管理（WHO/V. 100.14）
K. 包装和标签	名称和标签必须符合 WHO 关于生产和控制肺炎球菌结合疫苗的建议。（WHO 技术报告系列，927 号，2005 年）。包装必须确保最小的储存空间要求，因为疫苗的国际包装和运输准则中没有规定。（WHO/IVB/05.23）
L. 药品注册和资格预审	原则上，该疫苗必须按照联合国机构购买疫苗的可接受性评估程序进行 WHO 资格预审（WHO/IVB/05.19）
M. 售后监督	售后监督应根据国家疫苗监管机构和关于疫苗资格预审的产品制备概要文件的指南中指出的 WHO 资格预审要求（WHO/IVB/06.16），疫苗临床评价指南：监管预期（WHO Technical Report Series，No 924，2004）和任何出版的相关指南。

一旦 TPP 确认，处方和开发人员必须确定潜在的 CQA。ICH Q8（R2）将 CQA 定义为"应该在适当的限度、范围或分布范围内以确保预期药品质量的物理、化学、生物或微生物特性。"诸如有害的免疫原性和药代动力学等问题不适用于风险评估期间的疫苗。

如上所述，影响疫苗质量的 CQA 通常基于先验知识和处方前研究来定义。在处方开发过程中，评估各种处方变量对质量属性的影响，从而在稳定性和免疫反应方面优化疫苗质量。

19.3.2　液体制剂

由于生产和使用方便，通常首选液体制剂。然而，开发在药物储存期（如 2 年）稳定的液体疫苗制剂可能非常具有挑战性。对活病毒疫苗尤其如此，即使在冷藏条件下，该疫苗在液体中的降解速率也可能产生 10％/h 的活性损失。通过加速和实时液体稳定性研究，可以对疫苗是否能够达到项目开发早期的理想 TPP 特性做出合理的判断。如果液体特性不符合必要的 TPP 特性，可以开发冻干或冷冻产品。在液态进行的处方筛选也将作为冻干制剂开发的良好基础，并且为生产提供可行性信息（即，生产可持续时间）。

19.3.2.1　优化处方变量（pH、辅料、稳定剂和工艺条件）

在疫苗产品的处方研究中，评估各种处方变量（如 pH、缓冲液、辅料和离子强度）对 QA 的影响，以优化疫苗质量和稳定性。在处方筛选过程中，候选疫苗通常会受到各种破坏条件，如高温、搅拌、多次冻/融循环（1×、3×、5×）以及光照，以预测在实时长期储存中可能发生的潜在稳定性问题。

如前所述，疫苗可能含有多种抗原，因此每个变量的处方筛选应该对每种抗原单独进行以及与任何可能的佐剂结合进行。通过研究单价疫苗中的抗原，制剂人员可以更好地表征产品以及与多组分疫苗相关的潜在降解途径。多价疫苗的最终处方条件需要考虑所有抗原的稳定性以及与佐剂相容性/结合的最佳条件。例如，通过控制处方的 pH 可以使抗原与铝佐剂结合最大化（见 19.2.3 部分）。如果最大结合已确定为 CQA，则最终筛选出的处方 pH 将处于较低的 pH 范围内，从而可以实现最大结合。即使与铝佐剂结合的不是 CQA，也必须证明抗原结合在批次间的一致性以及溶解的和结合的抗原在储存时的稳定性。因此，除非有强有力的证据证明抗原和佐剂在实时贮藏期间保持稳定，否则在选择液体制剂用于疫苗产品时应非常小心。对于既含有蛋白质抗原又含有多糖结合物的疫苗，除了优化稳定性之外，最终的药品处方必须适合制造过程中结合物的滤过率。

19.3.2.2　确定处方成分的设计空间

通过利用实验设计（design of experiment，DoE），可以在处方开发过程中更有效地评估显示影响疫苗制剂质量的输入变量（如 pH、辅料和缓冲液）的多维结合和相互作用。除了确定关键处方成分和条件以及参数相互作用之外，DoE 研究还可以提供必须严格控制以保持产品稳定性的处方条件范围。DoE 研究的范围取决于开发阶段。在抗原有限的早期开发中，将使用低分辨率研究设计，并且可以检测每个变量的广泛范围，如表 19.2 所示（如，pH 5.0～8.0）。在后期开发中，可以设计更彻底的 DoE，以便有效定义特定产品和筛选变量的设计空间。

表 19.2　检测疫苗处方开发的 DoE 因素的例子

辅料	研究范围
缓冲液	5～50 mmol/L
盐	0～300 mmol/L
pH	5.0～8.0
糖	1%～10%
表面活性剂	0～0.5%
铝（佐剂）	0.2～0.6 mg/ml
抗原浓度	1～5 μg/ml

19.3.3　冻干制剂

有许多文献描述了生物制品的冻干制剂的发展（Carpenter et al. 1997；Pikal 1990；Schwegman et al. 2005）。用于冻干制剂的稳定剂、填充剂、缓冲剂和辅料的选择需要平衡制剂中所有抗原的稳定性特性，同时保持与冻干法相关的 CQA（滤饼外观、湿度、重构时间等）并且能够实现高效冷冻干燥工艺。

由于铝佐剂混悬剂的冷冻导致佐剂颗粒附聚，冻干时抗原通常不与铝佐剂一起配制，并且含有佐剂的稀释剂用于复溶。佐剂液体制剂的稳定性和 DP 的复溶体积应明确规定。除了冻干制剂常见的质量属性之外，如果使用铝佐剂，重要的是要理解抗原对佐剂的吸附动力学，以便在复溶时抗原能够被快速吸附并且所使用的疫苗批次间一致。必须确定疫苗抗原和佐剂在室温下复溶时的稳定性，并明确规定给药的允许时间以确保疫苗的质量。

19.3.4　多剂量疫苗制剂

疫苗通常制成多剂量产品，以减少在冷链中的成本、包装空间和包装供经销。多剂量给药不同于单次使用制剂，因为它们必须含有抗菌剂（防腐剂）以保护它们免受从单个药瓶中多次取药时可能发生的微生物污染。防腐剂，如 2-苯氧基乙醇（2-PE）、苯酚、间甲酚、对羟基苯甲酸酯，被定义为能杀灭或防止微生物（特别是细菌和真菌）的化合物（Meyer et al. 2007）。尽管硫柳汞作为疫苗制剂的防腐剂已广泛使用 70 多年，但由于担心其安全性，FDA 一直在积极与制造商合作消除儿童疫苗中的硫柳汞（Van't Veen 2001）。该行业一直在与 WHO 努力确定替代防腐剂，其中一个例子是 2-PE 正在用于为发展中国家开发多剂量 Prevenar® 13 制剂（Khandke et al. 2011）。

添加防腐剂会在多剂量制剂开发中带来重大挑战。防腐剂可以与蛋白质相互作用并对疫苗稳定性产生负面影响，防腐剂可能因疫苗制剂中常见表面活性剂的存在而失活（Bontempo 1997），并且也可以吸收在瓶塞上，所有这些都可能危及它们长期抗菌效果 ［Lachman et al. 1962；Akers 1984；European

Pharmacopoeia （Ph. Eur. ） 2009]。因此，确定与防腐剂相容并保持预期的抗菌效果的处方和相关组件（注射器、瓶塞和药瓶）可能并不简单。

法规要求制剂的抗菌效果必须满足目标市场的防腐剂功效测试 （preservative efficacy test，PET）。PET 测试包括在任何可能情况下，在其最终容器中，使用规定的微生物培养液对制剂进行挑战，在规定温度下储存该人工接菌制剂，并且在规定时间间隔通过菌落计数测量微生物生长的减少 ［European Pharmaco-poeia （Ph. Eur. ） 2009]。美国药典 （United States Pharmacopeia，USP） 和欧洲药典 （European Pharmacopoeia，EP） 的 PET 要求差异很大，在开发多剂量制剂方面又增加了一个障碍 ［Streefland et al. 2007；European Pharmacopoeia （Ph. Eur. ） 2009；Akers and Defelippis 2000]。

19.4 工艺开发和 QbD 方法

一旦定义了 TPP 并确定了 CQA，就可以正式设计生产工艺。这包括开展一系列专门设计研究，以便全面认识可能影响 CQA 的关键工艺参数 （CPP）。本节重点介绍疫苗研发中的药品工艺参数。

在最近的注射药物协会/FDA CMC 关于将 QbD 概念应用于疫苗开发的研讨会上，普遍认为，根据监管预测一些熟知的单元操作对 QbD 的修改比其他方法更为可行 （例如冻干）。监管机构鼓励 QbD 要素的一些应用，但由于疫苗质量包括生产工艺的整体一致性，因此制造商不应依赖通过引入一些 QbD 要素就会有重大的监管放松或增加许可的灵活性 （A-VAX 2012）。

目前认为 QbD 的实施代表了前期资源投入的增加，外部价值可能不会以监管灵活性的形式产生。因此，QbD 疫苗的最初应用应集中在 QbD 的"内部"价值上，特别侧重于那些可以涵盖相对于标准方法而言更容易获得特定收益的增强型方法领域。增强型方法包括开发更多以客户为中心的产品、优先开发计划/资源的风险评估、更一致的生产工艺和分析方法以及对工艺和产品更好的理解。额外的工艺理解可能在整个产品生命周期中都将对授权后可能变化 ［例如设备、原材料、工艺 （放大） 和生产场所变化] 有益。

19.4.1 工艺设计

生产设计的目标是开发一种能够以经济高效的方式连续稳定地生产高质量产品的工艺。对于疫苗有 3 个领域需要特别关注：工艺控制、低成本结构以及工艺可移植性 （或可扩展性）。

19.4.1.1 工艺控制

正如以上部分所讨论的，疫苗药品的产品质量属性和临床疗效之间的联系并不总是明确的。在从中试规模放大到商业生产规模的过程中，必须监测工艺变化的影响。分析方法对于复杂分子实体是有限的，尤其是低浓度抗原以及多种抗原/佐剂组合的情况下使得难以理解工艺变化对质量属性的影响。因此，对疫苗而言更强调生产工艺本身作为产品质量衡量 （即"工艺就是产品"） 的一致性。这不符合整体 QbD 方法；然而，随着分析和处理技术的进步，这一理念应该不断受到挑战，特别是对于离散单元操作而言。对这种期望的确保了工艺研究朝着高度可控的方向发展，其发展重点是先进制造技术、反馈控制和工艺分析技术 （process analytical technology，PAT）。

19.4.1.2 低成本结构

尽管在 QbD 背景下没有过多讨论，但制药行业的产品成本越来越重要。在新兴市场和发展中国家，期望在确保疫苗和其他救治高效的同时保持较低的制造成本。由于疫苗的生产工艺构成了整个产品成本结构的重要组成部分，因此在优化工艺设计时成本应该是一个重要的考虑因素。

19.4.1.3 可移植性和可扩展性

除了需要严格的工艺控制之外，"工艺即产品"的理念还要求工艺在整个临床生产和放大过程中具有一致性。为了在这项工作中取得成功，研发人员应该选择高度可扩展且代表商业化生产的生产技术。这种积极的方法可以大幅降低放大过程中的风险，并避免在产品生命周期的关键时刻对生产工艺进行代价高昂的更改。例如，与使用玻璃瓶配制的材料进行研发试验不同，最好在使用便携式不锈钢储罐（用于临床试验）的中试设施中进行放大，并最终在使用一次性袋的设备上开始。在整个生命周期内实施一次性袋技术并在整个生产历史中保持一致的产品接触表面可降低风险。此外，这些策略也可能将商业工艺进行成功的技术转移，在随着全球需求战略的增长而需要到当地进行生产时这种技术转移是很普遍的。

当这 3 个要素与良好质量风险管理原则以及开发早期阶段获得的产品理解相结合时，可以设计出使临床制造、工艺放大、转移和商业上市等各个阶段取得成功进展的生产工艺。

19.4.2 工艺研发

如前所述，当重点评估哪些领域对产品/工艺影响最大时，通过使用风险评估发现疫苗的 QbD 实施将是最有效的。对于工艺研发而言，根据开发阶段的不同，通常使用两种工具来实现这一目的。

19.4.2.1 早期风险评估

在制造设计和开发过程中，规划每个计划的单元操作和工艺参数对产品质量属性/CQA 的影响通常很有价值。在工艺设计过程中，这可以有助于排除无价值步骤、保持工艺简单、稳健以及尽可能降低成本。在早期研究中，这种分析对于推动研究工作的优先顺序和确定可能需要进一步研究的内容是至关重要的。在研究的后期阶段，这些分析可以作为高度详细的工艺风险评估（失败模型-效应分析等）的前导，用于商业工艺设计、资格认证和许可。为了进行说明，这种风险分析的一个简单例子如彩表 19.3 所示。请注意，这可以进一步扩展到每个操作单元的工艺参数（持续时间、温度、速率等）进行每个研究阶段的更严格的分析。

彩表 19.3 影响产品质量属性/CQA 的工艺参数的风险分析示例

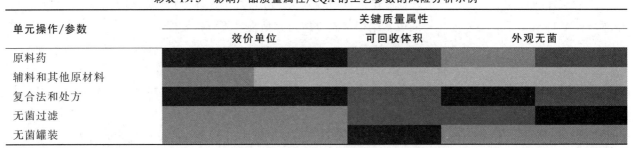

单元操作/参数	关键质量属性		
	效价单位	可回收体积	外观无菌
原料药			
辅料和其他原材料			
复合法和处方			
无菌过滤			
无菌罐装			

红色：对 CQA 有重要影响
黄色：对 CQA 有中等影响
绿色：对 CQA 有很小/无影响
灰色：对 CQA 有未知影响

在这个例子中（彩表 19.3），在通过进一步的研究和控制策略下，可以对工艺的整体风险状况以及处于最高风险的属性或工艺参数进行检查得出一般结论。这些分析对于在有限信息的条件下确定操作单元也很有用，用以建议是否增加研究投入以更好地理解影响，或者接受那些可能基于先验知识的操作的有限开发。诸如此类的风险分析在开发早期特别重要，以根据所研究的工艺操作帮助确定开发工作的优先顺序并确定分析测试的重点范围。

19.4.2.2　后期风险评估——FMEA

由于通过聚焦研究测试、制造经验和临床试验获得了更多的信息，因此可以更新早期风险评估并最终演变为完整的故障模式和效应分析（failure mode and effects analysis，FMEA）。对于包括疫苗在内的所有产品类型，这种风险评估方法在整个行业都很常见。FMEA 不仅考虑影响的可能性（严重性，"S"）还考虑失败发生的可能性（发生率，"O"）和检测失败的能力（检测率，"D"）。可以根据预定义的标准为每个严重性、发生率和检测率打分。然后可以通过将 S、O 和 D 分数相乘来获得整体风险优先值（risk priority number，RPN）。这个 RPN 数值可以作为确定进一步研发工作的优先次序的手段，也可以用来描述代表产品质量最高风险和生产过程中最需要控制的"关键"工艺参数。这种方法符合 FDA 关于 Q8、Q9 和 Q10 问题行业附录的指导意见（2012 年 7 月），其中指出"工艺参数关键性与参数对任何 CQA 的影响有关。它基于发生的可能性和可检测性，因此可能会因风险管理而发生变化。"

表 19.4 给出了一个用于理论混合工艺的超简化 FMEA 示例。在这个示例中，混合过程中的容器温度具有相对较高的 RPN，这表明它对工艺本身具有特别高的风险，是进一步研究和更进一步控制的优先考察因素。

表 19.4　理论混合工艺的 FMEA 简单示例

	工艺	参数	范围	控制	失效模式	CQA	严重性	发生率	可检测性	RPN
分类	混合	混合速度	150~300 RPM	处方 每月校准 批生产记录 操作员培训	错误处方 设备故障 设备校准	浓度 效价 纯度	5	1	7	35
		混合时间	20~40 min	处方 批生产记录 操作员培训	原材料变化 操作员错误	浓度 效价 纯度	5	1	3	15
		罐温度	0~10℃	处方 每月校准 批生产记录 操作员培训 活性液罐冷却	错误处方 设备故障 设备校准	效价 纯度	9	3	5	135

样本评分标准

严重性	1	3	5	7	9
	在 3X NOR 无 CQA 影响		→	在 3X NOR 对 CQA 有显著影响	

发生率	1	3	5	7	9
	低频率（1:1000）		→	高频率（1:1）	

可检测性	1	3	5	7	9
	立刻被检测		→	未被检测	

19.4.3　设计空间

论证疫苗的设计空间与其他产品将采用的方法类似。风险评估的输出用于确定参数优先次序以便进一步评估。使用统计设计实验对这些参数进行一定范围内的测试，以论证可接受生产的相对影响和可能范围。这种方法需要特别注意疫苗的一些考虑因素。

19.4.3.1　分析差异性和统计学作用

一些疫苗的生物分析方法可能比其他制剂具有更高的固有差异性。对于通常与活病毒等复杂分子相关的细胞效价测定尤其如此。在这种情况下，在实验设计中使用适当的统计学方法来确保能够对研究结果做出有意义的结论是非常重要的。这假定对分析差异性有深刻的理解，无论是通过分析的资格审查活动、测定系统分析（MSA；Gage R&R）还是其他有针对性的表征工作。

19.4.3.2　分析参数的范围

随着疫苗生产工艺日益严格的审查，设计空间的使用相对于其他产品类型有可能具有更大的重要性。为确保设计空间具有最大效用，在考虑辅助实验中要探索的参数范围时应特别小心。常见的经验法则是在设计空间实验中考察 3 次正常操作范围（normal operating range，NOR），NOR 等于 2 个标准偏差。对于疫苗，可能还需要在这个范围之外进一步探索，以证实在高度可变的测定中证明测定响应的稳健性。

19.4.3.3　临床或生产 PPQ 参数的选择性挑战

在分析分辨率特别低或与参数/参数组相关的未来生产风险特别高的特定情况下，生产灵活性可能受制于临床生产中和（或）工艺性能鉴定/验证使用的工艺。在这些情况下，可以考虑采用基于风险的方法，使用在临床生产中或不属于工艺设计空间中心的工艺性能鉴定中的工艺，但是这仍能够提供质量和安全可接受的产品。这也有助于实现工艺的灵活性并降低商业工艺的整体风险状况。显然，任何这样的方法都是基于对患者安全和产品质量/功效的最高级别考量。

19.4.4　针对疫苗的单元操作的考虑

疫苗和其他生物制药的工艺开发之间有一些相似之处。例如，在基本处方和灌装/封装操作中使用的工艺［例如纯化蛋白质的冷冻/解冻、配制/混合（辅料添加）、无菌过滤、灌装、冷冻干燥和常用于生物制药领域的检查］也可应用于疫苗生产。但是联合疫苗的处方工艺比生物制药更具挑战性，包括可能添加多于 10 种单独的活性成分。本书的其他章节和相关的参考文献已经说明了如何将 QbD 广泛应用于这些生产步骤（Kantor 2011；Jameeland and Khan 2009；Patro et al. 2002）。本节的重点是讨论疫苗独有的生产工艺流程。

19.4.4.1　处方中添加组分的顺序

在开发一个稳健的生产工艺时，应当优化组分的添加顺序。对于佐剂尤其如此，因为其中一些可能不可过滤并且在工艺中过早添加会导致严重的生产和质量问题（即，过滤器堵塞或过滤期间的损失）。在这种情况下，应在所有其他组分都经过无菌过滤后再添加佐剂。当疫苗与铝盐直接配制时，必须考虑添加抗原的顺序以确保最佳吸附。在工业实践中有多种吸附方法可以探索。3 个实例包括将抗原单价吸附到佐剂（MBAB）上、将结合物/抗原混合物添加到佐剂中，以及最后，将佐剂添加到结合物/抗原混合物中。

在确定添加顺序时，工艺 pH 也是一个重要的考虑因素。除了在添加组分期间保护疫苗抗原免受低/高 pH 的破坏性微环境之外，将抗原吸附到佐剂上也很重要。在混合步骤中改变 pH 的过程中，应特别注意确保疫苗抗原与整个生产工艺中所经历的 pH 范围相容，并且优化组分添加顺序以确保最有效的结合特性。

19.4.4.2　佐剂灭菌

对铝盐进行消毒的标准方法是通过热暴露，通常是高压灭菌。由于铝佐剂通常是大批量灭菌，而且铝盐具有高比热容使得热量难以穿透，因此在灭菌容器中达到适当的温度可能是很有挑战性的。因此，必须确保适当的混合以使热量均匀分布，使得整个物料都达到灭菌温度。对于磷酸铝佐剂和氢氧化铝佐剂而言，过高热量和压力可能引起佐剂发生不可逆转的变化，即脱质子化和脱水（Burrella et al. 1999）。因此，设计灭菌循环时需要小心，确保达到灭菌条件而不损害产品质量。

在处方工艺中，因为铝佐剂颗粒性质会导致不能通过过滤进行灭菌，所以添加铝剂的处方工艺可能需要以无菌方式进行。含有抗原的最终产品也许不能采用终端灭菌。这在设计辅助容器时可能需要特别考虑，以确保能与现代密闭系统无菌工艺兼容。在少数情况下，在无菌过滤佐剂时，佐剂的特性可能会在过滤器的选择和细菌扣留验证方面造成一些挑战（Onraedt et al. 2010）。例如，某些佐剂的颗粒特征会引起过滤膜的过早堵塞，许多佐剂溶液的低表面张力可能会导致细菌保留效率降低和潜在的无菌性破坏（Onraedt et al. 2010）。因此，在工艺早期，即在设计工艺的过滤步骤时，需要考虑降低细菌扣留的风险。

19.4.5 工艺开发案例研究——冷冻干燥

冻干是一种用于延长保质期和提高热稳定性的冷冻干燥工艺。这种技术对于易于退化的复杂分子以及有全球分布/进入冷链能力有限的区域的要求较高程度热稳定性的疫苗特别重要。与其他 DP 单元操作相比，QbD 方法在冻干工艺中的适用性普遍被行业和监管机构广泛接受，因为在这些工艺中具有广泛的行业经验（其中许多广泛的可用文献）以及在小规模上面的成功（Tang and Pikal 2004；Sundaram et al. 2010；Nailand and Searles 2008）。考虑到它对疫苗生产的重要性以及 QbD 方法应用的有利位置，下面将介绍冻干工艺开发有关疫苗的特定考虑的严格处理方法。

19.4.5.1 产品表征

冻干产品的另外两种 CQA 是含水量和产品交付前重构产品所需的时间，两者都必须作为产品测试的一部分进行研究。该产品应具有药学上漂亮的外观，没有冻干饼塌陷或回溶。虽然冻干饼外观不是 CQA，但它是产品被认可的关键属性。产品湿润度的规格通常由所需储存条件/保质期的稳定性来确定。重构时间规格主要由产品声明（"快速溶解"声明要求在<120 s 内复溶）、患者（例如，某些特定产品需要在<10 min 内为药房应用）或市场（例如，优于或等于竞争对手）。

表 19.5 冻干产品和工艺开发所需生物物理表征属性

表征属性	说明
溶液玻璃化转变温度（T_g'）	处方组成的功能，对冷冻和干燥温度/压力、冷冻/退火工艺很重要，对于一级和二级干燥工艺设计很重要
产品塌陷温度（T_c）	T_c 通常比 T_g' 高几度
干燥产品玻璃化转变温度（T_g）	处方和残留水分的函数，对二级干燥升温速率、温度、压力、终点和最终储存温度的确定非常重要
共晶温度（T_{eu}）和熔点（T_m）	处方组成的功能，对冷冻和干燥温度/压力、冷冻/退火工艺的考虑很重要，对于一级和二级干燥工艺设计很重要
产品结晶度/形态	处方组成和冷冻/退火工艺的函数，可以影响冷冻过程中结晶时的塌陷温度、储存期间结晶时的最终产品水分、最终产品水分和重构时间

冻干产品的研发涉及产品广泛的生物物理特性，这有助于确定产品的组成以及冻干工艺的循环时间。表 19.5 列出了可用于冻干处方和工艺研发的产品属性。

19.4.5.2 工艺描述/设计原则

典型的冻干工艺包括表 19.6 中的以下步骤，并在图 19.1 中给出了一个例子：

通常产品应该在干燥之前冷冻到低于其 T_g' 的温度，在初级干燥期间保持低于 T_g' 和（或）T_c，在二级干燥期间保持低于 T_g。应该设计干燥条件（温度、压力和持续时间）以持续地提供具有可接受外观、残余水分水平低于产品稳定性所需的限度。此外，该工艺应设计在实验室、中试和商业规模的设备传热能力、压力控制、蒸汽流量和冷凝能力之内。

表 19.6 冻干工艺的典型步骤

冷冻	在接近大气压下降低产品温度，将结晶水与处方溶质分离，固化剩余的处方溶质基质。典型的搁板温度范围：$-50 \sim -40$℃
退火（可选）	设计用于通过使产品保持在 T_g' 和共晶或冰融化温度之间一段确定的时间来控制溶质结晶（如果适用）或均化/增加冰晶尺寸/孔尺寸。典型温度范围：$-30 \sim -10$℃
初级干燥	在低压下通过升华过程除去产品中结晶冰。通过室内压力和搁板温度将产品温度控制在 T_g' 和（或）T_c 以下。典型的搁板温度条件：$-30 \sim 0$℃、$50 \sim 200$ mTorr、$15 \sim 100$ h 或以上
二级干燥	在低压下通过的扩散/解吸附以及搁板温度的受控增加去除部分干燥的溶质基质中的残余结合水。最终产品湿度通常由产品温度和此步骤持续时间的组合来确定。典型条件：$50 \sim 200$ mTorr，以 $0.1 \sim 0.5$℃/min 将温度升高至 $20 \sim 40$℃，保持 $5 \sim 10$ h
回填/封盖	使用无菌的，通常是惰性气体（氮气、氩气等）将干燥室返回到接近大气压。通常使用低于大气（例如 $\sim 10 \sim 12$ psi）的回填压力来防止在卸载期间塞子的移位并且有助于重构

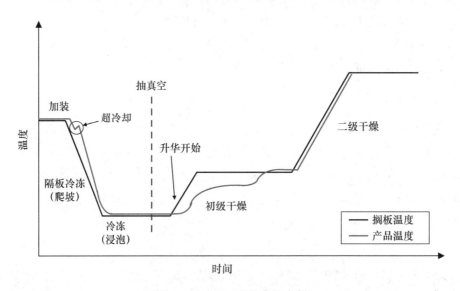

图 19.1 冻干工艺的典型实例

19.4.5.3 工艺敏感性筛选

在初步的风险评估中，应该研究产品对每一步骤的敏感性。这些研究的考虑因素包括：

冷冻敏感性 在冻结步骤中，活性产品将暴露于冰/溶质界面，这可能导致大分子结构变化和可能影响稳定性的高度浓缩的溶质环境。在某些情况下，浓缩的溶质环境也可能与结晶的缓冲液物质的 pH 变化有关，这也可能影响产品稳定性。出于这个原因，结晶性缓冲液（例如高浓度的磷酸盐）可能不是 pH 敏感产品的最佳选择。产品暴露于这些不稳定条件（冰点和 T_g' 之间）的时间长短取决于冷冻方法/速率。探索冻/融敏感性的研究应包括多种温度和冷冻速率（鼓风冻结与搁板冻结）。

水分等温线 如前所述，最终产品水分往往是二级干燥中产品温度和保存时间以及冷冻和初级干燥的函数。应设计确定这种相关性的研究（例如，在各种第二次干燥温度下的冻干产品与随着时间的推移取样）。

筛选冻干工艺参数的实验设计 尽管一些工艺相互作用在文献中有详细记载，但冻干过程中的产品行为并不总是直观的，因此对产品敏感性的提前预测非常困难。除了上述研究之外，部分因素 DoE 设计能够检测至少主要影响和次级影响相互作用，建议用它来评估对产品 CQA 的潜在影响。这些研究中需要探索的参数应该以风险评估为指导。这些参数可包括：处方组成/关键辅料的浓度、产品灌装体积、冷冻方法/速率/温度、退火温度/时间、初次干燥温度/变温速率/压力/持续时间和二级干燥温度、变温速率和压力/持续时间。根据研究规模和从所用分析方法中读出的数据，这些研究量可能相当大（30~40 次或更多）。结果，这样的研究通常只在实验室规模上进行。这些研究的结果有助于创建初步设计空间和（或）识别关注关键冻干参数的更高分辨率的 DoE 的进一步开发的区域。

19.4.5.4　设备表征

冻干工艺的性能高度依赖于设备设计和规模。设备设计决定了设备控制温度/压力的能力、对产品的传热速率以及产品中水蒸气的传质速率。由于大多数工艺开发都是在实验室规模设备中进行的，因此理解和解释工艺开发和放大过程中的每一个差异都很重要。通常，冻干设备的温度和压力控制能力通过标准设备认证活动可以得到充分的认知和表征。将中试和商业生产规模设备中的温度/压力控制限制纳入工艺设计，并考虑在实验室规模实验中就使用中试/商业设备考察其典型变异性是非常重要的。

主要的设备效应是将热量传递给产品。在冻干过程中，传热给产品以及产品传出热量的主要方式是通过冻干架。传统的冻干架是中空的，有蛇形排列的通道，导热流体（通常是硅油）从中流过。通过搁板的热交换由通过搁板系统的导热流体的温度和流量控制。在这个系统中影响从流体到产品的热传递的因素包括搁板设计（厚度和传导性）、用于装载产品的托盘类型（标准、穿孔或无底）。热传导也可能受到产品容器类型（药瓶与注射器）和产品容器设计（例如，容器材料的热性能、壁厚和药瓶凹度）的影响。另外，可用的搁板空间也可以影响热传递，即外围与中心位置、容器与搁板的接触。向产品导热的第二种机制来自其他冷冻干燥器表面（主要是辐射），特别是来自室壁、相邻搁板和垂直托盘表面。这些组合导热源的相对贡献可因在单一冻干机中的不同位置（搁板的中心与边缘位置、顶层搁板与底层搁板等）以及设备的不同部位而有很大的不同。例如，如彩图 19.2 所示，在小型实验室规模的冻干机中热传导可能不均匀，在中心和边缘之间的热传导可能达到相差 3 倍。有多种方法来对此进行表征，其中包括在整个周期的不同位置和时间点的升华进行重量评估。在具有相似工艺的商业化干燥室中，这种均匀性的不足可能热传导效率之差增加到 5 倍或更多。因此，导热特性及其变化性是开发成功的冻干工艺设计、放大和转移的关键部分。

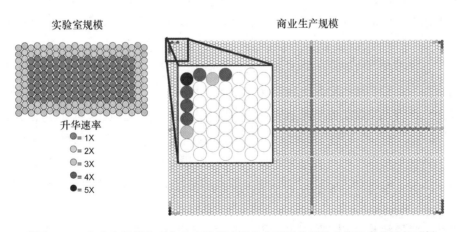

彩图 19.2　实验室规模和商业生产规模冻干机中不同位置的升华速率差异的示例

除了冻干设备内部/之间的导热变化之外，产品中水蒸气的传质差异也非常重要。传统冻干系统中传质阻力的来源是干燥产品冻干饼的孔结构/尺寸、干燥层厚度/填充体积，其在整个周期内是动态的。传质阻力也受产品容器颈部设计、容器密闭/塞子设计/布局的影响。此外，冻干架之间的间距、搁板与冷凝器之间的流路几何形状（搁板间距、管段直径/长度）、冷凝器设计（内部与外部，线圈与位置）以及冷凝器温度/效率也影响传质阻力。与热传导均匀性相似，这些传质阻力的表征对于成功的冻干工艺设计、放大和转移是至关重要的。具体的研究可能包括评估不同冷冻条件下产品的传质阻力，在一个代表性周期内室内不同位置的压力梯度。此外，在最大升华速率下确定扼流器流量条件也是有用的，这是干燥室和冷凝器之间流量限制的结果，相关文献中有详细记载。此外，具体的研究可能包括动态冷凝器容量的评估，考察在限定的时间段内冷凝器单位表面积上可以从干燥室中移除水的最大量值（Tang and Pikal 2004；Sundaram et al. 2010；Nailand and Searles 2008；Schneid and Gieseler 2011）。

19.4.5.5 建模、放大、技术转移以及验证

在掌握了产品的敏感性和设备各个规模的广泛特性后，可以制定目标生产工艺和设计空间。设计空间是基于实验室规模积累的大量工艺知识、商业生产规模的预测性能以及可通过设备更改影响的各种工艺性能方面。这可以通过应用 QbD 方法所倡导的另外一种工具来最有效地完成：使用等比例缩小的模型。在 ICH Q8 中描述了应用等比例缩小模型的预期，随后发布了关于 QbD 实施的常见问题的附录（Sundaram et al. 2010；Pikal 1985；Koganti et al. 2011；Fissore et al. 2011；Giordano et al. 2010；Kramer et al. 2009）。在大多数情况下，这些模型是基于一级干燥期间的稳态质量和传热平衡的对数方程，其中主要产物是随着时间的推移，产物温度和升华速率随着搁板温度、干燥室压力、容器导热系数和物料传质阻力/滤饼孔径估算。

设备之间和不同规模之间的热传导差异可以用数学方法来推导，并且可以使用输入可用的产品和设备特性参数将在实验室生产规模上论证的设计空间"翻译"到相应的商业生产规模设计空间。理想情况下，可以通过将目标工艺定位在翻译设计空间的中心来确定最佳工艺条件，为初步放大/工程批次提供基础。在某些情况下，商业生产规模的批次可能需要收集建模输入参数（例如，干饼的阻力、Kv 等）。通过在各种设备上保持一致的产品质量，放大的成功率大大提高。

19.4.5.6 控制策略和工艺分析技术（process analytical technology，PAT）

随着冻干工艺的设计和放大，应该采用风险评估的连续迭代法来确定工艺的控制策略。这种控制策略可能包括原材料控制和筛选、设备的预防性维护、性能的常规评估（泄漏率、温度/压力控制等）、操作员培训以及其他许多因素。在某些情况下，考虑使用 PAT 也是对更传统的控制策略的一种补充。QbD 应用程序将在研发或工艺验证期间在设计空间的边缘运行"质询周期"，以确认工艺的稳健性，或评估工艺变异对支持工艺偏差的潜在影响。PAT/工艺监测的许多应用可用于冻干工艺（图 19.3），包括：

产品热电偶 过去通常将放置在产品容器中的热电偶用于确认整个生产过程中的产品温度，并检测某个冻干阶段的终点。虽然它仍然是研发和扩大规模的重要工具，但由于通常认为其数据准确性具有一定局限性（对高变异性的人为放置的热电偶在产品中的位置的敏感性、热电偶对冷冻行为可能造成的影响）、对无菌性的潜在影响（难以使用无菌操作在"没有破坏第一次空气"的情况下放置产品容器中的热电偶；只能将热电偶放置在靠近搁板/托盘边缘的位置，这限制了整个批次/中心位置的完整代表性）并且现代设施中由于增加了使用自动加载技术而减少了产品热电偶的手动放置，因此日常生产中对其应用并不多。

顶空浓度监测 为了补充/替代热电偶的使用，已经开发了许多方法来检测冷冻干燥器顶部空间中水蒸气的存在/浓度。这些工具对于检测整个干燥工艺的终点（当完成升华导致腔室顶部空间中水蒸气浓度降低时）是有价值的，但是局限是只代表了干燥室内的局部效应或只能检测工艺终点之前的干燥行为。可供选择的应用方法既可以是非常简单也可以是相对复杂的，包括相对湿度探头、Pirani 测量仪（针对特定气体的压力测量，通常为氮气）和质谱分析（监测 H_2O 和 N_2 或 Ar 的相对水平）。

升华监控 越来越受欢迎的 PAT 工具能够监控整个干燥工艺中系统的整体升华速度。除了简单监测

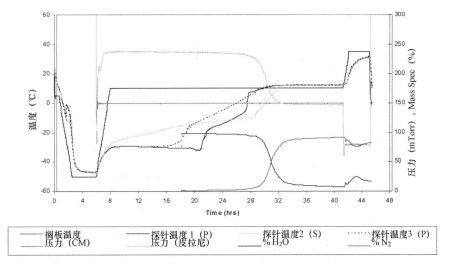

图 19.3　通过各种方法检测干燥终点的例子。图通过多种检测方法证明了初始干燥终点。这些方法包括热电偶（产品温度、保存温度）、压力（CM、Pirani）和顶空成分（$\%H_2O$、$\%N_2$）

端点之外，这些工具还可以表现制造过程中的工艺行为。这在研发、设备表征和工艺放大以及技术转让中体现了巨大的价值。可用的选项同样包括从技术含量较低的压力升高测试、压力温度监控系统（压力温度测量法）（需要快速从冷凝器中分离冷冻干燥室和快速获取室内压力增加的能力）到安装在干燥室和冷凝器之间复杂的近红外监测系统（例如调谐激光二极管吸收光谱）（Brulls et al. 2003）。

单一容器监测　还有一些不常用的监测单个产品容器的方法被开发用于冻干工艺表征，例如微量天平重量测定法（升华监测）和在线近红外/傅立叶变换红外监测（产品水分、构象测试）等。虽然这些在实验室中可能是非常有价值的分析测试工具，但是很多局限性使其没有在商业生产规模上得到广泛使用。

19.5　总结

疫苗的研发是昂贵和复杂的，因为它要求产品安全、稳健有效并且基于生物学和疫苗类型（如活病毒、包括微生物表达的 VLP 重组表达的蛋白质、多糖、与载体蛋白缀合的多糖、灭活的病毒或 DNA）利用不同技术实现可扩展工艺。除了技术挑战之外，还有很多分析方面的挑战需要对药品进行很好的表征并监测稳定性［即多组分、缺乏明确定义的临床前模型（这些模型可能并不总是与人类免疫原性相关），在动物体外/体内效力相关性的高度变异性］。

从历史上看，生产疫苗的工艺本身就决定了产品，或者说"工艺即产品"。在实施工艺放大的技术开发过程时必须同时考虑监管环境和监督。尽管目前全程应用 QbD 并不可行，但在适当的情况下，可用其开发一个稳健的最终产品。QbD 可以帮助提高工艺效率，从而降低成本、缩短上市时间、提高质量和一致性、提高灵活性并降低全球推广所需的运营成本结构。在这个阶段，近期内都不太可能实施完整的 QbD 方法进行申报资料整理，但是将来可能会出现特定的 QbD 方法应用和"混合"资料。

参考文献

A-VAX (2012) Applying quality by design to vaccines. CMC-vaccines working groupcmc-vaccines working group

Akers M (1984) Considerations in selecting antimicrobial preservatives for parenteral product development. Pharm Technol 8:36–44

Akers M, Defelippis M (2000) Peptides and proteins as parenteral solutions. In: Frokjaer S, Hovgarrd L (eds) Pharmaeutical formulation development of peptides and proteins. Taylor and Francis, Philadelphia, pp 145–177

Bontempo J (1997) Formulation development. In Bontempo JA (ed) Development of biopharma-ceutical parental dosage forms. Marcel Dekker, New York, pp 109–142

Brandau DT, Jones LS, Wiethoff CM, Rexroad J, Middaugh CR (2003) Thermal stability of vac-cines. J Pharm Sci 92:218–231

Britoand LA, Singh M (2011) Acceptable levels of endotoxin in vaccine formulations during pre-clinical research. J Pharm Sci 100:34–37

Brulls M, Folestad S, Sparen A, Rasmuson A (2003) In-situ near-infrared spectroscopy monitoring of the lyophilization process. Pharm Res 20:494–499

Burrella LS, Lindbladb EB, Whitec JL, Hem SL (1999) Stability of aluminium-containing adju-vants to autoclaving. Vaccine 17:2599–2603

Callahan PM, Shorter AL, Hem SL (1991) The importance of surface charge in the optimization of antigen-adjuvant interactions. Pharm Res 8:851–858

Carpenter J, Pikal M, Chang B, Randolph T (1997) Rational design of stable lyophilized protein formulations: some practical advice. Pharm Res 14:969–975

C.f.M.P.f.H.U. (CHMP) (2005) Guideline for adjuvants in vaccines for human use. the European medicine agency, evaluation of medicines for human use

Chang M-F, Shi Y, Nail SL, HogenEsch H, Adams SB, White JL, Hem SL (2001) Degree of an-tigen adsorption in the vaccine or interstitial fluid and its effect on the antibody response in rabbits. Vaccine 19:2884–2889

Chenand D, Kristensen D (2009) Opportunities and challenges of developing thermostable vac-cines. Expert Rev Vaccines 8:547–557

CHMP (2005) Guideline for adjuvants in vaccines for human use. Committee for medicinal prod-ucts for human use (CHMP) The European medicine agency, evaluation of medicines for hu-man use

Clapp T, Siebert P, Chen D, Barun LJ (2011) Vaccines with aluminum-containing adjuvants: opti-mizing vaccine efficacy and thermal stability. J Pharm Sci 100:388–401

Clausi A, Cummiskey J, Merkley S, Carpenter JF, Braun LJ, Randolph TW (2008) Influence of particle size and antigen binding on effectiveness of aluminum salt adjuvants in a model lyso-zyme vaccine. J Pharm Sci 97:5252–5262

Clausi AL, Morin A, Carpenter JF, Randolph TW (2009) Influence of protein conformation and adjuvant aggregation on the effectiveness of aluminum hydroxide adjuvant in a model alkaline phosphatase vaccine. J Pharm Sci 98:114–121

Coxand JC, Coulter AR (1997) Adjuvants–a classification and review of their modes of action. Vaccine 15:248–256

Davis MM, Butchart AT, Coleman MS, Singer DC, Wheeler JRC, Pok A, Freed GL (1995–2008) The expanding vaccine development pipeline. Vaccine 28:1353–1356

Dellepiane N, Griffiths E, Milstien JB (2000) New challenges in assuring vaccine quality. Bull World Health Organ 78:155–162

Diminsky D, Moav N, Gorecki M, Barenholz Y (1999) Physical, chemical and immunological stability of CHO-derived hepatitis B surface antigen (HBsAg) particles. Vaccine 18:3–17

Dong A, Jones LS, Kerwin BA, Krishnan S, Carpenter JF (2006) Secondary structures of proteins adsorbed onto aluminum hydroxide: infrared spectroscopic analysis of proteins from low solu-tion concentrations. Anal Biochem 351:282–289

Egan PM, Belfast MT, Giménez JA, Sitrin RD, Mancinelli RJ (2009) Relationship between tight-ness of binding and immunogenicity in an aluminum-containing adjuvant-adsorbed hepatitis B vaccine. Vaccine 27:3175–3180

European Pharmacopoeia (Ph. Eur.) (2009)

Exley C, Siesjö P, Eriksson H (2010) The immunobiology of aluminium adjuvants: how do they really work? Trends Immunol 31 (3):103–109

Fissore D, Pisano R, Barresi AA (2011) Advanced approach to build the design space for the pri-mary drying of a pharmaceutical freeze-drying process. J Pharm Sci 100:4922–4933

Giordano A, Barresi AA, Fissore D (2010) On the use of mathematical models to build the design space for the primary drying phase of a pharmaceutical lyophilization process. J Pharm Sci 100:311–324

Hansen B, Sokolovska A, HogenEsch H, Hem SL (2007) Relationship between the strength of antigen adsorption to an aluminum-containing adjuvant and the immune response. Vaccine 25:6618–6624

Hansen B, Belfast M, Soung G, Song L, Egan PM, Capen R, HogenEsch H, Mancinelli R, Hem SL (2009) Effect of the strength of adsorption of hepatitis B surface antigen to aluminum hy-droxide adjuvant on the immune response. Vaccine 27:888–892

Harandi AM, Davies G, Olesen OF (2009) Vaccine adjuvants: scientific challenges and strategic initiatives. Expert Rev Vaccines 8:293–298

Heller MC, Carpenter JF, Randolph TW (1999) Protein formulation and lyophilization cycle de-sign: prevention of damage due to freeze-concentration induced phase separation. Biotechnol Bioeng 63:166–174

Hem SL, HogenEsch H, Middaugh CR, Volkin DB (2010) Preformulation studies–the next ad-vance in aluminum adjuvant-containing vaccines. Vaccine 28:4868–4870

Hemand SL, HogenEsch H (2007) Relationship between physical and chemical properties of alu-minum-containing adjuvants and immunopotentiation. Expert Rev Vaccines 6:685–698

Hendriksen CFM (2009) Replacement, reduction and refinement alternatives to animal use in vaccine potency measurement. Expert Rev Vaccines 8:313–322

Hunter RL (2002) Overview of vaccine adjuvants: present and future. Vaccine 20(Suppl 3):S7–S12

Hurtado-Gómez EA, Barrera FN, Neira JL (2005) Structure and conformational stability of the enzyme I of Streptomyces coelicolor explored by FTIR and circular dichroism. Biophys Chem 115:229–233

Iyer S, Robinett RSR, HogenEsch H, Hem SL (2004) Mechanism of adsorption of hepatitis B surface antigen by aluminum hydroxide adjuvant. Vaccine 22:1475–1479

Jameeland F, Khan M (2009) Quality-by-design as applied to the development and manufacturing of a lyophilized protein product. Am Pharm Rev

Jones L, Peek LJ, Power J, Markham A, Yazzie B, Middaugh R (2005) Effects of adsorption to aluminum salt adjuvants on the structure and stability of model protein antigens. J Biol Chem 280:13406–13414

Kantor A (2011) Quality-by-design for freeze-thaw of biologics: concepts and application to bottles of drug substance. Am Pharm Rev

Khandke L, Yang C, Krylova K, Jansen KU, Rashidbaigi A (2011) Preservative of choice for Prev(e)nar 13™ in a multi-dose formulation. Vaccine 29:7144–7153

Kissmann J. (2010) The application of empirical phase diagrams to the biophysical characterization and stabilization of viral vaccine candidates. Univ of Kansas, Lawrence, KS, USA Diss Abstr Int,. 71:3071

Koganti V, Shalaev E, Berry M, Osterberg T, Youssef M, Hiebert D, Kanka F, Nolan M, Barrett R, Scalzo G, Fitzpatrick G, Fitzgibbon N, Luthra S, Zhang L (2011) Investigation of design space for freeze-drying: use of modeling for primary drying segment of a freeze-drying cycle. AAPS PharmSciTech 12:854–861

Kramer T, Kremer DM, Pikal MJ, Petre WJ, Shalaev EY, Gatlin LA (2009) A procedure to optimize scale-up for the primary drying phase of lyophilization. J Pharm Sci 98:307–318

Krell T, Manin C, Nicolaï M-C, Pierre-Justin C, Bérard Y, Brass O, Gérentes L, Leung-Tack P, Chevalier M (2005) Characterization of different strains of poliovirus and influenza virus by differential scanning calorimetry. Biotechnol Appl Biochem 41:241–246

Kristensenand D, Zaffran M (2010) Designing vaccines for developing-country populations: ideal attributes, delivery devices, and presentation formats. Procedia in Vaccinol 2:119–123.

Lachman L, Weinstein S, Hopkins G, Slack S, Eisman P, Cooper J (1962) Stability of antibacterial preservatives in parental soluitons, I. Factors influencing the loss of antimicrobial agents from solutions in rubber-stoppered containers. J Pharm Sci 51:224–232

Le TTT, Drane D, Malliaros J, Cox JC, Rothel L, Pearse M, Woodberry T, Gardner J, Suhrbier A (2001) Cytotoxic T cell polyepitope vaccines delivered by ISCOMs. Vaccine 19:4669–4675

Le Tallec D, Doucet D, Elouahabi A, Harvengt P, Deschuyteneer M, Deschamps M (2009) Cervarix, the GSK HPV-16/HPV-18 AS04-adjuvanted cervical cancer vaccine, demonstrates stability upon long-term storage and under simulated cold chain break conditions. Hum Vaccin 5:467–474

Levesque PM, Alwis U.d (2005) Mechanism of adsorption of three recombinant streptococcus pneumoniae (sp) vaccine antigens by an aluminum adjuvant. Hum Vaccin 1:70–73

Levesque PM, Foster K, Alwis U (2006) Association between immunogenicity and adsorption of a recombinant Streptococcus pneumoniae vaccine antigen by an aluminum adjuvant. Hum Vaccin 2:74–77

Matheis W, Zott A, Schwanig M (2001) The role of the adsorption process for production and control combined adsorbed vaccines. Vaccine 20:67–73

Matheus S, Friess W, Mahler H-C (2006) FTIR and nDSC as analytical tools for high-concentration protein formulations. Pharm Res 23:1350–1363

Meyer BK, Ni A, Hu B, Shi L (2007) Antimicrobial preservative use in parenteral products: past and present. J Pharm Sci 96:3155–3167

Morefield GL, Sokolovska A, Jiang D, HogenEsch H, Robinson JP, Hem SL (2005) Role of aluminum-containing adjuvants in antigen internalization by dendritic cells in vitro. Vaccine 23:1588–1595

Nailand SL, Searles JA (2008) Elements of quality by design in development and scale-up of freeze-dried parenterals. Biopharm Int 21(1):44–52

Onraedt A, Folmsbee M, Kunar A, Martin J (2010) Sterilizing filtration of adjuvanted vaccines: ensuring successful filter qualification. Biopharm Int

Oyewumi MO, Kumar A, Cui Z (2010) Nano-microparticles as immune adjuvants: correlating particle sizes and the resultant immune responses. Expert Rev Vaccines 9:1095–1107

Patro SY, Freund E, Chang BS (2002) Protein formulation and fill-finish operations. Biotechnol Ann Rev 8:55–84

Petricciani J, Egan W, Vicari G, Furesz J, Schild G (2007) Potency assays for therapeutic live whole cell cancer vaccines. Biologicals 35:107–113

Pikal M (1990) Freeze-drying of proteins, part ii formulation selection. Biopharm 3:26–30

Pikal MJ (1985) Use of laboratory data in freeze drying process design: heat and mass transfer coefficients and the computer simulation of freeze drying

Prevnar DD. http://www.rxlistcom/prevnar-drughtm.

Rathoreand AS, Winkle H (2009) Quality by design for biopharmaceuticals. Nat Biotech 27:26–34

Remmele RL, Zhang-van Enk J, Dharmavaram V, Balaban D, Durst M, Shoshitaishvili A, Rand H (2005) Scan-rate-dependent melting transitions of interleukin-1 receptor (type ii): elucidation of meaningful thermodynamic and kinetic parameters of aggregation acquired from DSC simulations. J Am Chem Soc 127:8328–8339

Richard J, Remmele L (2005) Microcalorimetric approaches to biopharmaceutical development (chap. 13). In: Rodriguez-Diaz R, Wehr T, Tuck S (eds) Analytical techniques for biopharmaceutical development. Informa Healthcare, Boca Raton

Romero Mendez IZ, Shi Y, HogenEsch H, Hem SL (2007) Potentiation of the immune response to non-adsorbed antigens by aluminum-containing adjuvants. Vaccine 25:825–833

Schneid SC, Gieseler H (2011) Rational approaches and transfer strategies for the scale-up of freeze-drying cycles. Chemistry Today 29:43–46

Schwegman JJ, Hardwick LM, Akers MJ (2005) Practical formulation and process development of freeze-dried products. Pharm Dev Technol 10:151–173

Shank-Retzlaff M, Wang F, Morley T, Anderson C, Hamm M, Brown M, Rowland K, Pancari G, Zorman J, Lowe R, Schultz L, Teyral J, Capen R, Oswald CB, Wang Y, Washabaugh M, Jansen K, Sitrin R (2005) Correlation between mouse potency and in vitro relative potency for human papillomavirus type 16 virus-like particles and Gardasil® vaccine samples. Hum Vaccin 1:191–197

Shi L, Evans RK, Burke CJ (2004) Improving vaccine stabiltiy, potency, and delivery. Am Pharm Rev 7(5):100, 102, 104–107

Streefland M, Waterbeemd B van de, Happé H, Pol LA van der, Beuvery EC, Tramper J, Martens DE (2007) PAT for vaccines: the first stage of PAT implementation for development of a well-defined whole-cell vaccine against whooping cough disease. Vaccine 25:2994–3000

Sturgess A, Rush K, Charbonneau R, Lee L, West D, Sitrin R, Hennessy JJ (1999) Haemophilus influenzae type b conjugate vaccine stability: catalytic depolymerization of PRP in the presence of aluminum hydroxide. Vaccine 17:1169–1178

Sturtevant JM (1987) Biochemical applications of differential scanning calorimetry. Ann Rev Phys Chem 38:463–488

Sundaram J, Hsu CC, Shay Y-HM, Sane SU (2010) Design space development for lyophilization using DoE and process modeling, develop a relevant design space without full factorial DoE. Biopharm Int 23

Tang XC, Pikal MJ (2004) Design of freeze-drying processes for pharmaceuticals: practical advice. Pharm Res 21:191–200

van't Veen A (2001) Vaccines without thiomersal: why so necessary, why so long coming? Drugs 61:565–572

Vogeland FR, Hem SL (2003) In: Plotkin SA, Orenstein MD (eds) Vaccines, 4th edn. Sanders, New York,

Volkin DB, Burke CJ, Marfia KE, Oswald CB, Wolanski B, Middaugh CR (1997) Size and conformational stability of the hepatitis a virus used to prepare VAQTA, a highly purified inactivated vaccine. J Pharm Sci 86:666–673

WHO (2000) Recommendation for the production and control of Haemophilus Influenzae Type b conjugate vaccines WHO technical Report Series

WHO (2003) WHO GUIDELINES ON NONCLINICAL EVALUATION OF VACCINES. World Health Organization Mondiale De La Sante, adopted by the 54th meeting of the WHO Expert Committee on Biological Standardization, 17–21 Nov 2003

World Health Organization Part I: target product profile (TPP) for the advance market commitment (AMC) for pneumococcal conjugate vaccines. World Health Organization <http://www.hoint/immunization/sage/target_product_profilepdf>

Wittayanukulluk A, Jiang D, Regnier FE, Hem SL (2004) Effect of microenvironment pH of aluminum hydroxide adjuvant on the chemical stability of adsorbed antigen. Vaccine 22:1172–1176

第 20 章

基于 QbD 的自动化与高通量技术在生物技术药物开发中的应用

Vladimir Razinkov，Jerry Becker，Cenk Undey，Erwin Freund and Feroz Jameel

米真　译，杜祎萌　校

20.1　分子评估和工程

可制造性［或在典型的生产相关压力下维持目标产品质量概况（QTPP）的能力］是选择可进入早期研发阶段的最佳候选分子的一个重要因素。分子评估（molecule assessment，MA）也被称为可制造性评估，是一个可以用来识别更可能符合生产标准的候选药物，并排除失败风险较高分子的一个很好的工具。考虑到不断增长的研发及临床成本，分子评估可以从长远角度节省大量的投资。它还可以通过基因定点突变技术帮助验证分子工程的有效性，以增强加工应力下脆弱或不稳定情形的稳定性。

20.2　计算工具

在分子评估过程中，仍有可能对候选药物进行重新设计，以改善其对研发至关重要的一些性质。通过测序、建模和晶体结构分析等方法，可以在早期筛选中发现许多候选药物的不利特征。蛋白质的化学降解通路许多都依赖于序列。例如，在单克隆抗体中，最常见的修饰包括 C 端赖氨酸残基的处理（Santora et al. 1999）、N 端焦谷氨酸形成（Chelius et al. 2006）、脱酰胺反应（Hsu et al. 1998）、糖基化反应（del la Guntin～as et al. 2003）和氧化反应（Junyan et al. 2009）。其中的一些修饰可以通过序列和结构分析来预测，这些分析具有不同的复杂性和可靠性。所谓的热点分析可以应用于候选药物的早期选择。除了化学修饰外，蛋白质聚集的倾向也被广泛研究，以建立蛋白质聚集和影响诸如疏水性、展开温度、电荷分布等物理化学性质的结构特征之间的关联。利用序列分析，科学家们研发出了不同的算法来预测聚集倾向。在很多情况下，蛋白质的聚集行为似乎依赖于一些具有高聚集倾向的特定短片段的存在（Castillo et al. 2011）。在过去的 10 年中，已经根据这个假设研发出了许多预测算法进行分析（Tsolis et al. 2013）。Magliery 等人近期发表的综述对其他的预测方法也进行了描述（Hamrang et al. 2013）。蛋白质聚集稳定性仍然是一个难题，解决这一难题不仅需要计算方法，还需要可以利用大数据集的高通量的实验方法。我们将在本章详细描述这个问题。药物蛋白质的另一个关键性质是在高浓度时黏度增加，这对药品生产和给药过程是不利的。在研发的早期阶段，多数蛋白质难以呈现出可观的高黏度浓度，因此在开发早期阶段选择低黏度的候选蛋白质通常是困难的。有多种方法可以检测小体积蛋白质溶液的黏度，其中包括一些自动化和高通量方法（Jezek et al. 2011；He et al. 2010a）。近期有一些研究尝试建立抗体分子表面电荷分布与高黏度之间的相关性（Yadav et al. 2012）。我们预测哪怕是单个突变带来的后果的能力仍然非常有限。基于序列分析和降解机制的计算机化预测的蛋白质工程是有前景的，但是在真正的药物研发过程中，需要做大量的工作来充分实现这些预测算法。

20.3　自动化技术

在使用 MA 时会面临许多挑战，包括对分子性质了解非常有限或几乎没有、降解产物对药效和安全性的影响、缺乏毒理数据和没有临床结果。通常，其中最具挑战性的是，蛋白质样品的纯化水平低且数量非常有限。在产品研发的早期阶段，由于可供检验的物质十分有限，研究人员只能使用相对较少的样本或测试，因此限制了 MA 的范围。自动化和高通量技术可以通过在短时间内处理大量小体积样本的方法来显著改善早期研发。除了样品量小和操作时间短之外，自动化的方法还可以提高测量精确度和可重复性，以避免人为失误。通过良好维护和定期校准，自动化工艺可以显著改善 MA 的结果（Taylor et al. 2002）。由 Tecan Group（Märnedorf，瑞士）、Eppendorf（Hanburg，德国）和 Hamilton（Reno，美国）等公司生产的液体处理系统可以用来制备包含多个候选蛋白质和多种处方的样品。这些系统所需的样本体积可能低至 1 μl。当可供使用的样品量非常少时，分子评估研究的作用便凸显出来。除了多样本制备的能力外，这些系统还配备有各种应力应用和测量的平台。因此，有可能创建一个从样本准备开始到完成不同测试得到的一系列表征结构的自动连续工作流程。多种自动化样品架可用于快速物理化学特性表征和处方筛选（Majors 2005）。这些系统大多数都是基于 96 孔板并且只需要很少量的样本材料。这些系统同样遵守生物分子筛选协会（Society for Biomolecular Screening，SBS）的规定（美国国家标准研究所 2004），很容易适用于自动化和高通量技术（Automatic and High-throughput Technologies，AHT）的应用要求。需要注意的一点是，在筛选中使用的多孔板的表面化学、几何形状和其他性质可能与最终盛放药物产品的容器有很大的不同。如果不及早对其进行评估，那么就会影响处方筛选或其他研究。这些表面特性在快速筛选的研究中其作用可能不那么明显，但是在长期稳定性研究等较长时间的测试中就可能很重要。

为了处理上述容器表面特性的潜在问题，有人发明了一种适用于早期研发的微型瓶系统，此系统中：①所选用玻璃元件具有和常用的盖有 FluroTec® 涂层瓶塞的硼硅酸盐 I 型玻璃瓶相同的化学成分和表面特征；②遵守 SBS 规定的 96 孔板的形式，并且适用于液体处理系统来进行液体转移和多次测试；③如果需要，可以拆卸并检查单个微型瓶。图 20.1 显示了这种 96 微型瓶系统，其与常用的单瓶平台的比较结果显示在图 20.2 中。这些对比数据表明，微型瓶封闭系统能产生与单瓶平台相似的结果。

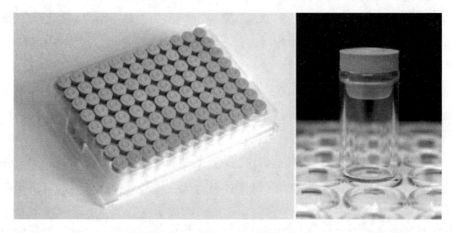

图 20.1　左图：符合 SBS 标准的 96 孔模式的微型瓶封闭系统是良好自动化的，可以很容易地在普通的液体处理平台上使用。右图：单独的微型瓶封闭包括硼硅酸盐 I 型玻璃微型瓶和带有 FluroTec® 涂层的丁基橡胶瓶塞

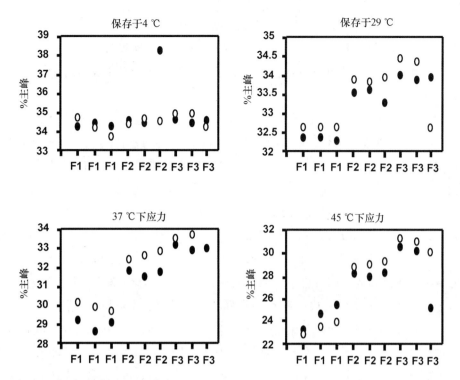

图 20.2　单克隆抗体处方筛选研究中 CEX-HPLC 保留主峰（主要为乙二醇同分异构体）。3 个处方分别为 F1、F2 和 F3，除了 F2 在 4℃和 F3 在 45℃有两个离群值，微型瓶容器系统的结果（黑色圆圈）与使用普通瓶结果（白色圆圈）良好吻合。这个封闭系统的使用可以利用现有材料进行更多的研究，而不用担心容器相似性。该系统可以很容易地集成到各种广泛使用的液体处理平台的自动化方法中，这些自动化方法可以显著降低样品处理和与分析相关的资源的要求

20.4　表征和分析的高通量方法

　　MA 是表征生物制药候选分子的高通量方法的最佳应用。正如前面提到的，在生产、储存和运输过程中，药品会经历不同类型的降解。一般来说，需要考虑 3 类稳定性：化学稳定性、构象稳定性和胶体稳定性。研究各类候选分子对应的不同类型的降解，不仅能将这些分子分出优劣，而且还可以确定制备过程中最薄弱的环节。对于某一个特定蛋白质准确预测哪种类型的降解会更多发生，以及预测在生产条件下什么样的候选分子会最稳定，难度是很大的。大多候选分子在纯化后短期处于室温条件下可保持大致稳定。在许多分子评估案例中，有必要运用相关应力来区分更稳定的分子和不太稳定的分子。

　　根据蛋白质氨基酸序列可以预测部分化学修饰。在蛋白质工程工艺中，一些特征明显的热点很容易被定位。如果不能去除它们，可以利用处方来控制它们，因为降解机制通常是已知的。加工、储存和运输条件通常都很温和，足以维持大多数生物制药产品的化学稳定性。一些外部因素也可能与稳定性相关：过低或高的 pH、活性反应物（如过氧化物、酶和析出物）的存在。暴露于光、热或容器表面也会引起化学反应。对化学修饰进行筛选的主要问题是缺乏高通量敏感方法。许多分析方法基于不同类型的色谱或电泳分离：逆相、亲水和疏水性相互作用、离子交换、电泳、毛细管电泳等（Ahrer and Jungbauer 2006）。被研究的分子可能需要非常特定的色谱条件，并且通常需要一些开发时间来获得良好的分辨率、灵敏度和准确性。对于许多基于色谱的分析方法，新树脂材料的开发、更小尺寸的微珠、高压力泵以及自动化样品处理的应用这些进展都使得分析时间更快，但又不会损失分析质量。多肽链剪切是工艺优化、处方研发和稳定性研究中一种常见的降解形式。通常，反相高效液相色谱（reversed phase high-performance liquid chromatography，RP-HPLC）可用于量化这种产品相关杂质；然而，标准的 RP-HPLC 的运行时间太长，不能用于快速筛选。而使用配有 1.7 μm 苯基柱的超性能液相色谱（ultra-performance liquid chromatography，UPLC）系统可以将运行时间大大缩短（Stackhouse et al. 2011）。这种 RP-UPLC 方法可以定量 IgG1 分子中的分子剪切，以及 IgG2 分子中酸诱导的天冬氨酸/脯氨酸剪切。UPLC 方法得到结果可与还原毛细管电泳所得的结果相媲美。这项技术还可以检测氧化和其他化学修饰，使得这项技术对高通量表征和处方筛选具有吸引力。

表征蛋白质修饰的金标准一直以来都是肽图谱。通常，这个过程包括样品制备和测量，都是非常费时费力的。研究人员已研发出一种全自动蛋白质水解消化法，以协助稳定性研究、鉴定化验和药物蛋白质的质量控制（Chelius et al. 2008）。Tecan Evo 100 液体处理系统可以将抗体样品放置在 96 孔板或 0.5 ml 的 Eppendorf 管中。这些蛋白质随后被还原和烷基化。然后变性溶液被一个定制的 96 孔尺寸排阻板替换为消化缓冲液以进行脱盐。这些样品被胰蛋白酶消化 5 h。将这些自动消化的结果与人工消化过程进行比较。通过反相液相色谱串联质谱（liquid chromatography tandem mass spectrometry，LC/MS/MS）对消化产物的分析，验证了消化过程的完整性和可重复性。肽图谱也可以通过多通道毛细管电泳来完成（Kang et al. 2000）。在 96 通道毛细管阵列的不同通道中，利用电荷和尺寸的组合来分离分子。消化后的蛋白质片段很容易进行分离，分析可在 45 min 内完成。在另一个例子中，直接输注被用于表征单克隆抗体的分解产物（Mazur et al.）。由 Advion 研发的全自动纳电喷雾芯片系统，TriVersa NanoMate，完全消除了液相色谱步骤，可以显著加速基于质谱的蛋白质分析。在大多数药品研发的案例中，对于低温储存的蛋白质溶液或有时冷冻或冻干的蛋白质产品来说，化学降解并不是一个主要的考虑问题。即使在制造和纯化条件下，大多数杂质是原始的转录后修饰变异体或宿主细胞蛋白质，而不是应力所致化学降解产物。

在生产和储存过程中，主要的降解途径与治疗蛋白质的构象和胶体稳定性有关。不稳定结构或溶解度差的最直接后果是可溶聚集物和（或）大颗粒的形成。聚集物的问题为产品研发带来了巨大的障碍。最近，大量的研究致力于聚集物研究和使用 QbD 概念对安全有效的蛋白质生物制药的合理设计（Walsh 2010；del Val 2010；Rathore and Winkle 2009）。其中为影响蛋白质聚集的因素创造一个适当的设计空间，如处方或分子性质，是很重要的。蛋白质聚集是一个复杂的过程，它可能涉及不同的机制，并且多种因素都可导致聚集倾向。根据不同的机制，会形成不同大小的聚集物，从简单的二聚体、可溶性寡聚物到较大的可见粒子，甚至是连续相，如液体、凝胶或固体沉淀。每一个大小范围都需要不同的分析方法来描述其特征。目前，在生物制药发展领域（Zolls 2012；Mahler 2009）已经实施了几个用于表征和量化蛋白质聚集的正交方法，其中许多都可以进行自动化、改良并研发为高通量形式（Razinkov et al. 2013）。

高效液相色谱（high-performance liquid chromatography，HPLC）是生物制药产品表征和测定的一种常用工具。最近，UPLC 可达到传统 HPLC 的分辨率和灵敏度，但只需小体积样品，从而可进行高通量分析。在 MA 过程中，在时间和材料的限制条件下，尺寸排除色谱（size exclusion chromatography，SEC）被广泛应用于蛋白质聚集的快速评估。联用 UPLC 方法和新型柱层析树脂，可以在不丢失单克隆抗体的单体峰和二聚体峰之间的分辨率的情况下，将 SEC 的运行时间减少到 5 min。众所周知，SEC 分析可以分离由稀释或由与柱层析材料相互作用引起的可逆聚集物。另外，大的聚集物通常可被层析柱过滤掉。动态光散射（dynamic light scattering，DLS）非常适合于 100～1000 nm 大小的亚可见颗粒。DLS 的测量可以由读板仪/酶标仪来完成，其读取板可多达 384 孔，每孔上样量低至 20 μl。对 96 孔板的分析可在 2 h 或更短时间内完成。常见的问题是，DLS 是一种半定量方法，并且来自大颗粒的信号很容易掩盖小颗粒发出的信号。但用这种方法区分高度颗粒化的样本和均一样本是可靠的，可以用于筛除最不理想的候选样品。另一种相对较新的表征亚可见生物药品聚集物的方法是微流成像法（microflow imaging，MFI）。MFI 是一种进行颗粒计数并根据形态学特征对颗粒进行分类的方法。MFI 已被应用于从处方中检测颗粒（Ludwig et al. 2011；Mach et al. 2011）到在生物反应器中的计数细胞（Sitton and Srienc 2008）

等多种流程中。但是，此技术需要大体积样品和大量时间来运行。现在 MFI 仪器可以使用自动进样器，因此测量过程可被简化和自动化。在 MA 过程中，MFI 被用来评估蛋白质在各种应力下（如机械搅拌或 pH 变化），形成亚可见颗粒的倾向。

　　短期暴露于高温下，可用于探索构象稳定性，特别是确定蛋白质的展开温度。蛋白质在温度升高时展开的能力可能与低温下的长期储存稳定性没有直接关系，但它是一个可以表明打破蛋白质结构完整性所必须克服的能量屏障的重要性质。这种屏障不仅可以通过温度来突破，还可以通过化学手段来突破，例如较低的 pH 或在处方中的盐。典型的测定蛋白质的展开温度的方法是差示扫描量热法（differential scanning calorimetry，DSC）。这种方法需要使用大量蛋白质，而且耗时较长。DSC 不适用于多个处方多个候选蛋白质的早期评估。现已有几种高通量的方法来评价蛋白质的构象稳定性。一种方法是使用对疏水性敏感的化学荧光探针。在不断升高的温度下，蛋白质逐渐展开并暴露出疏水区域使探针更容易接近。于是随着蛋白质展开，荧光增强。这种典型的实验可以使用一个标准的 RT PCR 仪器来完成，该仪器配有 96 孔板支架、恒温器和适用于荧光探针的荧光探测器。最初，该方法被应用于与蛋白质相互作用的小分子筛选，被称为差示扫描荧光测定法或热转移测定法。因为当配体与蛋白质结合时，蛋白质展开温度会发生偏移（Pantoliano et al. 2001）。该方法后来被改良为高通量筛选蛋白质处方的手段（He et al. 2010b）。图 20.3 显示了用荧光探针 Sypro Orange（Molecular Probes，美国俄勒冈）标记的 96 个抗体处方的荧光信号。蛋白质的展开温度或疏水暴露温度是由荧光信号与温度函数的一阶导数的最小值决定的。

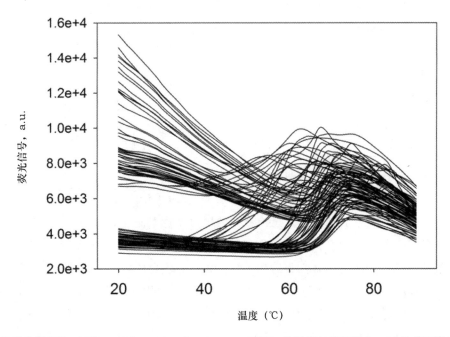

图 20.3　差示扫描荧光测定法（differential scarning fluorimetry，DSF）的温度扫描过程中，96 种单克隆抗体制剂的苦橙染料的荧光信号

　　另一种方法是在样品逐渐加热过程中同时检测光散射信号来检测蛋白质形成聚集体的温度。由 Avacta Analytical 公司（Wetherby，UK）制造的 OPTIM 2 仪器可使用定制的多孔板来同时测量 48 个小体积样品的熔融温度和聚合温度。尽管在许多情况下，这两个温度是很接近的。比起构象稳定性和化学稳定性，胶体稳定性是一个更难以评价和预测的参数。药物蛋白质的胶体不稳定性常与大颗粒形成、沉淀和液-液相分离现象有关。蛋白质自缔合然后聚集或相分离的机制，可以用天然分子间的相互作用来解释，而不涉及构象变化。但是，在有些情况下，很难完全分清天然和非天然机制。筛选由胶体相互作用引起的胶体稳定性和聚集的方法有几种。其中一些方法在上文描述为检测聚集物的方法，如 DLS 或其他分析

颗粒表征的方法。例如，Goldberg 等人（2011）的研究中应用了静态光散射方法，用静态光散射读板仪/酶标仪 StarGazer-384（Harbinger Biotechnology and Engineering Corporation，Markham，Ontario，Canada）测量了胶体稳定性。将 25 μl 的样本添加到 384 孔板中并加热到 70℃。然后用 CCD 相机检测散射光的强度用以监测蛋白质的聚集。其困难的地方不在于对聚集、颗粒化或相分离的测量，而在于在特定纯化条件下或在长期低温或冷冻贮存后蛋白质胶体稳定性的预测。机械搅拌可以预测胶体的稳定性，同时也可以模拟某些运输条件（Fesinmeyer et al. 2009）。搅拌使蛋白质暴露于液体/空气界面，并能导致包括蛋白质展开在内的构象变化，也可以在多孔板内搅拌样品以适应高通量的需求。另一个可以用来估计自缔合倾向的参数是第二维里系数，它可以被用来描述蛋白质的溶解度、聚集和结晶（Valente et al. 2005）。这些测量方法已经被改良为可以使用 96 孔板在 DLS 读板仪/酶标仪上运行。除了测量第二维里系数，该方法可以利用扩散系数对蛋白质浓度的依赖性来测定相互作用参数（Saluja et al. 2010）。近年来，一种基于简单而传统的沉淀技术的方法已经被研发用来预测低温下单克隆抗体制剂的长期贮存稳定性（Banks et al. 2012）。在 4℃下 11 个月和在 29℃下 6 个月的稳定性研究的数据被用来和在不同的温度下沉淀抗体所需的硫酸铵浓度相关联。根据在硫酸铵存在的情况下制剂的可溶能力，可获得一种线性相关用来对包含不同辅料的制剂进行排名。硫酸铵沉淀近年来被用于多种蛋白质药物聚集倾向的高通量筛选（Yamniuk et al. 2013）。其他的沉淀剂，如聚乙二醇（polyethy lene glycol，PEG），也可以用来测试蛋白质的溶解度。一种基于多孔板和 PEG 的沉淀方法被用来比较抗体的制备，并在制剂研发过程中对缓冲液和 pH 条件进行排序（Gibson et al. 2011）。高通量 PEG 方法被用来筛选不同的处方，在人和嵌合 IgG1 单克隆抗体的溶液 pH 和缓冲离子方面来优化蛋白质的溶解度。

20.5　处方研发

处方研发可以说是药物产品研发中最基本、最关键的一步，因为处方是对药物大多数的产品关键属性（product critical attribute，PQA）从生产到使用过程中唯一的原位保护。处方研发是筛选和选择最稳定的成分和容器来储存和释放活性成分的过程。这一过程是基于对治疗性分子的理解，其在生产、分销和最终使用过程中的对可预见的或不可预见的应力条件的敏感性。一个全面的处方筛选涵盖了大量的产品属性，包括药品的物理性质（如药品的外观和黏度），以及由生产、分销和最终使用过程所引起的物理和化学不稳定性（如振动、跌落和冲击、安全检查时的辐射、货架储存温度等）。在 QbD 过程中，所有这些属性都可以看作依赖于外部应力和内部处方因素的输出参数。不同的处方研究旨在建立理想药品特征和药品使用前药物生命周期中所有因素之间的相关性。典型的蛋白质处方包括控制 pH 的缓冲液、抗变性或抗低温或裂解的辅料、抗界面降解的表面活性剂、降黏剂和用于多剂量制剂的防腐剂。FDA 的 **Q8 (R2) 药物研发**指导原则要求给出选择最佳处方的理由。除了早期研发、生产知识、分子评估和临床经验外，还需要大量的实验和测试来满足 FDA 的要求。自动化和高通量技术可以通过更快地完成实验和使用更少量的材料来显著加速处方研发。理想情况下，处方成分应基于目标产品质量概况（QTPP）进行筛选。根据 ICH Q8(R2)，QTPP 是在确保所需质量并同时考虑药品安全性和有效性时的理想的药物产品的前瞻性总结。理想情况下，同时进行多变量实验可以真正揭示药品成分的相互作用性质，但是这是不现实的，因为处方矩阵和所需的资源和材料量很大。在实践中，处方筛选通常会缩小规模，仔细选择较少的同时发生变化的变量，包括处方成分、浓度和应用的应力条件。这些变量的选择是基于先验知识和研发经验。DoE 原则和统计分析已被广泛应用于处方研发。使用 DoE 研发处方的主要优点是，它允许同步地、系统地、快速地评估所有可能的因素。各处方因素对各反应的影响及各因素之间的相互作用可以得到评价，并能识别出统计学上显著差别的因素。一旦确定了重要因素有哪些，就可以通过将所有因素及相应反应调节到适当的水平来确定最优处方。一个 DoE 的应用中，通过测量两种反应，热稳定性和黏度，以使它们在高度浓缩的蛋白质处方中最优,从而筛选了 81 个抗体处方(He et al. 2011a)。如前文 MA 部分中提到的,高蛋白质浓度下的高黏度和低热稳定性可能是药品研发的重要问题。一些因素可以提高热稳定性同时增加黏度,反之亦然。例如,盐的存在是降低黏度的一个重要因素,但其代价是构象稳定性降低。这个研究采用了两种高通量生物物理方法来测量在处方研发过程中所遇到的关键参数。差示扫描荧光法(differential scanning fluorimetry,DSF) 被用来测定热稳定性,基于 DLS 的 384 孔板和动态光散射读板仪/酶标仪被用来测定蛋白质溶液的黏度。在展开条件下的疏水暴露温度 T_h 被用作热稳定性参数。基于 DoE 和实验结果,建立了 T_h 和黏度的预测模型,从而建立了与处方因素的统计学显著相关性。彩图 20.4 中显示了 6 种不同的因素组合条件下的蛋白质浓度与 pH 的等值线图。T_h 的下限和黏度的上限分别设为 50℃ (蓝线)和 6 cP(红线),以显示热稳定性和黏度所定义的处方空间的边界。在明确的处方条件下,期望的稳定性和黏度的区域以白色表示,有害值则相应地显示为蓝色和红色。据图所绘,和没有辅料和离子的处方相比(彩图 20.4a),添加蔗糖可将最优处方空间扩张到较低的 pH(彩图 20.4b),而

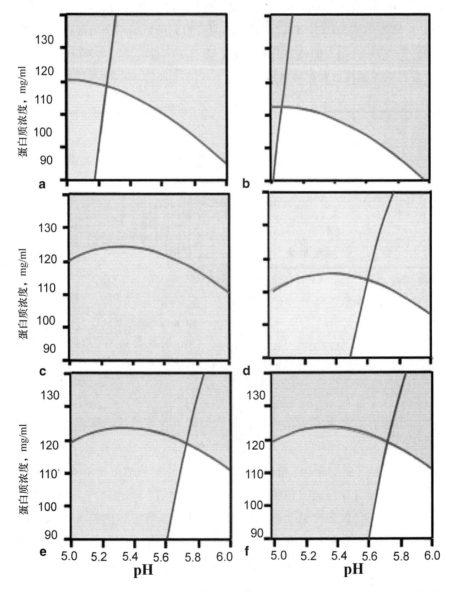

彩图 20.4　T_h 和黏度值的预测公式推导出的等值线图。白色区域为特定 T_h 和黏度限度下的可接受区域。T_h 的下限为 50℃,黏度的上限为 6 cP。本图显示了以下处方中可接受的 pH 和蛋白质浓度下的面积: a. 无离子+无辅料, b. 无离子+蔗糖, c. Ca^{2+} +无辅料, d. Ca^{2+} +蔗糖, e. Mg^{2+} +无辅料, f. Mg^{2+} +蔗糖。T_h 为疏水暴露温度 [Reprinted from (He et al. 2011a) with permission from John Wiley and Sons]

如果添加可降低黏度的 Ca^{2+} 离子那么在 T_h 高于 50℃时没有任何处方可以使用（彩图 20.4c）。在含有 Ca^{2+} 的抗体处方中添加蔗糖，可使最佳处方条件回到 pH＞5.5 和蛋白质浓度低于 115～105 mg/ml（彩图 20.4d）。在含有 Mg^{2+} 的样品中可观察到相似的效果（彩图 20.4e 和 f）。此研究选取蛋白质热稳定性和溶液黏度作为输出参数，以证明可利用 DoE 作为评估多输入因子的方法。一旦确定了各因素的重要性和理想的输出参数范围，就可以利用预测模型来绘制进一步研发的处方空间。

另一个关于 DoE 应用的例子是针对热稳定性和胶体稳定性筛选处方（He et al. 2011b）。这两种类型的稳定性是蛋白质表征中重要的参数，并可能受到处方因素的影响。理想的处方应同时具有热稳定性和胶体稳定性。然而，与前面的例子相似，一些因素可能对蛋白质的构象和天然自缔合倾向有相反的影响。这项研究用 DSF 对两种蛋白质稳定性进行了高通量筛选，以测定热稳定性 T_h，并通过差分光散射（different light scattering，DLS）来确定扩散相互作用参数 kD，即胶体稳定性。为了测定最佳稳定性值的范围，此研究采用了两种类型的应力评估抗体的聚集倾向性：温度升高和机械搅拌。此研究只对 28 个处方进行了表征，因为此研究中使用的微流成像（micro flow imaging，MFI）粒子分析方法不是高通量的。在预测模型建立的基础上，得到了 T_h 和 kD 与重要的处方因素的相关性。通过应力研究得到的数据用于确定稳定性参数的临界值。研究发现，在高温孵育后，T_h 值低于 54℃的处方其聚集水平高于 5%（图 20.5）。当 kD 值降至 7 ml/g 以下时胶体稳定性显著降低，并且机械搅拌后颗粒数量增加超过 100 倍（图 20.6）。

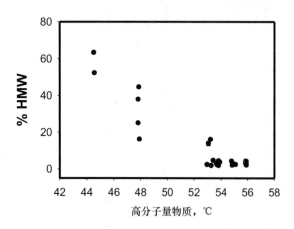

图 20.5 给予机械应力后（high-molecular weight species，HMWS）百分比与 T_h 值的关系［Reprinted from（He et al. 2011b）with permission from John Wiley and Sons］

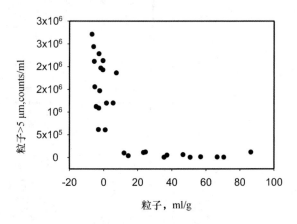

图 20.6 给予机械应力后每毫升溶液中粒子数目和 kD 值的关系［Reprinted from（He et al. 2011b）with permission from John Wiley and Sons］

在 T_h 为 54℃时，期望的处方条件局限在一个狭窄的 pH 和低盐浓度的范围内（彩图 20.7a）。当 T_h 高于 54.5℃，在同样 kD 标准下对于不添加蔗糖的处方来说，没有能够满足条件的 pH 和盐浓度的组合。添加蔗糖（彩图 20.7b）可以在高 pH 范围和低于 50 mmol/L 的盐浓度下获得更优的处方条件。每个特定分子的热稳定性和胶体稳定性筛选的预测都应该被仔细评估。最佳处方（缓冲系统、pH、辅料等）的选择依赖于许多参数，而不仅仅是热稳定性和胶体稳定性。本节描述的技术可以广泛地应用于需要快速筛选样品的处方研发中。在这些案例研究中，AHT 允许在筛选处方条件时使用全因子实验设计。Awotwe-Otoo 等人（2012）在对冻干小鼠 IgG3 单克隆抗体的研究中，展示了一个部分因子实验设计的例子。其初步结果帮助剔除了对 mAb 产品来说最不稳定的缓冲系统。随后应用 DoE 筛选不同类型缓冲剂的效果、pH 和不同辅料对玻璃化温度（T_g）、蛋白质浓度（A280）、聚集度、冻干产物展开温度（T_m）以及重悬后粒径的影响。

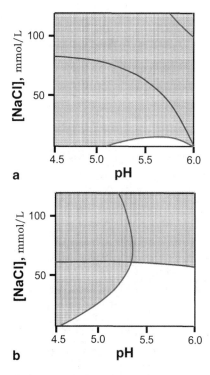

彩图 20.7　根据 T_h 和 kD 预测公式得出的等值线图。白色区域为特定 T_h 和 kD 限度下的 pH 和盐浓度的可接受值。$T_h <$ 54℃ 的区域用红色表示。$kD < 7.0$ ml/g 的区域以蓝色显示。图 a、b 分别为无辅料和无蔗糖处方的可接受的 pH 和盐浓度区域〔Reprinted from（He et al. 2011b）with permission from John Wiley and Sons〕

Box-Behnken 实验设计被用来研究各种因素以及它们之间的相互作用对表征参数的主要影响。在图 20.8 中，这种分析的结果以 Pareto 图的形式表示。这种图表可以根据相关性模型的回归系数，将处方因子和因子间的相互作用的统计学显著影响进行排序。利用相关性模型可绘制响应曲面图，以显示 pH、NaCl 浓度和聚山梨酯 20 浓度对颗粒大小、280 nm 吸光度和熔融温度的影响（图 20.9）。

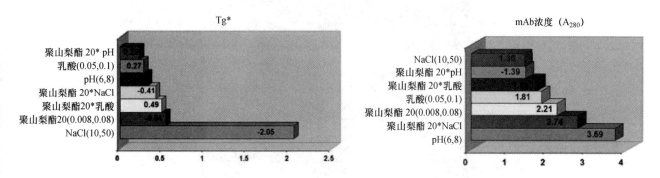

图 20.8　Pareto 图显示处方变量对部分因素实验设计的影响〔Reprinted from（Awotwe-Otoo et al. 2012）with permission from Elsevier〕

AHT 已经被用于对许多生物制药产品的处方筛选（Roessner and Scherrers 2012；Gibson et al. 2011；Ahmad and Dalby 2010；Capelle et al. 2009；Johnson et al. 2009；Bajaj et al. 2007），其中包括单克隆抗体（Bhambhani et al. 2012；Li et al. 2011；Gibson et al. 2011）和疫苗（Walter et al. 2012；Ausar et al. 2011），大大提高了材料和样品的处理和分析测试的效率。高通量方法可以很容易地通过使用自动液体处理机来实现，这种处理系统可以进行大多数的溶液操作。正如上一节所提到的，应该谨慎地选择符合 SBS 标准的多孔板封闭系统。对于需要即时分析的配方物理属性筛选，可以使用市面上多种可自动化的 96 孔微量滴定板。对于使用 UV-Vis 或荧光光谱法进行板内光学检测的研究，应该考虑光学性

图 20.9   3D 响应曲面图，显示了 pH、NaCl 和聚山梨酯 20 对颗粒大小、浓度和展开转变温度（T_m）的影响［Reprinted from（Awotwe-Otoo et al. 2012）with permission from Elsevier］

质，如光学透明度、波长截止和孔间干扰。值得注意的是，有些多孔板经过了特殊的表面处理，比如高或低的蛋白质结合处理，如果不加以评估这些处理可能会对研究产生重大影响。在对蛋白质的物理和化学不稳定性进行筛选时，必须仔细考虑封闭系统的特点，因为这些特点会对研究结果产生重大影响。容器表面特性，如蛋白质结合性质，会影响蛋白质的浓度或导致变性。还应考虑多孔板萃取物和浸出物的潜在影响，特别是在温度升高的情况下进行的加速或应力条件研究。

一旦主要的候选商业处方被认定，最佳的候选处方通常是根据小规模研究的性能来选择的。这些小规模研究是对处方施加涵盖所有主要单元操作的小规模模拟应力或现实世界可变应力，如原料药产品加工、分包装、存放时间、房间温度、光强度等。进行小规模研究的首要任务是准确地反映该生产规模下的压力。由于对热传递和质量传递的依赖，比如原料药的冷冻和解冻，蛋白质的不稳定性很大程度上取决于研究规模（Colandene 2010）。原料药加工研究通常很有限，而且对材料处理的广泛 AHT 支持也相对较少。相反，缩短分析时间是整个药品研发过程（包括处方研发阶段）中持续的追求。处方研发阶段中，AHT 对研究药品 PQA 的各个方面具有很广泛的应用，例如 pH（图 20.10）、蛋白质浓度测量（图

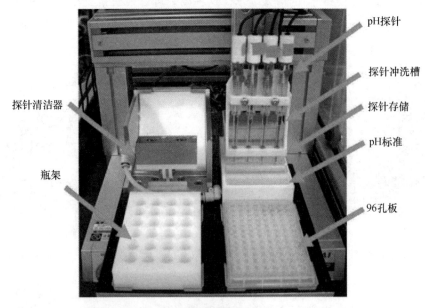

图 20.10   自动 pH 测量以及测量一致性。测量结果与探针及孔位置无关。通量增加 5 倍并且要求测量过程中无分析师参与

20.11)、光谱分析（Chollangi et al. 2014）、纯度分析（Hiratsuka and Yokoyama 2009）以及利用自动采样装置进行的亚可见和可见颗粒分析。此外，自动化的样品处理方法可以取代分析实验室中费力的手工操作以提高效率和减少可变性，如肽图分析样品的脱盐和烷基化（图 20.12）。

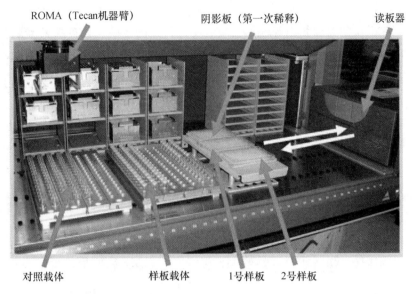

图 20.11　浓度检测平台

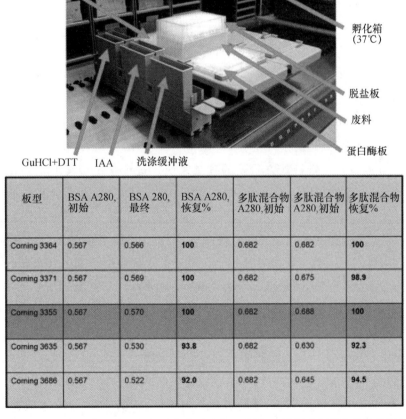

板型	BSA A280,初始	BSA 280,最终	BSA A280,恢复%	多肽混合物A280,初始	多肽混合物A280,初始	多肽混合物恢复%
Corning 3364	0.567	0.566	100	0.682	0.682	100
Corning 3371	0.567	0.569	100	0.682	0.675	98.9
Corning 3355	0.567	0.570	100	0.682	0.688	100
Corning 3635	0.567	0.530	93.8	0.682	0.630	92.3
Corning 3686	0.567	0.522	92.0	0.682	0.645	94.5

图 20.12　基于液体处理器的自动化肽图消化。选择 96 孔板进行蛋白质恢复研究

20.6　药品商业工艺研发（DP CPD）和表征

药品商业工艺研发（drug product commercial process development，DP CPD）是生物制药研发的后期阶段。在这个阶段药品研发的各方面都被综合起来，以创造一个既稳健又可控的商业工艺流程。DP CPD 是从对同类分子或平台的先验知识经验的收集、早期研发的经验［如首次人体试验（first-in-human，FIH）］以及对每个 QTPP 的 SKU 的特定要求、批量和产量中形成其结构框架。在本章的前几节中，已经详细讨论了药物研发早期阶段的流程，包括 MA、处方开发和商业处方开发（commercial formulation develrpment，CFD）。

典型的生物制药生产程序应遵循明确定义的工艺流程，例如，因药品和原料药处方不同而进行的超滤和渗滤，批量药品加工（冻/融、混合、生物负载过滤、不锈钢容器储存和无菌过滤）、灌装、冻干（如需要）、目检、标签、包装、分销、有效期研究、水合（如果为冻干产品）和稀释进入 IV 袋，以及静脉注射药品的输液。虽然从常规的监管角度来看，几乎没有大规模改变现有工艺流程的动机，但是基于产品成本的考虑和不断提高的监管要求的出现，的确存在利用 AHT 显著提高生产效率、工艺设备利用，更重要的是优化产品质量的需求。

AHT 可以从两个不同的方面应用于 DP CPD，作为工艺研发的辅助工具或者作为工艺本身的一部分。AHT 可以在材料和样品处理方面以及在工艺研发过程中的分析测试方面提供支持，从而辅助工艺研发。DP CPD 也是任何增强技术适应药品生产工艺的入手点。大多数生物制药公司放弃了独立工艺设备的研发和制造，因为这些不是他们的业务重点。在提高效率和产品质量方面，药品生产技术的进步主要是由制药商和专门从事工艺技术和设备开发的公司之间的合作所驱动的。在过去的几十年里，几乎所有药品生产的单元操作都取得了显著的进步，包括灌装操作和目检。这些操作的设备可以在不影响灌注精度和产品质量的情况下每分钟处理数百个单元。建立 DP CPD 工艺和目标工艺参数需要大量的工作来确定所需的单元操作、缩减运行规模、生成进程内和稳定性样本以及对这些样本的测试。

DP CPD 的一个重要部分是对工艺的表征，有时被称为药品工艺表征（drug product process characterization，DPPC）。这样做的目的是为了更好地理解工艺，并建立工艺的稳健性。这是一个应用 AHT 对药品生产工艺设计进行详细描述并建立生产过程中的质量控制和监控策略的机会。为了达到这个目的，自动化、高通量系统应包含一个可同时处理微型瓶和注射器，并包含必要的分析工具来执行所需检测的集成平台。其中一种商业化的系统是 Core Module 3（CM3）（Freeslate，Inc.）。此系统可用于生物样本的准备、处理和测试，是进行处方研发的理想系统。这个系统可高度定制化，但是通常都包含一些可以帮助样本准备的组件以及一些测量 pH、黏度、粒子数、浊度、颜色和蛋白质浓度与聚集的组件。

聚集和颗粒化是药品研发过程中经常遇到并且特别棘手的问题。测量聚集物和颗粒的能力十分重要，它们包括从简单的二聚体到更大的低聚物以及粒子，粒子尺寸从亚微米范围（50 nm～1 μm）、亚可见范围（通常 1～125 μm）以及最后到可见范围（>125 μm）。近年来用于测量这些聚集和粒子的分析仪器已经被研发出来了，并且其中一些已经实现了自动化，可以对大量样本进行分析，这些样本可能是大型研究的一部分。二聚体和寡聚物通常可以用 SEC 来测量，这种技术可以覆盖约 1～50 nm 的大小范围。在过去的几年里，已经发展到在不到 10 min 的时间内就可以完成测试。这些测试可以高度自动化，通过使用大容量自动采样器将样品注射到 SEC 柱中，并采用适合的色谱数据系统快速收集和分析色谱数据。其中一个系统是 Waters Acquity UPLC 系统，样品组织器如图 20.13 所示。与传统的 SEC 柱相比，填充亚 2 μm 颗粒的 SEC 柱具有更高的敏感度和分辨率，从而具有更高的通量。

对于可见粒子（>125 μm）的测量，最常用的方法是简单的目检。这种方法非常主观并且依赖于检查员的技能和训练，而且也可能非常单调和费时。幸运的是，这些类型的检查现在已经可以通过使用基于摄像头的系统来实现自动化了。其中由 Amgen 研发和使用的 Particle Vision 系统，可以使用机械臂来抓取和旋转样本容器，以悬浮其中任何可能已经沉淀的粒子，然后使用高分辨率摄像机来检测这些粒子。

图 20.13　用于自动 SEC 分析的 Waters Acquity UPLC 系统

　　对于亚可见范围（2~125 μm）内的颗粒，光透法已被使用多年并且是最常用的方法。光透法基于入射光被不溶性微粒所阻挡而造成信号减弱，可以很容易地测量。这一类仪器可以商业购买，并且对于生物制药来说最常见的仪器是 HIAC，如图 20.14 所示。虽然 HIAC 仪器目前不提供自动化，但一些公司却可以通过使用 HIAC 和自动采样器来设计和制造定制的系统（图 20.14 a）。第二种测量亚可见颗粒的方法是通过对这些粒子成像。当液体流过流通池时，微流成像技术可以抓拍到悬浮在液体中的颗粒图像。每个颗粒成像后，除了进行计数还可以通过形状和透明度来进行分析。自动化的仪器可以商业购买，其配置的自动采样器不但可以将样品注入仪器，还允许在无人操作的情况下，在两个样品之间对流通池进行冲洗和清洁。由 ProteinSimple 生产的 MFI 5000 系列就是这种自动化仪器的一个例子（图 20.14 b）。

　　由于缺乏在微米和亚微米范围内能可靠测量的仪器，测量这个粒径范围的颗粒是很难的。近期引进的 Archimedes（Malvern）系统，使用共振质量测量技术来对 50 nm 到 5 μm 范围内的颗粒进行检测和计数。目前这种仪器是非自动化的，但是在不久的将来，很可能通过采用自动采样器从而实现自动化。现在已有多种颗粒分析技术，可以分析粒径从亚微米到可见范围的颗粒。遗憾的是，许多技术的自动化仍处于起步阶段缺乏商业化能力，并且自动化通常是各别客户需求的制订方案。

　　运输研究也是药品研发的一个重要组成部分。药品在从一个地点到另一个地点的运输和搬运过程中

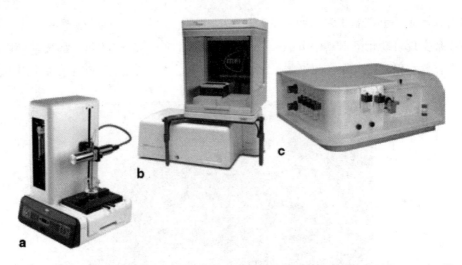

图 20.14　用于蛋白质溶液内颗粒测量的仪器。a. 用于检测亚可见颗粒的光阻法仪器，HIAC 9703＋（Beckman Coulter）；b. 用于检测亚可见颗粒的自动化流式微粒成像分析仪，MFI 5000 系列（ProteinSimple）；c. 用于亚微米颗粒检测的共振质量测量仪器 Archimedes（Malvern）

可能遇到各种应力，比如温度剧增、震动、从高处跌落等。这些都可能导致不良后果，如蛋白质聚集。这些应力可以在可控的实验室环境中模拟，其中一些可以使用自动化和高通量检测。大多数可商业购买的设备都不是为生物制药而设计的，而是使用了工业中的机械臂的定制设计系统，这些系统可以执行多样本的重复动作，从而提供自动化。其中一种机械臂如图 20.15 所示。

图 20.15　用于自动化跌落冲击测试的机械臂（Dynamic Automation）

　　另一个 AHT 在工艺开发中应用的例子是，在药品生产过程中将存放在聚碳酸酯广口玻璃瓶中的原料药的静态融化适应到动态融化中，与静态融化工艺相比，这样不仅能缩短处理时间而且可以提高产品质量。

　　AHT 可以很容易地被改造以适应处方开发中的各种平台。平台方法根据治疗领域或分子类型（例如，天然蛋白质、融合蛋白质或单克隆抗体）将研发过程分类，从而更好地利用之前的知识和研发经验。一个平台通常由大量的标准化方法和实验方案组成，包括材料处理、样品制备和分析处理，这些方法大大增加了 AHT 的影响。考虑到许多组成部分的模块化结构，AHT 可以灵活地在现有的平台之外筛选不同类型的分子和处方条件。当药物处方通过 DOE 优化后，扩大生产和工艺验证是非常有效的。

20.7　工艺分析技术

　　生物制药的研发依赖于产品质量检测。工艺分析技术（process analytical technology，PAT）将 AHT 应用的一个重要方面引入到 QbD 方法中。不像一般的实验室测试，通过应用 AHT 元件，PAT 可以实时监控和控制药品 PQA。PAT 可以在执行某个单元操作的过程中进行实时干预和进程调整，从而提高了加工操作的灵活性。在生物制药的研发和生产中已经开发和实施了大量的 PAT 应用，这些领域包括工艺性能参数、物理性质（Shah et al. 2007），以及包括药物分子的物理和化学不稳定性在内的药品分子 PQA。使用自动化和高通量技术的 PAT 应用极大地提高了工艺研发和生产的效率和效果（美国国家标准协会 2004）。应该加大研发和实施 PAT 力度以覆盖尽可能多的 CQA。挑战通常存在于工艺和分析的接口方面（例如，移动相兼容性）和对生产环境的潜在环境影响。PAT 的好处在于缩短批处理周期、更好地控制工艺以降低患者风险以及提供更有效的分析方法，例如单一的多属性方法（如质谱法）。

　　本节的重点是在工艺研发中应用 AHT 来辅助 PAT，以使其适应生产环境。对典型药物生产工艺的细致研究有助于鉴定 PAT 的应用和 AHT 的辅助。在单元操作中对 PAT 应用 AHT 与一些先进的进程内测试方法的设计概念一同进行讨论。

　　通过将分析分为在位、在线和近线三种类型，可以对 AHT 在 PAT 中的应用进行探索。在位 PAT 是测试时样品并不从工艺物料流上移开；在线 PAT 指测试时样品从工艺物料流上转移出来，有可能再次回到工艺流线；而近线 PAT 意味着测试时样品从工艺流线上移除、隔离开并且在开发和生产现场进行分析。

20.8　在位工艺分析技术

　　在位 PAT 能提供最理想的实时信息。在位 PAT 的影响随着检测点的选择而变化。例如，监测搅拌罐内的混合工艺不仅提供了关于混合过程的实时信息，还允许发生问题时采取纠正措施；然而，如果在转输管路上进行监测只能得到最终结果，进行工艺干预就太迟了。使用玻璃薄膜电极 pH 探头，可以在容器内（图 20.16-2a）和转输管路上（图 20.16-2b）进行 pH 在位测量，这可以替代离线药品 pH 发布测试。在转输管路上，pH 可以用现成的管道接头来测量。容器内测量可以通过将探头深入容器顶部来实现。检测点可以通过使用伸缩管进行调整。探头和伸缩管都是可以购买的，并且符合 GMP 标准。对于 GMP 和非 GMP 药品的研发和制造，pH/多参数发送器可用于 pH 监测和趋势分析。类似的，可以使用光散射检测探头或拉曼光谱进行在位蛋白质聚集测量（Mungikar and Kamat 2010）。

　　监控蛋白质浓度可以通过在位测定搅拌罐中（图 20.16-1a）和转输管路内（图 20.16-1b）的蛋白质溶液在 280 nm 的紫外吸光度来进行。传输管路内的测试可以使用双波长紫外吸收传感器进行，有可能取代药品发布测试。迄今为止，还没有可商业购买的容器内紫外吸光度探头。因此，需要一个定制设计的

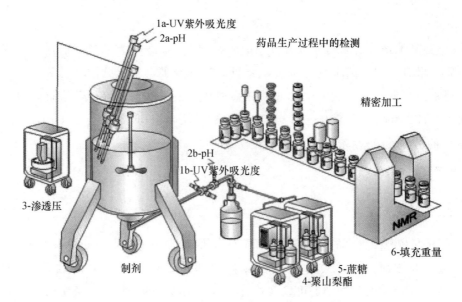

图 20.16 典型的药品生产工艺流程以及生产过程中的检测。范围仅限于药品 PQA 检测。设备的工艺条件（例如在容器内的溶液温度和混合器转速）、环境条件（如室温）、相对湿度都不在检测范围内

光学装置来进行容器内的测试。图 20.17 为一个设计概念示例。

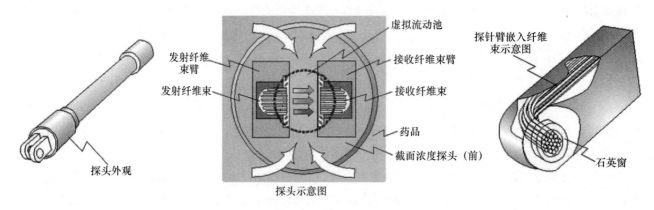

图 20.17 容器内紫外吸光度探头的设计理念。左图为探头，中图为探头横截面，右图为用于传递发射或吸收光的排列纤维束

　　尽管工作原理很简单，但设计要尽量考虑减少对混合工艺的影响以及保证无菌。为了减少探头臂间的溶液停滞，这些臂从上到下的边缘被打磨得更为尖锐，从而使得原料药溶液更容易循环。如图 20.18 所示，当高度浓缩的药物溶液通过的路径进一步变短时，这样的改良可能很重要。通过在检测点读取实时浓度，可以利用容器内的测定（1a）来监控药物的混合工艺流程。多点操作可以帮助绘制产品混合容器中产品混合概况图，但这也极可能局限于表征和研发。

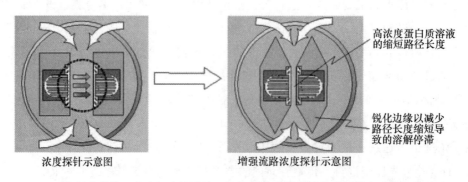

图 20.18 容器内紫外吸光度探头的设计理念，其设计特征为对浓缩样本更佳的紫外检测

成品中蛋白质成分一致性是 PAT 的另一个应用。假设药品包装（如药瓶、塞子和密封材料）重量一致，那么通过对成品的称重可以监测填充重量。更准确的蛋白质含量只能通过提取药品溶液来监测。基于时域核磁共振（nuclear magnetic resonance，NMR）的在线非接触式检重（noncontact check weighing，NC-CW）设备已经证明了其检测液体成分含量的潜力（Kamath 2006）。该系统检测速度可达 400 瓶/分钟，能保证 100% 在位蛋白质含量检测。该技术可根据蛋白质特有元素的化学位移强度，研发出针对蛋白质含量的测定方法。研发工作需要解决处于目标蛋白质浓度范围内辅料的潜在干扰，并与手工检重方法进行并行比较。

另一个例子是对裸瓶的目检，例如，填充后但是还没贴标签的药瓶、预充式注射器、药包等。填充和密封好的药品既可检测含量也可检查药品 PQA，如颗粒、颜色和浊度，以及包括容器和密封缺陷在内的成品外观。自动化的外观检查将显著提升生产线的通量并且减少操作员的疲劳和人为失误。

20.9　在线工艺分析技术

一些分析要求在分析之前从生产线上提取样本。这种样本提取降低了整体分析效率，但扩展了适应性分析的范围和能力。两种最常用的样本提取方法是利用采样环和探头。采样环将样本从生产线上转移出来，这样就可以连续采样从而节省时间。基于探头的提取通过使用机械臂来移除样本。与在位 PAT 相比，在线 PAT 需要格外谨慎，以尽量减少由于药品暴露于分析设备所在的环境而导致产品污染的风险。与在位 PAT 能取得实时测试结果不同的是，在线和近线 PAT 的周转时间包括：①提取样本所需时间和②准备分析样本的时间。由于一些分析的复杂性，人们常常还需要考虑到分析和数据处理的额外时间。在证明和规划过程中，知道检验的总时间是很重要的，尤其是当它有可能用于指导和纠正药物生产工艺时。其中一个例子是对溶液渗透压的监测。目前，还没有可商业购买的能进行在线测量的渗透压分析仪。目前市面上有两种测量渗透压的仪器，一种基于凝固点降低，一种基于蒸汽压的变化。图 20.19 展示了一种在线测量渗透压的设计理念，即将渗透压仪和一个自动上样组块结合在一起。上样机制的可行性和稳健性需要研发工作来评估。高黏度的样品不适合用基于凝固点降低的仪器测量，而基于蒸汽压变化的仪器不适合挥发性溶液。

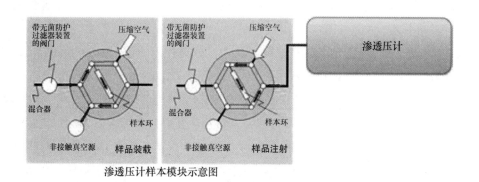

渗透压计样本模块示意图

图 20.19　在线自动化渗透压仪设计理念。此装置利用上样阀从混合容器中定期收集样品，从而进行渗透压检测

HPLC 广泛应用于监测组分和纯化相关的 CQA，包括生物制剂、处方成分或工艺杂质。例如，如图 20.20 所示，通过使用 Dionex DX-800，HPLC 可以很容易地适用于在线监测。这个系统可以独立用于广泛的无人操作。

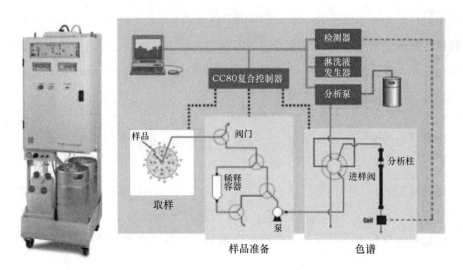

图 20.20   Dionex DX-800 HPLC 系统。此系统由取样组件、样品准备组件和 HPLC 组件组成（Reproduced from the on line Dionex DX-800 Process Analyzer User Guide，Nov 2003，with permission from Thermo Fisher Scientific Inc）

20.10   近线工艺分析技术

近线 PAT，在分析之前将样品从生产工艺流线中移除然后用于分析，因此提供了使用更复杂的分析技术的机会。HPLC（或 UPLC）、毛细管电泳甚至质谱法都具有高分辨率，而且分析通常可以在几分钟内完成，这使得它们成为适合近线 PAT 的技术。这些技术通常可以用于评估蛋白质药物的化学稳定性。

质谱法是一种广泛应用于整个药品研发周期的强大分析工具，包括分子评估、处方和药品研发，是监测化学稳定性的可选方法。质谱已被用来作为 PAT 工具来进行生物反应器顶空分析（如氧气和二氧化碳）以进行实时监控从而计算出大量相关工艺指标，例如摄氧率（oxygen uptake rate，OUR）、二氧化碳释放率（carbon dioxide evolution rate，CER）、呼吸商（respiration quotient，RQ）和氧气传质系数（$k_L a$）。这些都是简单的气体分子，易于采样和分析。而罐内或生产过程中液体药物的取样就要比顶空分析更具挑战性，并且如下所述，通常需要更复杂的样本处理。为了监测蛋白质药物的化学修饰，通常是对蛋白质的肽片段进行质谱分析（所谓的自下而上的方法）。蛋白质在特定的位点被蛋白酶（通常是胰蛋白酶）水解生成一系列多肽，这些多肽就可以代表蛋白质的大部分序列。然后利用 LCMS 或 LCMS/MS 技术对这些多肽进行分析，即利用反向 HPLC 对多肽进行分离并用质谱对其进行分析。LCMS/MS 实验进一步利用碰撞诱导解离（collisionally induced dissociation，CID）在质谱仪内形成原始肽段的离子产物。这些离子产物可用于定位化学修饰的氨基酸位点。LCMS 方法的缺点是在分析之前分离这些多肽的时间通常超过 1 h，因此这种方法不适合 PAT。然而，目前正在研发新方法，消除色谱步骤，将肽混合物直接注入质谱仪。这种方法需要高分辨率的仪器，并且依赖于在基于质荷比的仪器内肽离子在气相中的分离。这些方法将允许在 1 min 或更短的时间内收集所有肽片段的完整数据。当然，在胰蛋白酶消化之前的样本准备工作，包括变性、还原和烷基化，通常需要为 PAT 花费大量的时间，但加速样本准备的方法也正在研发中，从而使适用于 PAT 的自下而上的质谱方法成为可行。另一种质谱方法是自上而下的，即在没有任何事先蛋白质水解的情况下，通过质谱直接分析完整的分子，或在某些情况下可以是化学还原的分子。随着高分辨率质谱仪的发展，这种方法甚至可能分析分子量超过 10 万的蛋白质。

对于 PAT 来说，快速的检测时间是关键，因此不需要大量样本处理的自上而下的方法可能更可取。但是这种方法需要高分辨率的质谱仪，因此它在 PAT 中的应用可能会受到复杂性、成本和空间的阻碍。质谱仪是一种高度复杂和精密的仪器，需要频繁的调试和校准，这使得它在 GMP 环境中难以使用。此外，质谱仪需要一个有排气的真空泵，它既是热源也是生产环境的潜在污染源。对于 PAT 来说，最重要是确保样本能够真正地代表目标工艺。在生产的最后阶段，药品会高度浓缩而且不总是匀质的，所以抽样的位置和方法是至关重要的。像 HPLC 和质谱仪这样的高度敏感的分析仪器，只需要少量的材料，因此样本需要一系列的稀释。在某些情况下，还需要一个溶剂交换步骤以改变溶剂环境来适应分析。诸如此类的步骤可以显著增加样本处理时间。

正如前几节所讨论的，在处方表征阶段高通量分析被广泛使用，这种分析的自动化不仅是为了提高通量，而且是为了减轻数据分析员的例行程序和单调操作，并使分析对操作者的依赖最小化。在 DPPC 和 PAT 中，检测时间是其有可能整合进生产工艺的关键属性，而非高通量。有足够的时间来进行纠正操作需要能快速响应的分析。快速地提取样品、准备样品和分析的自动化有益于这一需求，而高通量则是次要的。

20.11　灌装和封装操作的实时多变量统计工艺监测

每个产品批次的生产过程中都会产生很多变量。这些变量由于使用的测量系统不同，有离线或在线的并且采集频率也不同。正如前面部分所讨论的，随着 PAT 和更多数据的出现，有效地监视和诊断来自控制空间的偏差以进行故障排除、纠正和工艺改进是非常重要的。多变量建模和实时统计流程监测（MacGregor and Kourti 1995；Undey et al. 2003）是成功应用于化工行业的解决方案之一。这些应用也已成功地扩展到制药和生物制药领域（Albert and Kinley 2001；Undey et al. 2010）。一个典型的工艺流程包括执行批次的数量（I），在特定的时间间隔（K）中测量的变量数量（J），从而形成了如图 20.21 所示的三元数据阵列（X）。研发定义流程可变性的数据驱动多变量工艺模型在主动监控工艺流程一致性、性能和故障排除等方面已经显示出了优势。典型的工艺性能（包含在如图 20.21 中所示的工艺变量数据阵

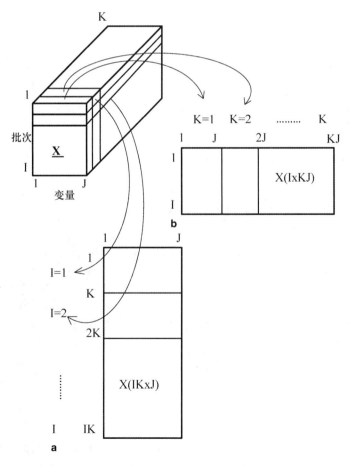

图 20.21　展开三元数据阵列，a 观测水平，保持变量方向，b 批次水平，保持批次方向

列 X 中）可以采用多变量技术〔如主成分分析（principal components analysis，PCA）和偏最小二乘法（partial least squares，PLS）〕来建模。这些模型用于对新批次工艺的实时监控，而批处理级别的模型则在每批次结束时用于批处理的趋势分析，也称为"批次指纹"。批次工艺流程的 PCA 和 PLS 建模的详细信息和数学公式（当它用于批次工艺时通常被称为多元 PCA 或 PLS 模型）可以在文献中找到（Undey et al. 2003；Wold et al. 1998）。

在一个应用实例中，基于统计的概念被应用到药瓶灌装的灌装和封装生产线上，从而可以为了同时综合控制许多变量而建立了一个实时监控的方法。在本例中，对 12 个不同的灌装针位置进行了监测，以观察灌药时间、温度和净重（彩图 20.22a）。在灌装过程中，多变量图表用于检测来自多个变量的弱信号。使用归一化距离图（彩图 20.22c）在不符合预期操作性能（95％和 99％的置信区间之上，分别以绿色和红色表示）的灌装生产线上检测多个灌装针。预期的操作性能如彩图 20.22b 所示，作为第一个潜在变量在多个主灌装容器上的得分轨迹图。在对彩图 20.22 d 的变量贡献图进行评价后，我们诊断出有一些灌装针位置有潜在问题，并对灌装生产线进行检查，找出了一根灌装针的泄漏并发现另一些灌装针弯曲了。多变量分析有助于从许多不同的变量中诊断问题，为灌装和封装生产线提供了独特的机会。

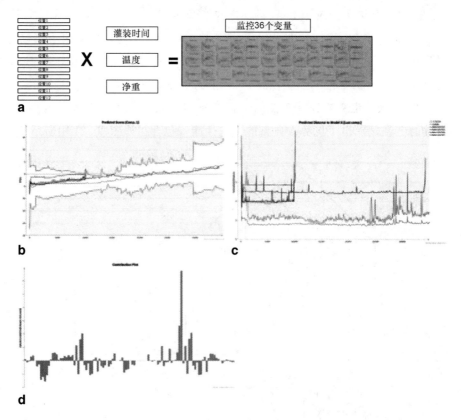

彩图 20.22　药瓶灌装的参数和多变量图表。**a.** 在药瓶灌装的灌装和封装生产线上测得的典型参数，**b.** 历史表现一致的批次的分数图表（绿线是平均轨迹，红线代表围绕绿线＋/－3 个标准偏差），**c.** 为检测批次灌装的主要容器数量的归一化距离图，其置信区间为 95％和 99％（分别用绿色和红色表示），**d.** 通过检查最高变量对膨胀归一化距离的贡献来确定问题的贡献图，一些针头有问题会导致错误的灌装量

20.12　总结

AHT 的实施通常需要大量的资本投资。决定是否实施 AHT 应该基于必要性、适应性、成本效益和监管影响。初步的技术框架和成本分析可以通过评估预计的生产率增长相对风险和投资的影响来证明投资的合理性。在处方研发过程中，平台方法为 AHT 技术提供了一个有丰富的标准化方法和规则的

简单整合。AHT 格式可以适应不同的药品研发条件，包括分子形态和制造工艺。如果考虑在临床或商业生产中使用 PAT，所有的设备或工艺的稳健性和准备度验证，以及任何潜在的监管障碍都必须被充分评估。

AHT 不应该影响原本工艺的本质。例如，筛选处方、使用更小的容器进行原料药冷冻和解冻研究、在不考虑生产相关影响的情况下实现灌装和封装工艺、生成不足以解决统计上的低发生率不稳定性的样本集，并且实现可能干扰现有工艺的 PAT 测量。

在计划执行 AHT 的过程中，重要的是要规划出短期和长期目标，有计划地进行通量和利用率分析。如果需要采取分阶段的方法时，确定产生最大影响的瓶颈。AHT 在许多企业成功地证明了其对生产力的影响，并可能缓解生物制药药品研发的资源限制。

在药品研发中成功地实施 QbD 原则依赖于：①过往知识和经验中不依赖于分子和分子特异性的 CQAs 信息；②为 CQA 提供指导和确保产品质量的完善的设计空间；③充分的控制策略和方法。通过提高效率、通量、操作一致性和提供实时数据，AHT 可以极大地提高我们应用 QbD 原则的能力。在早期的药品研发中，AHT 可以加快学习过程并快速获取知识，以便更好地理解分子本身、它的用途以及保持其稳定性和安全性的处方。在药品研发后期，接近制造环境，焦点从探索性 AHT 和样本处理上转移到 PAT 方面。由于获得检测结果时间更短、实时的工艺监控和操作人员相关的不一致性的减少，在药品研发中实施 QbD 过程中 AHT 的应用可以显著加强对药品研发的理解和控制。

AHT 可以满足药品研发不同阶段的独特需求。分子评估阶段的目标是通过筛选生产和储存条件来选择最佳候选药物。准确和精确的液体处理对于减少稀少的材料的消耗和减少操作员错误是很重要的。在处方筛选阶段，高通量样品处理和自动化分析大大提高了识别最稳定处方的效率。在处方稳健性研究中也可以得到同样的好处。一旦药品研发进入工艺流程表征阶段，可伸缩性试验会更普及。AHT 的重点主要放在分析样本处理、高通量技术的实现和繁琐的样本准备过程的自动化上。AHT 在生产阶段的应用主要是为了开发测试更快的 PAT 或对药品 CQA 的实时监控。这一章论证了 AHT 可以极大地提高研发效率和通量，从而更好地识别 CQA、构建操作空间、建立一个知情风险管理系统并促进 PAT 在药物产品研发和生产中的整合。总之，AHT 大大提高了 QbD 方法的能力和容量。

致谢　感谢 Chris Garvin、William Valentine、Idalisse Gonzales、Jose Vidal 和 Gloria Ruiz of Amgen 提供灌装和封装操作的实时多变量监测的数据和信息。

参考文献

Ahmad SS, Dalby PA (2010) Thermodynamic parameters for salt-induced reversible protein precipitation from automated microscale experiments. Biotechnol Bioeng 108(2):322–332

Ahrer K, Jungbauer A (2006) Chromatographic and electrophoretic characterization of protein variants. J Chromatogr B Analyt Technol Biomed Life Sci 841:110–122

Albert S, Kinley RD (2001) Multivariate statistical monitoring of batch processes: an industrial case study in fed-batch fermentation supervision. Trends Biotechnol 19(2):53–62

American National Standard Institute (2004) ANSI/SBS 1-2004, 1/27/2006

Ausar SF, Chan J, Hoque W et al (2011) Application of extrinsic fluorescence spectroscopy for the high throughput formulation screening of aluminum-adjuvanted vaccines. J Pharm Sci 100(2):431–440

Awotwe-Otoo D, Agarabia C, Wu GK et al (2012) Quality by design: impact of formulation variables and their interactions on quality attributes of a lyophilized monoclonal antibody. Int J Pharm 438:167–175

Bajaj H, Sharma VK, Kalonia DS (2007) A high-throughput method for detection of protein self-association and second virial coefficient using size-exclusion chromatography through simultaneous measurement of concentration and scattered light intensity. Pharm Res 24(11):2071–2083

Banks DD, Latypov RF, Ketchem RR et al (2012) Native-state solubility and transfer free energy as predictive tools for selecting excipients to include in protein formulation development studies. J Pharm Sci 101(8):2720–2732

Bhambhani A, Kissmann JM, Joshi SB et al (2012) Formulation design and high-throughput excipient selection based on structural integrity and conformational stability of dilute and highly concentrated IgG1 monoclonal antibody solutions. J Pharm Sci 101(3):1120–1135

Capelle MAH, Gurny RR, Arvinte TA, Tudor A (2009) High throughput protein formulation platform: case study of salmon calcitonin. Pharm Res 26(1):118–128

Castillo V, Graña-Montes R, Sabate R et al (2011) Prediction of the aggregation propensity of proteins from the primary sequence: aggregation properties of proteomes. Biotechnol J 6(6): 674–685

Chelius D, Jing K, Lueras A et al (2006) Formation of pyroglutamic acid from N-terminal glutamic acid in immunoglobulin gamma antibodies. Anal Chem 78:2370–2376

Chelius D, Xiao G, Nichols AC et al (2008) Automated tryptic digestion procedure for HPLC/MS/MS peptide mapping of immunoglobulin gamma antibodies in pharmaceutics. J Pharm Biomed Anal 47:285–294

Chollangi S, Jaffe NE, Cai H et al (2014) Accelerating purification process development of an early phase MAb with high-throughput automation. BioProcess Int 12(3):48–52

Colandene J (2010) Challenges of biopharmaceutical bulk drug substance freeze-thaw, storage, and transport. 39th ACS National Meeting, San Francisco, CA, United States, March 21–25, BIOT-322

del la Guntinˆas M, Wissiack R, Bordin G (2003) Determination of haemoglobin A(1c) by liquid chromatography using a new cation-exchange column. J Chromatogr B Analyt Technol Biomed Life Sci 791:73–83

del Val IJ et al (2010) Towards the implementation of quality by design to the production of therapeutic monoclonal antibodies with desired glycosylation patterns. Biotechnol Prog 26: 1505–1527

Fesinmeyer RM, Hogan S, Saluja A (2009) Effect of ions on agitation and temperature-induced aggregation reactions of antibodies. Pharm Res 26(4):903–913

Gibson TJ, Mccarty K, McFadyen IJ et al (2011) Application of a high-throughput screening procedure with PEG-induced precipitation to compare relative protein solubility during formulation development with IgG1 monoclonal antibodies. J Pharm Sci 100(3):1009–1021

Goldberg DS, Bishop SM, Shah AU et al (2011) Formulation development of therapeutic monoclonal antibodies using high-throughput fluorescence and static light scattering techniques: role of conformational and colloidal stability. J Phar Sci 100(4):1306–1315

Hamrang Z, Rattray NJW, Pluen A (2013) Proteins behaving badly: emerging technologies in profiling biopharmaceutical aggregation. Trends Biotechnol 31(8):448–458

He F, Litowski J, Narhi LO et al (2010a) High-throughput dynamic light scattering method for measuring viscosity of concentrated protein solutions. Anal Biochem 399:141–143

He F, Hogan S, Latypov RF, Narhi LO, Razinkov VI (2010b) High throughput thermostability screening of monoclonal antibody formulations. J Pharm Sci 99(4):1707–1720

He F, Woods CE, Trilisky E et al (2011a) Screening of monoclonal antibody formulations based on high-throughput thermostability and viscosity measurements: design of experiment and statistical analysis. J Pharm Sci 100(4):1330–1340

He F, Woods CE, Becker GW et al (2011b) High-throughput assessment of thermal and colloidal stability parameters for monoclonal antibody formulations. J Pharm Sci 100:5126–5141

Hiratsuka A, Yokoyama K (2009) Fully automated two-dimensional electrophoresis system for high-throughput protein analysis. Methods Mol Biol 577:155–166

Horvath B, Mun M, Laird MW (2010) Characterization of a monoclonal antibody cell culture production process using a quality by design approach. Mol Biotechnol 45(3):203–206

Hsu YR, Chang WC, Mendiaz EA et al (1998) Selective deamidation of recombinant human stem cell factor during in vitro aging: isolation and characterization of the aspartyl and isoaspartyl homodimers and heterodimers. Biochemistry 37:2251–2262

Jezek J, Rides M, Derham B et al (2011) Viscosity of concentrated therapeutic protein compositions. Adv Drug Deliv Rev 63(13):1107–1117

Johnson DH, Parupudi A, Wilson W (2009) High-throughput self-Interaction chromatography: applications in protein formulation prediction. Pharm Res 26(2):296–305

Junyan AJI, Boyan Z, Wilson CY et al (2009) Tryptophan, and histidine oxidation in a model protein, PTH: mechanisms and stabilization. J Pharm Sci 98 (12):4485–4500

Kamath, L (2006) Practical technologies for lyophilization. Gen Eng Biotechnol News 26(20):1–4

Kang SH, Gong X, Yeung ES (2000) High-throughput comprehensive peptide mapping of proteins by multiplexed capillary electrophoresis. Anal Chem 72:3014–3021

Li Y, Mach H, Blue JT, (2011) High throughput formulation screening for global aggregation behaviors of three monoclonal antibodies. J Pharm Sci 100(6):2120–2135

Ludwig DB et al (2011) Flow cytometry: a promising technique for the study of silicone oil-induced particulate formation in protein formulations. Anal Biochem 410:191–199

Mach H et al (2011) The use of flow cytometry for the detection of subvisible particles in therapeutic protein formulations. J Pharm Sci 100:1671–1678

MacGregor JF, Kourti T (1995) Statistical process control of multivariate processes. Control Eng Pract 3:403–414

Mahler H-C et al (2009) Protein aggregation: pathways, induction factors and analysis. J Pharm Sci 98:2909–2934

Majors RE (2005) New developments in microplates for biological assays and automated sample preparation. LC-GC Eur 18(2):72–76

Mazur MT, Seipert RS, Mahon D et al (2012) A platform for characterizing therapeutic monoclonal antibody breakdown products by 2D chromatography and top-down mass spectrometry. AAPS J 14:530–541

Mungikar A, Kamat M (2010) Use of In-line Raman spectroscopy as a non-destructive and rapid analytical technique to monitor aggregation of a therapeutic protein. Am Pharm Rev 13(7):78

Ng K, Rajagopalan N (2009) Application of quality by design and risk assessment principles for the development of formulation design space. In: Rathore AS, Mhatre R (eds) Quality by design for biopharmaceuticals: perspectives and case studies. Wiley, Hoboken

Pantoliano MW, Petrella EC, Kwasnoski JD et al (2001) High-density miniaturized thermal shift assays as a general strategy for drug discovery. J Biomol Screen 6:429–440

Rathore AS, Winkle H (2009) Quality by design for biopharmaceuticals. Nat Biotechnol 27:26–34

Razinkov VI, Treuheit MJ, Becker GW (2013) Methods of high throughput biophysical characterization in biopharmaceutical development. Curr Drug Discov Technol 10(1):59–70

Roessner D, Scherrers R (2012) Formulation in high throughput. Aggregation behavior, solubility and viscosity of proteins. LaborPraxis 36(1/2):34–36

Saluja A, Fesinmeyer RM, Hogan S et al (2010) Diffusion and sedimentation interaction parameters for measuring the second virial coefficient and their utility as predictors of protein aggregation. Biophys J 99:2657–2665

Santora LC, Krull IS, Grant K (1999) Characterization of recombinant human monoclonal tissue necrosis factor-alpha antibody using cation-exchange HPLC and capillary isoelectric focusing. Anal Biochem 275:98–108

Stackhouse N, Miller AK, Gadgil HS (2011) A high-throughput UPLC method for the characterization of chemical modifications in monoclonal antibody molecules. J Pharm Sci 100:5115–5125

Shah RB, Tawakkul MA, Khan MA (2007) Process analytical technology: chemometric analysis of Raman and near infrared spectroscopic data for predicting physical properties of extended release matrix tablets. J Pharm Sci 96(5):1356–65

Sitton G, Srienc F (2008) Mammalian cell culture scale-up and fed-batch control using automated flow cytometry. J Biotechnol 135:174–180

Taylor PB, Ashman S, Baddeley SM et al (2002) A standard operating procedure for assessing liquid handler performance in high-throughput screening. J Biomol Screen 7(6):554–569

Tsolis AC, Papandreou NC, Iconomidou VA et al (2013) A consensus method for the prediction of 'aggregation-prone' peptides in globular proteins PLoS One 8(1):e54175

Undey C, Ertunc S, Cinar A (2003) Online batch/fed-batch process performance monitoring, quality prediction and variable contributions analysis for diagnosis. Ind Eng Chem Res 42(20):4645–4658

Undey C, Ertunc S, Mistretta T, Looze B (2010) Applied advanced process analytics in biopharmaceutical manufacturing: challenges and prospects in real-time monitoring and control. J Process Control 20(9):1009–1018

Valente JJ, Payne RW, Manning MC, Wilson WW, Henry CS (2005) Colloidal behavior of proteins: effects of the second virial coefficient on solubility, crystallization and aggregation of proteins in aqueous solution. Curr Pharm Biotechnol 6(6):427–436

Walsh G (2010) Biopharmaceutical benchmarks. Nat Biotechnol 28:917–924

Walter TS, Ren J, Tuthill TJ et al (2012) A plate-based high-throughput assay for virus stability and vaccine formulation. J Virol Methods 185(1):166–170

Wold S, Kettaneh N, Fridén H, Holmberg A (1998) Modelling and diagnostics of batch processes and analogous kinetic experiments. Chemometr Intell Lab Sys 44: 331–340

Yadav S, Laue TM, Kalonia DS et al (2012) The influence of charge distribution on self-association and viscosity behavior of monoclonal antibody solutions. Mol Pharm 9(4):791–802

Yamniuk AP, Ditto N, Patel M et al (2013) Application of a kosmotrope-based solubility assay to multiple protein therapeutic classes indicates broad use as a high-throughput screen for protein therapeutic aggregation propensity. J Pharm Sci 102:2424–2439

Zolls S et al (2012) Particles in therapeutic protein formulations. Part 1: overview of analytical methods. J Pharm Sci 101:914–935

第 21 章
关键质量属性、质量标准和控制策略

Timothy Schofield，David Robbins and Guillermo Miró-Quesada
米真　译，郑爱萍　校

21.1　引言

质量源于设计（QbD）是一种系统的基于风险的方法，建立在对产品和制造工艺的科学理解基础之上。这种方法确保了生产工艺得到良好的控制，以持续为患者人群提供满足质量要求的产品。为了实现这一点，风险评估工具和可能对安全性和有效性有潜在影响的信息被用来确定关键质量属性（CQA）。然后设置可接受的范围，为工艺表征研究提供质量目标。这些研究将决定工艺参数对产品质量的多元影响。在对工艺理解的基础上，确认了关键工艺参数（CPP）。CPP 及其多变量可接受值域成为设计空间定义的一部分，更广泛地包括"输入变量（例如，物料属性）和工艺参数的多维组合和交互作用，这里所用工艺参数已经被证明能够提供质量保证"[ICH Q8（R2）2009]。一旦工艺以这种方式被表征和定义，就可以评估此工艺流程对每个 CQA 的控制能力，以确定是否需要额外的分析测试控制来确保对产品质量的控制。这些提供了一个整合控制策略的定义，包括工艺流程控制和分析测试（包括放行限度）。进行全面的质量属性风险评估以确定所拟采取的控制策略的稳健性，以确保提供给患者的药物的质量、安全性和有效性。此外，还应考虑对可比性进行评估以支持制造和分析的变化，无论是作为控制策略的一部分还是作为控制策略的附加部分。

21.2　CQA 的确定

ICH 将 CQA 定义为"产品的物理、化学、生物或微生物性质或特征，应该在适当的限度、范围或分布之内，以确保所期望的产品质量"[ICH Q8（R2）2009]。CQA 的测定是一个迭代的过程，从列举可能会影响患者的安全性和有效性的产品属性开始，然后通过 CQA 风险评估对这些属性进行评价。这一评估在工艺流程和产品控制策略中达到顶峰，这是一套全面的工艺和分析控制，有助于确保产品质量。本节将概述用于确定 CQA 的过程和方式。

21.2.1　生物制药的质量属性

生物制药的 CQA 测定从产品性质的清单开始。这些性质或质量属性将是产品特定的，并且通常基于对产品的物理、化学和生物特性的了解。表 21.1 中列举了一个单克隆抗体产品的质量属性列表。质量属性被划分为不同的类别，以简化进一步的评估过程。

在研发过程中，对产品的质量属性进行评估以建立质量的关键性。质量的关键性与其对患者安全性和有效性的潜在影响相关。在某些情况下，由于对患者已知的影响（例如，效力和生物负载），一些质量属性可以被认定为 CQA。其他质量属性则需要在整个研发过程中进行进一步调查以确定其影响。该调查通常评估一个属性对生物活性、PK/PD、免疫原性或安全性的潜在影响。如果一个属性被确定对一个或多个临床类别有潜在的影响，那么它可能会变成一个 CQA。确定 CQA 是很重要的，这样就可以通过选择合适的制造工艺和定义控制策略来研究和控制那些对产品质量有影响的产品特性。

重要的是，不仅要确定质量属性对产品安全性和有效性的直接影响，还要通过已知或怀疑的与其他质量属性的相互作用或相关性来考虑间接影响。例如，文献中曾提出，赖氨酸残基上的糖基化可能导致可溶性聚集物的形成率增加（Banks et al. 2009）。因此，与通过糖基化单独的作用相比，通过增加可溶聚集物的水平，糖基化可能会对安全性和有效性产生间接和更严重的影响。类似地，药品辅料浓度和常规特性（例如 pH）会对存储过程中各种产品变体的生成速率产生很大的影响，比如聚集、断裂和脱酰胺（Wang et al. 2007）。

表 21.1　某单克隆抗体药品质量属性示例

| 质量属性分类 | | | | | |
一般性质	产品变化	生物活性属性	污染物	工艺相关杂质	辅料水平
澄清度和颜色	聚集	效应器	无菌	DNA	表面活性剂（例如，聚山梨酯）
亚可见和可见颗粒	碎片	功能效价	内毒素	HCP	
pH	电荷亚型		病毒	胰岛素	糖类（例如，海藻糖）
渗透压	脱酰胺作用				缓冲液和其他盐
蛋白质					
浓度	氧化				
可抽出体积	糖化作用				
	糖基化：				
容器封闭完整性	岩藻糖基化				
	半乳糖基化				
对于冻干产品：	高甘露糖				
冻干饼外团	唾液酸苷化				
冻干饼含水量	非糖基化形式				
复溶产品溶解度					

质量属性评估的另一个考虑因素是给药方式。例如，对皮下注射和静脉注射来说，一个特定的质量属性对免疫原性或 PK 的潜在影响可能是不同的。很可能一个属性在一种情况下是 CQA，而在另一种情况下则不是。然而，如果对每个给药途径应用不同的 CQA，那么管理一个药品的多个商业产品形式的控制策略可能会变得非常复杂。更简单的方法可能是采用保守的方法并建立一个通用的 CQA 列表来涵盖该产品所有给药途径。

21.2.2　CQA 风险评估

在整个研发过程中进行 CQA 风险评估，可以建立分析、工艺和处方研发的路径，并制定商业产品控制策略。本节将介绍这一方法的主要元素，并在彩图 21.1 中予以概述。

在研发早期，建议定义一个目标产品质量概况（QTPP）来指导研发，并提供潜在的 CQA 和质量目标的早期理解。QTPP 指理论上可以达到的，并将药品的安全性和有效性考虑在内的关于药品质量特性的前瞻性概述［ICH Q8（R2）2009］。QTPP 的定义考虑了多种因素，例如用药指征、患者人群、给药方式、剂型、生物利用度、药效和稳定性。彩图 21.1 中的产品设计步骤允许在优化分子设计的过程中，设法解决任何可能影响质量属性的分子序列问题。

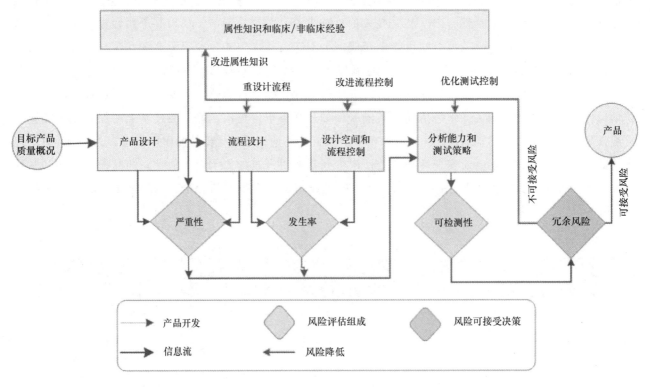

彩图 21.1   高水平质量属性风险评估策略

每一个相关的属性都要在研发过程中进行失效模式效应分析（failure mode effects analysis-like, FMEA）风险评估（彩图 21.1）。在质量属性风险评估中使用 FMEA 方法不是由监管机构或指导方针决定的，而是在行业中得到普遍使用。国际电工委员会标准 IEC-60812a 是 FMEA 方法的有用参考，它提供了严重性、发生率和可检测性的一般定义。通过使用表 21.2 中提供的定义，这些标准可以应用于 CQA 风险评估。

表 21.2   严重性、发生率和可检测性的定义

	IEC-60812 定义	适用于质量属性风险评估的定义
严重性	"……对于故障将对系统或用户产生多大影响的估计……"	当给药产品超出了产品质量属性的规定范围时，对患者安全和疗效的影响
发生率	"……某个故障模式发生的概率……"	一个质量属性超出其规定范围的可能性
可检测性	"……在故障影响系统或用户之前识别和消除故障的可能性估计……"	在向患者给药前，确定一个质量属性是否超出其规定范围的能力的检测

需要注意的是，FMEA 方法这个特殊应用着重于质量属性本身，以及当质量属性不能满足其需求可能对患者造成的伤害，而不是像行业中经常使用的传统 FMEA 一样主要关注制造过程中的失败。虽然这种传统的侧重于制造失败模式的评估方法在 QbD 方法中可能是有用的工具，可以确保制造过程的可靠性，但它们并不关注对患者造成的伤害，因此不是本文的重点。

质量属性风险评估的首要评估是**严重性**，它考虑了每个质量属性如何影响安全性和（或）有效性。可评估的临床影响类别包括生物活性、PK/PD、安全性和免疫原性。严重性评估可基于将质量属性与临床表现联系起来的知识和这些知识的确定性。知识的来源可分为先验知识（文献和内部信息）和从实验

室获得的特定产品知识（蛋白质表征），以及非临床和临床经验。关于质量属性严重性评估将在第 21.2.3 部分中详细讨论。

在产品研发的各个阶段，质量属性严重性评估是一个渐进的过程。在产品研发的早期阶段（例如临床前），严重性评分根据有限的产品知识来确定。在产品通过临床研发不同阶段（一期、二期、三期）的过程中，可能会获得新的信息，从而导致严重性评分的改变。QTPP 的变化，包括给药途径、剂量和患者人群，也可能对严重性评分产生影响。严重性评分以及 CQA 鉴定可以用来指导控制策略的研发，以支持商业工艺验证和市场应用。在研发的后期阶段，质量控制更依赖于稳健的工艺控制（例如导致降低了**发生率**）而有可能减少对测试的依赖（与**可检测性**有关）以确保质量。

发生率主要基于工艺能力，它代表了生产工艺（或处方）在要求范围内维护质量属性的能力。工艺能力来自于工艺流程的设计（工艺顺序、连接、稳健性、冗余性等），以及工艺控制在设计空间中维持参数的能力。可检测性反映了在适当的工艺流程阶段内分析方法和采样计划的适应性以及这些方法的可用性。

剩余风险用于评估**发生率**和**可检测性**的能力，以确保在考虑其严重性情况下对每个质量属性进行充分的控制（彩图 21.1）。如果某一质量属性的剩余风险过高，则可以采取以下一种或多种减轻风险方法，以提供更可靠的控制策略和（或）根据增加的产品或工艺知识证明风险降低：

- 工艺控制可以通过在更窄的范围内操作工艺参数或者通过施加额外的工艺控制来加强。
- 可能会获得新的数据，为工艺能力和已经到位的工艺控制的有效性提供额外保证。
- 引入冗余和（或）更严格的分析控制，或改进的分析方法。
- 对工艺进行优化或重新设计以提高工艺能力。
- 可以获得关于该属性的进一步知识以减少不确定性或更好地表征影响，从而降低由于严重性评分降低而导致的残余风险。

彩图 21.2 至彩图 21.4 举例说明了使用 FMEA 方法对残余风险的评估。在这个例子中，为了简单起见，严重性、发生率和可检测性方面的考虑是按顺序添加。如图 21.1 所示，在实际工艺和产品研发过程中，这些评估通常以一种更全面的、迭代的方式进行。虽然在这些例子中没有确定属性，但它们是基于单克隆抗体产品的实际数据，因此代表了生物制药研发中所能预期的实际情况。

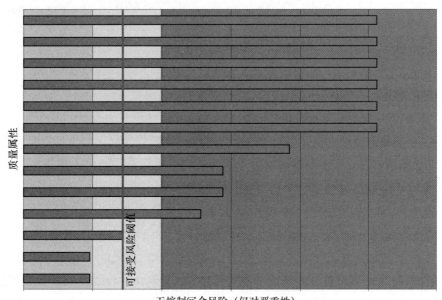

彩图 21.2　对患者冗余风险的初步评估（仅对严重性）。工艺能力和控制策略没有被考虑在内

彩图 21.2 显示了风险的初始评估，它只考虑每个质量属性的严重性（没有考虑通过工艺和测试控制来降低风险）。图中的绿色区域表示可接受的风险，红色区域表示不可接受的风险。所有超过严重性的可接受风险阈值（彩图 21.2 中的垂直红线）的属性都被认为是 CQA。因为如果要确保产品质量，这些属性必须被控制在适当的限度、值域或分布范围内。（将红线放置在黄色区域内以说明将关键性视为连续域而不是简单的二元分类通常是有用的。）如果没有这种控制的保证，它们可能会给患者带来不可接受的风险。因此，为了优化分析方法以及最终为了商业制造工艺的控制策略研发，对这些 CQA 的控制必须是产品和工艺设计的主要关注点。

随着研发过程的进行，为了控制 CQA，制造工艺得到了优化，对工艺流程的理解也是通过生产经验和研发研究而获得，CPP 的影响及其与质量属性的相互作用也获得了阐明。这些加起来使评估工艺能力成为可能（发生率"O"）。彩图 21.3 显示了对患者的剩余风险的评估，该评估解释了严重性和发生率（S×O）；这种风险可以被认为是制造过程在没有通过分析测试的进一步保证的情况下产生不可接受质量产品的风险。对彩图 21.2 和彩图 21.3 的比较表明，工艺控制降低了许多属性的风险。确实，对一些可能具有最高严重性评分的 CQA（彩图 21.2），单独的工艺控制被证明对患者的风险最小，这样就不需要常规的放行测试或其他的常规分析测试来控制这些属性。

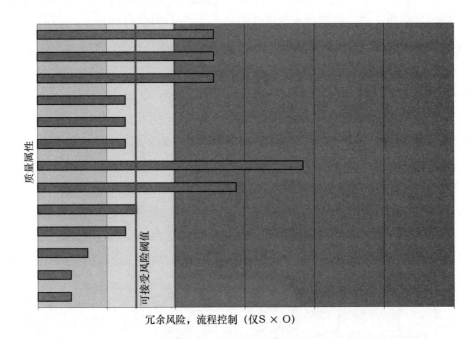

彩图 21.3   将工艺能力和工艺控制（S×O）纳入考虑后患者的风险评估。放行限度和其他分析测试控制没有被考虑在内

彩图 21.3 中 S×O 分数超过可接受风险阈值的属性代表了在解释工艺能力后剩余风险较高的 CQA。彩图 21.3 中超过阈值是一个指标，表明可能需要放行限度或其他检测控制，以确保对该属性的充分控制，从而为患者提供低风险的信心。对于那些限制稳定性的属性（如许多产品中的聚集），或者对那些对工艺能力理解有限的属性（如某些产品的颗粒），这可能是正确的。

一旦提出了商品的放行限度和其他检测控制的提案，既能处理上面提到的问题，又能解决其他方面的考虑（例如，由药典或规章指南规定的测试），那么质量属性风险评估就算完成了，其中还包含基于分析控制策略的可检测性（D）评估。彩图 21.4 显示了最终残余风险 S×O×D，它考虑了整合的控制策略中的所有要素，包括工艺和测试控制。与彩图 21.3 相比，通过包含放行限度或其他检测控制，如生产过程中测试，许多属性的残余风险已经得以减少。所有的属性最终都低于可接受的风险阈值，这表明在针对工艺过程和产品的控制策略和质量标准下，与这些属性相关的患者风险是最小的。

彩图 21.4　基于商业控制策略（S×O×D），将工艺和分析控制考虑在内的患者残余风险评估

诸如此类的风险评估也可能为产品和工艺的生命周期管理提供有用的工具。当进行市场应用时，有限的关于潜在对患者的影响和工艺能力的知识可能会导致对严重性和发生率的保守估计。随着拿到生产许可后的经验的增加，基于新的内部数据和已发表文献将会获得更多关于属性的严重性的新知识。通过长期的生产经验和持续的工艺验证，工艺能力和可变性也可能得到更好的理解。将所有这些因素考虑在内的更新的质量属性风险评估可以提供更准确的严重性和发生率的估计。在某些情况下，即使在没有对特定属性进行测试的情况下，这些更新的评估也可能显示出有效的控制。在这种情况下，风险评估提供了一种系统的工具以证明放弃不再需要的分析控制，或者对控制策略进行其他改进的建议。

21.2.3　质量属性严重性评估

在产品研发过程中，用于评估风险成分的工具因公司而异。理想情况下，用来评估和沟通风险的定量或半定量方法要比非定量的方法有利。然而，就像所有的测量系统一样，定量风险评分应该是准确的（例如它所测量的结果是特定的）和精确的（例如可以由有能力的测量员来重复）。理想情况下，潜在的患者影响应该从质量属性的级别映射到精确的已确定的结果，例如与安全性和有效性相关的特定影响的概率。然而，由于质量属性与特定结果之间的相互关系的复杂性，以及每个患者结果的多样性，这种理想情况很少发生。对于像单克隆抗体和其他治疗蛋白质这样的复杂分子来说尤其如此，它们具有一些固有的异质性导致临床影响往往没有很好地被表征。

下面的例子中的严重性评估方法，基于各种各样的信息来源，利用一个数字评分系统来表示一个属性对安全性和有效性的潜在影响。由于并不是所有的信息来源都是同样可靠的，评分系统通过提高严重性评分来反映影响评估的不确定性，从而反映出比现有数据所显示的更严重的影响的可能性。为了便于说明，影响和不确定性可以用如下方法测定。

影响　根据质量属性对患者造成伤害的可能性，测定该属性对安全性和有效性的影响。表 21.3 中提供了一个例子，它显示了潜在对患者伤害的 5 个不同水平。

质量属性的风险评分应该是多元的，以反映质量属性的可变性可能对患者产生潜在影响的多种方式。因此，在本例中，每个质量属性都是根据 4 个影响类别，即生物利用度、PK/PD、安全性和免疫原性来评估的。表 21.4 中定义了潜在对患者伤害的程度。

要采取最保守的方法，在 4 个影响类别中得分最高的分数应该作为该属性的最终严重性评分。

表 21.3　潜在对患者伤害（影响）级别

级别	定义
非常高	威胁生命的或不可逆的影响（不可逆的疾病恶化、其他不可逆影响）
高	无生命威胁的和可逆的影响（可逆的疾病恶化、其他可逆影响）
中	可容忍的、可控的和暂时的影响
低	较小但是可检测的影响
无	可忽略的影响或无影响

表 21.4　每个影响类别下影响程度（潜在对患者伤害）的定义

潜在对患者伤害的水平	影响类别			
	生物活性	PK/PD	安全性	免疫原性
非常高	产生潜在致命影响或不可逆疾病恶化的生物活性影响	由于功效损失导致的，会产生潜在致命影响或不可逆疾病恶化的 PK/PD 影响	可逆的或致命的不良事件	观察到会产生潜在致命影响或不可逆疾病恶化的免疫原性反应
高	产生非致命功效损失和可逆的或没有疾病恶化的生物活性影响	产生非致命功效损失和可逆的或没有疾病恶化的 PK/PD 变化	可逆的并且非致命的不良事件，包括导致终止治疗或者需要住院治疗	观察到会产生非致命影响或在安全性和有效性限度内的免疫原性反应
中	功效限度内可容忍的生物活性影响	功效限度内可容忍的 PK/PD 影响	不需要住院治疗的易控制的一过性不良事件；需要最小的干预	观察到对安全性或有效性产生可容忍影响的免疫原性反应
低	很小但是可检测到的生物活性改变	很小但是可检测到的 PK/PD 改变	较小的一过性不良事件；无症状或轻微症状；不需要干预	观察到产生最小体内影响的免疫原性反应
无	无法检测到的生物活性影响	无法检测到的 PK/PD 影响	未检测到不良事件	未观察到免疫原性反应

[a]根据不同迹象，功效损失会导致致命性影响或者不可逆的疾病恶化
PD，药效学；PK，药代动力学

不确定性　当使用各种信息源来确定质量属性和产品的体内性能之间的联系时，在严重性评分系统中应该考虑到信息的来源、相关性和信息量。应当注意：
- 用于评估产品或相关产品的数据；
- 用于研究影响的试验模型，即体外或非临床模型；
- 从文献获得的或内部产生的数据。

表 21.5 提供了一个三层不确定性评分系统的定义示例。

表 21.5　观测到的影响的不确定性程度的定义

不确定性水平	观察到的影响的不确定性
高	属性的影响是基于相关科学文献的
中	属性的影响是通过此分子的实验室或非临床研究，或者是从相关模型/患者人群中的相关分子的实验室、非临床或临床研究数据中预测的
低	属性的影响是从此分子的临床研究中建立的

严重性评分和潜在 CQA 的测定　基于影响和不确定性分析，可以给每个质量属性指定严重性评分。彩表 21.6 显示了一个严重性评分系统的例子，描述了严重性随着影响和不确定性水平的增加而逐渐增长。

这个评分系统的一些关键特征是：

彩表 21.6 指定影响和不确定性的严重性评分系统

		不确定性		
		低	中	高
	非常高	32	32	32
	高	16	24	32
影响	中	8	12	18
	低	4	6	9
	无	1	2	3

红色＝CQA；绿色＝次关键的质量属性

- 最高的严重性评分 32 被分配给一个具有"非常高"的影响等级的属性，而不考虑不确定性的程度。这是因为致命性影响是对患者最坏的潜在伤害，而严重性不会由于确定性的增加而减少。
- 在"高""中""低"或"无"的影响水平上，严重性分数随着不确定性的增加而增加。

严重性评分系统被用于评估属性的关键性。在这个例子中，≥9 被作为将质量属性分类为潜在关键属性的阈值。这个阈值的选择确保了一个具有低影响但是高不确定性的属性，将被保守地归类为 CQA。然而，一个比任何对患者的影响可信度都高的属性是可以接受的（中等影响、低不确定性）不会被归类为关键属性。

在指定严重性评分时应该考虑属性之间的相互作用。这通常意味着两个相互作用的属性将取两个属性中较高的分数。例如，在存储过程中处方中添加的用于控制产品聚集的辅料的级别可能会得到与聚集物杂质本身相同的严重性评分。

由此产生的质量属性的严重度评分被用来识别对患者造成高潜在伤害的属性，因此可以鉴定出它们，并减轻它们的影响。通过制定有效的生产工艺设计和控制策略可以实现对这些属性的缓解，但也可能涉及进一步的研究和数据分析，以增加产品和（或）工艺相关的知识（彩图 21.1）。例如，较低的严重性评分（以及因此较低的总体风险）可能是因为基于额外非临床和体外研究或更多的临床经验带来的理解的增加（如，不确定性降低）。

21.3 商业控制策略的研发

ICH 将控制策略定义为"根据当前对产品和工艺的理解，为确保工艺性能和产品质量而计划进行的一系列控制。这些控制包括与原料药（drug substance，DS）和药品（drug product，DP）材料和组分有关的参数和属性、设施和设备的操作条件、工艺控制、成品质量标准以及相关的监测和控制的方法和频率"（ICH Q10 2008）。生物制药的商业控制策略包括分析、工艺和过程中各组成部分，这些将共同帮助确保最终产品符合其预期目的。ICH Q8（R2 2009）为这些部分提供了以下指导："至少应考察对产品质量至关重要的原料药、辅料、容器封闭系统和制造工艺等各个方面，并制定合理的控制策略。关键的处方属性和工艺参数通常是通过评估它们的变化对药品质量的影响程度来确定的。"本指导原则还强调，这些控制应该至少包括对 CPP 和材料属性的控制。

FDA 工艺验证指导原则（FDA Guidance for Industry 2011）指出，在工艺验证过程中，在整个生命周期中采用基于风险的决策，属性和参数的关键性应该被视为一个连续体而不是简单的二分法，而且随着新信息的获得，所有属性和参数应该被重新评估。

本节将重点描述商业生物制药控制策略的主要组成部分。这些组成部分由 CQA 风险评估（21.2.2 部分）给出。

21.3.1　物料输入（原料和组件）的控制

制定控制策略时，不应忽视对原材料（如辅料）和组件（如容器封闭系统）的控制。在许多情况下，这些材料的变化对产品质量可能不会有什么影响，简单的控制可能就足够了，例如测试和投放辅料达到药典标准（美国药典 USP、国家处方集 NF 或欧洲药典）。然而，应该考虑将符合药典标准作为最低要求，并且有些产品可能对杂质更敏感。原料质量总是有可能影响产品 CQA 的，这可以在系统研究中得到评估。

包装和储存预充式玻璃注射器产品，就是一个为了确保产品质量，需要经过实验室研究支持的更精细的控制的例子。这类注射器通常含有用于制造的残余钨，以及低含量的作为润滑剂的硅油。硅油（Thirumangalathu et al. 2009）和钨（Jiang et al. 2009）已经被证明对蛋白质药物的稳定性，尤其是对颗粒的形成，有很大影响。不同的蛋白质分子对这些物质的敏感度会有所不同。因此，基于对这些影响的多参数实验研究，通常会确定特定产品对注射器中钨和硅油最大含量的要求。对硅油来说，通常需要设定一个较低的限制，以确保在产品保质期内注射器的功效。如果注射器制造商的放行限度太过宽泛，无法达到确保药品质量的要求，那么生物制药制造商可能需要制定更严格的、产品特定的质量标准，该质量标准已被确定适合于特定的应用。在这种情况下，评估无法通过这些更严格的质量标准的可能性是重要的，以确保药品能不间断地向市场供应。可能有必要与注射器制造商合作研发定制注射器以确保特定产品的适用性。

21.3.2　工艺控制与工艺能力

工艺控制在一定程度上是通过识别 CPP 并建立对这些参数的操作限制来执行的。两者都是根据 CQA 的要求以及参数和属性之间的关系来确定的。CPP 被定义为 "其波动对关键质量属性有影响的工艺参数，因此该参数应该被监测或控制以确保能生产出预期质量的产品" ［ICH Q8（R2）2009］。

CPP 通常是首先通过先验知识、研发经验和风险评估工具来定义的，以评估哪些参数可能会影响产品质量。然后在小范围内进行实验工艺特征研究，以阐明工艺参数与 CQA 之间的函数关系。这些研究的设计通常是基于对 CQA 可接受范围的理解以及控制工艺参数的工业设备的能力。由于优秀的效率和决定工艺参数间的相互作用的能力，多变量实验设计（design of experiment，DoE）方法是最常用的，如阶乘设计或表面响应设计。然而，DoE 衍生的模型通常是经验主义的。在可能的情况下，机械模型应该被充分利用来进行设计工艺表征研究。工艺表征研究提供了评估工艺参数对工艺性能（例如产量、处理时间）和质量的影响的机会。

一旦确定了工艺参数和 CQA 之间的函数关系，就可以使用系统风险评估工具来定义 CPP。监管机构和指导方针并没有规定应该使用哪种风险评估方法来确定 CPP，但是这些方法和最终的 CPP 将作为市场应用程序的一部分被监管审查。

正如 21.2.2 部分对于 CQA 风险评估进行的讨论，从制造经验、工艺表征和其他研发研究中获得的信息，可以评估工艺控制每一个 CQA 的能力。回到这一节中描述的基于 FMEA 的风险评估方法，可以将发生率或 "O" 评分确定为一个测评工艺满足先前每个 CQA 质量需求能力的度量方法。评估工艺能力应该包括对每个 CPP 的可控性的评估。应考虑到在确保质量所需要的操作范围内，对每个 CQA 的预期影响的大小和控制 CPP 的容易程度。这在表 21.7 中得到了说明。CPP 不能被认为是影响产品质量的工艺可变性的唯一来源。必须考虑其他的基于不同规模的工艺经验，或者其他类似产品的经验的可变性来源（已知和未知）。这种可变性需要在知道属性的级别接近其可接受限度的程度情况下进行评估。这可以用类似于**工艺能力指数**（Process Capability Index，**Cpk**）的方式来完成（Montgomery 2013）。这反映在表 21.7 的最后一行中，它评价了工艺的整体可变性。

在这个例子中，可以看到 CQA ♯1 受到许多被很好地控制的 CPP 的影响。因此几乎没有超出 CQA 可接受范围的风险。该工艺的经验也表明，产品中的 CQA ♯1 水平总很好地落在可接受范围内。因此，工艺能力对于这个属性来说是很好的，并且 CQA ♯1 的 FMEA 出现率评分"O"将会很低。与此相反，尽管没有识别到任何 CPP，根据总体工艺能力，CQA ♯2 将获得一个高的"O"分数。这可能是具有非常严格的要求或质量标准的属性的情况，即使它只受到个别工艺参数的极小影响。作为第三个例子，由于有一个很难控制的 CPP（♯1），CQA ♯ 3 可能会得到一个中等的"O"分数。这可能是因为这个参数的范围非常窄，但是这个 CQA 的整体工艺控制是很稳健的。

表 21.7　基于对 CPP 理解的工艺能力评估

	CQA ♯1	CQA ♯2	CQA ♯3	……	CQA ♯N
CPP ♯1	无影响	无影响	很难控制	……	容易控制
CPP ♯2	容易控制	无影响	无影响	……	无影响
CPP ♯3	容易控制	无影响	无影响	……	很难控制
· · ·	· · ·	· · ·	· · ·		· · ·
CPP ♯N	容易控制	无影响	无影响	……	无影响
整体工艺能力	总是很好地落在 CQA 可接受限度内	在某些批次中 CQA 接近上限	总是很好地落在 CQA 可接受限度内	……	在某些批次中 CQA 接近上限

21.3.3　进程内测试和设施 / 环境控制

在生物制药中，进程内测试和控制的重点通常在微生物控制和无菌化上，例如过滤前微生物检测和过滤器完整性测试。出于同样的原因，需要严格的设施和程序控制，如环境和人员监测。

21.3.4　分析控制策略

正如 21.3.1 部分所描述的那样，有必要采取一种包括在货架期限度和（或）放行限度范围内的分析控制策略以减少患者的残余风险。放行限度和货架期限度都可以用来控制随着货架期改变的原料药或药品的属性。当属性仅受生产可变性的影响时，仅使用放行限度就可以了。图 21.5 描述了分析控制策略的框架，描绘了对预计会在货架期内减少的 CQA（例如效力）的控制。图 21.5 A 显示在产品货架期内对属性的最小和最大需求。这些需求代表了为了确保产品质量必须维护的真实水平。图 21.5 B 显示了最小的放行限度，这个限度是根据整个货架期内的预计损失以及与预测和放行分析测量可变性相关的不确定性估计的。最大的放行限度同样也是根据图 21.5 C 中的放行实验不确定性而计算的。一定要需要注意，最大放行限度只有在原料药或药品放行时应用。图 21.5 D 展示了通过控制（警惕）限制来管理长期的生产可变性。这类限制可以作为持续工艺验证（continued process vertification，CPV）的一部分，作为工艺验证的最后阶段（FDA Guidance for Industry 2011）。图中显示了在放行限度范围内的控制限度，这意味着该属性中可接受的工艺能力。

这个基本框架构成了对原料药或药品的分析控制。图 21.6 阐明了控制这两者的全貌。在这里，原料药是通过药物放行限度来控制的，这确保了原料药制成制剂和灌装时，药品将满足药品放行限度。

分析控制策略的各个要素将在 21.3.4.1～21.3.4.5 部分中详细讨论。

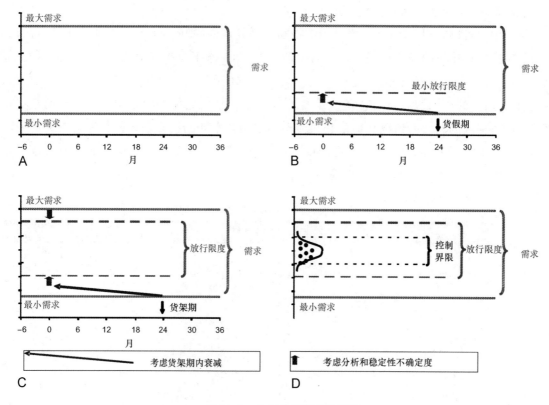

图 21.5 分析控制策略的框架

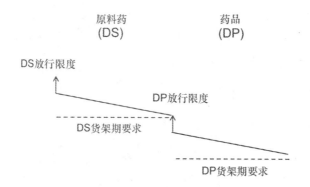

图 21.6 属性在货架期内递减的原料药和药品分析控制（斜线表示货架期内的降解；箭头表示分析和降解不确定度；虚线表示最低要求）

21.3.4.1 要求

要求是基于风险的分析控制策略研发的基础。对 CQA 的要求是产品被控制的真正限度。与放行限度不同，这些不是测试限度。它们是属性为了确保质量必须满足的真实水平。基于风险的分析控制方法可以使用这些要求来建立放行限度和产品的商业稳定性的方法。这些限度通过确认发布检测和稳定性预测中的不确定性来管理风险。

21.3.4.2 放行限度

ICH 将质量标准定义为："一个包含检测项目、参照的分析方法和适宜的验收标准（如数值限度范围或试验的其他标准）的列表"（ICH Q6B 1999）。ICH 进一步定义，"原料药和药品质量标准的建立是总体控制策略的一部分，包括对原材料和辅料的控制、过程内测试、工艺评估或验证、遵守产品生产规范、稳定性测试以及测试批次一致性。"因此，质量标准被用来管理产品质量，是整个控制策略的一部分。

　　ICH 继续定义放行限度如下："在合理的情况下，可以采用放行限度和货架期限度这一概念。这一概念是指原料药和药品的放行限度比货架期限度更严格。此概念可以应用于例如效价和降解产物等方面。"区分放行限度和货架期限度的一个合适基础是将指示属性以及相关变化稳定性的预估可变性，以及放行检测的可变性综合在一起。

　　当放行限度没有满足时，此批次将会被认为检验结果超标（out of specification，OOS）并被隔离暂不允许放行。然后基于公司的质量部门做出的风险评估来决定是否放行这批药品。《2006 FDA 产业指南》和《生物制药产品的检验结果超标的测试结果调查》中给出了指导原则。

　　如上所述，辅料等级和其他处方性质可以通过对其他 CQA 的影响而成为 CQA。因此，为前一属性设定放行限度应该在一定程度上取决于对后一属性的控制的充分程度。例如，表面活性剂浓度和处方 pH 都会影响到液体药品中的颗粒形成率，但是其程度是十分依赖于具体产品的。因此，应针对具体产品来开展特定的研究来阐明这些关系。这些研究可能是多变量的或单变量的。利用来自早期产品研发阶段的理解，根据风险评估，可以选择适当的研究设计。

21.3.4.3 控制限度

　　控制限度（警示限度）通常基于产品性能，并用于监控生产工艺是否产生潜在变化的质量属性趋势。这些预测来自于生产建模或使用统计工艺控制（statistical process control，SPC）方法，如 Shewhart 限制或公差范围，从生产数据得到的计算。这些限度可能被用来将某个单独批次的属性标记为非典型，也可以用来标记可以检测到数批次的趋势或变化的生产事件。这种方法可以被正式纳入一个持续工艺验证（continued process verification，CPV）项目作为公司工艺验证策略的一部分。

　　控制限度和作用于限度的规则通常是制造商质量体系的一部分。与放行和稳定性质量标准不同的是，控制限度可以用于管理生产工艺。当未满足数值要求或规则时，这个批次就会被称为超常检验结果（out of trend，OOT）并进行生产调查。调查结果可能揭示出生产工艺或试验的系统性问题。风险评估可能会表明，OOT 对产品质量没有影响，或应该采取纠正措施使该工艺重新得到控制。如果确定 OOT 对产品质量没有影响，控制限度可能会被更新，或者规则可能被修改以解释这一趋势的本质。调查研究和纠正措施应该是制造商质量体系的一部分，并服从权威监管机构的检查。与此同时，这批药物可能会被质量部门放行。

21.3.4.4 工艺能力

　　足够的工艺能力对于能够长期向市场供应药物至关重要。由于工艺参数的正常变动，在研发过程中需要利用工艺和产品特性研究来验证工艺能力。然而，长期工艺性能包括可能导致工艺能力变化的常规事件。图 21.7 中描述了 CQA 中的长期工艺性能。图 21.7A 显示了在制造工艺参数的调定点上制造的临床研发批次。放行限度（虚线）通常是使用统计方法从这些数据中计算出来的。接下来，在常规生产参数条件下，进行工艺和处方试验。图 21.7B 显示了实验结果的分布。其他的图分别显示了对一个新的工作参考标准验证资格后（图 21.7C）、在计划的工艺变更后（图 21.7D）以及引入了来自另一个供应商的原材料后（图 21.7E）的产品性能。基于少数临床研发批次的设置限制不承认产品生命周期，从而造成了某种急需的药物商业供应脆弱性。应该设置一些限度从而平衡研发批次的临床经验和生命周期管理的现实。

21.3.4.5 可比性

　　可比性是管理常规工艺和分析变化的影响的方法。在生物制药产品的生命周期中，工艺和分析的变化是不可避免的。变化控制对于桥接变化之间的工艺或分析性能是必要的。这些变化包括但不限于：

- 从研发规模转变为全面制造的变化；
- 生产设备的变化；
- 改变或增加工艺步骤；
- 引进新的原材料/组件或改变现有原材料/部件的供应商；
- 方法变化；
- 新参考标准的资格认证/校准；
- 引进一种关键性分析试剂的新的供应商。

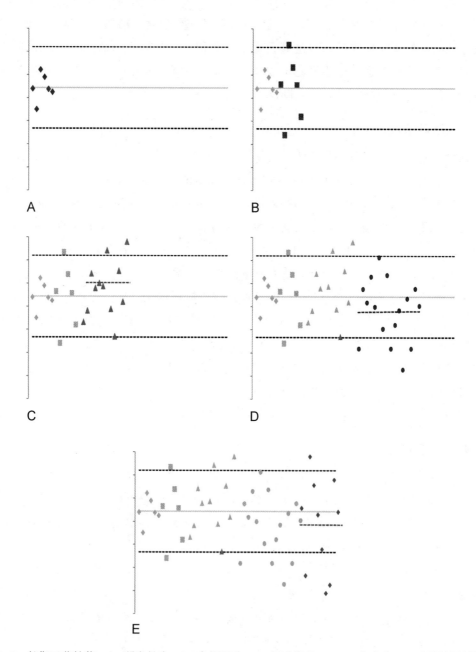

图 21.7　长期工艺性能：**A.** 研发批次；**B.** 表征经验；**C.** 标准资格；**D.** 工艺改变；**E.** 新原材料供应商

　　变更是必要的，一些变更被预测可以带来同等或更好的结果。旨在提高产品质量或工艺一致性的变更管理，与旨在评估未知或不确定改变的影响的变更管理不同。所采取的方法应伴有明确的风险评估手段。这种风险评估可能会引出可比性研究，旨在评估这种变化对制造工艺或检测的性能没有产生重大影响的假设。具体地说，如果在改变前后的性能是相似的，那么产品或检测可以被认为是具有可比性。

　　基于风险的方法如等效测试可以用来证明由一个工艺生产出的材料和由另一个工艺生产出的材料是"相等"的，或者诸如方法变化或引入新的工作参考标准这样的改变没有导致明显的工艺性能的改变。

　　等效性测试的一个关键组成部分是等效边缘（Δ）。这种边缘可以作为一个能带来令人满意的持续工艺能力的属性的差异来建立。图 21.8 中显示了图 21.5D 中所描述的案例的这种边缘。

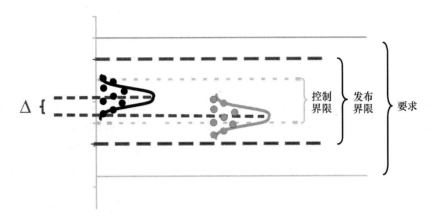

图 21.8　工艺或分析变更后，为了对比分布而进行的等效边界的测定

　　在工艺或分析变化之前产生的测量值的分布为左图显示的正常曲线。这种分布可以向下移动，直到它达到较低的放行限度，从而预测出 OOS 结果的可能性较高。这两种分布的方法的变化（Δ）是预期可以带来持续令人满意的工艺能力的差异。这种方法改变了证明工艺性能上"无差异"的模式，而是证明这种差异不会对产品产生影响。还应该强调的是，这种转变仍然在放行限度的范围内，确保成品在整个货架期内仍然满足要求。

　　一种正式的等效性方法用于确定减少风险（当工艺不等效时得出等效的结论，或当工艺等效时却得出工艺不等效的风险）所需的样本大小［批次数和（或）独立测试结果的数目］。在某些情况下，由于时间或生产限制，该方法将使用来自固定批数的数据。在这种情况下，应该使用不能得出等效性结论的风险而不是样本大小作为进行生产的基础。

　　材料测试所产生的数据可以通过使用双单侧检验（two one-sided test，TOST）进行分析，如彩图 21.9 所示。

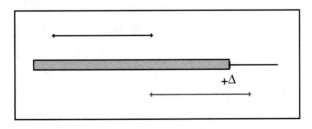

彩图 21.9　利用 90% 置信区间来证明等效性。蓝色区间落在等效边界内代表了等效，红色区间部分落入等效边界外，因此不能得出等效结论

　　计算两个工艺的均值差（或其他比较方式）的 90% 置信区间。如果置信区间落入等效边界内（±Δ），那么认为两个工艺是等效的。如果置信区间部分或完全超出范围，则没有足够的证据来证明等效。但这也并不意味着两个工艺不等效。这个结论可能是由于与等效方法相关假设的失败（例如，用来计算样本

大小或研究比预期要大的风险的变量）；或固定样本容量太小，无法建立等效（例如，由于时间或工厂的限制造成的批次太少，置信区间的宽度太宽，无法落在等效边界内）。

没有足够的证据表明等价性的结论可以用来说明等价方法的优点。等价方法奖赏工作量。也就是说，通过收集更多批次的数据或进行更多独立的测试，可以将得出错误结论的风险最小化。其他方法如追踪法和趋势处罚工作。使用范围来表示单独批次的等价性的方法，在被评估的批次数量增加的情况下会有更大的失败风险，并且有可能丢失一个有意义的工艺变化。

等效方法除了控制从可比性研究中得出错误结论的风险，以及奖赏工作而非处罚工作之外，还有其他优点。

- 等价方法是保守的。在统计学上控制研究的风险，工艺之间的真正差别可能比等效边缘小得多。
- 类似于临床试验的期中分析模式，如果研究结论没有足够的证据来证明等效性，实验室就有机会引入更多的批次来降低研究风险。等效方法可能与 CPV 结合，以管理与变化相关的风险。

用于可比性评估的方法也可以是常规变化控制的简单扩展（例如，产品 CPP 和 CQA 的跟踪和趋势、对测试的控制）和（或）可以作为单独设计的研究进行。一项研究采用了附加的表征成分，如在工艺变更的案例中的非例行分析，或测试变更的案例中的非常规性能分析。ICH Q5E 2004 提供了可比性评估原则的指南，以指导生产工艺变更。作为一项单独设计的研究，可比性应该通过研究方案来管理。该方案可包括：①风险评估，将变化与可能受变化影响的质量属性或测试性能映射起来；②研究设计，包括材料、潜在受影响的质量属性及其测试以及对测试数量和策略的统计考虑；③研究结果的规定验收标准；④数据分析方案。验收标准应根据对患者质量产生的变化的影响来确定。历史数据可用于辅助研究设计或评估与从研究中得出错误结论相关的风险。

当市场应用中包含变化的可比性研究方案时，它就会与其他控制措施一起成为产品许可的一部分。可比性研究方案由权威监管机构审查，以确定该计划的实施可以给客户带来持续质量。对于经批准的计划的适当应用，权威监管机构可以减少审查和批准的程度。

纠正措施的评估虽然不在本章的范围内，但制造或分析研究的结果可使用类似于可比性的原则来进行，其结果可证明引入纠正措施产生可比的性能。

21.4　讨论

本章向读者提供了对生物制药产品控制的 3 个基本组成部分的高水平概述：①确定 CQA 的过程；②商业产品的工艺、处方和分析控制的要素；③可用于帮助管理对生产和分析工艺的改变的可比性研究的相关概念，从而辅助产品质量的管理。本章提出的概念既不是规定的，也不是行业和监管机构采用的唯一原则。在某些情况下，这些概念作为研发原则和商业控制的框架，在其他情况下作为实施这些原则的方法。许多方法在整个制药行业都得到了应用，其中一些已经被监管机构所承认并成为标准规范。这一章的作者和参与者认为，一套深思熟虑的 QbD 方法是向患者提供优质药物的先进方法的基础。

致谢　感谢以下人员对本章所介绍的工作做出的重要贡献：Melia Grim、Laurie Iciek、Methal Albarghouthi、Stephen Chang、Tom Leach、Rachael Lewus、Kripa Ram、Mark Schenerman、Mike Washabaugh 和 Ziping Wei。还要感谢美国食品和药物管理局（FDA）在 FDA QbD 试点项目中分享宝贵的讨论和反馈意见。

参考文献

Banks DD, Hambly DM, Scavezze JL, Siska CC, Stackhouse NL, Gadgil HS (2009) The effect of sucrose hydrolysis on the stability of protein therapeutics during accelerated formulation studies. J Pharm Sci 98(12):4501–4510

Guidance for Industry (2006) Investigating Out-of-Specification (OOS) test results for pharmaceutical production, U.S. Department of Health and Human Services, Food and Drug Administration, Center for Drug Evaluation and Research (CDER), October 2006

Guidance for Industry (2011) Process validation: general principles and practices, U.S. Department of Health and Human Services, Food and Drug Administration, CDER, CBER, CVM, Current Good Manufacturing Practices (CGMP), Revision 1, January 2011

ICH Guidance for Industry Q5E (2004) Comparability of biotechnological/biological products subject to changes in their manufacturing process

ICH Guidance for Industry Q6B (1999) Specifications: test procedures and acceptance criteria for biotechnological/biological products

ICH Guidance for Industry Q8 (R2) (2009) Pharmaceutical development

ICH Guidance for Industry Q10 (2008) Pharmaceutical quality system

IEC Standard IEC 60812 Analysis techniques for system reliability procedure for failure mode and effects analysis (FMEA)

Jiang Y, Nashed-Samuel Y, Li C, Liu W, Pollastrini J, Mallard D et al (2009) Tungsten-induced protein aggregation: solution behavior. J Pharm Sci 98(12):4695–710

Montgomery D (2013) Introduction to statistical quality control. Wiley, New York

Thirumangalathu R, Krishnan S, Ricci MS, Brems DN, Randolph TW, Carpenter JF (2009) Silicone oil- and agitation-induced aggregation of a monoclonal antibody in aqueous solution. J Pharm Sci 98(9):3167–81

Wang W, Singh S, Zeng DL, King K, Nema S (2007) Antibody structure, instability, and formulation. J Pharm Sci 96(1):1–26

第 22 章

多变量分析在冷冻干燥工艺的理解、监测、控制与优化中的应用

Theodora Kourti

崔纯莹　译，杜祎萌　校

22.1　引言

在工业制药和生物制药行业，质量源于设计（QbD）框架的引入改变了人们工艺理解及控制的方法。工艺建模是 QbD 框架的一个不可分割的组成部分。模型可用于辅助工艺开发、工艺理解、设计空间确定、持续工艺验证（多变量统计工艺控制模型）以及工艺控制（反馈或前馈），从而使建模成为产品生命周期的一部分（Kourti 2010）。2011 年 ICH 认识到建模的重要性，在提交的监管报告中提出了描述模型时需考虑的一些问题。这些模型可能是基于基本原理的机械模型，也可能是基于适当数据的经验模型，或者是混合模型。模型可用于处理批次和连续操作。目前，冷冻干燥技术应用于批次操作。批次工艺是动态的、非线性的，持续时间也是有限的，并且工艺变量既是自相关的也是交叉相关的；当选择合适的方法来模拟批次操作时应考虑以上这些特征。

当对批次容器中发生的化学、生物化学及物理过程有充分的理解时，可以用基本原理模型来描述批次单元操作；涉及基本原理建模的例子是试图为药物冷冻干燥工艺的初级干燥（Fissore et al. 2011；Koganti et al. 2011）建立设计空间并利用建模来开发用于监测的软传感器（Bosca and Fissore 2013）。如果有适当的数据可以利用，也可以建立经验（数据驱动）模型来解决某些问题。例如，经验模型可用于分析过去批次运行的可用历史数据，以理解工艺并排除故障。此外，人们也可以使用经验模型进行监测，以确定该工艺处于统计工艺控制状态。为了对工艺进行监控，批次生产将根据预期行为进行检查；这些检查可能会在批次生产过程中实时发生，或者在批次生产完成后立即进行"后期分析"。每个目标都需要不同类型的模型，而在基于数据模型的情况下，将使用不同类型的数据来派生这些模型。因此，在"QbD 框架中的多变量模型"这个非常普遍的表达式中，有许多问题可以用相应的方法来一一解决。本章的目的是向从业者提一些主要的原则和基本原理，以帮助他们根据冷冻干燥工艺中的分析目标来选择合适的多元模型。

22.2　批次和半批次工艺数据的本质

从批次工艺中收集的数据来源各异，涵盖了各种不同的格式；这些数据包括工艺变量轨迹（如图

22.1 中所示，在诸如搁板温度、腔压、冷凝器温度等变量的冷冻、初级干燥和二级干燥期间以频繁间隔获得的测量结果）、分析仪光谱数据（例如残余气体分析质谱仪）和其他硬或软传感器的测量值（Jameel and Kessler 2011）以及批次产品的质量数据（例如残余水分含量、重构时间、保质期）；也可以包括其他数据（例如处方参数和组分制备的信息）。因此，积累了大量的数据集，这些数据集或其子集可以不同的方式用于模型构建，以此来分析工艺和产品性能行为。多变量模型可用于冻干工艺以满足以下目标（需要不同类型的数据和不同类型的模型来解决这些问题）：

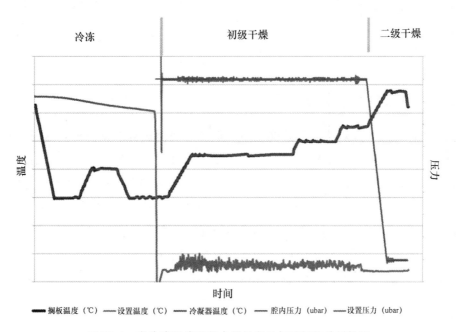

图 22.1　在冷冻干炼工艺中测量变量与时间的关系轨迹

- 将光谱数据与残余气体的浓度相关联；
- 使用来自多个批次的变量轨迹数据进行工艺理解/故障排除；
- 在一个批次生产结束时推断生产工艺中最终的产品质量（例如不使用实验室测试）；
- 在工艺测量运行期间的特定时间内获取最终质量的估算值，并确定变量轨迹的中途校正以控制最终质量；
- 建立一个整体的"工艺标志"并在批次生产过程中对其进行监控，以确定该批次生产的进展方式与之前典型的高质量批次相似；
- 检测工艺、设备或产品（实时或运行后分析）中的不常见/异常行为。考虑适当的建模和控制限制来检测故障（变量权重、组件选择、模型类型）；
- 建立操作知识并建立可用于产品转移和扩大规模的适当模型；
- 探索前馈控制的可能性；
- 建立最佳操作条件以满足特定标准（质量、成本、安全性、环境要求等）；
- 通常可用的数据结构如下所述：

轨迹　在不同的时间间隔记录冷冻、初级干燥和二级干燥过程中的工艺变量（搁板温度、产品温度、冷凝器温度、室内压力、泵内压力等）。利用轨迹信息，可引入一种复杂的数据结构，该批次数据结构可以提供有关批次生产持续时间内变量的自相关和互相关的非常丰富的信息，以此使操作者对工艺有更详细的理解。

汇总数据　有时，尽管记录了全部轨迹，但只有汇总数据（如最小值、最大值、速率、一次操作的总时间等）才会在全部运行或不同运行阶段被报告。汇总数据的例子包括平均冷凝器温度、不同时期的持续时间、某些变量轨迹的斜率等。通过汇总数据，有关轨迹的详细信息会丢失；但是，通过捕获关键特性，人们能够将这些信息用于某些类型的简单模型，以便用较少的建模工作来解决某些问题。

与批次工艺相关的其他数据　产品质量属性（y_{it}），通常在批次工艺结束的时间 t 时测量。当将这些数据用于建模时，人们需要牢记这些性质（例如残余水分含量、重构时间、保质期等）既是工艺条件在时间 t 时的函数，也是过去几种间隔的工艺条件的函数，并且在大多数情况下是整个批次生产，当然还有处方中普遍存在的条件函数。

与批次工艺相关的其他数据可以是处方参数（组成、辅料比例等），设备准备的信息以及所涉及的套件和操作人员。数据也可以从分析仪中以光谱数据的形式收集。

22.3　双向矩阵的潜变量建模

基于潜变量的方法最适合于对从工艺数据库中检索到的数据进行数据建模，这些数据库包含大量高度相关的变量测量数据。潜变量开发这些相关变量的主要特征，即它们所在空间的有效维度非常小。首先讨论与双向矩阵有关的模型。双向矩阵的例子是：一个（$n×k$）矩阵 X，由来自工艺变量（最低温度、最高温度、速率、持续时间）的 k 个汇总数据上的 n 个批次的测量结果组成；产品质量数据 Y 的对应（$n×m$）矩阵；具有关于 r 个处方参数信息的（$n×r$）矩阵 Z。

对于由工艺变量测量值 X 的（$n×k$）矩阵和产品质量数据 Y 的相应（$n×m$）矩阵组成的数据集，对于线性空间，潜变量模型具有以下通用框架（Burnham et al. 1996）：

$$X = TP^T + E \qquad (22.1)$$

$$Y = TQ^T + F \qquad (22.2)$$

其中 E 和 F 是误差项，T 是潜在变量得分的（$n×A$）矩阵，并且 P（$k×A$）和 Q（$m×A$）是加载矩阵，它们表明了潜在变量与原始 X 和 Y 变量的关系。潜变量空间的维度 A 通常很小，并且它是通过交叉验证或其他过程来确定的（Jackson 1991；Wold 1978）。

潜变量模型认为数据空间（X，Y）具有很低的维数（即非满秩），且有观测误差。这些模型通过将高维 X 和 Y 空间投射到包含大部分重要信息的低维潜变量空间 T 上，以减少问题的维度。通过在潜变量（t_1，t_2，……t_A）的低维空间中运作，大大简化了工艺分析、监控及优化的问题。有几种潜变量方法。主成分分析（principal component analysis，PCA）只通过找到解释最大方差的潜在变量，以对单个空间（X 或 Y）进行建模。而主成分（principal component，PC）可以用于回归（PCR）。投影到潜在结构或偏最小二乘（partial least squares，PLS）使 X 与 Y 的协方差最大化（即被解释的 X 和 Y 的方差以及 X 和 Y 之间的相关性）。还有其他方法，例如降阶回归（reduced rank regression，RRR）、典型变量分析（canonical variate analysis，CVA），这些方法将在别处详细讨论（Burnham et al. 1996）。

方法的选择也取决于目标中出现的问题；然而，所有这些都会导致问题的维度大大降低。PCR 和 PLS 模拟 X 空间和 Y 空间的变化。对于大多数与工艺理解、工艺监测和工艺控制相关的应用程序以及处理缺失数据的问题，这一点都是至关重要的。下面将简要讨论 PCA 和 PLS 的属性以及它们在历史数据分析、故障排除和统计工艺控制中的用途。

22.3.1　主成分分析

对于以 k 个变量 n 个观测值的中心平均和标度测量样本 X，主成分导出为线性组合 $t_i = Xp_i$，使得在 $|p_i| = 1$ 的条件下第一 PC 具有最大方差，第二 PC 有次大方差，并且服从与第一 PC 不相关（正交）的

条件等。多达 k 个 PC 是类似定义的。样本 PC 载荷向量 p_i 是 X 的协方差矩阵的特征向量［实际上对于以平均值为中心的数据，协方差矩阵由 $(n-1)^{-1}X^TX$ 估计］。相应的特征值给出了 PC 的方差［即 var (t_i) $=\lambda_i$］。在实践中，很少需要计算所有的 k 个特征向量，因为数据中大多数可预测的可变性都是在最初的几个 PC 中捕获的。通过只保留第一 A PC，X 矩阵可使用公式 22.1 来近似。

22.3.2　偏最小二乘

PLS 可以提取解释工艺数据中高度变化的潜在变量 X，这对产品质量数据 Y 来说是最具有预测性的。在 PLS 最常见的版本中，第一个 PLS 潜在变量 $t_1=Xw_1$ 是使 t_1 与 Y 空间之间的协方差最大化的 x 变量的线性组合。第一个 PLS 权重向量 w_1 是样本协方差矩阵 X^TYY^TX 的第一个特征向量。一旦计算出第一个分量的分数后，在 t_1 上回归 X 的列得到回归向量，$p_1=Xt_1/t_1^Tt_1$；然后缩小 X 矩阵（由原始 X 值减去由 p_1、t_1 和 w_1 形成的模型预测的 X 值）以给出残差 $X_2=X-t_1p_1^T$。Q 是 Y 空间中的载荷。在一种 PLS 算法中，q_1 是在 Y 上回归 t_1 得到的，而 Y 则是 $Y_2=Y-t_1q_1^T$。然后从残差计算第二潜变量，如 $t_2=X_2w_2$，其中 w_2 是 $X_2^TY_2Y_2^TX_2$ 的第一个特征向量，依此类推。新的潜在向量或分数 $(t_1，t_2，……)$ 和权重向量 $(w_1，w_2，……)$ 是正交的。X 和 Y 的最终模型由公式 22.1 和公式 22.2 给出。

22.3.3　冻干应用实例

上述模型适用于二维阵列 X 和 Y，并且已经有一些从应用到冻干实例的报告。

（1）在一种类型的应用中，X 包含来自处方的数据和 Y 包含来自相应质量的数据。PLS 可以用来关联 X 和 Y。

a. 应用 PLS 的一个实例是对一种潜在的蛋白质治疗剂——子代蛋白冻干蛋白（protein formulations of progenipoietin，ProGP）处方的研究，以确定某些处方变量影响该治疗性蛋白质的长期储存稳定性的相对重要性（Katayama et al. 2004）。使用 PLS，一种回顾性分析，对 18 种 ProGP 处方进行分析。对组成成分、pH、蛋白质结构维持（通过红外光谱法测定）和玻璃态的热化学性质（通过差示扫描量热法测量）的相对重要性进行了评估。使用 PLS 方法评估不同的稳定性端点，并对使用 PLS 方法的模型进行了验证。同时，使用 PLS 可以充分模拟母本蛋白质的保留和降解产物的外观。

（2）X 矩阵可能包含光谱数据，Y 包含我们希望监测的相应性质；在这种情况下，PLS 可以用来预测光谱数据的这种性质（残留气体成分、水分等）。

a. 研究发现，使用 PLS 测定近红外（near infrared，NIR）光谱中的水分可以出现在一个开发和优化了一种基于 NIR 显微光谱仪而不是传统 NIR 光谱仪的快速、廉价、无创和无损的测定冻干甘露醇中水分含量的方法（Muzzio et al. 2011）。

b. 一项早期的工作是使用主成分和 NIR 对冻干工艺进行原位监测，这是 Brülls 等人（2003）的工作。

c. Bai 等人（2005）使用 PLS 与 NIR 和傅里叶变换红外（Fourier transform infrared，FTIR）光谱比较来监测冻干蛋白质处方的结构变化。

d. Maltesen 等人（2011）利用了采用 FTIR 光谱学和 NIR 光谱学的多因素分析来评估了喷雾干燥和冷冻干燥的胰岛素处方中的残留酚含量。PCA 和 PLS 预测用于分析光谱数据。

e. 辅料的选择对冻干产品的工艺和稳定性有着至关重要的影响。Grohganz 等人（2010）应用 NIR 光谱学研究了含有不同比例的常用辅料甘露醇和蔗糖的冷冻干燥样品。他们利用 PCA 投射出冻干样品的 NIR 光谱用以研究所形成的团簇。他们得出的结论是 NIR 可以分析多功能冻干样品，并根据它们的成分、含水量和固态特性对这些样品进行分类。

f. Yip 等人（2012）提出了一种名为个体主成分回归的主要和交互作用（main and interactions of individual principal components regression，MIPCR）的方法用于对 NIR 数据进行建模，并且他们声称与传统 PLS 相比，该方法对水分的预测能力有了明显的提高。在其他例子中看到该方法的性能将会很有趣。

22.3.4　使用潜变量方法进行历史数据分析和故障排除

潜变量方法可用于故障排除。通过绘制潜变量（t_1，t_2，……，t_A）彼此的关系，可以在投影空间上观察原始数据集［表达式或汇总工艺数据（X）或质量数据（Y）］的行为。通过检查投影空间中的行为，异常值检测和群集检测也变得容易，并且人们能够观察到批次的典型行为以及不寻常的批次，如图 22.2 所示。通过检查 PCA 中的加载向量（p_1，p_2，……，p_A）或者在 PLS 情况下的加权值（w_1，w_2，……，w_A）以及贡献图，则可以得到在这个缩小的空间中对工艺行为或活动的解释。

对分数偏差的贡献　变量贡献图表示了在计算该分数时所涉及的每个变量是如何对其做出贡献的。例如，对于工艺数据 X，原始数据集的每个变量对分量 q 的分数贡献由下式给出：

对于 PCA，$c_j = p_{q,j}(x_j - \bar{x}_j)$，并且对于 X 和 Y 之间的 PLS，$c_j = w_{q,j}(x_j - \bar{x}_j)$　　　　(22.3)

其中 c_j 是第 j 个变量在给定观测值上的贡献，$p_{q,j}$ 是负荷并且 $w_{q,j}$ 是这个变量对 PC q 得分的权重，$\bar{x}_j$ 是它的平均值（它是零型平均值中心数据）。

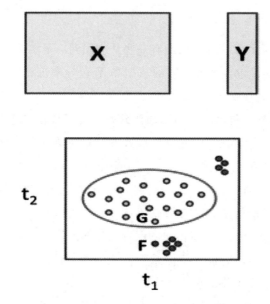

图 22.2　可以使用潜变量方法将 X 与 Y 相关联。这些方法的一个强大特征是它们可以在 X 空间中对数据建模，并且可以通过将数据投影到低维空间将这些方法用于故障排除

以图 22.2 为例，其说明了在 t_1 与 t_2 图上观察到的一些点群。贡献图的使用可能有助于调查哪些变量导致了良好批次（G）和失败批次（F）之间的差异。因此，公式 22.3 给出了变量 j 对两个观测值（即，G 和 F）之间移动的贡献，其中对于 PCA 来说分量 2 根据 $p_{j2} \times (x_j, G - \bar{x}_j, F)$ 计算所得，而对于在 X 和 Y 之间的 PLS 则是根据 $w_{j2} \times (x_j, G - \bar{x}_j, F)$ 计算所得，其中 p_{j2} 是分量 2 上变量 j 的负载，w_{j2} 是分量 2 上变量 j 的权重。

22.3.5　使用潜变量方法进行统计工艺控制

从常规操作中我们可以建立良好工艺行为的可接受限度。如图 22.2 所示，在 t_1 与 t_2 平面上，这些限制将采用椭圆形式。当工艺处于统计控制中时，点将在椭圆内。如果在工艺中存在问题，这些点将被绘制在椭圆外。

然而，要实时监测工艺，就必须绘制所有 PC 组合，这将变得非常麻烦。但是，我们可以计算一个统计数据（Hotelling 的 T^2），并用一张图表来监控系统主要事件的整体变化。分数的 Hotelling 的 T^2 计算公式如下：

$$T_A^2 = \sum\nolimits_{i=1}^{A} \frac{t_i^2}{\lambda_i} = \sum\nolimits_{i=1}^{A} \frac{t_i^2}{s_{t_i}^2} \tag{22.4}$$

其中 $s_{t_i}^2$ 是相应潜变量 t_i 的估计方差。这个公式是通过重要的主成分 A 计算出来的，本质上是检查 k 个工艺变量上的一个新的观测向量是否在参考数据所确定的范围内在超平面上投影。

如上所述，主成分 A 解释了系统的主要变化。无法解释的变异形成残差（平方预测误差，SPE）。在某些软件包中，使用了到模型的距离（DModX）这一术语。这种残留变异性也受到监测，并为典型操作建立了控制限度。通过对残差的监测，我们检测了系统的未知扰动与我们导出模型时所观察到的扰动是相似的。因此，通过检查影响系统的干扰类型来检查模型的有效性是非常重要的。当残余变异性超出限制时，通常表明一系列新的干扰已进入系统；有必要确定产生偏差的原因，并可能需要更改模型。

SPE_X 计算公式如下：

$$SPE_X = \sum\nolimits_{i=1}^{k} (x_{\text{new},i} - \hat{x}_{\text{new},i})^2 \tag{22.5}$$

其中 $\hat{x}_{\text{new}}$ 由参考 PLS 或 PCA 模型计算得出。需注意的是，SPE_X 是公式 22.1 中矩阵 E 中一行的平方要素的总和。后图将检测导致工艺从参考模型定义的超平面移出的任何新事件的发生。

如果分数是从 X 矩阵上的 PCA 或 X 和 Y 之间的 PLS 确定的，则上述命名法将适用。应该强调的是，为工艺监控模型建立的模型只有共因性变异而不是因果变异。应用于基于投影方法开发多变量 SPC 程序的原理与用于单变量 SPC 图表的原理相同。选择一个适当的确定特定工艺的典型操作条件的参考数据组。未来的值将与此数据组进行比较。当性能良好时，根据车间运行期间收集的数据建立了 PCA 或 PLS 模型。这一阶段省略了包含因特殊事件引起变化的周期。这个参考数据组的选择和质量对于程序的成功应用至关重要。

基于潜变量的多变量 SPC 图表的开发和使用的主要概念是在 20 世纪 90 年代初被提出的（Kourti and MacGegor 1995）。Kourti 和 MacGegor（1995）以及 Kourti（2009）讨论了控制图表限值（Hotelling's T^2 和 SPE_X）的计算。

如图 22.3 所示，这两个图表（T^2 和 SPE_X）是两个互补指数；两者合在一起，一目了然地描绘了被检测系统的运行状况。只要所有点都在各自的范围内，那么一切就都是状况良好的。一旦检测到一个点超出限制，那么可以利用贡献图来给出所有主要导致超出限制的点的变量列表，从而使我们能够立即诊断问题。从这两个图表的超出极限点中都可以导出贡献图。注意，当只有两个 PC 时，Hotelling 的 T^2 图表中显示的限制与椭圆相对应。

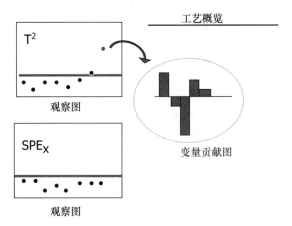

图 22.3　该工艺可以用两个图表进行监控；当观察到偏离典型操作时，可以使用贡献图来确定造成偏差的变量

对 **SPE**$_X$ 的贡献　当在 SPE_X 图上检测到失控情况时，原始数据集中每个变量的贡献简单地由 $(x_{\text{new},j} - \hat{x}_{\text{new},j})^2$ 给出。具有高贡献的变量也将会被研究。

对 **Hotelling 的 T^2 的贡献**　Hotelling 的 T^2 图表中超出限制的值的贡献如下：如公式 22.3 所示，绘制归一化分数 $(t_i/s_{t_i})^2$ 条形图，并通过计算变量贡献进一步研究具有高度归一化值的分数。

这个图上的变量似乎对它有最大的贡献，但也应该调查与其符号相同的分数（符号相反的贡献只会使分数变小）。当 K 值高时，计算所有 K 分数的每个变量的"整体平均贡献"（Kourti 2005a）。

利用贡献图，当发现异常情况时，可以诊断问题的根源以便采取纠正措施。有些行动可以立即、实时地采取。另一些可能需要对工艺的设备或程序进行干预。

22.4　批次工艺轨迹数据的潜变量建模

随着时间的推移，通过测量可得到变量轨迹（彩图 22.4）。这类信息对于工艺监测和为实时控制而进行的开发模型（中途校正）可能是必要的。包含轨迹信息会引入复杂的数据结构，因此需要适当的建模方法。从相同持续时间（相同的时间长度或相同的对准观测数）的批次中收集的历史数据，其中所有 J 工艺变量都是按 K 个时间间隔或 K 个校准观测数（A.O.N.）测量，它们可以用一个三维数据矩阵 $\underline{X}$（$I \times J \times K$）表示，如彩图 22.5 所示。

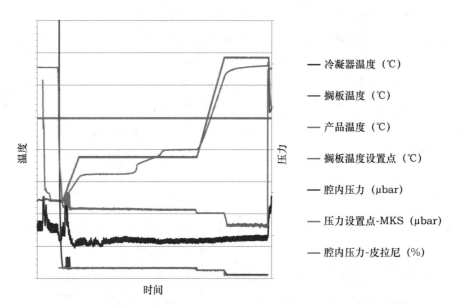

彩图 22.4　批次工艺中可能会记录许多变量轨迹

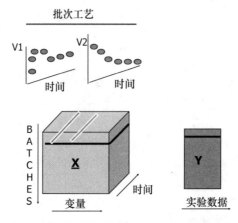

彩图 22.5　三维数组是由从多批次中收集的工艺变量轨迹形成的

在批次期间测量的变量轨迹随时间变化是非线性的，并形成具有动态性质的多变量时间序列。时间为 t 时，批次结束时的产品质量 y_{it} 是 t 时工艺条件的函数，也是工艺条件的前几个滞后的函数，并且在大多数情况下是整个批次中存在的条件的函数。在建模中，在处理动态多变量时间序列数据时，为了将输入 X 与输出 Y 联系起来并捕获最终乘积对不同时间间隔发生事件的依赖性，将 X 矩阵扩展为包含经过几个滞后的 X 变量值（MacGregor et al. 1991）。如图 22.6 所示，对于一个批次工艺，J 工艺变量是按 K 个时间间隔或 K 个校准观测数（A.O.N.）测量的，对于每一个 I 个批次，如果所有 X 变量的滞后数都相同，则扩展矩阵为 X（$I \times JK$）。这些数据也可以折叠起来，用一个三维数据阵列 X（$I \times J \times K$）表示。

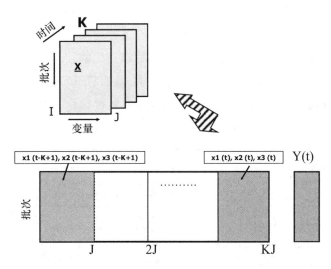

图 22.6　批次工艺结束时的质量取决于批次处理中的工艺条件；它可以表示为不同时间间隔的工艺变量值的函数

很多时候，批次的持续时间并不相同。同一批次工艺的不同运行过程可能需要不同的时间。尽管大量的批次工艺具有很高的可重复性，但在这些过程中我们也可能偶尔会遇到问题。在进行分析之前，需要对批次轨迹进行调整。这将在后面的章节中讨论。对于此处的讨论，我们假定批次已经校准，因此我们可以对应地使用时间间隔或校准观测值。

最后，可能有的变量在批次生产的所有步骤中都没有被记录，用户应该考虑适当的建模方法来解决这种情况。例如，在图 22.1 中，在冷冻步骤之后记录压力室变量。在这种情况下，为了说明起见，我们可以在图 22.7 中简化情况；这里有 3 个变量，在 4 个时间间隔中记录；但是，变量 x_3 不会在第一个时间间隔中记录。当存在这样的情况时，我们得到一个立方体的列缺失的三维结构而不是一个完整的立方体（所有时间间隔的所有变量测量的三维阵列），如图中右下角所示（不完整的立方体）。下面讨论对这种情况建模的方法。

22.4.1　批次工艺的数据建模与矩阵展开

有几种方法可以对从批次工艺导出的三维数据进行建模。该方法的选择取决于建模的目的（即最终质量的预测、统计性工艺控制等）以及可用的数据集类型。关于批次工艺建模程序的关键性讨论可以在相关的出版物中找到（Nomikos 1995；Westerhuis et al. 1999a；Kourti 2003a，2003b）。

在各种方法中，首先将三维数据矩阵 $\underline{X}$（$I \times J \times K$）展开为二维阵列，然后将 PCA 或 PLS 应用于该展开阵列。将三维数据矩阵 $\underline{X}$ 重新排列成一个大的二维矩阵然后矩阵后跟随一个 PCA 的每一种不同的重排，都对应于不同类型的变化。在批次工艺中，最常用的创建展开二维矩阵的方法如下：

分批展开　Nomikos 和 MacGregor（1994，1995 a，b）提出的一种方法在文献中被称为"分批展开"。该方法将三维结构展开为二维阵列 A（$I \times KJ$）。在这个新的阵列中，不同的时间片段排列在一起；

在制定时间间隔内观察到的变量被分组在一个时间片段中；每个时间片段中变量的数量可能会不同。这种安排最适合于实时监控和工艺控制（中途校正）。另一种方法将结果展开为矩阵 **B**（$I \times JK$），这两个矩阵与重新排列的列相同。通过矩阵 B 重新排列数据可以很好地为了理解工艺而解释负载。在分批展开（**A** 或 **B**）中，每个时间间隔所考虑的变量数量可能会有所不同，因此这种方法可以解释当前和（或）测定批次的持续时间的一部分变量。这种方法如图 22.7 的右上半部所示。需注意的是，在此排列中，一个批次由展开的 **X** 矩阵中的一行数据和 **Y** 矩阵中的相应列表示。当每批有 L 个质量数据可用时，它们可以排列成 **Y**（$I \times L$）矩阵，并且 **A**（或 **B**）与 **Y** 之间的 PLS 是简单的。当其他信息也可用时（即，处方参数、设备信息），可以引入另一个矩阵 **Z**，并且数据可以由多块结构表示，这将在后面的章节中讨论。同样，矩阵 **Z** 中的一行数据对应于一个批次。对这种类型的展开进行建模同时考虑了所有变量的自相关和互相关；这是因为它允许通过汇总数据中关于两个变量及其时间变化的信息来分析批次之间的差异性。通过这种特殊的表示方法，在执行多向 PCA/PLS 之前通过减去每列的平均值、减去每个变量的平均轨迹，并且我们能够查看数据与平均轨迹的偏差。这样一个非线性问题就转化为可以用线性方法（如 PCA/PLS）解决的问题。

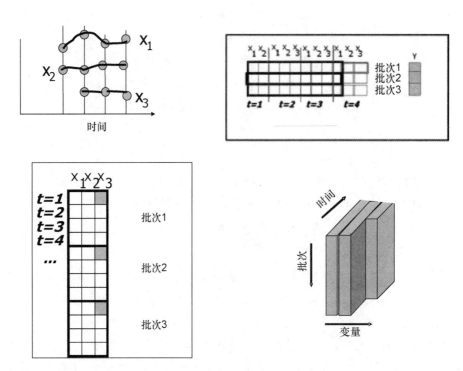

图 22.7　变量记录实例（某些变量未在所有时间间隔记录）。这导致一个不完整的立方体。分批式和变量式展开的描述

　　变量展开　这种展开结果导致矩阵 **C**（$IK \times J$）或 **D**（$KI \times J$）——两个矩阵相等，只是行重新排列（Wold et al. 1998）。Nomikos（1995）讨论了这种展开方式："**X** 的唯一其他有意义的展开是排列其对应于每个批次的水平片段，一个在另一个之下地排列成一个二维 **X**（$IK \times J$），其中第一个 K 行是来自数据库中第一批次的测量值。在这个展开矩阵上执行的 PCA 是对每个变量的整体平均值的工艺动态行为的研究。虽然这种变化在某些情况下可能会引起人们的兴趣，但它并不是批次工艺 SPC 中感兴趣的变化类型。"在图 22.7 中，显示了在左下角具有 3 个变量的一组 3 个批次的变量展开。回想一下，变量 x_3 不是在 $t = 1$ 时测量的。注意，当一个变量在运行的一部分时间内被测量或存在时，这个二维矩阵有空的空间。不能将它们视为丢失的数据，因为它们始终出现在相同的位置，在另一种选择中，可以将批次分阶段（每个阶段具有不同数量的变量），并分别为每个阶段建模。

　　Westerhuis 等人（1999a）、Kourti（2003a）、Kourti（2003b）、Albert 和 Kinley（2001）讨论了变量

展开的意义。Albert 和 Kinley（2001）也讨论了分批方法会给出关于工艺的丰富信息的事实；他们实施了两种展开方法，并评论说："通过批次间模型生成的加载批次图（批次展开）可以实现整个批次持续时间内变量之间复杂的动态相关结构的可视化。"

22.4.2　批次轨迹同步/校准

有时同一产品的批次可能会有不同的持续时间。发生这种情况是因为该工艺的进展不是简单的时间函数，而是多个现象的复杂函数。例如，有时可能需要更长时间才能达到相同的水分含量。因此，通常情况下，批次轨迹必须针对其他变量（或变量组合）来表示才能校准。

人们已经提出来几种方法用来校准批次。Nomikos（1995）建议用另一个测量变量代替时间，该变量按时间单调递进而且对于每个批次具有相同的起始和结束值，并对该变量的进展进行分析和在线监测。这个变量被称为指示变量。任何在批次处理过程中单调变化的变量都可以用作指示变量。指标变量可以是测量所得变量，例如累计单体进料量（Kourti et al. 1996），或者根据工艺知识从其他测量的变量中计算出来，如反应程度（Neogi and Schlags 1998）或发酵中的另一个计算量（Jorgensen et al. 2004）。但是，在某些情况下，指标变量法并不适用。在语音识别文献中探讨了他们遇到类似问题的解决方法，以校准变量轨迹。利用该文献中的几种利用动态时间规整（dynamic time warping，DTW）法的方法，以及将其与潜变量方法相结合的几种方法在校准不同持续时间的批次方面都非常成功，并且允许其分析和诊断一系列操作问题（Kassidas et al. 1998）。在校准之后，新的 **X** 矩阵包含校准的变量轨迹。Taylor（1998）建议在新的校准 **X** 空间中使用累积扭曲信息作为额外变量，这使得 DTW 在故障检测方面的功能变得强大，也更容易将其用于在线监测。当使用累计时间相对于平均时间的偏差作为指示变量方法的新校准 **X** 中的额外变量时，情况也是如此。这是由 Westhuis 等人（1999b）和 Garcia-Munoz 等人（2008）应用的。Ündey 等人（2003）解决了会导致校准和建模方面问题的由于操作切换（或移动到不同阶段）而导致的工艺变量测量的不连续性问题。当使用 DTW 或指示变量时，在使用潜变量分析之前，对原始数据进行操作。Kourti（2003a）讨论了与这种操纵有关的问题。González-Martínez 等人（2011）重新讨论了批次调整的问题，引入了对 Kassidas 等人（1998）方法的适应性。

22.4.3　集中和缩放批次工艺的数据

根据多变量 SPC 的定义，应将当前变量轨迹与其相应的平均轨迹进行比较，以检测超出常见原因变化的偏差。这与分批展开所创建的二维矩阵的数据平均值对中相对应。这种平均对中的方式有效地减去了轨迹，从而将非线性问题转化为可以用 PCA 和 PLS 等线性方法解决的问题。应该强调的是，上面的讨论是用于批次工艺监控的建模。

如果在开发过程中使用 PCA 或 PLS 对从设计实验中收集的数据进行建模，则要求会有所不同；上述这种情况下，在一组设计的实验中尝试了几种处方和工艺条件，并且针对这些不同的条件获得了产品质量。对于这些我们有意改变处方的情况，不同处方获得的相同变量的轨迹很可能彼此之间有很大的不同。在这种情况下，如 Duchesne 和 MacGregor（2000）所讨论的那样，轨迹的形状是很重要的，因为我们试图找到处方和轨迹的最佳组合以获得期望的质量产品。

经过设计实验后，我们选择了最优处方及期望的轨迹并进行了常规生产。在常规生产中，我们希望不断重复相同的处方和轨迹轮廓以生产出符合所需规格的产品。此时我们实施监测方案，以检测与目标轨迹不同的偏差。在生产过程中，阻碍我们重复精确期望轨迹的因素包括干扰（例如：杂质、原材料问题、无法以所需的速率加热/冷却）或单元问题（传感器故障、管道堵塞）。这些都是我们试图通过实施监控方案［如多元统计工艺控制（multivariate statistical process control，MSPC）］来检测和隔离的问题。

缩放还将阐明我们试图解决的问题。对于分批展开的一组动态数据，通过将每列除以其标准差，将二维数组缩放为单位方差。Nomikos（1995）讨论了这种缩放并提到："展开的 **X** 的每列中的变量，在以均值为中心之后，也通过除以它们的标准差来缩放到单位变化，以便处理测量单位之间的差异，并在每个时间间隔内给予每个变量同等的权重。"但是，如果希望给予任何特定变量或批次中任何特定时间段更多或更少的权重，则这些权重很容易更改。另一种缩放方式是在每个时间间隔内按其整体（整个批次期间）的标准差对每个变量进行缩放。作者的经验是，缩放每个变量意味着高噪声时段的权重会更大，而在严格控制下的时段将得到一个较小的权重。读者应该考虑到，处于严格控制之下的变量是最重要的变量；当一个变量在一个工艺的某个特定时期内处于严格控制之下时，那么这个变量对于定义质量（或者满足工艺中的其他约束如环境和安全性）非常重要。因此，对于这样的变量来说，小幅度的波动是不可接受的，因此，最重要的是在关键时期检测到这一变量的微小偏差。但是，如果该变量在这一时期的模型中被赋予较小的权重，这可能是不可行的。在 Kourti（2003a）中详细讨论了集中和缩放的影响。

22.4.4　包含批次工艺变量轨迹的历史数据库分析

通过分批展开，将数据转换为二维矩阵，可以在该矩阵上执行 PCA 或 PLS 并得到计分图。因此，如前面对二维数据阵列所描述的那样，可以将分数相互对照画图，并确定好的批次和不寻常的批次，如图 22.8 所示。对于每一批次的运行，都收集几十个测量数据：工艺变量与时间、处方参数、来自在线分析仪的数据。通过利用潜变量投射这些信息，将数十个测量值转换为投影空间上的一个点，并允许对工艺性能进行可视化。展开矩阵的负载也表现出对工艺理解特别感兴趣。通过此设置获得的负载量详细描述了批次持续时间内变量的自相关和交叉相关性。

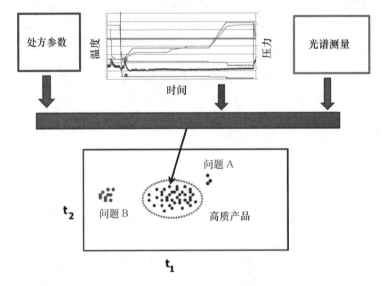

图 22.8　变量与时间的测量值以及每个批次收集的其他信息测量值，将其投影到主成分空间的**一个点**上；这可以将工艺性能非常简单地可视化

22.4.5　多变量批次统计工艺控制

一旦建立了典型的操作，就可以开发控制图表来监控未来的批次。这些图表的限制来自过去在典型条件下操作并生产出可接受的优质产品的批次收集的数据，程序如下：①收集过去批次的历史数据；这些数据通常包括生产优质和劣质产品的批次。②在轨迹对齐、对中和缩放之后，进行多维 PCA 以检查评分图的"可观察性"；也就是说，看看不良产品批次和有错误操作的批次是否远离好的产品批次。通过这

样做，我们可以确保从收集的工艺测量结果中检测由操作员和（或）其他公司人员指定的"不良产品批次"和"错误操作"。这是判断是否收集代表性数据以及如何使用模型进行监测的重要步骤。③在可观察性试验之后，我们应该使用贡献图来调查过去不良产品批次和操作失误的原因。这一调查可能会导致工艺发生变化。④如果进行了更改，则必须收集新的数据以获得 MSPC 的控制限制。如果没有更改，则可以使用现有的历史数据。⑤通过使用良好批次来构建模型，并计算控制图的极限。重要的是要确保这些图表能够检测出生产出不良产品或有不正常操作的过去批次中出现的问题。⑥对未来的批次进行检查，以确定良好的操作限制。这种情况可能实时（在线监视）发生或批次完成之后发生。贡献图用于诊断超出限值批次的偏差的原因。

在设置控制图时，用户应该记住，根据定义，在统计工艺控制中我们检查与目标的偏差是否在一定范围内。因此，我们需要从已知目标中减去并检查工艺变量与极限值的偏差。在批次工艺的情况下，已知的目标是平均变量轨迹（从一组训练数据、从对应于良好操作的批次中计算得到）或源于优化程序的期望轨迹（Duchesne and MacGregor 2000）。

由于基于这种方法的商业软件包的可用性，文献中所报告的工业应用主要使用了变量展开来进行工艺监测。对分批展开应用感兴趣的读者可以在 Nomikos 和 MacGregor（1994，1995b）中找到理论原理，在 Albert 和 Kinley（2001）以及 Zhang 和 Lennox（2004）中也能找到工业应用方面的例子。关于这一方法的商业软件包即将可以购买。在使用商业软件时，重要的是要理解使用哪种方法才能正确地解释结果。

22.5　多级操作——多模块分析

冻干包括 3 个步骤，在批次分析中，还可能包括处方参数和来自光谱数据的信息（图 22.8）。当数据来自多步骤工艺或来自不同来源时，可以考虑使用多模块方法。与其为每个步骤建立一个模型，不如为整个工艺建立一个通过对步骤进行不同的加权可以考虑步骤之间的相互作用以及它们对最终产品质量的相对重要性的模型。这就是多模块 PLS（MB-PLS）方法。

在 MB-PLS 方法中，大量工艺变量（**X**）被分解为有意义的模块，每个模块通常对应一个工艺单元或一个单元的一部分。MB-PLS 不仅仅是每个 **X** 模块和 **Y** 之间的 PLS。这些块的加权方式使得它们的组合最能预测 **Y**。关于多模块建模的几种算法已经有所报道，为了得到较好的评价，建议读者参考 Westerhuis 等人（1998）的文章。

然后可以构建工艺的重要子部分以及整个工艺的多变量监测图，并且如前所述将贡献图用于故障诊断。在批次工艺的多模块分析中，例如，可以有 3 个模块（**Z**、**X** 和 **Y**）的组合；模块 **Z** 可以包括关于处方参数的可用信息，以及偏移（由操作员负责）或使用的容器的信息，以及与批次有关的其他信息，**X** 将包括工艺变量轨迹，并且 **Y** 将是质量。对这类数据的分析甚至可能指向操作员操作单元的不同方式，并将产品质量与操作员或容器的不同工艺行为以及识别故障容器等联系起来。读者请参阅 García-Muñoz 等人（2003，2008）在批次工艺中使用多模块分析的详细示例，其中多模块分析被用于批次工艺的故障排除和确定批次操作策略以实现特定的产品质量，同时最大限度地减少批次运行的持续时间。

商业软件中出现了多种可选的实施多模块的方法。一种经常用于处理多块的数据结构的方法涉及两个阶段：对 **Z** 和 **X** 模块中的每一块都执行 PCA，然后从这些初始模型中导出的得分和（或）残差通过 PLS 与 **Y** 相关。在另一个版本中，PLS 在 **Z** 和 **Y**、**X** 和 **Y** 之间执行，得到的分数与 **Y** 有关。用户应该谨慎应用这些方法，因为这些方法可能无法考虑来自对 **Y** 最有预测性的不同块的变量的组合。例如，在修改 **X** 中的工艺参数以说明 **Z** 中原材料性质的可变性（即当 **X** 设置被计算为对 **Z** 的偏差的前馈控制）时，**Z** 和 **Y** 之间的 PLS 表示 **Z** 不能预测 **Y** 的变异；类似地，**X** 和 **Y** 之间的 PLS 也表示 **X** 不能预测 **Y**；[**Z**，**X**] 和 **Y** 的 MB-PLS 将识别正确的模型。最后 MB-PLS 以非常有效的方式处理丢失的数据。

22.6　为达到预期产品质量的工艺控制

"控制"一词目前出现在生物制药文献中，用来描述各种概念，如端点确定、反馈控制、统计工艺控制或简单监测。工艺控制是指工艺过程中旨在确保工艺的输出能符合相关规范的一系列测量和行为。

这里使用与工艺控制有关的术语如下：

- 反馈控制，表示基于工艺输出的信息对工艺采取纠正措施。
- 前馈控制，表示工艺条件是根据测量到的工艺输入偏差（例如，原材料信息）进行调整的。

22.6.1　工艺条件的前馈估计

基于测量扰动（前馈控制）调整单元工艺条件的概念是工艺系统工程界数十年来众所周知的概念。该方法还用于多步（多单元）工艺，其中单元的工艺条件根据先前单元实现的中间质量信息（或基于原材料信息）进行调整。在化学工业和其他工业中有几个未发表的案例，它们利用原始数据 $\mathbf{Z}$ 的信息来确定工艺条件 $\mathbf{X}$ 或 $\underline{\mathbf{X}}$，以便利用投影方法来达到预期的质量 $\mathbf{Y}$。有时，来自 $\mathbf{Z}$ 的这种信息可能被简单地用于确定运行的长度，而在其他情况下，它可能是一个决定控制变量轨迹的多变量组合的复杂方案。为此，可以使用历史数据库来开发多模块模型 $\mathbf{Z}$、$\underline{\mathbf{X}}$（或 $\mathbf{X}$）和 $\mathbf{Y}$。

22.6.2　端点确定

端点检测或端点控制的问题已被多个行业解决。有文献报道称实时分析仪通常用于这一目的。在大多数这种情况下，需要寻求理想的目标浓度，例如干燥操作中的水分百分比。

冷冻干燥工艺实例

（1）Patel 等人（2010）讨论了初级干燥终点的确定。作者指出，在冷冻干燥工艺开发期间的目标之一是尽量缩短初级干燥的时间，这是冷冻干燥的 3 个步骤中所需时间最长的一步，因为冷冻干燥是一个需要较长处理时间的相对昂贵的工艺。然而，在从产品中消除所有的冰之前将搁板温度提高到二级干燥的温度可能会导致崩塌或共晶熔化。因此，从产品质量和工艺经济学的角度出发，检测初级干燥的终点非常关键。通过对几种端点检测技术进行研究发现，Pirani 是评价初级干燥终点的最佳方法。

（2）De Beer 等人（2007，2009）报道了在线拉曼与 PCA 和 NIR 的组合使用。拉曼光谱能够提供关于冷冻终点的信息（甘露醇结晶的终点）。NIR 光谱是一种更灵敏的方法，可以用于监测干燥过程中的冰升华的终点。

潜变量方法允许以多变量的方式考虑工艺标记来处理终点检测问题。使用工艺测量和其他传感器的组合来开发"工艺标记"，该工艺标记必须表明要达到的预期目标。Marjanovic 等人（2006）对批次工艺实时监控系统的开发进行了初步探讨。这项研究目的是开发一个能够准确识别批次端点的基于数据的系统，然后可以使用这些信息来减少整个工艺的周期时间。基于多变量统计技术的方法提供了一个能够评估整个批次的产品质量的软传感器，以及一个能够对可能周期时间进行长期估计的预测模型。该系统已在线实施，并且初步结果表明该系统具有降低运营成本的潜力。

22.6.3　工艺变量的处理

冷冻干燥工艺实例

（1）Fissore 等人（2008）探讨了药瓶冷冻干燥工艺的控制。首先，他们使用数学模拟预测工艺的最佳恒定室压和搁板温度。如果搁板温度在工艺过程中发生变化，使产品温度始终保持在最高允许值，则可以得到进一步的改进。这种对工艺进行在线控制的策略，在满足工艺约束的同时使初级干燥所需的时间最小化。作者还讨论了为了控制而操纵室压的可能性。还研究了一种基于简单反馈控制器和比例积分作用的替代策略：它能够将产品温度控制在预定值，从而提供稳定和快速的响应。控制器采用软传感器对被控变量（即产品的最高温度）进行可靠的在线估计。

（2）Barresi 等人（2009）介绍了一种软传感器监测冻干工艺，并确定了初级干燥的最佳搁板温度，保证了最快速的干燥时间，同时又不超过检测周期和生产周期的最高允许产品温度。

近年来，潜变量法已经发展了控制批次产品质量的方法，并应用于工业问题中。Zhang 和 Lennox（2004）利用潜变量法进行可用于提供故障检测和隔离能力的软传感器开发，并且可将其整合到标准模型预测控制框架内，以调节发酵罐内生物量的增长。这种模型预测性控制器被证明可以提供自己的监控功能，可用于识别工艺中以及控制器本身内的故障。最后，证明了在工艺中存在故障条件的情况下可以保持控制器的性能。

有关复杂的控制问题也有报道，这就需要对完全操纵的变量轨道进行调整（Flores-Cerrilo and MacGregor 2004）。通过使用经验模型的完整轨迹操纵进行控制是可能的，利用潜变量模型的缩减空间（分数）控制工艺，而不是在被操纵变量的实际空间中进行控制。通过开发操纵变量轨迹中的相关结构来实现模型反演和轨迹重建。基于批次工艺的动态 PCA 模型，提出了一种用于批次工艺轨迹跟踪和扰动抑制的新型多元经验模型预测控制策略，即 LV-MPC（latent variable model predictive control，LV-MPC）。Nomikos 和 MacGregor（1994，1995 a，b）提出的方法能够对用公式表述使用潜变量的批次工艺的控制问题时产生的三维结构进行建模。

22.6.4   设定原材料多变量标准作为质量控制手段

Duchesne 和 MacGregor（2004）提出了在原材料/引入材料或组件上建立多变量标准区域的方法。这个思考过程是如果工艺过程保持不变，我们应该控制引入材料的可变性和可能影响工艺的其他组件。PLS 用于从数据库中提取信息，并将供应给工厂的原材料性能与工厂中的工艺变量和出厂的产品质量度量关联起来。标准区域本质上是多元的，并且在 PLS 模型的潜变量空间中定义。作者强调，虽然通常假设原材料质量可以通过单独设定每个变量的标准限制来进行单变量评估，但是只有当所感兴趣的原材料性质彼此独立时才是有效的。然而，大多数时候，产品的性能是高度相关的。为解决这一问题，本文采用多模块 PLS 方法对 $\mathbf{Z}$、$\mathbf{X}$ 和 $\mathbf{Y}$ 进行了建模；$\mathbf{Z}$ 包含过去 N 批原料的测量数据；$\mathbf{X}$ 包含用于处理 N 批中的每一批的稳态处理条件；$\mathbf{Y}$ 包含这 N 个批次的最终产品质量。该方法可以很容易地扩展到批处理 $\mathbf{X}$。

22.7   使用潜变量方法进行优化

22.7.1   因果信息数据库利用

为了进行工艺优化，必须从数据中提取因果信息，以便改变操作变量，从而改进产品质量或提高生产率和利润。人们对利用历史数据库来导出经验模型（使用神经网络回归或 PLS 等工具）并使用它们进行工艺优化一直很感兴趣。然而，从日常操作中获得的数据库包含的大多数为非因果信息。不一致的数据、受控限制的变量范围、非因果关系、反馈控制产生的虚假关系和动态关系是使用此类偶然数据时用户将面临的一些问题。尽管如此，几位作者还是提出了基于加入历史基础的优化和控制方法。然而，在所有这些情况下，它们的成功都是基于使数据库得以重组并可提取因果信息的强有力的假设。一种方法被称为"相似性优化"，它将重构未测量扰动的多变量统计方法与寻找更好性能的相似条件的最近邻方法相结合。然而，由于许多同样的原因，它也被证明失败了。总体而言，得出的结论是，如果存在独立于扰动而改变的操纵变量并且如果扰动是分段常数则只能优化工艺,这在以往工艺操作中是很少见的。

因此,在检索因果信息时,读者应该谨慎使用历史数据库。但是,从常规操作中获得的数据库是建立监测方案的重要数据来源。

22.7.2　产品设计

虽然对使用历史数据库的保留意见,但也取得了一些成功,如确定一系列具有所需质量特性的新等级产品的工艺操作条件,以及匹配两个不同生产工厂来生产相同等级的产品。如果工艺的基本模型存在,那么这些问题很容易作为约束优化问题来处理。如果不是,可以使用基于响应面方法的优化程序。然而,即使在进行实验之前,历史数据库中就有关于一系列现有产品等级的过去操作条件的信息(García-Muñoz et al. 2006)。

在这种情况下,所使用的历史数据是从不同等级中选择的,因此包含过去几种操作水平的变量信息(即有意图的变化,而不是偶然数据)。这种经验模型方法的关键要素是使用潜变量模型,这些模型既将 X 和 Y 的空间缩小到潜变量的低维正交集,又为 X 和 Y 提供了一个模型。这对于提供符合过去运营政策的解决方案至关重要。从这个意义上讲,PC 回归和 PLS 是可以接受的方法,而 MLR、类神经网络和减秩回归则是不可接受的。

这种方法的主要限制是仅限于在由先前生成的等级定义的工艺空间 X 的空间和边界内找到的解决方案。在工艺从未运行过的其他区域可能的确存在相同或更好的条件,因此没有数据存在。如果人们希望找到这样的新条件,那么就需要基本的模型或更多的实验。

García-Muñoz 等人对这些问题进行了非常好的讨论(2008)。作者阐述了一种工业应用的方法,其中批次轨迹被设计为满足特定客户对最终产品质量性质的要求,同时使用最少量的时间进行批次运行。累计时间或使用时间在批次校准后作为额外的变量轨迹来添加。

22.8　场地转移和规模扩大

将产品转移到不同的场地并扩大规模,可能会遇到同样的问题:需要估算工厂 B 的工艺操作条件,以生产出与工厂 A 当前生产的相同产品。

冷冻干燥实例　扩大规模有不同的方法。

(1) Rambhatla 等人(2006)指出:"冷冻干燥工艺设计的一个重要目标是开发一种稳健、经济并且无论其大小和设计如何都可以容易地转移到所有冷冻干燥机的工艺。为了完全转移,当在不同的冷冻干燥机上进行相同的冷冻干燥工艺时该工艺应该是等效的,即产品温度对时间曲线应该是相同的。为了实现这一目标给我们带来了一些挑战。"Rambhatla 等人(2006)提出了一项研究,旨在为冷冻干燥工艺的便捷的放大提供指南。他们利用升华试验得到的数据,估计了由于固有设计特性,冷冻干燥器之间的传热和传质的差异。采用稳态传质传热方程来研究为使药物冷冻干燥而使用的冻干循环过程中的不同规模扩大的相关问题组合。

(2) Mockus 等人(2011)讨论了一种用于预测初级干燥阶段持续时间的贝叶斯模型,并建议在放大活动中使用该模型以尽量减少试验和误差并降低与昂贵的大规模实验相关的成本。

利用两地转移其他产品的历史数据,尝试使用潜变量方法来解决这类问题。解决这个问题时要牢记的要点是:

● 产品的质量性质应该始终在多变量环境中检查,因为单变量图表可能具有欺骗性。两个场地的多变量质量空间应该是相同的。通过比较来自两个场地(或来自中试规模和大生产规模)的单变量图表上的终点质量,无法实现正确的产品转移。产品质量必须以多变量的方式从一个场地映射到另一个场地(两个场地中的产品必须在相同的多变量空间上投影)。

- 端点质量可能不足以描述产品的特性。最终的产品路径很重要。无论何时存在完整的机械模型，这些模型都会描述对工艺很重要的现象，从而确定这一路径。当改变场地时，完整的机械模型将考虑到大小、质量以及能量平衡和（或）与此工艺相关的其他现象来描述新场地中所期望的路径。当机械模型不存在时，"期望工艺路径"或"工艺特征"的映射必须随经验数据发生。

一种基于潜变量的产品转移和扩大方法已经被开发出来（García-Muñozet et al. 2005）。该方法利用含有之前产品信息及其相应的来自两个场地的工艺条件信息数据库。这两个场地可能在设备、工艺变量的数量、传感器位置以及生产产品的历史记录上有所不同。

致谢　感谢葛兰素史克公司的同事 Massimo Rastelli，Yves Mayeresse 和 Benoit Moreau 在冻干工艺方面与我进行技术讨论，以及公司分级管理的相关同事 Gordon Muirhead 和 Bernadette Doyle 所给予的一贯支持。

参考文献

Albert S, Kinley RD (2001) Multivariate statistical monitoring of batch processes: an industrial case study of fermentation supervision. Trends Biotechnol 19:53–62

Bai S, Nayar R, Carpenter JF, Manning MC (2005) Non-invasive determination of protein conformation in the solid state using near infrared (NIR) spectroscopy. J Pharm Sci 94(9):2030–2038

Barresi AA, Velardi SA, Pisano R, Rasetto V, Vallan A, Galan M (2009) In-line control of the lyophilization process. A gentle PAT approach using software sensors. Int J Refrig 32:1003–1014

Bosca S, Fissore D (2014) Monitoring of a pharmaceuticals freeze-drying process by model-based process analytical technology tools. Chem Eng Technol 37(2):240–248

Brülls M, Folestad S, Sparén A, Rasmuson A (2003) In-situ near-infrared spectroscopy monitoring of the lyophilization process. Pharm Res 20(3):494–499

Burnham AJ, Viveros R, MacGregor JF (1996) Frameworks for latent variable multivariate regression. J Chemom 10:31–45

De Beer TR, Allesø M, Goethals F, Coppens A, Heyden YV, De Diego HL, Rantanen J, Verpoort F, Vervaet C, Remon JP, Baeyens WR (2007) Implementation of a process analytical technology system in a freeze-drying process using Raman spectroscopy for in-line process monitoring. Anal Chem 79(21):7992–8003

De Beer TRM, Vercruysse P, Burggraeve A, Quinten T, Ouyang J, x Zhang X, Vervaet C, Remon JP, Baeyens WRG (2009) In-line and real-time process monitoring of a freeze drying process using raman and NIR spectroscopy as complementary Process Analytical Technology (PAT) tools. J Pharm Sci 98(9):3430–3446

Duchesne C, MacGregor JF (2000) Multivariate analysis and optimization of process variable trajectories for batch processes. Chemom Intell Lab Syst 51:125–137

Duchesne C, MacGregor JF (2004) Establishing multivariate specification regions for incoming materials. J Qual Technol 36:78–94

Fissore D, Velardi S, Barresi A (2008) In-line control of a freeze-drying process in vials. Dry Technol 26(6):685–694 (10)

Fissore D, Pisano R, Barresi AA (2011) Advanced approach to build the design space for the primary drying of a pharmaceutical freeze-drying process. J Pharm Sci, Wiley on-line, doi:10.1002/jps.22668

Flores-Cerrillo J, MacGregor JF (2004) Control of batch product quality by trajectory manipulation using latent variable models. J Proc Control 14:539–553

García-Muñoz S, Kourti T, MacGregor JF, Mateos AG, Murphy G (2003) Troubleshooting of an industrial batch process using multivariate methods. Ind Eng Chem Res 42:3592–3601

García-Muñoz S, MacGregor JF, Kourti T (2004) Model predictive monitoring for batch processes with multivariate methods. Ind Eng Chem Res 43:5929–5941

García-Muñoz S, MacGregor JF, Kourti T (2005) Product transfer between sites using joint Y_PLS. Chemom Intell Lab Syst 79:101–114

García-Muñoz S, Kourti T, MacGregor JF, Apruzzece F, Champagne M (2006) Optimization of batch operating policies, Part I—handling multiple solutions. Ind Eng Chem Res 45:7856–7866

García–Muñoz S, MacGregor JF, Neogi D, Latshaw BE, Mehta S (2008) Optimization of batch operating policies. Part II. Incorporating process constraints and industrial applications. Ind Eng Chem Res 47:4202–4208

González-Martínez JM, Ferrer A, Westerhuis JA (2011) Real-time synchronization of batch trajectories for on-line multivariate statistical process control using dynamic time warping. Chemom Intell Lab Syst 105:195–206

Grohganz H, Fonteyne M, Skibsted E, Falck T, Palmqvist B, Rantanen J (2010) Classification of lyophilised mixtures using multivariate analysis of NIR spectra. Eur J Pharm Biopharm 74:406–412

ICH (2011) Quality implementation working group points to consider (R2), December 2011. http://www.ich.org/fileadmin/Public_Web_Site/ICH_Products/Guidelines/Quality/Q8_9_10_QAs/PtC/Quality_IWG_PtCR2_6dec2011.pdf

Jackson JE (1991) A user's guide to principal components. Wiley, New York

Jameel F, Kessler WJ (2011) Real-time monitoring and controlling of lyophilization process parameters through process analytical technology tools. In PAT applied in biopharmaceutical process development and manufacturing: an enabling tool for quality-by-design. In Undey C, Low D, Menezes JC, Koch M (eds) Biotechnology and bioprocessing series, T & F CRC Press, New York, ISBN: 9781439829455

Jorgensen JP, Pedersen JG, Jensen EP, Esbensen K (2004) On-line batch fermentation process monitoring—introducing biological process time. J Chemom 18:1–11

Kassidas A, MacGregor JF, Taylor PA (1998) Synchronization of batch trajectories using dynamic time warping. AIChE J 44:864–875

Katayama DS, Kirchhoff CF, Elliott CM, Johnson RE, Borgmeyer J, Thiele BR, Zeng DL, Hong Qi, Ludwig JD, Manning MC (2004) Retrospective statistical analysis of lyophilized protein formulations of progenipoietin using PLS: determination of the critical parameters for long-term storage stability. J Pharm Sci 93(10):2609–2623

Koganti VR, Shalaev EY, Berry MR, Osterberg T, Youssef M, Hiebert DN, Kanka FA, Nolan M, Barrett R, Scalzo G, Fitzpatrick G, Fitzgibbon N, Luthra S, Zhang L (2011) Investigation of design space for freeze-drying: use of modeling for primary drying segment of a freeze-drying cycle. AAPS Pharm Sci Tech 12(3):854–861

Kourti T (2003a) Multivariate dynamic data modeling for analysis and statistical process control of batch processes, start-ups and grade transitions. J Chemom 17:93–109

Kourti T (2003b) Abnormal situation detection, three way data and projection methods—robust data archiving and modeling for industrial applications. Ann Rev Control 27(2):131–138

Kourti T (2005a) Application of latent variable methods to process control and multivariate statistical process control in industry. Int J Adapt Control Signal Proc 19:213–246

Kourti T (2009) Multivariate statistical process control and process control, using latent variables. In: Brown S, Tauler R, Walczak R (eds) Comprehensive chemometrics, vol 4. Elsevier, Oxford, pp 21–54

Kourti T (2010) Pharmaceutical manufacturing: the role of multivariate analysis in design space. Control strategy, process understanding, troubleshooting, optimization. In David J et al (ed) Chemical engineering in the pharmaceutical industry: R & D to manufacturing. Wiley, pp 853–878

Kourti T, MacGregor JF (1995) Process analysis, monitoring and diagnosis using multivariate projection methods—a tutorial. Chemom Intell Lab Syst 28:3–21

Kourti T, Nomikos P, MacGregor JF (1995) Analysis, monitoring and fault diagnosis of batch processes using multiblock and multiway PLS. J Process Control 5(4):277–284

Kourti T, Lee J, MacGregor JF (1996) Experiences with industrial applications of projection methods for multivariate statistical process control. Comput Chem Eng 20(Suppl):S745–S750

Kundu S, Bhatnagar V, Pathak N, Undey C (2010) Chemical engineering principles in biologics: unique challenges and applications. In: David J et al (eds) Chemical engineering in the pharmaceutical industry: R & D to manufacturing. Wiley, pp 29–55

MacGregor JF, Kourti T, Kresta JV (1991) Multivariate identification: a study of several methods. In Najim K, Babary JP (eds) International symposium on advanced control of chemical processes ADCHEM '91 (an IFAC Symposium). Toulouse, France, October 14–16, pp 369–375

Maltesen MJ, Bjerregaard S, Hovgaard L, Havelund S, van de Weert M, Grohganz H (2011) Multivariate analysis of phenol in freeze-dried and spray-dried insulin formulations by NIR and FTIR. AAPS Pharm Sci Tech 12(2):627–635

Marjanovic O, Lennox B, Sandoz D, Smith K, Crofts M (2006) Real-time monitoring of an industrial batch process, presented at CPC7: chemical process control. Lake Louise Alberta, Canada

Menezes JC, Ferreira AP, Rodrigues LO, Brás LP, Alves TP (2009) Chemometrics role within the PAT context: examples from primary pharmaceutical manufacturing. In: Brown S, Tauler R, Walczak R (eds) Comprehensive chemometrics, vol 4. Elsevier, Oxford, pp 313–355

Mockus L, LeBlond D, Basu PK, Shah RB, Khan MA (2011) A QbD case study: Bayesian prediction of lyophilization cycle parameters. AAPS Pharm Sci Tech 12(1):442–448

Muzzio CR, Nicolás Dini G, Simionato LD (2011) Determination of moisture content in lyophilized mannitol through intact glass vials using NIR micro-spectrometers. Braz J Pharm Sci 47(2):289–297

Neogi D, Schlags CE (1998) Multivariate statistical analysis of an emulsion batch process. Ind Eng Chem Res 37:3971–3979

Nomikos P (1995) Statistical process control of batch processes. Ph.D. thesis, McMaster University, Hamilton, Canada

Nomikos P, MacGregor JF (1994) Monitoring of batch processes using multi-way principal component analysis. AIChE J 40(8):1361–1375

Nomikos P, MacGregor JF (1995a) Multivariate SPC charts for monitoring batch processes. Technometrics 37(1):41–59

Nomikos P, MacGregor JF (1995b) Multiway partial least squares in monitoring batch processes. Chemom Intell Lab Syst 30:97–108

Patel SM, Doen T, Pikal MJ (2010) Determination of end point of primary drying in freeze-drying process control. AAPS Pharm Sci Tech 11(1):73–84

Rambhatla S, Tchessalov S, Pikal MJ (2006) Heat and mass transfer scale-up issues during freeze-drying, III: control and characterization of dryer differences via operational qualification tests. AAPS Pharm Sci Tech 7(2):Article 39

Taylor PA (1998) Computing and software dept., McMaster University, Hamilton, Ontario, Canada (May 1998), personal communication

Ündey C, Ertunç S, Çınar A (2003) Online batch/fed-batch process performance monitoring, quality prediction, and variable-contribution analysis for diagnosis. Ind Eng Chem Res 42(20):4645–4658

Westerhuis JA, Kourti T, MacGregor JF (1998) Analysis of multiblock and hierarchical PCA and PLS models. J Chemom 12:301–321

Westerhuis JA, Kourti T, MacGregor JF (1999a) Comparing alternative approaches for multivariate statistical analysis of batch process data. J Chemom 13:397–413

Westerhuis JA, Kassidas A, Kourti T, Taylor PA, MacGregor JF (1999b) On-line synchronization of the trajectories of process variables for monitoring batch processes with varying duration, presented at the 6th Scandinavian Symposium on Chemometrics, Porsgrunn, Norway, Aug. 15–19

Wold S (1978) Cross-validatory estimation of the number of components in factor and principal components model. Technometrics 20(4):397–405

Wold S, Kettaneh N, Fridén H, Holmberg A (1998) Modeling and diagnostics of batch processes and analogous kinetic experiments. Chemom Intell Lab Syst 44:331–340

Yip WL, Gausemel I, Sande SA, Dyrstad K (2012) Strategies for multivariate modeling of moisture content in freeze-dried mannitol-containing products by near-infrared spectroscopy. J Pharm Biomed Anal 70:202–211

Zhang H, Lennox B (2004) Integrated condition monitoring and control of fed-batch fermentation processes. J Proc Control 14:41–50

Zhang Y, Dudzic M, Vaculik V (2003) Integrated monitoring solution to start-up and run-time operations for continuous casting. Ann Rev Control 27:141–149

第 23 章

数学建模与先验知识在冷冻干燥工艺开发中的应用

Davide Fissore，Roberto Pisano and Antonello A. Barresi

高翔　译，杜祎萌　校

缩略语

CFD	计算流体动力学
DSMC	直接蒙特–卡洛模拟法
PRT	压力升高测试
A_v	药瓶横截面积，m^2
a	干燥产品比表面，$m^2\ kg^{-1}_{dried\ product}$
C_s	残留水分，$kg_{water}\ kg^{-1}_{dried\ product}$
$C_{s,0}$	二级干燥开始时的残留水分，$kg_{water}\ kg^{-1}_{dried\ product}$
$C_{s,eq}$	与干燥室中的水分压保持局部平衡的固体中吸附水的重量分数，$kg_{water}\ kg^{-1}_{dried\ product}$
$C_{s,t}$	产品中残留水分的目标值，$kg_{water}\ kg^{-1}_{dried\ product}$
C_1	公式 23.8 中使用的参数，$WK^{-1}m^{-2}$
C_2	公式 23.8 中使用的参数，$WK^{-1}m^{-2}\ Pa^{-1}$
C_3	公式 23.8 中使用的参数，Pa^{-1}
$c_{p,liquid}$	液体的比热容，$Jkg^{-1}\ K^{-1}$
$c_{p,p}$	产品的比热容，$Jkg^{-1}\ K^{-1}$
D	导管直径，m
$E_{a,d}$	解吸反应的活化能，$J\ mol^{-1}$
ΔH_d	解吸热，$J\ kg^{-1}_{water}$
ΔH_s	升华热，$J\ kg^{-1}_{water}$
J_q	产品热通量，Wm^{-2}
J_w	质量通量，$kg\ s^{-1}\ m^{-2}$
K	公式 23.19 中使用的参数
K_v	加热流体与瓶底产品之间的总传热系数，$W\ m^{-2}\ K^{-1}$
k_d	解吸速率的动力学常数，$kg^{-1}_{dried\ product}\ s^{-1}\ m^{-2}$
$k_{d,0}$	解吸率的动力学常数的预指数因子，$kg^{-1}_{dried\ product}\ s^{-1}\ m^{-2}$

L	导管长度，m	
L_0	冻结后产品的厚度，m	
L_{dried}	干燥产品的厚度，m	
L_{frozen}	冷冻产品的厚度，m	
M_w	水摩尔质量，kg mol^{-1}	
m	质量，kg	
m_{dried}	干制品质量，kg	
P_c	室压，Pa	
P_1	公式 23.10 中使用的参数，s^{-1}	
P_2	公式 23.10 中使用的参数，m^{-1}	
$p_{w,c}$	干燥室水蒸气分压，Pa	
$p_{w,i}$	升华界面水汽分压，Pa	
R_p	干燥产品对蒸汽流的阻力，m s^{-1}	
$R_{p,0}$	公式 23.10 中使用的参数，m s^{-1}	
R	理想的气体常数，$\text{J K}^{-1}\ \text{mol}^{-1}$	
r_d	水解吸率，$\text{kg}_{\text{water}}\ \text{kg}^{-1}_{\text{dried product}}\ \text{s}^{-1}$	
$r_{d,\text{PRT}}$	通过压力升高测试测量的水解吸率，$\text{kg}_{\text{water}}\ \text{kg}^{-1}_{\text{dried product}}\ \text{s}^{-1}$	
T	温度，K	
T_B	瓶底部的产品温度，K	
T_c	干燥室中蒸汽的温度，K	
T_{fluid}	加热流体温度，K	
T_g	玻璃化转变温度，K	
$T_{g,s}$	蔗糖玻璃化转变温度，K	
$T_{g,w}$	冰玻璃化转变温度，K	
T_i	升华界面处的产品温度，K	
T_p	产品温度，K	
t	时间，s	
$t_{0,\text{PRT}}$	PRT 的开始时间，s	
t_d	二级干燥的持续时间，h	
V_c	室的自由容积，m^3	
V_p	产品体积，m^3	

希腊字母

λ_{frozen} 冷冻产品的导热系数，$\text{Wm}^{-1}\text{K}^{-1}$

λ_{liquid} 液体产品的导热系数，$\text{Wm}^{-1}\text{K}^{-1}$

ρ_{dried} 干燥产品的表观密度，kgm^{-3}

ρ_{frozen} 冷冻产品的密度，kgm^{-3}

ρ_{liquid} 液体产品的密度，kgm^{-3}

23.1　引言

冷冻干燥广泛应用于制药生产，为含有活性药物成分的处方提供长期稳定性。首先，将含有药物和辅料的水溶液放入药瓶中，再装载到冷冻干燥机的干燥室的架子上。然后，通过流经搁板的冷却流体来降低产品温度：部分水（"自由水"）结晶，而部分水（"结合水"）仍未冻结。然后通过降低室压使冰升华（初级干燥）：在此步骤，流经货架的流体温度升高，由于升华是吸热过程，流体被用来为产品提供热量。作为冰升华的结果，获得了一个多孔滤饼：水蒸气流经该滤饼，从升华界面（冷冻产品和滤饼之间的边界）移动到干燥室，然后到达冷凝器，并在其冷却面上升华。最后，通过进一步提高产品温度以解吸结合水（二级干燥），达到产品中残余水分的目标值。

冷冻干燥工艺的操作条件，即初级和二级干燥过程中加热流体温度（T_{fluid}）和干燥室压力（P_c）以及两种干燥过程的持续时间，都会对最终产品质量产生显著影响。特别是以下问题必须考虑：

（1）在初级干燥和二级干燥阶段，产品温度都必须保持低于正在处理的处方特性的极限值。这是避免产品变性、熔化（在结晶产品的情况下）或干燥饼（在无定形产品的情况下）塌陷所必需的。干燥饼塌陷可能导致干燥饼孔隙堵塞，从而增加了干燥饼对蒸汽流动的阻力，并且由于较低的升华速率导致延缓了初级干燥的结束。此外，塌陷的滤饼会在最终产品中保留较高量的水、重组时间会增加并且其外观也不好（Bellows and King 1972；Tsourouflis et al. 1976；Adams and Irons 1993；Pikal 1994；Franks 1998；Wang et al. 2004）。

（2）升华速率必须与冷凝器容量相兼容，并且必须避免在连接干燥室与冷凝器的管道中产生闭塞流（Searles 2004；Nail and Searles 2008；Patel et al. 2010）。

（3）为了使产品的稳定性最大化，必须在最终产品中达到残余水分的目标值。

（4）整个工艺的持续时间必须最小化，以最大限度地提高工厂的生产力。

最后，必须证明产品的最终质量也可能与设备的设计有关：腔室设计（特别是货架尺寸及相互间距、货架-室壁间隙、管道尺寸和位置）可能会影响批次内的变异性。此外，管道和阀门的类型和尺寸以及冷凝器设计可能会影响压降，从而决定了腔内的最小可控压力和压力控制的质量，并且当最坏的情况出现时，它们会出现流体的阻塞和失去压力的控制。

根据FDA在2004年9月份发布的"工业PAT——创新药品开发、生产和质量保证框架指南"，应该实施真正的质量源于设计（QbD）制造原则，而不是传统的质量源于检测方法，以获得安全、有效和能负担得起的药品。通过这种方式，产品质量是内置的，或者是通过设计的，并且不再在最终产品中进行测试。

本章重点是研究在药物冷冻干燥工艺中的QbD方法。为此，有必要确定工艺流程的设计空间。根据"ICH Q8药品研发指南"（2009），设计空间是已被证明可以保证质量的输入变量和工艺参数的多维组合。通常，经验方法用于确定设计空间：使用不同的T_{fluid}和P_c值进行了各种测试，并对最终产品性质进行了实验测量（Chang and Fisher 1995；Nail and Searles 2008；Hardwick et al. 2008）。显然，即使通过使用实验设计技术（Box et al. 1981）和多标准决策方法（De Boer et al. 1988，1991；Baldi et al. 1994）可以减少测试的次数，但这种方法也是昂贵且耗时的。此外，实验方法不能保证获得最佳循环，并且如果在实验室级的冷冻干燥机中确定了循环，则需要放大到工业规模的冷冻干燥机，这是一个具有挑战性和复杂性的任务。

数学建模可以有效地用于确定药物冷冻干燥工艺的设计空间，因为它允许在计算机上研究产品的发展变化（即温度、冰的残余量和升华通量在一段时间内如何变化）。显然，必须使用适当的模型来进行计算。首先，数学模型必须是准确的，即它必须考虑产品中发生的所有传热和传质现象，并且需要深刻地理解其机制。其次，数学模型必须涉及很少的参数，这些参数的值可以通过理论计算或（少数）实验研究轻松而准确地确定：复杂和非常详细的模型的准确性可能会受到参数值不确定性的影响。最后，计算所需的时间可能是一个重要的问题。

本章的结构如下：首先，对药瓶（冷冻、初级干燥和二级干燥过程中）和冷冻干燥设备中产品演化的数学模型进行了研究；其次，讨论了利用数学模型计算初级干燥和二级干燥的设计空间，指出了如何利用设计空间优化设计周期，并分析了工艺变量与设定值偏差的影响。

23.2　数学建模

23.2.1　冷冻

冷冻步骤获得的冰晶形态（平均尺寸、形状和粒度分布）对初级干燥和二级干燥阶段都有显著的影响。事实上，如果获得了小尺寸的冰晶，那么滤饼对蒸汽流动的阻力就会增加（因为小的饼孔是从冰升华中得到的），从而降低了升华率并增加了初级干燥的持续时间。在这种情况下获得的较大滤饼特异性表面在二级干燥阶段发生水解吸时可能是非常有益的。一般情况是，大冰晶是由缓慢的冷却速度获得的，而较快的冷却则会形成更小、更多的冰晶（Kochs et al. 1991）。Kochs 等人（1993）指出，成核温度对宏观样本冻结的影响不大，宏观样本冻结主要是受冷却条件的控制。在小规模冷冻系统的情况下，例如药瓶中的药物冷冻干燥，许多作者认为成核温度是关键因素：溶液的过冷度决定了核的数量，从而显著影响了冰晶粒度分布（Searles et al. 2001a，b）。Nakagawa 等人（2007）提出了一个简单的冷冻工艺模型来计算冷冻阶段药瓶内的温度分布。他们在二维轴对称空间中使用商业有限元代码来考察实际药瓶的几何形状。在冷却步骤中，列出众所周知的导热方程：

$$\rho_{\text{liquid}} c_{p,\text{liquid}} \frac{\partial T}{\partial t} = \nabla(\lambda_{\text{liquid}} \nabla T)\rho \tag{23.1}$$

Nakagawa 等人（2007）假设在给定的温度（模型的一个参数）下，成核是从瓶底开始的；冷冻模型基于公式 23.1，考虑到液体和冰的共存，其中 $c_{p,\text{liquid}}$ 被表观热容量替代（Lunardini 1981），并且在右侧添加了由于冰核形成和冰结晶而产生的热量。从计算的实验温度曲线出发，建立半经验模型以估算平均冰晶大小，并由此估算水蒸气干燥层的渗透率（使用标准扩散理论）。假定冰晶的平均尺寸与冻结速率和冻结层的温度梯度成正比（Bomben and King 1982；Reid 1984；Koc et al. 1991；Kurz and Fisher 1992；Woinet et al. 1998）。该模型通过使用甘露醇和基于 BSA 的处方进行了实验验证。通过数值模拟获得的结果表明，成核温度是决定冰形态的关键参数，并且冷却速率的增加会导致冰晶尺寸更小（Nakagawa et al. 2007）。

23.2.2　初级干燥

在初级干燥阶段发生冰升华：水蒸气穿过干燥层，从升华界面流向干燥室。随着初级干燥的进行，升华界面从产品的顶部表面向药瓶的底部移动。

过去曾提出过详细的多维模型来通过计算机研究工艺。Tang 等人（1986）首先提出了一种二维轴对称模型来研究药瓶中药物水溶液的冷冻干燥过程，但未见结果。这个模型也是由 Liapis 和 Bruttini（1995）提出的，以证明当考虑到瓶侧的辐射通量时温度的径向梯度是存在的，并且升华界面总是在药瓶的边缘向下弯曲。Mascarenhas 等人（1997）和 Lombraña 等人（1997）使用有限元公式建立了二维模型：提出一个任意 Lagrangian-Eulerian 描述，它将有限元网格视作可能以任意速度移动的参考框架。根据 Sheehan 和 Liapis（1998）的说法，这个公式的主要问题与从数值角度处理问题的方式有关。实际上，当移动界面不沿药瓶直径的全长延伸时，它不能描述瓶内初级干燥阶段的动态行为；此外，当移动界面的位置位于网格的网格点之间时，由于水汽质量通量被认为是不随时间变化的，因此不能很好地描述升华界面几何形状和位置的动态行为。因此，Sheehan 和 Liapis（1998）提出了另一种基于正交搭配的数值方法：他们证明，当没有来自药瓶侧面的热量输入时，如该批次中的大多数药瓶中那样，移动界面的几何形状是平坦的。只有在药瓶被来自室壁的辐射加热的情况下（即，货架边缘的药瓶），升华界面才能获得曲线形状，但无论如何，位于中心和位于一侧的药瓶，其界面位置的差别小于产品总厚度的 1%。Velardi 和 Barresi（2011）也证实了这些结果，证明即使在室壁辐射的情况下，温度的径向梯度也非常小。这与 Pikal（1985）给出的结果是一致的，在该结果中，通过一系列实验发现，在温度测量的不确定性范围内（0.5℃）药瓶底部中心的温度等于底部边缘的温度。因此，考虑到计算多维模型的数值解可能是非常耗时的，而且涉及许多数值是通常未知和（或）只能在高度不确定性的情况下估计的参数，所以文献中提出了各种一维模型（除其他外，见 Pikal 1985；Millman et al. 1985；Sadikoglu and Liapis 1997）：它们基于冷冻产品和干燥产品的热和质量平衡方程忽略了温度和成分的径向梯度以及药瓶侧壁传热的影响，尽管有人认为由于玻璃的热传导能量可以从瓶壁转移到产品上，所以药瓶侧壁传热可能发挥重要作用（Ybema et al. 1995；Brülls and Rasmuson 2002）。最近，Velardi 和 Barresi（2008）提出了包括药瓶玻璃的能量平衡的一维模型。同样，对于一维模型来说，可以通过忽略一些传热和传质现象（对工艺的动力学影响不大）来改变模型本身的复杂性，从而得到实际上真正有用的简化模型，因为它们所涉及的参数很少，可以进行实验测量。

药瓶中的产品由流经搁板的流体加热，并且热通量与由流体温度与药瓶底部产品温度之间的差异产生的驱动力成比例：

$$J_q = K_v(T_{\text{fluid}} - T_B) \tag{23.2}$$

假定来自升华界面的升华通量与界面处和干燥室中水蒸气分压之差所产生的驱动力成比例：

$$J_w = \frac{1}{R_p}(p_{w,i} - p_{w,c}) \tag{23.3}$$

其中升华界面处的水蒸气分压是该位置产品温度的一个众所周知的函数（Goff and Gratch 1946），而干燥室中的水蒸气分压可假定为等于总室压。因此，该过程的一个简单模型（Velardi and Barresi 2008）由升华界面的热平衡和冷冻层的物质平衡组成：

$$J_q = \Delta H_s J_w \tag{23.4}$$

$$\frac{\mathrm{d}L_{\text{frozen}}}{\mathrm{d}t} = \frac{1}{\rho_{\text{frozen}} - \rho_{\text{dried}}} J_w \tag{23.5}$$

假定冷冻层中的热量累积可忽略不计，因此冷冻层中的热通量是恒定的。这样就可以确定 T_i（因此也就是 $p_{w,i}$）和 T_B 之间的关系：

$$T_B = T_{\text{fluid}} - \frac{1}{K_v}\left(\frac{1}{K_v} + \frac{L_{\text{frozen}}}{\lambda_{\text{frozen}}}\right)^{-1}(T_{\text{fluid}} - T_i) \tag{23.6}$$

为了计算产品温度和冷冻层厚度随时间的演变，需要知道一些操作条件（T_{fluid} 和 P_c）、物理参数（ρ_{frozen}、ρ_{dried}、λ_{frozen}、ΔH_s）以及该模型的两个参数，即加热流体和瓶底产品之间的总传热系数（K_v）以及蒸汽流（R_P）总阻力（包括干燥层、阻流器和气室产生的阻力）的值。

可以进行简单的实验来确定批次中各药瓶的 K_v 值（Pikal et al. 1984；Pikal 2000；Pisano et al. 2011a）。需要用水灌满药瓶，并测量冰升华一段时间间隔 Δt 后的重量损失 Δm：

$$K_v = \frac{\Delta m \Delta H_s}{A_v \int_0^{\Delta t}(T_{\text{fluid}} - T_B)dt} \tag{23.7}$$

使用公式 23.7 时，必须测量药瓶底部的冰温：有线热电偶可用于实验室规模和中试冷冻干燥机，而无线传感器则更适用于工业规模单元（Vallan et al. 2005；Corbellini et al. 2010）。可得结果的一个例子如图 23.1 所示：对于批次中的所有药瓶，传热系数 K_v 的值似乎并不相同。这是由于公式 23.2 假定药瓶中的产品仅通过流经搁板的流体加热，但实际上，在它们用于加载/卸载批次时，也可以通过来自室壁和高处搁板的辐射加热，并且通过从金属框架传导来加热。因此，由于来自室壁辐射的影响，第一行药瓶的 K_v 值高于搁板中央部分药瓶的 K_v 值。因此，根据它们在搁板上所处的位置（表 23.1）可以将批次中的药瓶分成不同的组。重量测试必须至少在 3 个不同的室内压力值下重复测试，因为对于给定的药瓶冷冻干燥器系统，P_c 对 K_v 值有显著影响：

$$K_v = C_1 + \frac{C_2 P_c}{1 + C_3 P_c} \tag{23.8}$$

图 23.2 显示了在不同的 P_c 值下对表 23.1 中确定的各种药瓶进行实验测量所得结果的例子。

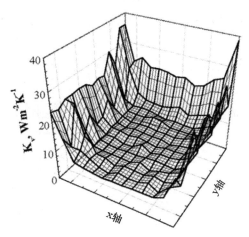

图 23.1　批次药瓶（管状瓶，内径＝14.25 mm，$T_{\text{fluid}}=-15℃$，$P_c=10\,\text{Pa}$）的传热系数 K_v 的值。批次由 26 个药瓶（沿 y 轴）×13 个药瓶（沿 x 轴）组成。从一半批次中所得数值显示于此

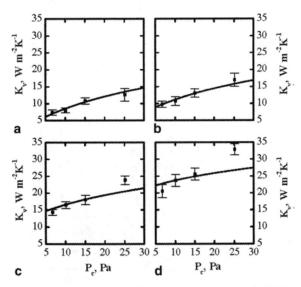

图 23.2　室压对表 23.1 中描述的各组药瓶（管状瓶，内径＝14.25 mm）的 K_v 值的影响。符号是指实验测量值；线对应于使用公式 23.8 计算的值

表 23.1　案例研究中所考虑的各类药瓶的特性

组别	在搁板上的位置	额外的传热机制		
		室壁辐射	与金属框架接触	接触"热"瓶
a	中部	否	否	否
b	中部	否	否	是
c	外围	是	否	是
d	外围	是	是	是

传热系数 K_v 也可以通过测量可调谐二极管激光吸收光谱仪（Tunable Diode Laser Absorption Spectroscopy，TDLAS）获得的升华通量 J_w 来确定（Kessler et al. 2006；Gieseler et al. 2007；Kuuet et al. 2009）：

$$K_v = \frac{J_w \Delta t \Delta H_s}{A_v \int_0^{\Delta t} (T_{\text{fluid}} - T_B) dt}$$
(23.9)

在这种情况下，得到了 K_v 的"平均值"，因为它假定该参数的值对于该批次的所有药瓶都是相同的（这个值是中心瓶传热系数的近似，因为中心瓶代表了的大多数批次）。类似地，当使用所提出的使用压力升高测试（pressure rise test，PRT）来监测工艺的算法之一时，也可以获得 K_v 的"平均"值：连接干燥室和冷凝器的管道中的阀门被关闭一小段时间（例如 30 s），并确定各种变量（产品的温度和残余冰含量，以及模型参数 K_v 和 R_P）以寻找测量值和计算值之间的最佳拟合（Milton et al. 1997；Liapis and Sadikoglu 1998；Chouvenc et al. 2004；Velardi et al. 2008；Fissore et al. 2011a）。

参数 R_p 取决于冷冻方案、产品和冷冻干燥机的类型，以及根据以下等式计算的滤饼厚度：

$$R_p = R_{p,0} + \frac{P_1 L_{\text{dried}}}{1 + P_2 L_{\text{dried}}}$$
(23.10)

参数 $R_{p,0}$、P_1 和 P_2 必须通过实验来确定，寻找参考曲线与 R_p 与 L_{dried} 的测量值之间的最佳拟合。PRT 可用于此目的，并且 TDLAS 传感器使用以下公式：

$$R_p = \frac{P_{w,i} - P_{w,c}}{J_w}$$
(23.11)

放置在干燥室中的称重装置可用于测量升华通量，并在同样测量产品温度的情况下，通过公式 23.11 估算 R_p。Lyobalance（Vallan 2007；Barresi and Fissore 2011；Fissore et al. 2012）可有效地用于此目的，因为称量的药瓶与该批次所有其他药瓶一起冷冻，它们几乎一直与搁板保持接触（它们在测量过程中才会被抬起），并且称量药瓶的几何特征与该批次的其余药瓶相同。图 23.3 显示了在冻干质量分数为 5% 的甘露醇水溶液的情况下 R_p 与 L_{dried} 的值：当比较使用 Lyobalance 和 PRT 获得的值时获得了良好的一致性。

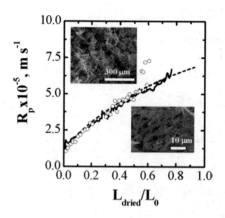

图 23.3　比较 Lyobalance（**实线**）测量的 R_P 对 L_{dried} 值，用压力上升测试技术（**符号**）估计的值与在将质量分数为 5% 的甘露醇溶液（$T_{\text{fluid}} = -22℃$，$P_c = 10$ Pa）在灌装有 1.5 ml 溶液的 ISO 8362-1 2R 管瓶（内径 14.25 mm）内冷冻干燥的情况下用公式 23.10（**虚线**）计算的数值比较。该图也显示了固体的内部结构（扫描电子显微镜图像）

23.2.3　二级干燥

二级干燥阶段涉及去除结合（未冷冻）的水。对于无定形固体，每单位质量的除水率取决于多个方面：

- 玻璃状固体中的水分子从固体内部向表面扩散；
- 在固-汽界面的蒸发；
- 通过多孔干燥滤饼的水蒸气传输；
- 水蒸气从瓶顶的空间输送到冷凝器。

一般来说，因为已经通过对结晶（甘露醇）和无定形（莫沙拉坦二钠和聚维酮）产品进行了广泛研究，假定固体中的水解吸是决定速率的步骤，并假设解吸率与残余水分成比例，提出了各种方程来模拟 r_d 对 C_s 的依赖性：

$$r_d = ak_d C_s \tag{23.12}$$

或残余水分与平衡值之间的差异：

$$r_d = aK_d(C_s - C_{s,eq}) \tag{23.13}$$

公式 23.12 已被证明能够充分描述这一过程（Sadikoglu and Liapis 1997）；与公式 23.13 相比，这具有非常重要的实际优势，因为它的表达不需要关于冻干物质干燥层的多孔基质结构的详细信息。实际上，为了使用公式 23.13 我们必须建立平衡浓度 $C_{s,eq}$ 的表达式，这需要繁琐和耗时的吸附-解吸平衡实验（Millman et al. 1985；Liapis and Bruttini 1994；Liapis et al. 1996）。

Liapis 和 Bruttini（1995）提出了二级干燥的详细多维模型；结果表明，温度和浓度的径向梯度很小，即使放置在搁架边缘的药瓶，由于室壁的辐射，横向加热也是显著的（Gan et al. 2004，2005）。Sadikoglu 和 Liapis（1997）提出了详细的单维模型，即使温度和浓度的轴向梯度很小（Gan et al. 2004，2005）。因此，集中模型可以有效描述二级干燥过程中产品温度和残留水分的变化。药瓶中产品的能量和质量平衡由以下公式给出：

$$\rho_{dried}c_{p,p}V_p\frac{dT_p}{dt} = K_vA_v(T_{fluid} - T_p) + V_p\rho_{dried}r_d\Delta H_d \tag{23.14}$$

$$\frac{dC_s}{dt} = -r_d \tag{23.15}$$

其中 r_d 是由公式 23.12 给出的。动力学常数 k_d 与产品温度有关，例如，根据 Arrhenius 型方程（pisano et al. 2012）：

$$k_d = k_{d,0}\exp\left(-\frac{E_{a,d}}{RT_p}\right) \tag{23.16}$$

如 Pikal 等人（1980）和 Pikal（2006）所报道，至少在 P_c 低于 20 Pa 的情况下，可以假设室压对解吸率的影响可以忽略不计。

为了使用公式 23.14 和公式 23.15 来计算二级干燥过程中产品的演化，需要确定动力学常数 k_d 的值，或者更好是确定 Arrhenius 参数 $k_{d,0}$ 和 $E_{a,d}$，并检查 r_d 如何取决于 C_s。最近被提出用于监测二级干燥的软传感器（Fissore et al. 2011b，c）可以有效地用于此目的。它是基于 PRT 期间测量的压力上升曲线获得的解吸速率的测量值：

$$r_{d,PRT} = 100 \cdot \frac{\frac{M_wV_cdP_c}{RT_cdt}\big|_{t=t_{0,PRT}}}{m_{dried}} \tag{23.17}$$

以及基于描述产品水分解吸的数学模型（公式 23.12～公式 23.15）。获得了二级干燥开始时产品残余水分（$C_{s,0}$）的值和动力学常数 k_d 的值，用以找出解吸速率的测量值与计算值之间的最佳拟合值。如果在二级干燥过程中进行重复测试，则可以确定 C_s 随时间的变化。通过这种方式，可以确定 r_d 是如何取决于 C_s 的。最后，如果使用不同的 T_{fluid} 值重复测试，则可能计算出 Arrhenius 参数（寻找 k_d 的实测值与用公式 23.16 计算出的值之间的最佳拟合值）。

图 23.4a 显示了在 5％w/w 甘露醇水溶液干燥的情况下，在加热流体温度的不同设定点上 r_d 对 C_s 的依赖关系，因此证明了线性公式 23.12 适合模拟这种依赖关系。解吸率是使用 PRT 测量的，Fissore 等人（2010，2011b）设计的软传感器用于监测二级干燥过程以确定 k_d。Arrhenius 图（未显示）指出了公式 23.16 能够模拟 k_d 对 T_P 的依赖关系。在这种情况下，$k_{d,0}$ 等于 54 720 s^{-1}，而活化能（$E_{a,d}$）等于 5920 J/mol^{-1}。图 23.4b 和 c 将产品中的残余水分值与从容器中提取并使用 Karl Fisher 滴定法得到的值进行了比较，并且计算出的产品温度与通过插入一些药瓶中的 T 形热电偶得到的数值进行了比较：测量值和计算值之间的一致性非常好并且符合要求。

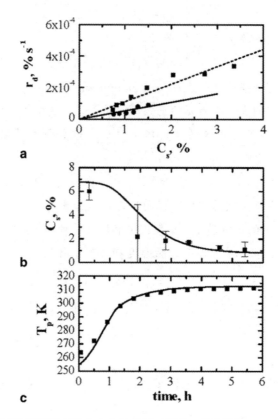

图 23.4 图 a. 不同加热流体温度下的解吸率与残余水分的关系（实线，黑色圆圈：$T_{fluid}=20℃$；虚线，黑色方块：$T_{fluid}=40℃$，$P_c=5$ Pa）。图 b 和图 c. 残余水分（曲线 b）的计算值（线）与测量值（符号）之间的比较，以及当 $T_{fluid}=40℃$ 和 $P_c=5$ Pa 时的产品温度（曲线 c）。质量分数为 5％的甘露醇水溶液灌装 1.5 ml 入 ISO 8362-1 2R 管状瓶（内径=14.25 mm）中；初级干燥在 $T_{fluid}=-10℃$ 和 $P_c=5$ Pa 下进行

23.2.4 冷冻干燥设备建模

与引言中所预期的一致，终产品的质量可能与设备的设计相关。再者，为使终产品的特性达到预期的目标，需要对设备的操作条件进行选择，而操作条件的选择可能会受到设备设计的显著影响（腔室、管道和阀门、冷凝器），因此药物的干燥时间也可能受到影响。在本节中，将总结体现最先进技术的关于冻干机不同部件或者整台设备动态行为的建模。

最近，计算流体动力学（computational fluid dynamics，CFD）开始应用于对稳态条件下的单个零件或整个设备进行建模（Barresi et al. 2010b）：采用这种方法，连续性和 Navier-Stokes 方程以及其他相关控制方程（例如，焓平衡）可以通过有限体积数值方案来求解。正如 Chapman 和 Cowling（1939）的书中所解释的那样，用标准动力学理论（通常诉诸简单的分子电势）计算出这些公式中出现的传输性质（例如气体黏度和热导率）。

这种技术的主要局限在于将升华气体描述为连续体（Batchelor 1965）；要确定流体是否处于连续状

态，只需计算 Knudsen 数（K_n），通常计算为分子自由路径长度与某一具有代表性的宏观流动长度的比值（Knudsen 1909）：如果 $K_n < 10^{-3}$，则介质可以被看作连续介质（当 $K_n < 10^{-4}$ 时，可以使用 Euler 方程代替 Navier-Stokes 方程）。

如果气体分子的平均自由路径与流动的宏观长度尺度相比既不是很大也不是很小，则应用更复杂的规律，特别是关于固体表面附近的气体流动。一般认为，如果特殊的边界条件考虑到在壁上的速度滑移或温度跃迁的可能性，则可以将连续方法的适用范围扩大到稀薄区（$10^{-3} < K_n < 10^{-1}$）。这就是所谓的滑移区（Maxwell 1879）。

当 K_n 假设值很高（大于 1）时，气流处于分子状态。此时，分子间的碰撞并不是很频繁，并且分子速度分布也不是麦克斯韦分布；必须解出 Boltzmann 方程。在这些情况下，有必要采用其他仿真框架，如 Lattice-Boltzmann 方案。对于过渡区（$10^{-1} < K_n < 1$），则不存在可靠的模型。

在干燥室中，由于特征尺寸相对较大且气体压力不太低，即使在搁板之间的间隙小的情况下，CFD 方法通常也是可行的，因此必须采用滑移边界条件。在过去，水汽流体力学所起的作用被假设为可以忽略不计，这也是因为很难从实验结果中识别和分离其影响。Rasetto 等人（2008，2010）和 Rasetto（2009）研究了在小规模和工业规模的设备中干燥室的一些几何参数（货架之间的间隙和通向蒸汽到冷凝器的管道的位置）对作为升华速度函数的水蒸气流体动力学的影响。他们的研究结果表明，搁板上存在明显的压力梯度，特别是在大规模设备中（Barresi et al. 2010a）。

此外，添加惰性气体来控制压力不仅会对室内流体动力学产生重大影响，还会影响大气的局部组成，从而影响水的局部分压；这可能成为批次变化的另一个来源。这一方面对于实验室规模的设备非常重要，其中惰性物质通常仅通过一个入口引入干燥室中，如 Barresi 等人（2010a）所示。此外，这些浓度梯度会使所有使用水蒸气浓度局部测量来监测工艺的传感器的性能变差。这些传感器通常局限于周边位置以允许塞住瓶塞时的搁板运动，或通过短管道连接到腔室。Rasetto 等人（2009）表示，这些现象可能或多或少地取决于冷冻干燥机的几何形状和尺寸。

某些情况下，在冷冻干燥工艺中，同一批次不同药瓶中产品温度和残余冰含量的变化可能受到每个药瓶周围条件的显著影响。事实上，干燥室中的蒸汽流体动力学决定了局部压力，在考虑了来自搁板的热流以及最终来自室表面的辐射后，局部压力是造成升华速率和产品温度的原因。在某些条件下，能够预测预期可变性，并评估设备的设计变化（例如搁板之间的距离，以及因此而来的最大负荷）在批次药瓶的产品温度和干燥时间中的影响是非常重要的。

为此目的，描述腔室中流体动力学的三维模型和描述产品在药瓶中干燥的单维或二维数学模型结合所得的双尺度模型，可以显著提高对药物冷冻干燥工艺的理解。双尺度模型可以用来模拟放置在特定位置（例如，辐射效应更重要或压力更大的地方）的单个药瓶以及整个批次的动力学，从而计算产品温度和残余水含量的平均值，以及围绕该平均值的标准差。这种方法适用于工艺转移和放大的实例的结果已经被发表（Rasetto et al. 2010；Barresi and Fissore 2011）：在这种情况下，通过 CFD 初步模拟得到的经验关联式给出了局部压力对几何形状和工作条件的依赖关系。这种方法在"单向耦合"的情况下是有效的，这是因为广义流体力学不受局部源分布的显著影响。

当不同瓶中的不同升华通量影响腔内流体动力学时，通常导致"双向耦合"，这是一种可在 CFD 代码中直接实现的描述每个药瓶变化的简化模型，例如通过用户定义功能的方法。只有在 CFD 代码中才能实现简单的模型，因此，只有当产品的时间演变结果存在一定程度的不确定性时，并且重点在于设备设计上，这种方法才是可取的（Barresi et al. 2010b）。

正如已经讨论的那样，必须非常小心在连接干燥室和冷凝器的管道中堵塞流动的可能性。事实上，由于压力值很低（因此水蒸气流速很高）可能会遇到临界的声速流动条件（Searles 2004；Mail and

Searles 2008)。管道的直径和长度以及隔离阀的几何形状必须进行适当的设计，以保证在较宽的操作条件下抽空所需的真空速率。

最近 Alexeenko 等人（2009）研究了工业规模和实验室规模中，将冷冻干燥设备的干燥室连接到冷凝器的管道中流体流动情况。用 Navier-Stokes 方程对连续气体条件下的流动进行了分析，而采用直接模拟 Monte Carlo（DSMC）方法 Boltzmann 方程获得了稀薄流动解。结果比较表明，在极端的操作条件下，CFD 使用的连续方法将不再有效。

最近作者和其他研究人员的未发表研究（Patel et al. 2010；Barresi et al. 2010b）已经证实，在很多情况下 CFD 方法仍然适用，即使在实验结果和预测之间已经证明存在差异（未完全解释）。

图 23.5 报告了作为冷凝器和腔室压力函数的质量流速的示例。可以看出，当压差增加、达到临界流动条件时，会导致最大流速，称为"临界流速"，其会随着腔室中的压力而增加，因为这会影响流体的静态密度。这种临界流速取决于蒸汽的化学成分（它因惰性物质的存在而有所改变），并受管道的长-径比及隔离阀的几何形状的强烈影响。为此，必须证明即使已经提出了管道的传导性与管道直径无关，但如果结果按照质量流量绘制（Oetjen 1999；Oetjen and Haseley 2004），则实际上导管的尺寸会影响传导性。另一个必须仔细考虑的方面是，空管的传导性受到入口条件的强烈影响，因为压降的最大部分恰好在入口处发生，所以准确的模拟还必须包括腔室的入口和出口处。最后，根据 Oetjen（1997，1999）提出的程序，真实传导性可能远大于估计值。

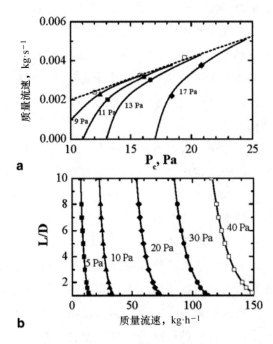

图 23.5   图 a. 不同冷凝器压力下的质量流速与腔室压力的函数关系。直管道，DN 350，L/D=2。带空心符号的虚线对应于声速流，代表渐近线。图 b. 临界质量流速对腔室压力和管道几何形状的依赖性（Data published by permission of Telstar Technologies S. L.）

如果有阀门的话，诸如其类型（蘑菇或蝴蝶状）甚至盘的形状都强烈地影响着传导性。因此，在从冷冻干燥机到另一台干燥机进行放大或工艺转移的情况下，可能会出现对最大升华速率明显不同的限制。图 23.6 显示了两个不同的阀门可以通过 CFD 估算临界流速的例子，还显示了空管道的情况以进行比较，以表明管道等效长度的概念，通常在适用于处理阀门的情况时必须非常小心使用。当曲线斜率不同时，正确的等效长度随腔室压力的变化而变化。

冷凝器的性能可能会对干燥周期和最终产品质量产生重大的影响。如果其效率低，可能难以达到室

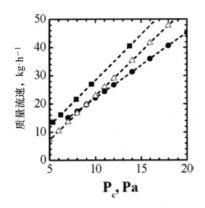

图 23.6 使用有空管道和不同的阀门几何形状的 CFD 估算临界流速条件的示例。实心的符号指两种不同的阀门形状，空心的符号指 L/D=10 的直管道 （Data published by permission of Telstar Technologies S. L. ）

内所需的最小压力，有可能不能冷凝所有的升华蒸汽；事实上，腔室内的压力会增加至压力控制丧失时（而压力的增加总是与产品温度的快速上升有关）。影响冷凝器效率的因素有冷凝器几何形状、升华蒸汽流体动力学、腔室设计、管道尺寸、关闭阀的位置和类型以及冰的沉积动力学等，但冷凝器几何形状对效率影响的研究较少（Kobayashi 1984）。

冷凝器的设计在很大程度上受益于对冷凝器本身内部真实流体动力学的理解以及线圈和表面上冰沉积速率的评估，但迄今为止在冷凝器建模方面的工作很少：由于压力非常低，取决于所考虑的几何形状，连续体方法可能有效或无效。Ganguly 等人（2010）侧重于通过 DSMC 方法模拟实验室规模冷凝器中的冰沉积，比较两种不同几何形状的效率，但并没有研究惰性气体所起的作用。Petitti 等人（2013）使用计算流体动力学对整个实验室规模的设备（包括干燥室、管道、阀门和冷凝器）和工业冷凝器进行建模，目的是更好地理解冷凝器的流体动力学、冰凝结和沉积过程，以评估冷凝器的效率。在这种情况下，计算量可能会变得非常大，特别是在工业设备形状复杂的情况下，这是因为有必要用考虑到适当动力学的真实机制来模拟蒸汽消失（和冰的形成）。

最后，将干燥器和冷凝器结合为集总模型的该工艺的多尺度模型，与药瓶的详细模型一起，可以用于更好地理解工艺/产品动力学对加工条件的依赖性，或者流体温度和（或）室压出现未预期的变化时预测产品质量，例如装置故障（Sane and Hsu 2007，2008）。

23.3 初级干燥阶段的设计空间计算

初级干燥阶段的设计空间可以定义为一组使产品温度保持在限值以下，并且同时避免连接干燥室和冷凝器的管道中流体堵塞的操作条件（加热流体的温度和干燥室的压力）。工艺模拟可以快速计算设计空间：结果的准确性受模型准确性和参数不确定性的影响。因此，用于计算的数学模型必须是准确的，并且它应该涉及很少的参数，可以通过较少的实验操作而容易地进行测量（或估计）。为此，可以有效地使用前面描述的简化模型（公式 23.2～公式 23.6）。

在计算初级干燥阶段的设计空间时，可以使用两种不同的方法。因此，可以查找使产品温度在整个初级干燥阶段保持低于极限值的 T_{fluid} 和 P_c 的值，或者考虑到随着干燥过程的进行，由于滤饼厚度的增加设计空间也会发生变化。因此，公式 23.4 和公式 23.6 可写为：

$$\left(\frac{1}{K_v} + \frac{L_{\text{forzen}}}{\lambda_{\text{forzen}}}\right)^{-1}(T_{\text{fluid}} - T_i) = \Delta H_s \frac{1}{R_p}(P_{w,i} - P_{w,c}) \tag{23.18}$$

以上公式证明相同的操作条件（T_{fluid} 和 P_c）可以根据 L_{dried} 值和 R_p 值来确定产品温度（和升华通量）的不同值。这意味着在初级干燥期间，一对 T_{fluid} 和 P_c 的值可以在特定的时间瞬间处于设计空间内，并且也可以在其他不同的时间瞬间处于设计空间外。

如果 T_fluid 和 P_c 值在整个初级干燥阶段保持不变，则可以进行以下计算来研究它们的值是否在设计空间内（Giordano et al. 2011）：

（1）感兴趣的 T_Fluid 和 P_c 值的范围选择。

（2）选择一对操作条件 $T_{\text{Fluid},k}$ 和 $P_{c,j}$ 的值。

（3）初级干燥结束前产品温度和升华通量变化的计算。

（4）当最大产品温度低于极限值并且最大升华通量低于极限值时，操作条件 $T_{\text{Fluid},k}$ 和 $P_{c,j}$ 属于设计空间。

（5）用所有感兴趣的 $T_{\text{Fluid},k}$ 和 $P_{c,j}$ 的值重复步骤 3 和 4。

Giordano 等人（2011）提出的方法可以有效地用于在计算设计空间时解释模型参数不确定性。必须注意的是，由于产品的不同传热机制导致的批次之间的不均匀，所以必须对每组药瓶重复先前所描述的过程，利用传热系数的一个特定值对其进行表征。

图 23.7 显示了在 5%甘露醇水溶液冷冻干燥的情况下，针对 a 组（搁板中心）和 b 组（外部第一行）的药瓶而计算的设计空间。不同的等流量曲线显示，它们有助于识别可以使初级干燥持续时间最小的操作条件。很明显，a 组药瓶的设计空间大于 b 组药瓶：这是因为，由于 K_v 值较低因此给定的一对 T_fluid 和 P_c 值的产品温度较低。因此，当腔室内压力为 5 Pa 时，可以在不打破 a 组最大产品温度限制的情况下设定 $T_\text{fluid} = -15℃$，但 b 组的药瓶则会过热。因此，如果目标是在整个批次中将产品温度保持在极限值以下，则需要设定较低的 T_fluid 值，例如 $-20℃$，即使这会导致较长的干燥时间。事实上，初级干燥会首先在 b 组药瓶中完成然后再在 a 组药瓶中完成，由于产品温度较低 a 组药瓶升华通量低于 $T_\text{fluid} = -15℃$ 时的升华通量。

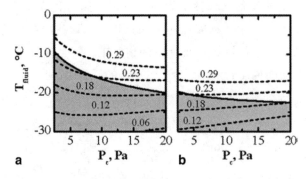

图 23.7　质量分数为 5%的甘露醇溶液冻干的 a 组（左侧）和 b 组（右侧）的设计空间。图中还显示了等通量曲线（kg·h^{-1}m^{-2}）（虚线）

图 23.8 显示了当用下述方式选择操作条件（如图 a 所示）时所获得的结果，即如 a 组和 b 组药瓶的热电偶测量以及使用 PRT 估算的温度（可假定为相当于搁板中央位置的药瓶，因为它们的数量最多的）所示（如图 c 所示），整个批次的产品温度在初级干燥阶段始终低于限值。在这种情况下，初级干燥的持续时间约等于 31 h，这是由电容和热导率计的压力信号之间的比值（如图 b 所示）确定的。

容器类型的选择是设计工艺中需要考虑的一个重要方面。这一决定取决于在生产过程中使用的灌装量和产品复溶所需的液体量。就这一点而言，各种解决方案都是可行的，因为同时改变溶液浓度和灌装体积可以获得每个药瓶中相同的固体含量。然而，就干燥时间长短而言，这些不同的组合所用的干燥时间并不相等，因为它们对蒸汽流动有不同的产品阻力值及不同的要除去的总水量。为了更好地阐明这一点，考虑一个实例，即基于甘露醇的处方的冷冻干燥。让我们想象一下，我们的目标是每瓶获得 50 mg 的干品，这里考虑使用上面用于进行实验研究的同一种药瓶。为了实现这个目标，研究了两种不同的配置：①每瓶 1.5 ml 质量分数为 5%的甘露醇溶液，因此 $L_0 = 10.6$ mm；②0.38 ml 质量分数为 20%的甘露醇溶

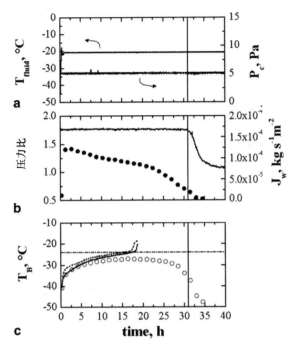

图 23.8　使用质量分数为 5％的甘露醇溶液进行冷冻干燥循环的实例。过程：（图 a）T_{fluid} 和 P_c；（图 b）Pirani-Baratron 压力比（实线）和用 PRT 技术估算的 J_w（符号）；（图 c）通过热电偶测量的 T_B（实线：a 组药瓶，虚线：d 组药瓶）或通过 PRT 技术估算的 T_B（符号）。垂直线表示由压力比检测到的冰升华完成

液，因此 $L_0 = 2.65$ mm。图 23.9a 显示了两种处方测得的产品对蒸汽流量的阻力：正如预期的那样，随着 L_{dried} 的增加，第二种处方的 R_p 值增加得更快。这些数值已被用于建立设计空间，从而为这两种处方的干燥过程设计了一个适当的周期，见图 23.9b。图 23.9c 显示了干燥时间是如何随着固体含量以及两个不同的室压值而变化的。如图 23.9b 所示的质量分数为 5％和 20％的甘露醇溶液的设计空间所预期的那样，室压值并不会显著改变干燥时间。相反，升华步骤的持续时间随着固体含量的增加和灌装体积的减小而显著降低。为了优化干燥时间，这些结果建议，在可能的情况下使用高的固体含量和低的灌装量。当然，以类似的方式，可以评估药瓶的几何形状和尺寸变化所带来的影响。

如果考虑到设计空间对时间的变化，可以有效地使用 Fissore 等人提出的方法（2011d）。它基于使用 L_{dried}（或 L_{frozen}）作为图的第三坐标而不是时间。实际上，同时由于产品生产过程中 L_{dried} 的值可能不同，因此，使用时间作为图的坐标不可能获得独一无二的图。相反，除了 T_{shelf} 和 P_c 之外，使用 L_{dried} 可以获得独特的图。需要进行以下计算：

（1）T_{Fluid} 和 P_c 值的目标范围选择。

（2）L_{dried} 值的目标范围选择。

（3）操作条件 $T_{fluid,k}$ 和 $P_{c,j}$ 值的选择。

（4）L_{dried} 的第 i 个值的产品温度和升华通量的计算。

（5）在产品温度低于极限值的情况下，操作条件 $T_{fluid,k}$ 和 $P_{c,j}$ 属于选定的 L_{dried} 值的设计空间，并且升华通量低于极限值。

（6）对 $T_{fluid,k}$ 和 $P_{c,j}$ 所有的值重复步骤 4 和 5，从而获得 L_{dried} 选定值的设计空间。

（7）重复步骤 4 和 6 计算所有 L_{dried} 值的目标范围。

图 23.10 显示了先前案例研究中 A 组药瓶的计算结果：每条曲线都确定了保证产品温度低于所考虑的 L_{dried} 和 P_c 值极限值的 T_{fluid} 的最高值。就初级干燥继续进行而言，由于 R_p 随时间的变化，L_{dried} 增加，设计空间缩小。图 23.11 显示了使用图 23.10 所示设计空间选择的周期时所获得的结果的示例。显然，使用相对

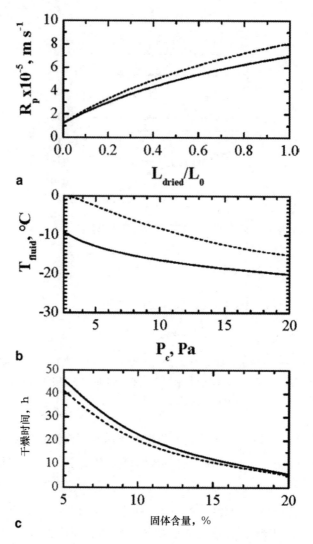

图 23.9 图 a. 在冷冻干燥质量分数为 5％（实线）和 20％（虚线）的甘露醇溶液的情况下，R_p 与 L_{dried} 值的比较。图 b. 用于 a 组药瓶的冷冻干燥质量分数为 5％（实线）和 20％（虚线）的甘露醇溶液的设计空间。图 c. 具有不同固体含量并且在（虚线）$P_c = 5$ Pa 和（实线）$P_c = 20$ Pa 下处理的甘露醇溶液的初级干燥阶段的持续时间。流体温度根据各个处方的设计空间进行选择。灌装体积固定以获得每瓶 50 mg 干燥产品

于第二部分所需的值来说较高的 T_{fluid} 和 P_c 值进行第一部分的初级干燥是可能的，这可能有助于进一步优化工艺（在这种情况下，初级干燥是在 25 h 内完成的，比在整个初级干燥过程中操作条件保持不变的情况下少 6 h）。

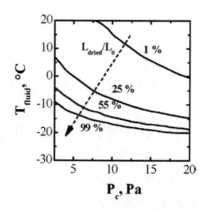

图 23.10 不同的 L_{dried}/L_0 值下计算的质量分数为 5％ 的甘露醇溶液的设计空间

除了循环设计和优化之外，设计空间可以有效地用于工艺失效分析，即评估 T_{fluid} 和（或）P_c 由于某种故障或干扰而出现意外变化后，产品是否保留在设计空间内。在这种情况下，如果在计算设计空间时不考虑初级干燥过程中 L_{dried} 的变化，可能会得到误导性的结果。将下面的案例研究作为一个考察的实例。让我们考虑 $T_{fluid}=-20℃$ 和 $P_c=5\,Pa$ 的情况，并且在初次干燥进行大约一半时将加热流体的温度升高到 $-10℃$。根据图 23.7 所示的设计空间，操作条件的新值在设计空间之外，因此可以停止周期并丢弃产品。根据图 23.10 所示的设计空间，至少直到 L_{dried}/L_0 低于 55% 时产品仍处于设计空间内。

最后一点是关于设计空间的规模扩大方面的问题。实际上，由于设计空间是用工艺模型来计算的，并且计算结果依赖于参数 K_v 和 R_p 的值，也依赖于极限曲线以避免管道中出现堵塞流。由于传热系数 K_v 考虑到了产品的所有传热机制，并且其中一些机制在不同的冷冻干燥器中可能会有所不同（例如室壁辐射、上层搁板辐射等），因此这个参数也必须在工业规模的冷冻干燥器中进行实验测量。实际上，如果公式 23.8 的系数 C_1、C_2 和 C_3 是由实验室规模的冷冻干燥器来决定，因为参数 C_2 和 C_3 给出了 K_v 与 P_c 的关系并且它们对设备类型的依赖可以忽略不计，所以可能只需要对不同的设备进行一次重量测试（确定系数 C_1 的值）。一旦在工业规模的冷冻干燥机中确定了参数 R_p，则可以使用先前的算法来确定新的设计空间。

关于堵塞的流动条件，必须证明这些条件通常在工业设备中比在实验室和中试规模下更容易达到；如图 23.6 所示，管道几何形状的变化以及所安装阀门特性可能会显著改变传导性。

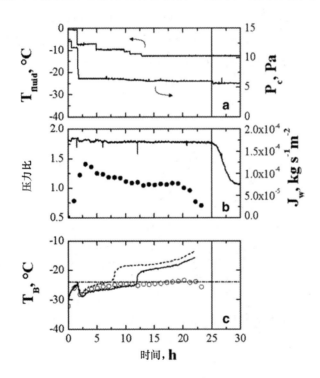

图 23.11　使用质量分数为 5% 的甘露醇溶液进行冷冻干燥工艺的实例。过程：图 a，T_{fluid} 和 P_c；图 b，Pirani-Baratron 压力比（实线）和用 PRT 技术估算的 J_w（符号）；图 c，通过热电偶测量的 T_B（实线：a 组药瓶，虚线：d 组药瓶）或通过 PRT 技术估算的 T_B（符号）。垂直线表示由压力比检测到的冰升华完成

23.4　二次干燥阶段的设计空间计算

二次干燥阶段的设计空间可以定义为一组操作条件（加热流体的温度和二次干燥的持续时间），其允许获得产品中残余水分的目标值，同时将产品温度维持在限值以下。这需要知道玻璃化转变温度是如何随产品中残余水分含量而变化的。就蔗糖溶液而言，可以使用 Hancock 和 Zografi（1994）提出的

公式：

$$T_g = \frac{C_s T_{g,w} + K(1-C_s)T_{g,s}}{C_s + K(1-C_s)} \qquad (23.19)$$

其中 $K=0.2721$、$T_{g,w}=135K$ 且 $T_{g,s}=347K$

二次干燥阶段的设计空间可根据以下步骤（Pisano et al. 2012）使用前面描述的集总模型（公式 23.14~公式 23.15）计算：

(1) T_{fluid} 值的目标范围选择。

(2) 确定作为残余水分含量函数的产品温度的最大允许值。

(3) $C_{s,0}$ 值的选择。

(4) 用工艺模型计算流体温度 $T_{\text{fluid},i}$ 的第 i 个值的 T_p 和 C_s 的演变。

(5) 确定达到选定的加热流体温度的残余水分值（$C_{s,t}$）所需的时间（$t_{d,i}$）。

(6) 当产品温度在整个干燥阶段保持在限值以下时，对应于这一对数值（$T_{d,i}$、$T_{\text{fluid},i}$）的点属于设计空间。

(7) 对 $T_{\text{fluid},i}$ 的所有目标值重复步骤 4~6。

(8) 对于 $C_{s,0}$ 的不同值重复步骤 4~7，因为该变量几乎不可知，而且对于批次处理的各个药瓶也不一样。

在计算设计空间时，可以通过选择使干燥时间最小的 T_{fluid} 值来优化二次干燥阶段。

图 23.12 显示了 5%w/w 甘露醇水溶液二次干燥的设计空间（假定加热流体的最高温度为 40℃）。对于残余水分的目标值（例如 1% 或 2%），设计空间与图中低于实线的区域是一致的。如果残余水分的目标值必须包含在两个值之间（例如 1% 和 2%），则设计空间对应于两条曲线之间包含的区域。

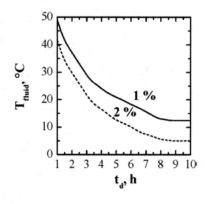

图 23.12 在 $C_{s,0}=5\%$ 和残留水分的目标值为 1%（实线）或 2%（虚线）的情况下，计算用于质量分数为 5% 的甘露醇溶液的二次干燥的设计空间

23.5 结论

在冷冻干燥工艺中，数学建模在进行质量源于设计方面是非常有效的。事实上，通过对冷冻阶段以及初级和二级干燥阶段的数学模拟，可以确定工艺操作条件的影响，从而在优化工艺的同时保持产品质量。显然，这种方法需要进行初步研究以确定模型的参数值：模型的精确度和参数的不确定性程度影响着结果的质量。作为替代方案，可以使用合适的监测系统（例如 PRT）和控制算法（Pisano et al. 2010, 2011b）在线设计冷冻干燥循环过程。显然，在这种情况下，只获得了最佳周期（根据控制算法中指定的目标），而设计空间所提供的有关稳健性和最终偏差的影响的附加信息是不可用的。此外，基于控制算法

的方法可行性受限于是否有合适的监控系统，特别是在工业规模的冷冻干燥器中。

致谢　感谢 Daniele Marchisio（都灵理工大学）和 Telstar Technologies S. L.（西班牙）在冻干机的计算机流体动力学研究方面给予的贡献和支持。

参考文献

Adams GDJ, Irons LI (1993) Some implications of structural collapse during freeze-drying using Erwinia caratovora Lasparaginase as a model. J Chem Technol Biotechnol 58:71–76

Alexeenko AA, Ganguly A, Nail SL (2009) Computational analysis of fluid dynamics in pharmaceutical freeze-drying. J Pharm Sci 98:3483–3494

Baldi G, Gasco MR, Pattarino F (1994) Statistical procedures for optimizing the freeze-drying of a model drug in *ter*-buthyl alcohol water mixtures. Eur J Pharm Biopharm 40:138–141

Barresi AA, Fissore D (2011) Product quality control in freeze drying of pharmaceuticals. In: Tsotsas E, Mujumdar AS (eds) Modern drying technology—volume 3: product quality and formulation. Wiley-VCH Verlag GmbH & Co. KGaA, Weinheim.

Barresi AA, Pisano R, Rasetto V, Fissore D, Marchisio DL (2010a) Model-based monitoring and control of industrial freeze-drying processes: effect of batch nonuniformity. Dry Technol 28:577–590

Barresi AA, Fissore D, Marchisio DL (2010b) Process analytical technology in industrial freeze-drying. In: Rey L, May JC (eds) Freeze-drying/lyophilization of pharmaceuticals and biological products, 3rd edn. Informa Healthcare, New York

Batchelor GK (1965) An introduction to fluid dynamics. Cambridge University Press, Cambridge

Bellows RJ, King CJ (1972) Freeze-drying of aqueous solutions: maximum allowable operating temperature. Cryobiology 9:559–561

Bomben JL, King CJ (1982) Heat and mass transport in the freezing of apple tissue. J Food Technol 17:615–632

Box GEP, Hunter WG, Hunter JS (1981) Statistics for experimenters. Wiley, New York

Brülls M, Rasmuson A (2002) Heat transfer in vial lyophilization. Int J Pharm 246:1–16

Chang BS, Fischer NL (1995) Development of an efficient single-step freeze-drying cycle for protein formulation. Pharm Res 12:831–837

Chapman S, Cowling TG (1939) The mathematical theory of non-uniform gases. Cambridge University Press, Cambridge

Chouvenc P, Vessot S, Andrieu J, Vacus P (2004) Optimization of the freeze-drying cycle: a new model for pressure rise analysis. Dry Technol 22:1577–1601

Corbellini S, Parvis M, Vallan A (2010) In-process temperature mapping system for industrial freeze dryers. IEEE Trans Inst Meas 59:1134–1140

De Boer JH, Smilde AK, Doornbos DA (1988) Introduction of multi-criteria decision making in optimization procedures for pharmaceutical formulations. Acta Pharm Technol 34:140–143

De Boer JH, Smilde AK, Doornbos DA (1991) Comparative evaluation of multi-criteria decision making and combined contour plots in optimization of directly compressed tablets. Eur J Pharm Biopharm 37:159–165

Fissore D, Pisano R, Barresi AA (2011a) On the methods based on the pressure rise test for monitoring a freeze-drying process. Dry Technol 29:73–90

Fissore D, Pisano R, Barresi AA (2011b) Monitoring of the secondary drying in freeze-drying of pharmaceuticals. J Pharm Sci 100:732–742

Fissore D, Barresi AA, Pisano R (2011c) Method for monitoring the secondary drying in a freeze-drying process. European Patent EP 2148158

Fissore D, Pisano R, Barresi AA (2011d) Advanced approach to build the design space for the primary drying of a pharmaceutical freeze-drying process. J Pharm Sci 100:4922–4933

Fissore D, Pisano R, Barresi AA (2012) A model-based framework to optimize pharmaceuticals freeze-drying. Dry Technol 30:946–958

Franks F (1998) Freeze-drying of bioproducts: putting principles into practice. Eur J Pharm Biopharm 45:221–229

Gan KH, Bruttini R, Crosser OK, Liapis AI (2004) Heating policies during the primary and secondary drying stages of the lyophilization process in vials: effects of the arrangement of vials in clusters of square and hexagonal arrays on trays. Dry Technol 22:1539–1575

Gan KH, Bruttini R, Crosser OK, Liapis AI (2005) Freeze-drying of pharmaceuticals in vials on trays: effects of drying chamber wall temperature and tray side on lyophilization performance. Int J Heat Mass Transfer 48:1675–1687

Ganguly A, Venkattraman A, Alexeenko AA (2010) 3D DSMC simulations of vapor/ice dynamics in a freeze-dryer condenser, AIP Conf. Proc., Vol. 1333, 27th International Symposium on Rarefied Gas Dynamics, Pacific Grove, California, 254–259.

Gieseler H, Kessler WJ, Finson M, Davis SJ, Mulhall PA, Bons V, Debo DJ, Pikal MJ (2007)

Evaluation of tunable diode laser absorption spectroscopy for in-process water vapor mass flux measurement during freeze drying. J Pharm Sci 96:1776–1793

Giordano A, Barresi AA, Fissore D (2011) On the use of mathematical models to build the design space for the primary drying phase of a pharmaceutical lyophilization process. J Pharm Sci 100:311–324

Goff JA, Gratch S (1946) Low-pressure properties of water from −160 to 212°F. Trans Am Soc Vent Eng 52:95–122

Hancock BC, Zografi G (1994) The relationship between the glass transition temperature and the water content of amorphous pharmaceutical solids. Pharm Res 11:471–477

Hardwick LM, Paunicka C, Akers MJ (2008) Critical factors in the design and optimization of lyophilisation processes. Innovation Pharm Technol 26:70–74

International Conference on Harmonisation of Technical Requirements for Registration of Pharmaceuticals for Human Use (2009) ICH harmonised tripartite guideline. Pharmaceutical Development Q8 (R2)

Kessler WJ, Davis SJ, Mulhall PA, Finson ML (2006) System for monitoring a drying process. United States Patent Application 0208191 A1

Knudsen M (1909) Die Gesetze der Molekularströmung und der inneren Reibungsströmung der Gase durch Röhren. Annal Physik 333:75–130

Kobayashi M (1984) Development of a new refrigeration system and optimum geometry of the vapor condenser for pharmaceutical freeze dryers. Proceedings 4th international drying symposium, Kyoto, 464–471.

Kochs M, Korber CH, Heschel I, Nunner B (1991) The influence of the freezing process on vapour transport during sublimation in vacuum freeze-drying. Int J Heat Mass Transfer 34:2395–2408

Kochs M, Korber CH, Heschel I, Nunner B (1993) The influence of the freezing process on vapour transport during sublimation in vacuum freeze-drying of macroscopic samples. Int J Heat Mass Transfer 36:1727–1738

Kurz W, Fisher DJ (1992) Fundamentals of solidification, 3rd edn. Trans Tech Publications, Zurich

Kuu WY, Nail SL, Sacha G (2009) Rapid determination of vial heat transfer parameters using tunable diode laser absorption spectroscopy (TDLAS) in response to step-changes in pressure set-point during freeze-drying. J Pharm Sci 98:1136–1154

Liapis AI, Bruttini R (1994) A theory for the primary and secondary drying stages of the freeze-drying of pharmaceutical crystalline and amorphous solutes: comparison between experimental data and theory. Sep Technol 4:144–155

Liapis AI, Bruttini R (1995) Freeze-drying of pharmaceutical crystalline and amorphous solutes in vials: dynamic multi-dimensional models of the primary and secondary drying stages and qualitative features of the moving interface. Dry Technol 13:43–72

Liapis AI, Sadikoglu H (1998) Dynamic pressure rise in the drying chamber as a remote sensing method for monitoring the temperature of the product during the primary drying stage of freeze-drying. Dry Technol 16:1153–1171

Liapis AI, Pikal MJ, Bruttini R (1996) Research and development needs and opportunities in freeze drying. Dry Technol 14:1265–1300

Lombraña JI, De Elvira C, Villaran MC (1997) Analysis of operating strategies in the production of special foods in vial by freeze-drying. Int J Food Sci Tech 32:107–115

Lunardini VJ (1981) Finite difference method for freezing and thawing in heat transfer in cold climates. Van Nostrand Reinhold Company, New York

Mascarenhas WJ, Akay HU, Pikal MJ (1997) A computational model for finite element analysis of the freeze-drying process. Comput Method Appl M 148:105–124

Maxwell JC (1879) On stresses in rarified gases arising from inequalities of temperature. Phil Trans Royal Soc Lon 170:231–256

Millman MJ, Liapis AI, Marchello JM (1985). An analysis of the lyophilization process using a sorption-sublimation model and various operational policies. AIChE J 31:1594–1604

Milton N, Pikal MJ, Roy ML, Nail SL (1997) Evaluation of manometric temperature measurement as a method of monitoring product temperature during lyophilisation. PDA J Pharm Sci Technol 5:7–16

Nail SL, Searles JA (2008) Elements of quality by design in development and scale-up of freeze-dried parenterals. Biopharm Int 21:44–52

Nakagawa K, Hottot A, Vessot S, Andrieu J (2007) Modeling of the freezing step during freeze-drying of drugs in vials. AIChE J 53:1362–1372

Oetjen GW (1997) Gefriertrocknen. VCH, Weinheim

Oetjen GW (1999) Freeze-drying. Wiley-VCH. Weinheim

Oetjen GW, Haseley P (2004) Freeze-drying, 2nd edn. Wiley-VCH, Weinheim

Patel SM, Swetaprovo C, Pikal MJ (2010). Choked flow and importance of Mach I in freeze-drying process design. Chem Eng Sci 65:5716–5727

Petitti M, Barresi AA, Marchisio DL (2013) CFD modelling of condensers for freeze-drying processes. Sādhanā—Acad Proc Eng Sci 38:1219–1239

Pikal MJ (1985) Use of laboratory data in freeze-drying process design: heat and mass transfer coefficients and the computer simulation of freeze-drying. J Parenter Sci Technol 39:115–139

Pikal MJ (1994) Freeze-drying of proteins: process, formulation, and stability. ACS Symp Ser 567:120–133

Pikal MJ (2000) Heat and mass transfer in low pressure gases: applications to freeze-drying. In: Amidon GL, Lee PI, Topp EM (eds) Transport processes in pharmaceutical systems. Marcel Dekker, New York

Pikal MJ (2006) Freeze drying. In: Swarbrick J (ed) Encyclopedia of pharmaceutical technology, 5th edn. Informa Healthcare, New York

Pikal MJ, Shah S, Roy ML, Putman R (1980) The secondary drying stage of freeze drying: drying kinetics as a function of temperature and pressure. Int J Pharm 60:203–217

Pikal MJ, Roy ML, Shah S (1984) Mass and heat transfer in vial freeze-drying of pharmaceuticals: role of the vial. J Pharm Sci 73:1224–1237

Pisano R, Fissore D, Velardi SA, Barresi AA (2010) In-line optimization and control of an industrial freeze-drying process for pharmaceuticals. J Pharm Sci 99:4691–4709

Pisano R, Fissore D, Barresi AA (2011a) Heat transfer in freeze-drying apparatus. In: dos Santos Bernardes MA (ed) Developments in heat transfer—Book 1. In Tech—Open Access Publisher, Rijeka

Pisano R, Fissore D, Barresi AA (2011b) Freeze-drying cycle optimization using model predictive control techniques. Ind Eng Chem Res 50:7363–7379

Pisano R, Fissore D, Barresi AA (2012) Quality by design in the secondary drying step of a freeze-drying process. Dry Technol 30:1307–1316

Rasetto V, Marchisio DL, Fissore D, Barresi AA (2008) Model-based monitoring of a non-uniform batch in a freeze-drying process. In: Braunschweig B, Joulia X Proceedings of 18th European symposium on computer aided process engineering—ESCAPE 18, Lyon. Computer Aided Chemical Engineering Series, vol. 24. Elsevier B.V. Ltd, Paper 210. CD Edition

Rasetto V, Marchisio DL, Barresi AA (2009) Analysis of the fluid dynamics of the drying chamber to evaluate the effect of pressure and composition gradients on the sensor response used for monitoring the freeze-drying process. In: Proceedings of the European drying conference AFSIA 2009, Lyon. cahier de l'AFSIA 23, 110–111

Rasetto V, Marchisio DL, Fissore D, Barresi AA (2010) On the use of a dual-scale model to improve understanding of a pharmaceutical freeze-drying process. J Pharm Sci 99:4337–4350

Reid DS (1984) Cryomicroscope studies of the freezing of model solutions of cryobiological interest. Cryobiology 21:60–67

Sadikoglu H, Liapis, AI (1997) Mathematical modelling of the primary and secondary drying stages of bulk solution freeze-drying in trays: parameter estimation and model discrimination by comparison of theoretical results with experimental data. Dry Technol 15:791–810

Sane SV, Hsu CC (2007) Strategies for successful lyophilization process scale-up. Am Pharm Rev 41:132–136

Sane SV, Hsu CC (2008) Mathematical model for a large-scale freeze-drying process: a tool for efficient process development & routine production. In: Proceedings of 16th international drying symposium (IDS 2008), Hyderabad, 680–688

Searles J (2004) Observation and implications of sonic water vapour flow during freeze-drying. Am Pharm Rev 7:58–69

Searles JA, Carpenter JF, Randolph TW (2001a) The ice nucleation temperature determines the primary drying rate of lyophilization for samples frozen on a temperature-controlled shelf. J Pharm Sci 90:860–871

Searles JA, Carpenter JF, Randolph TW (2001b) Annealing to optimize the primary drying rate, reduce freezing-induced drying rate heterogeneity, and determine T_g' in pharmaceutical lyophilization. J Pharm Sci 90:872–887

Sheehan P, Liapis AI (1998) Modeling of the primary and secondary drying stages of the freeze-drying of pharmaceutical product in vials: numerical results obtained from the solution of a dynamic and spatially multi-dimensional lophilisation model for different operational policies. Biotechnol Bioeng 60:712–728

Tang MM, Liapis AI, Marchello JM (1986) A multi-dimensional model describing the lyophilization of a pharmaceutical product in a vial. In: Mujumadar AS (ed) Proceedings of the 5th international drying symposium. Hemisphere Publishing Company, New York, 57–64

Tsourouflis S, Flink JM, Karel M (1976) Loss of structure in freeze-dried carbohydrates solutions: effect of temperature, moisture content and composition. J Sci Food Agric 27:509–519

Vallan A (2007) A measurement system for lyophilization process monitoring. Proceedings of instrumentation and measurement technology conference—IMTC 2007, Warsaw. Piscataway: IEEE. doi:10.1109/IMTC.2007.379000

Vallan A, Corbellini S, Parvis M (2005) A Plug & Play architecture for low-power measurement systems. In: Proceedings of instrumentation and measurement technology conference—IMTC 2005, Ottawa, Vol. 1, 565–569

Velardi SA, Barresi AA (2008) Development of simplified models for the freeze-drying process and investigation of the optimal operating conditions. Chem Eng Res Des 86:9–22

Velardi SA, Barresi AA (2011) On the use of a bi-dimensional model to investigate a vial freeze-drying process. In: Chemical engineering greetings to prof. Sauro Pierucci. Aidic Servizi srl, Milano, 319–330

Velardi SA, Rasetto V, Barresi AA (2008) Dynamic parameters estimation method: advanced manometric temperature measurement approach for freeze-drying monitoring of pharmaceutical solutions. Ind Eng Chem Res 47:8445–8457

Wang DQ, Hey JM, Nail SL (2004) Effect of collapse on the stability of freeze-dried recombinant factor VIII and α-amylase. J Pharm Sci 93:1253–1263

Woinet B, Andrieu J, Laurent M, Min SG (1998) Experimental and theoretical study of model food freezing. Part II: characterization and modeling of the ice crystal size. J Food Eng 35:395–407

Ybema H, Kolkman-Roodbeen L, te Booy MPWM, Vromans H (1995) Vial lyophilization: calculations on rate limiting during primary drying. Pharm Res 12:1260–1263

第 24 章

多元统计工艺监测在冷冻干燥工艺开发中的应用

Fuat Doymaz

王增明　译，高静　校

24.1　引言

多元统计工艺监测（multivariate statistical process monitoring，MSPM）已经在各种工业中得到了广泛应用（Duchesne and MacGregor 2000；Doymaz et al. 2001；Machin et al. 2011；Ündey et al. 2010，2012；Zhang et al. 2004）。生物药品制造的关键步骤之一是包含温度平衡、冷冻、初级干燥和二级干燥等几个阶段的冻干工艺步骤（Jameel and Searles 2010）。生产过程中生成的冻干数据具有三维结构（Kourti 2015）。在批次的每个冷冻、初级干燥和二级干燥阶段测量的变量，具有每个采样时刻的数据记录，从而创建了批次演化变量、时间。冻干工艺变量的轨迹在各阶段内由冻干药品开发的处方来规定。当成功完成的批次有足够的数据可用时，可开发 MSPM 模型以有效监控工艺。此后，每一批新批次的产品都可以实时或脱机进行监控。在基础设施允许实时数据收集、同步和数据分析的情况下，就有可能发现不理想的趋势，找出根本原因并随后对工艺进行中期更改。如果及时采取纠正措施来生产具有良好产品质量特性的批次，则可以节省大量的资金。本章旨在为从业人员提供 MSPM 如何应用于冻干工艺的一些要素。

从冻干工艺中收集的批次数据可以有不同的来源并且具备多种格式。例如，工艺变量轨迹，在冷冻、初级干燥和二级干燥期间以频繁间隔获得的测量值，由诸如搁板温度、室内压力、冷凝器温度、加热器输入或基于近红外（near infrared，NIR）的光谱湿度数据等变量组成。因此，通过使用连接到历史数据库［如 OSIsoft 公司的 PI 系统（OSIsoft Inc，2015）］的数据采集系统可以积累大量数据集，PI 系统存储了称为加工执行系统（manufacturing execution system，MES）的工艺数据库中的数据（图 24.1）。这些数据集或其子集可能以不同的方式用于模型的构建，以分析工艺和产品的性能行为。使用数据服务器可以访问这些数据集。Umetrics 公司（Umetrics Inc. 2013）开发了一款名为 SIMCA-在线服务器以便通过 SIMCA 软件的两个版本（在线和离线）来访问这些数据。用户（操作员或工艺工程师）分析这些高维和复杂的数据集，从而在客户端 PC、网站或手持设备上总结工艺性能。这些软件允许以快速、可靠和符合美国食品和药物管理局的联邦法规（Code of Federal Regulation，CFR）的第 11 部分（Food and Drug Administration of the United States 2003）的方式进行多变量数据分析。

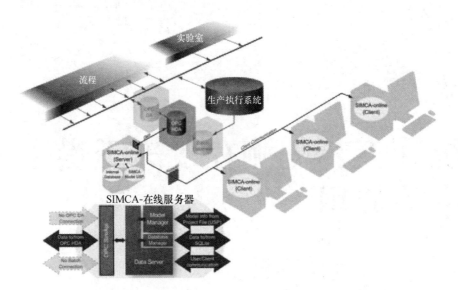

图 24.1 Umetrics 公司开发的用于存取在线和离线工艺数据和实验室数据的接口，使得生产过程中能更快更好地提供工艺性能评估的分析数据

24. 2   数据预处理和分析

构建 MSPM 模型需要两个数据集（建模和测试）。建模数据集应包含正常操作的批次，而理想情况下，测试数据集将包括良好的和不合格的批次数据。这将允许构建一个 MSPM 模型，在安装之前检查其性能以进行在线工艺性能监控。在模型建立步骤之前，数据矩阵将根据需要进行分批展开或变量展开（Kourti 2015），随后将变量缩放为零均值和单位方差。如果选择时间因子作为批次演变参数，则采用称为动态时间扭曲方法的技术，在指定时间间隔内跟踪批次性能（Kassidas et al. 1998）。然后将缩放后的数据投影到正交（主成分）子空间上，以创建捕捉原始数据中大部分可变性的几个潜变量。选择潜变量数量的过程有时可能需要在训练数据集中进行留一法交叉验证，或者将新批次数据（测试数据集）投影到模型空间上，以评估给定主成分数量的模型性能。

24. 3   用于故障检测和隔离的工艺性能监测

一旦建立了模型，就可以通过将前两个潜变量（t_1 和 t_2）绘制在具有椭圆形式限制的散点图上来监测工艺，如图 24.2 所示。当工艺处于统计控制状态时，点（潜变量分数）将落在椭圆内。如果工艺中出现异常情况，分数将绘制在椭圆外。椭圆内的区域也称为正常操作范围（normal operating region，NOR）。对于实时工艺监控，最好创建一个 Hotelling 的 T^2 统计图表和一个平方预测误差（square prediction error，SPE）图表来定义基于多个潜变量的 NOR。在一些软件包中，也使用了术语距离模型（DModx）来代替 SPE。图 24.2 中所示的 T^2 和 SPE 图表是两个互补的指数；在批次处理过程中，它们一起表明了的某个时间点的工艺执行情况。如果点在它们各自的范围内（即在 NOR 内），则认为该工艺处于控制之下。Doymaz 等（2001）提出了在单一曲线图中使用 T^2 和 SPE 测量以及它们各自对划分控制下事件或失控事件的限制。在 SPE 与 T^2 图中，同时违反 T^2 和 SPE 限制的值通常指向工艺干扰，而传感器/测试方法方面的问题通常会触发 SPE 限值偏移。一旦检测到一个点超出限制，那么可以利用贡献图来向我们提供主要导致失控点的变量列表，并因此可帮助我们立即诊断问题。对于这两种图表，都可以为失控点创建贡献图。

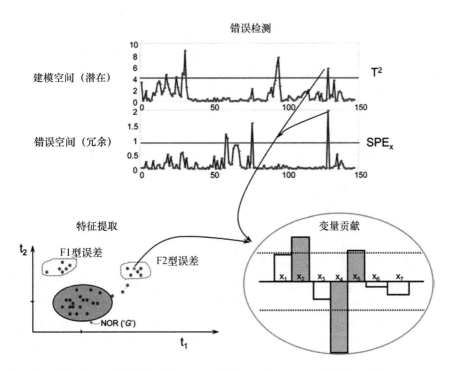

图 24. 2　可以用两个图表（Hotelling T^2 和 SPEx）来监控工艺。当观察到偏离 NOR 时，可以使用贡献图来识别造成偏差的变量

24. 4　MSPM 在冻干工艺中的应用

在下面的例子中，在建立模型的步骤中考虑了 5 个历史批次的数据，这些批次代表了生物药产品冻干工艺的冻结、初级干燥和二级干燥过程中的正常操作。通过将经历了工艺偏差的批次的数据映射到 NOR（T^2 和 DModX）上，测试了所建立的模型的性能。一般来说，建模所需的数据比来自 5 个批次的数据还多。然而，由于种种原因，为了建立第一个多变量模型，生产 15 批或更多批次的产品是不现实也不必要的。数据限制在大约 5 个批次的情况下，可以构建模型，随后在得到更多批次数据时更新模型。有限的数据只会增加错误报警率，但可以理解的是，这比无法对影响批次质量的问题做出反应要好。

冻干数据集由来自温度［产品（$x5$）、冷凝器（$x3$）、加热液体-进入搁板之前（$x6$）和离开搁板之后（$x7$）］、室压（来自压力变送器）（$x1$）、室真空度（$x2$）以及来自可控硅整流器（silicon controlled recti-fier，SCR）功率控制单元（$x4$）传感器的跨过冻干工艺的冷冻、初级干燥和二级干燥阶段输入的时间进程数据组成。在本例中，经过时间被选为批次成熟度变量，因此批次 PLS 是为工艺监控创建 NOR 模型的适当选择。用 Umetrics SIMCA 版本 13 软件分析数据。为建立 MSPM 批次模型，在 3 个冻干阶段保留了 3 个 PC，分别占冻结、初级干燥和二级干燥 3 个阶段的 X 矩阵变异量的 83%、69% 和 89%。彩图 24.3 描绘了建模片段的 3 个阶段的 Hotelling T^2 和 DModX 图。对于工艺性能监测，这两个度量提供了关于工艺总体状态的补充信息，因此应该监视两个图表是否出现了任何不受控的信号。SIMCA 软件计算 Ho-telling T^2 图表的两个限值：95% 的控制上限和 99% 的控制上限来定义 NOR 的模型空间边界。工艺责任人可能想要对 T^2Crit（95%）给出的更严格的控制限值做出反应，然后在出现频繁虚假警报的情况下决定切换到 T^2Crit（99%）。DModX 限值是根据各时间点均方预测误差的变异性来建立的。因此，以实心红色显示的＋3StdDev 限值定义了每个冻干阶段在批次演变的特定时间点的 NOR 的上限。

在 MSPM 模型的测试步骤中，使用另一个（批次 T1）在生产过程中遇到问题的批次的数据来评估使用良好批次数据构建的模型的性能。在 SIMCA 程序软件中，数据集从其来源导入并标记为预测集。批次

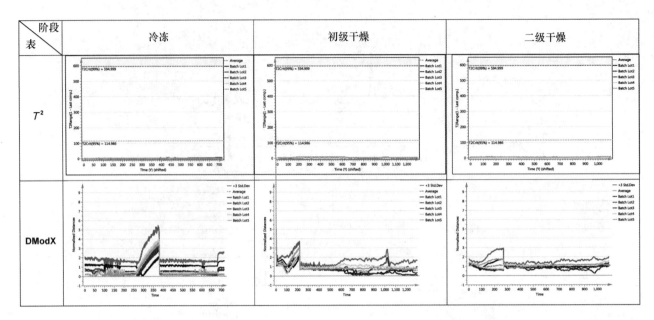

彩图 24.3   每个冻干阶段的 Hotelling T^2 和 DModX 以及定义 NOR 的控制限值。这些图总结了通过将信息投射到主成分空间的一个点上而测得在给定时间点的变量的几十个测量值，并且提出了简单明了地将批次生产过程中工艺性能可视化的方法

控制图表由 SIMCA 软件快速创建。图 24.4 显示了工艺在 Hotelling T^2 和 DModX 度量中定义的 NOR 区域的进展情况。虽然在冷冻和二级干燥阶段，批次 T1 的时间演变似乎相对可控，但该工艺似乎遇到了干扰，导致 Hotelling T^2 和 DModX 度量超出其控制限值。在初级干燥阶段（标记为事件 A）的 Hotelling T^2 图中突出显示的峰值点被选定用于深入研究其原因。为此，SIMCA 简化了对 Hotelling T^2 的贡献的计算，并将其显示在条形图中。对于条形图高度超过了 ± 3 个标准化单位的变量（传感器），其趋势图表可以进一步分析，以确定它们在批次累积过程中是否符合历史水平。彩图 24.4 中事件 A 的贡献图在彩图 24.5 的左上部示出。此时，变量 x_4（SCR 加热器控制器输入）贡献了超过 3 个标准差单位的 T^2，而彩图 24.5 左下方的趋势图清楚地显示了此变量对历史范围的不符合行为的跨度。对此行为进行调查发现，

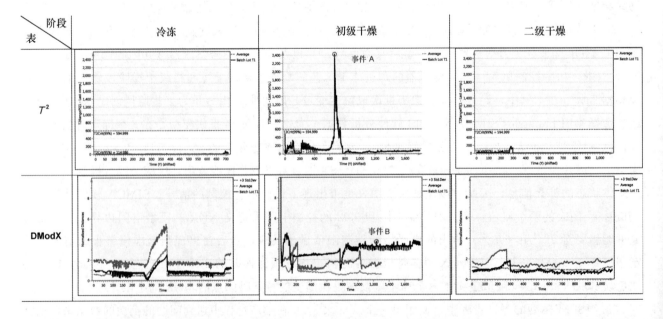

彩图 24.4   使用从过去良好批次的数据中建立起的 MSPM 批次模型对一个新批次（批次 T1）的数据的工艺性能评估

SCR 加热器中的变压器故障导致控制保险丝熔断，从而降低了加热器的加热能力。另外一个显著的失控信号也出现在 DModX 图中，该图几乎覆盖了初级干燥阶段的整个时间（彩图 24.4）。标记为事件 B 的点通过查看变量对 DModX 的贡献图来进行类似的研究（参见彩图 24.5 右上方的条形图）。$x3$（冷凝器温度）的贡献超过了来自中心的 3 个标准差单位。彩图 24.5 右下角所示的 $x3$ 趋势图表示不同的温度水平，这些温度水平在早期和初级干燥阶段中期之后都低于历史范围。

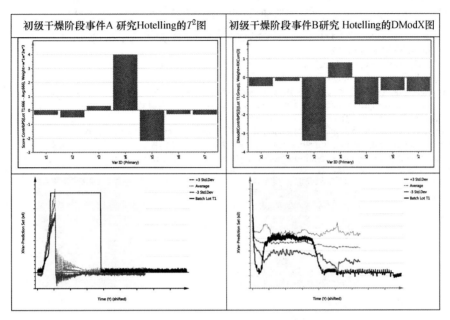

彩图 24.5　贡献图有助于识别在特定时间点偏离中心线的变量。受影响变量的趋势图似乎导致 Hotelling T^2 和 DModX 指标超出了建立的多变量控制限值

上面介绍的示例展示了 MSPM 批次模型用于脱机监测工艺性能以及在问题发生后识别问题的实用价值。但是，以这种方式构建的 MSPM 批次模型也可以通过 SIMCA 在线版本实时使用。引言部分介绍了实现这一目标所需的基础设施。

24.5　结论

本章提供了一个用于监测生物药产品冷冻干燥工艺的 MSPM 应用。对冻干工艺的各个阶段（冷冻、初级干燥和二级干燥）建立了批次演化模型。离线模型可成功地发现测试批次的问题，该测试批次后来被生产出来。可使用市售软件使得批次数据分析以及深入研究步骤得以简化，以确定导致工艺失控的问题。

致谢　感谢 Amgen 的同事 Chakradhar Padala 和 Feroz Jameel 关于冻干工艺进行的技术讨论。

参考文献

Doymaz F, Romagnoli JA, Palazoglu A (2001) A strategy for detection and isolation of sensor failures and process upsets. Chemometrics Intell Lab Syst 55:109–123

Duchesne C, MacGregor JF (2000) Multivariate analysis and optimization of process variable trajectories for batch processes. Chemometrics Intell Lab Syst 51(1):125–137

Food and Drug Administration of the United States (2003) Guidance for industry Part 11, Electronic Records; Electronic Signatures- Scope and Application, U.S. Department of Health and Human Services, Food and Drug Administration, Center for Drug Evaluation and Research (CDER), Center for Biologics Evaluation and Research (CBER), Center for Devices and Radiological Health (CDRH), Center for Food Safety and Applied Nutrition (CFSAN), Center for

Veterinary Medicine (CVM), Office of Regulatory Affairs (ORA), August 2003, Pharmaceutical CGMPs

Jameel F, Searles J (2010) Development and optimization of the freeze-drying processes. In: Jameel F, Kessler WJ (eds) Formulation and process development strategies for manufacturing biopharmaceuticals, Wiley, New York, p 763–796

Kassidas A, MacGregor J, Taylor PA (1998) Synchronization of batch trajectories using dynamic time warping. AIChE J 44:864–875

Kourti T (2015) Multivariate analysis for process understanding, monitoring, control and optimization in lyophilization processes. In: Hershenson S, Jameel F, Khan AM, Moe SM (eds) Biopharmaceutical drug product development and quality by design. Springer, New York, pp 213–246

Machin M, Liesum L, Peinado A (2011) Process analytics experiences in biopharmaceutical manufacturing. Eur Pharm Rev 16(6):39–41

OSIsoft LLC (2015) http://www.osisoft.com

Umetrics Inc. (2013) http://www.umetrics.com/media/723

Ündey C, Ertunc S, Mistretta T, Looze B (2010) Applied advanced process analytics in biopharmaceutical manufacturing: challenges and prospects in real-time monitoring and control. J Process Control 20(9):1009–1018

Ündey C, Looze B, Oruklu S, Wang T, Woolfenden R (2012) Process analytics experiences in biopharmaceutical manufacturing. Eur Pharm Rev 17(3):22–29

Zhang H, Lennox B (2004) Integrated condition monitoring and control of fed-batch fermentation processes. J Process Control 14:41–50

第 25 章

工艺分析技术应用于冷冻干燥工艺的实时监测和控制

Feroz Jameel，William J. Kessler and Stefan Schneid

王增明　译，高静　校

25.1　引言

近年来，生物制药领域引起了广泛关注，并呈现出显著的增长趋势，随之增长的产品已被证明可明显改善患者的健康。随着治疗中使用生物分子的增多，人们对监管机构的期望值也在上升。随着最近美国 FDA 推出的 QbD 指南和工艺分析技术（process analytical technology，PAT），以及国际人用药品注册技术协调会（International Committee on Harmonization，ICH）文件，特别是 Q8、Q9、Q10 指南，产品和工艺性能特征有望能被科学地设计以满足特定目标，而不是从测试批次的性能中根据经验推导（FDA 2002；ICH 2005a，b；ICH 2007；http://www.fda.gov/cder/guidance/6419fnl.pdf）。这要求定义基于目标产品概况的目标工艺、基于关键质量属性（critical quality attribute，CQA）的关键工艺参数，以及监测和控制它们的工具。为确保最终产品质量，FDA 将 PAT 定义为通过实时测量（例如在加工期间）原材料和生产中用料以及工艺的关键质量和性能属性来设计、分析和控制生产的系统（http://www.fda.gov/cder/guidance/6419fnl.pdf）。在缺乏 PAT 的情况下，通常是根据经验来设计工艺，而不需要透彻地理解关键产品质量和工艺参数之间的关系。在商业化的生产中，冷干机处理的产品价值可能会超过每批次数百万美元。因此，一种不使用 PAT 的方法会使高附加值的药品有损失的风险，因为无法预料的工艺偏差以及缺少这些偏差如何影响产品质量的知识。使用 PAT 工具不仅有助于监测和控制生产工艺，而且有助于提高科学性的理解。

那些在液体剂型时会展现出临界药物稳定性的治疗性蛋白质经常被干燥以增强其稳定性。冻干，也就是冷冻干燥，是一种相对于其他干燥技术的首选稳定方法，因为它是一个低温过程并且可以处理其他方法易受损害的生物溶液（Pikal 2002；Franks 1990）。然而，冻干是一个复杂的工艺，如果不能正确理解和设计，它本身就会导致工艺内和存储时的不稳定性。冻干工艺由 3 个阶段组成：①冷冻；②初级干燥；③二级干燥。在冷冻阶段，通过将溶液置于≤-40℃温度下保存至几乎所有的水都冻结，使溶液里的水变成固体冰。初级干燥阶段构成了升华阶段，在此阶段冰通过加热和真空升华。在初级干燥结束时，根据配方的组成，仍然会有大量的水没有形成冰，这些水会在二级干燥阶段通过升温来解吸附从而去除。靶向冻干工艺的设计要求深入理解材料科学，冻干过程中发生的多重过程、自变量/因变量对工艺和产品的影响以及与扩大规模和生产操作相关的挑战。这些挑战来自于环境的差异（例如无颗粒环境的影响）、负载大小的差异（规模相关问题）、设备（干燥机）设计的差异以及实验室冻干和生产之间的时间和程序上的差异。从商业生产的角度来看，生产过程应该较短（即经济上可行并且高效），应该在具有适当的安全边界的设备的能力范围内运作，并且应该在既定的"设计空间"内有效地和可重复地利用工厂资源。

在工艺开发过程中，表征推荐处方的热反应特性，建立了关键工艺参数与产品质量属性之间的关系，且一个稳健的能使工艺操作在加工设备的操作约束下进行的"设计空间"被定义。这是通过先验知识、实验和确定了所有可能影响工艺性能和产品质量属性的参数的基于风险的评估来完成的。它们通常分为 4 类：①冷冻干燥工艺操作参数（搁板温度、室压、升温速率和滞留时间）；②与产品相关的参数（蛋白质浓度、辅料及其浓度、瓶形结构、塞子设计、灌装量）；③设备（能力和限制、批次装载量/尺寸、规模效应）；④组件准备和设备。使用稳定性研究设计和支撑多变量实验，以确定每个参数对 CQA 的影响程度。这个评价可能是基于实验中的统计学显著性以及显著影响 CQA 的工艺参数，这些参数被归类为关键工艺参数（critical process parameter，CPP）。这是理解工艺和管理者期望的关键。在工艺表征的过程中，必须对由 CPP 导致的 CQA 变化进行识别和理解，以便在生产过程中实时测量和控制它们。因此，关键参数的测量和控制应使用广谱分析技术，并将这些技术与生产工厂的控制网络相结合以及被纳入标准程序中（Jameel and Mansoor 2009）。

FDA 药物科学办公室对 PAT 工具应用的指南包括：

多变量数据采集和分析工具　这些工具可以确定多个关键因素，并且以结合多变量数学方法，如实验的统计设计和与知识管理系统结合的工艺模拟，对产品的质量属性产生影响。

现代工艺分析仪或工艺分析化学工具　这些工具可以是传统系统测量的一个变量（例如，温度、压力）或是确定生物或化学属性先进的工具。这些测量的位置可以被分类为近线式（移出样本并接近工艺流程线进行分析）、在线式（分离样本，测量并返回到工艺中）和在位式（在工艺中进行侵入性或非侵入性的测量，而不需要移动样本）。这些系统最重要的好处是它们能够确定工艺属性的相对差异和变化，并允许对工艺参数进行调整以补偿变化。实时工艺调整是通过反馈和（或）前馈机制，基于产品质量属性和实时工艺信息进行的。

工艺和终点监测和控制工具　这些工具的设计目的是监测工艺状态，并积极地操作以保持所需状态。该策略是基于对关键材料和工艺属性以及能够实时确定所有关键参数的工艺测量系统的识别。来源于这些传感器的信息可以用来调整工艺、解释材料的变化并通过关键材料和工艺属性之间的数学关系来控制产品质量。一个工艺的终点不是一个固定的时间，而是在一个合理的工艺时间内所期望的材料属性的实现。可以通过持续监测的持续质量保证以及使用验证的工艺内测量和工艺终点调整的工艺来进行验证。

持续改进和知识管理工具　这些工具用于整个产品生命周期的持续改进，并且要求对工艺和潜在问题或变化的批准后更改和进一步理解。

25.2　用于冷冻干燥工艺的监测和控制的 PAT

25.2.1　冻干的因变量/关键工艺参数

直接影响关键质量属性的工艺参数被称为关键工艺参数（CPP），并且影响目标产品概况的质量属性被称为关键质量属性（CQA）。独立临界工艺参数为搁板温度和室压，与冻干工艺相关的从属关键工艺参数为产品温度、成核温度（过冷度）、产品阻力和升华率，各自简述如下。除了关键参数外，还需要控制和监测初级和二级干燥阶段的终点，因为它们会影响工艺性能和产品质量属性。

25.2.1.1　产品温度

产品温度是一个关键工艺参数，它决定了工艺性能和产品质量属性。冻干产品应具优良的药学性质，如较低的残余含水率、较短的重组时间、冻干过程中保持活性以及足够长的保质期。为了达到这些目标，产品必须在低于最高允许温度的条件下干燥，这个最高允许温度是主要无定形系统的塌陷温度或结晶系统的共熔温度（Pikal and Shah 1990）。因此，在控制产品质量的过程中，必须准确测量、控制和监测产品温度。

25.2.1.2　产品阻力

产品阻力被定义为已经干燥的产品层与水蒸气气流之间形成的阻力，通常展现为干燥层厚度的函数。产品阻力取决于处方成分、固体含量和工艺特性（如冷冻速率）。在干燥结构中出现的坍塌或微塌以及蛋糕样开裂都会影响产品阻力特征。冰晶尺寸和内部连接的改变也会影响产品阻力，例如在冻结过程中应用退火步骤会诱导这些情况的发生。在初级干燥过程中，产品阻力的发生取决于配方，并可能在初级干燥结束前显著增加，伴随着因为减少升华冷却而造成的产品温度增加。

25.2.1.3　升华率

在初级干燥阶段测定冰的干燥速率或升华速率对工艺性能至关重要，并且在扩大规模和技术转移中的工艺比较很有价值。用于确定两个冻干机或工艺的性能相等的标准之一是具有相同的升华速率（每小瓶或每单位表面积）。从工艺性能的角度来看，需要对升华率进行监测以确保在进行二级干燥前在规定时间内完成初级干燥。此外，升华率还需要保持在一定水平以下，这取决于设备的能力，包括干燥室和冷凝器之间管道的直径以及冻干机冷凝器的水汽捕获能力。通过控制搁板温度和控制压力来控制升华率可以避免冷凝器过载和"阻流"等情况。当水蒸气通过连接样品箱干燥室和冷凝器之间管道时的速度接近 1 马赫的声速时，阻流点就被定义为工艺条件。在这样的情况下，流速不再增大，并且干燥室内的蒸汽压的增加会导致压力的失控。由于向药瓶传递热量的主要来源是气体碰撞，室压增加会导致对产品瓶的热传递增加、升华率进一步增加并且产生了正反馈失控状态。当传入水蒸气的速度比制冷系统从快速冷凝水蒸气中移除热量的速度快时，就会造成冷冻器过载，并且使冷凝管的温度保持在使冷凝器表面蒸汽压与产品蒸汽压相比能提供足够负压从而维持升华，并且干燥室压力能使气体传送的温度。这些情况的特点都是箱内压力的失控（Searles 2004）。

25.2.1.4　成核温度

成核温度是冰晶体在冷却过程中首先在溶液中形成的温度，成核温度与冰的生长速率相结合，共同决定了冰晶的大小和形态。平衡冰点与成核温度之间的差异被定义为过冷程度。成核温度会影响质量转移的产品阻力，进而影响后续的工艺性能和产品质量属性。成核温度取决于冷却/冻结速率：冷却/冻结速率越快，过冷程度越高，冰晶体的尺寸就越小。较小的冰晶会产生水汽在升华过程中逸出时较小的气孔和通道，并在干燥时有更大的产品阻力。较高的阻力会导致升华率较低，也会增加处理时间。冰成核是一种随机过程，并且是药瓶的设计外观、接触搁板、传热系数以及产品溶液中颗粒物质的水平中的变化都可能会导致过冷程度的变化（图 25.1），这反过来又可能导致产品每瓶和每批之间的不均匀性（Rambhatla et al. 2004）。因此，在生产冻干机中确定成核温度的分布是很有价值的，如果可能的话，可以对其进行监测和控制以消除不均匀性并提高干燥效率。

25.2.1.5　初级干燥阶段终点的确定

在工艺的设计/优化以及在生产过程中，初级干燥阶段终点的确定都是重要信息。它直接关系到冰的升华率，并且是一个受独立变量（如干燥室压力、搁板温度、药瓶传热系数、灌装充量和产品阻力）影响的因变量。一种精确确定产品瓶中所有冰何时被升华的方法，不仅对最大化工艺生产量很重要，从产

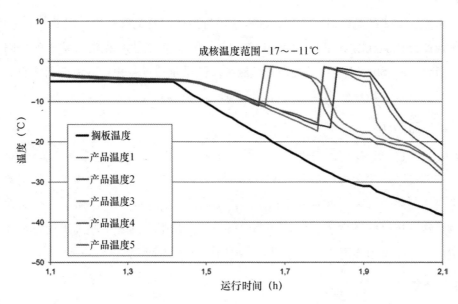

图 25.1   冻干机的成核温度中突出不均匀性的实例数据

品质量的角度来说也很重要。在冰没有完全升华的情况下，通过升高搁板温度将干燥过程调到二级干燥阶段会带来产品崩塌、产品质量退化的风险，甚至带来造成整个批次的失败和资金损失的风险。

25.2.1.6   二级干燥阶段终点的确定

大部分生物药品对残留的水分和温度升高是敏感的，需要在最佳处理时间和最佳温度条件下进行二级干燥。在长时间高温下的不必要暴露会损害稳定性。此外，干燥到低于或高于所需/最佳残余含水量时也会损害产品稳定性。因此，对二级干燥阶段终点的准确认识不仅有利于工艺效率，而且有利于产品质量。

25.3   用于冷冻干燥工艺的监测和控制的 PAT

一些可商业购买的分析工具，它们被设计用于确定冻干工艺的关键工艺和产品参数；有些分析工具的应用仅限于工艺开发，有些则设计用于监测和控制商业生产环境中的工艺。这些工具可以进一步分类为单瓶和批次工艺监测技术。批次监测技术通常更可取，因为它们具有提供冻干机内所有小瓶相关信息的优势，可以代表整个批次。单瓶测量不仅缺乏批次的真实表现，而且在某些情况下，测量技术本身也会影响所选小瓶的干燥情况。然而，单瓶技术可以提供关于位置效应和批次不均匀性的信息，这是批次方法所没有的。用于冻干的 PAT 测量工具包括：基于热传递［热电偶、电阻式温度探测器（resistance thermal detector，RTD）、Tempris 等］、质量传递（微平衡、TDLAS）、压力（电容式压力计、皮拉尼、露点传感器、测压温度测量）或气体组成［质谱仪、等离子体发射光谱、近红外光谱（IR）/拉曼光谱、TDLAS］的各种工具。很明显，一个单独的 PAT 工具目前不能提供充分的工艺监测和所需的所有工艺信息。有时需要利用工具组合来获取所需的所有信息，而使用技术的选择不仅依赖于目标工艺参数，还依赖于可用资源。

在线监测工具的成功使用和接受，需要有一定的要求和较好的属性，包括：①提供一个整个批次的测量特征，而不只是一个瓶子的测量；②提供了一个绝对的定量测量；③具备监测一个批次内干燥最慢瓶子的测量能力（表 25.1）；④与工艺程序和流程兼容（例如装卸托盘/瓶）；⑤与清洁和蒸汽灭菌兼容；⑥不损害冻干机的真空和无菌；⑦可伸缩使用并通过生产规模的冷冻干燥设备与实验室集成。

在本章的下一节中，我们将简要回顾一下可用的单个药瓶的一个子集和批次 PAT 监测技术，重点介绍最常用的技术和最有可能显著增强实验室监测和生产规模干燥的技术。Patel 和 Pikal 发表的一份经过同行评议的出版物，提供了可用的已经用来测量关键工艺参数的工艺监测设备的全面综述（Patel and Pikal 2009）。许多 PAT 技术已经建立并被用于监测冻干几十年了。一种应用于冷冻干燥的最新批次监测技术是可调谐二极管激光吸收光谱法（tunable diode laser absorption spectroscopy，TDLAS）。我们提供了该批次监测技术的详细描述。TDLAS 可能适用于所有规模的干燥机，它在提供与影响产品质量相关的众多参数信息方面极具发展优势。

表 25.1　用于对冷冻干燥工艺进行监测和控制的工艺分析工具的优点和缺点

技术	批量方法	单瓶方法	经济可行性	产品温度	升华速率	初级干燥终点指标	二级干燥终点指标
热电偶/RTD	否	是	是	是	否	是	否
温度远程遥测系统（TEMPRIS）	否	是	是	是	否	是	否
近红外吸收光谱法（NIR）	是	否	是	否	否	是	是
微量天平技术	否	是	否	否	是	是	是
电阻/电容差压力	是	否	是	否	是	是	是
温度压力测量法（MTM）	是	否	是	是	是	是	否
热力学冻干控制（TLC）	否	是	是	是	否	是	是
露点温度	是	否	是，可能	否	否	是	是
湿度检控技术（Lyotrack）	是	否	是	否	否	是	是
残余气体分析和质谱（Lyoplus）	是	否	是，但不能蒸汽灭菌	否	否	是	是
可调谐二极管激光吸收光谱仪（TDLAS）	是	否	是	是	是	是	是

25.4　单瓶方法

正如在上述讨论中所指出的，单瓶方法往往不能与生产设备兼容，而且往往不符合生产要求。由于单瓶方法可能有偏差并且不适用于整个批次的情况，通常只在工艺开发过程中使用它们。下面的部分将综述目前用于获取工艺和产品信息的一些单瓶方法。

25.4.1　热电偶和 RTD

装有各种压力表的热电偶温度传感器可以手动放置在选定位置的瓶中，用来监测产品温度。基于热电偶的温度测量提供的测量技术，可以确保产品温度在初级干燥过程中保持低于产品的崩塌温度。如果产品温度超过了崩塌温度，就有可能显著改变产品质量属性。根据热电偶的读数，可以调整一个输入的关键工艺参数，明确来说是搁板温度或室压，以确保产品温度保持在崩塌温度以下。产品温度读数也可作为初级干燥终点的指标之一，并且可用于评估开发过程中冻结阶段的过冷程度和变化。探头的精度和准确度是很重要的，一般建议使用 30 号计量表热电偶（例如 Omega：5SRTC-TT-T-30-36 或者有 30 号计量表的类似型号）。基于产品温度的终点监测提供了一种最大化工艺生产量和确保产品质量的方法，因为如果冰没有完全升华的情况下推进到二级干燥阶段会带来产品崩塌的风险。此外，热电偶通常用于冻干机设备资质搁板映射研究和工艺开发过程中。

虽然通过使用热电偶可以获得非常有用的数据，但使用原位温度探头存在一定的缺点。第一个缺点就是带探针的药瓶与没有探针的药瓶不同。传感器的存在改变了冰的成核行为，导致过冷减少和冻结加快。这改变了冰的结构，导致产品基质内部的孔径增大，降低了产品对干燥的阻力，增加了冰的升华率并且导致了产品温度测量，因此不具有整个批次的代表性。这种行为在无菌生产环境中是最重要的，因为在无菌生产设施内的无颗粒环境下，有传感与无传感的瓶之间过冷的差异变得更加重要。在生产环境中，不使用 10%～15%初级干燥时间"渗透时间"以确保所有药瓶都完成了初级干燥，而将基于热电偶的产品温度概况作为初级干燥的指标是错误的。

第二个缺点是热电偶通常放置在生产规模的冷冻干燥机的前排以避免污染的风险。然而，面对冷冻干燥机门的非典型前排瓶暴露于更高的热传递条件下，这也增加了产品温度和水蒸气质量流量。最后，热电偶测量的是瓶底的产品温度，而不是升华界面的温度。必须保持在崩塌温度下以确保产品质量的是不断移动的升华界面的温度。因此，含有热电偶的小瓶不能代表整个批次的产品温度，而且使用热电偶来测定生产规模的冻干机的产品温度是不合适的。在位温度探头才适合于实验室规模的实验和工艺开发。

RTD 由于其良好的稳定性和无菌相容性，被用于生产冻干机。然而，其与测量结果相关的误差甚至比热电偶高，因为传感器要比热电偶大得多，从而增加了它们对成核和过冷的影响。此外，他们只测量总感应面积的平均温度，而不是正确放置热电偶位置的点测量值，并在其运行过程中会产生热量，从而导致非代表性的干燥终点。测量值也不能直接与来自开发运行的热电偶的数据相比较。因此，RTD 不能被认为是对冻干有用的 PAT 工具。

25.4.2   TEMPRIS

TEMPRIS 代表的是温度远程遥测系统，是一种无线和无电池的工具，用于测量在冷冻干燥工艺中瓶内的产品温度（Schneid and Gieseler 2008a，b）。这个连接到包装在无菌覆盖中的石英晶体的新型传感器，是用在国际上使用的 2.4 GHz ISM 波段的一种调幅电磁信号的被动式转发器充电的。传感器提供了大量每分钟温度测量数据，这些数据在干燥过程中即刻使用。它的性能被评估为一个灌装体积和固体含量的函数，并且发现这些值与通过使用标准热电偶和压力温度测量法（manometric temperature measurement，MTM）技术得到的数值一致（Milton et al. 1997）。虽然它具有无线传感器的优点，并且可以在实验室和生产环境中使用同样的传感器，但它仍然不能缓解所有与无菌操作相关的限制。它需要在无菌条件下手动放置在瓶中，是一个单瓶测量，并且放置在一个药瓶内可能影响冷冻行为以及冰结构和产品对干燥的阻力，因此它的测量不能代表整个批次。然而，它可以被引入到药瓶阵列中任意位置的自动加载系统中，并且在搁板映射研究和确定小型和大型冷冻干燥器的相似性和量化边缘效应方面是一个有用的工具。

25.4.3   近红外吸收光谱法（NIR）

近红外吸收光谱法（near-infrared absorption spectroscopy，NIR）在近几十年里已被成功用作冻干工艺监测的 PAT 工具之一（Ciurczak 2002，2006）。它是基于水振动光谱学并通过发射 1100～2500 nm 波长范围内的光束来监测整个干燥过程中由于样品中水或冰的存在而引起的反射辐射的变化来实施。NIR 技术已成功用于测定样品瓶中的水分含量，从而可预测初级或二级干燥阶段的升华率和（或）终点。这些测量值已被证明与其他技术如 Karl Fisher（Lin Tanya and Hsu Chung 2002）一致。De Beer 等人最近的一项研究中在整个干燥阶段使用阵列中邻近药瓶的探针进行 NIR 测量。数据与用拉曼测量同一批次的不同药瓶的结果进行结合评估（De Beer et al. 2009）。他们发现 NIR 数据对于确定初级干燥终点以及监测储存期间水合物中水的释放更有价值（De Beer et al. 2007）。NIR 测量也证实了拉曼光谱的观察结果，如冰和辅料的结晶以及干燥饼的固态表征。

测量技术和校准因子需要足够稳健，以适应测量配置以及处方和生产工艺中产生的变化。使用峰面积分析而不是用峰高分析可提供更准确的预测并能与测量值保持一致。尽管该技术无破坏性并且不需要制备样品，但它依赖于处方并且需要开发特定处方的标准曲线协同通用方法，如 Karl Fisher。其另一个缺点是传感器尺寸较大，并靠近药瓶放置。这需要改变通常的阵列，并且受监控的药瓶可能受到较高的非典型辐射效应并从 NIR 尖端引入更多的热量。阵列修改后还会导致检测瓶中的非典型干燥行为，并降低对批次中其余药瓶的代表性。这项技术最适合作为实验室规模冷冻干燥机的开发工具，也可以为转移到中试规模以优化二级干燥步骤时做故障排除，但可能不适用于 GMP 生产环境（Derksenet et al. 1998）。但它有可能被用作在线技术，可在工艺结束自动卸料时 100% 验证水分含量，从而提供即时工艺验证和放行测试。

25.4.4　微量天平技术

微量天平技术首先由 Pikal 等人（Pikal et al. 1983）使用，用来确定冷冻干燥过程中不同材料的升华速率和阻力行为。后来他们还使用该技术来研究二级干燥过程中的干燥速率以及干燥动力学及其影响因素（Pikal et al. 1990）。微量天平采用重力测量技术，即通过周期性称量冷冻干燥机内的单个样品瓶，以质量随时间的变化来监测冷冻干燥工艺中的干燥速率（Roth et al. 2001）。将微量天平放置在干燥器的表面上，并在平衡重臂的可及范围内放置一个药瓶。微量天平被编程为在用户定义的时间间隔内举起和称量药瓶。虽然这项技术已经成功地作为 Christ 微量天平被商业化（CWS-4099）（Christ 2000），并用于测定整个搁板上的传热/干燥速率均匀性，但由于其无法获得周围药瓶（六角形阵列内）的代表性数据以及药瓶受干燥架上位置（边缘与中心小瓶）的影响，其使用受到限制。此外，该技术的应用受到与商用冷冻干燥设备整合障碍的限制，包括与现场清洁和就地消毒（clean-in-place and sterilize-in-place，CIP/SIP）系统兼容的要求。

25.5　批次 PAT 方法

如前文所述，PAT 工具可用于冷冻干燥工艺的实时、旁线或在线工艺监测和控制，并可以提供更有意义且更能代表整个批次的信息。并不是所有关于工艺及其性能的关键信息都可以通过单个 PAT 工具来获得。对于冷冻干燥机和工艺参数控制的输出数据（如恒定压力下的氮气流速）、Pirani 与电容表数据比较、压力升高以及局部水蒸气测量时，可以使用批次 PAT 设备与方法来确定关键工艺信息。接下来我们讨论一些可用作 PAT 的传统和新开发的批次处理方法。

25.5.1　压力测量：电容压力计和 Pirani 测量仪

可以使用电容式压力计（例如 MKS Baratron 计量器）测量和控制干燥期间干燥室和冷凝器中的压力。电容式压力计是一种传感器装置，由金属膜片（通常为铬镍铁合金）置于两个固定电极之间而制成。隔膜的一侧被抽空，另一侧暴露于干燥室或冷凝器压力下。膜片的偏转决定了单位面积上受的力，提供的绝对压力范围为 0～760 Torr，变化量为 ±1 mTorr。

Pirani 表压测量值是基于气体的热导率的。其数据通常用于确定初级干燥的结束，在大多数情况下还可以通过使用比较压力测量来测定二级干燥的结束（Pikal 2002）。Pirani 压力表通常用空气或氮气进行校准，因为水蒸气的热导率大约是空气或氮气的热导率的 1.6 倍，所以在初级干燥期间当冻干器腔室内的大部分气体是水蒸气时，压力表显示更高的压力读数。当最后一块冰升华并且冻干箱内的气体大部分是氮气时，Pirani 压力表读数接近使用电容压力计测定的真实压力，该压力表指示初级干燥阶段的结束。类似的行为可以在二级干燥中的水解吸过程中观察到。传统的 Pirani 测量仪可测量的压力范围在 10^{-3}～10 Torr 之间。无菌 Pirani 传感器可以在 GMP 环境下运行而且价格相对便宜，为终点监测提供了经济高效的方法。

25.5.2　露点监测器

露点是水在较冷的表面上开始从气相凝结成水相的温度物理参数。在冷冻干燥期间，露点可用于测定气相水浓度。在冷冻干燥期间，露点可用于指示气相水浓度。类似于 Pirani 测量仪，露点传感器是基于在给定分压下氧化铝薄膜吸附水分从而引起电容变化的原理，可作为确定初级或二级干燥阶段终点的工具（Roy and Pikal 1989）。蒸汽成分从水蒸气到氮气的变化导致露点降低，据报道它比较压力测量更敏感（Bardat et al. 1993）。在初级干燥阶段水分持续从药瓶中放出，并由传感器指示为稳定的露点温度，通常在－35℃至－65℃之间。当露点降低并且所有产品中的冰已升华时，就会显示初级干燥结束。二级干燥过程中的水解吸也可以通过降低的露点温度来测量。这些传感器不仅适用于含水系统，而且适用于需要去除有机溶剂和水的混合物的混合系统。这些湿度探头无法在 SIP 操作过程中经受蒸汽灭菌，但是新的传感器模型采用了一种将有特殊夹具的探头隔离的方法，并在其中包含一个可以在夹具内进行灭菌的生物屏障。这些改进可以增加这些相对便宜的传感器的应用。彩图 25.2 显示了由 Pirani 测量仪和露点传感器确定的初级干燥阶段终点的良好一致性。

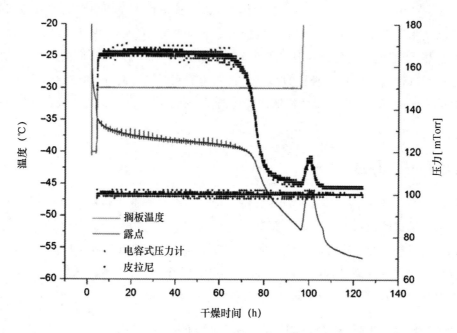

彩图 25.2　使用 Pirani 测量仪和露点传感器进行初级干燥阶段终点检测的比较

25.5.3　压力温度测量法

压力温度测量法（MTM）是一种在干燥室与冷凝器之间的阀门瞬时关闭的 25～30 s 内收集压力升高数据的技术。MTM 方程，公式 25.1 通过非线性回归拟合压力上升数据，以确定升华温度下冰的蒸汽压和产物与塞子受压的总和（Milton et al. 1997；Tang et al. 2005，2006）。

$$\underbrace{P(t)=P_{ice}-(P_{ice}-P_0)\cdot\exp\left[-\frac{3.461\cdot N\cdot A_p\cdot T}{V\cdot(R_p+R_s)_s}\cdot t\right]}_{\text{Team1}}+$$
$$+\underbrace{0.465\cdot P_{ice}\cdot\Delta T\cdot\left[1-0.811\cdot\exp\left(-\frac{0.114}{L_{ice}}\cdot t\right)\right]}_{\text{Team2}}+\underbrace{X\cdot t}_{\text{Team3}} \tag{25.1}$$

P_{ice} 是升华界面处冰的蒸汽压（有待确定的输出量），P_0 是室压设定点，N 是药瓶的总数，A 是药瓶的内部横截面积，T_s 是设定的搁板温度，V 是产品室容积，$R_p + R_s$ 是面积归一化结果和塞子阻力（有待确定的输出量），ΔT 是冷冻层两侧的温度差，L_{ice} 是冰的厚度，X 是表征压力上升（有待确定的输出量）的线性分量的恒定参数。MTM 压力上升有以下 3 个方面的原因：第一，由干燥层阻力控制的压力上升和由 MTM 公式 25.1 中的项 1 表示的升华界面处的冰温；第二，升华表面温度升高引起的压力上升，升华表面温度升高是由 MTM 方程中第 2 项表示的冷冻层上的温度梯度耗散引起的；第三，在 MTM 操作期间由于从搁板传递的热量而导致冰温升高从而引起压力上升。一旦使用 MTM 公式确定了冰的蒸汽压，升华界面处的样品温度就可以用公式 25.2 中所示的以下压力-温度关系来确定。

$$T = \frac{-6144.96}{\ln(P_{ice}) - 24.01\,849} \tag{25.2}$$

由于 MTM 技术确定了升华界面处冰的蒸汽压，并且由于在初级干燥结束时没有冰留在产品中，所以冰的蒸汽压急剧下降即表明初级干燥的结束。另外，根据样品温度下冰的蒸汽压和总的质量传递阻力的确定，可以推导出其他信息，例如对样品的热传递（即 dQ/dt）、剩余冰厚度（L_{ice}）、药瓶传热系数（K_v）和升华率（dm/dt）。

MTM 技术的一个优点是它可以提供整批产品的平均产品温度，而不像热电偶会有偏差，并且也不能代表干燥器内所有药瓶的变化。如彩图 25.3 所示，在实验室规模的冷冻干燥过程中，热电偶插入药瓶对冰形态的影响很小（由于实验室环境中的颗粒负载），MTM 和基于热电偶的测量结果之间相差在 ±2℃ 以内。基于 MTM 的样品温度的另一个优势是，它提供了界面处的数值，而不像热电偶测量可能比界面处温度稍高的药瓶底部的温度。MTM 技术的局限性之一是测定结果只能精确到干燥阶段的 2/3。这是由于初级干燥结束时压力升高变慢，一小部分样品不含冰。由于 MTM 可测的最低产品温度为 −35℃，因此对于塌陷温度较低的样品也有可能会测量错误。此外，压力上升时，当冷凝器和腔室之间的阀门关闭，本质上主要为无定形的样品倾向于重新吸收已升华的水蒸气，从而导致错误的蒸汽压数据（Milton et al. 1997）。

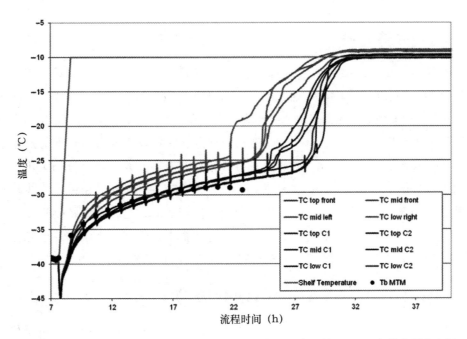

彩图 25.3　10% 甘氨酸制剂的冷冻干燥曲线图、产品温度比较、MTM 与热电偶的实例

压力上升数据历来被用于估测商业化中冷冻干燥机中初级干燥阶段的终点，但其要用于 MTM 技术需要迅速关闭阀门以监测压力升高，大型生产冻干机内满足这一要求十分具有挑战性。另外，由于压力

上升速率取决于样品干燥层阻力、冰升华面积和干燥室容积，大容量冷冻干燥机和小升华面积（或少量药瓶）可能显著限制其适用性。

因此，使用 MTM 可以获得有价值的信息，例如产品温度、干层样品抗干燥性、升华速率、药瓶传热系数以及干燥工艺的初级和二级阶段的终点。这些信息有助于改进工艺理解、技术开发、技术转移以及获取关键过程数据，这些数据可用于评估偏差和冷冻干燥过程控制策略的影响。

25.5.4 热力学冻干控制

热力学冻干控制（thermodynamic lyophilization control，TLC）压力升高法基于 Oetjen 和 Haseley 开发的压力升高分析方法（Neumann and Oetjen 1958；Haseley et al. 1997）。使用这种技术时，腔室和冷凝器之间的阀门仅需关闭 3 s。用气压温度测量（barometric temperature measurements，BTM）来分析压力升高，从而计算初级干燥期间升华面的样品温度。计算包括适应腔室容积、负载条件和泄漏率修正。此外，计算出的温度可用于反馈自动适应循环条件，以优化处理时间。TLC 方法的优点之一是可在 3 s 内完成测量，防止任何潜在的变暖因素和重新吸收水蒸气对产品的影响。初级干燥阶段的终点是通过监测与较低压力增加量相关的冰温来确定的。

TLC 是由 GEA 冻干机提供的产品。与 SP Scientific 提供的基于 MTM 的 SMART™ 冷冻干燥机技术相比，它不用适应压力上升数据来确定样品温度和产品阻力，而是根据压力升高曲线推导使用其他参数来优化冻干循环。冷冻步骤时间是基于产品冷冻所需的能量输入来控制的，产品冷冻所需的能量输入是根据搁板入口和出口之间的温差计算的。在初级干燥过程中，调节室压以在升华界面处获得所需温度，同时保持搁板温度恒定。TLC 不是设计用于确定产品阻力或质量流速的，质量流速可以使用 MTM 测定。

二级干燥步骤也可以使用 TLC 监测，并且可以通过测量预设时间段内升高的压力来确定解吸速率从而估算终点。虽然测量时间比初级干燥所用时间长，但对产品没有影响，因为只存在吸收性结合水。解吸速率用冷冻干燥器的腔室容积和干样品质量来计算。

25.5.5 气体等离子体光谱

与 Pirani 测量仪和露点传感器类似，气体等离子体光谱（Lyotrack）使用冷等离子源在 4～400 mTorr 的压力范围内测量干燥室中的水蒸气浓度，并确定初级和二级干燥的终点（Mayeresse et al. 2007）。该仪器由等离子发生器和光谱仪组成。等离子发生器使腔室中的气体电离，同时分光计以离子化气体发射的波长荧光分析气体种类。Lyotrack 传感器的优点是它可以很容易地校准对照系统并且易于在现有的冷冻干燥器中实施，它非常稳健［可消毒并与 SIP/CIP 兼容］并具有良好的灵敏度，可以检测少于 1% 的药瓶中的冰（Hottot et al. 2009）。然而，其广泛的适用性受限于自由基的产生，其可能由于自由基诱导的氧化对产品稳定性产生负面影响。当干燥蛋白质产品时，这种效应特别重要。这个问题可以通过将装置安装到连接干燥室和冷凝器的样品池中而非将其置于干燥室中来缓和或消除。由于 Lyotrack 的气体组成分布与 Pirani 测量仪测得的压力分布相同，因此其附加价值并不明显。

25.5.6 残留气体分析仪，质谱仪（LYOPLUS™）

质谱仪也被用作检测冷冻干燥室中气体组成的在线工具，以确定干燥进程以及初级和二级干燥终点（Nail and Johnson 1992）。除了确定终点之外，还检测其他气体和溶剂的泄漏和侵入，这些主要由真空泵油、加热流体和用于清洁的溶剂引起。它由四极质谱仪组成，该质谱仪根据质荷比分析残余气体，并将其测量值量化为可与残余水分进一步相关联的分压。这样就可以在线确定含水量。由于 Pirani 测量仪和残留气体分析仪获得的水分压曲线相似并且拐点相同，因此使用更昂贵的质谱仪进行终点检测存在成本问题，因为可以使用更便宜的 Piran 测量仪获得相同的信息。

25.5.7　可调谐二极管激光吸收光谱

可调谐二极管激光吸收光谱（tunable diode laser absorption spectroscopy，TDLAS）是基于气体分子吸收电磁波谱（吸收线）中特定波长的电磁能，从而检测和定量痕量浓度的气体或气体成分。TDLAS 技术已被用于测量大气和化学工业中的气体浓度，检测天然气管道的泄漏以及石油化工制造中的工艺控制以测量甲烷、乙烷和其他气体体组分的浓度（Harward et al. 2004）。最近，该技术产品 LyoFlux™ 在市场上销售，用于监测各种规模的冷冻干燥工艺。两条光学路径安装在连接冷冻干燥室和冷凝器的管道内。源自单二极管激光束的两束激光通过排气套管壁上的抗反射流率（antireflection，AR）涂层窗口以相对于蒸汽流动方向通常 45°和 135°的角度透射，并在相反侧的管道使用两个光电二极管探测器检测。TDLAS 已被证明可用于监测连接冷冻干燥器产品室和干燥器冷凝器的导管中的水蒸气质量流速（Gieseler et al. 2007）。使用近红外吸收光谱仪，TDLAS 可直接测量连接冷冻干燥室和冷凝器管道内的水蒸气温度（K）、浓度（分子/cm³）和气体流速（m/s）。这些测量值与管道横截面面积的相关知识相结合，以计算瞬时水蒸气质量流速 dm/dt（g/s）。质量流速作为时间函数被积分，以提供总除水量的连续测定。质量流速也可以与冻干热传递和质量传递模型以及附加工艺测量（例如产品室搁板温度）和工艺特定参数（例如药瓶横截面积和传热系数）相结合，以确定批次平均样品温度。在本章的其余部分中，将详细介绍 TDLAS 技术及其在实时连续冻干机监测中的应用。

25.5.8　蒸汽质量流量的 TDLAS 测量

TDLAS 传感器依靠众所周知的光谱原理和灵敏的检测技术来连续测量所选气体的浓度。定量吸收测量由公式 25.3 所示的 Beer-Lambert 定律表示。

$$I_v = I_{o,v} \exp[-S(T)g(v-v_o)N\ell] \tag{25.3}$$

其中 $I_{o,v}$ 是频率 v 处的初始激光强度，I_v 是穿过测量体积的路径长度 ℓ 后记录的强度，$S(T)$ 是温度相关的吸收光谱强度，$g(v-v_0)$ 是光谱线性函数，N 是吸收体的密度（水浓度）。线性关系表示了基础线强度的依赖温度和压力的增宽机制。在低压条件下，$g(v-v_0)$ 主要由高斯函数表示。另外，通过在整个吸收线形上扫描激光频率，从数字密度测量中除去线性函数的任何压力依赖性，$\int g(v-v_0)dv = 1$。扫描完全分辨的吸收线形还可以减少背景气体中宽带吸收体的影响，以及可能存在于气流中的任何气溶胶或微粒的非共振散射的影响。

水浓度（分子/cm³），[H_2O]，由公式 25.4 计算可得。

$$N = \frac{-\int \ln\left[\dfrac{I(v)}{I_o(v)}\right]dv}{S(T)\ell} \tag{25.4}$$

其中 dv 是每个数据点的激光频率扫描速率（cm⁻¹/点）。

在 $v_3 + v_2$ 振动带内由 $3_{03} \leftarrow 2_{02}$ 旋转线产生的近红外 1.3925 μm 水蒸气吸收特征被用于监测水蒸气，由于稳健的光纤耦合电信级二极管激光器可用于探索过渡、其强吸收线强度和过渡相对温度不敏感性。在冻干过程中，这种过渡的线强度在每 10 K 气体温度变化下变化约为 2.7%（Rothman et al. 1994）。分析水吸收线形以确定气体温度，计算干燥过程中的线强度以校正温度波动。Gaussian 线形轮廓由公式 25.5 表示。

$$\varphi_D = \frac{2}{\Delta v_D}\sqrt{\frac{\ln 2}{\pi}}\exp\left[-4\ln 2\left(\frac{v-v_o}{\Delta v_D}\right)^2\right] \tag{25.5}$$

其中 $\Delta\nu_D$（cm^{-1}）是公式 25.6 给出的半高宽多普勒全宽。

$$\Delta\nu_D = 7.162 \times 10^{-7} \nu_0 \sqrt{\frac{T}{M}} \qquad (25.6)$$

其中 ν_0 是线中心频率（7181 cm^{-1}），T 是气体温度（K），M 是吸收物质（水蒸气）的分子量（g/mol）。

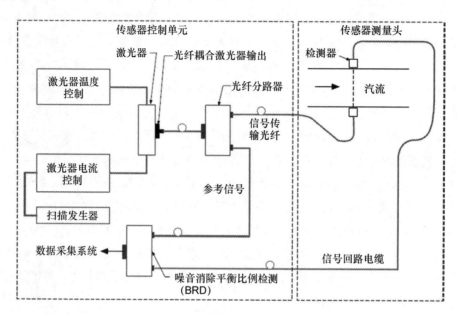

图 25.4　TDLAS 传感器原理图（Reprinted with permission from Physical Sciences）

图 25.4 显示了单波长近红外激光传感器配置的示意图。该框图显示了一个小型传感器控制电子单元内包含的传感器的所有主要子组件。二极管激光器温度和注入电流由集成二极管激光控制器控制。激光器可以在设计波长附近温度调谐约 20 cm^{-1}（在近红外光谱区约 5 nm），并在其标称中心操作波长附近快速电流调谐约 2 cm^{-1}（约 0.45 nm）波长。在监测冷冻干燥工艺过程中，激光频率仅调谐到 0.13 cm^{-1}（大约 0.025 nm），以使仪器测量灵敏度最大化。

激光器的输出通过光隔离器进行光纤耦合，以消除由于光学设置的其余部分中的背反射而引起的二极管激光器中的频率或振幅不稳定性。光纤耦合激光器输出采用 $1 \times M$（M 可以在 2～32 或更多）熔接式光纤耦合器（一种广泛用于电信多路复用应用的全固态元件）进行分离。分裂激光强度通过信号传输光纤传输到气体传感器测量头，并被引导通过测量路径。这为与实验室和生产环境中的操作兼容的测量体积提供了简单可靠的接口。

使用室温 InGaAs 光电二极管检测器检测用于监测水蒸气的透射近红外辐射。来自光电二极管的电子信号被传输到一个平衡比例检测（balanced ratiometric detection，BRD）电路，该电路能够实现超灵敏、接近散粒噪声的有限吸收检测灵敏度（Hobbs 1997）。来自熔融光纤分路器的第二支路通过参考信号光纤引导，用于通过位于 BRD 电路内的第二 InGaAs 检测器进行检测。来自该光纤的光没有吸收，并为 BRD 电路提供参考信号以消除激光强度斜坡和激光强度噪声。在多测量位置设置中，$1 \times M$ 耦合器用于 $M/2$ 测量位置。

来自 BRD 电路的电信号被计算机控制的数据采集系统捕获，用于记录和分析水蒸气吸收线形。

水蒸气密度可以从测量的吸收线形直接确定。因此，水蒸气监测器不是传感器类型的传感器，而是使用已知的光谱参数和固定的测得的激光特性从第一原理确定水蒸气数量密度。

为了确定水蒸气的质量流速，还需要目标气体的速度（Miller et al. 1996）。速度测量的概念如图 25.5 所示。速度由多普勒频移吸收光谱确定，该频谱相对于静态气体样品的吸收波长，在气体速度 u 和探测激光束传播矢量 k 之间，在波长或频率上偏移了与气体速度 u 相关的量和角度 θ。因此，同时测量冻干器中和密封的低压水蒸气吸收池中的蒸汽路径，或者使用相同波长调谐激光的连接冷冻干燥机产品室和冷凝器的两个 45°和 135°的反向传播测量值，可用于确定离开冷冻干燥器产品室的水质量流速。

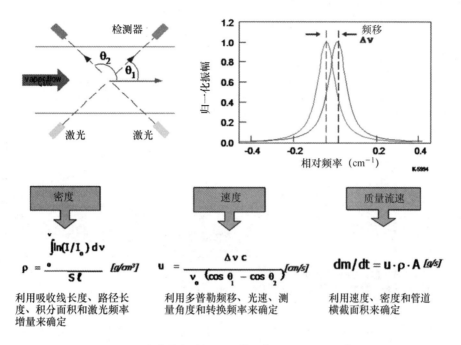

图 25.5　多普勒频移吸收光谱速度测量概念的示意图

公式 25.7 表示了用于确定整个冻干器管道（结合 $\cos\theta_2 = 0$ 的密封水吸收池）的单个视线测量的气体流速 u 的关系。c 是光速（3×10^{10} cm/s），ν 是来自单位为 cm^{-1} 的零速频率（或波长）的吸收峰值移动，ν_0（7181 cm^{-1}）是在零流动速度时的吸收峰值频率，并且 θ 是穿过流动的激光传播与气流矢量之间形成的角度。

$$u = \frac{c \cdot \Delta v}{v_o \cdot \cos\theta} \tag{25.7}$$

速度也可以使用流量体积内的交叉测量路径来确定，一个指向气流而另一个背向气流。在这种配置情况下，公式 25.7 被公式 25.8 替代，其中 θ_1 和 θ_2 是相对于气流的测量角度。我们注意到，在任何一种情况下，使用相同的激光器来产生两种吸收线形状，并且频移由两个吸收分布之间的数据点偏移来确定并使用二极管激光频率扫描速率（cm^{-1}/点）来转换为绝对频率。通过冻干器管道的双视线测量提供了 2 倍的测量灵敏度。

$$u = \frac{c \cdot \Delta v}{v_o \cdot (\cos\theta_1 - \cos\theta_2)} \tag{25.8}$$

质量流率 dm/dt（g/s）是通过测量的数量密度（N，分子/cm^3）、气体流速（u，cm/s）和流道的横截面积（A，cm^2；以及适当的换算系数）计算所得的。这由公式 25.9 表示。

$$\frac{\mathrm{d}m}{\mathrm{d}t} = N \cdot u \cdot A (g/s) \tag{25.9}$$

彩图 25.6 显示了在冰块升华测试期间，SP Scientific Lyostar II®实验室规模冷冻干燥机的阀芯中记录的水蒸气吸收数据。将通过冻干器管道的单线视线 TDLAS 测量与通过 0.5 Torr 参考吸收池的同时测量结合起来以测定水蒸气质量流速。根据吸收线形半高宽（full width at half maximum，FWHM）计算水气温度，使用二极管激光频率扫描速率校准（cm^{-1}/点）将数据点转换为频率，使用公式 25.6 将频率转换为温度。使用温度计算吸收谱线强度 $S(T)$，其与积分峰面积、吸收路径长度和激光频率扫描速率校准因子结合使用以确定水蒸气密度。两个吸收特征之间的峰值偏移以数据点单位确定，并且也使用二极管激光校准转换为频移。使用公式 25.7 将频率差异转换为速度。

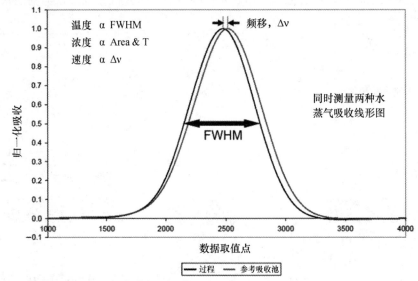

彩图 25.6　使用近红外可调谐二极管激光吸收光谱质量流速监测器记录水蒸气吸收线形的示例（Reprinted with permission from Physical Sciences Inc）

25.5.9　仪器要求

应用传感器技术监测冻干期间的水蒸气质量流量需要电子传感器控制单元（sensor control unit，SCU）和光学传感器测量头（sensor measurement head，SMH），如图 25.4 所示。SCU 包含一个超稳定直流电源、近红外二极管激光器和二极管激光控制器、一对 BRD 电路和参考 InGaAs 光电二极管检测器、一个密封的低压基准吸收池和信号检测器。SCU 由配备 1.25 MHz 数据采集系统的计算机控制。SCU 连接到图 25.7 所示的 SMH，用于 SP Scientific Lyostar3® 实验室规模冻干机内的测量应用。SMH 由一个光发射器和一个位于冻干器导管相对两侧的光接收器组成。变送器使用光纤准直器通过形成与干燥器真空接口的抗反射（antireflection，AR）涂层窗口传输 1~2 mm 直径的近红外激光束。光线与干燥器气体流动轴线成 45°角。使用室温 InGaAs 光电二极管检测器在管道的另一侧检测透射的激光。探测器盖窗口也是 AR 涂层的，并配置为与管道内壁齐平安装，以限制流量扰动。探测器外壳和盖子也与干燥器管道形成真空密封。SMH 硬件经过反复测试，并证明其与通常用于生产规模冻干机的 CIP 和 SIP 程序兼容。SCU 通过单模光纤跳线和屏蔽电子信号电缆连接到 SMH。

SMH 光学阀芯片的安装要求冷冻干燥箱和冷凝器之间有 45°和 135°测量角度的物理分离。随着新的 SMH 和数据分析算法的发展，可以使用更小的测量角度。较小的测量角度会改善较低的速度测量灵敏度，用公式 25.7 表示。

干燥氮气净化气体供应给 SCU 和 SMH。提供给 SCU 的净化气体从 BRD 参考检测器和位于低压单元之外的参考吸收单元光路中去除大气压水蒸气。这些路径中存在的大气压水蒸气扭曲了吸收线形并产生测量误差。供应给 SMH 的净化氮气清除了位于低压冻干机管道外的光学路径中的大气压水蒸气。与参考吸收池一样，光学测量路径中的大气压水蒸气使吸收线形变形，导致测量误差。

SCU 被设计用于连续（24/7）无人值守操作。在开始监测每个冻干周期时，用户确定仪器零速度偏移值。这是通过将加载到室中的产品冷冻至大约-40℃或更低的温度来完成的。然后产品室内的压力降

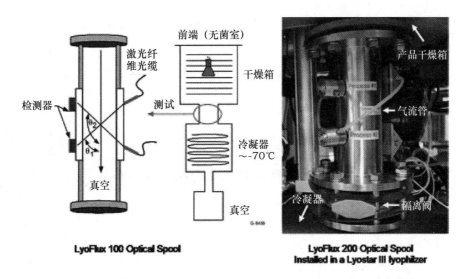

图 25.7　TDLAS 水蒸气质量流速监测安装在 FTS Lyostar 3® 实验室规模冻干机内的传感器测量头（SMH）

低并稳定在工艺设定点值。低压室内冷冻和含水产品的组合产生强吸水信号，可用于确定偏移值。然后关闭腔室和冷凝器之间的隔离阀以确保冷冻干燥管中的流速为零。然后使用质量流速监视器来测量从所有随后的位置确定中减去的零速度偏移。典型的零速度偏移值为 ±1 m/s，对应于两个测量的线形峰值之间的 ±1 个数据点偏移。

有许多不同的电子、光学和基于光谱的因素会对零速度偏移做出贡献。独立的 BRD 电路各自具有独立的电子相移。使用单个通道多路复用数据采集系统会导致两个快速采集的测量通道之间的相移。单个光学元件（例如窗口）内或光学元件之间的反射产生 Fabry-Perot 干涉仪（标准具）腔，其导致与可引起信号相移的分子吸收特征类似的透射光束的调制。通过确定从每个测量速度中减去的零速度偏移因子来捕获所有这些效应的总和。

25.5.10　传感器验证

传感器测量精度的验证通过一系列冰板升华测试进行。这些测试以前由 Gieseler 等人（2007）和 Schneid 等人（2009）报道过。冰板升华测试提供了积分 TDLAS 水质量流速（dm/dt）和重量测定的去除水量之间的直接比较。这些测试不能直接提供传感器三次测量之间的比较，也不能提供平均水蒸气温度、水浓度和气体流速的比较，但确实提供了一种评估传感器质量流速测量准确性的标准方法。如果冷冻干燥室充满 100% 水蒸气，并且通过使用独立的温度测量将压力转换为分子数密度，则可以将气体浓度测量单独与基于电容压力计的压力测量进行比较。

SP Scientific Lyostar II® 实验室规模冻干机和 IMA Edwards LyoMax 3® 中试规模冻干机内的升华测试采用由不锈钢框架制成的"无底托盘"进行，并配有薄塑料袋（厚度为 0.003 cm）附着于框架形成托盘底部。将 3 个实验室托盘放置在冻干机搁板上，每个托盘装满约 1500 g 纯水，而 4 个中试架每个都装满约 7.5 kg 水，在每个干燥架上提供约 1 cm 的冰厚度。搁板温度降至 −40℃ 并保持 1 h 以形成冰块。在冰块冷冻之前，将细导线热电偶（Omega，CT）放置在托盘水层的中间以监测冰块"产品"温度。在冷冻步骤之后，使用干燥器冷凝器和真空泵将腔室压力降低至实验设定点压力（在 65~500 mTorr 之间）。然后将搁板温度升高（通常为 0.5~1℃/min）至实验设定温度，并且在稳定状态条件下将约 50% 的冰块产品升华。一旦达到升华水量的目标，位于腔室和冷凝器之间以及 TDLAS 光学测量站下游的隔离阀就关闭，停止除水。TDLAS 数据收集同时结束，随后冷冻干燥器搁板温度升高以融化剩余的冰。留在无底托盘中的水被移除并称重，从而能够重量测定在升华测试过程中除去的水的总质量。重量测定的质量平衡与集成 TDLAS 确定的质量平衡进行比较以验证仪器的测量准确度。或者，可以比较每种测量技术的平均质量流速。彩图 25.8 显示了在典型的升华测试过程中 TDLAS 测得的水蒸气浓度和气体温度以及冻干机搁板液体入口温度。

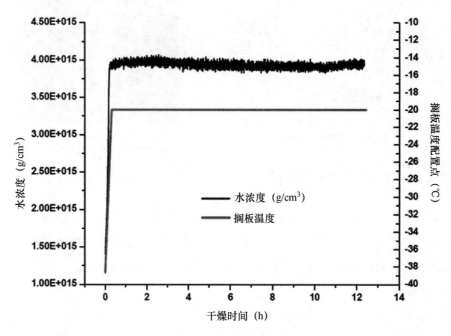

彩图 25.8   在典型的冰块升华试验中，TDLAS 测量的水浓度［分子/cm³］和冻干机搁板温度时域剖面线

彩图 25.9 显示了所测的速度和计算所得的水蒸气质量流速。彩图 25.8 和 25.9 中的数据都显示了搁板温度开始变温后稳定状态冰升华条件的发展。

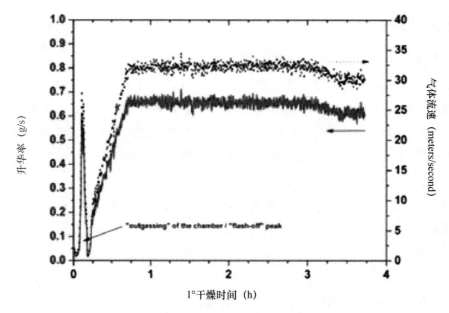

彩图 25.9   在典型的冰块升华试验中，TDLAS 测量的气体流速和计算的质量流速，dm/dt（g/s）速度分布图（Reprinted from Gieseler et al.（2007）with permission from J. Pharm Sci）

表 25.2 提供了实验室规模干燥器测量条件的总结和实验结果，包括 TDLAS 和重量水升华率的比例。该比例显示与质量流速大致一致，平均误差＜±2%。表 25.3 汇总了中试规模干燥器的测量结果，并且不

如实验室规模的结果准确。这可能是由于干燥器几何形状和干燥机轴内的非轴对称气流。标准 TDLAS 数据分析算法是基于干燥机轴内的轴对称气流假设的。

表 25.2　TDLAS 与重量法测定冰板升华试验中总除水量数据的实验室规模比较的总结

压力/搁板温度	装载/不装载托盘	TDLAS/重量比率	速度（m/s）	dm/dt（g/h）
100 mTorr/0℃	3	0.97	110	79.4
150 mTorr/20℃	3	0.97	108	165.8
200 mTorr/40℃	3	0.97	105	185.7
500 mTorr/40℃	3	1.09	51	189.9
60 m Torr/−30℃	1	1.02	16	18.8
100 mTorr/−33℃	1	0.96	7	17.3
100 mTorr/−27℃	1	1.00	12	28.5
100 mTorr/−20	1	1.03	17	44.6
100 mTorr/−5℃	3	1.03	95	206.5
100 mTorr/0℃	1	1.03	30	79.6
100 mTorr/40℃	1	1.03	73	152.2
150 mTorr/−30℃	1	1.00	5	19.5
150 mTorr/20℃	1	1.07	39	140.3
150 mTorr/40℃	1	1.05	51	172.8
65 mTorr/−40℃	3	0.95	39	37.8
65 mTorr/−35℃	1	1.00	17	17.0
65 mTorr/−35℃	1	1.03	18	17.9
65 mTorr/−25℃	3	1.06	118	101.9
65 mTorr/−25℃	3	1.06	128	108.0
100 mTorr/−20℃	3	1.05	80	140.8
100 mTorr/−30℃	3	1.03	42	75.2

表 25.3　TDLAS 与冰板升华试验中总除水量质量测定数据的中试规模比较的总结

压力/搁板温度	装载/不装载托盘	TDLAS/重量比率	速度（m/s）	dm/dt（g/h）
100 mTorr/0℃	4	1.00	32	568.1
150 mTorr/20℃	4	1.06	41	1077.7
200 mTorr/40℃	4	1.09	79	1294.9
500 mTorr/40℃	4	1.11	24	1670.8
65 mTorr/−30℃	4	1.03	30	500.4
65 mTorr/−25℃	4	1.00	37	644.4
65 mTorr/−10℃	4	1.02	64	1137.6
65 mTorr/0℃	4	1.05	84	1494.0
100 mTorr/−30℃	4	0.88	17	446.6

25.5.11　传感器应用

　　TDLAS 传感技术可应用于多种冻干监测需求（Patel and Pikal 2009；Schneid and Gieseler 2009），包括冻干操作确认（operational qualification，OQ）（Patel et al. 2008；Nail and Searles 2008；Hardwick et al. 2008）、初级和二级干燥终点的确定（Gieseler et al. 2007）、药瓶热传导系数（Schneid et al. 2006b；Kuu et al. 2009）、产品温度（Kuu and Nail 2009）、产品残留水分（Schneid et al. 2007）和冷冻干燥周期优化（Kuu and Nail 2009）。TDLAS 传感技术从应用于冻干的许多其他 PAT 工具中脱颖而出，因为它能够直接测量管道中可用于确定水蒸气质量流速的气体流动速度。此外，该技术可应用于实验室规模、中

试规模和和生产规模的冻干机。很少有其他技术被证明能非侵入性地提供广泛的测量能力。这些测量能力不仅可以与干燥机的操作相联系，还可以与最终产品质量有关的关键工艺参数如产品温度相联系。它是连续的实时质量流速（dm/dt）与已建立的传热和传质模型（Pikal 1985；Nail 1980；Rambhatla et al. 2006）的组合，这将推动该技术的应用。

在本章的下一节中将简要介绍上面列出的一些应用，以说明测量技术的价值。这还不是一次全面的评价，也不是要对任何一种应用进行深入的分析。读者请参阅所引用的出版物以获得更多信息。

25.5.12　冻干机操作验证

制药公司受到经济和监管力量的高度激励，开发出稳健的产品制剂和冻干工艺，在保持产品质量的同时使生产量最大化。最大化生产量的一个方面是开发高效的干燥工艺，其与实验室规模的工艺开发干燥器和用于制造药品的生产规模干燥器的质量流速限制相一致（Chang and Fisher, 1995）。可以在冻干机之间转移的开发工艺需要干燥室和冷凝器之间质量转移的最大支持速率的知识储备，以及冰升华速率（g/s）与冻干机搁板温度、冻干时压力和产品温度之间关系的知识储备（Patel et al. 2007；Nail and Searles 2008）。

需要开发一系列作为干燥室压力和搁板温度函数的升华速率曲线以定义冻干操作限制。传统上，这些信息是通过一系列冰块升华测试收集的，每个测试在单个搁板温度和压力下提供单个数据点。重量法测定总除水量将提供一个实验期间的平均升华率。因此，一个完整的曲线数据集需要大量实验以及大量时间和人力资源的投入。

TDLAS 传感器技术能够在几个实验中开发所需的数据集并确定堵塞流条件（Patel et al. 2008；Nail and Searles 2008）。为了实现这一点，在干燥机的搁板上形成了冰板，并将干燥室压力降低到设定的点值（通常从最低值开始）。然后将搁板温度提高至感兴趣的最低值。利用 TDLAS 监测升华速率（g/s）并确定稳态干燥条件的建立。在稳态操作期间记录了 TDLAS 测量的升华率（dm/dt）、冰块产品温度（T_b）、搁板温度（T_s）和干燥箱内压力。然后改变干燥室压力，再使用传感器来验证稳态操作的建立（表明搁板温度和产品温度均稳定）。然后记录一组新的测量数据，包括 dm/dt、T_s、T_b 和室内压力。在完成感兴趣的所有压力测量之后，搁板温度被升高到下一个感兴趣的设置，并且重复测量过程，直到测量所有压力和温度的一组完整升华速率。这一过程使冻干机操作验证能够在几天而不是几周内完成，大大节省了时间和金钱。

25.5.13　初级和二级干燥终点的确定

在冻干工艺的设计和开发过程中，需要在工艺策略中建立灵活性（工艺稳健性），以实现有效的工艺放大及技术转移和改进，使经济和可持续循环的过程时间最小化。在商业制造过程中，必须控制和监测工艺，因为冷冻干燥器的产品价值可能超过数百万美元。当前惯常做法是测量和拒绝工艺过程而不是响应，因为当前的监测技术在提供关键可靠参数的测量方面是不充分的。随着 TDLAS 技术的进步，有可能监测和潜在地控制所有关键参数，并应用工艺内纠正措施来响应工艺变化，从而提高质量和消除浪费。

初级干燥阶段结束的精确确定，无论是工艺设计还是商业生产的监测/控制过程中，都是至关重要的。目前在商业生产中运行冻干循环的做法是固定时间。在没有完成冰升华的情况下进行二级干燥会危及产品的质量属性。TDLAS 传感器技术已被用于监测许多"产品"干燥周期的干燥，包括甘露醇、乳糖、海藻糖、苏克罗斯、葡聚糖、甘氨酸、PVP 和 BSA 制剂（Gieseler et al. 2007；Schneid 2009）。使用 TDLAS 在初级干燥阶段测量和监测干燥室中的水浓度能够确定初级干燥的终点。当冰的升华接近完成时，产品室中气体的组成从几乎所有的水蒸气转变为几乎所有的氮气，并且可以观察到 TDLAS 水浓度曲线急剧下降。曲线的拐点，或更保守地说，曲线平台结束点，可作为初级干燥的终点。这在图 25.10 中示出，TDLAS 测量的在 336 瓶中的 5% W/W 蔗糖溶液的水蒸气浓度和冻干器搁板温度的时间图。含有

5% W/W 蔗糖溶液的 20 ml 瓶在一个恒定室压力为 65 mTorr 的情况下用一个 SP Scientific LyoStar Ⅱ®
实验室规模干燥器在全负荷下冷冻干燥。

　　如图 25.10 所示，在整个初级干燥过程中，水分浓度几乎保持不变。初级干燥晚期和二级干燥中的浓度峰值对应的是用抽提器装置提取的样品，并与水的去除率进行了交叉关联。还使用 TDLAS 传感器获得速度和质量流速数据（升华速率）的附加信息，并在确定初级和二级干燥终点时补充水蒸气浓度数据。仔细检查速度和质量流量概况也会发现随着，干燥过程中产品特性或潜在问题的差异与搁板温度的变化有关，这在彩图 25.11 的初级干燥结束时可以观察到。彩图 25.11 显示气体流速测量和质量流速（dm/dt）测定的时间分布。数据峰值是由于 MTM 压力上升测量期间使用的隔离阀关闭事件造成的。在初级干燥过程中，质量流量分布紧跟速度分布，包括在初级干燥早期阶段对搁板温度调节的明显响应。通过 TDLAS 进行的终点测定与压力测量、质谱或冷等离子体装置的测定结果相似（Milton et al. 1997）。

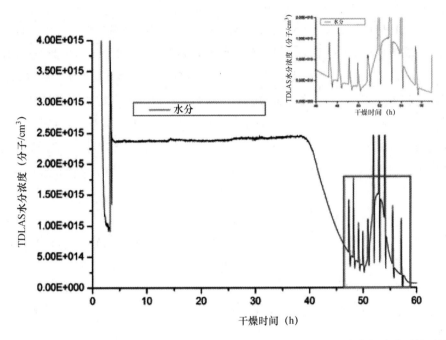

图 25.10　在实验室规模冻干机中 5% w/w 蔗糖溶液冻干过程中 TDLAS 水蒸气浓度时域测量分布

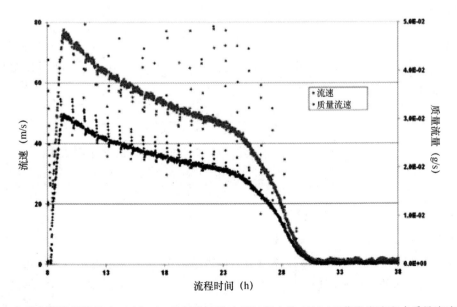

彩图 25.11　在实验室规模干燥机中 10% w/w 甘氨酸溶液冻干过程中的 TDLAS 蒸汽流速和水质量流速时域测量分布

25.5.14   药瓶传热系数和产品温度的测定

在冻干过程中，产品温度是一个不能直接控制的关键工艺参数，但是它受到搁板温度、干燥箱内压力和产品干燥阻力的影响。标准的实验室方法是将温度传感器（通常是热电偶）直接放置在几个选定的药瓶产品中。由热电偶确定的产品温度代表瓶底部中心的温度，但不能直接测量产品在连续移动的升华界面处的温度。然而，升华界面的温度决定了产品质量。如果界面处的产品温度超过基体的临界温度，产品就会发生崩解，损害产品质量。干燥过程中的产品温度直接影响干燥饼的外观、残余水分含量和复溶时间，并且可能影响产品的稳定性和保质期。热电偶通常不用于生产规模的冷冻干燥，因为需要手动放置传感器，出于无菌考虑这在使用自动加载系统时是不可行的。因此，开发一种广泛适用的、可用于实验室规模和生产规模冻干机的稳健测量解决方案是一个重要的工业目标。在工艺异常期间，精确的温度测量可以防止数百万美元的产品损失。

前面描述的 MTM 压力上升技术已经被用来提供在前三分之二的初级干燥过程中的批量平均产品温度。因为需要快速关闭的隔离阀，这项技术仅适用于实验室规模的冻干机，并能不为生产规模的温度监测提供解决方案。相比之下，基于 TDLAS 的测量技术可以为所有规模的冷冻干燥机提供所需的测量能力。

最近已经证明，基于 TDLAS 的质量流速测量（dm/dt）可以与稳态传热传质模型（Pikal 1985；Nail 1980；Rambhatla 2006；Milton et al. 1997；Tang et al. 2005）相结合来为实验室规模冻干机的批次产品平均温度提供连续的实时测量（Schneid et al. 2009）。由于 TDLAS 传感器技术的广泛适用性，预计这种方法也可能适用于中试规模和生产规模的冻干机，提供一种可用于产品的整个工艺开发的非侵入性测量解决方案。

如前所述，基于药瓶的冻干过程中的传热可以用热障和温度梯度来描述。热量是通过玻璃瓶底部从干燥室搁板向冷冻产品供应热量，以补偿升华所释放的热量。从搁板到产品的热流用公式 25.10 描述。

$$dQ/dt = A_v \cdot K_v \cdot (T_s - T_b) \tag{25.10}$$

其中 dQ/dt 是从搁板到产品的热流（cal/s 或 J/s）；A_v 是由药瓶外径计算的药瓶的横截面积；K_v 是药瓶传热系数（对于特定的瓶型在特定的压力下）；T_s 是隔板表面的温度，T_b 是在瓶底中心的冷冻产品的温度。

在稳态过程中，利用冰升华热 ΔH_s（公式 25.11），可以将热流量（dQ/dt）与质量流量（dm/dt）联系起来。

$$\frac{dQ}{dt} = \Delta H_S \cdot \frac{dm}{dt} \tag{25.11}$$

其中，文献中给出了 ΔH_S（~ 650 cal/g）（Pikal 1985）。公式 25.10 和 25.11 可以组合和重新排列，以提供瓶底的产品温度，如公式 25.12 所示。

$$T_b = T_S - \left\{ \frac{[\Delta H_S \cdot (dm/dt)]}{A_v \cdot K_v} \right\} \tag{25.12}$$

在实验室中，K_v 可以分别用公式 25.13 和用纯水灌装药瓶来进行的升华测试来确定。

$$K_v = \frac{dm/dt \cdot \Delta H_3}{A_v \cdot (T_s - T_b)} \tag{25.13}$$

在这里，平均温差（$T_s - T_b$）在实验过程中可以使用热电偶在选定的药瓶（底部中心）中以及粘贴热电偶到搁板表面来确定。请注意，在实验室里，含有热电偶的药瓶和不含热电偶的药瓶之间的温度偏差通常很小，原因是用来灌装药瓶的产品流体中的微粒污染。A_v 很容易通过测量来确定。

质量流量可以从已知的初始水质量和初级干燥后预定时间间隔的水的剩余质量来通过重量分析确定（Tang et al. 2005），或通过 TDLAS 传感器来测定。彩图 25.12 显示从重量分析和作为干燥箱内压力的函数的 TDLAS 质量流速测定来实验确定的 K_v（Schneid et al. 2009，2006；Kuu et al. 2009）。正如预期的那样，增加干燥箱内压力导致较大的 K_v 值，因为气体传导对药瓶传热系数的贡献相对搁板传导和辐射热传递贡献占主导地位。彩图 25.13 显示了 TDLAS 和重量分析的 K_v 测定在冻干过程中相关压力范围内的良好一致性。

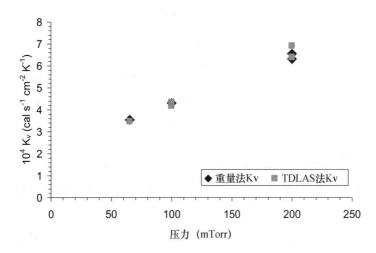

彩图 25.12　重量法和 TDLAS 法测定药瓶传热系数 K_v，作为实验室规模冻干机干燥箱内压力的函数

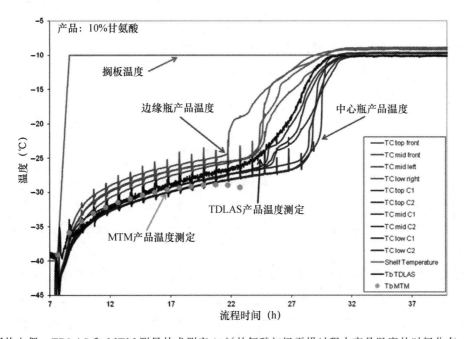

彩图 25.13　用热电偶、TDLAS 和 MTM 测量技术测定 10％甘氨酸初级干燥过程中产品温度的时间分布（Reprinted from Jameel and Kessler（2011）with permission from CRC Press）

　　在确定加权平均药瓶传热系数之后，用灌装产品的药瓶进行实验，以证明 TDLAS dm/dt 测量在确定批次平均产品温度的使用（schneid et al. 2009）。将 dm/dt 测量与基于热电偶的搁板温度测量、药瓶横截面积和水的升华热相结合，用公式 25.12 确定批次平均产品温度。将 TDLAS 确定的底部中心温度与基于热电偶的产品测量温度进行比较，以评估测量技术的准确性。用蔗糖、甘氨酸和甘露醇的产品制剂进行了实验，图 25.13 中所示为 10％甘氨酸干燥试验的初级干燥的结果。图中显示，中心瓶和边缘瓶热电偶的温度测量有明显的差别，边缘瓶的产品温度高于中心瓶的温度，这是暖烘干机墙壁和门的辐射热造成的。TDLAS 确定批次平均产品温度最初就偏离了在早期初级干燥热电偶为基础的中心瓶的测量，然后提

供了初级干燥后期边缘瓶和中心瓶的平均测定值。除了 TDLAS 和基于热电偶的温度测量之外，还使用 MTM 技术来确定批次平均产品温度，MTM 技术通常更能代表批次中最冷的药瓶。

彩图 25.13 显示，在 MTM 测量技术由于压力上升不足而失效之前，MTM 和 TDLAS 技术对初级干燥的前半部分非常一致。

另外的分析能使用公式 25.14 测定在升华界面的产品温度 T_p：

$$T_p = T_b - \left[\frac{dQ/dt \cdot L_{ice}}{(A_v \cdot 20.52)} \right] \tag{25.14}$$

其中 dQ/dt 为热流量，L_{ice} 为冰厚，A_v 为药瓶的横截面积。公式 25.14 中的值 20.52 表示冰的导热系数（cal/hrcm^{2}K）。L_{ice} 可以由 TDLAS 质量流速测量值和初始灌装深度的知识即时计算（Tang et al. 2005）。这个过程需要通过实验研究来验证。

25.5.15　产品阻力的测定

了解产品的干燥阻力对帮助产品制剂设计、干燥工艺和扩大规模和向商业生产转移具有重要意义。在辅料的选择和质量配比的过程中，产品阻力的知识将有助于识别辅料和将展现出低产品阻力的固体物质，并能开发出一种有效的干燥工艺（短循环时间）。同时，在产品规模化、转移和商业化生产过程中，对产品阻力的监测和控制将有助于消除冻干饼的物理特性（如残余水分含量、重建时间和同一批次内以及不同批次间的外观）的不均匀性/可变性（Rambhatla et al. 2004）。这种变化被认为是由于孔径和干燥时间的不均匀性引起的。冰/孔尺寸的大小取决于过冷度，而过冷度又取决于成核温度。过冷度的增加会导致晶体/孔尺寸变小，通过干饼传质的产品阻力更高。过冷度是 GMP 生产中普遍存在的一个规模放大的问题，其原因是由于在 100 级环境中颗粒含量较低。

TDLAS 可以用于制剂和工艺开发以及通过使用公式 25.15 和上述测量的质量流速估算产品阻力来在线表征和监测 GMP 制造环境中的过冷度。

$$R_p = \frac{A_p \cdot (P_{ice} - P_c)}{dm/dt_{vial}} \tag{25.15}$$

其中，dm/dt 是质量流速（g/h/瓶），P_{ice} 是冰在升华界面处的蒸汽压（mTorr），P_c 是腔内压力（mTorr），R_p 是产品阻力（cm^2×Torr×h/g），R_s 是塞子阻力（cm^2×Torr×h/g），A_p 是瓶的内部截面积（cm^2）即产品的表面积。利用方程 25.2 可直接从 TDLAS 产品温度中计算出 P_{ice}，且 dm/dt_{vial} 可以用 TDLAS 直接测量。

Schneid 等人研究了不同辅料作为初级干燥的函数对产品阻力的影响，并与 MTM 数据进行了比较。在彩图 25.14 中显示了一个典型的 R_p 轮廓图，该轮廓图是用 TDLAS 与基于 MTM 的测定的叠加获得的。Schneid 等人得出的结论是，在早期初级干燥过程中的一般行为和值与 MTM 数据吻合良好。康涅狄格大学（Sharma et al.）随后未发表的结果表明，在初级干燥快结束时 R_p 曲线的非物理上升是由于一些药瓶初步干燥的提前完成，因此不能准确了解冻干机内冰升华的表面积从而将其作为计算 R_p 的模型输入。使用接近初级干燥结束时的 R_p 曲线的线性外推法来估计已经完成初级干燥的小瓶的数量，并因此提供干燥不均匀性的指标。另一项研究是由 Awotwe-Otoo 等人（2014）进行的，他们使用 TDLAS 在线测量质量流速以获得产品阻力，以研究过冷和产品阻力之间的相关性，以使用 ControLyo™ Nucleation 按需技术来控制模型 mAb 制剂的冷冻步骤的冰核形成的开始。彩图 25.15 显示了产品阻力作为蔗糖基制剂在受控的（C）和无控制的（UNC）成核循环周期的干燥层厚度的函数。用 MTM 数据对 TDLAS 数据进行了叠加，观察到了产品阻力值的差异。

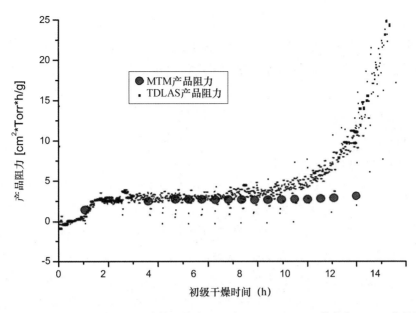

彩图 25.14　50 mg/ml 蔗糖运行时计算得的产品阻力（Rp-TDLAS）数据与 MTM 数据的比较

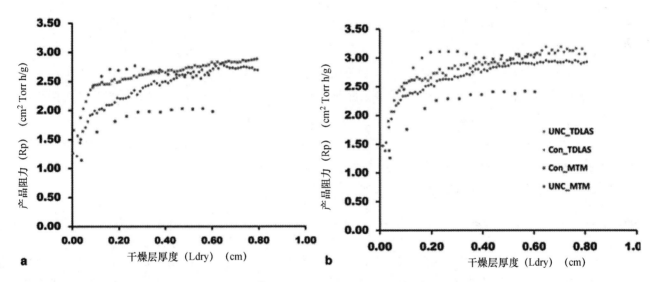

彩图 25.15　在 a 1 mg/ml 和 b 20 mg/ml mAb 制剂的初级干燥过程中，产物阻力（R_p）作为未受控和受控成核循环的干层厚度（L_{dry}）的函数。将 R_p 的 TDLAS 数据与 MTM 测定的 R_p 值进行比较。对于可控成核周期 MTM 值低于 TDLAS，但是对于不受控成核，MTM 值最初在 $L_{dry}=0.20$ cm 时高于 TDLAS 值，然后与 TDLAS 值持平（Reprinted from Awotwe-Otoo et al. 2014，with permission from J Pharm Sci）

　　Nail 等人最近发表的一些论文将许多先前讨论过的 TDLAS 水蒸气质量流速传感器应用至基于 QbD 的冷冻干燥工艺发展的基础工具（Nail and Searles 2008；Hardwick et al. 2008；Kuu et al. 2009；Kuu and Nail 2009；Nail and Kessler 2010；Wegiel et al. 2014）。这一工作描述了一种方法，其中传感器被用来快速建立可控制的工艺变量（如搁板温度及干燥箱内压力）和不能直接控制的工艺变量（如产品温度）之间的关系。一旦知道这些信息，就可以通过计算搁板温度和产品温度等温线来建立设计空间。此外，该传感器还用于测量冻干机内的传质极限，以确定冷冻干燥设备的上限。设计空间和设备限制的结合使得开发一种高效和稳健的干燥工艺。这种方法已在实验室规模的冷冻干燥机上得到了实证，并有可能应用于生产规模干燥器，从而在保证产品质量的同时能够确定制造设备（相对于实验室设备）全部能力的工艺参数。

　　通过冷冻干燥循环研发的 QbD 方法可确定最佳工艺条件，主要包括下列 5 个操作步骤，并充分掌握试验知识和信息以不断修正：

（1）测量产品制剂的热响应特性，以确定初级干燥的产品温度上限。

（2）建立可直接控制的工艺变量（搁板温度和干燥箱内压力）与不能直接控制的工艺变量（产品温度）之间的关系。

（3）通过建立搁板温度和产品温度等温线来计算设计空间。

（4）界定设备的限值。

（5）在可接受区域内建立最佳工艺条件。

Chang 和 Fisher 于 1995 年首次报道了这种方法，作为一种有效地开发蛋白质制剂的冷冻干燥工艺的方法。通过大量的实验，建立了工艺变量关系，其中包括去除水的重量分析，以便计算产品温度等温线。Nail 和 Searles（2008）认识到，TDLAS 传感器技术可以极大地减少获取数据所需的实验次数，而该数据可与基于样品瓶的冻干模型结合以建立搁板温度和产品温度等温线。此外，TDLAS 传感器还通过冰板试验对设备进行鉴定，以确定冷冻干燥机的阻流点和操作限值。在 2010 年药品和生物制品冷冻干燥会议，描述了一个模型制剂依他尼酸钠的案例，处方阐述了这种基于 QbD 的方法（Nail and Kessler 2010）。该方法的优点包括：开发最佳干燥周期，通过最少数量的实验最大限度地提高工艺和对产品的理解，以及创建一个便于处理工艺偏差的信息集。

在 2014 年药物和生物制品冷冻干燥会议上，Wegiel 等（2014）描述了随着三维 QbD 设计空间开发的先验工作的扩展。该方法是为了证明通过了解 R_p 在初级干燥过程中的长期变化值，有可以显著地提高干燥效率的潜力。在初级干燥产品开始时，干燥层阻力很低使得搁板温度升高，升华冷却、升华速率和在更严苛的干燥条件下保持产品温度低于崩解温度的能力的相应增加。随着 R_p 的增加，搁板温度阶梯状逐步降低，以确保产品温度保持在崩解温度以下。还使用了设备能力的知识，以确保干燥操作保持在设备能力范围内。与使用先前描述的二维设计空间开发的周期相比，三维（时间为第三维）设计空间和所得周期的发展降低了 30% 初级干燥时间。该方法未来的发展（尤其是 TDLAS 传感器的应用）可能优化周期和降低冻干成本，同时保持稳健的工艺周期和产品质量。

25.5.16   TDLAS 总结

TDLAS 技术基于吸收光谱的基本原理，能够连续、实时、无干扰地测量气体温度、水浓度和气体流速。将这些测量与冷冻干燥器内的气流的计算流体动力学（computational fluid dynamic，CFD）模型相结合，以解释可视测量数据，并提供水在整个冷冻干燥的初级和二级干燥阶段的质量流量或升华速率。本章综述了一些测量应用，包括冻干机操作条件、初级干燥和二级干燥终点的确定、小瓶传热系数的确定以及最终实时批次平均产品温度的非侵入性确定。最后的这两个应用将 TDLAS 升华速率测量与稳态干燥传热传质模型相结合，以提供与产品质量直接相关的温度信息。TDLAS 测量技术是监测和未来控制冻干工艺以及将测量结果与产品质量联系起来的有力工具。

致谢   感谢国家科学基金会（National Science Foundation，NSF）和美国国立卫生研究院，国家癌症研究所（National Institutes of Health，National Cancer Institute，NIH/NCI）小企业创新研究（Small Business Innovative Research，SBIR）计划对 TDLAS 质量流速传感器用于监测药物冻干的开发和应用的部分资金支持。

本章中描述的 TDLAS 传感器的开发和应用是 Physical Sciences 公司众多人辛勤工作的结果：W. J Kessler、G. E. Caledonia、M. L. Finson、J. F. Cronin、P. A. Mulhall、S. J. Davis、D. Paulsen、J. C. Magill、K. L. Galbally-Kinney、J. A. Polex、T. Ustun、A. H. Patel、D. Vu、A. Hicks 和 M. Clark；康涅狄格大学：M. J. Pikal、H. Gieseler、S. Schneid、S. M. Patel、S. Luthra；以及 IMA Edwards：A. Schaepman、D. J. Debo，V. Bons 和 F. Jansen。

参考文献

Awotwe-Otoo D, Agarabi C Khan MA (2014) An integrated process analytical technology (PAT) approach to monitoring the effect of supercooling on lyophilization product and process parameters of model monoclonal antibody formulations. J Pharm Sci 103(7):2042–2052

Bardat A, Biguet J, Chatenet E, Courteille F (1993) Moisture measurement: a new method for monitoring freeze-drying cycles. J Parenter Sci Technol 47(6):293–299

Chang BS, Fisher NL (1995) Development of an efficient single-step freeze-drying cycle for protein formulations. Pharm Res 12:831–837

Christ M (2000) Martin Christ Freeze Dryers GmbH. Manual: Wägesystem CWS40

Ciurczak EW (2002) Growth of near-infrared spectroscopy in pharmaceutical and medical sciences. Eur Pharm Rev 5(4):68–73

Ciurczak EW (2006) Near-infrared spectroscopy: why it is still the number one technique in PAT. Eur Pharm Rev 3(1):19–21

De Beer TR, Alleso M, Goethals F, Coppens A, Heyden YV, De Diego HL, Rantanen J, Verpoort F,Vervaet C, Remon JP, Baeyens WR (2007) Implementation of a process analytical technology system in a freeze-drying process using Raman spectroscopy for in-line process monitoring. Anal Chem 79(21):7992–8003

De Beer TR, Vercruysse P, Burggraeve A, Quinten T, Ouyang J, Zhang X, Vervaet C, Remon JP, Baeyens WR (2009) In-line and real-time process monitoring of a freeze drying process using Raman and NIR spectroscopy as complementary process analytical technology (PAT) tools. J Pharm Sci 98(9):3430–3446

Derksen MW, van de Oetelaar PJ, Maris FA (1998) The use of near-infrared spectroscopy in the efficient prediction of a specification for the residual moisture content of a freeze-dried product. J Pharm Biomed Anal 17(3):473–480

FDA (2002) Pharmaceutical CGMPs for the 21st Century: a risk-based approach (Rockville, Aug. 21 2002)

Franks F (1990) Freeze-drying: from empericism to predictability. Cryo-Lett 11:93–110

Gieseler H, Kessler WJ, Finson MF et al (2007) Evaluation of tunable diode laser absorption spectroscopy for in-process water vapor mass flux measurements during freeze-drying. J Pharm Sci 96(7):1776–93

Hardwick LM, Paunicka C, Akers MJ (2008). Critical factors in the design and optimisation of lyophilisation processes. Innov Pharm Technol 26:70–74

Harward CN Sr, Baren RE, Parrish ME (2004) Determination of molecular parameters for 1, 3-butadiene and propylene using infrared tunable diode laser absorption spectroscopy. Spectrochim Acta A Mol Biomol Spectroscopy 60(14):3421–3429

Haseley P, Oetjen G (1997) Control of freeze-drying processes without sensors in the product including the determination of the residual moisture during the process. Proceedings PDA International Congress, Philadelphia

Hobbs PCD (1997) Ultrasensitive laser measurements without tears. Appl Opt 36(4):903–920

Hottot A, Andrieu J, Hoang V, Shalaev EY, Gatlin LA, Ricketts S (2009) Experimental study and modeling of freeze-drying in syringe configuration. Part II: Mass and heat transfer parameters and sublimation end-points. Drying Technol 27:49-58

http://www.fda.gov/cder/guidance/6419fnl.pdf

ICH, ICH (2005a) Q8: pharmaceutical development, Step 4 (Geneva, Nov. 10, 2005)

ICH, ICH (2005b) Q9: quality risk management, Step 4 (Geneva, Nov. 9, 2005)

ICH, ICH (2007) Q8: (R1): pharmaceutical development revision 1, Step 3 (draft, Geneva, Nov. 1, 2007)

International Conference on Harmonization (2007) Q10, Pharmaceutical Quality System. Geneva, Switzerland, 2007

Jameel F, Kessler WJ (2011) Real-time monitoring and controlling of lyophilization process parameters through process analytical technology tools. In: Cenk U, Duncan L, Jose CM, Mel K (eds) PAT applied in biopharmaceutical process development and manufacturing an enabling tool for quality-by-design. CRC Press Taylor & Francis Group, Boca Raton, pp 241–269

Jameel F, Mansoor AK (2009) Quality by design as applied to the development and manufacturing of a lyophilized protein product. Am Pharm Rev (Nov/Dec Issue):20–24

Kuu WY, Nail SL (2009) Rapid freeze-drying cycle optimization using computer programs developed based on heat and mass transfer models and facilitated by Tunable Diode Laser Absorption Spectroscopy (TDLAS). J Pharm Sci 98(9):3469–3482

Kuu WY, Nail SL, Sacha G (2009) Rapid determination of vial heat transfer parameters using Tunable Diode Laser Absorption Spectroscopy (TDLAS) in response to step-changes in pressure set-point during freeze-drying. J Pharm Sci 98(3):1136–1154

Lin Tanya P, Hsu Chung C (2002) Determination of residual moisture in lyophilized protein pharmaceuticals using a rapid and non-invasive method: near infrared spectroscopy. PDA J Pharm Sci Technol 56:196–205

Mayeresse Y VR, Sibille PH, Nomine C (2007) Freeze-drying process monitoring using a cold plasma ionization device. PDA J Pharm Sci Technol 61(3):160-174

Miller MF, Kessler WJ, Allen MG. (1996) Diode laser-based air mass flux sensor for subsonic aeropropulsion inlets. Appl Opt 35(24):4905–4912

Milton N, Pikal MJ, Roy ML, Nail SL (1997) Evaluation of manometric temperature measurement as method of monitoring product temperature during lyophilization. PDA J Pharm Sci Technol 51(1):7–16

Nail S. (1980) The effect of chamber pressure on heat transfer in the freeze-drying of parenteral solutions. J Parenter Drug Assoc 34:358–368

Nail SL, Johnson W (1992) Methodology for in-process determination of residual water in freeze-dried products. Dev Biol Stand 74:137–151

Nail SL, Kessler WJ (2010) Experience with tunable diode laser absorption spectroscopy at laboratory and production scales, freeze drying of pharmaceuticals and biologicals, Garmisch-Partenkirchen, Germany

Nail SL, Searles JA (2008) Elements of quality by design in development and scale-up of freeze-dried parenterals. Int Bio Pharm 21(1):44–52

Neumann KH, Oetjen GW (1958) Meß- und Regelprobleme bei der Gefriertrocknung. Proceedings First Intern Congress on Vacuum Technology, Namur

Patel SM, Pikal M (2009) Process analytical technologies (PAT) in freeze-drying of parenteral products. Pharma Dev Technol 14(6):567–587

Patel SM, Doen T, Schneid S, Pikal MJ (2007) Determination of end point of primary drying in freeze-drying process control. Proceedings AAPS Annual Meeting and Exposition, San Diego, Nov 11–15

Patel SM, Chaudhuri S, Pikal MJ (2008) Choked flow and importance of Mach I in freeze-drying process design. Freeze drying of pharmaceuticals and biologicals conference, Breckenridge

Pikal MJ (1985) Use of laboratory data in freeze drying process design: heat and mass transfer coefficients and the computer simulation of freeze drying. J Parent Sci Technol 39:115–138

Pikal M (2002) Lyophilization. In: Swarbrick J, Boylan JC (eds) Encyclopedia of pharmaceutical technology, Vol 6. Marcel Dekker, New York, pp 1299–1326

Pikal MJ, Shah S (1990) The collapse temperature in freeze drying: dependence on measurement methodology and rate of water removal from the glassy phase. Int J Pharm 62:165–186

Pikal MJ, Shah S, Senior D, Lang JE (1983) Physical chemistry of freeze-drying: measurement of sublimation rates for frozen aqueous solutions by a microbalance technique. J Pharm Sci 72(6):635–650

Pikal MJ, Shah S, Roy ML, Putman R (1990) The secondary drying stage of freeze drying: drying kinetics as a function of temperature and chamber pressure. Int J Pharm 60(3):203–217

Rambhatla S, Ramot R, Bhugra C, Pikal MJ (2004) Heat and mass transfer scale-up issues during freeze drying: II. control and characterization of the degree of supercooling. AAPS Pharm Sci Tech 5(4):58

Rambhatla S, Tchessalov S, Pikal MJ (2006) Heat and mass transfer scale up issues during freeze-drying: III. Control and characterization of dryer differences via operational qualification (OQ) tests. AAPS Pharm Sci Tech 7(2):39

Roth C, Winter G, lee G (2001) Continuous measurement of drying rate of crystalline and amorphous systems during freeze drying using an in situ microbalance technique. J Pharm Sci 90:1345–1355

Rothman LS, Gamache RR, Goldman A et al (1994) The HITRAN database: 1986 edition. Appl Opt 33(21):4851–4867

Roy ML, Pikal MJ (1989) Process control in freeze drying: determination of the end point of sublimation drying by an electronic moisture sensor. J Parent Sci Technol 43:60–66

Schneid S, Gieseler H(2008a) Evaluation of a new wireless temperature remote interrogation system (TEMPRIS) to measure product temperature during freeze drying. AAPS Pharm Sci Tech 9:729–739

Schneid S, Gieseler H (2008b) A new generation of battery-free wireless temperature probes as an alternative to thermocouples for vial freeze drying. Proceedings CPPR Freeze Drying of Pharmaceuticals and Biologicals Conference, Breckenridge

Schneid S, Gieseler H (2009) Process analytical technology (pat) in freeze drying: tunable diode laser absorption spectroscopy as an evolving tool for cycle monitoring. Eur Pharm Rev 6:18–25

Schneid S, Gieseler H, Kessler W, Pikal MJ (2006a) Process analytical technology in freeze drying: accuracy of mass balance determination using tunable diode laser absorption spectroscopy (TDLAS). Proceedings AAPS Annual Meeting and Exposition, San Antonio Oct. 29—Nov 2, 2006

Schneid S, Gieseler H, Kessler W, Pikal MJ (2006b) Position dependent vial heat transfer coefficient: a comparison of tunable diode laser absorption spectroscopy and gravimetric measurements. Proceedings CPPR Freeze-Drying of Pharmaceuticals and Biologicals, Garmisch-Partenkirchen, Oct. 3–6

Schneid S, Gieseler H, Kessler W, Pikal MJ (2007) Tunable Diode Laser Absorption Spectroscopy (TDLAS) as a residual moisture monitor for the secondary drying stage of freeze drying. AAPS Annual Meeting, San Diego

Schneid SC, Gieseler H, Kessler WJ, Pikal MJ (2009) Non-invasive product temperature determination during primary drying using tunable diode laser absorption spectroscopy. J Pharm Sci 98(9):3401–3418

Searles JA (2004) Observation and implications of sonic water vapor flow during freeze drying. Am Pharm Rev 7(2):58

Tang X, Nail SL, Pikal MJ (2005) Freeze-drying process design by manometric temperature measurement: design of a smart freeze dryer. Pharm Res 22:685–700

Tang X, Nail SL, Pikal MJ (2006) Evaluation of manometric temperature measurement, a process analytical technology tool for freeze-drying, Part 1: product temperature measurement. AAPS Pharm Sci Tech 7:E14

Wegiel L, Nail S, Ganguly A (2014) Primary drying optimization using a three-dimensional design space, freeze drying of pharmaceuticals and biologicals, Garmisch-Partenkirchen, Germany, September

第 26 章

QbD 在生物技术药物工艺验证中的应用

Fuat Doymaz，Frank Ye and Richard K. Burdick
丁宝月　译，高静　校

26.1　引言

药品（drug product，DP）同质性（均匀性）是指组成批次的单位之间的质量属性的相同性。生物注射 DP 的制造涉及在配方、填充和封装步骤中使用多个相互连接和复杂的单元操作。根据 DP 的性质，这些步骤可能包括解冻、制剂缓冲液的制备和混合、无菌过滤、灌装和（或）冻干（Agalloco and Carleton 2008）。从 DP 质量和监管的角度来看，批次内的同质性和不同生产批次之间的一致性是保护公共卫生免受各种来源变异的关键（FDA 2011）。此外，在发布和稳定性研究期间 DP 批次的均一性评估需要进行质量控制（quality control，QC）测试，以证明所用样品量的合理性。从同质性研究中的验证批次的研究结果可以被合理化并用于监管中备案申请生物许可证。

在本章中，我们使用逐步解释的方法来生成一个用于在工艺验证活动中评估批次均匀度的完整数据集。这些活动可分为 3 个主要步骤：协议阶段、协议执行阶段和报告阶段。现在我们将详细描述这些步骤。

26.1.1　协议阶段

（1）首先确定进行均质性测试的 DP 工艺步骤。根据产品性质，这些步骤可能会有所不同。例如，对于后配制步骤和填充操作期间，人们可能希望在填充到最终容器（例如药瓶或注射器）之前检查配制的 DP 是否均匀。

（2）为了评估任何工艺步骤对制剂、DP 灌装和整理操作的影响，应确定正交和敏感的分析测试方法。使用测量蛋白质浓度、聚集和亚可见颗粒计数的方法来确定对产品质量的影响。

（3）对于每一个选定的产品属性，在每个已识别的工艺步骤中，我们应该建立同质性接受标准（homogeneity acceptance criteria，HAC）。设置合适的 HAC 需要理解由于分析方法造成的多变性程度，以及由于灌装的 DP 单元之间的变化所引起的变化程度。HAC 通常与不受控制的普遍原因变化联系在一起，并且可以建立在分析方法的中间精度某个量级上。

（4）正确应用统计方法评估批次均匀度需要确定所需的样本大小。用于评估批次均匀度的统计方法之一是平均等价性（Limentani et al. 2005）。我们建议使用这种方法来评估同质性，因为它在预先设定的水平上提供了客户保护,当实际上批次不是同质时以防止错误地总结同质性。预设的水平通常固定在 5%。

(5)对于从容器中取样配制的 DP 或在将 DP 装入最终容器(药瓶或注射器)时,人们可以选择在概念上将灌装期划分为 3 个间隔:开始、中间和结束。然后从每个间隔中选择确保对整个批次具有代表性的样品(图 26.1)。

图 26.1　在填充一个 DP 批次期间推荐的取样位置

(6)在考虑产品属性的分布、HAC、将从每个批次采样的间隔数量以及在统计等效性测试中的置信度之后,确定能确保足够能力所需的样本量。

(7)应向操作人员提供关于这些样品的收集、处理和转移到 QC 实验室的明确指示。

26.1.2　协议执行阶段

这一阶段涉及两个关键步骤。

(1)在验证运行期间,处理(存储和传输)在每个工艺步骤中用每个方法收集的具有代表性的批处理样本。

(2)通过代表性的分析方法和对数据分析的测试结果的数据验证,创建用于这些样品的 QC 测试的随机测试示意图。

26.1.3　报告阶段

(1)报告偏离执行协议的情况。

(2)利用研究设计中使用的每个统计方法对收集到的测试结果进行分析。

(3)将分析结果与各工艺环节的性能参数 HAC 进行比较。

接下来,我们提供上面提到的统计方法的更多细节,然后用一个示例说明框架。

26.2　方法

本节聚焦于抽样设计的选择、数据分析和样本大小的确定。

取样设计　如 26.1.1 部分(协议阶段第 5 点)所述,从灌装线取样可以看作具有三个状态的因子的设计:起始、中间和结束。从这些位置提取的样品被假定为独立样本,随后将以随机方式在 QC 实验室通过特定的分析方法进行测试。每个抽样间隔(n)的样本大小将在考虑到 HAC 后确定。因此,对于一个批次总共会有 3×n 个独立的测量值,这些测量值代表灌装过程中特定产品质量属性的批次。这些数据将通过下面描述的统计模型进行分析。

统计模型　统计模型假定我们有从样品 DP 的灌装开始、中间和结束时的三个固定位置。适当的统计模型是

$$Y_{ij} = \mu_i + E_{ij} \tag{26.1}$$

其中 Y_{ij} 是测量的对位置 i（$i=1$，2，3）和平行测试 j（$j=1$，…，n）的响应，μ_i 是位置 i 的平均值，E_{ij} 是正态随机测量误差其平均值为 0 以及方差为 σ_E^2。

26.2.1 等效性检验和同质性接受标准

为了提供整个灌装的同质性的最强统计证据，有必要开发一个等价性的统计检验。（Limentani et al. 2005；Chambers et al. 2005；Richter and Richter 2002）可以找到关于统计等价性的一般参考文献。美国食品和药物管理局（Food and Drug Administration，FDA）建议使用平均等效性检验来证明平均生物等效性（参见工业指南 2001，第 10 页）。

考虑在初始和中间位置之间的平均产品质量特性（假设响应是蛋白质浓度）等价性证明。目标参数是 $\theta=\mu_1-\mu_2$，其中 μ_1 和 μ_2 分别是位置 1（开始）和位置 2（中间）的平均蛋白质浓度。为了证明等价性（或在这种情况下的同质性），有必要表明 θ 小于某些被认为实际重要的值。HAC 提供了"实际重要"的定义。

一旦 HAC 被定义，通过两个 95％ 置信区间的单侧 t 检验（two one-sided t-test，TOST）进行等效性评估。如果较低的 95％ 置信区间对 θ 的限制大于 $-$HAC，而较高的 95％ 置信区间对 θ 的限制小于 $+$HAC，则两个位置之间的等价关系被证明（见彩图 26.2 中的方案 1 和 4）。而部分（见彩图 26.2 中的方案 2）或完全（见彩图 26.2 中的方案 3）未能达到既定的 HAC 则必须进一步研究。

为了设定 HAC，应该考虑与灌装量变化一起的分析方法变化。在定量响应方法开发过程中，中间精度（σ_M）是研究的变异项之一。在验证之前进行测量灌装量变化（σ_F）的研究也很常见。在正常操作条件下，最好将 HAC 基于这两个变异性成分的总和。这为确认批次灌装过程中评估质量属性可变性水平的"实用重要"阈值奠定了基础。这个总变异的标准差是

$$\sigma_E = \sqrt{\sigma_M^2 + \sigma_F^2}. \tag{26.2}$$

应该注意的是，$\sigma_F \ll \sigma_M$。在没有 σ_F 的情况下，σ_M 仍然是计算 HAC 的每个公式 26.3 的一个很好的来源。考虑到制造批次样品的数量，发现在公式 26.3 中选择的水平在实践中运行良好。然而，研究者可能会发现使用（Burdick and Sidor 2013）中引用的其他水平对于他们的应用更有用。

$$HAC = 3\sigma_E \tag{26.3}$$

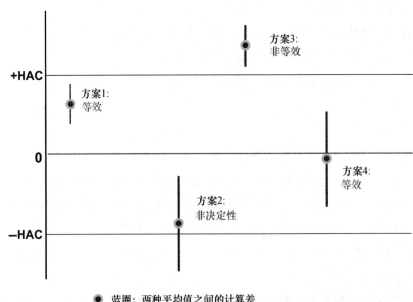

● 蓝圈：两种平均值之间的计算差

| 垂直蓝线：TOST区间

彩图 26.2　等效性统计检验的可能结果

26.2.2　置信区间

通过计算以下 3 个参数函数的单侧 95% 置信区间来进行等效性检验：

$$\mu_1 - \mu_2,$$
$$\mu_1 - \mu_3, \text{和}$$
$$\mu_2 - \mu_3,$$

其中 μ_1、μ_2 和 μ_3 是公式 26.1 定义的平均值。

表 26.1　比较样本相对于 HAC 不同位置之间的平均值差异。LCL 和 UCL 分别表示较低和较高的单侧置信极限

比较位置	比较
开始（1）-中间（2）	$-\mathrm{HAC} < \mathrm{LCL}\,(\mu_1 - \mu_2)$ 和 $\mathrm{UCL}\,(\mu_1 - \mu_2) < \mathrm{HAC}$
开始（1）-结束（3）	$-\mathrm{HAC} < \mathrm{LCL}\,(\mu_1 - \mu_3)$ 和 $\mathrm{UCL}\,(\mu_1 - \mu_3) < \mathrm{HAC}$
中间（2）-结束（3）	$-\mathrm{HAC} < \mathrm{LCL}\,(\mu_2 - \mu_3)$ 和 $\mathrm{UCL}\,(\mu_2 - \mu_3) < \mathrm{HAC}$

为了证明平均等价性，必须通过所有 3 个 ±HAC 差异的比较。使用建议的 HAC，表 26.1 中报告的一组 6 个比较必须同时满足，以证明研究中所包含的产品质量响应的 DP 批次均匀性。在这里，我们建议使用 90% 双侧置信区间来进行所有 3 对成对比较。

26.2.3　统计能力和样本量计算

采用基于仿真的统计能力计算方法，确定了证明各种平均值同质性的概率。特别是，能力计算采用下列公式：

$$\mu_2 = \mu_1 + 1/2\mathrm{C}$$
$$\mu_3 = \mu_1 + \mathrm{C} \tag{26.4}$$

其中 C 是一个常数。公式 26.4 中的 C 值表示灌装中可能的线性趋势。只有正 C 值才被考虑用于仿真，因为同等大小的负数值会产生相同的结果。使用能力计算来建立确保在统计等价测试中的足够能力所需的样本容量（n）。

26.3　结果与讨论

在本节中，我们演示了在验证过程中使用模拟数据进行产品质量响应的 DP 同质性评估。我们将按照引言部分所述的步骤进行操作。

示例　在 DP 工艺验证过程中，需要证明批次的同质性。以下步骤描述了此过程。

26.3.1　协议阶段

（1）DP 处理步骤：灌装。

在灌装制剂过程中使用的填充机和经过过滤的 DP，将被选择用于评估由于灌装操作所产生的影响是否超过了阈值。

（2）分析方法：蛋白质浓度。

用蛋白质浓度法测定该批产品的同质性。

（3）建立蛋白质浓度的 HAC。

在蛋白质浓度的方法开发中报告的中间精度为 %CV＝2。灌装 DP 目标蛋白质浓度为 50 μg/ml 时的中间精密度（σ_M）

$$\sigma_M = 0.02 \times 50$$
$$= 1.0 \ \mu g/ml$$

填充变异性（σ_F）不可用，并假定为 $\sigma_F \sigma_M$ 时，因此 $\sigma_E = \sigma_M$。这导致

$$HAC = \pm 3 \times \sigma_E$$
$$= \pm 3 \times 1.0$$
$$= \pm 3 \ \mu g/ml$$

（4）统计方法适用于评估批处理同质性：将使用 26.2 部分中描述的平均等价方法。

（5）取样间隔：在灌装过程中，DP 批次将从开始、中间和最后三个灌装位置进行采样，如图 26.1 所示。

（6）样本量和功效计算：假设蛋白质浓度属性具有正态分布。应选择的样本大小使得：当比较组之间的差异很小时（例如，当公式 26.4 中的 C＝0 时）通过的百分比较高（≥90％），而当比较组之间的差异较大时（例如，C＝HAC），通过的百分比较低（≤5％）。彩图 26.3 描绘了通过作为 C 的函数的平均值等价性评估的可能性。根据这一评估，样本量（n）为每间隔为 7 个和每批次 21 个样本。应该注意的是，这个样本量代表了应该从同质性评估生成的值得可报告的数值量。因此，如果 DP 容器中的产品体积不满足测试方法的样本容量需求，那么应该汇集足够数量的 DP 容器来生成指定数量的可报告的值。

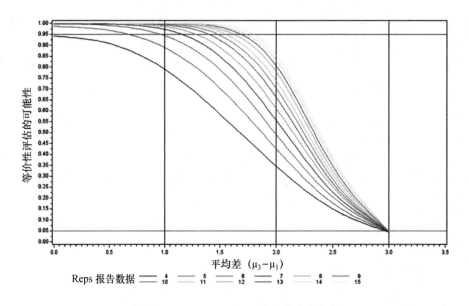

彩图 26.3　HAC＝±3 $\mu g/ml$ 的功率曲线

基于计算出的概率，$n＝7$ 是合理的样本量。$C＝1$ 时传递等价性的概率为 97％，当平均值全部相等时，传递等值的概率（$C＝0$）大于 99％。使用更大的样本量似乎没有多少好处。基于 100 000 次迭代的模拟，错误地陈述同质性的风险被控制在 4.8％。总样本量为 3×7＝21 个可报告值。

样本从灌装的每一个指定位置（阶段）收集，并按程序处理以保存样本的完整性。

26.3.2　协议执行阶段

（1）将批次中收集的样品转移到 QC 实验室进行检测。

（2）对测试表 26.2 中所示样本的应用了随机测试原理图，并对结果进行了数据分析。

表 26.2　样本的原始和随机测试顺序

原始样品顺序		随机测试顺序	
样品标识	取样位置	样品标识	取样位置
B-1	开始	E-6	最后
B-2	开始	M-4	中间
B-3	开始	B-5	开始
B-4	开始	B-3	开始
B-5	开始	E-2	最后
B-6	开始	E-5	最后
B-7	开始	B-6	开始
M-1	中间	E-3	最后
M-2	中间	M-3	中间
M-3	中间	E-1	最后
M-4	中间	M-2	中间
M-5	中间	B-7	开始
M-6	中间	E-4	最后
M-7	中间	B-4	开始
E-1	最后	M-6	中间
E-2	最后	M-7	中间
E-3	最后	B-1	开始
E-4	最后	M-5	中间
E-5	最后	B-2	开始
E-6	最后	M-1	中间
E-7	最后	E-7	最后

26.3.3　报告阶段

（1）协议被执行时没有任何偏差。

（2）用平均等效方法分析蛋白浓度测试结果。图 26.4 描述了 3 个抽样位置的测试结果。表 26.3 和表 26.4 列表分别汇总了统计数据和成对样本位置之间的等效性评估结果（图 26.4）。

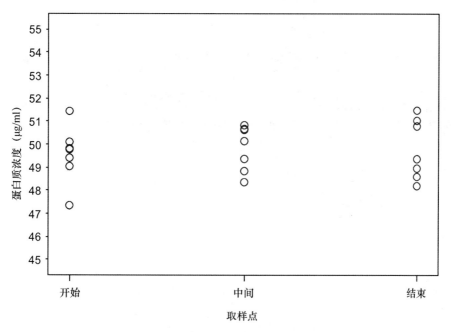

图 26.4　模拟蛋白质浓度测试结果图

对蛋白质浓度的 HAC 分析结果的比较表明，样本位置的均值差异的置信区间在 AC 的同质性范围内。

这些结果表明，该灌装工艺能够生产出均匀的批次。

表 26.3　模拟蛋白质浓度测试结果汇总统计

位置	观察的数量	最低	最高	平均值	标准偏差
起始	7	47.3406	51.4422	49.5495	1.2371
中间	7	48.3572	50.7992	49.8212	0.9774
最后	7	48.1729	51.4799	49.7644	1.3120

表 26.4　模拟蛋白质浓度测试结果的样本位置的等效性评估。同质性验收标准±3.0 μg/ml

位置	一位置	平均差异	平均差的较低侧95%置信限	平均差的较高侧95%置信限	等价证明与否？（是或否）
起始	中间	−0.271 70	−1.369 33	0.825 93	是
起始	结束	−0.214 86	−1.312 49	0.882 77	是
中间	结束	0.056 84	−1.040 79	1.154 47	是

26.4　总结

在一个商业生物制造工艺的验证过程中，一个逐步评估 DP 批次同质性的方法在模拟数据集上进行了详细的说明。结果清楚地证明了该框架的实用性，用于对生产均匀的 DP 的工艺能力进行可靠的评估，并为管理存档目的提供一个稳健的数据集。

参考文献

Agalloco J, Carleton FJ (2008) Validation of pharmaceutical processes, 3rd edn. Informa Healthcare, London

Burdick RK, Sidor L (2013) Establishment of an equivalence acceptance criterion for accelerated stability studies. J Biopharm Stat 23(4):730–743

Chambers D, Kelly G, Limentani G, Lister A, Lung KR, Warner E (2005) Analytical method equivalency: an acceptable analytical practice. Pharm Technol 29, 64–80

FDA — Guidance for Industry (2011) Process Validation: General Principles and Practices, U.S. Department of Health and Human Services Food and Drug Administration Center for Drug Evaluation and Research (CDER), Center for Biologics Evaluation and Research (CBER), Center for Veterinary Medicine (CVM), Current Good Manufacturing Practices (CGMP), Revision 1

FDA — Guidance for Industry (2001) Statistical Approaches to Establishing Bioequivalence, U.S. Department of Health and Human Services Food and Drug Administration, Center for Drug Evaluation and Research (CDER), BP

Limentani GB, Ringo MC, Ye F, Bergquist ML, McSorley EO (2005) Beyond the t-test: statistical equivalence testing. Anal Chem 77(11):221–226

Richter S, Richter C (2002) A method for determining equivalence in industrial applications. Qual Eng 14(3):375–380

第 27 章
QbD 在药品技术转移过程中的应用

Fredric J. Lim，Jagannathan Sundaram and Alavattam Sreedhara
丁宝月　译，高静　校

27.1　引言

　　将一个生产工艺从一个现有的场地转移到另一个场地被称为技术转移（technology transfer，TT）。在制药行业，这些转移可能发生在两个临床试验用样品生产场地之间（例如从早期到后期研发）；从临床试验用样品生产场地到商业化生产场地（产品发布）；或者在两个商业化生产场地之间。这种转移可能具有相同的规模（例如典型的商业化到商业化场地的转移）或规模的放大（如临床试验用样品到商业化规模的转移）。接收场地可能是采用已有设施，也可能需要另外的工艺开发的新设施。在最近的一篇文章（Thomas 2012）中，有人提到 Roche/Genentech 公司在 2010—2012 年期间每年进行了 10～28 次技术转移。大量转移的理由包括将旧设施退出并安置到新设立的内部制造工厂；业务连续性和灵活性的相互许可；与合约生产企业（contract manufacturing operation，CMO）合作；以及为了风险和降低成本的目的。此外，随着全球医药产品需求的增加，由于降低成本和区域控制的预期，对新兴市场的技术转移数量也在增加。

　　技术转移的复杂程度取决于项目阶段。商业产品的技术转移受到比早期或研究-产品技术转移更严格的要求。在这一章中，我们关注的是药瓶销售的无菌抗体药品（drug product，DP）的技术转移，从一个许可的灌装/封装商业化生产场地到第二个商业化生产场地。我们描述了怎样应用一个包含质量源于设计（QbD）要素的基于风险和科学的方法以支持药品的技术转移过程。提供了技术转移过程不同阶段的一般描述，并描述了在技术转移过程的不同阶段中基于风险和科学的方法应用。我们目前的案例研究是为了阐明该方法的各个组成部分，并且我们讨论了评估移出场地和接收场地的不同批次产品之间可比性的策略。

27.2　药品工艺流程

　　典型的药品工艺流程图如图 27.1 所示。药品流程从接收"批量滤过后原液的储存"（FBS）开始。FBS 通常是通过冷冻来延长原液的保质期。冷冻的 FBS 以一个受控的方式解冻并混合均匀。然后将其过滤到一个罐中，在那里它可以被汇集或稀释（如果需要的话）。解冻的过量产品可能再被冷冻。罐中产品是无菌过滤的，灌装到灭菌和除热原的药瓶中。对于液体产品，灌装的药品接下来被加塞。对于冻干产品，药品部分被加塞然后插入冻干机。冻干循环结束后，在冻干机中药瓶被完全加塞。加塞的药品被封盖并进行 100％的目检。目检可以人工或通过自动化系统进行。然后，在被送往贴标签和二次包装之前，这些药瓶被批量储存在一个适当的温度下。

技术转移活动的目标是将产品和工艺知识在开发和生产之间进行转移，并在生产场地之间达到产品实现。对于生产工艺、控制策略、工艺验证方法和正在进行的持续改进，这些知识形成了基础。转移应证明转移过程是可重现的，并将持续地生产出符合所有进程、放行和稳定性规范并且与移出场地的产品具有可比性的产品。传统上，能够成功生产具有统计学意义数目的连续工艺验证（process validation，PV）批通常为三批，证明了对工艺的控制。需要进行支持性的研究和活动，以确保验证批次成功以及证明工艺稳健性（FDA 2011）。

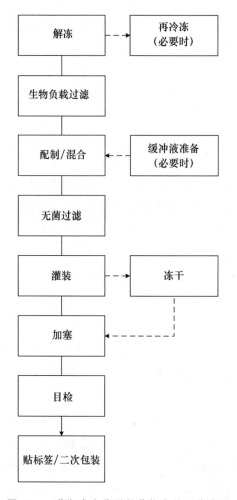

图 27.1 药瓶中大分子的药物产品工艺流程

27.3 技术转移阶段

在技术转移中必须考虑许多重要的因素。对于接收场地来说，新产品的生产可能需要新的实践或设备的变更/添加。对于多产品设施，必须确定这些变化对现有产品组合的影响以及交叉污染的风险。必须了解由于设备或场地之间的工艺差异而对转移得到的产品质量属性的潜在影响，并且在 PV 批次之前进行降低风险研究。这些问题中的一些可以通过利用接收场地的信息来解决。还需要评估质量/分析系统和资源。为了处理这些类型的问题，必须建立一个全面的技术转移计划。典型的计划涉及几个阶段，如下所述。

27.3.1　启动和规划

在技术转移的初始阶段建立了一个由移出场地和接收场地的成员组成的转移工作小组。应指派一个指导委员会监督转移和解决争端。在转移工作团队中所提出的职责通常包括工艺开发、生产、质量控制、质量保证、分析、供应链、验证和管理。这确保了对产品（在接收场地）成功许可的所有关键方面，以及从工艺的第一个阶段到最后阶段都有成功的生命周期。

在此初始阶段，将创建一个主要传输计划（master transfer plan，MTP）。MTP 概括了项目的关键里程碑和活动，确定了不同功能组之间的职责，并定义了项目的成功标准。

27.3.2　文档和转移

在这一阶段，知识转移发生在移出场地和接收场地之间。移出场地通常分享与产品和工艺规范、之前提交的管理规范、验证信息、原材料质量标准、生产配方以及相关的标准操作规程（standard operating procedures，SOP）有关的文件。这确保了所有与产品生产和许可相关的关键信息在转移的早期阶段被提供，以达到在接收场地工艺的成功设计。

27.3.3　质量风险管理

质量风险管理（quality risk management，QRM）集成到技术转移过程中，以评估转移活动对要转移的产品质量和接收场地内现有产品质量的影响。该分析包括以下内容：

（1）多产品控制。

（2）新设备的引入和对接收场地的设备设施的影响。

（3）要转移的产品基于工艺和设备差异对产品质量影响的风险分析（设备差异可能与现场实践或供方和接收场地之间的规模变化有关）。

将在本章后面详细讨论 QRM 在技术转移中的应用，确定了需要适当降低的高风险因素，包括工艺研究，以确保风险最小化。

27.3.4　批次的生产

工艺研究和其他风险缓解步骤应该在 PV 批次生产之前完成。风险缓解可以包括大规模的技术或工程批次生产。这些批次提供了一个机会对工艺进行最后的调整、检查批次放行的准确性，并通过在移出场地灌装的产品的加速稳定性来评估可比性。

成功地生产 PV 批次是技术转移过程的一个关键目标。PV 批次表明，接收场地生产工艺在确定的范围内始终保持工艺参数一致，并生产出满足预定验收标准的药品。PV 批次应该跨越批次大小的整个范围。更广泛的抽样方案也应该被纳入，以证明从批次开始到批次结束时药品的组成和质量的一致性和连续性。这些需求在 PV 方案中被纳入。此外，还需要可比性和稳定性方案，以证明在移出场地和接收场地生产的产品之间的可比性。在本章的最后一节中讨论了可比性测试策略。

27.3.5　报告和变更控制

当 MTP 中定义的所有活动和可交付内容都是由接收场地完成并批准时，就认为转移是完整的。这些包括主要批次记录、风险评估报告、转移总结报告和生产参数规范。

27.4 质量风险管理方法

为了将 QbD 的概念灌输到技术转移中，必须在转移的不同阶段进行尽职调查，以了解风险和开发风险降低方法。在技术转移过程中集成质量风险管理的目的是确保与工艺转移相关的质量关联风险的适当评估、分析、评价、控制、评审和沟通。图 27.2 是概述不同风险管理活动和结果的示意图。

27.4.1 风险评估

风险识别是在几个步骤中执行的，这些步骤识别工艺转移过程中可能发生的工艺和（或）设备变更的复杂性。为确保全面的风险识别，应包括以下步骤：

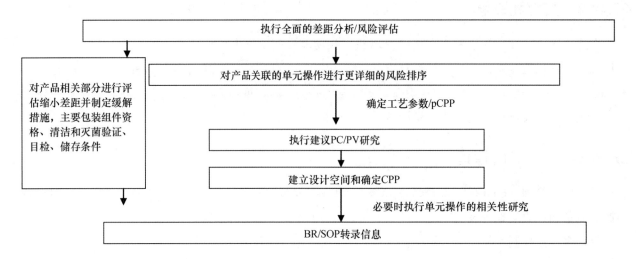

Pcpp-潜在关键工艺参数
PC/PV-工艺特征化/工艺验证
CPP-关键工艺参数
BR/SOP批记录/标准操作流程

图 27.2 风险评估和差距分析的阶段示意图

（1）开发将要评估风险的每个工艺步骤的工艺流程。

（2）开发差距分析，用于识别工艺流程中定义的每个步骤在移出场地和接收场地之间的工艺差异和变更（工艺变更包括基于当前设施设计的例如隔离器、过滤工艺变更、填料类型、冷冻/解冻循环等的位置和设备导致的工艺修改）。

（3）识别与每个确定的差距相关的潜在危险，以及给定的工艺和（或）设施运行（例如公用设施、设备、自动化和程序变化）以及这些危害（不利）或失效模式对产品质量的可能后果。

27.4.2 差距分析

进行详细的差距分析，以确定移出场地和接收场地之间操作中的工艺和生产差异。差距分析是全面的，包括以下方面：

（1）处理主要包装组件：确保从供应商处采购已获得移出场地认证的组件，以确保组件质量；部件适用于灌装线，并确保采购任何必要的更换部件以确保药瓶流畅流动、玻璃微粒形成最小化；确保瓶塞清洗程序以确保瓶塞无颗粒；药瓶密封并确保容器闭合完整性。

（2）评估产品接触材料：可以在接收场地对产品接触材料进行彻底评估，以确保材料（a）与产品相容，（b）不会产生影响安全性和最终药品质量的浸出物/萃取物。评估必须关注管道、软管、垫圈和阀隔膜。在某些情况下，可能需要将材料变更为具有更适合的可提取物概况的材料（例如从硫固化的 EPDM 转换到过氧化物固化的 EPDM，或者转移到 Teflon®-EPDM 型垫片，其中产品接触面是 Teflon）。在不能进行变更的情况下，可以进行基于风险的评估以估计最终制剂组成中可能累积的（贯穿整个工艺）可提取物水平。这种基于风险的评估也可以通过对来自工程运行的第一次灌装药品瓶中的浸出物水平进行评估来补充。浸出物水平被认为很高的情况可能需要额外溶液冲洗或对特定萃取物进行毒理学评估以确保药品的安全性。最后，必须考虑这些产品接触部件在清洁和灭菌条件方面的差异对污染水平（例如浸出物）或部件性能的影响。

（3）评估低温容器和配料罐的储存程序和条件；光照暴露条件与移出场地相比较；在工艺不同阶段的保持时间（在不同的温度下）。

（4）评估采样点和限度以确保最终药品的最高质量。例如，生物负荷和内毒素取样必须在工艺的不同阶段进行，并确定适当的限度以确保最终药品中微生物污染的低可能性。这种取样也可以在工程运行过程中进行，以确保生产过程中没有任何部分导致微生物污染。

（5）目检校准和粒子评估。在灌装转移工艺的初始阶段，必须启动全面的目检程序。可以与接收场地共享缺陷库（物理的或图片的）并且执行对检查站的检查（例如光强度、背景）。现场培训可以由来自移出者场地的经过培训的检查员提供。在工程运行过程中，还必须对样品进行颗粒负荷评估。如果颗粒负荷很高，必须采取适当的减缓措施以确保颗粒水平降至可接受的水平。在某些情况下，颗粒表征可能有必要确定颗粒的来源，并有助于排除导致最终药瓶中的颗粒。

（6）对工艺方面（冷冻、融化、混合、过滤、灌装、冻干）的场地之间的差距进行详细分析。该分析提供了每个单元操作参数的正常操作范围。根据这些信息，进行第二次风险评估以确定表征单元操作的必要研究。这些研究被用于为每个单元操作开发一个稳健的设计空间，并可包括支持生产偏移情况的研究。本章后面将介绍其他风险评估和研究。

对于确定的高风险差距，建议采取推荐的缓解措施以消除差距。缓解措施可能包括其他研究、改进接收场地的检测和控制系统以及修改生产程序。在商业化工艺启动之前，必须将所有风险降低到合理切实可行的程度，并且必须证明对接收场地的工艺有深入的理解。

27.5　QbD 方法

QRM 活动确定了技术转移的高风险项目。实施 QbD 方法在解决技术转移导致的与工艺相关的风险方面是有效的。在一些综述文章（Rathore and Winkle 2009；Martin-Moe et al. 2011）和说明（Lim 2010；McKnight 2010）中已经讨论了 QbD 在生物药生产中的应用。在本章中，该方法仅应用于主要的产品接触单元操作（图 27.1）。二级操作和设备通常在接收场地进行验证，并且不需要额外的工作。这些二级操作（图 27.3）包括主要组分和灌装设备的准备、清洁和灭菌操作，药瓶处理操作，以及工厂设施 [如注射用水（water for injection，WFI）和加热、通风和空调（heating ventilation and air conditioning，HVAC）系统] 和介质灌装。此外，这些单元操作通常也是与产品无关的，而是由特定的设备和组件考虑所驱动。我们还假设已经完成了用于工艺内或放行检测的分析程序转移。

还应考虑二级单元操作条件对产品质量的影响。例如，应评估加塞工艺条件和滤器灭菌条件对冻干产品的产品可浸出物和瓶塞水分含量的潜在影响。如果采用隔离技术和汽化过氧化氢用于净化，则应研究气体环境中残留过氧化物的影响，因为它可能会导致蛋白质和（或）辅料的氧化。

基本方法如下：对于每个主要单元操作，首先执行风险等级排序和筛选（risk ranking and filtering，RRF）实践以识别潜在关键工艺参数（potential critical process parameter，pCPP）并指导研究设计。pCPP 是必须研究的单元操作参数，以确定它们是否关键。编译所有单元操作工艺参数的列表。执行风险

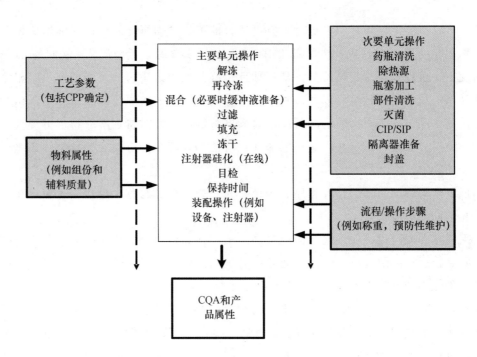

关键质量属性

图 27.3   主要和次要单元操作的工艺边界

评估并提供基本原理以确定在定义范围内变化时可能影响 CQA 或关键性能指标（key performance indicator，KPI）的参数。这些建议的工艺研究用于确定每个单元操作的可接受的单变量和（或）多变量工艺参数操作范围。在这个定义的空间内操作应该产生可接受的产品质量属性。基于对 CQA 影响的量化评估，此信息还用于确定关键工艺参数（critical process parameter，CPP）。最后，提供策略来确定是否需要进一步研究将多个单元操作联系起来，或者将处方与单元操作联系起来以确保端对端工艺的稳健性。

27.5.1　识别潜在关键工艺参数的工具

利用来自移出场地的先验知识、科学理解、平台知识和来自接收场地的经验，针对每个单元操作执行 RRF 以确定可能对 CQA 和 KPI 有影响的 pCPP。由于每个参数最终都可能在一个极限范围内影响 CQA，因此应根据该参数的预定义特征操作范围进行风险评估。该表征范围应至少与正常生产工作范围一样宽。在设定特征范围时，应考虑典型偏差和接收场地以及公司药品生产网络中可能的其他场地的操作空间。评估结果正式记录在报告中。

来自移出场地和接收场地的合适的项目专家确定了与每个单元操作相关的工艺参数列表。使用 RRF 工具（McKnight 2010），针对其①主效应和②与其他工艺参数对预定义响应的交互作用评估每个工艺参数。考虑两种类型的响应：①产品质量属性响应，其中包括可影响产品安全性或功效的 CQA；②其他质量属性和工艺属性，通常与工艺性能相关。主效应评分评估给定工艺参数对所有响应的影响程度，与其他工艺参数无关。相互作用效果评分评估了两个或多个同时变化的因素的相互作用导致比每个因素单独变化的总和更大（或更小）的响应的可能性。根据设定标准为主效应和交互效应分配得分值（表 27.1 和表 27.2）。CQA 比非关键或工艺属性的权重更重。这两个分数的结果用于识别 pCPP 和研究方法。如表 27.3 和图 27.4 所示，研究类型有 3 种可能性：①不需要研究，②单变量研究，或③多变量研究。如果适合的话，工艺参数可以升级到更高级的研究（即，单变量到多变量）。然后可以生成产品特定的交互矩阵（图 27.5），该矩阵总结了单元操作与潜在影响的 CQA 之间的关联。这个矩阵在准备研究方案时是有用的。

表 27.1　pCPP 风险等级排序和筛选（RRF）影响评分

影响说明	排序	
	关键质量属性（CQA）	非关键产品质量属性或工艺属性
没有影响	1	1
影响较小	4	2
影响较大	8	4

表 27.2　pCPP 风险等级排序和筛选影响评分

影响说明	定义
没有影响	效应引起工艺输出的非预测中可检测的变化（例如，没有影响或在测定变异性范围内）
影响较小	效应会导致工艺输出预计在可接受的范围内的变化
影响较大	效应会导致工艺输出预计超出可接受范围的变化

在提出的设计空间范围内的参数变化考虑效应

表 27.3　pCPP 风险等级排序和筛选决策矩阵

严重性分数	实验策略
≥32	多变量研究
8～16	多变量或理由充分的单变量
4	可接受单变量
≤2	无需额外的研究

严重性评分
主效果排序
8
4
2
1
1
2
4
8
相互效果排序
多变量
单变量/多变量
可接受单变量
不需要研究

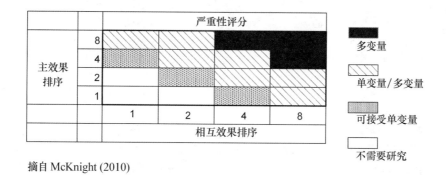

摘自 McKnight (2010)

图 27.4　用于确定潜在关键工艺参数（pCPP）的风险等级排序和筛选（RRF）工具

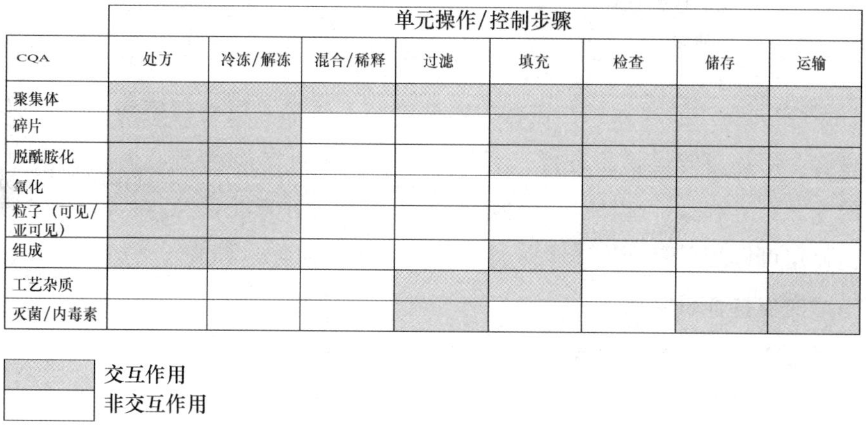

单元操作/控制步骤
CQA
处方
冷冻/解冻
混合/稀释
过滤
填充
检查
储存
运输
聚集体
碎片
脱酰胺化
氧化
粒子（可见/亚可见）
组成
工艺杂质
灭菌/内毒素
交互作用
非交互作用

图 27.5　可能受到每个单元操作影响的关键质量属性的产品交互矩阵

27.5.2　工艺研究以确定可接受的操作范围

在确定 pCPP 后，进行单变量或多变量研究以确定工艺参数对输出变量的影响。单变量研究可以针对没有相互作用的工艺参数执行，或者捕获单个参数值在建立的多变量范围之外的典型的生产偏差。一个例子支持是冻干过程中的瞬时压力偏差。小规模和大规模的研究都可以使用。药品工艺旨在保持活性药物成分的质量属性。工艺步骤主要涉及物理操作，而不是化学或生物学上分子的修饰。工艺参数的优化往往是不必要的，许多工艺步骤都采用了独立于产品的通用操作条件。因此，对于这些操作，进行小规模研究时不需要精确的缩小模型。相反，可以使用模拟大规模上发生的应力类型的模型。

已知其最坏操作条件的药品生产工艺一般已被很好地认识。因此，不需要设计减少表征生产可接受范围所需研究数量的实验方法。但是，根据受影响的质量属性，可能存在不同的最坏情况条件。例如，对于混合/稀释单元操作，与均匀性有关的属性的最坏情况是最大总体体积以最低混合速度在最短时间内混合。然而，产品变量属性的最坏情况是相反的极端条件，在最高混合速度下以最长时间混合最小体积。然后只需进行这两项研究，就可以为单元操作建立整个表征范围。

表 27.4　单元操作支持性研究的例子

单元操作	研究	规模/材料
冻/融	F/T 的完成的周期验证	大规模/缓冲液
	冻/融循环次数	大小规模和小规模/活性成分
	冷冻速率的影响	小规模/活性成分
	解冻再循环应力的影响和解冻速率	小规模/活性成分
稀释/池	混合均匀性	大规模/替代品
	混合应力的影响	小规模/活性成分
过滤	微生物保留	小规模/活性成分
	过滤器相容性	小规模/活性成分
	过滤能力	小规模/活性成分
	再过滤次数	大规模/活性成分
灌装	灌装重量验证	大规模/活性成分或替代品
	灌装兼容性	小规模/活性成分
隔离	VHP 尖峰研究	小规模/活性成分
	VHP 充气和摄取研究	大规模/活性成分
冻干	冷冻速率的影响	小规模/活性成分
	干燥条件的影响	大规模/活性成分
自动检查	光照的影响	小规模/活性成分

表 27.4 列出了针对每个主要单元操作进行的典型研究。通常采用小规模和大规模研究的混合体。一些大规模的研究可能会用适当的代替品进行。例如，对于许多蛋白质制剂，相应的缓冲液比活性成分溶液需要更长时间的冻/融。因此，可以使用缓冲液而不是活性成分来验证冻/融循环是否足以确保完全冻/融。代替品的适当使用可以最大限度地减少对研究所需的活性物质的需求。

其他应予以考虑的支持性研究如下：

（1）环境温度保持研究使用与处理容器具有相同组成材料的容器。

（2）光照研究，使未受保护的产品（在一次性袋子或透明药瓶中）经历生产设施中会遇到的最大曝光强度和时间。

（3）升高的冷冻温度研究解决了冷冻批量原液（frozen bulk substance，FBS）暴露于高于最大冷冻储存温度的条件下的常见偏差。

（4）低温药品研究解决了储存或运输期间液体药品部分冻结的常见偏差。

（5）如果主容器组件或塞子消毒条件发生变化，则可进行主容器浸出物研究。

这些研究可能已经完成，但应进行评估以确定它们是否适用于接收场地。

27.5.3　关键工艺参数的识别

工艺研究的结果被用于支持关键工艺参数（CPP）的识别，CPP 是其变化对 CQA 有影响并因此应该对其进行监控或控制以确保工艺得到目标质量的工艺参数（ICH，Q8 药物开发 2009）。识别 CPP 的过程可以基于修改的故障模式和效应分析（failure modes and effects analysis，FMEA）。（参见 ICH 工业指南，Q9，2006 年质量风险管理）。对于每种可能的故障模式，评估 3 个部分：严重性（S）、发生（O）和检测（D）。标准定义为对每个类别设置一个数字排序。将参数识别为 CPP 是基于评估参数与所定义的操作或产品质量特性范围的偏差得出的严重性评分。此外，生产经验和现有控制被用来筛选，以确保严重性分析仅适用于落入合理生产偏移领域的故障模式。这确保了 CPP 的确定侧重于那些最有可能影响产品的参数。产品研究，连同以前的工厂操作知识，被用来确定分数。

FMEA 参与者应包括来自生产、质量保证、质量控制和药物开发的专家。重点应放在与工艺参数的可能偏差相关的失效模式上。一开始，先对每个故障模式执行事件评分。对于 CPP 测定，只考虑中等程度发生率的故障模式（表 27.7 中得分为 4 或 6）。风险评估（risk assessment，RA）参与者应在对事件的发生分数进行评分时考虑整个药品网络的经验，以尽量减少使用相同设备和生产参数范围的单元操作的场地特定 CPP 的可能性。另外，许多药品单元操作的发生得分可以汇集到不同的产品中，因为这些在药品中是常见的。对于中等发生率的故障模式进行严重性评分。对于这个例子，严重度为 8 或更高的参数将被视为 CPP。影响无菌性的过滤参数（压力/流速、时间）是一个特别的例外，它是被认为是默认 CPP，因为超过它们的验证范围通常会导致批次拒收。表 27.5 显示了解冻单元操作的改进 FMEA 的一个例子。表 27.6，27.7 和 27.8 提供了 S、O 和 D 评分的标准。

表 27.5　重新冻结单元操作的故障模式和效应分析（解冻 FMEA）

工艺参数	潜在故障模式	潜在故障影响	严重性	严重性评分的理由	可能原因	发生率	目前控制	检测性
最多次数的冷冻	超出了验证的冻/融循环次数	产品降解	N/A	可能需要额外的稳定性检测以评估影响。故障模式是未计划的事件的结果	人为失误	2	液体罐上的标签列出了冻/融循环次数、在标签上控制	2
	冻/融循环的限制	产品降解	8	大规模冻/融研究显示了对产品的影响	N/A	8	液体罐上的标签列出了冻/融循环次数、在标签上控制	2
再循环时间	比特性范围宽	剪切/聚集	4	较长的再循环时间未显示对产品质量的影响	人为失误设备故障	2	操作者/检验者步骤	6
再循环时间	120 L 液体罐少于 5.5 h 或者 300 L 液体罐少于 8.5 h	不完全解冻和（或）混合	6	可能必须增加额外再循环时间以达到完整的解冻/同质性（pH、浓度）	人为失误导致的设备故障-泵未准备好设备故障-泵故障	8	通过规范扫描验证解冻的完成/均匀性操作者/检验者步骤	6

工艺参数	潜在故障模型	潜在故障影响	严重性	严重性评分的理由	可能原因	发生率	目前控制	检测性
硅油温度	高于可接受范围	由于暴露于高温导致的热降解	4	在室温 25℃ 解冻（对于 SEC 和 IEC）的产品数据，且由于控制，产品不能高于 25℃ 超过 1℃	设备/仪器故障	6	在 26℃ 使用会引发 HiHi 警报，引起阀门切断 HTF 对液体罐的供应	2
硅油温度	低于可接受范围	热传递不足并且混合不足导致未完成解冻和（或）不均匀的溶液	6	解冻不能适时完成并且需要延长循环时间	设备/仪器故障	2	系统控制（警报），对产品温度每小时的监控	2

表 27.6　严重性评估标准

影响	标准	等级
很高	参数偏差的影响会对产品质量产生一定影响（例如，超过无菌影响过滤参数的验证范围）	10
高	参数偏差的影响可能会影响产品质量（例如，影响比例大于 0.1）。以下之一或两者都发生： 差异在初始阶段，产品在补充测试后被评估，可能包括加速稳定性试验 可能需要进行明显的程序干预（例如，违反灌装关键参数时清理灌装线上的小瓶）	8
中等	参数偏差的影响可能会对产品质量造成影响。以下之一或两者都发生： 差异开始并且补充 $t=0$ 测试后可以评估产品。在某些情况下，如果有技术性理由，则不需要测试 可能需要进行较小的程序调整（例如，延长解冻时的再循环时间）	6
轻微	参数偏差的影响不太可能影响产品质量。以下情况都发生： 不需要进行补充测试，但可能会发送备忘录以标明差异并放行该批次 无需程序调整	4
低/无	参数偏差的作用对产品质量没有影响	2

表 27.7　发生率评估标准

发生率[a]	影响	等级
很高	参数故障 1 个月发生几次（≥3 次）	10
高	参数偏差/故障 1 年发生几次（≥3 次）	8
中等	每 1～2 年发生 1 次参数偏差/故障	6
低	每 2～5 年发生 1 次参数偏差/故障	4
最小	参数偏差/故障发生率少于每 5 年 1 次	2

[a] 由于药品生产的一般单元操作，发生的频率可以汇集到各个产品中

　　如果实施最差情况下的多变量工艺研究，可以使用另一种确定 CPP 的方法。在这种方法中，最坏情况工艺研究中受影响的 CQA 值的变化与该 CQA 允许的变化进行比较。"影响比例（Impact Ratio）"定义如下（McKnight 2010）：

$$影响比例 = \frac{作用级别}{CQA\ 容许偏差} = \frac{|CQA_{Stress} - CQA_{Control}|}{CQA_{Mean} - CQA_{Spec}}$$

　　其中 CQA_{Stress} 是应力下样品的最终 CQA 测试结果；$CQA_{Control}$ 是非应力下或对照样品的最终 CQA 测试结果；CQA_{Mean} 是商业化生产批次 CQA 的平均值；而 CQA_{Spec} 是 CQA 的具体限值。如果需要，可以缩窄标准以提供一个安全区域。

表 27.8　检测评估标准

检测	标准	等级
无	在工艺内或 CofA 测试中不会检测到此故障	10
低	工艺内测试控制或监控不会检测到此故障，但是 CofA 测试将捕获这一故障	8
中	工艺内测试或监测不会在单元操作中发现这种故障，延迟至几个下游单元操作之后但在 CofA 测试之前检测到	6
高	故障可能会或可能不会被进程内控制或监视器检测到，但在下一个下游操作中肯定会被检测到	4
很高	可以通过检查立即并且容易地检测到故障，在下游单元操作之前进行工艺内测试或监测控制	2

CofA，分析认证

如果影响比例大于任何被潜在影响的 CQA 的规定值，则该参数为 CPP。如果所有 CQA 影响比例均小于规定值，或者影响幅度小于检测精度，则该参数不是 CPP。保守值为 0.1，表示允许的变化仅为可接受限值的 10%。所选的最终值将需要适当的证明。基准测试可能有助于数值选择过程，以确保识别正确的参数。对于定性的属性（例如，无菌或外观），如果观察到 CQA 的变化则参数被视为 CPP。否则，参数被认为是非 CPP。

这种方法提供了一种定量方法，仅根据参数对 CQA 的影响程度来确定整个参数表征范围内的 CPP。不考虑发生率或检测性。

所确定的 CPP 必须具有警报限制和多变量可接受范围内的操作范围。任何超出此范围的偏移都必须通过建立的质量评审流程以批次为单位进行跟踪，以确保减少产品影响或患者安全风险。此外，相关 CPP 的一个子集也可作为工艺监控程序的一部分跨批次进行追踪，以确保批次间的一致性。扩展的工艺监控程序还包括定期 CQA 跟踪和趋势分析 [通过分析认证（certificate of analysis，CofA）测试] 和周期适用的 KPI（例如灌装产量、目检缺陷）。根据对历史数据的适当统计分析，可以确定相关 CPP、CQA 和 KPI 的趋势限制，并在任何异常趋势可能导致超出既定趋势限制和特征范围之外的偏差之前，用于判定一致性和工艺性能。

27.5.4　单元操作链接策略

单元操作开发研究调查了各个单元操作对 CQA 的影响。但是，需要一个全面的评估以确定所有单元操作对 CQA 的影响。一种保守的方法是把每个单元操作的最坏情况联系在一起。可能需要进行几项链接研究，因为最坏情况的条件可能因 CQA 而异。另外，可以进行评估以确定是否需要进行链接研究。如果发现多个药品单元操作具有影响相同 CQA 的 CPP（按影响比例计算），我们建议仅进行链接研究。对于仅受单个单元操作影响的 CQA，最坏情况下的单元操作研究足以确定特征范围，无需额外的工作。图 27.6 说明了决策过程。

链接研究是确定了的 CPP 在其最坏情况设定下在特定 pCQA 的特征范围内进行的。其他参数可以在目标上运行。不影响 CQA 的单元操作在目标参数条件下运行，或者如果可行的话，不包括在链接研究中。如果不止一个 CQA 受到多个单元操作的影响，则可能需要多个链接研究，除非特定 CQA 的最坏情况设置的参数设定相同。若有适当的理由，可以进行多单元操作的累积影响的理论计算来代替实际的链接研究。

在进行链接研究后，链接研究中 CQA 的测量值必须在 CQA 可接受标准之内。如果结果值超出可接受标准，则受影响的单元操作的特征化范围将需要缩小或限制。

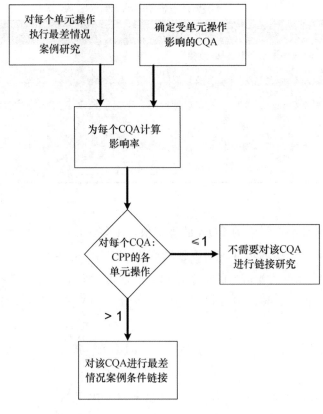

CQA-关键质量属性
CPP-关键工艺参数

图 27.6　单元操作链接决策树

27.6　案例研究

在本节中，我们将介绍案例研究，以说明从移出场地到接收场地的商业产品基于风险和科学方法的技术转移实施。这些例子将说明从差距分析到 CPP 确定的各个步骤。我们不会考虑整体风险评估，包括次要单元操作和清洁验证。我们还将介绍有关灌装和冻干单元操作的案例研究。

27.6.1　差距分析和风险评估的例子

如上所述，以下操作/组件适用于差距分析：主要单元操作、主要包装组件、产品接触材料、取样、可能影响可浸出物的清洁/灭菌程序、储存条件、保存时间以及目检评估。表 27.9 提供了一个包括解冻、合并和灌装主要单元操作的差距分析的例子。

在完成差距分析后，对与差距相关的风险进行评估并制订相关的缓解计划（表 27.9）。在表 27.9 的示例中，移出场地采用与接收场地不同的解冻滑轨、混合叶轮系统和灌装系统。移出场地的解冻循环利用产品温度反馈来控制传热流体向罐套和散热翅片的输送。在接收场地，没有使用反馈。因此，必须进行循环开发/特性研究，以便为接收场地滑轨开发解冻循环。

为了进行稀释操作，在移出场地使用通常已知会对抗体溶液施加低剪切应力的顶部安装的搅拌器，而在接收场地使用安装在底部的搅拌器。当底部安装的搅拌器搅拌更长时间时，蛋白质溶液容易形成颗粒（Ishikawa and Kobayashi 2010）。均匀性研究、空气夹带研究和产品影响开发/特性研究是必需的。最后，接收场地使用时间-压力（time-pressure，T/P）型灌装机，而不是移出场地的滚动隔膜灌装机。T/P

灌装机对产品较为温和，但与滚动隔膜灌装机相比可能具有不同的灌装重量精度。需要进行灌装重量和产品影响特性/验证研究。

表 27.9　风险和移出差距分析以及几个主要单元操作的补救措施的示例

单元操作差距评估	移出场地	接收场地的预期参数	差距描述和补救措施
低温药瓶的批量解冻			
环境条件	D 类	冷室	进行介质灌装/生物负载研究
解冻滑轨	自定义滑轨	自定义滑轨	滑轨是不同的。需要滑轨资质。执行解冻完成的研究
解冻周期时间			没有差距
HTF 温度			没有差距
解冻周期环境温度条件	环境温度	2～8℃	不同的温度条件，但不应该影响解冻——因为 HTF 在两个场地的都被控制在相似温度下
再循环时间（小时）			没有差距
再循环流速（L/min）			没有差距
解冻后储存			没有差距
批量解冻过程中测试			没有差距
池			
储罐的环境条件	C 类	C 类	没有差距
转运时用于储罐覆盖的气体？（是/否）	否	否	没有差距
动力	压力	压力	没有差距
接收容器大小	600 L	300 L	除批次大小外没有影响
接收容器准备	CIP，SIP	CIP，SIP	没有差距
储罐最大数量	3	3	除批次大小外没有影响
搅拌器类型和大小	A310 顶部安装，10	底部安装的搅拌器	执行混合研究来表征搅拌速度和时间范围。需要实施这些研究以评估：a）防止小批次下空气夹带 b）确保最大批量下的均匀性 c）评估混合条件对化学和物理稳定性的影响
搅拌速度范围	125～135 rpm	TBD	
搅拌时间范围	30～90 min	TBD	
最小-最大批次大小	150～600	60～250	
从 F/T 转移到合并容器过程中过滤？	0.22 μm Millidisk 40	0.22 μm Millidisk 40	没有差距
批量汇集过程中测试			没有差距
灌装			
环境要求	A 级分类区域	A 级分类区域	无差异
转移过程中用于罐覆盖的气体	氮气	氮气	无差异
储罐汇集过程温度	2～8℃	2～8℃	无差异
保存/灌装容器尺寸和材质	300 L，600 L；316 L SS	300 L，316 L SS	无差异
储罐保存失效时间	从过滤开始的 48 h	TBD	对微生物控制的介质研究必须通过介质灌装来建立
目标灌装重量	申请的灌装重量和警告/处置界限	TBD	从冻干产品开始必须维持下限和上限以确保正确的用量
IPC	无菌样品；每 10 min 称量一次灌装量	无菌样品；过程中重量检查装置（5% 的药瓶）	接收场地有更高程度的灌装量检查
最大灌装时间	18 h	48 h	过滤器的微生物截留测试必须支持更长的灌装时间。介质灌装必须支持更长的灌装时间

单元操作差距评估	移出场地	接收场地的预期参数	差距描述和补救措施
灌装过程中保持灌装工艺温度	2～8℃	2～8℃	无差异
批次大小——最小-最大重量	60～275 kg	60～250 kg	在验证运行期间，接收场地必须验证最小/最大批次
最大批次（单位数量）	14 924	13 860	在验证运行期间，接收场地必须验证最小/最大批次
灌装类型	8 头滚动隔膜	4 头时间-压力灌装	进行工程运行研究，以确定已建立的灌装重量目标和范围是否可行
最大灌装速度	114 vpm	TBD	将在灌装线 PQ 期间确定

27.7　单元操作案例研究

27.7.1　灌装示例

我们讨论了这样一个情况，其中移出场地的工艺使用滚动隔膜灌装机，而在接收场地使用 T/P 灌装系统。滚动隔膜灌装机通过缸体内的活塞（与膜片接触）的机械运动来实现灌装，而 T/P 灌装系统通过使用加压氮气和重力作为动力推动药品处方通过精密计量的孔口、管道和分配针来完成容器灌装的任务。

在 T/P 灌装系统中，采用一个缓冲罐将大容量储罐与灌装系统隔离开来，并提供一个小容积，可以对其进行精确的压力控制。该缓冲罐压力被控制在大气中的氮气分压下。缓冲罐的每个出口都有一个专用的精密节流孔，用于在灌装过程中提供背压并将管道对流速的影响降至最低。位于孔口后面的夹管阀用于启动和停止产品流动。温度和压力传感器用于向控制系统提供温度和压力补偿数据。

确定与可能影响产品质量属性的 T/P 技术相关的几个工艺参数：可以影响灌装重量（剂量准确度）的产品温度或缓冲罐压力偏差，或可能影响可追溯到压力应力和流量应力的质量属性的任何工艺参数。气泡的形成和在递送至药瓶过程中的飞溅在筛查和选择管道套件（孔板、喷嘴、管道）期间被优化，并且通常不在正常生产期间发生变化。机器速度通常被认为是影响药瓶灌装机性能的工艺参数因此被排除在响应之外，因为在 T/P 灌装机中，通过灌装系统的产品流速是管道套件和缓冲罐氮气压力的函数，它与机器速度无关。

为了评估表征 T/P 灌装系统中产品灌装情况所需进行的研究类型，对每个工艺参数都进行了 RRF 评估。表 27.10 显示了其中一个工艺参数（缓冲罐压力）的评估。表 27.11 列出了用于 T/P 灌装的确定的 pCPP。

表 27.10　时间压力灌装机风险等级排序和筛查（RRF）

工艺参数	受影响的工艺输出	合理性	潜在的相互作用因素	相互作用参数的解释	推荐的表征研究
缓冲罐氮气压力	灌装重量	如果补偿充足，影响是非常小的，但是应当预料到一些影响	孔口处产品温度	温度变化可能会对灌装重量产生中等的累加效应	温度和压力设计空间的多变量研究
		如果补偿充足，影响是非常小的，但是应当预料到一些影响	中断时间	由于蛋白质溶液浓度低，中断时间单独的影响较小，并且不易受到喷嘴堵塞的影响。中断后的温度单独进行评分	没有要求

续表

工艺参数	受影响的工艺输出	合理性	潜在的相互作用因素	相互作用参数的解释	推荐的表征研究
缓冲罐氮气压力	产品变量	随着压力的增加，对产品的应力会轻微增加	孔口处的产品温度	没有预期的相互作用	缓冲罐压力变化和（或）多次再循环测试的单变量应力测试
		随着压力的增加，对产品的压力会轻微增加	中断时间	没有预期的相互作用	没有要求

表 27.11　潜在关键工艺参数（pCPP）和时间/压力灌装机灌装操作的受影响的关键质量属性

pCPP	受影响的 CQA
缓冲罐压力	大小变量，灌装重量
孔口温度	电荷变量，大小变量，灌装重量
中断时间	电荷变量，大小变量，灌装重量

进行小规模产品影响研究和大规模灌装重量研究以确定 pCPP 对表 27.10 中所列出的 CQA 的影响。用影响比例方法来确定 CPP。对于产品影响研究，批量溶液经受缓冲罐最高压力下 20 次传递。由 T/P 灌装机的剪切应力导致的聚集与对照样品比较未观察到。然而由于对灌装重量的显著影响，缓冲罐压力、中断时间和孔口温度都被确定为 CPP。控制措施落实到位（通过自动化和 SOP），以确保在生产过程中严格监控这些参数，并且在设计空间范围外的任何偏移都会导致适当的操作来丢弃一定数量的药瓶。

在另一个技术转移，移出场地和接收场地都使用了活塞泵灌装机，但来自不同的供应商。活塞泵有导致某些蛋白质产品出现剪切和颗粒问题的倾向。采用基于风险的方法比较了两个活塞泵的活塞-体间隙，并比较了两个活塞泵的灌装冲程数量；风险被确定为低至中风险。为补充此评估，进行验证批次之前，使用药品进行工程运行期间还要对产品质量和颗粒进行检测。

27.7.2　冻干实例

在冻干药物产品的 TT 期间，必须评估冷冻干燥设备的差异对药物产品的影响。对冷冻干燥机操作资格文件（包括搁板流体加热/冷却速率、搁板温度均匀性和冷凝器负载测试）进行审查，以确保其符合或优于工艺要求。在下面的几个小节中，我们将讨论一些额外的研究，这些研究是作为冻干药物产品的 TT 的一部分来执行的，以确保质量被纳入接收场地的冻干工艺中。

27.7.2.1　冻干设备运行

在使用产品进行开发运行之前，为了评估冻干机的能力，运行拟议的产品冻干循环对装水的药瓶进行初始研究。一般来说，水比活性产品升华得更快，并且将作为冻干能力的最差情况来测试。下面列出了一些重要的考虑因素：

- 验证运行后冷凝器盘管上冰层的均匀性；
- 验证药瓶中是否有残留的水；
- 在峰值干燥和冷却阶段，确保搁板入口温度［控制电阻温度检测器（RTD）］在设定点的预设范围内；
- 确保初级和二级干燥过程中压力在设定点的预定范围内；
- 确保在峰值冷却需求阶段搁板入口和出口温度之间的最大差异（通常在药瓶进行成核时的冻结斜坡

期间）处于产品允许范围内；

- 所有变温坡度在持续时间内必须保持线性（即，冻结变温坡度和干燥变温坡度）；
- 评估皮拉尼真空计/压力升高测量数据，以确保这些数据可以在特性分析过程中使用；
- 记录的最高冷凝器温度应比干燥过程中的露点低至少5℃，以确保即使在激进的升华条件下，制冷回路也能够使冷凝器中的温度保持足够低以维持压力控制和远离故障边缘；
- 卸载过程中的可视化验证确认在没有瓶子破损的情况下完全塞住瓶子；
- 此外，必须进行停电模拟研究，以确保维持适当的压力和温度控制，并确保在电源切换期间发生正确的阀门排序。

27.7.2.2　产品特性运行

为了评估描述冻干工艺需要执行的研究类型，需要对每个工艺参数进行 RRF 评估。表 27.12 显示了其中一个工艺参数（主要干燥压力）的评估。表 27.13 列出了用于冻干的确定的 pCPP。

对于冻干，建议使用实际商用冻干机进行大规模特性研究。这些研究用于理解各种工艺参数（搁板温度、室压、干燥持续时间）对产品属性的影响，并制定目标周期可接受的操作范围。

在这些运行过程中，使用产品小瓶进行冻干机搁板的广泛映射，以确保残留水分的关键属性在整个腔室内均匀并符合质量标准要求。该产品放入稳定性试验箱，并与移出场地的药品进行比较以证明其一致性。在进行大规模特征分析期间，在不同单元操作期间执行非常规采样，例如在解冻期间、混合/合并工艺期间和灌装样品期间。

此外，还进行了小规模研究，以评估潜在的生产偏差对产品属性的影响。例如由于设备问题（例如，冷凝器容量不足或真空泵故障）的暂时性压力失控导致瞬时压力峰值是一种典型的偏差。进行最坏情况的小规模研究，即在干燥阶段开始时（当产品由于冰的升华而容易塌陷并且在此阶段中塌陷温度较低时）以及当产品温度开始上升到二级干燥温度（当滤饼阻力最高导致较低的升华冷却速率，并且干燥前沿接近加热表面时）引入压力尖峰。这有效地涵盖了干燥持续时间，并且在产品最容易发生故障的工艺中将产品暴露在侵蚀性传热条件下。在这个小规模的研究过程中，监测产品温度以确保它们在暂时压力峰值期间仍然低于塌陷温度。药品在初始时间点进行广泛的水分测试。还要进行稳定性测试以确保符合所有的有效期质量标准。

表 27.12　冻干风险等级排序和筛选（RRF）

工艺参数	受影响的工艺输出	原理	潜在相互作用因素	相互作用参数的原理	推荐的特性研究
初级干燥过程中的干燥室压力	水分含量	高室压可能引起滤饼温度升高，导致部分塌陷和更高的含水量。低压可能会在初级干燥期间导致足够的干燥速率，这可能会影响二级干燥性能	初级干燥搁板温度和持续时间以及二级干燥参数	初级干燥温度影响升华性能。二级干燥条件影响最终含水量	在大规模条件下进行初级干燥搁板温度（高压/温度、低压/温度）和二级干燥参数的多变量表征 可选：在小规模单变量研究中进行类似研究以支持小规模下较高压力的变化
	外观和重构时间	高室压可能引起滤饼温度升高，导致部分塌陷从而影响外观。如果发生局部塌陷则重建时间可能会更长	初级干燥搁板温度和持续时间以及二级干燥参数		
	产品变量属性	产品变量属性，尤其是稳定性，可能取决于最终含水量	初级干燥搁板温度和持续时间以及二级干燥参数		

表 27.13　潜在关键工艺参数（pCPP）和影响冻干机单元操作的关键质量属性

工艺参数	受影响的质量属性
初级干燥温度	残余水分、稳定性、电荷和大小变量
初级干燥室压	
二级干燥室压	
初级干燥室压	
冻结变温速率	
冻结持续时间	
初级干燥持续时间	
二级干燥持续时间	
充气压力	重组时间
塞子阻力	容器关闭

27.8　生物药品技术转移过程中的可比性测试

上一节描述了风险缓解活动，以确保工艺验证批次所生产的药品达到产品质量标准，并与来自移出场地的药品一致。在本节中，我们将讨论从临床批次到商业批次转移和从商业批次到商业批次转移的一致性策略。

27.8.1　临床批次到商业批次的技术转移

来自关键临床研究的数据必须在许可申请（BLA 或 MAA）期间提交给卫生监管部门进行上市批准。这些申请要求申请者使用最终锁定商业化生产工艺（原料药和药品）生成的材料，并且材料要代表将要销售的商业生产批次。由于在开发后期引入变更存在重大挑战，强烈建议将来自正式上市生产场地的材料用于支持正在进行的关键临床试验，这取决于生产网络中这种方法的可行性。然而，通常情况下，临床试验材料是在具代表性的规模下制造的，其可能是也可能不是最终的商业规模或工厂。在开发后期阶段，启动临床批次生产场地和商业化生产设施之间的原料药（本章范围之外）和药品（下文讨论）的技术转移是重要的。一致性测试策略的实施不仅仅是一项分析工作，而且还包含一套全面的数据包，其中包括目前是技术转移策略的重要组成部分的风险评估。具代表性的分析表征包括基于在药品灌装/封装操作过程中对蛋白质不稳定性的完整理解的各种方法，通常包括离子交换高效液相色谱（ion exchange high-performance liquid chromatography，IE-HPLC）和尺寸排阻高效液相色谱（size exclusion high-performance liquid chromatography，SE-HPLC）以表征电荷变量和聚集体或片段。然而，另外的测试（例如，使用通过液相色谱-质谱分析的肽图谱中的氧化物、使用光阻法或其他方法的不溶性微粒分析）也是重要的。

由于对微粒的潜在免疫原性的日益关注（Carpenter 2009），不溶性微粒分析最近一直是一个激烈争论的话题。$>10\ \mu m$ 和 $>25\ \mu m$ 微粒的数据分析和 $>2\ \mu m$ 和 $>5\ \mu m$ 微粒的数据分析都是有价值的，应在技术转移过程中考虑。

来自临床试验批次生产和商业规模批次的样品也用效价测定来表征以确定生化相似度。

27.8.2　单克隆抗体的案例研究

在临床试验产品开发中的后期，一个技术转移工作小组研究了单克隆抗体 mAb-1（灌装在玻璃瓶的液体）的稳定性。热应力贮存条件（40℃）下在 7、14、21 和 30 天进行了稳定性评价。采用 IE-HPLC 评估电荷变量和 SE-HPLC 评价单体、低分子量（low-molecular weight species，LMWS）和高分子量（high-molecular weight species，HMWS）成分含量使用验证过的方法评价了产品质量。对该数据集进行线性回归分析，结果总结于表 27.14。斜率同质性的统计方法也可以应用，并将在下一节讨论。

相对应于 HMWS 百分比和 LMWS 百分比两者的增加，单体百分比（通过 SE-HPLC 测定）降低，以及相对应于酸性异构体峰百分比增加，主峰百分比降低（由 IE-HPLC 测定），在临床试验批次和商业批次场地灌装的药品变化在 40℃ 下储存长达 30 天后能检测到。此外，这些样品的主峰百分比和单体百分比的变化率与图 27.7 和图 27.8 所示类似。基于这些初步的稳定性结果，在临床试验批次和商业批次场地生产的 mAb-1 药品被认为是相似的。

表 27.14　临床试验批次和商业批次场地灌装的 mAb-1 药品在 40℃ 下放置 30 天后产品质量的比较

灌装场地	温度 （℃）	时间 （天）	SE-HPLC			IE-HPLC		
			% HMWS	%单体	% LMWS	%酸性异构体峰	%主峰	%基峰
临床试验批次场地	NA	0	0.2	99.7	0.1	19.7	68.5	11.8
	40	7	0.2	99.6	0.2	24.4	63.5	12.1
	40	14	0.2	99.5	0.3	29.0	58.9	12.1
	40	21	0.3	99.3	0.4	33.3	54.7	12.0
	40	30	0.4	99	0.6	38.7	49.4	11.9
商业批次场地	NA	0	0.2	99.8	0	17.9	69.7	12.4
	40	7	0.2	99.7	0.1	22.4	64.6	13.0
	40	14	0.2	99.6	0.2	27.2	59.8	13.0
	40	21	0.3	99.4	0.4	32.7	54.5	12.9
	40	30	0.5	98.9	0.6	38.0	49.1	12.9

SE-HPLC，尺寸排阻高效液相色谱；IE-HPLC，离子交换高效液相色谱；HMWS，高分子量，LWMS，低分子量；NA，不适用

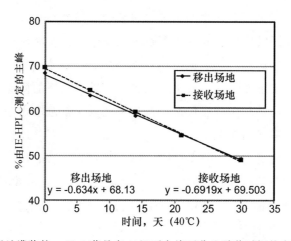

图 27.7　在不同灌装场地灌装的 mAb-1 药品在 40℃ 下主峰百分比随着时间的变化（由 IE-HPLC 测定）

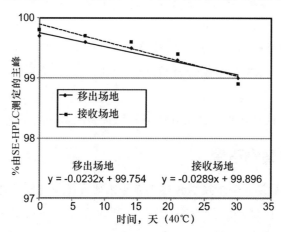

图 27.8　在不同灌装场地灌装的 mAb-1 药品在 40℃ 下主峰百分比随着时间的变化（由 SE-HPLC 测定）

在两个场地填充的 mAb-1 药品在 25℃和 2～8℃下进行长期稳定性研究，发现结果是一致的（数据未显示）。

27.8.3　商业到商业场地技术转移

在商业化开发的这一点上，相似性评估的目的是确定与接收场地有关的场地转移和相关的工艺/设备变化是否相似或不同。其测定是使用客观的、基于统计的评估和预定义的相似性标准。

为了证明产品在稳定性方面的相似性，以及在应力条件下的降解率的关键稳定性统计比较通常在 3 个批次中进行，使用以下两阶段方法的分析。在第一阶段，采用"斜率同质性"分析来测试两种降解率相同的假设。该分析将检测斜率之间的显著差异，但由于统计差异实际上并不显著所以可能会失败。如果通过此分析发现资格/验证和控制批次的斜率不相等，则执行第二阶段分析。在第二阶段，检查降解率的比例以估计两个变量之间差异的大小。构建降解率比例的 90% 置信区间。如果置信区间完全落在区域 [0.80，1.25] 内，则该比例被认为是相似的。除了统计分析之外，查看色谱数据以说明在接收场地的生产工艺中没有产生新的色谱峰也很重要。此外，来自接收场地生产的一批产品通常会放置实时稳定性以进行年度审核。

支持商业化生产药品技术转移的另一个策略是之前在移出场地的生产批次的 95/99 公差区间（tolerance intervals，TI）的使用。潜在地，可以将来自接收场地的 3 个合格批次的放行数据与使用该 TI 的在先前场地 1 处产生的数据进行比较。为了设置可比性评估的定量验收标准，可以应用公差区间（TI，95% 置信区间/99% 概率），因为它们提供的范围包括估计整体平均值的不确定性和基于样本大小的标准差。这种统计处理表征了预测中的工艺变化，同时保持足够的灵敏度以检测与历史生产实践的偏差。

27.8.4　其他案例研究

最近发布了几个案例研究，用于开发过程中工艺和产品变更的相似性评估（Lubiniecki et al. 2011）。具体而言，药品变更过程中的相似性评估已被提出，以表明生产变更是需要尽早实施的关键参数。如有必要，应将所发现的任何产品质量问题认真考虑作为临床试验研究的一部分。但是，在后期开发过程中应避免药品配置变化（例如，从冻干到液体制剂、从药瓶到预充式注射器等），因为这可能导致影响时间进度的额外的临床试验研究。

27.9　结论

药品的技术转移包括许多不同阶段和需要考虑的方面，并且需要全面的计划以确保转移产品的完整性。我们描述了转移过程的不同阶段和每个阶段的结果。基于风险和科学的方法可能适用于转移的风险缓解阶段。基于风险的工具用于设计必要的工艺研究以降低风险。建议的工艺研究是为了前瞻性地确定使产品质量保持稳定的稳健的工艺参数范围，并确定 CPP。这种方法证明了工艺的稳健性，并提供了 PV 批次将取得成功的信心。这些 PV 批次提供最终验证。还提出了相似性策略。

这种方法可能会导致额外的研究和风险评估，但受益是巨大的：

（1）工艺的更好理解和工艺稳健性的证实；

（2）参数目标设定值背后的可靠数据和可用于处理差异的预定义工艺范围；

（3）直接识别在生产过程中可能受到监控和追踪的 CPP。

此外，通过证明稳健性和控制，可能有机会与卫生部门讨论监管放宽。这种放宽可以是降级的监管申报（例如 CBE30 而不是 PAS）、取消对某些已被证明不受工艺影响的质量属性的测试或减少年度审查的稳定性测试的数量。

参考文献

Carpenter J et al (2009) Overlooking subvisible particles in therapeutic protein products: gaps that may compromise product quality. J Pharm Sci 98:1202–1205

International Conference on Harmonisation (2009) Guidance for industry. Q8(R2) pharmaceutical development. November 2009. http://www.ich.org/fileadmin/Public_Web_Site/ICH_Products/Guidelines/Quality/Q8_R1/Step4/Q8_R2_Guideline.pdf. Accessed 01 Oct 2012

International Conference on Harmonisation (2006) Guidance for industry. Q9 Quality Risk Management. June 2006

Ishikawa T, Kobayashi N et al (2010) Prevention of stirring-induced microparticle formation in monoclonal antibody solutions. Biol Pharm Bull 3:1043–1046

Lim F (2010) A holistic approach to drug product process characterization and validation for a monoclonal antibody using QbD concepts. Presented at Process and Product Validation, San Diego, 2010

Lubiniecki A, Volkin D, Federici M et al (2011) Comparability assessments of process and product changes made during development of two different monoclonal antibodies. Biologicals 39:9–22

Martin-Moe S, Lim FJ, Wong RL et al (2011) A new roadmap for biopharmaceutical drug product development: integrating development, validation, and quality by design. J Pharm Sci 100:3031–3043

McKnight N (2010) Elements of a quality by design approach for biopharmaceutical drug substance bioprocesses. Presented at BioProcess International, Rhode Island, 8–12 October 2010

Rathore AS, Winkle H (2009) Quality by design for biopharmaceuticals. Nat Biotech 27:26–34

Thomas P (2012) Biopharma supply chains. Optimizing the Roche–Genentech biologics network.http://www.pharmamanufacturing.com/articles/2012/034.html. Accessed 1 Oct 2012

US Food and Drug Administration (2011) Process validation: general principles and practices.http://www.fda.gov/downloads/Drugs/GuidanceComplianceRegulatoryInformation/Guidances/UCM070336.pdf. Accessed 01 Oct 2012

第 28 章

实施生物技术药物 QbD 范式的法规考量：为产品和工艺生命周期管理奠定基础

Lynne Krummen

丁宝月　译，高静　校

28.1　引言

质量源于设计（QbD）范式的最终目标是证明所定义的工艺参数和受控输入可以对预期产品质量进行有效控制。ICH Q8R1（2009a）规定，当一家公司选择在适当的药品质量体系（ICH Q10 2009b）背景下应用改进的方法进行工艺开发和质量风险管理（ICH Q9，2006）时，可能会出现更有力的基于科学和基于风险的监管方法。这些方法应该基于这样的概念：可以定义产品的重要属性，并将已证实的工艺能力与用属性测试策略（attribute testing strategy，ATS）的逻辑设计去控制产品质量属性联系起来，从而创建一个稳健的、基于风险的总体控制策略。属性测试，无论是批次发布还是保质期限制，都是一种风险缓解措施，可确保最高关键性的属性，或未证实严格工艺控制的样品，在批次发布或稳定性测试过程中或通过某频率的持续监测得到确认。QbD 方法的应用也为基于风险的生命周期管理创造了基础。ICH Q8（2009a）认为，如果在监管申请中提供了增强的工艺知识，就可以批准设计空间，在其可接受的范围内允许未经卫生机构事先批准的变化。因此，设计空间概念为工艺变更的生命周期管理提供了一条途径，同时继续确保定义的产品质量。然而，使用流程和产品理解的系统评估来设计全面的基于风险的控制策略和上市后生命周期管理计划的整体 QbD 方法为远远超出设计空间的变更风险管理提供了基础。

在实践中，QbD 概念的充分实施对监管者和申请人都具有挑战性。监管者基本上必须同意申请人提供的高度保证的数据，即在核准的设计空间内自我管理变化是可接受的风险，并且依赖于申请人的质量管理体系（quality management system，QMS）和例行检查，为可能之前需要预批准的更改提供了足够的监督。双方都在为高度保证以及如何在有效上市后风险管理战略的支持下管理剩余的风险而努力。这包括开发对剩余风险的一致看法，以及通过向监管者提供透明的理解，了解如何管理上市后变更并在检查时对其合规性进行审核，来评估对公司 QMS 的信心。

在 A-mAb 案例研究（CMC 生物技术工作组 2009）中，提出了将 QbD 应用于假设的 mAb 可能策略，并提出了一些与执行 QbD 范式影响有关的建议，如下所示 QbD 在 A-mAb 案例中应用的可能策略：

（1）理解 CQA 及其与关键工艺参数和设计空间的联系，可以明确确定可能影响产品安全或有效性的参数，因此需要监管批准和监督（即被视为"管理约定"）。与 CQA 无关的其他参数在质量体系中受到控制和监控以确保工艺和产品一致性，但不被视为管理约定。

（2）设计空间是基于从小规模批次到商业规模批次所产生的开发数据。这一整体数据当与一个持续工艺验证的程序相结合时可以形成工艺评定和验证的基础。

（3）通过将工艺参数链接到关键质量属性，可以通过利用原始方法创建用于管理生产工艺变化的迭代的基于风险的方法。

（4）设计空间内的移动对 CQA 无记录影响，可以在质量体系内进行管理。

（5）在设计空间之外的移动，风险评估工作的结果将有助于确定这一变化所需的数据。变更所需的监管监督水平应与所确定的风险水平成正比。

这些概念同样适用于原料药（drug substance，DS）和药品（drug product，DP）控制策略的设计及其上市后管理。通过与卫生机构讨论实际的提交项目（作为 FDA 生物技术产品试点计划的一部分）、其他主要全球卫生机构的协商和审查，许多这类建议现在已进行了充分的研究探讨。这些经验使人们更深刻地理解认识了卫生机构关于实现工业设想 QbD 的预期和考虑。试点项目的经验提供了重点关注需要进一步了解和把握的关键领域的机会，以便最终获得基于风险的控制策略以及 2013 年生物技术产品的设计空间的认可。下面概述了关键挑战和决议。

28.2　关键质量属性的定义和基于风险的控制策略开发

28.2.1　CQA 的确定

在 QbD 范式中，总体控制策略是基于对产品质量属性与工艺和材料输入的参数控制所提供的每个属性的控制之间的联系的科学理解。为了建立这样的联系，CQA 必须首先根据其对临床表现的潜在影响，使用所有可用的相关产品知识进行全面鉴定。显然，对质量属性和临床表现的直接因果研究并不总是可能的；然而，关键的**可能性**是可以评估的。可能作用机制的现有信息、对某些属性相关的安全性和免疫原性的一般理解，以及对特定属性可能如何影响效价或 PK 的机制理解可以与产品特定的临床经验和相似产品经验一起作为风险等级排序的基础使用。对于在结构/功能方面存在重要知识库的产品，这种机制理解可以根据历史信息和在已知效价、活性或药代动力学要求的分子领域的某些产品相关变量在基于风险评估中的位置。

一般而言，大多数卫生机构的反馈表明，Genentech 开发的以及之后纳入 A-mAb 案例的风险等级排序和筛选（risk ranking and filtering，RRF）方法被普遍接受（CMC 生物技术工作组 2009）。RRF 方法根据 4 种不同的类别评估关键性的属性：安全性、免疫原性、生物活性和药代动力学影响。它考虑到市场申请持有者（market application holder，MAH）对属性潜在影响的确定性程度，但不允许属性关键性降低，因为该属性由工艺控制得很好。由于一些原因，这一做法似乎对一些卫生机构是可以接受的。首先，它导致属性被归类在一个"连续"的关键性范围内，确保在今后的风险评估中，不会因为属性被判定为"非关键性"或"控制得很好"因此从一般继续发展的产品知识中去除而忽略任何属性。其次，如果已知的相关影响信息来自较少的直接来源（例如内部资料、非临床研究或直接临床经验），不确定性分数可增加属性的潜在关键性。极低的不确定性只能通过直接的临床研究来实现，只有在特殊情况下才可用于特定的产品相关变量。因此在开发过程中，不确定性分数也保证了潜在的关键影响的属性。

所有质量属性关键性应在整个工艺开发和控制策略的商业生命周期管理期间进行评估。在试点项目中吸取的一个重要教训是，在登记授权工艺表征/验证以及登记授权稳定性研究开始之前，由卫生机构审查 MAH 所认为的作用/毒性机制以及他们对于质量属性关键性的评估，以便能够在这些活动中达到关于研究哪些质量属性将被研究的共识，这一点尤为重要。关于某些 CQA 或属性稳定行为的遗漏信息，理论上可以通过在批次发布或稳定性过程中添加对该属性的测试来管理。但是，由于在工艺表征/验证期间未对属性进行研究，因此工艺控制中的缺少信息可能降低卫生机构批准设计空间提议的可能性。此外，在审批过程后期添加 CQA 的需要可能会导致审批延迟或上市后对附加工艺表征和方法验证的要求。如果有合适的测试方法则可以避免。

28.2.2　CQA 验收标准

一旦 CQA 的清单被确定和排序，制定每个 CQA 的接受标准（acceptance criteria，AC）是一个高度重要和富有挑战性的活动。在试点项目期间的经验表明，CQA-AC 和它的理由应在对 PC/PV（过程特性/过程验证）研究之前审查 CQA 时，由卫生机构进行审查。虽然最终的 CQA-AC 显然是一个审查问题，但重要的是要得到卫生机构对计划的策略的输入。

如何设置适当范围的 CQA-AC 是与卫生机构进行讨论辩论的一个关键领域。一方面，我们在试点项目中的经验表明，卫生机构对于几个属性的超出临床经验的 CQA-AC 理由持开放态度。这些理由主要基于相关患者和适应证人群对相似分子的相似属性有更广泛暴露过往经验，或者基于从显示属性在内源性分子（例如人类普遍存在的 IgG）中常见研究以及患者给药后会被消除或明显修改的研究的知识经验。然而，对于可能与安全或免疫原性相关的属性，辩论的强度相当高，而卫生机构仍然可以明确地依赖于这些案例中已证明的产品特定的临床经验（利用在早期临床剂量范围的研究中来自较高暴露量的数据，可以为某些扩展范围的合理性辩解）。

例如在我们的经验中，通过使用从其他选定产品和一般概念的优势和在所有聚集物中相对安全的二聚物的以往知识，从一个如聚集这样属性的产品特定的临床经验的保守扩大范围是可能的。对于聚集，卫生机构有一些普遍的安全和免疫原性的担忧。然而，卫生机构要求我们考虑除了我们自己的安全数据之外还可能对提出 AC 产生影响的更广泛的证据。一般而言，可能是并且逻辑上是，可能影响安全性的属性相对于临床经验来说可能会有最窄的 AC，而且很可能是与参数关键性最紧密相关的。

对于影响生物活性或药代动力学（pharmacokinetics，PK）的属性（由相关的体外方法测量），卫生机构可以根据阈值设置 AC，这将转化为可能的临床影响而不是单独的临床经验。在 A-mAb 的案例研究中，提出了效价的 ±20% 的阈值或 PK 影响的 80%～125%。实际上，这些阈值是被接受的，但卫生机构也提出了一些改进措施，以确保考虑几个 CQA 对效力或 PK 的累积影响，避免意外的相互作用。

如果允许多个 CQA 不同于上面列出的阈值限制，则可能会对患者水平的剂量暴露和疗效产生重大影响。因此，我们选择了一个实际的解决方案来设定一个累计极限，并将允许的可变性分布在在这些极限值上会影响 PK 或效力的 CQA 中。在这种情况下，对单个属性的 CQA-AC 没有同样的分布。例如，如果有 4 个影响效力的 CQA，每个没有分配 5% 份额的允许范围。相反，在评估工艺性能数据之后选择了每个属性的允许限制，以便每个特性的允许变化与工艺结果相关，同时仍会导致总体可接受的结果。卫生机构还建议，如果根据所需的设计空间和拟议的 DS 和 DP 货架寿命要求可以采用更窄的范围，我们不使用整个允许范围（即 80%～120%）。

对属性相互作用的考虑集中于潜在的意外影响，即为某些超出了历史生产经验对其他属性产生的影响的属性设置 CQA-AC。这样做的一个例子可能是，将宿主细胞蛋白含量的"大于经验"限制设置为通过微量的寄主细胞蛋白酶对产品碎片产生的潜在影响。卫生当局还表示担心，仅考虑到影响效力或 PK 的属性可能会对一个会影响安全性的属性产生意想不到的影响，如果第一个属性的限制比临床经验更宽。在一些公开讨论中，卫生机构质疑是否有可能创建一个多变量属性空间来检查属性或它们相互作用的极端组合的影响。虽然提出的问题是有效的，但必须更加感激的是，不可能研究所有可以想象的属性组合，而且还有几种更实际的方法来管理所提出的风险。这种可能性允许发现和避免意想不到的后果。例如：

（1）对暴露于产生极端属性的条件（例如氧化或脱酰胺）的材料进行生物和分析表征，可以在市场授权中提出，以增加没有对其他属性的意外后果或可能发生的净效力影响的信心。

（2）CQA-AC 建议不应过于宽泛；在历史经验和可以得到灵活的工艺设计和优化的控制系统的扩大之间的合理平衡，可以帮助减少潜在风险的程度。

（3）可以提出一个明确的生命周期风险管理策略，去帮助管理任何剩余风险和意外后果。如果工艺目标在设计空间上市后移动，则与该变更相关的批次应通过适当的扩展的表征方法和批次发布方法（包括相关功能测试）来进行评估，以确保没有遇到意外分析变化。

（4）如果变更后工艺中包含与工艺相关的杂质的级别超出了以前在开发中遇到的那些，可以利用一个承诺将这些材料添加到稳定性项目中的上市后生命周期管理计划使风险最小化。

第三个挑战是 CQA-AC 的生命周期管理。必须理解的是，在许可证中详细说明的工艺参数的已被证明的可接受范围是专门为交付一致满足 CQA-AC 的产品而设计的。为了确保在整个生命周期中使用 QbD 方法设计的整个控制系统的完整性，对 CQA-AC 的调整以及在批次发布和稳定测试程序中为指定的属性扩展 AC，应只基于与临床相关的新数据（包括新的考虑——如果给药途径或患者群体发生重大变化）进行，而不是传统的基于在目标工艺条件下的制造业性能的统计分析的调整交流方法。在传统探讨中，随着工艺控制能力的明确和可变性来源被消除，质量输出和规格限制可能变得更加严密。这种传统的方法可以确保工艺性能和质量输出是一致的，但不能考虑临床相关性和规范与工艺设计或批准的设计空间的联系。在没有新的临床理由的情况下，CQA-AC 或被证明的可接受范围（proven acceptable ranges，PAR）的缩小，会削弱 QbD 建立生命周期工艺管理策略从而使持续改进成为其核心目标之一的能力。显然，继续保证持续的工艺性能和确定潜在的趋势外结果是非常重要的。但是，这种工艺和产品一致性的保证应通过属性和作为生命周期中持续工艺验证的一部分的工艺监测性能来实现，而不需要破坏总体控制策略的设计。

28.3 关键工艺参数（CPP）和设计空间定义的识别和管理考量

在 A-mAb 案例研究的背景下，"管理约定"被考虑进文件，该文件改变必经卫生机构预先批准。实际上，这些被设想为与 CPP 和关键材料控制相关的 PAR。

这一结论的理由是，明确识别对 CQA 有影响的所有工艺参数和材料投入，该识别为有限条目的管理约定提供了必要框架。换言之，除了批次发布和保质期（包括方法说明）的原料药和药品规范外，只有 CPP 和关键材料控制会被视为需要卫生机构预批准改变的"管理约定"。通过扩展，A-mAb 的案例研究提出，设计空间应仅包括 CPP 的可接受范围和关键原材料的可接受控制。其他非 CPP 将受到控制，并且对变更的监督将在质量体系内进行管理并在检查期间接受卫生机构的评估。

这个设计空间概念已被证明是实际执行的最大挑战之一。首先，设计空间可以被定义为仅仅是 CPP 和关键材料控制的结合，这一结论更加关注参数关键性的定义。在案例研究发布后不久，FDA 在一次公开会议上评论说，"设计空间应包括保证产品质量所需的所有相关参数……如果你将一些非 CPP 的控制包含在内——或者将它们以某种方式包括在设计空间内——那么数据要求可能会更低。如果设计空间仅包括 CPP，则需要一个完整的数据包以说服监管机构，你可以忽略控制或非 CPP 的包含内容"（CMC 策略论坛 2010）。在试点项目对话期间，一个关键的挑战是就如何将关键工艺参数与非关键工艺参数进行区分而达成共识。在这一议题上达成共识存在难以克服的难题。

第一个难题是，制造商创建多变量数据来评估参数的关键值，或者在完全商业生产规模下前瞻性地确定设计空间，几乎总是不切实际的。因此，每个单元操作的合格、缩减的模型数据被用于生成参数关键值。这些模型已用于设计和开发生物工艺数十年，并有一个经验证的记录，预测参数对工艺性能和产品质量影响的趋势和大小。事实上，这些模型历来被作为工艺验证实践的一个重要部分。使用这些模型生成的数据在历史上被用来证明在生物工艺的许可证申请中提出和批准的 PAR 是合理的，并且与这些模型的"资格"相关的信息已经被记录在"传统"档案中。然而，这些模型并不是在所有情况下都是大生产规模下的结果的完美的量化预测。在某些情况下，可以看到，由于已知或未知因素，大规模工艺的性能与模型规模之间存在可重现的偏移量。例如，使用亲和层析柱的小规模版本可能会导致该小规模层析柱后的样品池与大规模生产下同样的样品池相比在 CQA 总量上存在系统性偏移。此偏移量可以确认是由模型的规模所致，而上游的工艺材料当经过模型规模层析柱后，缩小规模的工艺和大生产规模的工艺会给予相似的结果（不发生偏移）。在其他情况下，偏移的原因可能不太清楚，但如果显示其发生的一致性，则可以将小规模偏移应用于预测大规模工艺参数 PAR 的提出。对于几乎所有的单元操作和 CQA，当前可用的缩小规模模型都显示为可以提供等效的结果或应用一个合理的偏移量后的等效结果。然而，有实例表明，缩小规模模型不足以预测特定 CQA 在大规模上的行为。这并不是说，在两个规模上都不会观察到工艺参数对讨论中的 CQA 的趋势影响，但在这些情况下，可以提出一个向大规模结果赋予可变性的因子，该因子在缩小规模模型上无法解释。

其次，人们已经认识到，在研究其临界值时，工艺参数变化的范围的宽度会直接影响到观察 CQA 影响从而确定 CPP 的能力。这里的两难之处在于，表征所有参数的故障边缘或研究比预期的实际操作范围的任意因素都更宽的范围，以确保参数没有潜在的关键影响，这是不切实际，也不是资源的有效优先级。

对 CPP 的确定和设计空间参数的数量限值的设置都取决于从小规模模型和包含关于大规模工艺性能的一定程度的残余不确定性的实验设计中得出的数据，这一事实已成为挑战审查者的中心问题。这是因为这些数据确定了什么应被提议在设计空间之内和之外，以及在其可接受范围的生命周期管理期间哪些参数将受卫生机构预批准监督。

虽然这些显然是主要的考量，但所有关于关键性或限值的残余不确定性都在批准之前被取消是不现实的。因此，工业和卫生机构制定可靠的上市后风险管理策略，这一点极为重要。这个概念是持续验证、改进和生命周期管理概念的核心。因此，必须制定切实可行的办法，以尽量减少监管机构同意设计空间建议的风险，以便能够向前迈出一条可行的道路。根据试点项目中的学到的经验，采取进一步措施，以确保将残余风险减至最低，或有明确的风险管理策略到位。下面详述了可能的风险缓解策略的主要例子。

首先，基于缩小规模数据的申请人对 CPP 的定义在客观性和保守性方面存在或多或少的偏差。我们选择建立一个基于参数影响的实际意义和统计意义定义的客观 CPP。这一定义被称为"影响比例"，是衡量参数变异性对讨论中的 CQA 的影响的量度。要被认为是"实际意义"，因此至关重要的是，一个参数，在其最坏情况的设定下，必须将一个 CQA≥10％移动到目标范围（CQA-TR）的允许极限内，该目标范围处于 CQA-AC −5％以内。CQA-TR 的实现是为了消除一些风险，即如果工艺在设计空间的边缘运行，则缩小规模的模型结果将无法准确预测 CQA-AC 内的大规模结果。使用 CQA-TR 或类似的 CQA-AC 范围的限值进行工艺设计有助于确保在 CQA-AC 内取得结果。选择基于≥10％的影响比率的关键性的定义，以避免将次要影响参数分类为关键参数，因为需要多个这样的参数，所有影响相同 CQA 的参数都在其范围内最坏情况限值下同时起作用，从而导致该 CQA 故障。实际上，这是极不可能的。

为了描述可能导致意外结果的任意残余风险如何被识别和管理，一份被称为上市后生命周期管理计划（postapproval lifecycle management plan，或 PALM 计划）的适度详细的文件也列入了档案文件。本文件的目的是描述怎样在 QMS 之内监测设计空间之内和之外对 CPP 操作目标的变更以及对非 CPP 的变更。虽然这份文件没有提供关于申请人内部质量文件的详细资料，但它确实提供了一个保证，即在实施前，在设计空间内的变更将在大规模上进行验证，任何意想不到的结果和任何对设计空间（即新的 CPP 的识别）所需的修改将重新报告。PALM 计划在向卫生机构提供信心方面有很大帮助，内部 QMS 程序可以有效地管理变更。然而，PALM 不能提供足够的保证以说服卫生机构，即使在保守的定义下也可以在

QMS 内完全管理非 CPP，相反包括相关非 CPP 的设计空间定义是必要的，以确保对工艺性能有贡献的所有工艺知识在整个产品生命周中相关联，并确保非 CPP 均在卫生机构的审查和预批准的设计空间内变更。因此，设计空间的当前概念与第三章中提供的整个工艺描述更紧密地相一致。一方面，这并没有为行业最初设想的监管灵活性提供充分的远见，但它确实创造了一个可以被认为与监管变革相关的清晰图景；另一方面，它减少了持续改进的监管监督，同时保持了高度持续的产品质量，提升了这方面的能力。

28.4　基于风险的控制策略设计

对工艺的多变量行为的相对于产品 CQA 完整列表的全面分析和对 CQA 稳定性行为的深入分析，也使得属性测试策略（attribute testing strategy，ATS）的合理设计得以实现。在生物技术试点项目中，参数和稳定性行为对 CQA-AC 影响的多变量评估被用来在原料药和药品水平上为"工艺影响"和"稳定性影响"制定风险等级。然后可以考虑这些工艺和稳定性的影响分数，以及每个 CQA 的影响和发生率，以创建一个合理的基于风险的建议，以便确定在批次放行或稳定性方面应测试哪些属性，以及为验证持续的工艺性能应连续地或间隔地监视哪些属性。在实践中，ATS 风险评估工具评估了与质量属性相关的"严重性"后，评估了"检测性"作为风险缓解措施的必要性以及严密控制工艺的可能性（即故障模式的潜在"发生率"）。结合对选择用于测试或监测的方法的稳健性的评估，该工具受到了卫生机构的好评，并导致从分析和稳定性测试中减少了冗余的或无价值的测试。例如，完全形成的或在原料药水平的工艺中完全删除的属性不需要再在药品水平上重新测试。

实施 ATS 的实际结果是基于风险的全面控制策略（图 28.1）。任何被证明是在潜在利益的水平上形成的高度关键性的属性（对于大多数属性来说＞1.0%，对于安全性相关属性来说＞0.1%）要么在质量控制系统中被测试，要么在适当的水平上被监控（原料药或药品放行或稳定性测试）。此外，在实验设计（design of experiments，DoE）的多变量工艺表征中没有显示严密工艺控制的任何属性，或者由于不良的工艺控制或者缺乏"充分的"模型而没有令人满意的小规模模型作为质量批次放行程序的一部分进行测试的任何属性，会导致较高的"工艺影响"评分。同样，在开发和注册稳定性研究过程中观察到的高降解率的任何属性都得到了高稳定性影响分数，因而被包括在年度稳定性项目中。因此，结合上文所述的各种为减少在对小规模结果进行解释以定义大生产规模下工艺宽度的设计空间的过程中的残余不确定性的其他措施，ATS 可以通过向属性监测提供基于风险的方法来进一步减少风险。

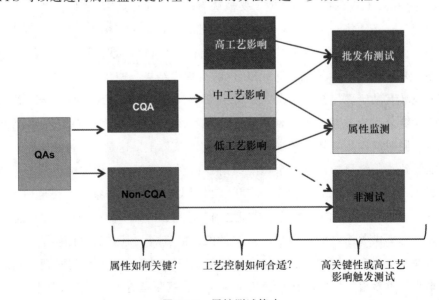

图 28.1　属性测试策略

市场申请（MA）部分提供的 PALM 计划进一步说明了如何在产品的整个生命周期中使用 ATS，以确保属性测试提供对工艺性能的理解程度的持续验证，以及 ATS 将与属性影响和工艺知识都保持关联，因为在整个生命周期中都会获得二者较多的信息。例如，PALM 讨论了在生命周期中为了包含任何与潜在属性或潜在临床表现相关的新信息而重复使用 ATS 进行评估。在对潜在 CQA 影响的理解发生变化的情况下，属性测试类别可能需要增加，在新属性的情况下，可能需要收集一些工艺特性或监视数据以评估是否需要修订测试。PALM 表示，这些变更将根据当地法规写入适当的规范提交文件中。PALM 还对正在进行的属性监视和数据趋势进行了描述和承诺，以确保持续工艺性能的持续验证。如果持续的监测显示，从开发数据中假设的"工艺影响"没有转移到大生产规模中，结果可能是提升了属性测试分类的重新评估，提升了属性的测试类别。重要的是，PALM 承诺，没有任何属性可以从测试中除去或从质量体系测试降级到产品检测而没有卫生机构预批准。

28.5　产品和工艺生命周期中变更的风险法规管理

在 QbD 范式中，制造商通过提高对产品和工艺的理解努力尽可能多地减少剩余风险。但是，在产品批准时预见或减轻所有已知风险是不可能的或不实际的。在试点项目中制定的综合风险评估的总体结果，以及基于卫生机构的微调，使得能够实施一个全面的基于风险的控制策略，可用于形成已知和未知的风险的持续的生命周期管理的基础。在设计空间内进行自我管理的变更，可以在减少监管报告的情况下进行一些风险管理。还可以通过使用相同类型的结构化风险评估来开发扩展的上市后变更协议（美国的相似性协议和欧盟的变更管理协议）来实现额外的管理灵活性，以管理不能被设计空间预见的变更。此类协议可用于描述制造商如何评估某些个人或群体的类似变更（包括说明属性的特定 AC 和要被测试的性能指标），以及如果满足所有标准则要求减少管理报告类别的预批准。此类上市后变更协议可用于管理在设计空间之外或其他常见的生命周期事件（如场地转移，供应商、原材料或中间物料变更，或旨在改进工艺和产品控制的系统升级报告）之外的 CPP 和非 CPP 的变更。在大多数情况下，这种原始协议是分别基于在 ICH Q5E 中列出的相似性原则，以及建立在美国和欧盟通过上市后变更和变化准则制定的法律框架。这种变更必须在分析水平上得到充分的评估，而不需要非临床或临床研究。在已经有这些方法的框架的区域中成功地应用这些概念，可以最终为在其他区域开发的类似框架奠定基础，为工艺和供应链改进的全球实施提供巨大的好处和预见性。随着全球市场的扩大，必须制定协调一致的、全球统一的、精简的监管变更管理程序和原则，以确保稳健地向全球各地的患者提供重要产品。

这种扩大的相似性议定书的一个例子已列入 FDA 的生物制品 QbD 试点。这种多产品、上市后补充（postapproval supplement，PAS）提议了许多良好表征的产品可以转移到一个明确的原料药生产场地列表中的标准。卫生机构批准《议定书》（6 个月）后，可通过 CBE-30 提交的方式获得任何后续成功的完成的产品转移的批准。这项提交取得成功的关键是要仔细界定所涉产品和场地的范围，以及用于证明相似性的特定分析接收标准和测试方法。在转移时，基于风险的评估设备顺应性的方法也很重要，因为个人批准的 30 天时限需要一个机制来免除预批准督察要求。在概念上，可以预期一种类似的将对产品供应链产生更及时影响的药品转移方法。同样，也可以制定一个类似的概念以概述在设计空间之外的所需变更预批准验证级别的预定义协议，以便通过利用原始工艺风险评估所定义的参数临界值与特定的属性相似性策略相结合，将上市后监管报告类别与所涉风险级别挂钩。

总之，在开发用于参数评估和属性关键性的系统性工艺方面取得了很大进展，并且利用这些信息证明基于风险的控制和适于确保每个产品和工艺质量的上市后生命周期管理策略的合理性。我们开始认识到这些工具在向卫生机构沟通风险方面的有用性，以及利用这些工具来校准缓解或管理风险所需资源和监督工作量方面的有用性。随着实施工作变得更为日常和全球化，这些进程可为推动全球卫生机构在管理决策和风险方面实现趋同提供基础，这将使上市后产品管理的精简和一致性更有利于行业监管者和患者。

参考文献

CMC Biotech Working Group (2009) A-Mab case study. Via CASSS website: http://www.casss. org/associations/9165/files/A-Mab_Case_Study_Version_2-1.pdf. Accessed 16 Feb 2014

CMC Strategy Forum (2010) QbD for Biologics, Learning from the Product Development and Realization (A–MAb) Case Study and the FDA OBP Pilot Program, based on Proceedings of 2010, 23rd CMC Strategy Forum

ICH Q8(R2) (2009a). Pharmaceutical Development. Fed Reg 71(98):29344–29345

ICH Q9 (2006) Quality Risk Management. Fed Reg 71(106):32105–32106

ICH Q10 (2009b). Pharmaceutical Quality System. ICH Q10: Pharmaceutical Quality Systems. Fed Reg 74(66):15990–15991

索　引

彩图与彩表

长春碱

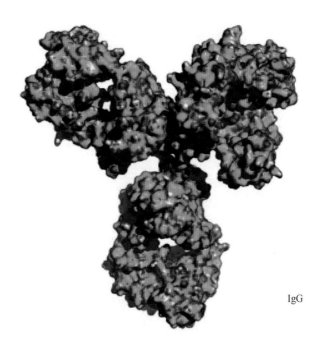

IgG

彩图 4.2 以用于癌症治疗的单克隆抗体免疫球蛋白 G（IgG）和长春碱两个分子为例，对生物分子与小分子的复杂性进行比较。该图通过 PyMOL 分子绘图系统（1.5.0.4 Schrödinger，LLC）进行制作，按相同比例显示

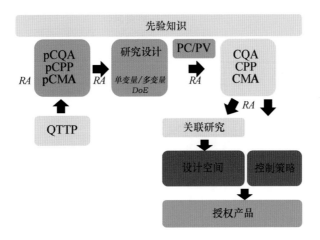

彩图 4.3 QbD 要素及当前实施状态。绿色：风险评估中常规要素，黄色：风险评估中非常规要素，红色：风险评估中偶然要素

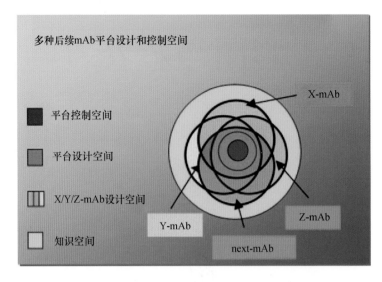

彩图 **5.4**　设计和控制空间如何应用于技术平台的说明

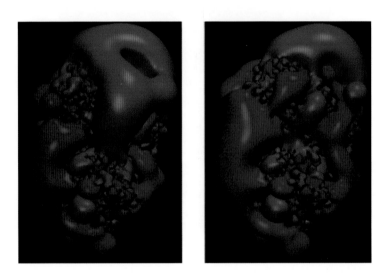

彩图 **5.5**　一种难溶性抗体 Fab 的表面电荷分布情况，它含有相当均匀的正负电荷分离，形成明显的偶极子（右）。特异性点突变通过增加正电荷来降低偶极子（右），其结果是溶解度增加。**红色**负表面，**蓝色**正表面

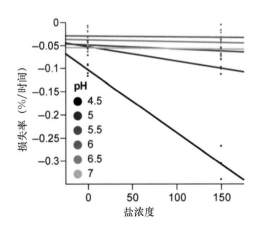

彩图 **6.9**　mAb-B 的试验筛选研究初步设计的单体损失率

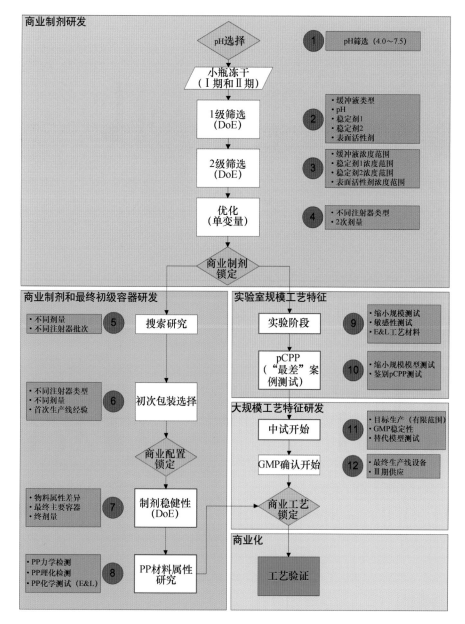

彩图 7.4　QbD 要素的预充式注射器（PFS）中 mAb-3 液体的研制：对 PFS 研制中的液体进行研究（白方框）；响应性研究设置的信息（灰方框）；文本中引用了研究编号（红圆圈）1~12，应促进传统研究序列（黑方框白底）和 QbD 研究（红方框白底）。DoE，实验设计；RSD，响应面设计；pCPP，潜在关键工艺参数；PP，初级包装；E&L，萃取剂和浸出剂

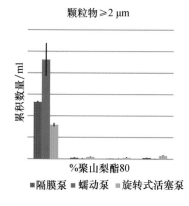

彩图 13.1　产品 A 中≥2 μm 的颗粒

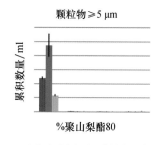

彩图 13.2　产品 A 中≥5 μm 的颗粒

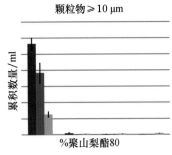

彩图 **13.3** 产品 A 中≥10 μm 的颗粒

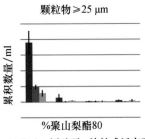

彩图 **13.4** 产品 A 中≥25 μm 的颗粒

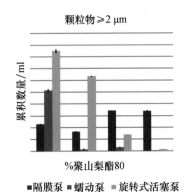

彩图 **13.5** 产品 B 中≥2 μm 的颗粒

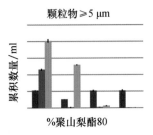

彩图 **13.6** 产品 B 中≥5 μm 的颗粒

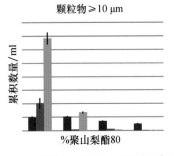

彩图 **13.7** 产品 B 中≥10 μm 的颗粒

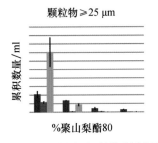

彩图 **13.8** 产品 B 中≥25 μm 的颗粒

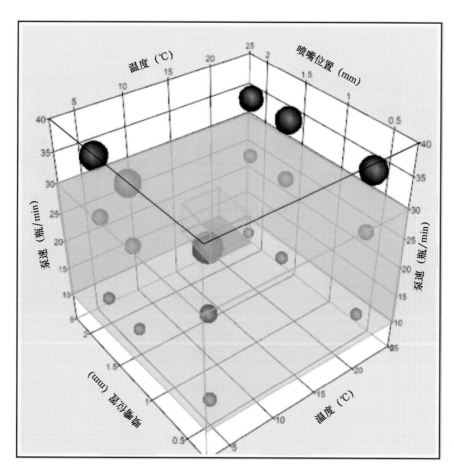

彩图 13.9　mAb-X 灌装研究的知识空间矩阵

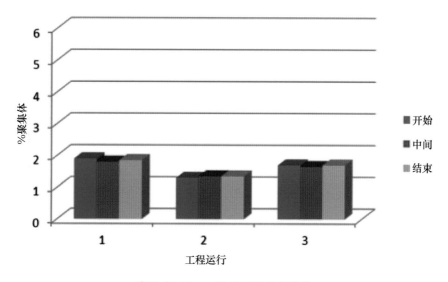

彩图 13.15　mAb-X 工程运行结果

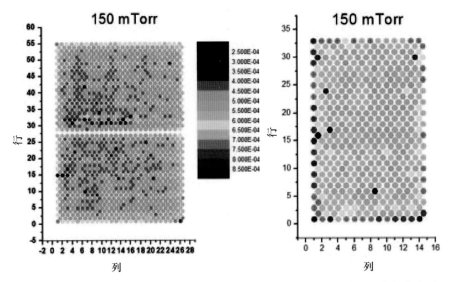

彩图 14.3　药瓶传热系数在中试规模（左）与实验室规模（右）冻干机中的分布图

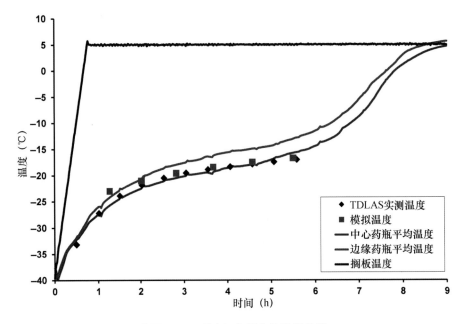

彩图 14.4　理论与实测产品温度曲线

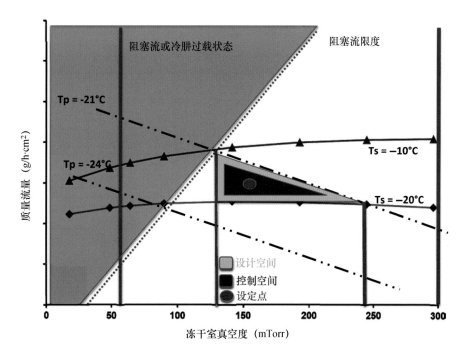

彩图 14.9　冻干工艺初级干燥阶段的设计与控制空间（Reproduced from Ref. Patel et al. 2013），with permission from J. Wiley & Sons，Inc

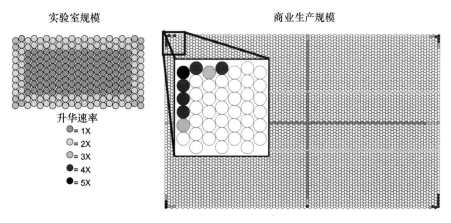

彩图 19.2　实验室规模和商业生产规模冻干机中不同位置的升华速率差异的示例

彩表 19.3　影响产品质量属性/CQA 的工艺参数的风险分析示例

单元操作/参数	关键质量属性		
	效价单位	可回收体积	外观无菌
原料药			
辅料和其他原材料			
复合法和处方			
无菌过滤			
无菌罐装			

红色：对 CQA 有重要影响
黄色：对 CQA 有中等影响
绿色：对 CQA 有很小/无影响
灰色：对 CQA 有未知影响

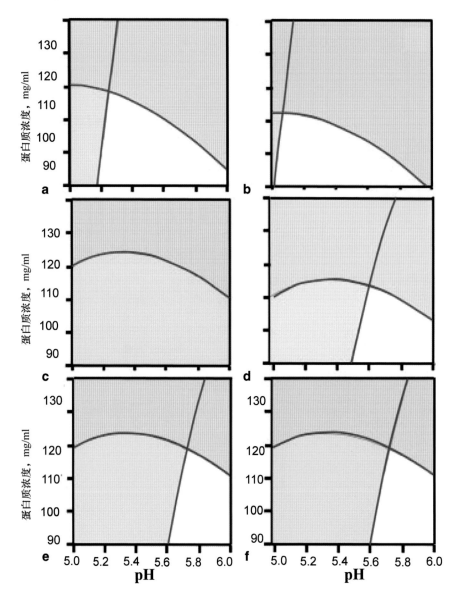

彩图 20.4 T_h 和黏度值的预测公式推导出的等值线图。白色区域为特定 T_h 和黏度限度下的可接受区域。T_h 的下限为 50℃，黏度的上限为 6 cP。本图显示了以下处方中可接受的 pH 和蛋白质浓度下的面积：a. 无离子＋无辅料，b. 无离子＋蔗糖，c. Ca^{2+} ＋无辅料，d. Ca^{2+} ＋蔗糖，e. Mg^{2+} ＋无辅料，f. Mg^{2+} ＋蔗糖。T_h 为疏水暴露温度〔Reprinted from（He et al. 2011a）with permission from John Wiley and Sons〕

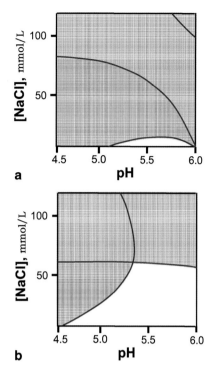

彩图 20.7 根据 T_h 和 kD 预测公式得出的等值线图。白色区域为特定 T_h 和 kD 限度下的 pH 和盐浓度的可接受值。$T_h <$ 54℃ 的区域用红色表示。$kD < 7.0$ ml/g 的区域以蓝色显示。图 a、b 分别为无辅料和无蔗糖处方的可接受的 pH 和盐浓度区域〔Reprinted from（He et al. 2011b）with permission from John Wiley and Sons〕

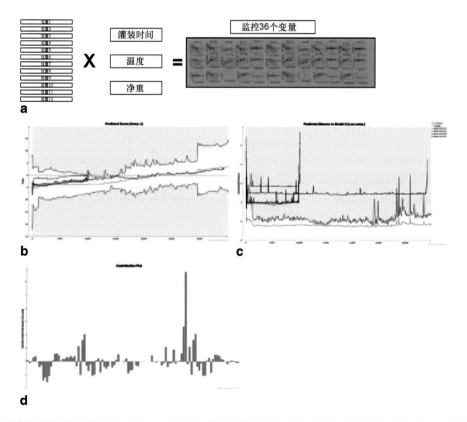

彩图 20.22 药瓶灌装的参数和多变量图表。**a.** 在药瓶灌装的灌装和封装生产线上测得的典型参数，**b.** 历史表现一致的批次的分数图表（绿线是平均轨迹，红线代表围绕绿线 +/− 3 个标准偏差），**c.** 为检测批次灌装的主要容器数量的归一化距离图，其置信区间为 95% 和 99%（分别用绿色和红色表示），**d.** 通过检查最高变量对膨胀归一化距离的贡献来确定问题的贡献图，一些针头有问题会导致错误的灌装量

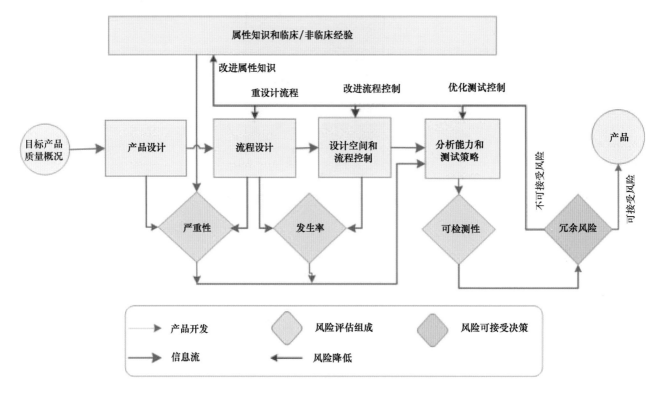

彩图 21.1　高水平质量属性风险评估策略

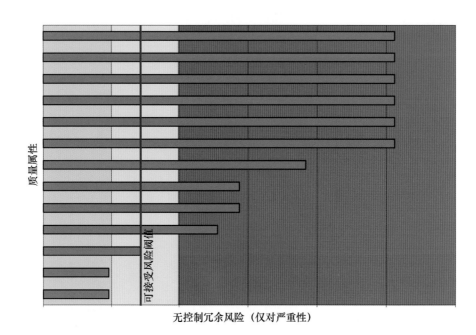

彩图 21.2　对患者冗余风险的初步评估（仅对严重性）。工艺能力和控制策略没有被考虑在内

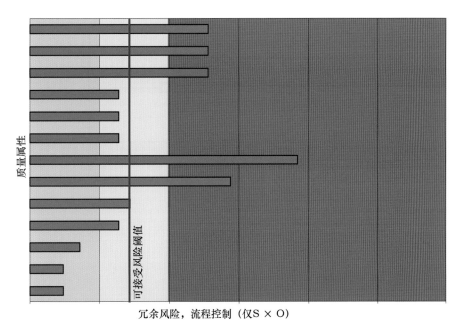

彩图 21.3　将工艺能力和工艺控制（S×O）纳入考虑后患者的风险评估。放行限度和其他分析测试控制没有被考虑在内

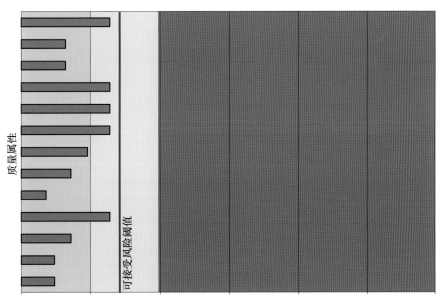

彩图 21.4　基于商业控制策略（S×O×D），将工艺和分析控制考虑在内的患者残余风险评估

彩表 21.6　指定影响和不确定性的严重性评分系统

		不确定性		
		低	中	高
	非常高	32	32	32
	高	16	24	32
影响	中	8	12	18
	低	4	6	9
	无	1	2	3

红色＝CQA；绿色＝次关键的质量属性

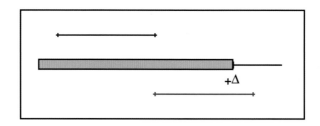

彩图 21.9   利用 90％置信区间来证明等效性。蓝色区间落在等效边界内代表了等效，红色区间部分落入等效边界外，因此不能得出等效结论

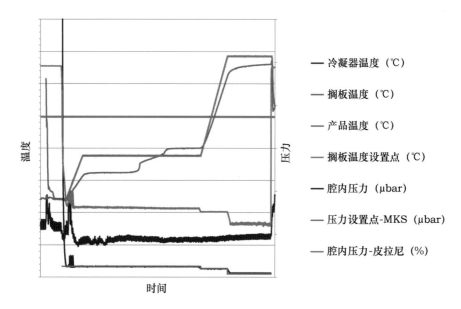

冷凝器温度（℃）

搁板温度（℃）

产品温度（℃）

搁板温度设置点（℃）

腔内压力（μbar）

压力设置点-MKS（μbar）

腔内压力-皮拉尼（%）

温度

压力

时间

彩图 22.4   批次工艺中可能会记录许多变量轨迹

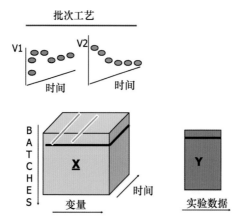

彩图 22.5   三维数组是由从多批次中收集的工艺变量轨迹形成的

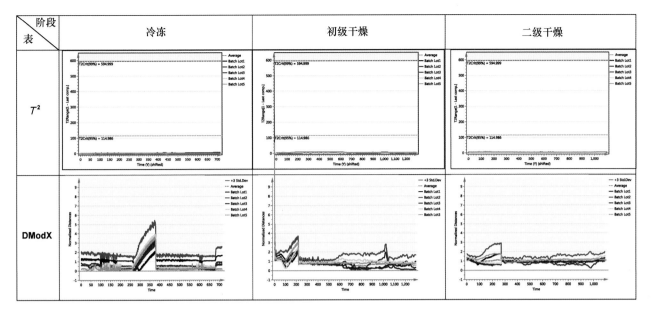

彩图 24.3　每个冻干阶段的 Hotelling T^2 和 DModX 以及定义 NOR 的控制限值。这些图总结了通过将信息投射到主成分空间的一个点上而测得在给定时间点的变量的几十个测量值，并且提出了简单明了地将批次生产过程中工艺性能可视化的方法

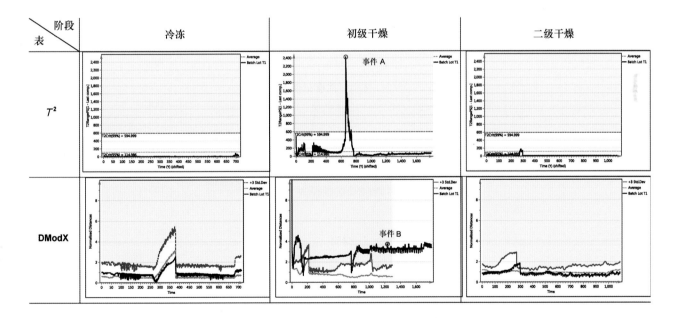

彩图 24.4　使用从过去良好批次的数据中建立起的 MSPM 批次模型对一个新批次（批次 T1）的数据的工艺性能评估

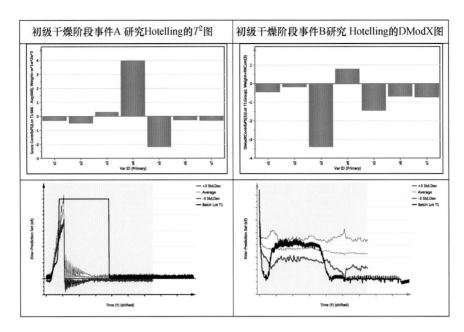

彩图 24.5　贡献图有助于识别在特定时间点偏离中心线的变量。受影响变量的趋势图似乎导致 Hotelling T^2 和 DModX 指标超出了建立的多变量控制限值

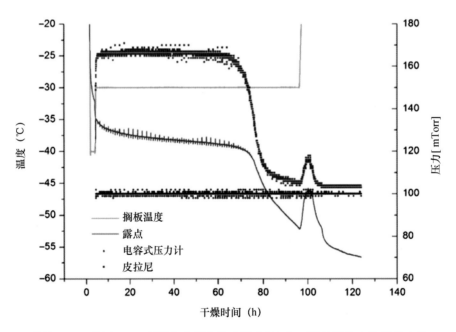

彩图 25.2　使用 Pirani 测量仪和露点传感器进行初级干燥阶段终点检测的比较

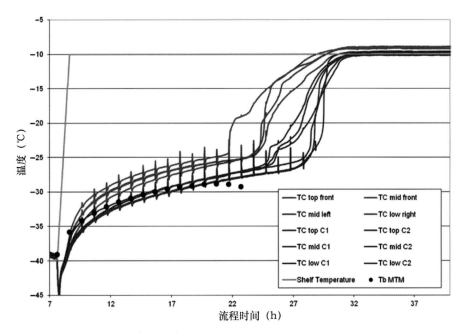

彩图 25.3 10％甘氨酸制剂的冷冻干燥曲线图、产品温度比较、MTM 与热电偶的实例

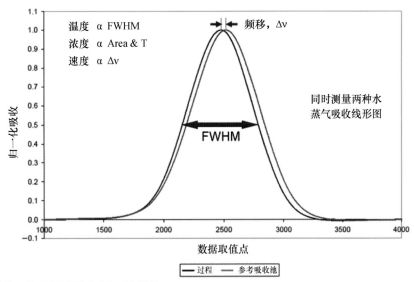

➢过程：冻干器管道的水蒸气吸收测量
➢参考吸收池：封闭、低压参考吸收池的吸收测量
　　　　　：频率标准

彩图 25.6 使用近红外可调谐二极管激光吸收光谱质量流速监测器记录水蒸气吸收线形的示例（Reprinted with permission from Physical Sciences Inc）

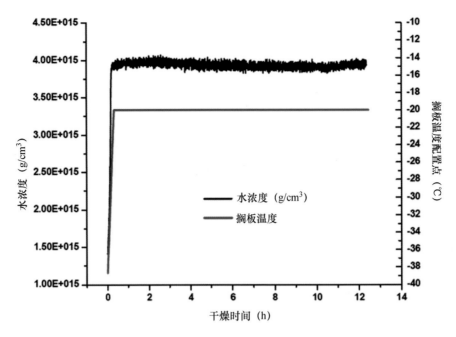

彩图 25.8   在典型的冰块升华试验中，TDLAS 测量的水浓度［分子/cm³］和冻干机搁板温度时域剖面线

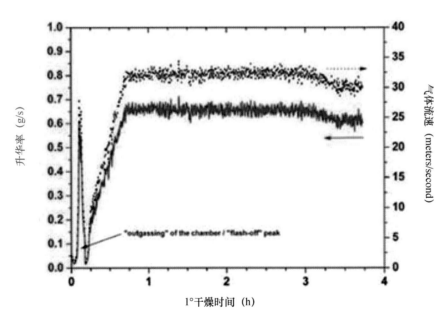

彩图 25.9   在典型的冰块升华试验中，TDLAS 测量的气体流速和计算的质量流速，dm/dt（g/s）速度分布图（Reprinted from Gieseler et al.（2007）with permission from J. Pharm Sci）

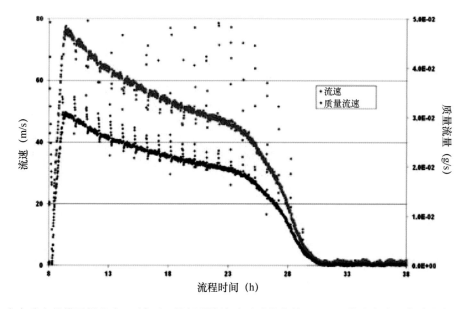

彩图 25.11　在实验室规模干燥机中 10%w/w 甘氨酸溶液冻干过程中的 TDLAS 蒸汽流速和水质量流速时域测量分布

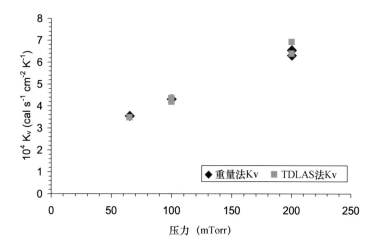

彩图 25.12　重量法和 TDLAS 法测定药瓶传热系数 K_v，作为实验室规模冻干机干燥箱内压力的函数

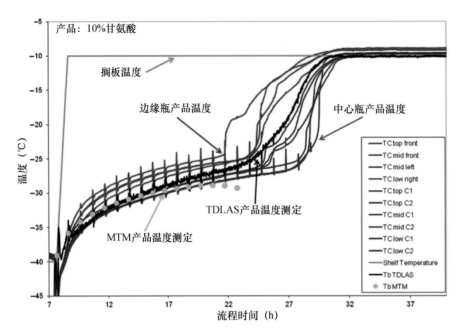

彩图 **25.13** 用热电偶、TDLAS 和 MTM 测量技术测定 10％甘氨酸初级干燥过程中产品温度的时间分布（Reprinted from Jameel and Kessler（2011）with permission from CRC Press）

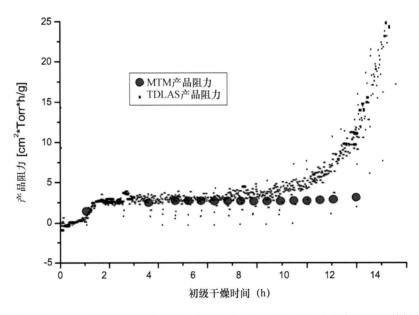

彩图 **25.14** 50 mg/ml 蔗糖运行时计算得的产品阻力（Rp-TDLAS）数据与 MTM 数据的比较

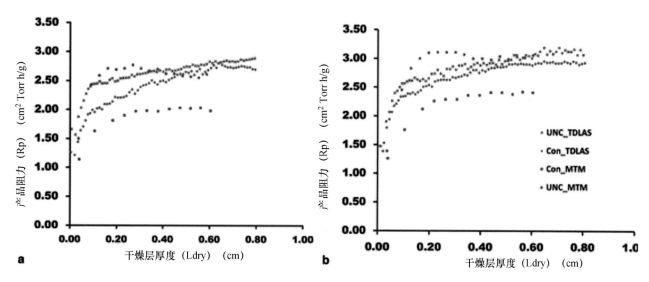

彩图 25.15　在 a 1 mg/ml 和 b 20 mg/ml mAb 制剂的初级干燥过程中，产物阻力（R_p）作为未受控和受控成核循环的干层厚度（L_{dry}）的函数。将 R_p 的 TDLAS 数据与 MTM 测定的 R_p 值进行比较。对于可控成核周期 MTM 值低于 TDLAS，但是对于不受控成核，MTM 值最初在 $L_{dry}=0.20$ cm 时高于 TDLAS 值，然后与 TDLAS 值持平（Reprinted from Awotwe-Otoo et al. 2014，with permission from J Pharm Sci）

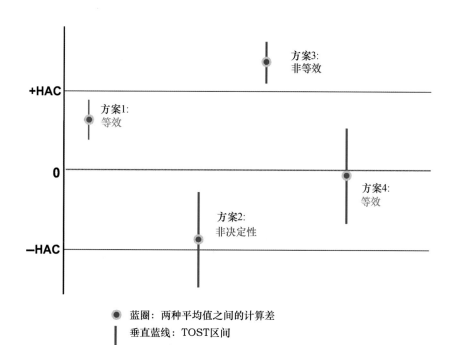

彩图 26.2　等效性统计检验的可能结果

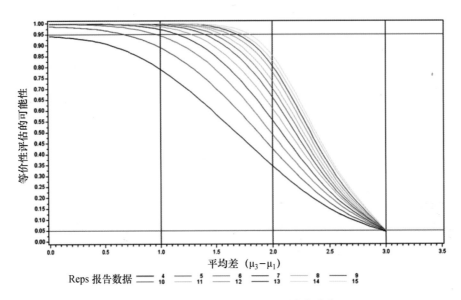

彩图 26.3   HAC＝±3 μg/ml 的功率曲线